电气设备检修工艺

大连电力工业学校 编

中国电力出版社
CHINA ELECTRIC POWER PRESS

内容提要

　　本书结合电气设备检修质量标准和电气工程施工验收规范，系统地叙述了电气设备检修的基本知识和操作技能，其主要内容包括电工检修基本技能，低压配线工艺，母线和电缆头的检修，高、低压电器检修，交、直流电动机检修，变压器、同步发电机以及二次线路的装配检修等。同时，对常见的异步电动机控制接线和有关电气检修人员的安全用电常识做了详细的说明。

　　本书可供工业企业电气检修人员、广大农村电工和军地两用人才作为规范检修工艺和提高检修水平的指导或自学用书，也可作为电工职业技能培训以及职业技术学校实践教学用书。

图书在版编目（CIP）数据

电气设备检修工艺/大连电力工业学校编．－北京：
中国电力出版社，2003.1（2023.4 重印）
ISBN 978-7-5083-1175-3

Ⅰ．电… Ⅱ．大… Ⅲ．电气设备-检修 Ⅳ．TM07

中国版本图书馆 CIP 数据核字（2002）第 054119 号

中国电力出版社出版、发行
（北京市东城区北京站西街 19 号　100005　http://www.cepp.sgcc.com.cn）
三河市航远印刷有限公司印刷
各地新华书店经售
＊
2003 年 1 月第一版　　2023 年 4 月北京第十一次印刷
787 毫米×1092 毫米　16 开本　22.5 印张　551 千字
印数 23001—23500 册　定价 **78.00** 元

在科技迅猛发展的今天，电气设备在工业企业、广大农村以及国民经济等各个领域的使用将与日俱增，各种新的技术、新的设备和新的工艺层出不穷，不断地更新换代。因此，电气检修工作人员只有不断地学习、实践、总结、提高，才能跟上时代的要求，更好地完成本职工作。

为了提高广大电工检修理论基础和检修技术能力，规范电工检修工艺，为今后的工农业生产奠定坚实的基础。我们通过对电力系统的电工考核、社会电工调查、农村电工和军地两用人才的培训工作以及电工职业技能鉴定等工作的经验总结，特组织有关专业人员编写了《电气设备检修工艺》这本书。

本书突出针对性和实用性。以实践操作为主，兼顾检修理论知识，以提高电工分析判断能力和规范检修工艺为重点，系统地介绍了电工常用工具、仪表的使用方法和有关电气设备检修的基本知识、电气设备常见故障的处理以及电气设备检修工艺和质量标准，并以图、文相结合叙述了电机控制接线和有关安全用电方面的知识，故可作为工业企业电工、农村电工和军地两用人才实践指导用书，也可作为电工职业技能培训以及职业技术学校实践性教学用书。

本书由大连电力工业学校沙太东主编，李杰、关德慧、林娟和大连热电集团公司沙爽参与编写，并由郭清海主审。

在编写过程中，参考了许多编者的有关资料，也得到了大连发电总厂、大连电业局等有关单位和个人的积极支持与帮助，在此表示衷心地感谢！限于理论水平和实践经验，书中的缺点和错误之处，欢迎广大读者批评指正。

编　者
2002 年 4 月

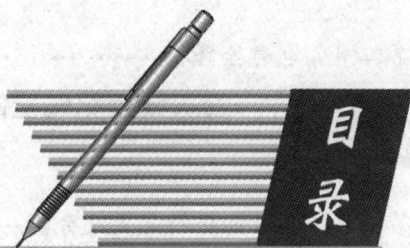

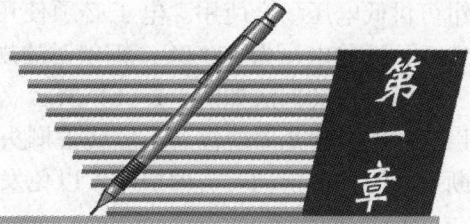

电工检修基本技能

在电气设备检修过程中，电工基本技能的好坏至关重要，它既能体现一个检修人员应具备的基本素质，又能保证检修质量和安全文明生产的先决条件。所以，作为一个电气设备的检修人员，首先必须做到以下几点：

（1）了解电工常用工、器具的型号和规格以及用途，能正确地选择和熟练地应用。

（2）掌握电工常用仪器、仪表的工作原理、使用方法和注意事项。

（3）了解简易起重搬运知识；熟悉电工常用起重搬运工具的种类、用途和规格；掌握简易起重搬运的方法以及注意事项。

（4）了解电气工程图的分类及用途，明确图中的文字、图形符号，熟读电气原理图、电气安装接线图、电气工程平面图和复杂回路展开图，具备一定的识图能力和应用能力。

第一节　电工工具及使用方法

正确使用和妥善保管工具，既能提高生产效率和施工质量，又能减轻劳动强度，保证操作安全和延长工具的使用寿命。以下只介绍电工常用的工具如钢丝钳（电工钳）、尖嘴钳、剥线钳、断线钳（剪线钳）、螺丝刀、电工刀、验电笔、高压测电器、扳手、电烙铁、喷灯、电钻、冲击电钻和射钉枪等的使用方法。

1. 钢丝钳

钢丝钳在各地区的叫法不一样，有叫电工钳的，也有叫花腮钳、克丝钳和老虎钳的。

钢丝钳是一种捏和剪切的工具，有铁柄和绝缘柄两种，如图1-1（a）所示。绝缘柄钢丝

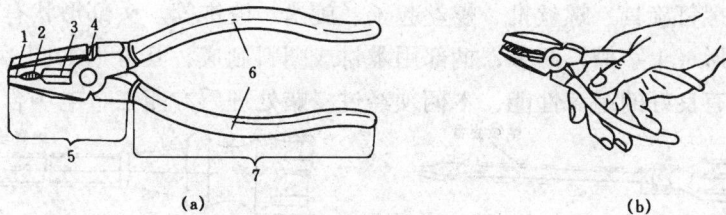

图1-1　钢丝钳

（a）构造；（b）钢丝钳的握法

1—钳口；2—齿口；3—刀口；4—铡口；5—钳头；6—绝缘管；7—钳柄

钳可供低电压场合使用。电工必须使用绝缘柄钢丝钳进行工作。绝缘柄钢丝钳工作电压为500V，试验电压为10000V。钢丝钳的规格以全长表示，有150、175mm和200mm三种。

钢丝钳的握法如图1-1（b）所示。使用时要让刀口朝向自己，手指不能靠近金属部分，以防触电。使用时应注意不应代替榔头使用并保护手柄绝缘，不能任意抛掷。当用钢丝钳剪断导线时，不能同时剪两根线，以免发生短路、损坏工具或电弧烧伤工作人员。

2. 尖嘴钳

尖嘴钳又称尖头钳，也是电工工作不可缺少的工具。它适用于狭小的空间操作。带有刀口的尖嘴钳可以剪细的金属丝。它是仪表、二次回路、低压配线以及电信器材等装配与检修工作常用的工具。其绝缘柄的工作电压为500V，试验电压为10000V。它的规格以全长表示，有130、160、180mm和200mm四种。

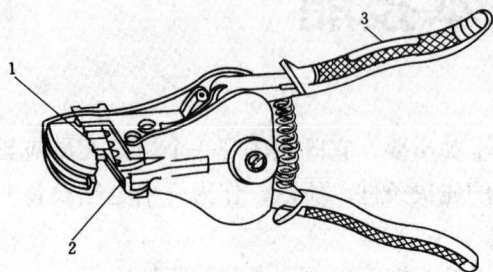

3. 剥线钳

剥线钳专供电工用于剥除线芯截面为 $6mm^2$ 及以下塑料或橡胶电线、电缆端部的绝缘层。它由刀口、压线口和钳柄组成，其结构如图1-2所示。钳柄是绝缘的，其工作电压为500V。它的规格也是以全长表示，有140mm和180mm两种。钳口有直径为 0.5～3mm 的多个切口（刀口），使用时，选择的切口直径必须大于线芯直径，以免切伤线芯。

图 1-2　剥线钳结构图
1—刀口；2—压线口；3—钳柄

4. 断线钳

断线钳又称剪线钳，专供剪断较粗的金属丝、线材及电线电缆等。其规格是以全长表示。断线钳规格及断线直径数据如表1-1所示。

表 1-1　　　　　　　　　　断线钳规格及断线直径（mm）

公称规格	450	600	750	900	1050
能剪断≤HR30 的中碳钢线的最大直径	6	8	10	13	16
能剪断有色金属线材的最大直径	7	9	12	15	18

断线钳有铁柄、管柄和绝缘柄三种。绝缘柄的断线钳可以用于带电场合的作业，其工作电压为10000V。

5. 螺丝刀

螺丝刀又名螺钉旋具、螺丝批、螺丝起子、旋凿、改锥等。头部形状有"一"字形（平口）和"十"字形（十字槽）两种，柄部用木材或塑料制成，其外形如图1-3所示。其中塑料柄的螺丝刀具有良好的绝缘性能，木柄须经过浸蜡处理后方能在带电场合使用。

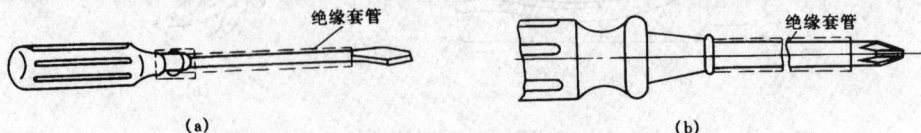

绝缘套管　　　　　　　　　　　　　　　　　　　　绝缘套管

（a）　　　　　　　　　　　　　　　　　（b）

图 1-3　螺丝刀外形图
（a）"一"字形（平口）；（b）"十"字形（十字槽）

（1）"一"字形（平口）螺丝刀的规格用柄以外的刀体长度表示，常用的规格有 75mm × 3mm、75mm × 5mm、100mm × 6mm、150mm × 7mm、400mm × 10mm 五种。

（2）"十"字形螺丝刀的规格是用刀体长度和十字槽规格号表示。十字槽规格号有 4 个：Ⅰ号适用螺钉直径为 2 ~ 2.5mm，Ⅱ号为 3 ~ 5mm，Ⅲ号为 6 ~ 8mm，Ⅳ号为 10 ~ 12mm。使用时螺丝刀刃口与螺丝槽要对应，不准凑合使用，以免损坏刃口或螺钉。一般的螺丝刀不宜带电作业，如果需要带电作业时，应在刀体长度部分套上绝缘管，防止造成短路或接地事故。

另外，为了方便工作、减轻操作强度、提高生产效率和工程技术人员既要从工作实践中总结经验，又要设计出多用螺丝刀、自动螺钉旋具和电动螺钉旋具等工具。

6. 电工刀

电工刀是用于电工割削电线电缆绝缘、绳索、木桩及软性金属等。有普通式和多用式两种。普通式电工刀的规格分大号、小号两种。大号刀片长度为 112mm，小号刀片长度为 88mm。多用式的电工刀刀片长度一般为 100mm。多用式电工刀增加了锯片和锥子等功能，锯片可以锯割电线槽板、圆木等；锥子可用来锥钻木螺丝的底孔等。

电工刀不能带电作业，使用时刀口应向外，但不准对着面前的工作人员。用完后应将刀身折入刀柄内。

7. 验电笔

验电笔又称试电笔。验电笔是用来检查低压导体和电气设备外壳是否带电的保护用具，检测电压范围为 100 ~ 500V。常用的有钢笔式和螺丝刀式两种，如图 1-4 所示，由图 1-4 可见这种验电笔前端是工作触头，内部依次装接碳质电阻、氖管和弹簧。弹簧与后端外部的金属件（即握柄）接触，另一端压紧氖管。使用时工作触头接触带电体，手接触金属件（握柄），氖管发出红光，表示带电，其握法如图 1-4（c）所示。

使用验电笔前，应注意检查验电笔是否正常无损，即在已知有电的设备上测试多下，确认验电笔工作正常后方可使用。明亮的光线下往往不易看清氖管发光，应使氖管小窗背光朝向自己。为避免误判断，应将验电笔工作触头在被测设备多测几点。

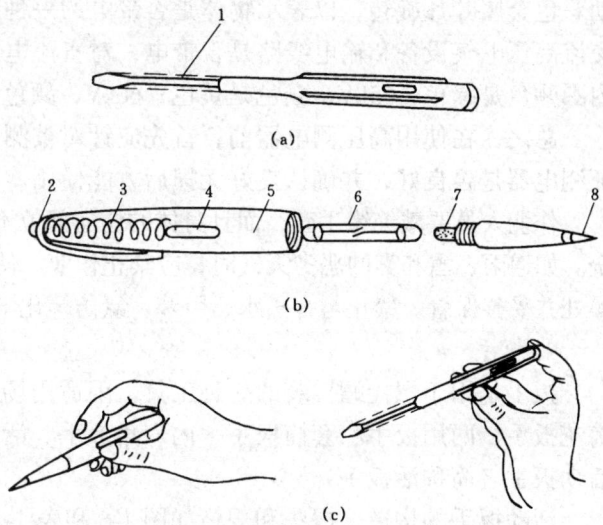

图 1-4 低压验电笔
(a) 螺丝刀式；(b) 钢笔式；(c) 低压验电笔握法
1—绝缘套管；2—金属件；3—弹簧；4—窗口；5—笔身；
6—氖管；7—碳质电阻；8—工作触头

另外，尚有一种新型验电笔，它根据电磁感应原理，采用微型晶体管作机芯，并以发光二极管作显示，一起装在一只螺丝刀中。它的特点是，测试时不必直接接触带电体，只要靠近带电体就能显示红光，因而更安全可靠，并且还能利用它来检查导线的断线地点。检查时验电笔沿导线移动，红光熄灭处即为导线的断线点。

8. 高压测电器

高压测电器是用来检查高压电气设备、架空线路、电力电缆等是否带电的工具，是防止触电事故的一种保护工具。

高压测电器为电容电流式，它由指示器、绝缘杆和握柄三部分组成，外形如图1-5所

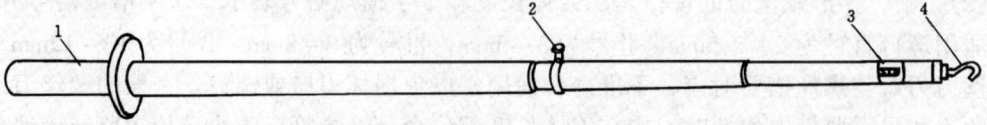

图1-5 高压测电器（电容电流式）
1—握柄；2—紧固螺钉；3—氖管窗；4—触钩

示。其中指示器又由触钩、氖管、弹簧、铝箔电容器和接地极等组成。绝缘杆和握柄则由高绝缘胶木制成。图1-5所示的高压测电器目前已基本属淘汰产品。新的高压测电器有一种除了氖管发出光的信号外，同时还发出音响信号，避免发光信号不清而导致误判断。目前又推出JGHY型交流高压回转验电器，是利用交变电场中金属带电体尖端放电使空气电离，来推动彩色金属叶片旋转，以表示物体是否带电的一种新型验电工具。该型验电器主要用于检验交流高压电气设备和输电线路是否带电，对直流电压没有反应。其规格有6~10kV，指示器内圈颜色是绿色；35kV，颜色是黄色；66kV，颜色是蓝色；110~220kV，颜色是红色。

总之，在使用高压测电器前，首先应针对被测设备电压选择适当规格的测电器，然后验证测电器是否良好，并确认良好无损后方能使用。

作业人员要戴绝缘手套，而且身体的任何部位不得超过绝缘杆的护环，以保证操作时的安全。如遇雨、雪和雾的恶劣天气时，应禁止作业。使用完毕后应包装并放入盒内，放在通风干燥处并妥善保管。禁止与香蕉水、甲苯、氯仿等化学溶剂接触，并应按规程定期检查试验。

9. 扳手

扳手是用于螺栓帽拆装的一种工具。因适用场合不同而种类繁多，有呆扳手（死扳手）、梅花扳手、两用扳手、套筒扳手、内六角扳手、活动扳手以及专用扳手等。电工最常用的是活动扳手（简称活扳手）。

活动扳手的构造、握法和规格如图1-6和表1-2所示。活动扳手规格用长度乘最大开口

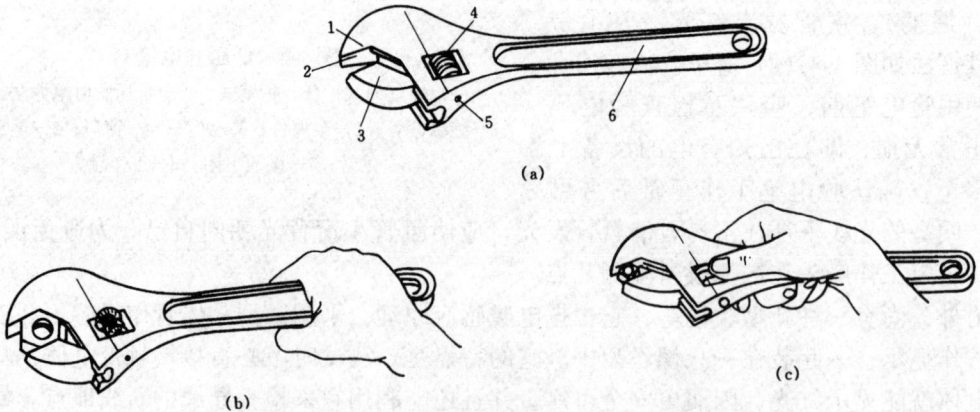

图1-6 活动扳手的构造、握法和规格
（a）活动扳手构造；（b）扳较大螺母握法；（c）扳小螺母握法
1—呆扳唇；2—扳口；3—活扳唇；4—蜗轮；5—轴销；6—手柄

宽度表示，单位为毫米或英寸。例如 6in（即 150mm×19mm）表示英制 6in 的活动扳手全长为 150mm，最大开口 19mm，如用公制来表示即 150mm×19mm。

表 1-2 活动扳手规格（mm）

长　　　度	100	150	200	250	300	375	450	600
最大开口宽度	14	19	24	30	36	46	55	65

呆扳手和梅花扳手一样，规格用两端开口宽度表示，例如 8mm×10mm 表示一端为 8mm，一端为 10mm；两用扳手一端为开口扳手，另一端为梅花扳手，两端为同一规格；内六角扳手规格以六角形对边尺寸表示。对于精密的螺母、螺钉，一般需用呆扳手，不用活动扳手。

10. 电烙铁

电烙铁是一种常用的电热焊接工具。按发热方式可分为电阻式、感应式和热敏电阻式三种。电阻式电烙铁按其烙铁头的受热方式又分为内热式和外热式两类。各种类型的电烙铁又因控制方式的不同，属不同的型号，各有其特点。

（1）外热式。普通外热式电烙铁结构简单，工作性能可靠，其工作原理是电热丝通电发热，铜焊头插入电热丝内铁管而被加热。缠绕电热丝的空芯管有铁管和瓷管两种，铁管外面和电热丝层间以及电热丝外侧均要用云母片绝缘。外热式电烙铁的发热元件在铜焊头外面，热量容易散失，效率较低，其结构如图 1-7 所示。

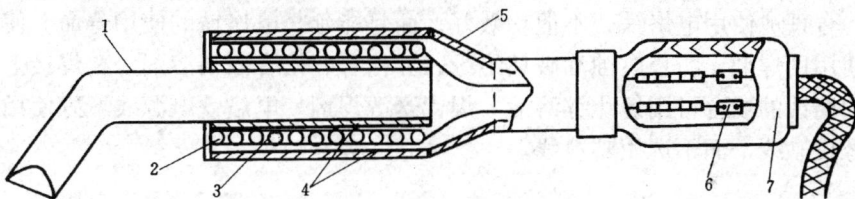

图 1-7　外热式电烙铁结构图
1—铜焊头；2—电热丝；3—内铁管；4—云母片；5—外管；6—接丝座；7—手柄

（2）内热式。内热式电烙铁的外形与外热式相似，区别在于它的铜焊头根部是中空管状结构，发热元件直插入空心管内。内热式电烙铁除机械强度较差外，其他性能均优于外热式电烙铁。

外热式和内热式电烙铁的规格均按其功率大小划分，如表 1-3 所示。

表 1-3 电烙铁按功率划分规格

结构形式	功　率　（W）							
外热式	30	50	75	100	150	200	300	500
内热式	20	35	50	75	100	150	200	300

（3）恒温式电烙铁。恒温式电烙铁又称为温控式电烙铁，不仅可以将焊接温度控制在一个适当的数值上，而且可以通过低压电源变压来减少电烙铁上的感应电动势，对于焊接半导体器件和集成电路尤为适宜。

（4）变功率电烙铁。为了满足通电后能尽快开始焊接，而工作中又限制功率以防温升过高的使用要求，特设计了可自动变化功率的电烙铁。

变功率电烙铁一般为内热式手枪型结构，关键部件是两组特性不同的电阻丝，装于工作头端部的电热元件是镍铬合金丝，装于后部的为铁铬铝合金丝。铁铬铝合金丝的特点是低温时电阻小，高温时电阻增加很快。因此，刚接通电源时，因铁铬铝合金丝温度低、电阻小、总电流加大，初时功率可达100W以上。当通电20～30s后即可使用。随着温度的升高，铁铬铝合金丝电阻增大，因此功率也就逐渐下降，从而达到了改变功率的目的。

（5）充电式电烙铁。充电式电烙铁又称储能电烙铁。其壳体内装有2～3节1.5V的镉镍电池。使用前先对电池充电，一般应充14h左右，充电电流为150mA。每充一次可使用3h左右（指间断使用），连续使用为25min左右。镉镍电池一般可以反复充电约200次。充好后按下按钮仅需10s即可进行焊接。

充电式电烙铁由于使用直流电，不会产生感应电动势，尤其适用于电子电路、集成电路、电子计算机等设备的检修。

（6）热敏电阻（PTC）电烙铁。采用大功率热敏电阻制成的电烙铁，价格低廉、工作安全可靠、使用方便、节约电能，与同功率等级的普通镍铬电热丝的电烙铁相比较，耗能仅为1/3左右。

由于热敏电阻的特性是低温时阻值很小，而当升温到居里点时，阻值迅速上升为原来的几十倍。因此，这种电烙铁具有速热性能，几十秒钟后即可升高到化锡温度，此后就能恒温工作。

正确、合理地使用电烙铁，不但功效好，而且能延长电烙铁的使用寿命。使用电烙铁应注意合理使用助焊剂，防止腐蚀和破坏绝缘，如松香、松香酒精溶剂。在焊接上不易上锡的铁皮或不怕腐蚀的场合可用氯化锌溶液、焊锡膏等焊剂。电烙铁电源线最好使用纤维编织花线或三芯橡皮软线，而不选用塑料线。

11. 喷灯

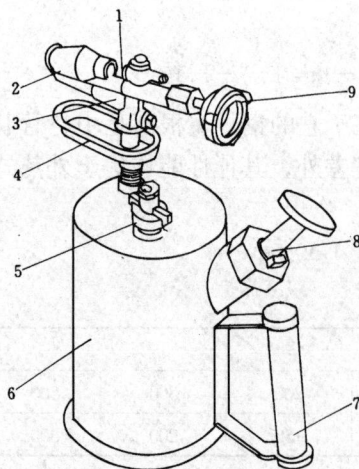

图1-8 喷灯构造图
1—喷油针孔；2—火焰喷头；3—汽化管；4—预热燃烧杯；5—加油阀；6—筒体；7—手柄；8—打气阀；9—调节阀

喷灯是一种利用喷射火焰对工件进行加热的工具，有煤油喷灯、汽油喷灯和液化气喷灯三种，各种喷灯的燃料不能混用。喷灯燃烧温度可达到900℃以上，电工常用来焊接铅包电缆的铅包层，大截面铜导线连接处的搪锡以及用来加热工件等。其构造如图1-8所示。

（1）喷灯的使用方法。

1）旋下加油阀螺丝，注入干净的燃油。油量不能超过油筒容积的3/4，让筒内保留一定的空间，储存压缩空气，以维持必要的空气压力。加完油随即旋紧油阀螺丝并擦净筒外部油污。

2）用打气筒先打四到五下，然后在预热燃烧杯中注入适量的燃油并将其点燃，来加热汽化管的燃油使其汽化。

3）当预热燃烧杯中油快燃尽前，用打气筒再打三到四下，然后最后慢慢拧开调节阀，使油汽喷入火焰喷头与空气混合之后点燃。最后将打气筒打四到五下，用调节阀调节，当火焰由黄红变为蓝色时，即可使用。

4）熄灭喷灯时，先关闭调节阀，使火焰逐渐熄灭，待冷却 1min 左右再拧开调节阀，用油汽冲洗喷嘴，防止喷嘴结垢堵塞喷嘴。冲洗 30s 左右拧紧调节阀，然后拧开加油阀螺丝将筒内余气放出，再拧紧加油阀螺丝，最后将喷灯放在指定地方妥善保管。

（2）使用喷灯时的注意事项：

1）各种喷灯燃料不能混用。

2）严禁在有火的地方加油。

3）点燃喷灯时，不准将喷燃器对着人体或各类易燃物品以及设备、器材等。

4）首次使用喷灯必须有专人指导。

5）加完油或放完气要拧紧加油阀螺丝。

12．电钻

电钻是一种电动钻孔工具，能在金属、塑料、木材等材料上钻孔。它有单相和三相、手提式、台式、软轴式等几种。手提式电钻在电气检修工作中使用较方便，所以应用较广泛。

手提电钻使用注意事项：

1）使用前首先要检查电源电压是否与电钻铭牌额定工作电压相符，看电源线路上有无有熔断器或低压断路器作短路保护，检查电钻的接地线应良好。

2）插接电源时，电钻的开关必须在关断位置上。

3）钻头应锋锐，钻孔时不宜用力过猛，发现转速突然下降，应迅速减轻压力或停转；钻孔中突然停转时，应立即切断电源；钻孔将通时，外施压力要适当减小。

4）电钻的钻夹钥匙不允许用绳系在电钻上或引线上。装拆钻头不得用其他工具敲打钻夹。

5）电钻每次使用前宜试转 1min，检查各部件运转是否正常。

6）钻孔时要注意电钻各部温度，如有异常，如温升过高或齿轮、轴承处有异常杂音时，应立即停钻检查，排除故障后方可使用。

7）携带电钻时，不得手提电钻引出电源线，防止电钻与电源线的接头受力，并注意软线有无磨损擦伤现象。

8）使用电钻时，严禁戴线手套。

13．冲击电钻

冲击电钻是具有旋钻带冲击性的切削机械，冲击能量大，可以在各类混凝土结构上打孔作业。冲击电钻也是旋钻带冲击的切削机械，一般制成可调节式结构。当调节在旋钻无冲击的位置时，装上普通麻花钻头就能在金属材料上钻孔；当调节到旋钻带冲击的位置时，装上镶有硬质合金片的钻头，就能在砖石和轻质混凝土等脆性材料上钻孔。

冲击电钻外形与普通电钻相似，如图 1-9 所示。

使用冲击电钻应注意以下事项：

1）对墙壁、天花板、地板等进行钻孔时，应首先确认里面没有布设动力电缆或其他设施。

2）使用之前要确认所用电源应与冲击电钻铭牌上标示的规格相符。

3）检查冲击电钻开关应在切断状态，防止插头插入电源插座时冲击电钻突然转动，而造成事故。

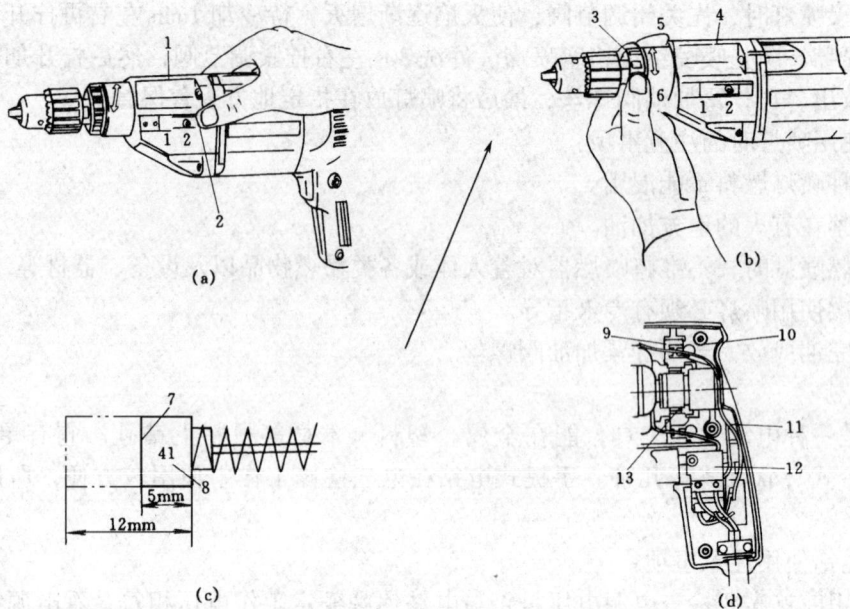

图 1-9 冲击电钻

(a) 高、低速换档示意；(b) 冲击变旋钻示意；(c) 碳刷 (电刷) 磨损极限示意；(d) 握板结构示意
1、4—齿轮罩；2—变速锁扣 (按压滑动)；3—变换环；5—旋钻；6—旋钻加冲击；7—电刷磨损极限；
8—碳刷号；9—刷握；10—握板 (刷架)；11—接线；12—开关；13—碳刷

4) 装配钻头的方法与手提电钻一样，应用钻夹钥匙紧固钻头，不得用其他工具敲打钻夹头来紧固钻头。

5) 移动冲击电钻时，不准拿冲击电钻引出电源线提起冲击电钻，也不得拉拆电线从电源插座上拆除插头。电钻与热源、油液应分开，并避免与锐利的边缘接触，防止损伤绝缘而造成触电事故。

6) 使用冲击电钻应戴上防护眼镜，粉尘飞扬的切削工作应带防尘面罩。

7) 高、低速换档前，应将电源开关置于切断位置并且使冲击电钻全部停止转动。换档时，先将变速连锁扣压下，如图 1-9 (a) 所示，按箭头方向推动。刻在电钻壳体上的"1"为低速，"2"为高速。

8) 从冲击变换为旋转，如图 1-9 (b) 中，3、5、6 所示。面对钻头顺时针方向把变换环转到尽头，这样电钻是一面旋钻，一面对材料冲击。反时针方向旋转变换环则只能旋钻而不冲击。但要注意各厂家产品不一定相同，使用前一定要看产品说明书，按说明书的使用方法进行工作。

9) 电动机上的电刷磨损到极限时，如图 1-9 (c) 中 7 所示，应及时更换电刷，同时保持电刷清洁和刷握能自由滑动以及整流片与电刷的接触面清洁、光滑。

14. 射钉枪

射钉枪是利用枪管内弹药爆发时的推力，将特殊形状的螺钉 (射钉) 射入钢板或混凝土构件中，以安装或固定各种电气设备，如仪器仪表、电线电缆以及水电管道等。它可以代替凿孔、预埋螺钉等手工劳动，提高工程质量，降低成本，缩短施工周期，是一种较先进的安装工具。

射钉枪的使用及注意事项：

（1）射手必须对所用射钉枪的结构、性能有所了解，同时根据被固件和基体的材料（如钢板、混凝土、砖砌体或木质松软物体），选择适当的弹和钉。具体应根据所用射钉枪型号的配套使用表或厂家编著《射钉紧固技术》一书去选择弹和钉。中国北方工业公司四川南山机器厂生产的SDQ603型射钉枪、送弹器、射钉弹、射钉配套使用如表1-4所示。目前射钉枪的型号有好几种，无论使用哪一种射钉枪，都应按照厂家的使用说明书选择适当的弹和钉。

表 1-4 　　　　　　SDQ603 型射钉枪、送弹器、射钉弹、射钉配套表

序号	送弹器类型	射 钉 类 型	枪管口径	活塞直径	射 钉 弹		
					代号	颜色	威力
1	S1 送弹器	YD、HYD、M8、HM8	$\phi 8.6$	$\phi 8.6$	S1	红	大
						黄	中
		M4、M6、HM6	$\phi 12$	$\phi 12$		绿	小
						白	最小
2	S3 送弹器	YD、HYD、M8、HM8、KD35	$\phi 8.6$	$\phi 8.6$	S3	黑	最大
		DD、HDD、M10、HM10、KD45	$\phi 10$	$\phi 10$		红	大
						黄	中
		M4、M6、HM6	$\phi 12$	$\phi 12$		绿	小

（2）射手在工作时应穿戴上劳保护具（如工作帽、工作服、手套、防护镜等），射前应将未装射弹的射钉枪抵在施工面上，检查活动部分应灵活，各部分紧固件不得松动，枪管内不允许有障碍物，然后开始装射钉弹。先装钉，后装弹。切勿用手面压缩枪管或用枪对准人体及非被固件和基体，不要摔落地下，以免走火或损坏零部件。

（3）射击时，注意周围不可有易燃、易爆物品或在易被穿透的建筑物及钢板上作业，同时，在作业面的背后禁止有人。然后将送弹器推到位，再将枪口对准被固件并压缩枪管，扣动扳机即可射击，完成作业。

使用射钉枪进行射击时，射手应将射钉枪端正，一定要垂直于工作面。另外，枪托应用手托住，不宜用胸顶死枪托，以免在射钉枪击发时，较大的反作用力击伤射手。如已装了射钉弹与射钉，临时不再射击，应立即将弹、钉退出枪膛。程序是先退出射钉弹，然后取出射钉。

（4）射击时，如果射钉弹未发火，应等待5s后，才能松开射钉枪。这时抽出送弹器，将射钉弹旋转90°，再进行第二次或第三次射击。若再次不发火，则可更换新弹射击。

（5）每次射击后，应立即拉出送弹器，退出弹壳。

第二节　常用测量仪表的使用

1.万用表

万用表是一种便携式电气测量仪表，能测量多种电量，具有多量程。它实质上是一个带有整流器的磁电式综合测量仪表。

万用表能测量交流电压、直流电压、直流电流和直流电阻等，有些万用表还能测量音频电平（分贝）、电感量、电容量和晶体管放大系数等。

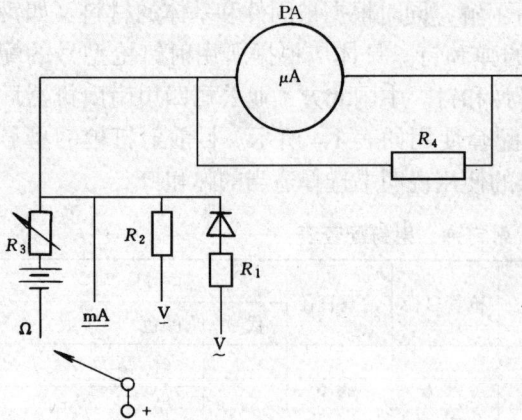

图 1-10　万用表的简单原理及基本结构示意图

（1）万用表的原理。万用表的简单原理及基本结构示意图如图 1-10 所示。表头是一个磁电式直流微安表，它的主要结构是一块 U 形永久磁铁的两个磁极间置一可动圆柱形铁芯，上面套有铝框架和线圈。当线圈中通有电流时，线圈两边在磁场中受到大小相等、方向相反的力的作用。在这个转矩的作用下，线圈就转动起来，并带动指针偏转一个角度，直到转轴上的螺旋弹簧被拉紧产生反抗转矩，并与线圈转动力矩相平衡时为止。这时，指针所偏转的角度与流过线圈的电流成正比，因此，可以根据指针位置指示出流过线圈电流的大小。

表示万用表性能优劣的一个参数是表头的灵敏度。灵敏度高低是以表针偏转到满刻度时的线圈电流来衡量的，这一电流愈小，说明灵敏度愈高。MF 系列万用表的灵敏度均在 10～100mA 范围内，灵敏度都很高。

测量电路的功能，是在万用表测量各种不同数值大小和不同种类（电流、电压、电阻、交流、直流等）的电量时，起整流和分流、分压作用，使流过表头的电流始终为直流量，且数值限制在表头允许的最大值之内。

转换开关是用于选择万用表的测量种类和量程大小的。将其旋转到不同位置上，就接通不同的测量电路。转换开关有多种布置方式和各种不同结构特点。有的采用两只多档转换开关相互使用（500 型）；也有的仅使用一只多档转换开关（如 MF15、30、40、47 型等），分别选择不同量程的电流、电压、电阻等。

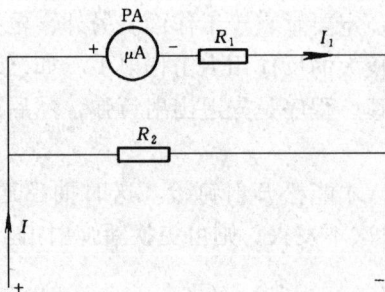

图 1-11　直流电流的测量

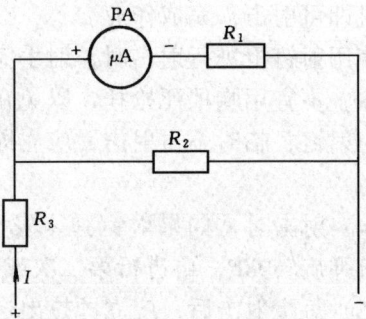

图 1-12　直流电压的测量

1）直流电流的测量。直流电流的测量如图 1-11 所示，图中 PA 为微安表表头，R_1 是表头本身电阻和线路中串联电阻之和，R_2 是并联电阻，又称分流电阻。由于 R_2 比 R_1 小得多，大部分电流经过 R_2 流过，只要适当选择 R_1、R_2 的比值关系，就能使表头流过的电流 I_1 是总电流 I 的 $1/R$ 倍。例如，令 $K=100$，当流过表头的电流 I_1 为 $100\mu A$ 时，就能知道电路中

的实际电流 I 为

$$I = KI_1 = 100 \times 100\mu A = 10mA$$

2）直流电压的测量。直流电压的测量如图 1-12 所示，直流电压测量原理电路，除前面介绍的分流电路外，还串接上一个阻值很大的串联电阻 R_3。当万用表测量一个直流电压时，R_3 流入万用表的电流 I 很小，并使降落在 R_3 上的电压按比例占有外电压 U 很大一部分（因 R_3 称为分压电阻），电流 I 再经分流后流入表头 PA，根据表针偏转的角度，就可推算出外电压 U 的数值。当然，实际电流、电压的数值在万用表的盘面上已有适当的刻度，可直接读出，或乘一个简单的倍率即可。

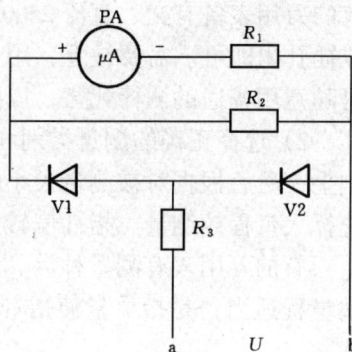

3）交流电压的测量。交流电压的测量原理如图 1-13 所示。图中 R_3 为串联分压电阻，当外电压 U 的 a 端为正时，电流由 a 点流入，经二极管 V1，并分流一部分后，从微安表 PA 的 "＋" 端流入；如果交流电压 U 的 b 端为正，则电流由 b 点流入，经二极管 V2 及电阻 R_3 流回电源。这样保证了微安表 PA 中的电流始终由 "＋" 端流入。因此，有适当的偏转，按比例可以指示出交流电压 U 的有效值。

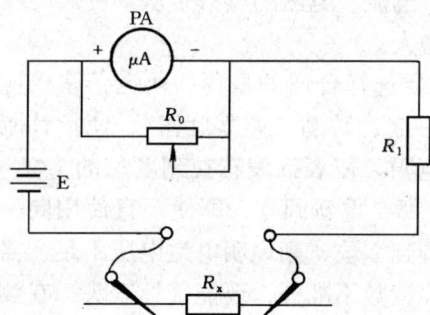

图 1-13　交流电压的测量

4）电阻的测量。测量外部电阻 R_x 阻值的原理如图 1-14 所示。图中 E 是万用表内的电池，选档为 $R \times 1$、$R \times 10$、$R \times 100$ 和 $R \times 1K$ 时，电压均为 1.5V；选档为 $R \times 10K$ 时，电压为 15、9V 或 6V 等。R_0 为调零电阻，用表盘上的一个调零旋钮调节，其目的是使外接电阻 R_x 为零值（两根表棒短路）时，使表针正好指向 "0" 位上。由于这时表头中流过的电流最大，"0"位即是表明表头中流过满刻度电流，所以测量欧姆值的刻度尺如图 1-15 所示，由右向左刻度。

显然，流过表头的电流取决于外接电阻 R_x 的大小。因此，可由表针的位置反映出 R_x 的大小。由于流过表头的电流与 R_x 不成简单的比例关系，所以标度尺上的刻度是不均匀的。

图 1-14　电阻阻值的测量原理图

（2）万用表的使用方法及注意事项。

1）正确连接表棒。万用表的红色表棒应插入红色端钮或标有 "＋" 的插孔内；黑色表

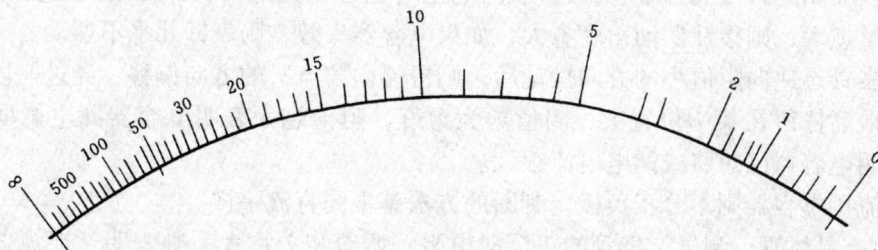

图 1-15　测量电阻的刻度尺

棒则应插入黑色端钮或标有"–"和"＊"的插孔内；测量直流电压时，红色表棒应接正极，黑色表棒接负极。这样，直流电流由红色表棒流入万用表内，指针正偏，指示值正确。有的万用表备有交、直流2500V测量孔，使用时，黑表棒不动，将红表棒接到2500V的端钮或插孔内即可。需要注意，用于2500V电压测量的表棒和导线是专用的，绝缘性能较好，不可随意用普通的测棒代替，以防发生危险。

2）选择正确的测量类别和适当的量程。首先应将转换开关转到所需测量电量的相应类别上，然后根据对被测量大小的估计选择适当的量程。如果对被测量的大小心中无数，则应选择大量程档测量。指针偏转太小时再将量程逐级改小，这样操作不易损坏万用表。

有的万用表有测量种类、量程两个选择开关，一定要都拨到适当的位置上才能使用。所谓量程适当，是指尽量使指针位置停在量程刻度尺的1/2~3/4的范围内，这时读数比较准确。

特别要注意的是切不可用电流档测量电压，也不可以用欧姆档测量电压、电流，否则（除部分万用表有熔丝能起到保护作用外）有可能撞坏表针或烧毁表头。

3）正确读数。在万用表的刻度盘上有几条刻度尺，常见的是上面两条刻度尺，用于交流、直流电压和直流电流的读数以及电阻的读数。测量电阻值刻度尺是不均匀的刻度尺，一般最下边的刻度尺为音频电平刻度尺。有的万用表在测量交流0~10V电压时有另外一条刻度尺。

读数要注意量程大小，要将指示值乘以相应的倍率。电流、电压的读数是从刻度尺的左面向右读，逐渐增大。而欧姆刻度尺右起为零向左逐渐增大。

4）正确使用欧姆档。用欧姆档测量电阻值时，首先要选择合适的量程。所选倍率档应使被测电阻值尽可能接近欧姆中心值，将两根表棒碰在一起，转动"调零旋钮"，使指针刚好指在欧姆刻度尺的零位上，再用两根表棒去测量被测电阻，使表针偏转在刻度尺的1/2~3/4的范围内，读数较准确，误差较小。每换一次量程，都要重新调零，即使一直使用同一档位时间过长时，也应再校对调零一次。如果指针不能调到零位，则说明电池电压不足，需要更换电池。测量电阻时，被测电阻不能带电，否则，除读数不准外，还能烧坏表头。在测量低电阻阻值时，应注意接触要良好，以免接触电阻造成测量误差；当测量高电阻时，要注意不能有并联电路，如操作人员两只手接触被测电阻两端，这样也会造成所测阻值不准确。

如不再读数时，应断开测量电路或将转换开关旋到交流电压最高档位或关停位置，尤其不能使两根表棒相碰。

欧姆档除了能测量电阻外，还可检查电容器和晶体管。

a）检查电容器。检查时使用 $R \times 1K$ 档或 $R \times 100K$ 档，宜以黑表棒接电容器正极（与表内电池正极相连），红表棒接负极，表内电池对电容器充电，表针迅速向阻值小的方向摆动。电容量愈大，则指针摆动角度愈大，如果电容器失效，则表针几乎不摆动。一个好的电容器，当表针迅速向阻值小的方向摆动后，则慢慢向"∞"的方向偏移，经过一段时间放电后，表针最后停留在某一位置上，阻值愈大愈好，阻值越大表明电容器漏电微弱，阻值很小，则表明电容器已短路或漏电电流很大。

测交流用电容器则不分正负极，判断的方法基本同直流一样。

b）检查晶体管。测量二极管的正反向电阻，两者相差愈大，则表明性能愈好。一般可用 $R \times 100$、$R \times 1K$ 档测试，不宜用 $R \times 10K$ 档，因为 $R \times 10K$ 档的电压高达6~15V，可能会损坏半导体元件。标有"＋"柱接表内电源的负极，标"－"柱接表内电源的正极，故测二、三极晶体管时要注意。

对晶体三极管一般也是通过测量 b、e 极之间的发射结电阻和 b、c 极之间的集电结电阻来判断三极管属 NPN 型还是 PNP 型。首先判别出基极 b，然后测量两种状态下 c、e 之间的电阻（b 悬空，b 与另一极之间接一大电阻或用手捏住），可以判别出 c、e 两个不同的电极，并可粗略地估计三极管电流的放大倍数，穿透电流的大小等（详见参考文献 16）。

（3）数字式万用表。随着电子工业的迅猛发展，数字式万用表已经普遍应用于生产现场，它与指针式万用表相比，具有内阻高、测量精度高、误差小、显示速度快、耗电省、质量轻、能在强磁场下使用和过负荷能力强等优点。

数字万用表的基本工作原理是将被测量转换为直流电压，与基准电压比较，经过放大、积分、逻辑比较等环节，将模拟量转换为数字量，最后用液晶显示器（LCD）或发光二极管（VL）显示出来。一般显示 $3\frac{1}{2}$ 或 4 位，即最大显示值为 1999 或 9999。

数字式万用表一般均有电路保护环节，即使操作出错，也不致损坏万用表。加之集成电路故障率很低，性能优越，大有取代指针式万用表的趋势。

2. 钳形电流表

钳形电流表简称钳形表。它具有一个可闭合的铁芯，在不拆断电路而需要测量电流的场合，只须将被测导线钳入铁芯内（不必串联于电路中），就可读出该导线电流的数值。

钳形电流表分可测量交流电流（例如 MG3-1、MG3-2、MG-24 型）和可测量交、直流电流（例如 MG-20、MG-21 型）两类。有的钳形电流表还可兼测电压（例如 MG3-2、MG-24 型）。

测量交流电流的钳形表实质上是根据电流互感器原理制成的，如图 1-16 所示。它只适用于交流电路。

钳形电流表的使用方法：

（1）进行电流测量时，被测载流导线的位置应放在钳口中央，须钳单根导线，以免产生误差。如果被测导线位置狭窄，而且属三相，则测量时三相导线在钳口中的位置应一样，而且表盘的方向也应一致。

（2）测量前应先估计被测电流或电压的大小，选择合适的量程。如心中无数应先选用最大量程，然后视被测电流、电压大小，减小量程。

（3）为使读数准确，钳口两个接触面应无锈斑，且保证接合良好。如有杂音，可将钳口重新开合一次。如果声音依然存在，可检查接合面上有无污垢存在，如有污垢，可用汽油擦干净。

（4）测量后一定要把调节开关旋到最大电流量程位置，以免下次使用时，由于未经选择量程而造成仪表损坏。

（5）测量小于钳形电流表最低档以下的电流时，为了得到准确读数，在条件许可时，可将导线绕几圈放在钳口内进行测量，但实际电流数值应为读数除以放进钳口内的导线匝数。

测量交、直流的钳形电流表是一个电磁式仪表，放在钳口中的被测载流导线作为励磁线圈，磁通在铁芯中形成回路。电

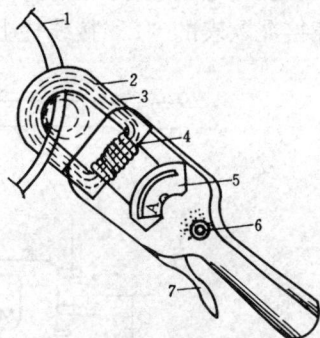

图 1-16　钳形电流表
1—被测导线；2—铁芯；3—磁通
4—二次线圈；5—表头；6—量程调
节开关；7—铁芯开合手柄

磁式测量机构位于铁芯的缺口中间，受磁场的作用而偏转、获得读数。因其偏转不受测量电流种类的影响，所以可测量交、直流电流。

3.兆欧表

兆欧表又称摇表，是一种简便、常用的测量高电阻的直读式仪表。一般用来测量电路、电机绕组、电缆等电气设备绝缘电阻。

最常见的兆欧表，是由作为电源的高压手摇发电机（交流或直流发电机）和指示读数的磁电式双动圈流比计所组成。新型的兆欧表有用交流电作电源或采用晶体管直流电源变换器和磁电式仪表来指示读数的。

用交流发电机和直流发电机作为电源的兆欧表测量电阻的原理电路图分别如图 1-17（a）、（b）所示。

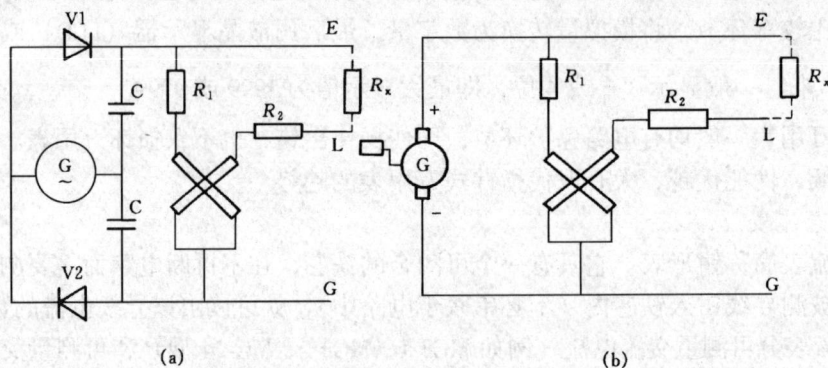

图 1-17　兆欧表测量电阻原理电路图
(a) 交流发电机作电源；(b) 直流发电机作电源

（1）接线方法。兆欧表上有三个分别标有接地"E"、电路或线路"L"和保护环"G"的接线柱（端钮）。

测量线路绝缘电阻时，可将被测线路接兆欧表标有电路或线路的"L"接线柱（端钮）上。将标有接地的"E"端接线柱（端钮）与良好的接地体相接，如图 1-18（a）所示。

测量电机绝缘电阻时，将电机绕组接电路或线路的"L"接线柱（端钮）上，将电机外壳接兆欧表的"E"接线柱上，如图 1-18（b）所示。

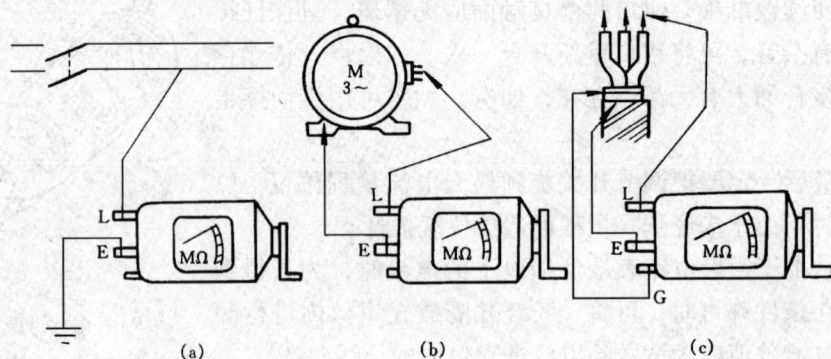

图 1-18　兆欧表测量绝缘电阻法
(a) 测线路；(b) 测电机；(c) 测电缆

测量电缆绝缘时，除将电缆线芯接"L"，电缆铅包层和铠装护带接"E"接线柱之外，还得将电缆的统包绝缘缠上铜皮或裸铜线后接于兆欧表的保护环"G"接线柱（端钮）上，以消除电缆线路因绝缘表面漏电而引起的误差，如图1-18（c）所示。

（2）测量步骤及注意事项。

1）在进行测量前要切断被测设备的电源并对其充分放电，约需2~3min，以保证人身及仪器的安全。

2）接线端钮与被测设备之间的连接导线不能用双股绝缘线或双股绞线，应用单股分开单独连接的专用绝缘线，以避免引起误差。

3）测量前应先将兆欧表进行一次开路和短路试验，检查兆欧表是否良好。若将两连接线开路，摇动手柄，指针应指向"∞"处。这时如果将两连接线瞬间短接一下，指针应立即回到"0"处，说明兆欧表是好的，否则兆欧表有故障不能使用。

4）摇动手柄应由慢渐快，至转速为120r/min时，稳速摇动手柄，当出现指针回"0"时，就停止摇动手柄，以防烧损表内线圈。

5）测量时保持120r/min的恒定转速，保持1min，再进行读数（读数时不得停止转动）。

6）对于大容量的设备（如变压器绕组），测试绝缘时，应在兆欧表达到额定转速时将表头接入被测试设备。读数完毕，应先将表头离开被测设备，再停止摇动兆欧表，防止被测设备储存的电荷反充电烧毁兆欧表。

7）为了防止被测设备表面泄漏电流的影响，应将被测设备中间层接入保护环"G"端钮上。

8）兆欧表电压等级的选用，一般低压电气设备测量绝缘电阻时，选用500~1000V兆欧表，高压电气设备测量绝缘电阻时，选用1000~2500V兆欧表。量程范围的选择，一般应注意不要使其测量范围过多的超出所需测量的绝缘电阻值，以免使读数产生误差。例如，测量低压电气设备绝缘电阻时，可选用0~200MΩ量程的兆欧表；测量高压电气设备时，可选用0~2000MΩ量程的兆欧表。刻度不是从零开始，而是从1MΩ或2MΩ起始的兆欧表不适合测量低压设备的绝缘电阻。

9）禁止在雷雨时或在邻近带有高压导体的设备上测量绝缘电阻，只有在设备不带电时才能进行测量工作。

第三节　起重搬运及登高工具

一、起重搬运基本知识

在发电厂或变电所里，体积较大，质量较大的电气设备，一般规定由专业起重工作人员进行。但是，电气检修人员也应掌握简单的起重搬运知识和电工常用起重工具的使用方法。

（一）起重工具及使用方法

1. 撬杠

撬杠也称撬杆、撬棍等。撬杠的作用是利用杠杆的原理使重物产生位移，常用于重物的少量抬高、移动和重物的拨正、止退等作业，撬杠的使用如图1-19所示。

撬杠多用中碳钢材锻制。其规格是以直径和长度来表示的，分以下三种：

直径（mm）：18、25、32；

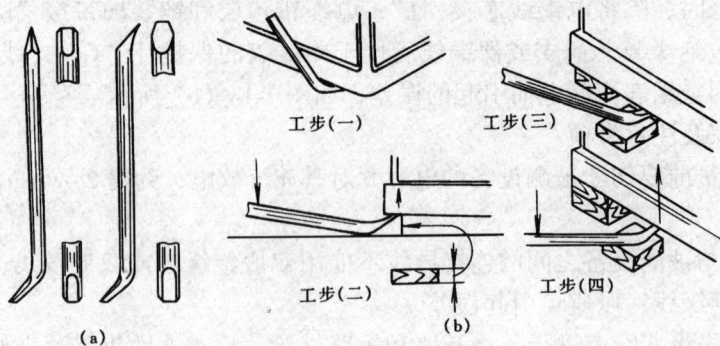

图 1-19 撬杠的使用

(a) 撬杠的形状；(b) 用撬杠抬高重物示意图

长度（mm）：500、1000、1500。

也有用大、中、小号来表示的。大号撬杠长 1500mm，中号撬杠长 1000mm，小号撬杠长 500mm。

（1）重物的抬高。在抬高前要准备好硬质方木块（或金属块），待重物升起后用来支垫重物。一次撬起高度不够时，可将支点垫高继续撬起。第二次撬起后，先垫好新的厚垫块，再取出第一次垫的厚垫块，如图 1-19（b）所示。

（2）重物的移动。若重物下面没有垫块时，应先将重物用撬杠撬起，并垫上扁铁之类的垫块，使重物离地。然后将撬杠插入重物底部，用双手握住撬杠上端做下压后移动作。这一动作必须在重物两侧同时进行，随着撬杠的下压后移，重物即可前进。

（3）重物的拨正与止退。这两种操作方法基本一样。在止退时，如重物退力较大，要用肩膀扛住撬杠上端，使人体、撬杠及地面形成一个稳固的三角形状。但当重物的退力很大或需很长时间时，不允许人力止退，而必须用三角木楔住。

2. 起重滑车

起重滑车又称吊滑车、小滑车、小葫芦、小滑轮、铁滑车等。小一点的滑车一般用于吊放较轻便的物体，也称小滑轮。其直径有 19、25、38、50、63、75mm 等。大一点的俗称起重滑车或铁滑车，适用于吊放笨重物体，是一种使用简便、携带方便、起重能力较强的起重工具，一般与绞车配套使用。起重滑车形状如图 1-20 所示，其规格如表 1-5 所示。

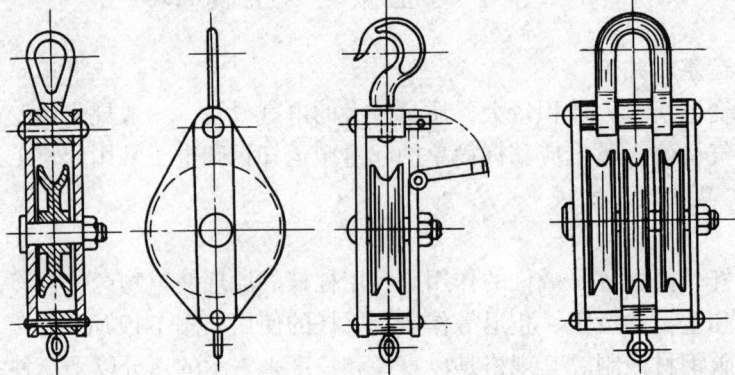

图 1-20 起重滑车形状

表 1-5　　　　　　　　　　　　　起重滑车规格表

滑轮数	结构形式			代号	起 质 量 （t）
单轮	开口	桃式	吊钩	KBG	0.5，1，2，3，5，8，10，16，20
			链环	KBL	
	闭口	吊钩		G	0.5，1，2，3，5，8，10，16，20
		链环		L	
双轮		吊　钩		G	1，2，3，5，8，10，16，20
		链　环		L	
		吊　环		D	1，2，3，5，8，10，16，20，32
三轮	闭口	吊　钩		G	3，5，8，10，16，20
		链　环		L	
		吊　环		D	3，5，8，10，16，20，32，50
四轮		吊　环		D	8，10，16，20，32，50
五轮		吊　梁		W	32，50，80
		吊　环		D	20，32，50，80
六轮		吊　环		D	32，50，80，100
七轮		吊　环		D	80
八轮		吊　梁		W	100，140
		吊　环		D	100，140

3．环链手拉葫芦

手拉葫芦也称葫芦、车筒、导链等。它是一种使用简便、携带方便的手动起重机械，适用于工厂、矿山、建筑工地、农业生产以及码头、船坞、仓库等用来安装机械设备、起吊货物和装卸车辆的一种机械工具，尤其是在露天及无电源作业时，更有其重要性。电工常用它来起吊电机、变压器以及配合其他起重机械抽装大型电机转子等工作。

环链手拉葫芦的规格一般为 0.5～20t，起重高度为 5m 以下，其结构如图 1-21 所示。

环链手拉葫芦使用方法及注意事项：

（1）严禁超载使用。

（2）严禁用人力以外的其他动力操作。

（3）在使用前须确认机件完好无损，传动部分及起重链条润滑良好，空转情况正常。

（4）起重前检查上下吊钩是否挂牢。起重链条应垂直悬挂，不得有错扭的链环，严禁将下吊钩回扣到起重链条上，以确保安全。

（5）操作者应站在与手链轮同一平面内拉动链条，使手链轮沿顺时针方向旋转，重物上升，反方向拉动手链条，重物则缓缓下降。

（6）在起吊重物时，严禁人员在重物下做任何工作或走动，以免发生意外事故。

（7）在起吊过程中，无论重物上升或下降，拉动手链条时，用力应均匀和缓，不得用力过猛，以免手链条跳动或卡环。

（8）操作者如发现手拉力大于正常拉力时，应立即停止使用，进行检查，查明原因，消除异常现象方可继续使用。

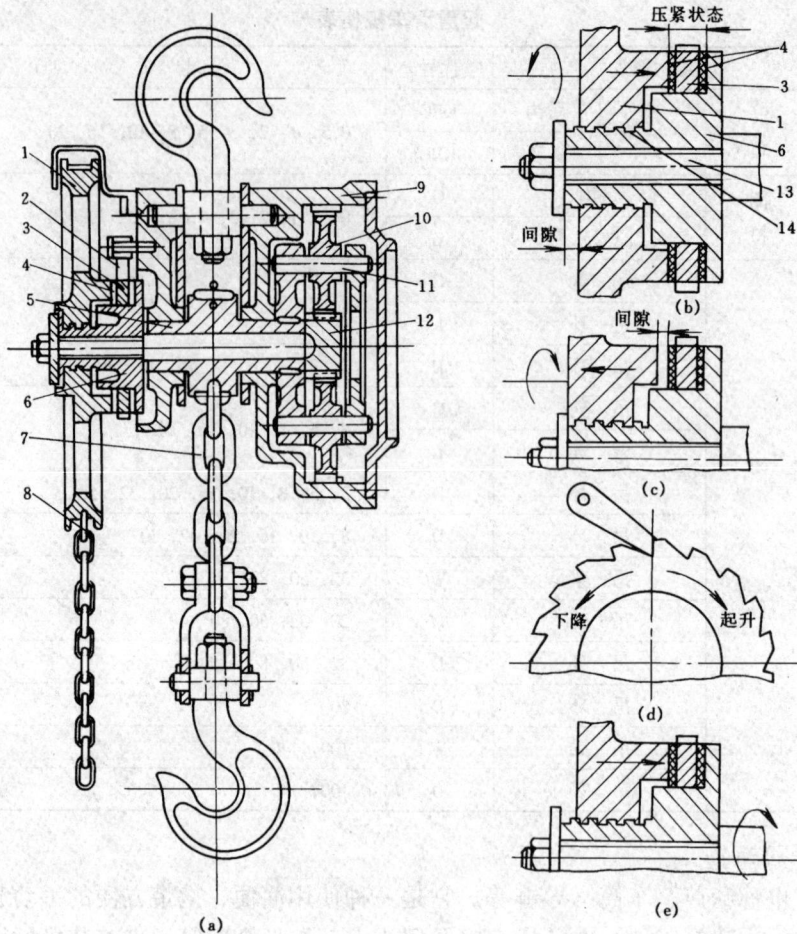

图 1-21 环链手拉葫芦

(a) 结构；(b) 起升重物时自锁机构状态；(c) 下降时自锁机构；(d) 升或降重物棘轮状态；
(e) 在重物的重力作用下自锁机构的自锁状态

1—手链轮；2—棘齿；3—棘轮；4—摩擦片；5—主链轮；6—制动座；7—主链；8—手链；
9—齿圈；10—齿轮；11—小轴；12—齿轮轴；13—花键轴；14—方牙螺纹

4. 千斤顶

千斤顶是一种手动的小型起重和顶压工具，有螺旋千斤顶和液压千斤顶两大类，其结构分别如图 1-22 所示。千斤顶的规格以最大起重吨数来表示。螺旋千斤顶有 5、10、15、30、50t 等规格；液压千斤顶有 3、5、8、12.5、16、20～300t 等规格。

使用千斤顶应注意以下几项：

(1) 千斤顶的起重能力不得小于被顶物质量，严禁超载使用。

(2) 起升高度不得超过千斤顶的规定值，以免损坏千斤顶并造成事故。

(3) 重物重心要选择适当，底座要放平，而且千斤顶的基础必须稳固可靠。

5. 绳与绳扣

常用的有麻绳和钢丝绳。麻绳具有较大的柔性，使用较方便，但强度较低，尤其应注意当它受潮后强度将大为降低，所以麻绳常用于质量较轻物体的手工起重操作中。

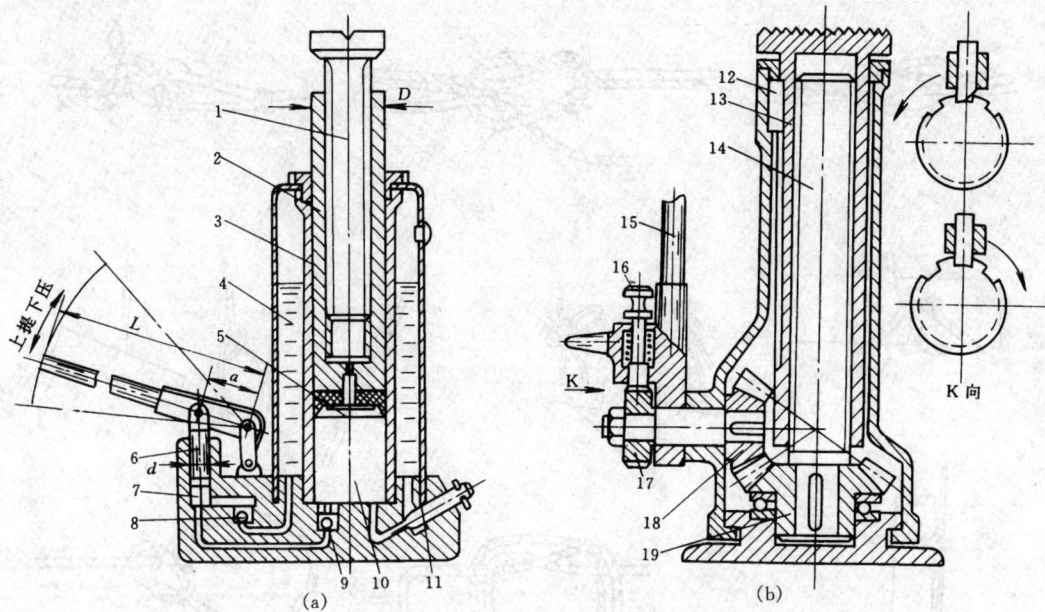

图 1-22 千斤顶结构图

（a）液压千斤顶；（b）螺旋千斤顶

1—丝杆；2—工作活塞；3—缸套；4—油室；5—橡皮碗；6—压力活塞；7—压力缸；8、9—逆止阀；

10—工作缸；11—回油阀；12—键；13—螺母套筒；14—方牙螺杆；15—把手；16—棘齿提手；

17—棘轮；18—小伞齿轮；19—大伞齿轮

钢丝绳是由 19、37、61 根细钢丝捻成股线，再由六股线中间加浸油麻芯合成的，这种钢丝绳强度大，亦有一定的弹性和柔性，不易生锈，但不耐折，使用时应防止钢丝绳打结。若须结扣时，应在结扣上垫上木块。钢丝绳的两端，一般都作成绳套。

常用的绳扣有以下几种，如图 1-23 所示。

（1）直扣，也称平扣。用于临时将麻绳的两端结在一起。登杆作业时，也作腰绳扣用。

（2）活扣。用途与直扣相似，它用于需要迅速解开的情况下，但不能作腰绳扣用。

（3）紧线扣。紧线时用来绑结导线，也可用作腰绳系扣。

（4）猪蹄扣，也称梯形结。在传递物件和抱杆顶部等处绑绳用。

（5）抬扣，也称抬结。抬重物时用此扣，调整和解开都比较方便。

（6）倒扣。临时拉线（抱杆或电杆起立用）往地锚上固定时用。

（7）背扣。在高空作业时，上下传递工具、材料等用。

（8）倒背扣。垂直吊起轻而细长的物件时使用。

（9）瓶扣。吊瓷套管多用此扣，因此扣较结实可靠，物体吊起后不易摆动。

（10）钢丝绳扣，也称琵琶结。它是用来临时拖拉或起吊物体时用，为防止钢丝绳打死结，应在结扣内垫上木块或木棒。

（11）抬缸扣。它是用来起吊缸一样的圆柱形物体。

（12）拴马扣。绑扎临时拉绳用。

6. 人字杆

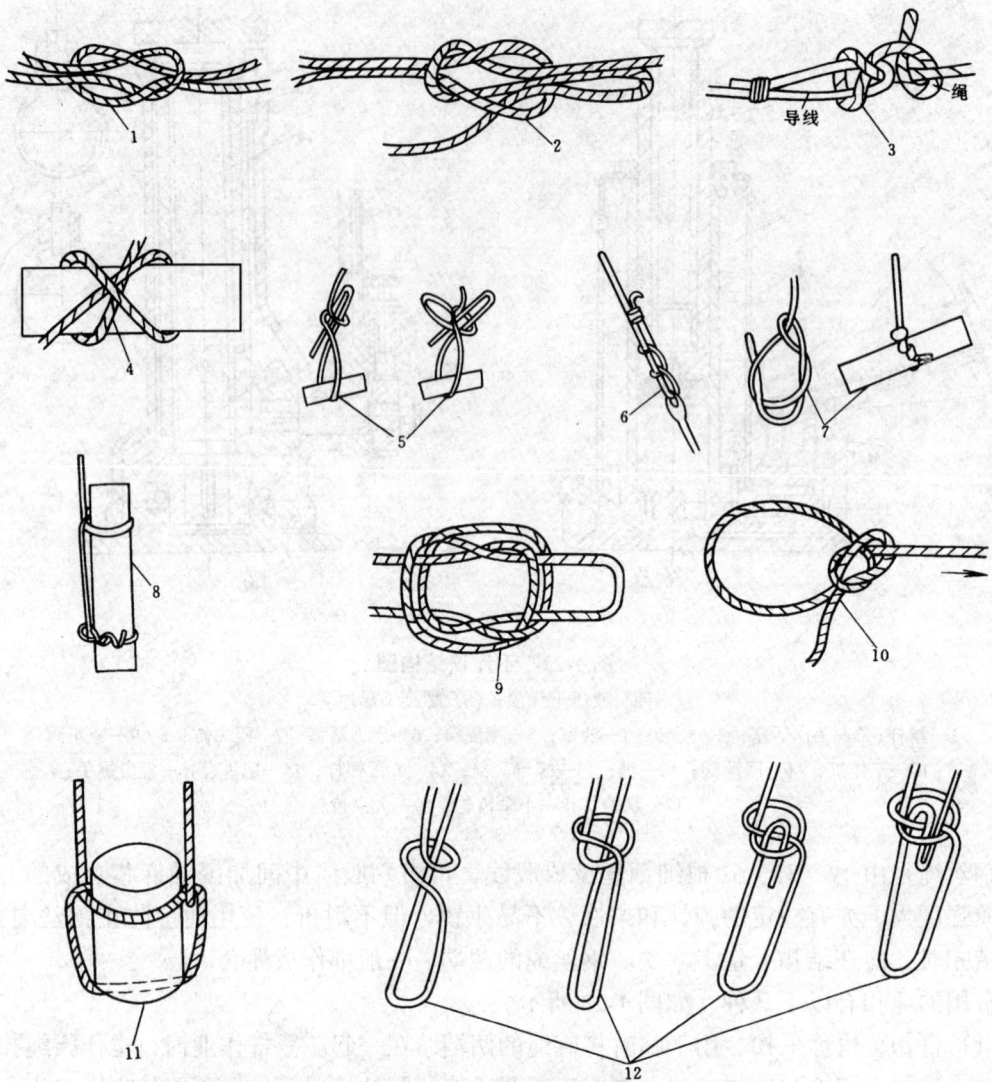

图 1-23　绳扣

1—直扣；2—活扣；3—紧线扣；4—猪蹄扣；5—抬扣；6—倒扣；7—背扣；

8—倒背扣；9—瓶扣；10—钢丝绳扣；11—抬缸扣；12—拴马扣

　　现场起重物件，有时因条件所限也用木杆组成的单杆或双杆（人字杆）起重物件。

　　单杆或双杆的系结法，是用一钢丝绳的中段在木杆顶部打一猪蹄扣，然后绳分两半，用其中一根继续在猪蹄扣处绕 4～6 圈，打一倒扣，引下绑到一侧的地锚上；另一根绳在前一倒扣上再打一倒扣，引下绑到另一侧地锚上，但两扣必须顺绳的方向结。

　　绑双杆时，绳扣先不要结的太紧，以便杆能分叉，叉度为 30°比较合适，但必须能容下起吊的物件，两杆底部用钢丝绳连接，防止劈叉。单杆或双杆起重方法如图 1-24 所示。

（二）搬运方法

　　搬运物体一般采用桥式吊车、单轨吊车或手推车等，也有的采用排子加滚杠滑行的搬运

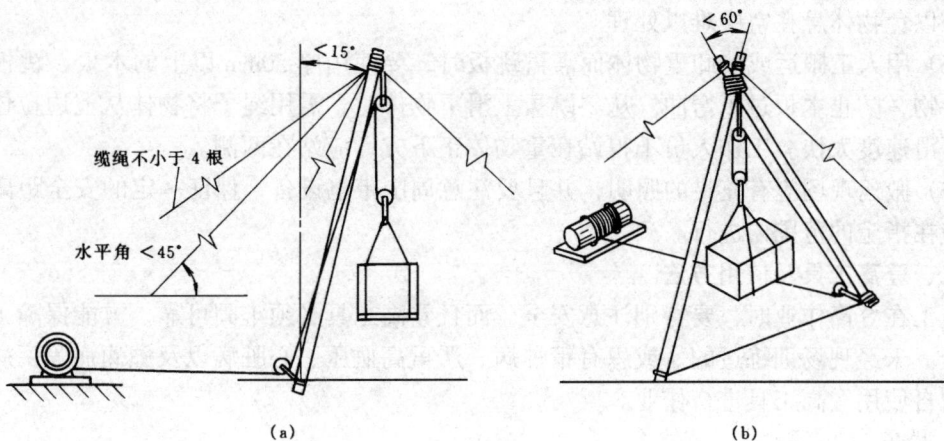

图 1-24　单杆与双杆起重方法

(a) 单杆起重；(b) 双杆（人字杆）起重

方法。

排子加滚杠的搬运方法，即在物体底部做一固定的木排子，排子底下放上滚杠，再用绳子拉，撬杠撬，借滚杠的滚动移动物体，如图 1-25 所示。

在设备检修或安装过程中，起重搬运工作占有很重要的地位，它关系到工程进度和质量。如果发生意外，将会对工程带来很大影响。所以，起重搬运时必须注意以下几点：

(1) 起重前应根据被吊物体的质量和大小检查起吊工具是否经过试验检验合格，起吊中受力不得超过规定的数值。挂钩或滑车上的钢丝绳不许扭曲，以免物体吊起时旋转而发生事故。

(2) 起重前后，物体上下均不得有人，以免发生意外。工作人员必须精神集中，一切行动听指挥，无关人员不得进入起重现场。

(3) 物体离开地面时，应全面检查起重设备、钢丝绳及各处的钢丝绳扣，全部合格方能继续起吊。

(4) 重物不能在起重设备上停留太久，当工作人员休息时，应将物体放下。

(5) 物体往下降落时，要注意缓慢平稳，不得向下冲击，而且系物体的绳索要有足够的

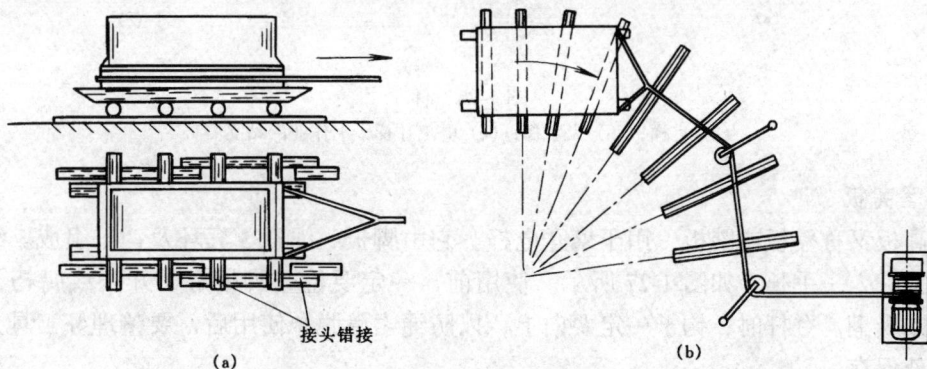

图 1-25　滚移法

(a) 直线拖移；(b) 转弯拖移

长度，以免物体悬在空中难以处理。

（6）用人工搬运或装卸重物体而需搭跳板时，要使用厚 50mm 以上的木板，跳板中部应设支持物，防止木板过于弯曲。从斜跳板上滑下物体时，需用绳子将物体从上边拉住，以防物体下滑速度太快。工作人员不得站在重物体正下方，应站在两侧。

（7）搬运现场应有充足的照明，并且要注意周围带电设备，保证一定的安全距离，搬运工作应在指定的范围内进行。

二、登高工具及使用方法

电工在登高作业时，要特别注意安全。而且登高工具必须牢固可靠，方能保障工作人员的安全。未经现场训练过的，或患有精神病、严重高血压、心脏病以及癫痫症等疾病者，均不能擅自使用登高工具进行作业。

1. 梯子

电工常用的梯子有直梯和人字梯两种。前者通常用于户外登高作业，也可用于室内作业，后者通常用于户内登高作业。直梯的两脚应各绑扎胶皮之类防滑材料，人字梯在中间绑扎两道防自动滑开的安全绳。电工在梯子上作业时，为了扩大人体作业的活动空间和保证不致因用力过度而站立不稳，必须按图 1-26 所示的方法站立。人字梯不宜采用骑马站立的姿势。在门后使用梯子作业要做好防止开门碰倒梯子的措施，防止发生意外摔伤事故。

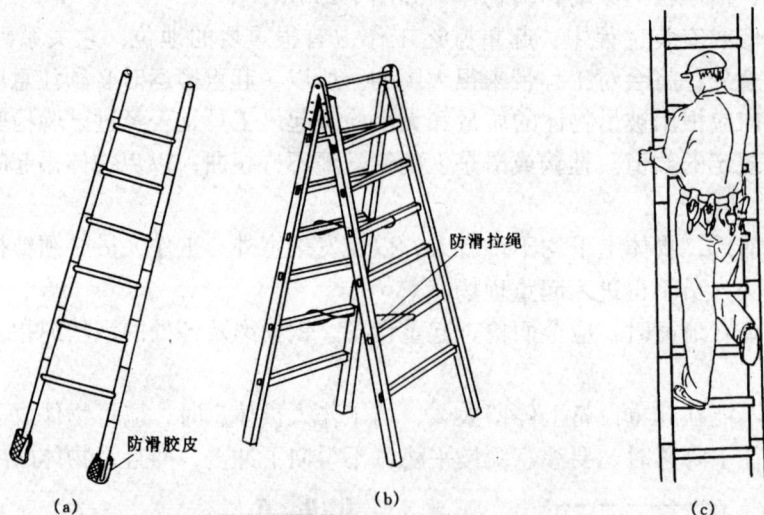

图 1-26　梯子
（a）直梯；（b）人字梯；（c）电工在梯子上作业的站立姿势

2. 登高板

登高板又称登板或踏板，用于攀登电杆。它由脚板、绳索、套环及钩子组成。绳索的长度应保持一人一手长，如图 1-27 所示。使用前，一定要检查脚板有无开裂或腐朽，绳索有无断股或受潮。登杆时，钩子一定要向上，以防绳索滑脱。使用后，要整理好工具，挂在干燥通风处保存。

3. 脚扣

脚扣又称铁脚，也是电杆的攀登工具。它分为混凝土杆脚扣和木杆脚扣两类，如图 1-28

所示。图 1-28（a）为木杆脚扣，图 1-28（b）为混凝土杆脚扣。混凝土杆用的脚扣又分等径脚扣和可调脚扣。混凝土杆脚扣具有橡胶扣环，木杆脚扣具有铁齿扣环。木杆脚扣分大、中、小三种，分别用于不同规格的木杆。

脚扣使用前必须检查有无破裂、腐蚀，脚扣皮带有无损坏，如果有损坏应立即修理或更换，不得用绳子或电线代替脚扣皮带。使用脚扣时，等径杆宜用等径脚扣，不等径电杆使用可调脚扣。木杆则使用铁齿脚扣。混凝土杆脚扣也可用于木杆，但木杆脚扣不得用于混凝土杆。

图 1-27　登高板

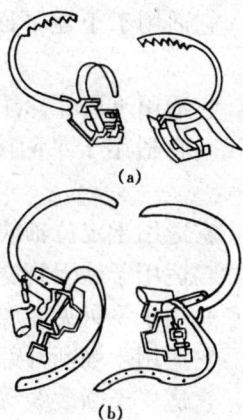

图 1-28　脚扣
（a）木杆脚扣；（b）水泥杆用

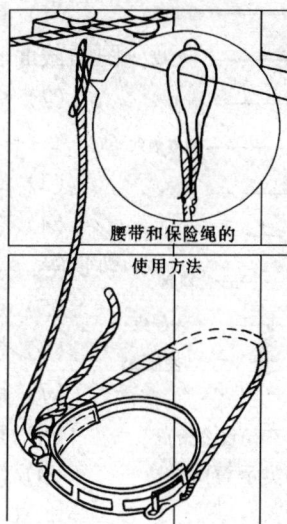

图 1-29　安全带

使用脚扣登杆要按着要领登杆，即卡、拉、踩三要领，并要臀部后坐，不要紧靠电杆，下杆时注意两脚扣不要互相撞击，以免滑脱造成意外事故。

4．腰带、保险绳和腰绳

腰带、保险绳和腰绳也称安全带。如图 1-29 所示，是电杆登高作业必备的防护用具。腰带是用作系挂保险绳、腰绳和吊物绳用的，使用时应系在臀部，而不要系在腰间，这样不易扭伤腰部，并且操作时也方便灵活。保险绳的作用是防止万一失误，人体不致坠地摔伤，因此保险绳的一端系在腰带上，另一端用保险钩挂在牢固的横担或抱箍上。腰绳用来固定人体的臀部，以扩大上身活动的幅度。使用时，应系在电杆横担或抱箍的下方，防止腰绳窜脱电杆顶端，造成事故。目前，在登杆作业中一般不采用安全绳，所以对腰绳的使用要特别注意有无损坏。要系好绳扣，保证施工安全，使用后应挂在通风干燥处妥善保管。

第四节　电　工　识　图

图纸是工程技术界的共同语言。设计部门用图纸表达设计思想，生产部门用图纸指导加工与制造，使用部门用图纸指导使用、维护和管理，施工部门用图纸编制施工计划、准备材料、组织施工等等。

图纸的种类很多，各种图纸都有各自的特点、表达方式和画法。以下是通过阅读电气工程图的有关规定和一些基本概念，重点介绍在电气检修工作中最常见到的几种电气工程图。

（一）基本概念

1. 图标

图标又称标题栏，一般放在图纸的右下角，其内容主要包括：图的名称、比例、设计单位、设计制图者、日期等。

2. 图线

图纸上的各种线条，根据用途的不同分为 9 种，如图 1-30 所示。

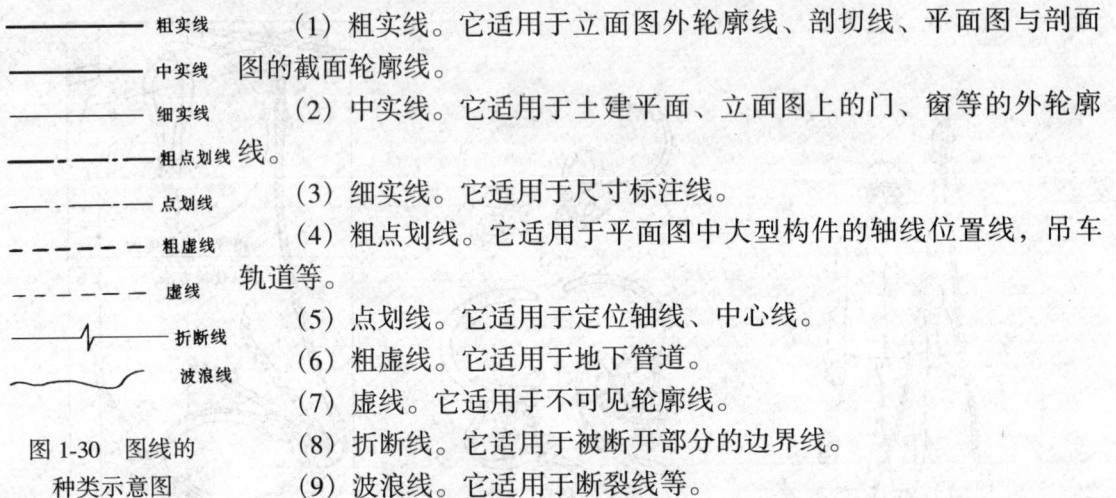

图 1-30 图线的种类示意图

（1）粗实线。它适用于立面图外轮廓线、剖切线、平面图与剖面图的截面轮廓线。

（2）中实线。它适用于土建平面、立面图上的门、窗等的外轮廓线。

（3）细实线。它适用于尺寸标注线。

（4）粗点划线。它适用于平面图中大型构件的轴线位置线，吊车轨道等。

（5）点划线。它适用于定位轴线、中心线。

（6）粗虚线。它适用于地下管道。

（7）虚线。它适用于不可见轮廓线。

（8）折断线。它适用于被断开部分的边界线。

（9）波浪线。它适用于断裂线等。

电气工程中导线在图纸上的具体表示方法将在各种图中加以说明。

3. 尺寸标注

尺寸标注由尺寸线、尺寸界线、尺寸起止点的箭头或 45°短划线、尺寸数字四个要素组成，如图 1-31 所示。各种图上标注的尺寸除标高尺寸、总平面图和一些特大构件尺寸以米为单位外，其余一律以毫米为单位。所以，一般工程图上的尺寸数字都不标注单位。

4. 比例

图纸上所画图形的大小与物体实际大小的比值称为比例，常用符号"M"表示。例如 $M1:2$ 表示图形大小只有实物的 1/2。

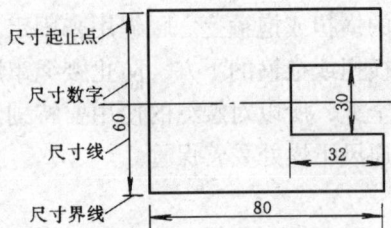

图 1-31 尺寸的组成

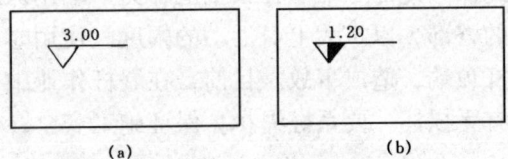

图 1-32 标高的标注方法
(a) 相对标高；(b) 敷设标高

5. 标高

标高有绝对标高与相对标高两种表示方法。绝对标高是以我国青岛市外海平面为零点而确定的高度尺寸，又称海拔高度。相对标高是选定某一参考面或参考点为零点而确定的高度尺寸。在工程图上一般采用相对标高，取建筑物地平标高为 ±0.00m。标注方法如图 1-32

（a）所示的建筑物室内地平标高为 +3.00m，如果图 1-32（a）中还标出了室外地平标高为 ±0.00m，则室内地平高出室外地平 3.00m，显然，这属于二层楼面。

图 1-32（b）所示，称为敷设标高。如某电气设备或线路敷设标高标注 +1.20m，则表示设备下底应高出该层地面或楼面 1.20m。

6. 建筑物定位轴线

在建筑图上一般都标有建筑物定位轴线，凡承重墙、柱子、大梁或屋架等主要承重构件的位置都画了轴线并编上轴线号。定位轴线编号的基本原则是在水平方向采用阿拉伯数字，由左向右注写；在垂直方向采用汉语拼音字母（I、O、Z 不用），由下向上注写；这些数字与字母分别用点划线引出。定位轴线标注式样如图 1-33 所示。一般各相邻定位轴线间的距离是相等的。所以，建筑平面图上的轴线相当于地图上的经纬线，可以帮助人们了解电气设备和其他设备具体的安装位置，以及计算电气管线的长度。

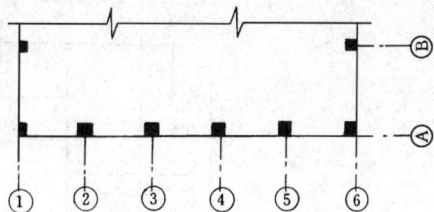

图 1-33　定位轴线的标注方法

7. 详图

由于总图采用较大的缩小比例绘制，因而某些零部件或节点无法在图中表达清楚，为了详细表明这些细部的结构、做法和安装工艺要求，有必要采用放大比例将这些细部单独画出。

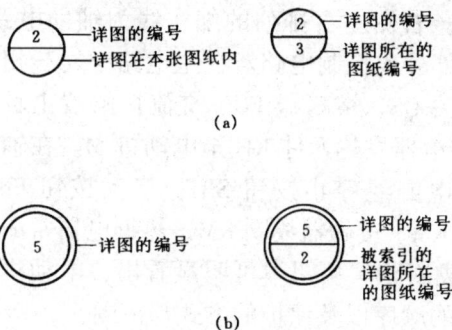

图 1-34　详图标注符号举例
（a）详图索引标志；（b）详图标志

详图有的与总图在一张图纸上，也有的画在另外的图纸上，因而要用一标志将它们联系起来。详图与总图的联系标志称为详图索引标志，如图 1-34（a）中 "2/－" 表示 2 号详图与总图在一张图纸上；"2/3" 表示 2 号详图画在第 3 号图纸上。详图本身的标注采用详图标志表示，如图 1-34（b）所示。图 1-34（b）中 "5" 表示 5 号详图，被索引的详图所在图纸就是本张图纸；"5/2" 是表示 5 号详图被索引的是第 2 号图上所标注的详图。

（二）电气工程图的分类及用途

电气工程图种类较多，有变配电工程、照明工程和动力装置等施工图。这些图纸主要由组成：首页、电气系统图、电气原理接线图、平面图、设备布置图、安装接线图、大样图以及各制造厂电气产品使用说明书中的电气图等。在这里，我们按图纸的用途介绍几种常见的电气原理图、展开接线图、安装图、平面布置图和剖面图。

1. 电气原理图

电气原理图也称电气原理接线图。它表现某一具体设备或系统的电气工作原理的图纸，用以指导具体设备与系统的安装、接线、调试、使用与维护，是电气工程图的最重要组成部分之一。

电气原理图，它能表示电流从电源到负荷的传送情况和电器元件的动作原理，清楚地表明电流流经的所有路径、控制电器、保护电器和负荷的相互关系，图 1-35 所示是 6~10kV 线路过电流保护原理图。它是将二次线和一次线中的有关部分画在一张图上，在图纸上所有的

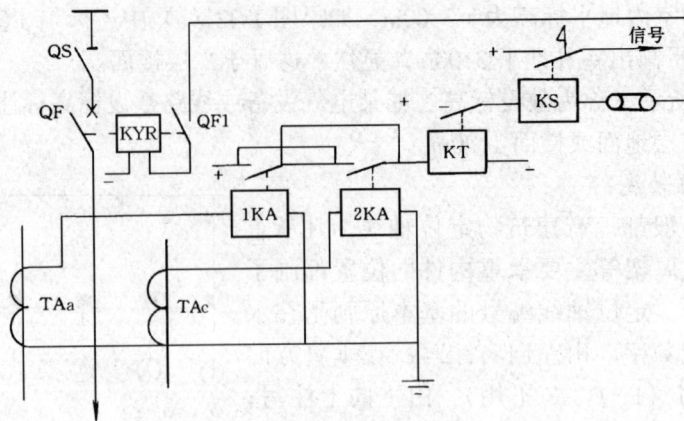

图 1-35　6～10kV 线路过电流保护原理图

仪表、继电器和其他电器都以整体形式表示，其相互联系的电流回路、电压回路和直流回路都能表示出来。这种原理接线图的特点是能使看图者对整个装置的构成有一个明确的整体印象，可以看出保护的范围和方式以及动作的顺序。

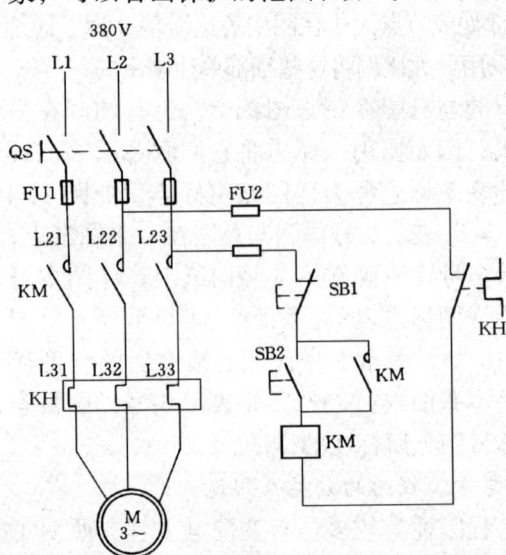

图 1-36　单向启动三相异步
电动机电气原理图

图 1-36 所示为单向启动三相异步电动机电气原理图。图中上下排列的粗实线为主电路，也称一次部分；右侧左右排列的细实线为辅助电路，也称二次部分或控制电路。在主电路中，三相电源经刀开关 QS、熔断器 FU、交流接触器主触头 KM、热继电器发热元件 KH 至电动机 M。在辅助电路中，电源经停止按钮 SB1、启动按钮 SB2、自锁触头 KM、接触器线圈 KM、热继电器常闭触点 KH 构成回路。从图中可明显看出，电动机启动与停止的顺序以及保护的方式与范围。

2. 安装图

安装图是现场施工不可缺少的图纸，是电气原理图具体实现的表现形式，也是运行试验、检修等的主要参考图纸。它可以直接用于安装配线。

安装图是根据原理图和电气设备的安装位置来绘制的，主要表示电器元件的安装位置和实际配线方式。图 1-37 所示是根据图 1-35 所绘制的 6～10kV 线路过电流保护安装接线图（盘后接线图），其中应标明配电屏上各个设备在屏背面的引出端子之间的连接情况，以及屏上设备与端子排的连接情况。为了便于施工和运行中检查，所有设备的端子和导线都给加上走向标志，利用"相对编号法"进行安装配线以及检查校验。详细内容将在第六章二次线路装配检修中加以叙述。

又如图 1-38 所示，是根据原理图 1-36 所绘制的电气控制安装图，是将电器元件按照实际组合及安装位置画在虚线框内并标注上文字符号，其中 FU 为熔断器、KM 为接触器、KH 为热继电器，将它们组装在一次配电盘（或箱）上，通过端子排与电源、控制按钮和电动机 M

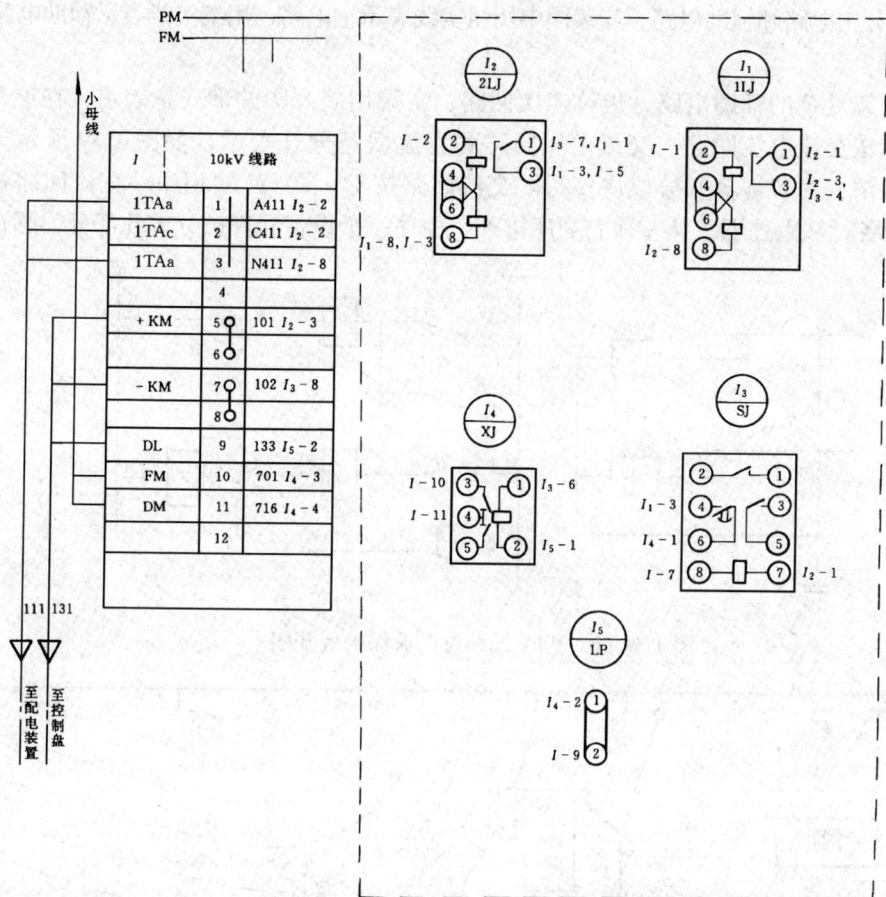

图 1-37 6～10kV 线路过电流保护安装接线图

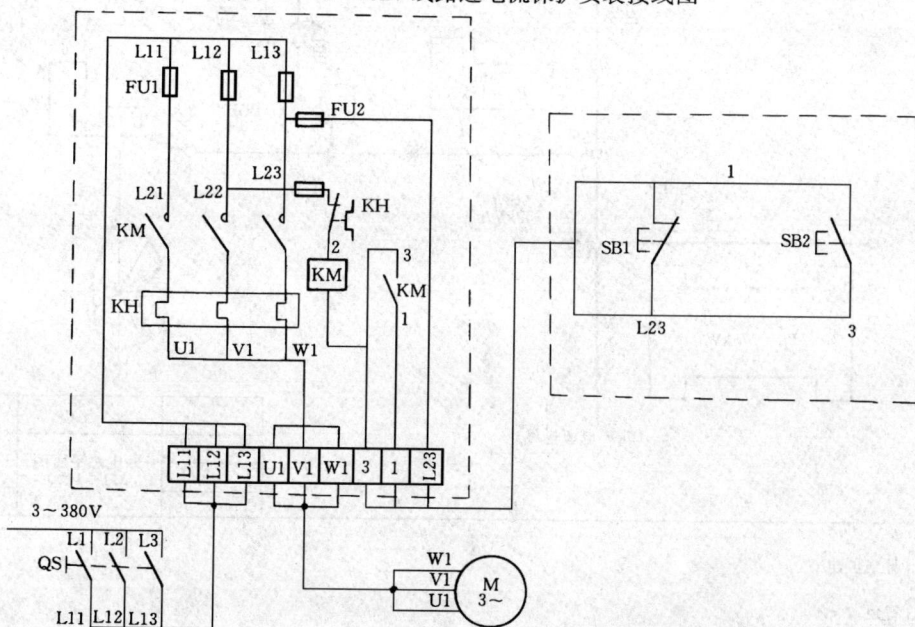

图 1-38 单向启动三相异步电动机电气控制安装图

连接。为了区分主电路和辅助电路，安装图中用粗实线表示主电路，用细实线表示辅助电路。

3．展开图

主要对比较复杂的辅助电路，也称二次回路，常采用展开图的形式来表示，在展开图中将绕组和触点按交流电流回路、交流电压回路和直流回路分开表示，如图 1-39 所示。为了避免回路的混淆，对各部分又分成许多行。交流回路按 U、V、W 的相序，直流回路按继电器动作顺序，各行从上往下，从左往右顺序排列。往往一个设备元件被分成几部分，画在不同

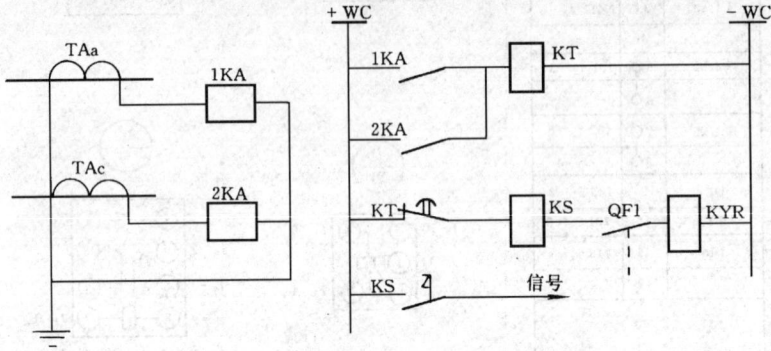

图 1-39　6～10kV 线路过电流保护展开图

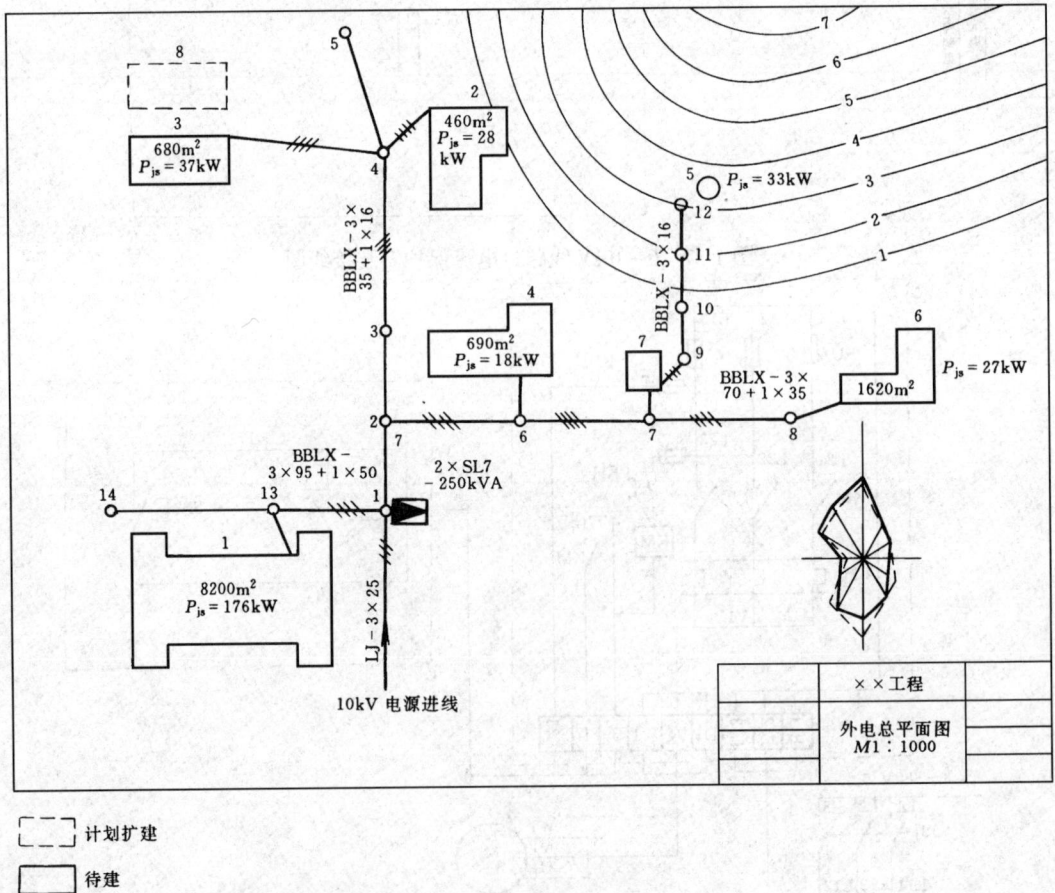

图 1-40　某工程外电总平面图

的回路中。如功率表的电流线圈在交流电流回路中，电压线圈在交流电压回路，电流继电器的线圈在交流电流回路，而其触点则在直流回路中等。为了将分散在各回路中同一元件的各部分联系在一起，应将同一元件分散的各部分，标注同样的文字符号。

4. 电气工程平面图

电气工程平面图又分外电总平面图和动力、照明平面图。

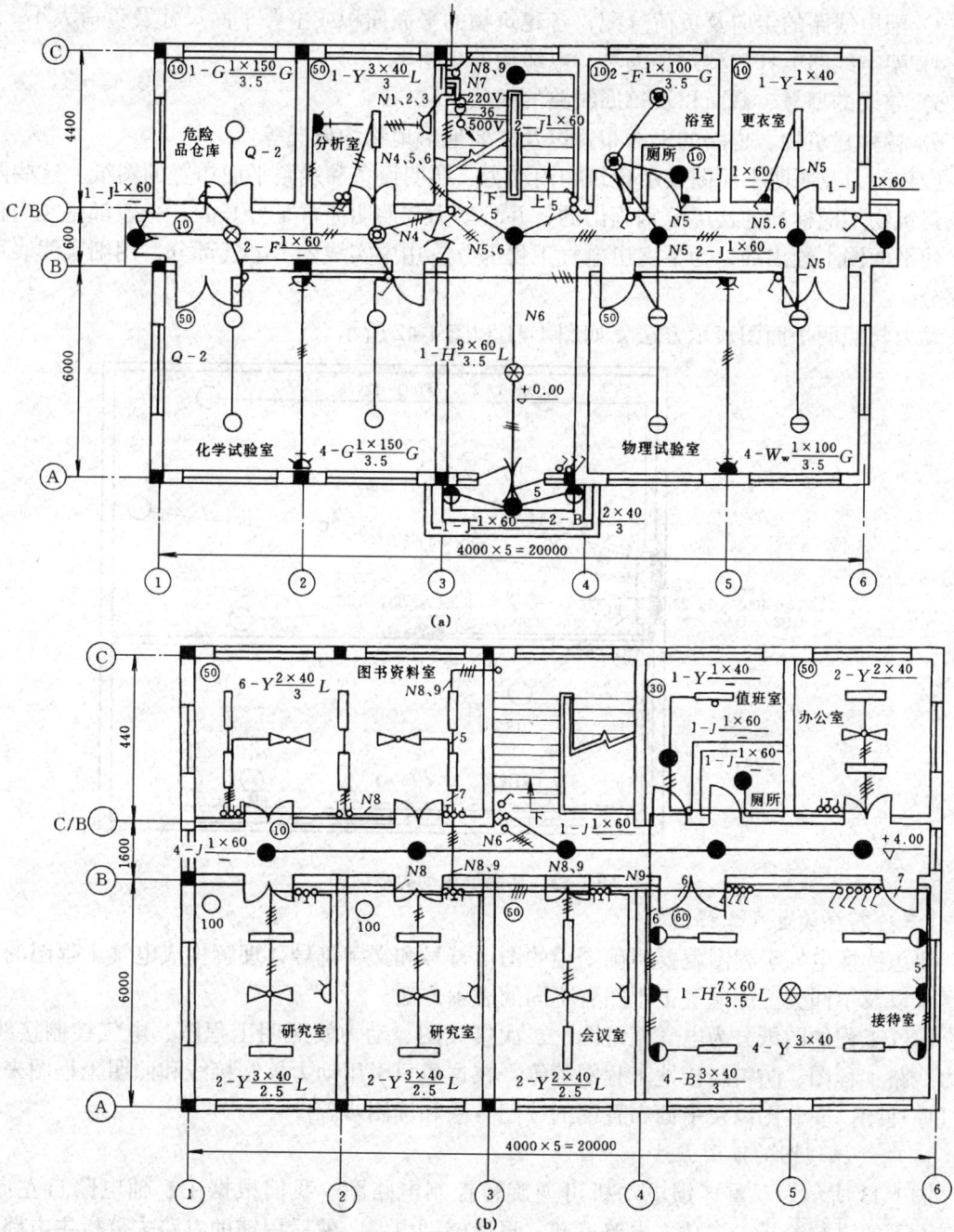

图 1-41　电气照明平面图

（a）一层电气照明平面图；（b）二层电气照明平面图

（1）外电总平面图是表示某一建筑物外接供电电源布置情况的图纸，表明变电所与线路的平面布置情况，如图 1-40 所示。其包括主要内容如下：

1）高压架空线路或电力电缆线路进线方向。

2）变压器的台数、容量，变电所的型式（如 10kV 变电所是落地式、台墩式还是柱上式等）。

3）配电线路的走向及负荷分配，各建筑物的平面面积或主要平面尺寸及负荷大小。

4）架空线路电杆的型式、编号、电缆沟的规格。

5）导线的型号、截面积及每回线路的根数。

6）各种建筑物、道路的平面布置以及主要地形地物的概况等。

（2）动力及照明平面图表示建筑物内动力、照明设备和线路平面布置的图纸。这些图纸是按建筑物不同标高的楼层分别画出的，并且动力与照明通常是分开的。一般都是在简化了的土建平面图上绘出的，为了突出电气工程部分，用中实线表示电气部分，用细实线表示土建部分。

动力与照明平面图表示方法，如图 1-41 和图 1-42 所示。

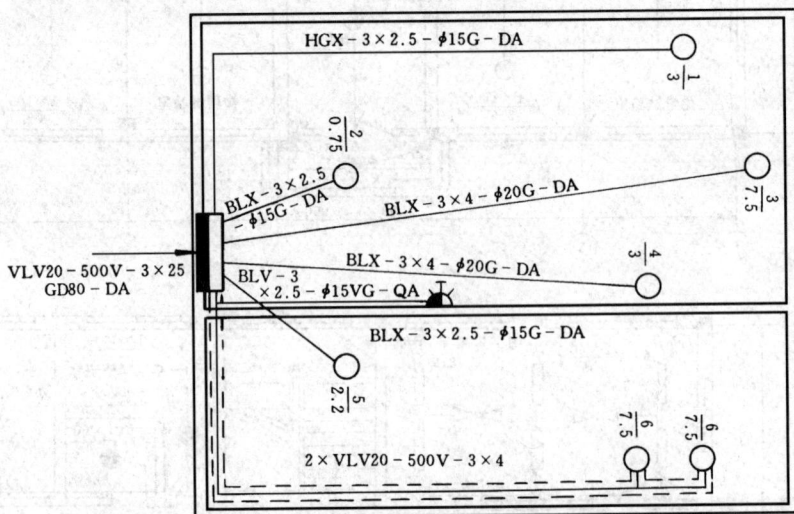

图 1-42　某锅炉房动力平面图

（三）怎样读电气工程图

要想读懂电气工程图就要明确图中的图形符号和文字符号，理解构成电气工程图的基本要素，以及不同类型的电气工程图有不同的表示方法。

电气工程的图纸分为电气系统图、二次接线图、动力及照明工程图、电气控制接线图、电力线路工程图、防雷与接地工程图等等。在这里只引用动力控制接线和照明工程图来叙述电气原理图、安装图以及平面布置图的读图方法和读图步骤。

1．电气原理图的读图方法

图 1-43 所示为双重连锁电动机可逆旋转控制电路图。我们根据主、辅电路自左向右，自上而下的进行分析。先从主电路读起，再读辅助电路，然后用辅助电路去分析主电路控制程序。

（1）读主电路。首先看此电路的用电设备或用电器具是什么类型、用途以及数量和其他一切不同的要求。图1-43中所示是一台三相交流双重连锁异步电动机 M。它可以是星形接线或三角形接线，其次看用电设备是用什么电器元件和什么方式控制的。图1-43中三相异步电动机是通过电源开关 QS、一组熔断器 FU1、两个接触器 KM1 和 KM2 以及热继电器 KH 组成的可逆旋转的控制电路，再次是要了解电源的性质和电压等级，图1-43中用电设备一般采用 380V 交流电源。

（2）读辅助电路。首先要看辅助电路的电源是从什么地方接过来，电源是交流还是直流，电压是多高。其次要分析电器元件间的相互关系以及它们的用途。图1-43所示的电源是 380V，主电路采用交流接触器，辅助电路也采用交流电。它们是分两路分别控制正、反转的。

根据辅助电路分析主电路的操作顺序，请参照第九章全压启动控制部分。

2. 电气安装图的读图方法及顺序

电气安装图的读图方法必须与电气原理图结合起来读，如果遇到复杂的辅助电路时，还要参照展开接线图来看安装接线图。在这里，我们以 B690 型液压牛头刨电气安装接线图结合其原理接线图来叙述读图方法。图1-44所示为 B690 型液压牛头刨电气原理图。图1-45所示是 B690 型液压牛头刨电气安装图。

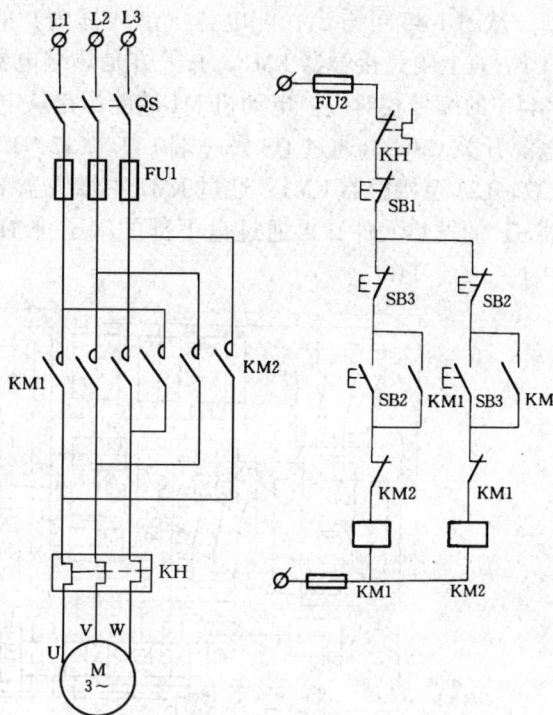

图 1-43 双重连锁电动机可逆控制电路

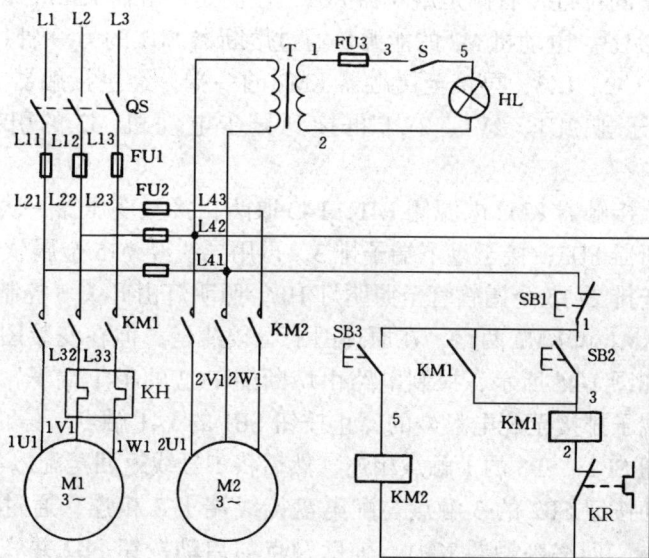

图 1-44 B690 型液压牛头刨电气原理图

从图 1-45 可看出，配电盘（虚线框内）的左上角是电源开关 QS，上中是一组熔断器 FU1、右上角是接触器 KM1，右下方是热继电器 KH，这四个设备各自两端的编号正好与图 1-44 中的编号相对应。电动机 M1 的能源是从电源的接线端子排 L1、L2、L3 通过导线连接到电源开关 QS，再通过 QS 另一端 L11、L12、L13 串接熔断器 FU1 并从熔断器的另一端 L21、L22、L23 至接触器 KM1，通过 KM1 主触头至 KM1 另一端 L31、L32、L33，同时串接热继电器 KH 的发热元件，再通过盘下部的端子排 1U1、1V1、1W1 至异步电动机 M1 的引线端子 1U1、1V1、1W1。

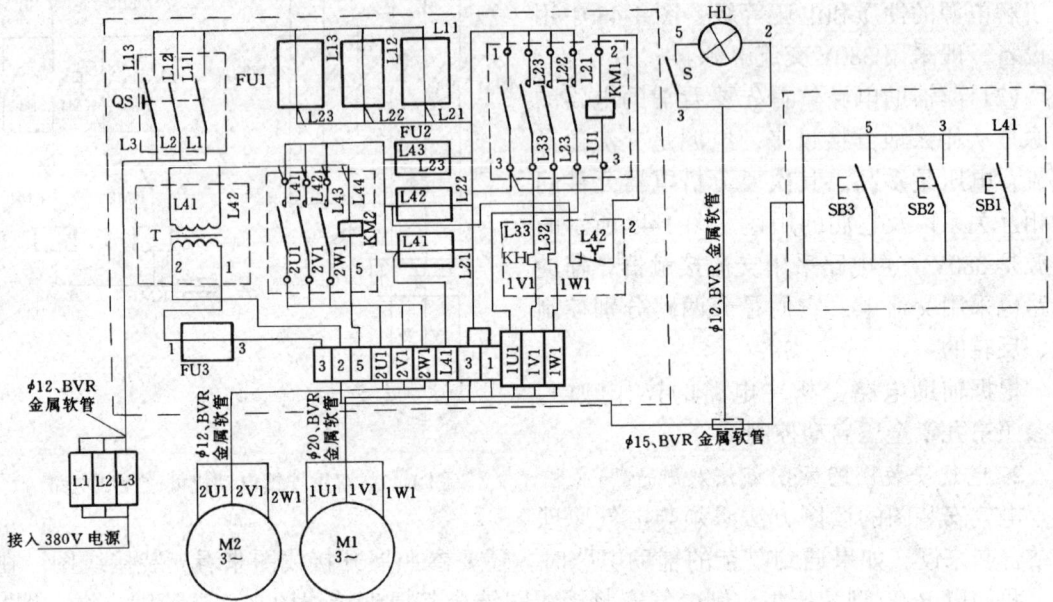

图 1-45　B690 型液压牛头刨电气安装接线图

再看图 1-45 的中间位置，右侧是熔断器 FU2，左侧是接触器 KM2，最左侧是照明变压器 T，其下方是熔断器 FU3。电动机 M2 的能源是通过熔断器 FU1 的另一端 L21、L22、L23 串接熔断器 FU2 至 L41、L42、L43，再接至接触器 KM2 的一端，经过接触器 KM2 的主触头，通过导线至盘下方端子排 2U1、2V1、2W1 再接到异步电动机 M2 的引线端子 2U1、2V1、2W1。

照明变压器是从接触器 KM2 电源侧 L41、L42 取两相接至变压器一次侧，二次侧 1 号端子通过导线串接熔断器 FU3；接至盘下端子排 3，再用导线经 φ15 金属软管至控制开关 S；2 号端子用导线经端子排 2φ15 金属软管至照明灯 HL，照明灯由开关 S 控制。

控制电路分为 KM1 和 KM2 两路，在原理图上看较清楚，但在安装图上查看时必须按线路标号对号入座。如图 1-45 所示，控制电路由熔断器 FU2 的 L41 端子，用 L41 号线接到端子排 L41 上，通过端子排接至配电盘外的停止按钮 SB1 的 L41 触点。停止按钮的另一端接 1 号线，并与启动按钮 SB2、SB3 的 1 触点相连，然后将 1 号线返回至配电盘 1 端子上，通过 1 端子用 1 号线将启动按钮 SB2 的 3 触点与配电盘接线端子 3 相连，通过 3 端子接至接触器 KM1 辅助触点的 3 端，即将接触器 KM1、辅助触点与启动按钮 SB2 并联，形成接触器 KM1 的自锁回路。用 3 号线从接触器 KM1、辅助触点 3 接到接触器 KM1 线圈的 3 端子，接触器

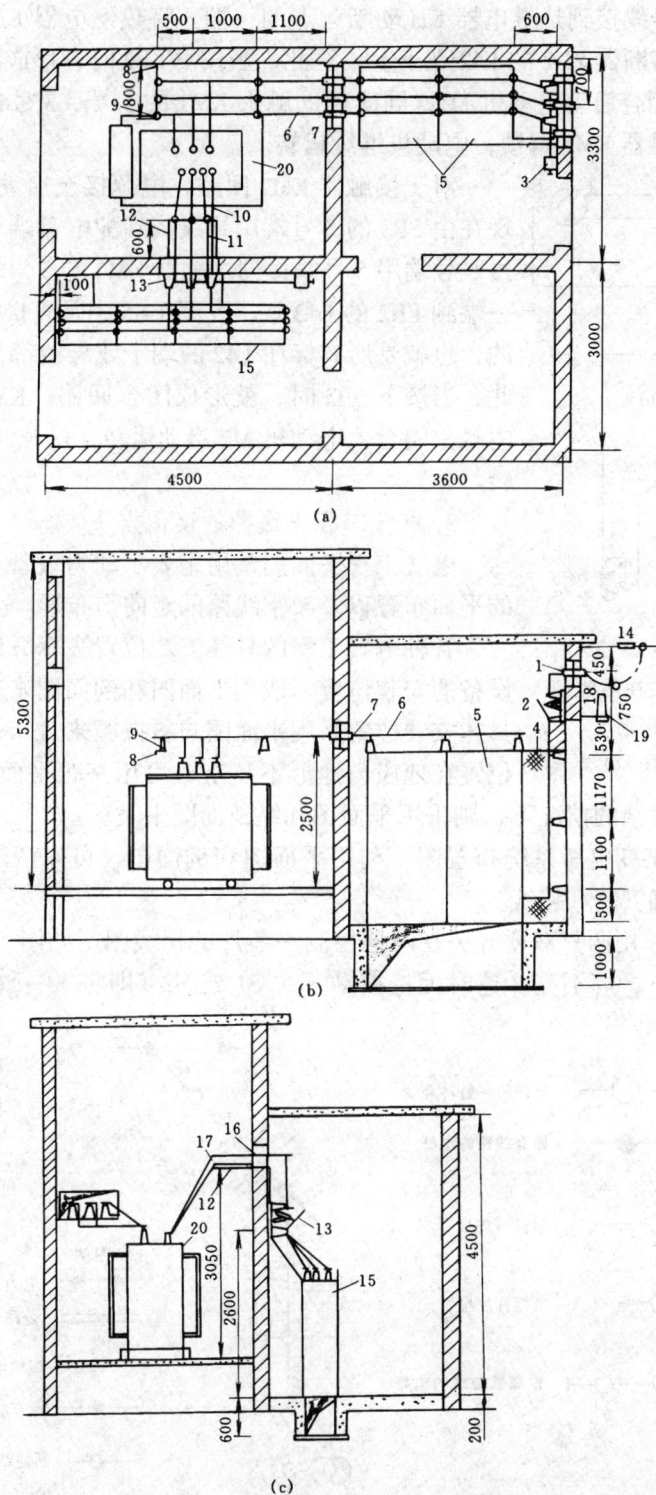

图 1-46　变电所一次系统布置图

(a) 平面图；(b) 高压部分剖面图；(c) 低压部分剖面图

1—穿墙套管；2—隔离开关；3—隔离开关操作机构；4—保护网；5—高压开关柜；6—高压母线；7—穿墙套管；8—高压母线支架；9—支持绝缘子；10—低压中性母线；11—低压母线；12—低压母线支架；13—隔离开关；14—架空引入线架及零件；15—低压配电屏；16—低压母线穿墙板；17—支持绝缘子；18—阀型避雷器；19—避雷器支架；20—电力变压器

线圈的另一端用 2 号线接到热继电器 KH 动断触点的一端。将热继电器 KH 动断触点的另一端用 L42 号线接到熔断器 FU2 的 L42 端子上。至此，当按下 SB2 时，形成闭合回路，接触器 KM1 吸合，主触头闭合启动电动机 M1，同时辅助触头 KM1 的 1 号、3 号也闭合，在复合按钮 SB2 松开后，接触器 KM1 自锁，电动机继续运转。

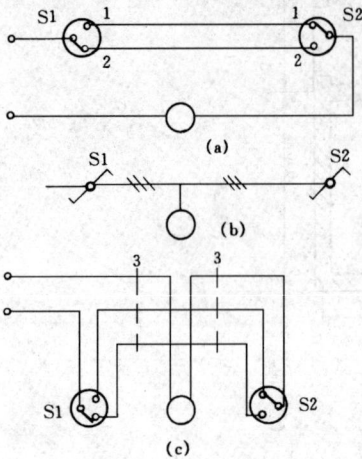

对于接触器 KM2 回路，电源接至启动按钮 SB3 的一端，现在由 SB3 的 5 号端用导线接到配电盘端子排的 5 号端，通过 5 号端用 5 号线接到接触器 KM2 的 5 号端，KM2 线圈的另一端到 FU2 的 L42 端，在图 1-45 中是直接接到主触头 L42 端的，也就是所有标注 L42 的端子或导线都是连在一起的。因此，当按下 SB3 时，就形成闭合回路，KM2 线圈带电吸合，主触头闭合，电动机 M2 启动运转，松开 SB3 时，M2 停止运转。

3. 电气工程平面图的读图方法

电气工程平面图常用来表示动力设备、照明设备和线路的平面布置以及架空线路的走向与布置。

各种电气工程的具体安装位置表示方法有所不同。动力设备的安装位置一般用平面图和剖面图来表示；照明设备的具体安装位置采用平面图与斜视图来表示；架空线路的具体位置在地段与地形不复杂时可用一张平面图满足施工要求，

图 1-47 双联开关在两地
控制一盏灯接线

(a) 原理图; (b) 平面图; (c) 斜视图

但在地段与地形较复杂的情况下，则采用平面图和纵断面图来表示。

图 1-46 所示为某变电所系统布置图。利用平面图和剖面图，可以清楚地表明各设备的安装位置，便于正确安装和接线。

如图 1-47 所示，用两只双联开关在两地控制一盏灯的接线图。如图 1-47 (a) 所示，在图示开关位置状态下，灯不亮。这时无论扳动开关 S1 或 S2（即将 S1 扳向"1"或 S2 扳向

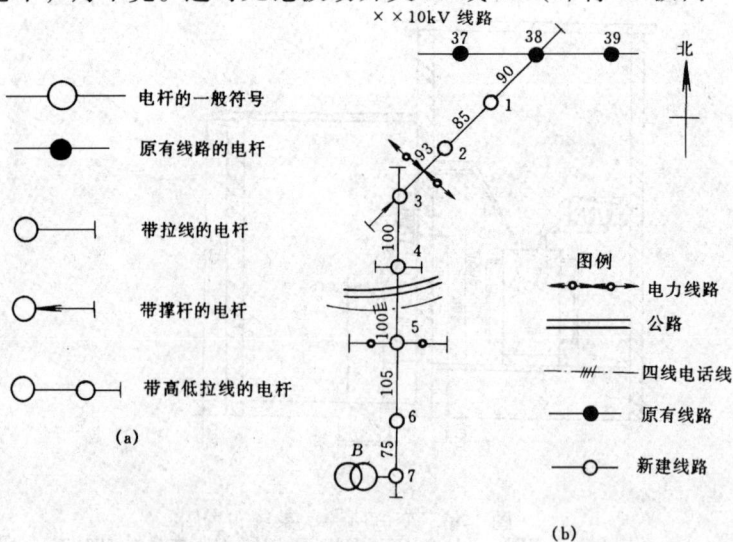

图 1-48　某 10kV 线路平面图

(a) 电杆图形符号; (b) 线路平面图

"2"），灯则亮。具体接线见图 1-47 的（b）、（c）。

图 1-48 所示为某 10kV 线路平面图，也就是此线路的俯视图。在平面图上用线条表示导线，电杆图形符号如图 1-48（a）所示。在电杆的图形符号旁边，往往还用文字符号标注电杆的基本情况。

第二章

低压配线工艺

将低压电源通过导线，按照一定要求和一定的方式与低压用电器具以及保护装置连接在一起，构成用电电路的配线方法称为低压配线。它包括室内配线与室外配线。本章从室内配线、照明装置以及室外低压架空线路几方面来介绍低压配线工艺。

第一节 室 内 配 线

室内配线有明配和暗配两种。导线沿墙壁、顶棚、桁梁和柱子等明敷设，称为明配线；导线穿管埋设在墙内、地坪内或装设在顶棚里，称为暗配线。

具体的配线方式种类较多，应根据施工现场的实际情况定出具体的配线方式。一般常采用的方式有：电线管配线（钢管或塑料管）、夹板配线（瓷夹板或塑料夹板）、绝缘子配线、钢索配线、护套线配线（塑料护套或铅包护套）、槽板配线、电缆配线等。

（一）室内配线原则、要求、工序及方法

1. 配线原则

配线原则可概括：安全可靠、检修方便、美观大方、节约材料。

2. 一般技术要求

（1）使用的材料应符合设计要求，如导线的额定电压应大于线路的工作电压，绝缘应符合线路安装方式和敷设的环境条件，截面应满足供电负荷和机械强度的要求。

（2）配线时，应尽量避免导线接头，如需要接头时，应采用压接或焊接。穿在管内或槽板内的导线不允许有接头，必要时可将接头放在分线盒或灯线盒内。导线连接和分支处不应受到机械力的作用。

（3）在建筑物内明敷（配）线路应平行或垂直敷设。平行敷设的导线距地面不小于2.5m；垂直敷设的导线距地面一般不小于2m。否则应将导线穿管保护，以防机械损伤。

（4）当导线穿过楼板时，应设钢套管加以保护，钢管长度应从楼板面2m高处到楼板下出口处为止。

导线穿墙要用瓷管保护，瓷管两端伸出墙面距离不小于10mm，以免墙壁潮湿而产生漏电等现象。

（5）为确保安全用电，室内电线管线、配电设备与其他管道、设备间的最小距离应符合表2-1的规定，表中分子、分母两个数字分别表示电气管线敷设在管道上、下的不同距离。

施工时，如果不能满足表中所列距离，则应采取相应的保护措施。

表 2-1　　　　　　室内电气管线、配电设备与其他管道、设备之间的最小距离（m）

类别	管线及设备名称	管内导线	明敷绝缘导线	裸母线	滑触线	配电设备
平 行	煤气管	0.1	1.0	1.0	1.5	1.5
	乙炔管	0.1	1.0	2.0	3.0	3.0
	氧气管	0.1	0.5	1.0	1.5	1.5
	蒸汽管	1.0/0.5	1.0/0.5	1.0	1.0	0.5
	暖水管	0.3/0.2	0.3/0.2	1.0	1.0	0.1
	通风管	—	0.1	1.0	1.0	0.1
	上、下水管	—	0.1	1.0	1.0	0.1
	压缩气管	—	0.1	1.0	1.0	0.1
	工艺设备	—		1.5	1.5	—
交 叉	煤气管	0.1	0.3	0.5	0.5	
	乙炔管	0.1	0.5	0.5	0.5	
	氧气管	0.1	0.5	0.5	0.5	
	蒸汽管	0.3	0.3	0.5	0.5	
	暖水管	0.1	0.1	0.5	0.5	
	通风管	—	0.1	0.5	0.5	
	上、下水管	—	0.1	0.5	0.5	
	压缩气管	—	0.1	0.5	0.5	
	工艺设备	—	—	1.5	1.5	

3．室内配线工序如下

（1）按设计图纸确定配电箱、用电器具以及启动设备的具体位置。

（2）沿建筑物确定导线敷设的路径，穿过墙壁或楼板的位置。

（3）在土建未抹灰之前，将配线所有的固定点打好孔眼，预埋绕有铁丝的木螺丝钉或螺栓与木块。

（4）装设绝缘支持物、线夹或电线管等。

（5）敷设导线。

（6）导线连接、分支和封端，并将导线出线接头和设备连接。

4．室内配线方法

（1）电线管配线。将导线穿在电线管内的敷设方法称为电线管配线。这种方法比较安全可靠，可避免腐蚀性气体侵蚀或遭受机械损伤，常用于工业企业和民用建筑中，有明敷设和暗敷设两种，具体配线方法如下：

1）电线管的选择。常用的电线管有镀锌钢管和塑料管两大类型。塑料管又有硬塑料、半硬塑料和阻燃管之分。镀锌钢管耐温性能好，机械强度高；塑料管耐潮湿和耐腐蚀性好。因此，在选择电线管的材质上，应根据敷设场所的具体情况来确定电线管的类型。

2）电线管的加工。根据实际需要，用钢锯将电线管锯成一定长度，操作时，要扶直锯弓架，使锯条保持平直，保证电线管端头不歪斜。用锉修整管子端头的毛刺与棱角，用钢丝刷清理管内的锈垢。

为使管子与管子之间或管子与接线盒之间连接起来，就需要在管子端部进行套丝。管子套丝，可用管子套丝绞板，如电线管是塑料管，可用圆丝板套丝。管端套丝长度应不小于管接头长度的1/2。

根据线路敷设的需要，线管改变方向需要将电线管弯曲。管径在 50mm 以下的钢管可以用手动弯管器弯管，其操作方法如图 2-1 所示。管径在 50mm 以上的钢管，应采用电动或液压弯管机进行弯管。塑料管的弯曲，可采用热弯法。弯曲时，将塑料管靠近火源加热，待到塑料管柔软状态时，把管子放到胚具上弯曲成型，如图 2-2 所示。为加速弯头恢复硬化，可浇水冷却。管径在 50mm 以上的管子，为防止弯曲后变形，可将管内填以干燥的沙子，两端用木塞堵住。用上述同样方法加热弯曲，要慢慢转动管子，使之加热均匀，待成型冷却后倒出沙子。

图 2-1　手动弯管器弯管

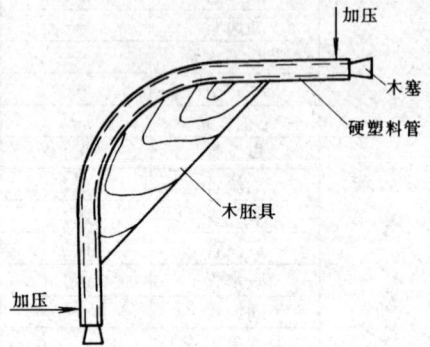

图 2-2　塑料管弯曲

　　为了便于穿线，管子的弯曲角度，一般不小于 90°。管子的弯曲半径，明敷设时，应不小于管子直径的 6 倍，如果只有一个弯头的情况下，可以不小于管子直径的 4 倍；暗敷设时，弯曲半径不应小于管径的 6 倍，埋入地下或混凝土内时，不应小于管径的 10 倍。电线管弯曲半径示意图，如图 2-3 所示。

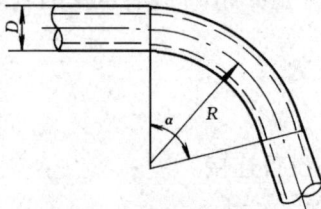

图 2-3　管子弯头

D—管子直径；$α$—弯曲角度；R—弯曲半径

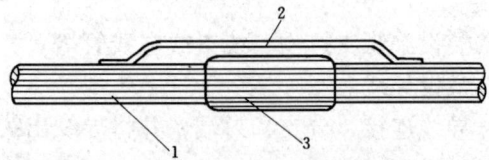

图 2-4　管箍连接钢管

1—钢管；2—跨接线；3—管箍

　　3）电线管的连接。钢管与钢管的连接，无论是明配管还是暗配管，尤其是埋地和防爆电线管，采用管箍连接，如图 2-4 所示。为了保证管口的严密性，管子的丝扣部分应顺螺丝方向缠上麻丝，并在麻丝上涂一层白漆，再用管钳拧紧使其吻合。管箍长度为配管外径的 1.5～3 倍。

　　钢管与接线盒的连接应采用在接线盒内外各用一个薄形螺母夹紧线管的方法，如图 2-5 所示。即安装时，先在管口拧入一个螺母，管子穿入配电箱或接线盒后，在箱或盒内再拧入一个螺母，然后用两把扳手将两个螺母反方向拧紧，如果需要密封，则在两螺母之间各垫入封口垫圈。

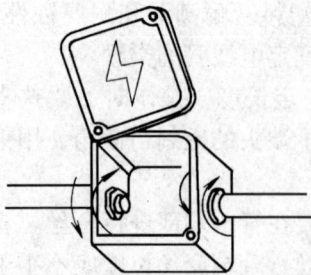

图 2-5　线管与接线盒的连接

　　塑料管连接有两种方法。一种是插入连接法，适用于直径

50mm 及以下的塑料管，插入深度 L 为管内径的 1.1~1.8 倍，如图 2-6 所示。在连接前先将两连接管的管口分别作内倒角和外倒角，然后用汽油或酒精清理插接段，再将插接段靠近热源加热至 145℃左右，使塑料管呈柔软状态后，将外倒角管插入部分涂一层胶合剂后迅速插入内倒角管，达到需要深度，立即用湿布冷却使管子恢复原来硬度；第二种是套接法连接，如图 2-7 所示。套管长度为连接管内径的 1.5~3 倍，

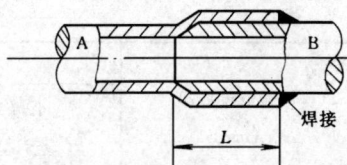

图 2-6　塑料管插入连接法

连接管的对口应在套管的中心。连接前，将一内径等于连接管外径的套管清理干净，

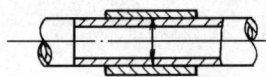

图 2-7　塑料管套接法

或者先将同直径的塑料管加热扩大成套管，再用汽油或酒精将两连接管擦净，待汽油或酒精挥发后，涂上粘接剂，迅速将两连接管插入套管中。对以上两种连接方法，可采用焊接方法来密封接头。

电线管在穿过变形缝时，应装过线箱（或补偿盒），如图 2-8 所示。当管子经过建筑物伸缩缝时，为防止基础下沉不均，损坏管子和导线，须在伸缩缝的旁边装设补偿盒。

另外，电线管配线，当电线管路超过下列长度时，中间应加装接线盒：

管子长度每超过 30m，无弯曲时；

管子长度每超过 20m，有一个弯曲时；

管子长度每超过 15m，有两个弯曲时；

管子长度每超过 8m，有三个弯曲时。

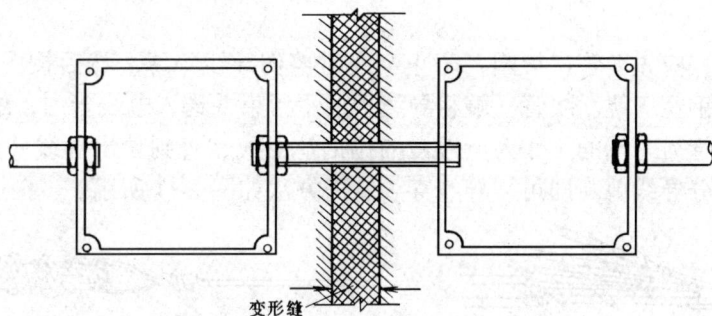

图 2-8　经过伸缩缝的补偿盒（过线箱）

4）电线管固定。线管明敷设时，应采用管卡支持，线管直线部分两管卡之间的距离应不大于表 2-2 的规定。当线管进入开关、灯头、插座和接线盒前 300mm 处和线管弯头两边均用管卡固定，如图 2-9 所示。

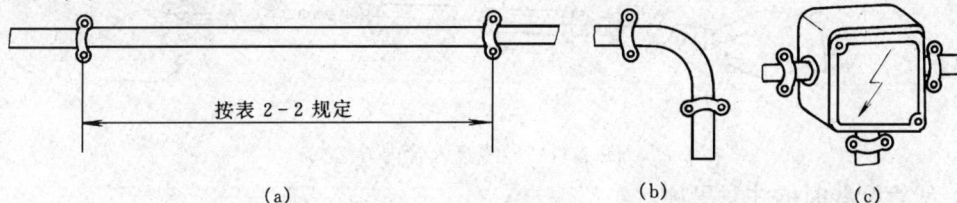

图 2-9　管卡定位

（a）直线部分；（b）弯曲部分；（c）进入接线盒部分

表 2-2　　　　　　　　　　　明设线管直线部分管卡间距（m）

钢管管壁厚度 （mm）	钢管标称直径（mm）			
	$12 \sim 20$ $\left(\frac{1}{2}'' \sim \frac{3}{4}''\right)$	$25 \sim 32$ $\left(1'' \sim 1\frac{1}{4}''\right)$	$40 \sim 50$ $\left(1\frac{1}{2}'' \sim 2''\right)$	$70 \sim 80$ $\left(2\frac{1}{2}'' \sim 3''\right)$
2.5 及以上	1.5	2.0	2.5	3.5
2.5 以下	1.0	1.5	2.0	—
硬塑料管敷设方向	硬塑料管标称直径（mm）			
	20 及以下 $\left(\frac{3}{4}''\text{及以下}\right)$	$25 \sim 40$ $\left(1'' - 1\frac{1}{2}''\right)$	50 及以上（2″及以上）	
垂直	1.0	1.5	2.0	
水平	0.8	1.2	1.5	

　　线管暗敷时，一般在土建砌砖时预埋，如在混凝土内暗敷时，可用钢丝将管子绑扎在钢筋上即可。

　　5）电线管内穿线。穿线工作一般在土建粉刷工程结束后进行。穿线前应首先清扫线管，用压缩空气（或在钢丝上绑抹布）将管内杂物和水分清除。用直径为 1.2mm 的钢丝作引线。如果线管弯头多或较长时，可从线管两端同时穿入钢丝引线，引线端部弯成小钩，当两钢丝引线在管内相遇时，转动钢丝引线，使其钩在一起，然后将一根引线拉出即可将导线牵入管内。

　　导线穿管前，应先套管口护圈，防止穿线时擦伤导线绝缘。然后按图 2-10 所示方法将所有导线与牵引钢丝缠绕。线管一端将导线理成平行束并送入电线管内，配合另一端慢慢往管内送线，而线管另一端的工作人员慢慢抽拉钢丝引线，直到拉出导线并留出一定长度后，将另一端多余部分导线剪断即可。导线穿入管内方法如图 2-11 所示。

(a)　　　　　　　　　　　　　　　　　(b)

图 2-10　导线与牵引钢丝的连接方法
(a) 牵引钢丝缠绕方法；(b) 导线缠绕方法

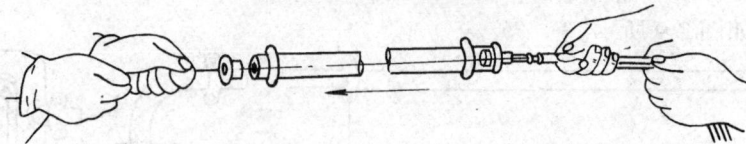

图 2-11　导线穿入管内方法

　　6）线管配线时的注意事项。

　　a）穿管导线的绝缘强度应不低于 500V，导线的最小截面：铜线为 1mm^2，铝线为 2.5mm^2。在实际工作中，导线的长期截面允许负荷电流，不应小于线路的计算负荷电流。

b) 电线管内不准有接头，不准穿入经过缠包恢复绝缘的导线。

c) 不同电压等级或不同电能表的导线不得穿在同一线管内，但同一台电动机包括控制和信号回路所有导线，及同一台设备多台电动机的线路，允许穿在同一根线管内。管内导线不得超过 8 根。

d) 交流回路不得单相穿入钢管内，管内导线总截面不应超过管子总截面的 40%。直流回路和接地线可以单根穿入钢管。

e) 线管线路尽量减少弯头，不宜采用现成的弯头加以连接，以免造成管口连接处过多。管壁薄、管径大的线管弯管时应灌满沙子，以免将管弯扁，弯扁程度应不大于管外径的 10%。热弯时，一定要将沙子烘干无水分。遇焊缝管则焊缝应在侧面。

f) 地下埋管，必须使用壁厚 2.5mm 以上的线管，当电线管的外径超过混凝土厚度的 1/3 时，不准将电线管埋入混凝土中，以免影响混凝土的强度。

g) 塑料管配线时要用塑料接线盒或配件。钢管配线要用金属接线盒，同时要将所有金属件用跨接线焊接起来，跨接线采用不小于 $\phi5$mm 铜线或铁线，焊接后要进行防腐处理。所有金属管线及配件应接地。

（2）瓷柱、绝缘子配线。它适用于室内外线路电流较大而且环境又比较潮湿的地方。瓷柱与绝缘子在支架上固定方法如图 2-12 所示。

瓷柱与绝缘子在分支、转弯、交叉处的固定方法如图 2-13 所示。

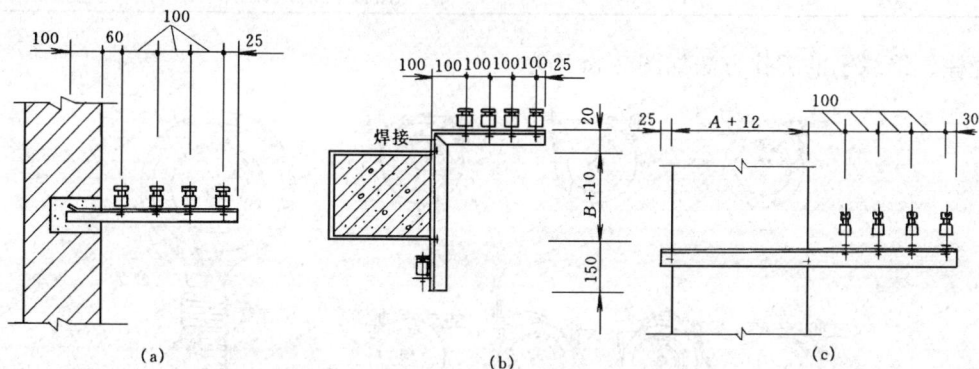

图 2-12 瓷柱与绝缘子在支架上固定的方法
(a) 固定在墙上；(b) 固定在桁架上；(c) 固定在柱上

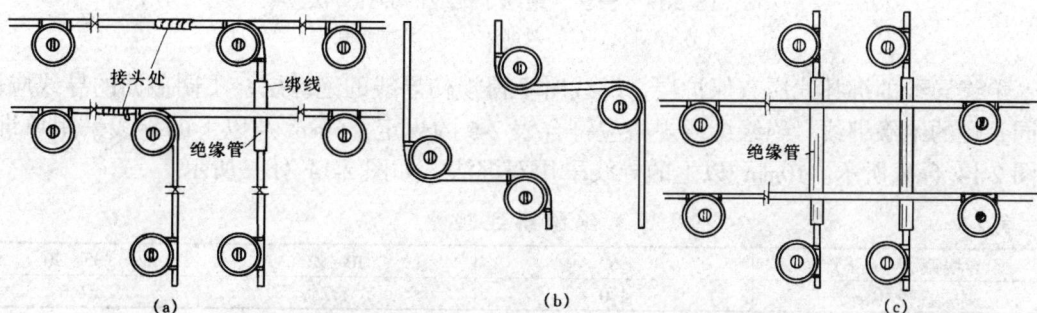

图 2-13 瓷柱与绝缘子分支、转弯、交叉处的固定方法
(a) 分支；(b) 转弯；(c) 交叉

导线在分支、转弯、交叉和进入电气器具处时，均应装设瓷柱或绝缘子固定，瓷柱或绝缘子与分支点、转弯中点和电气器具边缘的距离为 60～100mm。

绝缘导线与建筑物表面的最小距离不应小于 10mm，敷设的导线应平直无松弛现象，导线在转弯处不应有死弯或绝缘损伤。当两线路互相交叉时，应将其中靠近建筑物的线路每根导线在放线前套入绝缘套管，如图 2-13 (c) 所示。

室内沿墙壁、顶棚敷设时，瓷柱或绝缘子固定点的间距应符合表 2-3 的规定。

表 2-3　　　　　　　　　　　　瓷柱或绝缘子固定点的间距（m）

导线规格（mm²） 配线方式	1～4	6～10	16～25	35～70
瓷柱配线	1.5	2	3	
绝缘子配线	2	2.5	3	6

室内瓷柱、绝缘子配线的导线线间最小距离应符合表 2-4 的规定。

表 2-4　　　　　　　瓷柱、绝缘子配线的导线间最小距离（mm）

固定点间距	导线线间最小距离	固定点间距	导线线间最小距离
1.5m 以下	50	3～6m	100
1.5～3m	75	6m 以上	150

瓷柱、绝缘子的绑扎方法如图 2-14 所示。

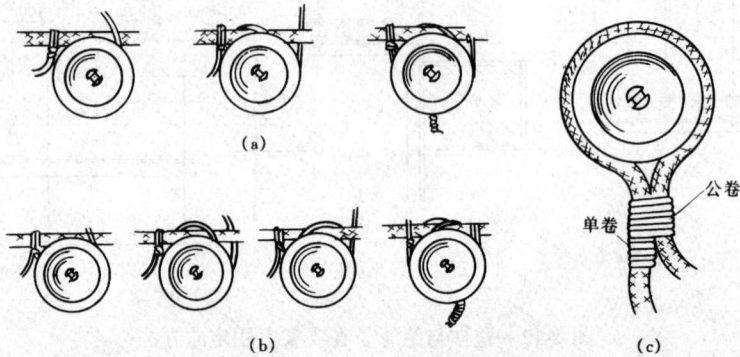

图 2-14　瓷柱、绝缘子配线的绑扎方法
(a) 单绑法；(b) 双绑法；(c) 终端绑扎法

绝缘导线的绑扎线应有保护层，绑线时不得损伤导线的绝缘层，不同截面的导线应使用不同直径的绝缘绑线。绝缘绑线规格应符合表 2-5 的规定。6mm² 及以下的导线采用单绑法，如图 2-14 (a) 所示。10mm² 以上的导线采用双绑法，如图 2-14 (b) 所示。

表 2-5　　　　　　　　　　　　绝 缘 绑 线 规 格

导线截面（mm²）	6	10～25	35～70
绑线直径（mm）	1.0	1.2	1.6

（3）钢索配线。钢索配线适用于一般较高的生产厂房和其他需要的场所，即在建筑物两边用花篮螺栓将钢丝索拉紧，再将导线和灯具悬挂在钢索上，如图 2-15 所示。

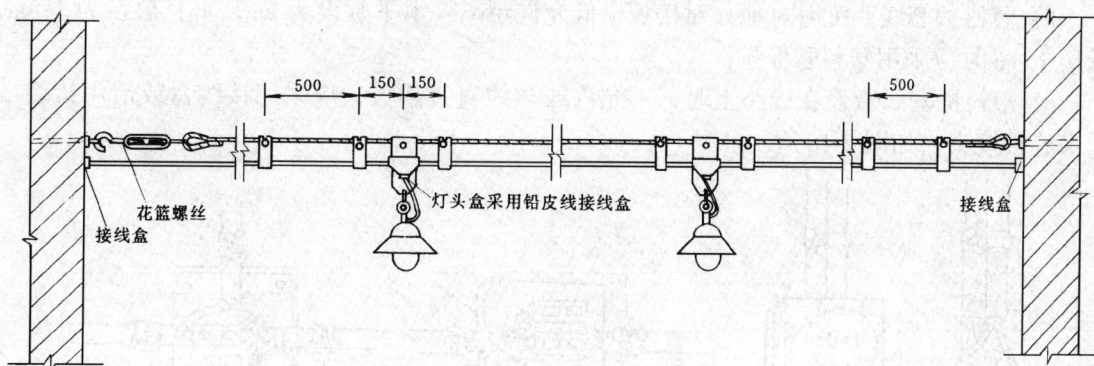

图 2-15　钢索配线示意图

使用钢索配线方法应符合下列规定：

1）须使用镀锌钢索，不得使用含油芯的钢索；在潮湿或有腐蚀性气体的场所，应使用塑料护套钢索；钢索的单根钢丝直径应不小于 0.5mm，并不应有扭曲和断股现象；选用圆钢作钢索时，在安装前应调直、拉伸和涂防腐漆。

2）钢索的终端拉环，应固定牢固并能承受钢索全部的拉力。

3）钢索长度在 50m 及以下时，可在一端装拉紧螺栓；超过 50m 时，两端均应安装拉紧螺栓；每超过 50m 应加装一个中间拉紧螺栓。钢索在终端固定处钢索卡不应少于两个，钢索的终端头应用金属线扎紧。

4）钢索中间固定点的间距不应大于 12m，中间吊钩宜使用圆钢，其直径不应小于 8mm；吊钩的深度不应小于 20mm。

5）钢索配线敷设后的弛度不应大于 100mm，如不能达到时应增加中间吊钩。

6）钢索上各种配线的支持件间、支持件与灯头盒及瓷柱配线之间的距离应符合表 2-6 的规定。

表 2-6　　　　　　　　　　　钢索上各种配线的支持件间、支持
件与灯头盒及瓷柱配线间的距离（mm）

配线类别	支持件最大间距	支持件与灯头盒间最大距离	线间最小间距	配线类别	支持件最大间距	支持件与灯头盒间最大距离	线间最小间距
钢管	1500	200	—	塑料护套线	2000	100	—
硬塑料管	1000	150	—	瓷柱配线	1500	100	35

（4）塑料护套线配线。护套线的种类较多，有塑料护套线、橡胶护套线和铅包护套线。橡胶护套线多用于特别寒冷和潮湿的场合，铅包护套线多用于有化学腐蚀的场所，由于价格较贵已逐渐被淘汰。目前一般采用塑料护套线进行低压明配线。

1）塑料护套线配线工艺要求。

a）塑料护套线具有耐潮湿、抗腐蚀、价格低廉和施工方便等优点，被广泛地应用于室内明配线工程中。它不用任何绝缘支持物，可直接敷设在建筑物上，较美观大方。但导线截面有限，大容量电路不能采用。也不准直接埋入抹灰层内暗敷设和在室外露天场所明敷设。

b）塑料护套线明配时对地、对楼板最低允许距离：水平敷设为2m；垂直敷设为1.8m，低于1.8m时应采用塑料管保护。

c）塑料护套线敷设在线路上时，不允许线与线直接连接，应采用接线盒或借用接线端子来连接接头，如图2-16所示。

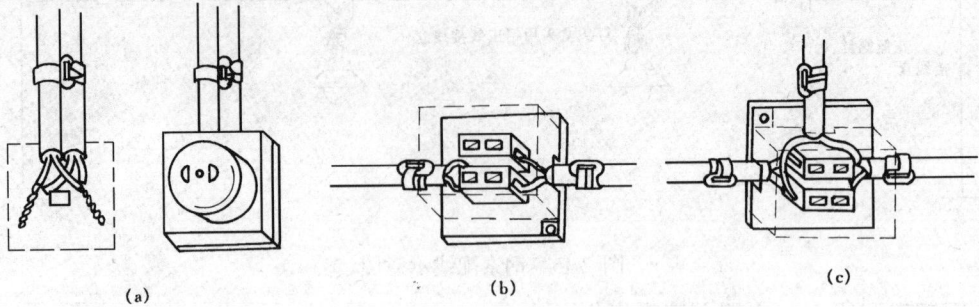

图 2-16　塑料护套线线头的连接方法
(a) 电气装置上进中间接头或分支接头；(b) 在接线盒或端子上接头；
(c) 在接线盒或接线端上的分支接头

d）塑料护套线明配时，线卡的固定点距离应根据导线截面的大小而定，一般不超过150～300mm。转角、终端和进入电气器具、接线盒均应装设线卡固定。线卡与终端、转弯中点、电气器具或接线盒边缘的距离为50～100mm。

e）塑料护套线在弯曲时，不应损坏护套线绝缘层；弯曲半径不应小于导线外径的3倍（此外径指护套线的宽度）。

f）敷设塑料护套线的工作温度不应低于－15℃。塑料护套线与接地线及不发热的管道紧贴交叉时，应加绝缘保护，敷设在易受机械损伤的场所或穿过墙体时应用钢管保护。

2）塑料护套线的施工。

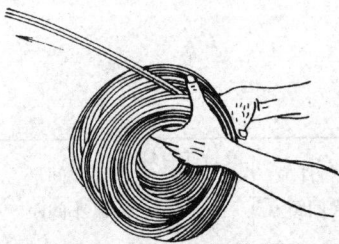

图 2-17　放线方法

a）施工前的准备工作：①准备施工所需器材和工具；②标划线路走向和所有电气装置、用电器具以及导线每个支持点的安装位置；③錾打线路上所有木榫安装孔和导线穿越孔，安装所有木榫。

b）放线。整盘护套线在放线时防止平面扭曲，放线时，需两人合作，一人将整盘护套线按图2-17所示方法套入双手中，另一人将线头慢慢向前拉出，放开的护套线不可在地上拖拉，以免损伤或弄脏护套层。

c）敷线。敷设线路必须美观大方，所以，导线要求敷设得横平、竖直；几条护套线平行敷设时，应敷设紧密，线与线之间不应有明显的空隙。在敷设护套线时，要采取勒直和收紧的方法来校直。护套线勒直方法如图2-18所示。操作时将

临时瓷夹

图 2-18　护套线勒直方法

弯曲的部分用棉纱裹捏后，来回勒直。

护套线的收紧方法如图 2-19 所示。在敷设塑料护套线时，尽量将护套线收紧。距离长的直线部分，可在直线两端各设一个临时线夹，将收紧的导线先夹入线夹中，然后逐一用塑料线卡或金属卡固定护套线。短距离的直线部分和转角部分，用戴手套的手指顺向按平直后，用塑料卡或金属卡片固定即可。直线部分固定好后，取下临时线夹。

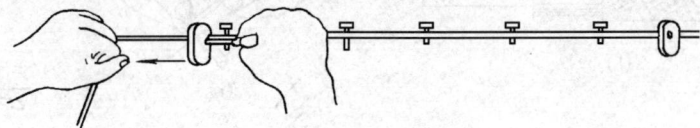

图 2-19 护套线的收紧方法

遇木台时，护套层应完整进入木台，在伸入木台 10mm 后可剥去护套层。木台进线侧，应按护套线所需的横截面开出进线缺口。

（二）导线连接

在配线过程中，常常会遇到导线不够长或线路分支的情况，需要将一根导线与另一根导线连接起来，再把终端出线与用电设备的端子连接，这些连接处通常称为接头。

导线的连接方法很多，有绞接、焊接、压接和螺栓连接等等。各种连接适用于不同导线及不同的工作地点。无论采用哪种方法，都要经过以下四个步骤，即剥切绝缘层、导电线芯连接、接头焊接或压接和恢复绝缘层 4 个步骤。

1. 导线连接的基本要求

在配线工程中，导线连接是一道非常重要的工序，线路能否安全可靠地运行，在很大程度上取决于导线接头的质量。所以，对导线连接要保证以下的基本要求：

（1）接触紧密，接头电阻小，稳定性好；与同长度同截面导线的电阻比应不大于 1。

（2）接头的机械强度应不小于导线机械强度的 80%。

（3）耐腐蚀性好。对于铝与铝的连接，如采用熔焊法，主要防止残余熔剂或熔渣的化学腐蚀。在接头前后，要采取措施，避免这类腐蚀的存在。对铜与铝的连接，要采用过渡连接法，不可直接连接。

（4）接头的绝缘强度应与导线的绝缘强度一样。

2. 导线绝缘层的剥切方法

导线连接之前，须将导线端部绝缘层剥掉。剥去绝缘层的长度，依接头方法和导线截面不同而不同。剥切方法通常有单层剥法、分段剥法和斜削法三种。单层剥法适合塑料绝缘线。分段剥法适合绝缘层较多的导线，如橡胶绝缘线、护套线等。斜削法就是像削铅笔一样。三种剥切方法如图 2-20 所示。剥切绝缘时，不可割伤线芯，否则会降低其导线的机械强度，而且会因导线截面减小而增加电阻。

塑料绝缘线的剥切最好用剥线钳操作，但作为电工也必须学会用电工刀或电工钳进行剥切绝缘，剥削方法如图 2-21 所示。对规格较大的塑料线，可用电工刀剥切绝缘层。用电工钳剥削塑料软线绝缘层的方法，如图 2-22 所示。操作时根据线头所需长度，用钳头刀口轻切塑料层，不可切着线芯，然后一手握住钳子头部用力向外勒去塑料层，与此同时，另一只手把紧导线反向用力配合动作，剥削绝缘层。

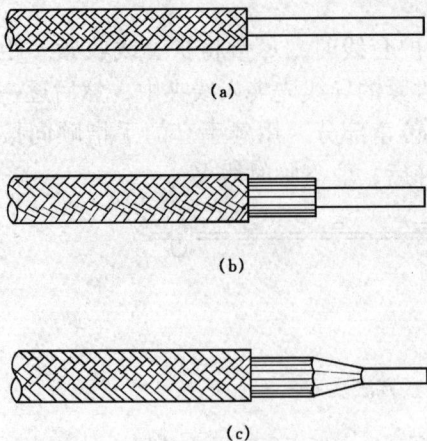

(a)

(b)

(c)

图 2-20　导线绝缘层剥切方法

(a) 单层剥法；(b) 分段剥法；(c) 斜削法

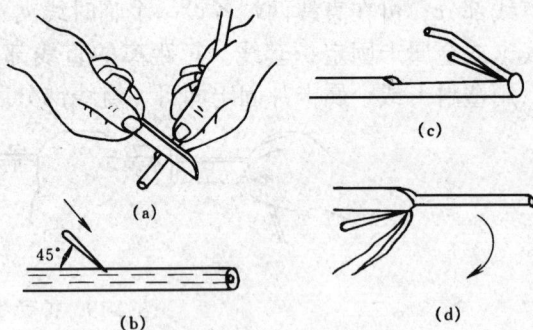

(a)

(b)

(c)

(d)

图 2-21　电工刀剥削塑料层

(a) 握刀姿式；(b) 刀口 45°倾斜；(c) 刀口 15°倾斜；

(d) 扳转塑料层并在根部切除

3．铜导线的连接

（1）单股铜导线的连接。导线连接前，为了便于焊接，应用砂布将导线表面氧化物清除干净，使其光泽清洁。对于表面已镀有锡层的导线，则不必刮掉锡层，因为它对锡焊有利。

单股导线的连接，有绞接和缠卷（绑接）两种方法。凡是截面为 6mm^2 及以下的导线一般多用绞接法；截面在 10mm^2 以上的导线，因绞接困难，则多用缠卷法（绑接法）。

1）绞接法。如图 2-23 所示，图 2-23 中（a）为直线连接。连接时先将导线互绞 3 圈，然后将两线端分别在另一线上紧密地缠绕 5 圈，余线割弃，使端部紧贴导线。图 2-23 中（b）为分支连接。连接时可用手将支线在干线上粗绞 1~2 圈，再用钳子紧密缠绕 5 圈，余线割弃。

2）缠卷法（绑接法）。如图 2-24 所示，采用图 2-24 中（a）直线连接时，先将两线端用

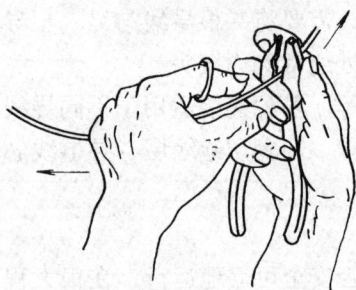

图 2-22　用电工钳剥削绝缘层

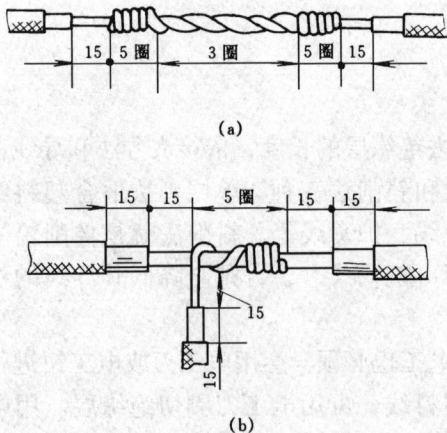

(a)

(b)

图 2-23　单股导线的绞接

(a) 直线连接；(b) 分支连接

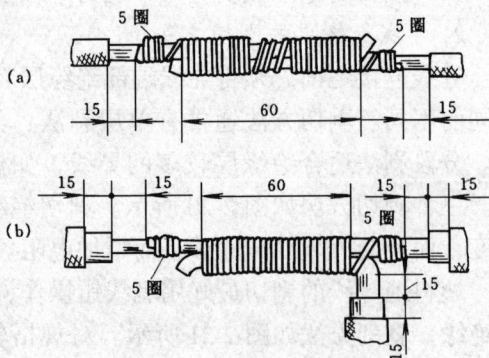

(a)

(b)

图 2-24　单股导线的缠卷法

(a) 直线连接；(b) 分支连接

钳子稍作弯曲，相互并合，然后用直径约 1.6mm 的裸铜线紧密地缠卷在两根导线的并合处，缠卷长度约为导线直径的 10 倍。采用分支连接时，先将分支线作直角弯曲，并在其端部稍作弯曲，然后将两线并合，用裸导线紧密缠卷，缠卷长度同直线连接一样。

（2）多股铜导线的连接。多股导线的连接方法有绞接法和缠卷法等方法，较常用的是多股导线的绞接法。

1）7 股线芯直线连接的绞接法。首先，将剥去绝缘层的线芯松散拉直，用砂布清除氧化层后，将线芯全长的 1/3 根部重新绞紧，把余下的 2/3 部分的芯线按图 2-25 所示的方法，

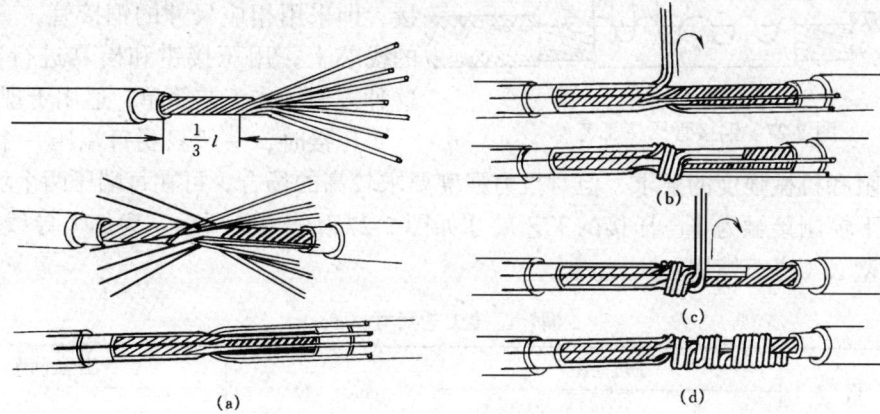

图 2-25　7 股线芯直线绞接法
(a) 步骤 1；(b) 步骤 2；(c) 步骤 3；(d) 步骤 4

分散成伞骨状，再将各张开的线端相互插嵌后合拢，并捏平两端每股线芯，如图 2-25（a）所示。在中心部位取任意相邻两股线，相互反方向扳 90°，按图 2-25（b）的箭头方向顺时针紧贴导线并缠 2 圈，再扳成与线芯平行的直角。按照上一步骤相同方法继续紧缠第二和第三组线芯，但在后一组线芯扳起时，应将扳起的线芯紧贴着前一组线芯已弯成直角的根部，如图 2-25（c）、（d）所示。第三组线芯应紧缠 3 圈，在缠到第 2 圈时就应将前两组多余的线芯端剪去，线端切口应刚好被第 3 圈缠好后全部压没，不应有伸出第 3 圈的余端。当缠绕到 2 圈半时，把 3 股线芯多余的端头剪去，使之正好绕满 3 圈并钳平切口毛刺，另一端的连接方法完全相同。

2）7 股线芯分支绞接法。将分支线芯头的 1/8 处根部进一步绞紧，再将 7/8 处部分的 7 股线芯分成两组，接着将干线芯用螺丝刀撬分成两组，将分支线 4 股线芯一组插入干线的两组线芯中间，如图 2-26（a）、（b）所示。然后将 3 股线芯的一组往干线上的一边按顺时针紧缠绕 3～4 圈，剪去余端并钳平切口，另一组 4 股线芯按相反方向紧缠 3～4 圈，剪去多余部分并钳平切口，如图 2-26（c）、（d）所示。

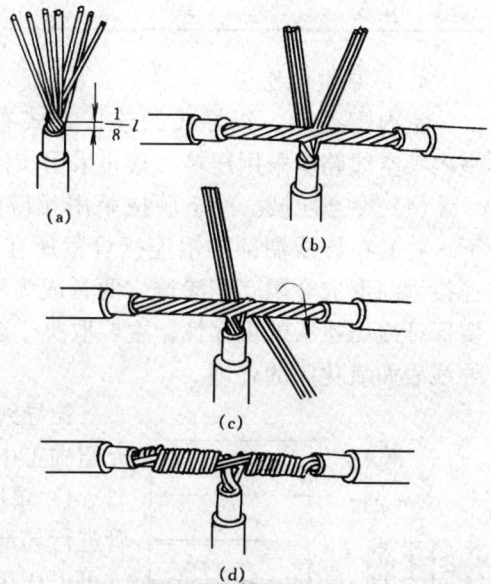

图 2-26　7 股线芯分支绞接法
(a) 步骤 1；(b) 步骤 2；(c) 步骤 3；(d) 步骤 4

(3) 铜导线接头搪锡。铜导线接头做好以后，无论单股连接或多股连接均要搪锡处理，以增加其机械强度和导电性能，并避免锈蚀和松动。搪锡的方法因导线截面不同而不同。$10mm^2$ 及以下的铜导线接头，可用电烙铁进行锡焊。在无电源的地方，可以用火烙铁（用火烧烙铁）进行锡焊；$16mm^2$ 及以上的铜接头，则用浇焊法。无论采用哪种方法，搪锡前，接头上均须涂一层无酸焊锡膏或天然松香溶于酒精中的糊状溶液。但将氯化锌溶于盐酸中的焊药水不宜采用，因为它有腐蚀铜质的缺陷。

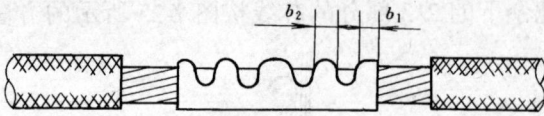

图 2-27　铜接管压接工艺

铜导线的连接，还可以采用机械冷压连接，即采用相应尺寸的铜接管，套在被连接的线芯上，用压接钳和模具进行冷态压接。这种方法操作工艺简单，适用于现场施工。

压接时，一般只要每端压一个坑就能满足接触电阻和机械强度的要求，但对拉力强度要求较高的场合，可在每端压两个坑。坑深度控制在上下模刚接触为止。压接的工艺尺寸如图 2-27 和表 2-7 所示。为加大导线接触面积，铜接管内壁必须进行镀锡。

表 2-7　　　　　　　　　　　　铜管压接工艺尺寸（mm）

规　格	压坑间距		规　格	压坑间距	
	b_1	b_2		b_1	b_2
QT-16	3	4	QT-120	4	5
QT-25	3	4	QT-150	4	6
QT-35	3	4	QT-185	4	6
QT-50	3	4	QT-240	4	6
QT-70	3	5	QT-300	5	7
QT-95	3	5	QT-400	5	7

4．铝导线的连接

室内配线中，铝导线的连接方式有压接、钎焊、气焊。室内架空线路应采用压接，禁止采用绞接或绑接。

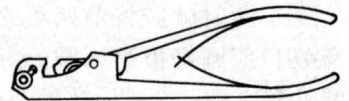

图 2-28　单股导线压钳

（1）冷态压接。冷态压接是用相应的模具在一定的压力下，将套在导线端部的铝连接管紧压在导线上，使导线与铝连接管间形成金属互相渗透，两者成为一体，构成导电通路。要保证冷压接头的可靠性，主要取决于连接管的形状、尺寸和材质，压模的形状、尺寸，铝导线表面氧化膜的处理。

铝导线的压接可分为局部压接和整体压接两种。下面主要介绍施工中常用的局部压接。

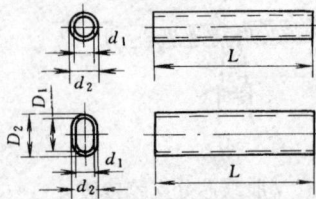

图 2-29　小截面铝连接管形状

1）单股铝导线的压接。小截面单股铝导线主要以铝连接管进行局部压接。压接用机械压钳，图 2-28 所示是其中一种。它可以压接 $2.5 \sim 10mm^2$ 四种规格的单股导线。铝连接管的截面有圆形和椭圆形两种，其形状和尺寸如图 2-29 和表 2-8 所示。

表 2-8

表 2-8 　　　　　　　　　　　　　　　　　小截面铝连接管尺寸

套管形式	导线截面 (mm²)	铝线外径 (mm)	铝套管尺寸 (mm)					管压接尺寸 (mm)		压后尺寸 (mm)
			d_1	d_2	D_1	D_2	L	B	C	E
圆形	2.5	1.76	1.8	3.8			31	2	2	1.4
	4	2.24	2.3	4.7			31	2	2	2.1
	6	2.73	2.8	5.2			31	2	1.5	3.3
	10	3.55	3.6	6.2			31	2	1.5	4.1
椭圆形	2.5	1.76			3.6	5.6	31	2	8.8	3.0
	4	2.24			4.6	7	31	2	8.4	4.5
	6	2.73			5.6	8	31	2	8.4	4.8
	10	3.55			7.2	9.8	31	2	8	5.5

压接前，先将导线两端的绝缘层各剥去 50～55mm，然后将铝连接管内壁和导线表面的氧化膜及污垢等清除干净，并在其上涂以中性凡士林油膏。当采用圆形连接管时，导线两个端头各插入到连接管的一半处；采用椭圆形连接管时，应使两导线端穿过连接管并露出连接管 4mm。用压钳压接时，应当压到必要的极限尺寸，并使所有压坑的中心在同一条直线上。连接管所压坑数、位置及压坑深度如表 2-8 和图 2-30 所示。

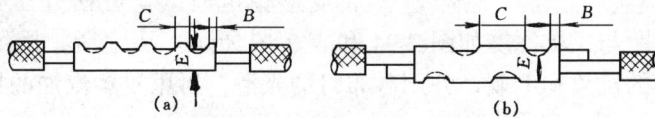

图 2-30 单股铝导线的压接

(a) 圆形压接管；(b) 椭圆形压接管

2) 多股铝导线的压接（直线连接）。截面在 16mm² 以上铝导线的连接，可采用手提式液压机，如图 2-31 所示，也可采用机械传动式压钳进行压接。连接管采用铝含量高于99.5% 的一号铝材。根据导线的截面分别选择连接管的规格及尺寸。铝连接管的形状，如图2-32 所示。其规格与尺寸的选择如表 2-9 所示。

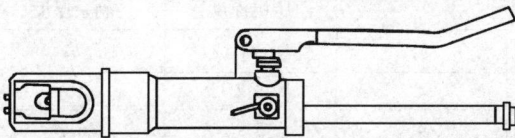

图 2-31 液压机

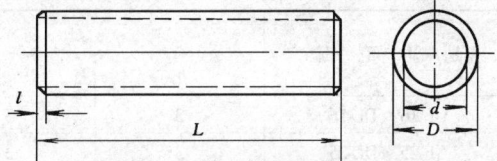

图 2-32 铝连接管形状

表 2-9 　　　　　　　　　　　　　铝连接管的规格与结构尺寸（mm）

线芯截面 (mm²)	连接管规格	L	d	D	l
16	GL-16	66	5.2	10	2
25	GL-25	68	6.8	12	2
35	GL-35	72	8.0	14	3
50	GL-50	78	9.6	16	4

线芯截面 （mm²）	连接管规格	L	d	D	l
70	GL-70	82	11.6	18	4
95	GL-95	86	13.6	21	5
120	GL-120	92	15.0	23	5
150	GL-150	95	16.6	25	5
185	GL-185	100	18.6	27	6
240	GL-240	110	21.0	31	6

压接前，先将两导线端部绝缘层剥去，每端剥去长度为连接管长度的一半加5mm，然后松散线芯，用钢丝刷清除每根导线表面氧化膜，并立即涂上中性凡士林油膏，再用电工钳将线芯绞合紧固，恢复原状，同时用圆锉清除连接管内的氧化膜和杂物，并涂中性凡士林油膏。涂完油膏后，分别将两根导线插入连接管内，插入长度为各占连接管的一半，并相应地划好压坑标记，根据连接导线的截面大小，选择压模。

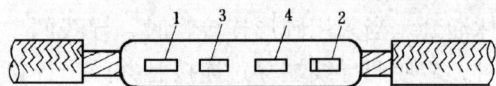

图 2-33 直线连接压坑的顺序

压接时，可按图 2-33 所示的顺序进行，共压4个坑，先压连接管两端的坑，再压中间2个坑，4个坑应在一条中心线上。压坑时，中间不可停顿，应一次压成。每压完一个坑应稍停10s，待局部变形稳定后，就可松开压模，再压第2个坑，依次进行。压坑间距与压坑深度如图 2-34 和表 2-10 所示。压完后，用细锉锉去压坑边缘以及连接管端部翘起的棱角和毛刺，并用砂布打磨光滑，再用浸蘸汽油的抹布擦干净，以备最后包扎绝缘。

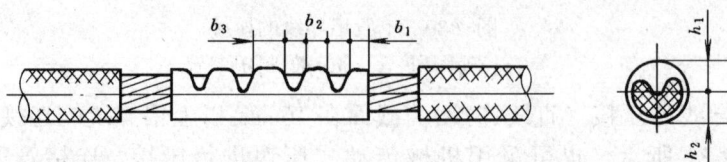

图 2-34 铝导线压接工艺

表 2-10 铝导线压坑间距及深度尺寸（mm）

适 用 范 围	压 坑 间 距			压坑深度	剩余厚度
	b₁	b₂	b₃	h₁	h₂
GL-16 DL-16	3	3	4	5.4	4.6
GL-25 DL-25	3	3	4	5.9	6.1
GL-35 DL-35	3	5	4	7.0	7.0
GL-50 DL-50	3	5	6	8.3	7.7
GL-70 DL-70	3	5	6	9.2	8.8
GL-95 DL-95	3	5	6	11.4	9.6
GL-120 DL-120	4	5	7	12.5	10.5
GL-150 DL-150	4	5	7	12.8	12.2
GL-185 DL-185	5	5	7	13.7	13.3
GL-240 DL-240	5	6	7	16.1	14.9

3）多股铝导线的分支压接。多股铝导线分支压接的操作与直线连接基本相同。压接时，可采用两种方法，一种是将干线断开，与分支线同时插入连接管内进行压接，其方法如图2-35所示。另一种是不断开干线，采用围环法压接，就是开口铝环将主干线和分支线卷缠叠合后压接。

4）铜导线与铝导线压接。由于铜与铝接触时，日久将产生电化腐蚀，因此，多股铜导线与铝导线的连接应采用铜铝过渡连接管。连接管的铜端插入铜导线，铝端插入铝导线，用局部压接法压接，方法同前所述。

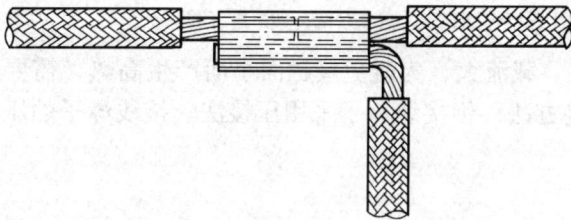

图 2-35　多股铝导线分支连接法　　　　图 2-36　单股铝导线钎焊连接法

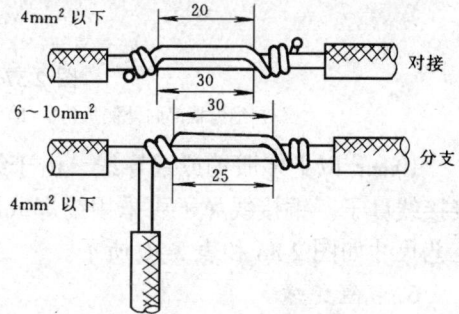

（2）钎焊。铜导线采用锡焊就是钎焊的一种。铝导线钎焊原理和工艺方法与铜导线基本相似，但由于铝导线表面有一层氧化膜，焊接时要比铜导线困难许多。铝导线钎焊是用电烙铁作热源，用锡60%、锌40%混熔而成的焊条作焊料。对铝导线接头进行无药钎焊的连接方法，如图2-36所示。焊接前，将导线端部绝缘剥去，清除导线表面氧化层，使其呈现出光泽，然后用200W的电烙铁在线芯上搪一层焊料，边搪边摩擦，以擦掉氧化膜。搪上焊料后，将两线头互相搭叠，其搭叠长度如表2-11所示。不同截面的导线互相连接时，搭叠长度可按大截面导线搭接。然后将两端线头分别在另一根导线上缠卷3圈，余线割弃。再用电烙铁蘸上焊料，沿整个沟槽搪满焊料。最后清理，包缠绝缘。

表 2-11　　　　　　　　　　　　**线芯端部搭叠长度**

导线截面 （mm²）	剥削绝缘长度 （mm）	搭叠长度 （mm）	导线截面 （mm²）	剥削绝缘长度 （mm）	搭叠长度 （mm）
2.5 ~ 4	60	20	6 ~ 10	80	30

（3）气焊。气焊也可以用于接线盒内多股铝线的连接。一般气焊工作要电工配合。在多股导线并头焊时，应先分别进行封头焊。气焊时，靠近绝缘层部分要缠以浸水的石棉绳，用铁丝将导线绑在一起。当铝线加热到快熔化时，加入铝焊粉，并将焊枪向外移动，直到焊完为止。焊后趁热用棉纱蘸清水洗净擦干，包扎绝缘。这时应注意一点，即气焊操作者必须熟练掌握铝焊接技术，它不同于铜铁的焊接，当铝材发红时会向豆腐渣一样突然散落，所以，操作者应根据不同线径事先在平地操作几次，再进行正式焊接。

5．导线终端的装接

10mm²及以下截面的单股导线，可以直接与设备相连接。连接时即可直接将导线终端头插入设备专用垫片下用螺栓压紧，也可将导线终端头弯成小圆圈，用螺栓加垫圈将其压紧。

导线终端头弯小圆圈的方法如图 2-37 所示。圆圈弯曲方向应顺应螺栓或螺母的拧紧方向，否则，在螺栓或螺母拧紧过程中会将其松开。

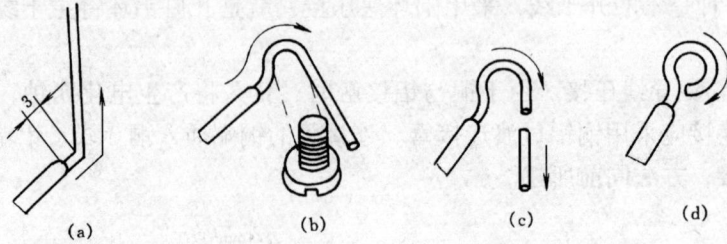

图 2-37　单股导线终端弯圈法
(a) 绝缘根部向外侧折角；(b) 略大于螺栓弯圈；(c) 剪去余端；(d) 修正圆圈

$10mm^2$ 以上多股铜或铝导线，由于线粗、载流大，为避免接触面小而产生高热，需要装接接线鼻子。铜接线鼻子可采用锡焊或压接方法；铝接线鼻子采用压接法。接线鼻子的压接工艺尺寸如图 2-38 和表 2-10 所示。

6. 包缠绝缘

包缠绝缘是导线连接最后一道工序，即恢复绝缘。方法是用绝缘胶带紧缠数层，采用半叠包法，如图 2-39 所示，使每圈的重叠部分为带宽的一半，缠绕厚度与原绝缘层基本一致。包缠绝缘带时应紧密坚实，以免潮气侵入。

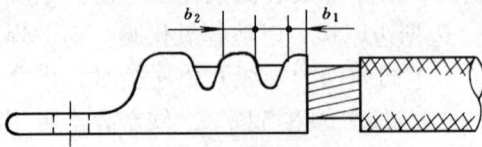

图 2-38　接线鼻子压接工艺

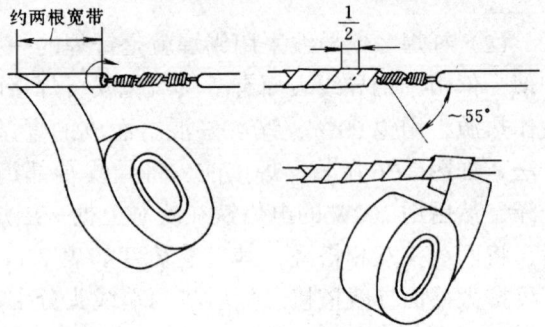

图 2-39　绝缘缠包法

第二节　照　明　装　置

一、照明技术基本概念

(一) 电光源的分类、作用

电气照明装置主要是由电光源和灯具所组成，用于照明的电光源，按发光原理可分为两大类：

(1) 热辐射光源。如钨丝白炽灯（普通白炽灯泡）、齿钨循环白炽灯（如管形照明用的碘钨灯）都是热辐射光源。

(2) 气体放电光源（按发光物质分类）。

1) 金属类。如低压汞灯（荧光灯）、高压汞灯、低压钠灯、高压钠灯。

2) 惰性气体类。如氙气灯（管形氙气灯）。

3) 金属卤化物灯。如钠铊铟灯、管形镝灯。

电光源的作用是通电发光，使人们在正常的亮度下工作、学习和生活。而灯具的组成是根据对光源的要求、照明的方式，对照明的种类以及使用场所的不同而不同。但基本包括灯座、开关、镇流器、启辉器、触发器、插座、防护外壳以及灯罩等。其作用就是用它们固定光源、分配光源和保护光源等。

光源和灯具合起来总称为照明装置（也称照明器）。

（二）照明的方式与种类

照明方式分为一般照明、局部照明和混合照明。一般照明指工作场所内不考虑局部的特殊需要，只为照亮整个场所而设置的照明。其布置方式是光源均匀投射到工作场所或房间的各个部位；局部照明是为满足工作场所某些部位的特殊需要设置的照明，将光源集中投射到某个局部区域，如写字台、画廊或机床照明等。为了减少亮度对比，在一个工作场所，一般不允许单独使用局部照明，而是在一般照明场所有选择的布置局部照明；混合照明是两者同时使用的照明。

照明的种类，按照明的功能可分为 5 种，即正常照明（工作照明）、事故照明、值班照明、警卫照明和障碍照明。现分别介绍如下：

（1）正常照明。在正常情况下，要求能顺利地完成作业，保证安全通行和能看清周围的东西而设置的照明都属于正常照明。

（2）事故照明。在正常照明因故突然熄灭时，为了防止人身伤亡和其他事故的发生和扩大，并能及时处理事故而设置的照明称为事故照明。事故照明应在正常照明熄灭的同时自动切换，保证工作人员能继续工作。事故照明的照度不应低于正常照明总照度的 10%。事故照明灯具上应有明显颜色标记。

（3）值班照明。利用正常照明中能单独控制的一部分，或事故照明的一部分甚至全部，作为值班时观察用的照明，称为值班照明。

（4）警卫照明。按警戒任务的需要，在厂区、仓库区或其他警卫范围内装设的照明为警卫照明。警卫照明的设置是根据工矿企业的重要性和有关保卫部门的要求而设置的。警卫照明尽量与厂区照明合用。

（5）障碍照明。为确保夜行的安全，在较高的构筑物或建筑物上以及船舶通行航道两侧修建的障碍指示设施上设置的照明称为障碍照明。障碍照明应选用穿透雾强的红光灯具。高层建筑物可在顶部装设，高度超过 100m 以上的构筑物，还应在其 1/3 处、1/2 处的高度装设障碍灯，障碍灯每盏不应小于 100W，而且应水平三角形的方式布置；水平面积较大的高层建筑物，除在其顶部装设障碍灯具外，还应在其转角的顶端装设。障碍灯的装设，还应考虑适用和维修方便等几个方面。

（三）照明的供电电压

在正常环境中，照明电压采用 220V，下列场所应采用安全电压：

（1）高温、环境温度经常在 40℃以上，采用 36V 及以下电压。

（2）具有导电性灰尘场所，采用 36V 及以下电压。

（3）金属或特别潮湿的土、砖、混凝土地面，应采用 36V 及以下电压。

（4）特别潮湿，相对湿度经常在 90% 以上的情况下，应采用 12V 电压。

（5）行灯一般采用 36V，但在潮湿的地沟里、接地良好的大块金属面上或在金属容器内，以及狭窄的工作地点工作时，行灯的供电电压也不得超过 12V。

由蓄电池供电时，可根据容量大小、电源条件、使用要求等因素分别采用220、36、24、12V。

热力管道、隧道和电缆隧道内的照明电压宜采用36V。

二、白炽灯

(一) 白炽灯的基本知识

1. 白炽灯的种类及用途

白炽灯有普通钨丝白炽灯、卤钨循环白炽灯和新形白炽灯多种。

普通钨丝白炽灯泡有插口和螺口两种，它的额定电压有6、12、36V和220V；功率等级自10~1000W。它被广泛应用于一般照明中。

卤钨循环白炽灯呈管状，管内装有钨丝并充有非金属元素，其额定电压220V，额定功率自500~2000W，常用在工厂、广场、机场等照度要求高的场所。

新形白炽灯是在普通白炽灯的基础上，为了提高工作与生活质量而设计的适用型照明。如：①反射型白炽灯泡，泡内壁涂有反射层，体积小、质量轻、发光效率高、使用方便，可用于居室定向照明；②柔光灯，泡内涂一均匀的熳射层，光线柔和均匀，看不见灯丝，不眩光，可用于卧室照明；③彩色灯主要用于装饰；④蘑菇形反射型灯泡，适用于台灯和床头灯；⑤充氪白炽灯，光效高、寿命长，用于一般照明；⑥异形白炽灯，外形类似于荧光灯，内壁涂有熳射柔光层的高级照明灯泡，光色温暖柔和；⑦冷光白炽灯，内壁有多层介质膜，能滤掉灯丝辐射的红外线，使之减少75%左右，可用于冷色调场所；⑧变功率灯泡，泡内装有不同功率两组灯丝，可根据需要变换功率来改变亮度。

2. 白炽灯的基本原理

白炽灯是根据热辐射原理制成的，当电流通过灯丝，加热灯丝至白炽而发光。灯丝是白炽灯的主要部分。温度很高的灯丝在空气中很快就会氧化并烧断，所以灯丝应该在没有有害气体的环境中工作，故将灯泡内抽成真空（40W以下），或在灯泡内充入与灯丝不起化学作用的惰性气体氮气；对卤钨循环白炽灯管内充入非金属元素，如碘元素，利用惰性气体或非金属元素使灯丝蒸发的一部分钨重新附于灯丝上，延长了灯丝寿命，又提高了发光效率。

(二) 白炽灯的安装

首先根据照明场地的需要，本着节能、适用的原则，确定照度和照明方式，选择光源、灯具、导线和控制方法。

常见白炽灯的安装方法有悬吊式、壁式和吸顶式几种。而悬吊式又分为软线吊灯、链条吊灯和钢管吊灯。

1. 白炽灯安装的技术要求

(1) 灯具配件应齐全，无机械损伤、变形、无油漆脱落和灯罩破裂现象。

(2) 钢管吊灯的钢管内径不小于10mm；软线吊灯质量不应超过1kg，如超过则应采用链条吊灯，软线吊灯在吊线盒内和吊灯头内必须做保险结扣，线芯必须搪锡防止松散；螺口灯头相线应接到灯头中心弹簧片上，中性线接在螺口上，灯泡拧好后，灯泡的金属部分不准外露。

(3) 灯头距地面的高度，在潮湿场所不得低于2.5m；一般生产车间、办公室、商店和住宅不得低于2m。

(4) 灯台的安装应符合下列规定：

1）软线吊灯、防火灯头、座灯头等的灯台可用一个螺丝钉固定，但大于100mm的灯台必须用两个螺丝钉固定。

2）装于金属盒上的灯台，应用机制螺栓固定，不得用铜或铁线捆绑固定。

3）链条吊灯、弯灯、直射灯、吸顶灯等的灯台，须用2个螺栓固定。

4）绝缘子、夹板等明配线的灯台，不得压线装设，导线应从灯台明面引入灯线盒或座灯头内。

5）护套线明敷线路的灯台，应按护套线外径的粗度挖槽，将导线压在灯台下，但在灯台内的护套不得剥除。

2．吊灯的安装

（1）软线吊灯的安装。软线吊灯须用灯台和吊线盒两种配件来固定灯具。灯台有木质和塑料两种，形状有圆形和方形。灯台的大小应按吊线盒或灯具法兰的大小选取。安装时，应先在灯台上钻出线孔，然后将导线套绝缘软护套管从灯台出线孔穿出，再将灯台固定，最后将吊线盒固定在灯台上。由于接线盒内和吊灯头内的接线螺钉不能承受灯具的质量，所以，从接线螺钉引出的导线应打好保险结扣（灯绳扣），使保险结扣卡在吊线盒或吊灯头的出线孔处，如图2-40所示。

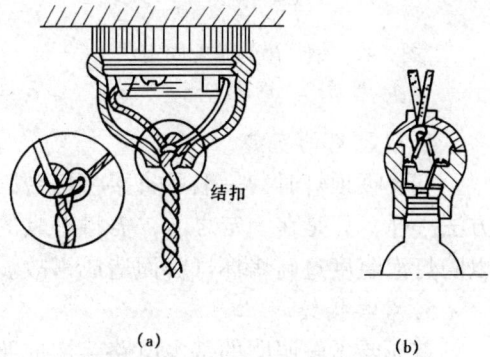

图 2-40 软线打保险结法
(a) 吊线盒内；(b) 吊灯头内

灯台的固定要因地制宜，如果吊灯装在木梁上或木结构的楼板上时，可用木螺丝钉直接固定；如果是混凝土结构楼板，则可根据楼板的结构型式预埋木砖或铁丝榫，也可用冲击钻钻孔后，用膨胀螺丝固定。对旧式建筑的空心楼板，可用弓板固定灯台，如图2-41所示。

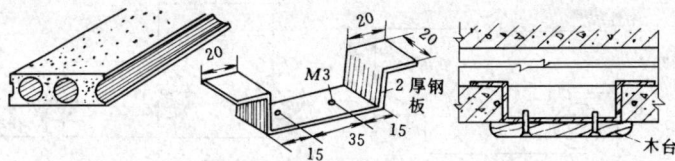

图 2-41 弓板制作与安装方法

（2）链条吊灯和钢管吊灯。

当灯具质量超过1kg以上时，就需要采用链条或钢管来悬挂灯具。安装时，链条或钢管的一端固定在灯具上，另一端则固定在顶棚内的挂钩上，挂钩用圆钢直径不应小于6mm，并能承受10倍灯具的质量。木结构顶棚上悬挂灯具的挂钩可用旋入法旋进顶棚固定；混凝土顶棚则用水泥灰浆预埋。

如果照明线路采用暗管配线，则灯具的安装方法如图2-42所示。钢管或链条吊灯靠顶棚端以法兰作为装饰。

3．壁灯的安装

壁灯可以安装在墙上，也可装在柱子上。一般在砌砖墙时应预埋木砖或金属构件，禁止用木楔代替木砖，木砖的尺寸如图2-43所示。如果壁灯安装在柱子上，则可在柱子上预埋金属构件，然后将壁灯固定在木砖或金属构件上。

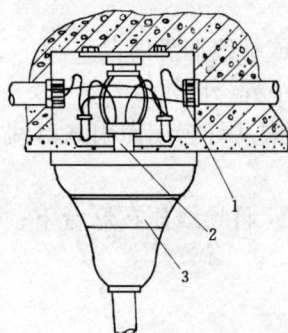

图 2-42　钢管吊灯暗配固定法
1—管帽；2—钢管；3—法兰

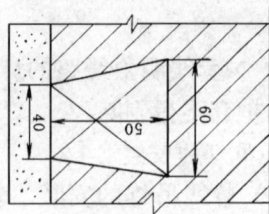

图 2-43　木砖尺寸

4. 吸顶灯的安装

安装吸顶灯时，一般可直接将灯台固定在顶棚的预埋件上，其操作工序同吊灯灯台固定方法一样，只是在固定之前，需将灯具的底座与灯台之间铺垫隔热层，如石棉板或石棉布，以防灯泡温度过高烤坏灯台而造成事故。

5. 灯具接线

首先要了解照明的基本电路。构成照明电路的基本条件是电源、导线、开关和负载。照明的基本电路有以下几种：

（1）一只单联开关控制一盏灯。接线时，开关应接在相线上，使开关断开时，灯座上无电压，保证操作人员的安全。

（2）两只双联开关分别在两地控制一盏灯，如图 2-44（a）所示。这种控制方式，通常用在楼梯灯，在楼上楼下都可以控制，有时也用于长走廊中的照明和医院病房内外控制等。

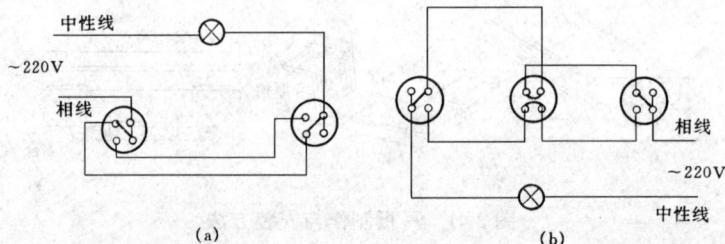

图 2-44　照明控制接线原理图
（a）两地控制一盏灯；（b）三地控制一盏灯

（3）两只双联开关和一只三联开关在三个地方控制一盏灯。接线方法如图 2-44（b）所示。这种电路一般用在楼梯和走廊上。

无论属于哪一种电路接线，必须严格区分相线和中性线，相线必须首先进开关，经开关再到灯头上。相线应经自动开关或熔断器加以保护，中性线一般不允许装开关和熔断器。

当采用螺扣吊灯时，应在吊线盒端和灯座端分别将相线做出明显的标志，以示区别。如采用双股棉织绝缘软线时，其中有花色的线接相线，无花色线接中性线。或者选用两色塑料线。导线与接线螺钉连接时，先将绝缘剥去一定长度，然后，将导线拧紧搪锡弯圈，并顺着螺钉拧紧的方向将螺钉紧固。灯具金属罩应接地保护，若有铜铝线头应采用瓷接线端子过渡连接，防止电化腐蚀。

三、荧光灯

荧光灯又称日光灯，它比白炽灯光效高、寿命长、表面温度低、发光面积大，且能制作成不同的光色，是白炽灯之后发展并广泛利用的照明光源。

在荧光灯的基础上，又相继发展了许多节能荧光灯。如细径（$\phi26mm$）直管形荧光灯，与同类光源相比特点是：节电 10%，光效高 10.3%，体积减少 40%，可与普通荧光灯互换使用，适用于室内及家庭照明。用 36W 细径直管灯代替 40W 普通荧光灯，每只可节约功率4W。

紧凑型荧光灯是 80 年代初发展的节能光源。外形分为环形、U 形、H 形、2D 形等。如图 2-45 所示。功率范围 4 ~ 55W，替代 150W 以下的白炽灯，可节电 70% 以上。这类节能灯与白炽灯和传统的直管形荧光灯相比较有以下几个特点：光效高、光色多、显色性好、启动性能好、无闪烁、无噪声、亮度适中、使用方便、质量轻和适应温度范围宽（ – 15 ~ 50℃）。

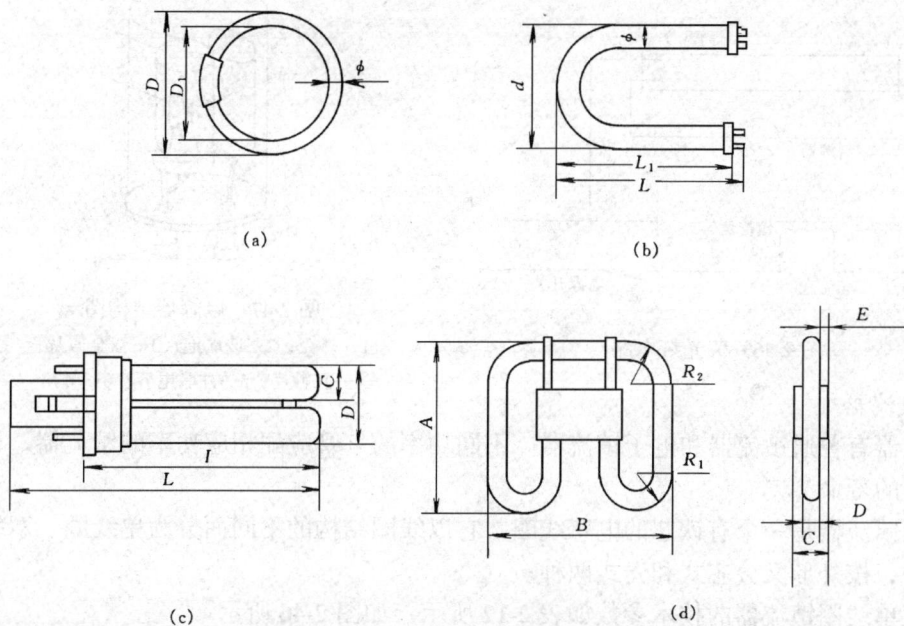

图 2-45 新型节能荧光灯形状图
(a) 环形；(b) U 形；(c) H 形；(d) 2D 形

电子无极荧光灯是借助感应线圈在低压汞蒸汽中感应出高频光通，能量转换率高达70%（普通灯为 5% 以下），寿命长达 24000h，低压型高频灯不用镇流器，外壳与白炽灯相似，使用方便，适用室内照明及频繁换灯场所。

荧光灯比白炽灯的优点多，但是荧光灯的显色性稍差，特别是其频闪效应（即灯光随着电流的周期性交变而频繁闪烁），容易使人眼产生错觉，将一些旋转的物体误认为不动的物体。因此，为了保证安全生产，在有旋转机械的车间里尽量不采用荧光灯。

1. 普通荧光灯的基本原理

普通荧光灯主要由灯管、镇流器和启辉器三部分组成，如图 2-46 所示。荧光灯管内壁涂有一层荧光粉，灯管两端各有一组灯丝，管内充有惰性气体，一般为氩气，并且在管内放置少量的水银。开关接通的瞬间，电路没有电流，此时，线路的电压全部加在启辉器的两端，使启辉器辉光放电，产生的热量使启辉器中的双金属片（动触片）变形，与静触片接触，造成两极短接，从而使电流通过灯丝，灯丝加热后发射电子。由于启辉器内的双金属片与静触片接触，启辉器停止放电，温度逐渐下降，双金属片恢复原来断开状态，启辉器结构如图2-47所示。在启辉器断开的一瞬间，镇流器两端产生一个自感电动势，与电源电压方向相同，形成一个很高的脉冲电压，灯丝发出的电子在此高压作用下，形成大量高速电子流，它们碰撞惰性气体产生热量，促使管内的水银蒸发，水银分子电离辐射出紫外线，激发管壁荧光粉，使其发出像日光一样的光线。由于灯管起燃后，管内电压降很小，因此借助镇流器电感线圈较高的压降，来维持稳定的工作电流。图2-46中C是用来提高功率因数的并联电容器。未并联C时，功率因数只有0.5左右；并联C以后功率因数可提高到0.95以上。目前一般在灯具上不装电容C，而采用在供电处集中进行并联电容补偿功率因数。

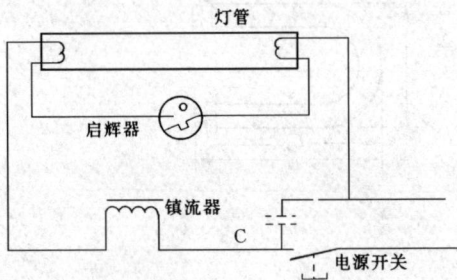

图2-46 荧光灯电路

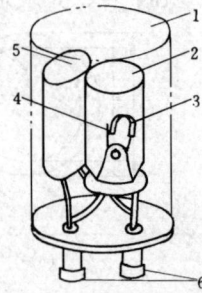

图2-47 启辉器结构图
1—外壳；2—玻璃泡；3—双金属片；
4—静触片；5—并联电容；6—触角

2. 镇流器

镇流器有普通镇流器和电子镇流器。不同功率的灯管应配相应功率的镇流器，否则将缩短荧光灯的寿命。

普通镇流器是一个有铁芯的电感线圈，它以线圈结构的不同而分为单线圈、双线圈和三线圈三种；按外形又分芯式和壳式两种。

普通单线圈镇流器的技术参数如表2-12所示，如图2-46所示。

表2-12　　　　　　　　　　　　　荧光灯镇流器技术参数

型　　号	配用灯管功率 （W）	工作电压 （V）	工作电流 （A）	启动电压 （V）	最大功率消耗 （W）	荧光灯电路总功率因数 （$\cos\varphi$）
YZ6	6	203	0.135		4	0.34
YZ8	8	200	0.145			0.38
YZ15	15	202	0.32			0.33
YZ20	20	196	0.35	215	8	0.36
YZ30	30	180	0.405			0.5
YZ40	40	165	0.41			0.53
YZ100	100	185	1.5		20	0.37

双线圈镇流器接线如图2-48所示。它具有更好的启动性能，其中电阻大的一组线圈1、

2端是一次线圈，连接于电源线路中；电阻小的一组线圈3、4端是二次线圈，连接在启辉器电路中。接线前必须看清线端的编号，或用万用表查验清楚。

由于铁芯线圈结构镇流器消耗一定的功率，而且易产生电磁噪声。因此，出现了各种替代的元件，如利用电阻、电容串联起来代替镇流器，电容充放电建立起自激电压，电阻起限流作用，其元件参数如表2-13所示。采用电子镇流器取代铁芯线圈镇流器，可以节电、消除噪声，并启动迅速。

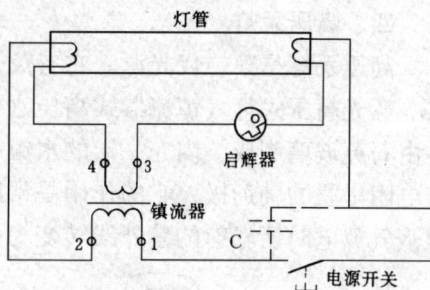

图 2-48　双线圈镇流器接线

表 2-13　　　　　　　　　　　　荧光灯配用阻容元件参数

荧光灯规格 (W)	配置电容器 (μF)	配 置 电 阻	
		阻 值 (Ω)	功 率 (W)
8	1.5 ~ 2	125 ~ 250	3 ~ 6
15	3 ~ 3.5	125 ~ 500	15 ~ 50
20	4.75 ~ 5	80 ~ 125	10 ~ 20
30	8 ~ 10	125 ~ 500	16 ~ 65
40	10 ~ 15	60 ~ 250	15 ~ 50

电子镇流器是采用电子技术进行变频镇流或变压镇流，本质是一个高频逆变器件。它把50Hz的工业频率电压逆变成 25 ~ 50kHz 的高频电压，使荧光灯在这一高频电压下工作，镇流器本身功率相应降到 1.5W 以下，从而降低了能耗，提高了功率因数，可节省照明用电20% ~ 25%左右。

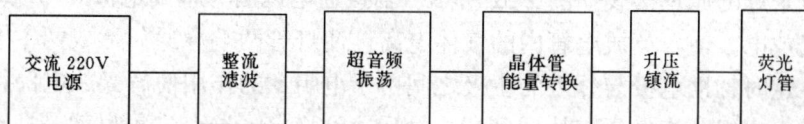

图 2-49

电子镇流器的核心是由晶体管、场效应管和阻容元件组成的高频脉冲发生电路，如框图2-49所示。首先将交流电压通过整流和滤波转换为直流电压，然后通过振荡电路产生高频脉冲方波，再通过功率晶体管送到脉冲变压器升压，激励荧光灯工作。

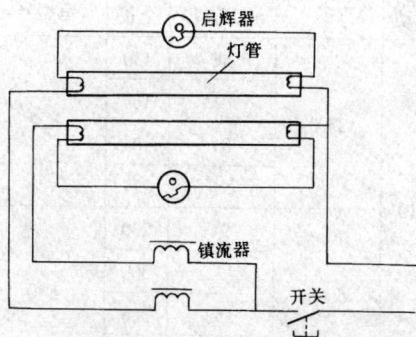

图 2-50　多管并联控制接线

3.荧光灯的安装

(1) 荧光灯的安装形式基本同白炽灯一样，也是吸顶和吊灯形式，所以它们的工艺要求同白炽灯一样。其接线根据不同的镇流器有不同的接法，如图 2-46、2-48 等。多管日光灯并联控制的接线如图 2-50 所示。

(2) 铁芯线圈式镇流器，如镶嵌在顶棚或墙壁上，为防止发热引起火灾，需要做隔热措施，垫隔热层。

(3) 为了合理利用荧光灯的照度，应将灯管的中间部位设在被照面的正上方。

四、高压汞灯

高压汞灯是第二代光源。它有荧光高压汞灯、自镇流高压汞灯等几种。

荧光高压汞灯（镇流器式高压水银荧光灯）的结构如图 2-51 所示。泡体中央的放电管是由石英玻璃制成，内充一定的水银和高纯氩气。放电管两端有一对主极，主极旁边有一个与电阻串联的辅助极，它的作用是帮助启辉器放电。外玻璃壳的内壁涂有荧光粉，它能将水银蒸气放电时所辐射的紫外线转变为可见光。

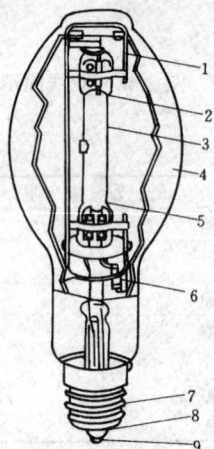

图 2-51　荧光高压汞灯

1—支架；2—主电极；3—放电管；4—玻璃壳；5—辅助
电极；6—电阻；7—螺纹触点；8—绝缘体；9—触点

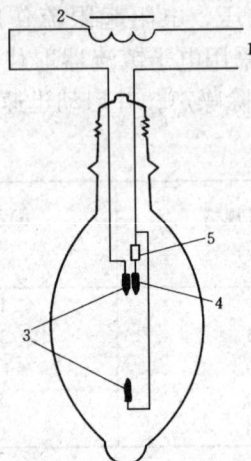

图 2-52　荧光高压汞灯原理接线

1—电源；2—镇流器；3—主电极；4—辅助电极；
5—电阻（40～60kΩ）

荧光高压汞灯的原理接线如图 2-52 所示。当接通电源后，辅助电极 4 与靠近的主电极 3 之间产生辉光放电，使石英放电管内的气体电离，使灯管两端导通，形成两主极之间弧光放电引燃点亮。这时辅助电极与邻近的主极之间由于电阻 5 的作用使辉光放电停止。由于放电管内温度上升，水银蒸汽气压亦从低到高，最后达到稳定，这个过程也就是灯泡的工作电压从零上升到该灯泡的工作电压并达到稳定的过程；电流从启动电流逐步减少到工作电流并达到稳定，这时启动结束进入工作状态。荧光高压汞灯的技术参数如表 2-14 所示。

表 2-14　　　　　　　　　荧光高压汞灯技术参数

型　号	额定功率（W）	电压（V）			电流（A）		启动时间（min）		有效寿命（h）	泡体尺寸（mm）		配用灯座型号
		额定	启动	工作	启动	工作	启动	再启动		最大直径	全长	
GGY50	50			95	1.0	0.62				56	130	
GGY80	80			110	1.3	0.85				71	165	
GGY125	125	220	不大于180	115	1.8	1.25			2500	81	184	E27
GGY175	175			130	2.3	1.50	4～8	5～10		91	211	
GGY250	250			130	3.7	2.15				91	230	
GGY400	400			135	5.7	3.25				122	300	
GGY700	700			140	10.0	5.45			5000	152	385	E40
GGY1000	1000			145	13.7	7.50				182	400	

五、高压钠灯

高压钠灯被视为第三代光源，是利用钠蒸气放电而发光。钠是一种活泼金属，原子结构比汞简单，激发电位也比汞低。高压钠灯具有更高的光效，以及更长的使用寿命。光色独特、紫外线辐射少、光线穿透雾和水蒸气的能力强，广泛用于大面积照明场所。例如广场、街道的照明等，大的车间也常采用钠灯作光源。

高压钠灯的结构如图 2-53 所示。它是一种气体放电光源。放电管细长，管壁温度可达 700℃以上，又因钠对石英玻璃有较强的腐蚀作用，所以，放电管管体采用多晶氧化铝陶瓷制成。用化学性能稳定而膨胀系数与陶瓷相接近的铌做成端帽，使得电极与管体之间具有良好的密封性。电极间连接着双金属片，用来产生启动脉冲。灯泡外壳由硬玻璃制成，灯头制成螺口式，其启动原理如图 2-54 所示。由于放电管细又长，不能采用类似高压汞灯通过辅助电极启辉发光的办法，而是采用荧光灯的启动原理，本图启辉器被组合在灯泡内部（即双金属片），当接通电源后，电流通过双金属片 b 和加热线圈 H，b 受热后发生变形使触头（两触点 b）分开，镇流器 L 产生脉冲高压使灯泡点燃。

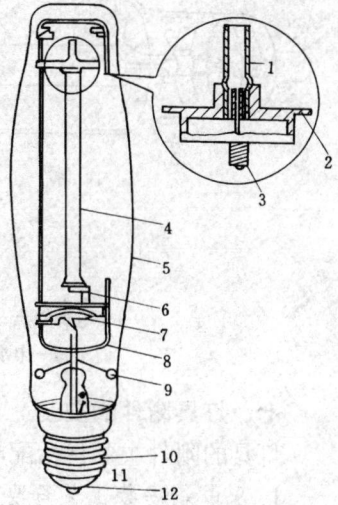

图 2-53 高压钠灯外形与结构
1—金属排气管；2—铌帽；3—电极；4—放电管；5—玻璃泡体；6—管脚；7—双金属片；8—支架；9—消气剂；10—螺纹灯头；11—绝缘；12—触点

高压钠灯的启动，有内触发式，如上所述，也有外触发式。外触发式高压钠灯在安装时，除需要灯泡和相应的镇流器外，还需要一个启动用触发器。常用高压钠灯的主要参数如表 2-15 所示。

表 2-15 　　　　　　　　　　　　常用高压钠灯主要参数

型　号	电源电压 （V）	额定功率 （W）	光通量 （lm）	寿　命 （h）	灯头型号
NG 100		100	6000		E27/35×30
NG 215		215	16125		
NG 250	220	250	25500	5000	E40/45
NG360		360	32400		
NG 400		400	38000		
NG 1000		1000	100000		— E40/54

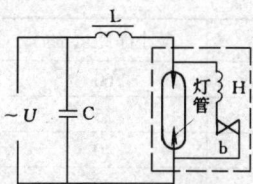

图 2-54 高压钠灯启动原理图

六、金属卤化物灯

为了克服高压汞灯和高压钠灯显色性较差的缺点，进一步发展了金属卤化物灯这一新光源。这种灯在发光管内充以金属卤化物，使之辐射出近似日光的白色光，进一步提高光效。目前常用的金属卤化物灯有钠铊铟灯和镝灯两种，前者灯管内充有碘化钠—碘化铊—碘化铟；后者灯管内充有碘化镝。其结构及形状如图 2-55 所示。

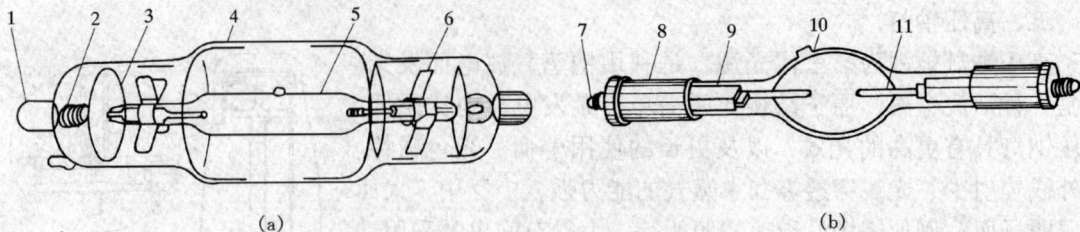

图 2-55 金属卤化物灯

(a) 钠铊铟灯；(b) 镝灯

1—电源触点；2—引线；3—云母片；4—玻璃泡体；5—放电管；6—支架；

7—电源触点；8—灯头；9—钼箔；10—玻璃泡体；11—电极

七、灯具附件的安装

灯具的附件主要包括配电箱（或配电盘）、开关、保护及插座等。

1. 配电箱安装工艺与要求

照明配电箱的安装方式有在墙上明装和嵌在墙内暗装两种。明装配电箱的方法是先将支架预埋在墙上，再将配电箱固定在支架上，将配完线的盘面推入箱内固定。嵌入式配电箱的安装，一般在设计指定位置，土建工作中将嵌架或配电箱预埋在墙内，使箱面稍凸出墙面，然后进行结构安装、配管、穿线、装面板、接线和编号。配电箱明装与嵌入式安装方式如图2-56所示。

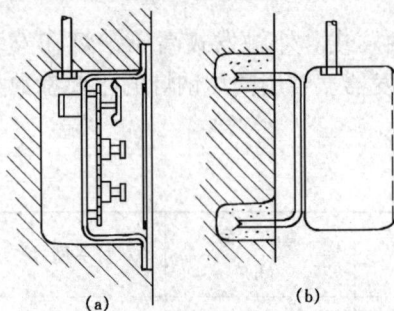

图 2-56　照明配电箱安装

(a) 嵌入式；(b) 墙上明装

配电箱的安装必须符合以下技术要求：

(1) 配电箱应装在干燥、明亮、不易受损、不易受震、无腐蚀性气体和便于抄表、维护和操作的地方。不得装在水池、水嘴、浴池、水槽、炉灶和煤气表上侧。如安装除浴池外的两侧时，其垂直距离不得小于1m，水平距离不得小于0.7m。

(2) 配电箱内不应装设不同电压等级的电气装置。配线应横平竖直，导线穿过金属板面时，应采用绝缘套管保护。

(3) 配电箱内的开关、电度表、互感器等的布置，应按上端电源，下端负荷，左侧电源，右侧负荷的顺序排列。熔断器不得装在中性线上。金属配电箱应有接地保护。

(4) 配电盘面的各种电器相互间最小允许净距参考表2-16的规定。

表 2-16　　　　　　　　　　　　　配电箱盘面电器间参考净距

电 器 名 称		最小净距（mm）	电 器 名 称	最小净距（mm）
并列电度表		60	电度表配线瓷管头至电度表下沿	60
并列开关或单级熔断器		30	上下排电器瓷管头间	25
开关出线瓷管至开关下沿	(10～15A)	30	配线瓷管头至盘边缘	40
	(20～30A)	50	开关至盘边缘	40
	(60A 以上)	80	电度表至盘边缘	60

2. 开关与插座的安装

开关与插座分为明装和暗装两种。明装很少在正规场合使用，暗装如图 2-57 所示。先将开关盒按图纸要求的位置预埋在墙内，埋时用水泥砂浆填充，应平整不偏斜。盒口面应与墙的粉刷面一致，待穿完导线即可接线，盖上开关面板。

开关明装应将木台或塑料台固定在墙上，导线穿过木台进开关，固定开关后接线，盖上开关盖。无论明装或暗装的开关，其扳钮向上是接通（开灯），向下分断（关灯，有标志者例外）。

插座的安装基本与开关相似，暗装也需要先预埋插座盒，然后穿线、接线、盖盒盖。

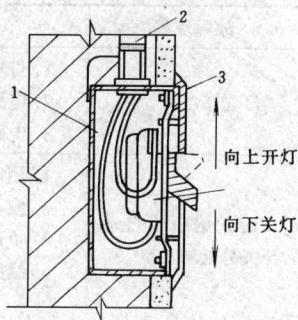

图 2-57　开关暗装示意
1—开关盒；2—电线管；3—面板

插座有单相两孔、单相三孔和三相四线制用四孔插座三种。在安装时，对孔的排列位置有规定，单相两孔垂直排列时（上下孔），相线在上，中性线在下；水平排列时，相线在右，中性线在左。单相三孔插座，相线在右，中性线在左，保护接地线在上。三相四线制用四孔插座，上面大孔接中性线，下面三个小一点的孔，从左向右第一相、第二相、第三相即 U、V、W 相线。插座形状示意与孔的排列顺序如图 2-58 所示。

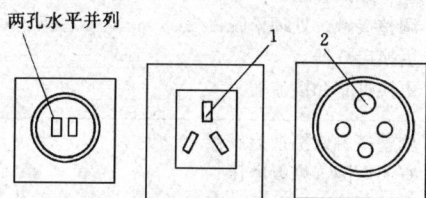

图 2-58　插座示意图
1—保护接地；2—接中性线（零线）

开关与插座安装必须符合以下技术要求：

（1）同一场所开关标高应一致，且应上合、下分；操作灵活，接触良好。安装位置应便于操作，距地面高度一般为 1.3m，距门框距离为 0.15~0.2m。相邻安装的开关其高度应一致，高低差不大于 5mm。在多尘和潮湿场所应使用防尘防水开关。

（2）照明开关应串接在相线上，经开关控制照明。

（3）住宅用户一定要使用安全型插座，插座回路应单独安装漏电保护装置。

（4）车间及试验室的插座一般距地面高度不应低于 0.3m，特殊场所暗装插座不应低于 0.15m，同一室内安装位置高低差不应大于 5mm。舞台上的落地插座应有保护盖板。

（5）托儿所、幼儿园、小学校等场所宜选用安全插座，其安装高度距地面应为 1.8m。

（6）潮湿场所应使用安全型防溅插座。

八、照明常见故障原因及处理方法

（一）白炽灯常见故障及处理

表 2-17　　　　　　　白炽灯的常见故障原因及处理方法

故障现象	故 障 原 因	处 理 方 法
灯泡不亮	1. 灯泡坏了 2. 熔丝熔断或自动开关分断 3. 灯泡接触不良 4. 开关坏或电路接头松动	1. 换灯泡 2. 装熔丝或恢复自动开关 3. 消除氧化层或换灯头 4. 更换开关，查松动点并处理
灯泡忽亮忽暗	1. 灯座或开关触点松动，接触不良 2. 有大负载造成电压波动 3. 电路中接头松动	1. 清除氧化层，紧固螺钉 2. 禁止随意增加负荷 3. 定期检查，搞好维护

故障现象	故障原因	处理方法
灯光暗红	1. 灯座、开关或导线对地严重漏电 2. 电路接触不良造成电阻增加 3. 电路严重超负荷，压降增大	1. 更换电器，更换导线，处理接头绝缘 2. 修复电器，处理接头 3. 增大导线截面
熔丝熔断或自动开关分断	1. 用电器具内部短路 2. 胶木灯座过热碳化 3. 负荷过大 4. 线路短路	1. 处理接头或更换电器 2. 更换灯座 3. 按规定选用熔丝或开关 4. 查短路点，正确处理
灯泡发光强烈	1. 灯丝局部短路 2. 电源混线使电压升高 3. 三相四线制、中性线断开	1. 更换灯泡 2. 断开电源，处理故障 3. 恢复中性线，接头应牢固

（二）荧光灯的常见故障及处理

表 2-18 　　　　　　　荧光灯的常见故障原因及处理方法

故障现象	故障原因	处理方法
灯管不发光	1. 无电源 2. 灯座接触不良，电路接头松动 3. 启辉器损坏 4. 灯丝烧断或镇流器烧损	1. 查明原因，送电 2. 调整接触，处理松脱接头 3. 更换启辉器 4. 更换灯管和镇流器
灯管两端发亮而中间不亮	1. 启辉器接触不良 2. 电压过低或温度过低 3. 灯管寿命已到	1. 调整接触或更换启辉器 2. 查明原因，恢复电压 3. 更换灯管
灯光闪烁或管内有螺旋形滚动光带	1. 新管暂时现象 2. 灯管质量 3. 镇流器不配套，工作电流过大 4. 启辉器和镇流器接触不良	1. 使用一段时间会自行消失 2. 换灯管 3. 配套镇流器 4. 处理接触问题
镇流器过热	1. 镇流器质量不合格 2. 镇流器不配套 3. 电源电压过高	1. 正常温度不超过 65℃，过热严重更换产品 2. 配套镇流器 3. 查明原因，恢复电压
镇流器有异音	1. 铁芯叠片松动 2. 绕组内部短路 3. 电压过高 4. 镇流器质量	1. 紧固叠片 2. 更换镇流器 3. 查明原因，恢复电压 4. 更换产品
灯管亮度不够和两端发黑	1. 灯管衰老和寿命已到 2. 电压过低或温度过低 3. 镇流器质量差或不配套	1. 更换灯管 2. 恢复电压或采取遮风措施，保持室温 3. 更换产品或配套镇流器

（三）高压气体放电光源常见故障及处理

高压汞灯、高压钠灯、金属卤化物灯常见故障原因及处理方法如表 2-19 所示。

表 2-19	高压汞灯、高压钠灯和金属卤化物灯的故障及处理方法	
故障现象	故 障 原 因	处 理 方 法
不能启辉	1. 电压过低 2. 镇流器不配套 3. 灯泡损坏 4. 触发器失灵或接触不良 5. 电路接触不良，电阻增大	1. 查原因，恢复电压 2. 配套镇流器 3. 更换灯泡 4. 更换触发器或调整接触 5. 查清原因，处理接触问题
忽亮忽灭	1. 电源电压波动在启辉临界值上 2. 灯泡松动，灯座接触不良 3. 接头松动等	1. 查明原因，恢复工作电压 2. 拧紧灯泡，使其接触良好，处理接触不良问题 3. 查清故障点，处理松动点
只亮灯芯	灯泡壳破裂或漏气	更换灯泡
接通开关灯不亮	1. 停电 2. 熔丝熔断 3. 开关失灵 4. 电路断路 5. 镇流器烧毁 6. 灯泡与灯座未接牢 7. 灯泡损坏 8. 触发器失灵或接触不良	1. 恢复电源 2. 更换熔丝 3. 更换或修复开关 4. 查找断路点，并接牢 5. 换镇流器 6. 将螺口灯头中心舌片撬起，保证接触 7. 换灯泡 8. 换触发器或调整接触

第三节　低 压 架 空 线 路

低压架空线路是将裸绞线或绝缘绞线悬挂在电杆上，电杆有木杆和水泥杆两种。木杆强度低、易腐朽，加上浪费资源，因此已被水泥电杆（钢筋混凝土杆）所取代。

一、低压架空线路的构成

低压架空线路是指线电压 380V（相电压 220V）的线路。它由电杆、导线、横担、绝缘子、金具和拉线等构成，如图 2-59 所示。

1. 电杆

按用途的不同，电杆分为直线杆、耐张杆、终端杆、转角杆和分支杆。

（1）直线杆。这种电杆在线路的直线部分，主要承受导线质量和侧面风力，杆顶结构比较简单，如图 2-60 所示。这种电杆一般不装拉线，但是，在台风和多雨地区，每隔两、三档应该在线路两侧打一对拉线，防止向两侧倒杆。

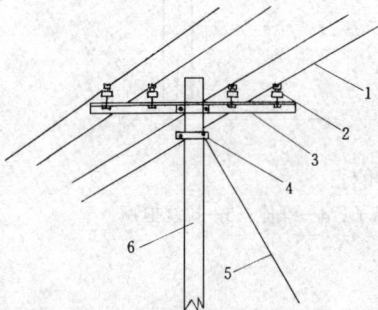

图 2-59　低压架空线路基本构件
1—导线；2—绝缘子；3—横担；4—金具；5—拉线；6—电杆

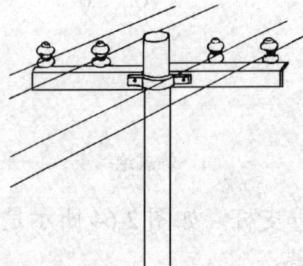

图 2-60　直线电杆

（2）耐张杆。耐张杆也叫承力杆或锚杆。为了限制倒杆或断线的事故范围，需要将线路的直线部分划成几个耐张段，在耐张段的两端安装耐张杆，如图 2-61 所示。这种杆型除承受导线质量和侧面风力外，还要承受邻档导线拉力差所引起的顺线路方向的拉力。通常在直线耐张杆的前后方各安装一根拉线，用来平衡这种拉力。

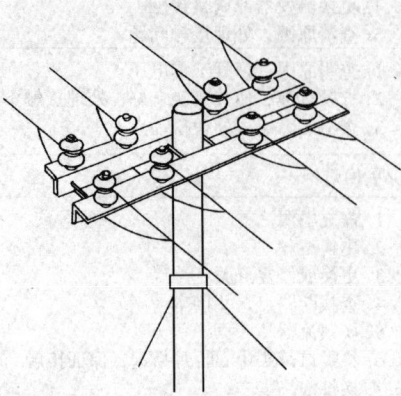

图 2-61　直线耐张杆　　　　　　　　　　　　　　　图 2-62　终端杆

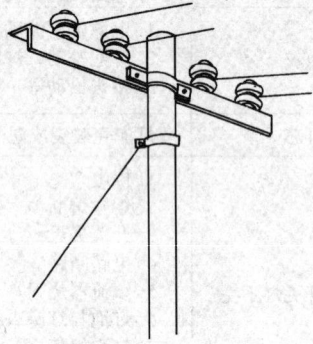

（3）终端杆。图 2-62 所示是安装在线路终点的耐张杆，需要在导线的对面安装拉线，用来平衡导线的拉力。

（4）转角杆。转角杆用在线路改变方向的地方。转角杆的构造应根据转角的大小决定。当线路偏转的角度小于 15° 时，可以用一根横担；转角在 15° ~ 30° 时，可用两根横担；当转角在 30° ~ 45° 时，除用两根横担外，两侧导线应该用跳引线连接，如图 2-63 所示。在 45° ~ 90° 时，应该用两对横担，并用跳引线连接两侧的导线。转角在 30° 以内时，应在导线合成拉力的相反方向装一根拉线，用来平衡两根导线的拉力；当转角大于 30° 时，应该采用两根拉线，各平衡一根导线的拉力。

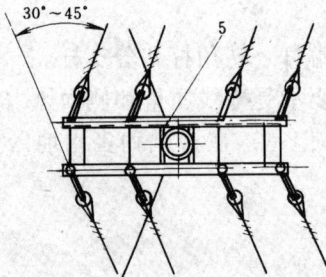

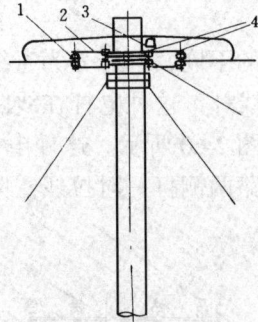

图 2-63　30° ~ 45° 转角杆

1—蝶式绝缘子；2—平拉板；3—支持引线绝缘子；4—螺栓；5—拉线抱箍

（5）分支杆。如图 2-64 所示是分支杆结构。

2．导线

导线有单股和多股绞线之分；有裸线和绝缘线之分；还有铜材和铝材及其合金之分。架空线路用得较多的是铝绞线和钢芯铝绞线。低压架空线因距离较短，一般采用铝绞线，钢芯

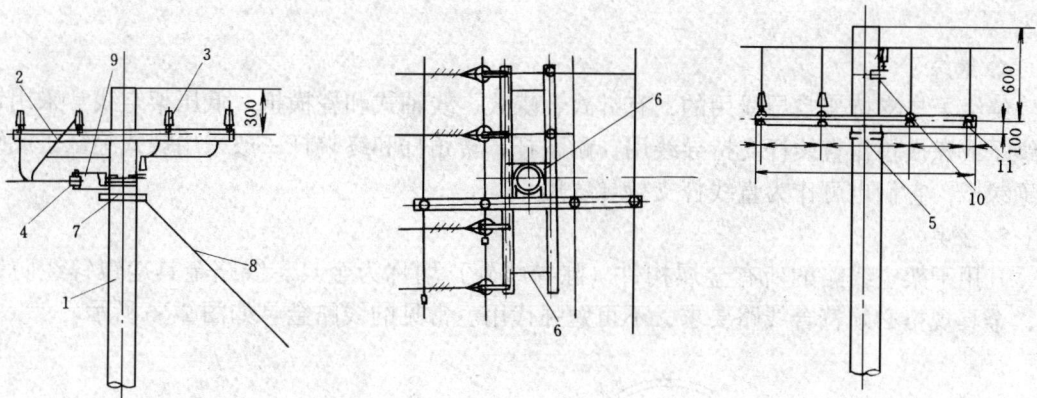

图 2-64 分支杆结构

1—电杆；2—跳引线；3—上横担绝缘子；4—下横担绝缘子；5—抱箍螺栓；6—双头螺栓；7—拉线抱箍；
8—拉线；9—绝缘子平拉板；10—跳引支持绝缘子；11—横担

铝绞线多用于高压长距离的线路。

目前，除偏远农村且人烟稀少的地区采用多股裸铝绞线外，一般城镇人口密集地区均采用多股绝缘铝绞线作为低压架空线用。常用低压绝缘铝绞线是 JLV 铝芯聚氯乙稀绝缘线，这种绝缘是热塑性塑料绝缘，按耐温条件分 65、80、90、105℃四个级别，机械性能优异，电气性能良好，结构稳定，具有耐潮、耐电晕、不延燃、成本低、加工方便等优点。

低压架空线最大工作电流，不应大于导线的允许载流量，而且架空线的最小截面为 $16mm^2$。

在保护接地的 TT 系统的中性线和保护接零 TN—C 系统的保护中性线，其截面应按允许载流量和保护装置的要求选定，但不应小于表 2-20 的规定。单相供电的中性线截面应与相线相同。

表 2-20   按机械强度要求中性线与相线的配合截面（mm^2）

相线截面 S	中线截面 S_0
$S \leqslant 16$	S
$16 < S \leqslant 35$	16
$S > 35$	$S/2$

注 相线的材质与中性线的材质相同时有效。

导线在电杆上的排列一般为水平排列，其在电杆之间的档距一般在 30～50m。

3．横担

横担是导线支持绝缘子的安装架，也是保持导线间距的排列架。横担宜采用镀锌铁横担，一般用 50mm×50mm×5mm 的镀锌角钢制成，其结构形状如图 2-65 所示。

单横担的组装位置，一般装在受电侧，撑铁装在面向受电侧的左侧。横担组装应平整，端部上、下和左右斜扭，不得大于 25mm。

用螺栓连接构件时，应符合下列要求：

1）螺栓应通过各部件的中心线，螺杆应与构件面垂直。

2）螺母紧好后，露出的螺杆不应少于 2 个螺距。

3）螺栓穿入方向：顺线路者从电源侧穿入；横线路者，面向受电侧由左向右穿入；垂直地面者，由下向上

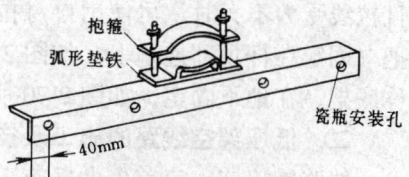

图 2-65 角钢横担形状

穿入。

4. 绝缘子

绝缘子是支持架空导线用的，有针式、蝶式、线轴式和瓷横担。低压架空线常采用针式绝缘子或瓷横担作直线杆支持导线用，耐张杆、转角杆和终端杆一般采用蝶式绝缘子或线轴式绝缘子，它们也可作为直线杆支持导线用。

5. 金具

凡用于架空线路的所有金属构件（除导线外）均称为金具。线路金具应镀锌经防锈处理，金具规格必须符合线路要求，不可勉强代用。常见的线路金具如图 2-66 所示。

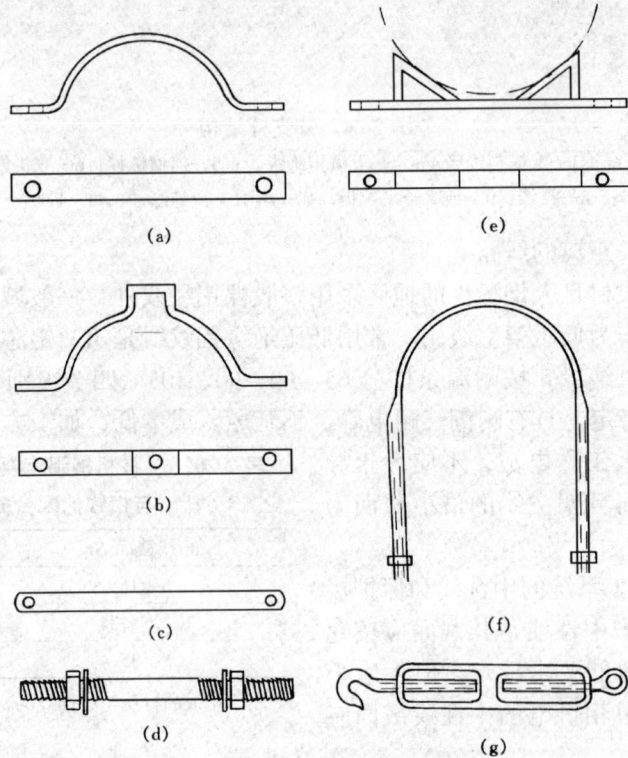

图 2-66　常见的低压线路金具
(a) 圆形抱箍；(b) 带凸抱箍；(c) 支撑扁铁；(d) 穿心螺栓；
(e) 横担垫铁；(f) 横担抱箍；(g) 花篮螺丝

6. 拉线

普通拉线一般和电杆成 45°角，如果受地形限制，可适当减小，但不应小于 30°。在侧面风力较大的地方，可使用侧面拉线（人字拉线），跨越道路时可使用水平拉线，地方狭窄并且拉线受力不大时，可使用自身拉线。各种拉线形式示意如图 2-67 所示。普通拉线是由上把（固定在杆顶部抱箍上，如图 2-68 所示）、中把（也称腰把，如图 2-69 所示）和下把（也称底把，在地下固定，如图 2-70 所示）组成。

二、低压架空线路的施工及技术要求

线路施工前，应首先做好施工队伍的组织工作和思想工作，并要做好施工器材和施工工具的准备。这些工作是干好工程的基础。线路施工应注意质量并应分段检查，以便及时发现

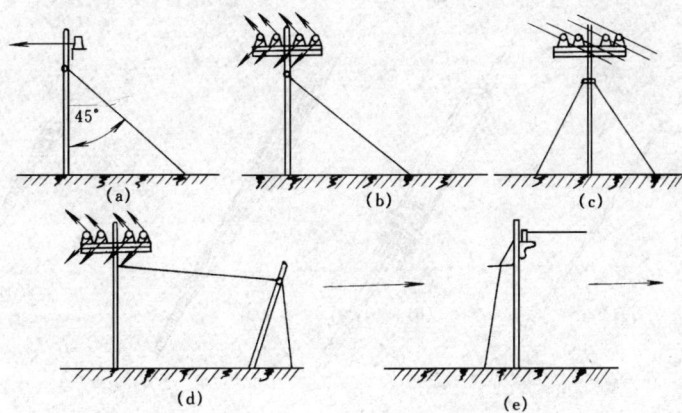

图 2-67 拉线形式示意图

(a) 普通拉线；(b) 转角拉线；(c) 侧面拉线（人字拉线）；

(d) 水平拉线；(e) 自身拉线

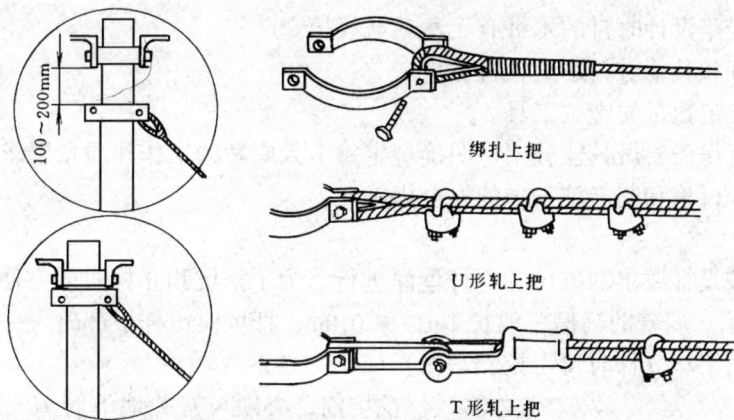

绑扎上把

U 形轧上把

T 形轧上把

图 2-68 拉线上把结构形式

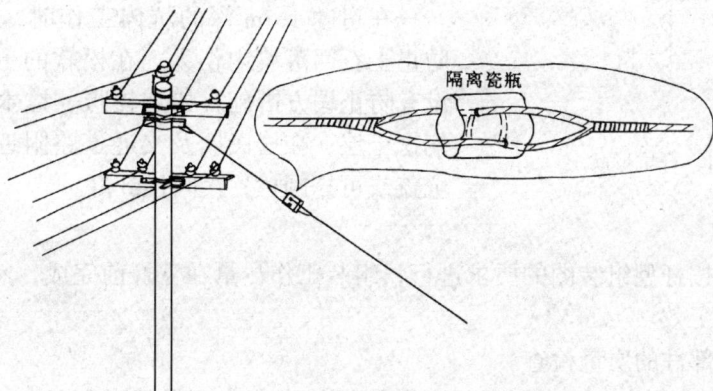

隔离瓷瓶

图 2-69 拉线中把结构形式

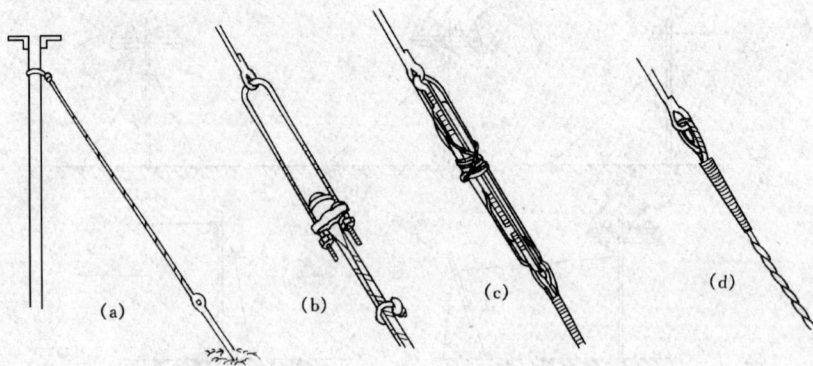

图 2-70 拉线下把结构形式

(a) 拉线与地锚的连接；(b) T形连接；(c) 花篮螺丝连接；(d) 绑扎连接

和处理问题。施工时必须做好安全措施，防止人身和设备事故的出现。

1. 施工准备工作内容

(1) 复测线路设计时打的木桩有无移动或拔掉。

(2) 将电杆和其他材料运到各自桩位。

(3) 配备一定数量的施工工具。

(4) 根据工作需要做具体分工，明确规定每个人应做的工作和质量要求。

(5) 进一步讨论和制定施工中的安全措施。

2. 挖杆坑

挖杆坑应按设计要求的桩位和电杆埋深进行。为了挖坑和立杆时的方便，杆坑一般应挖成如图 2-71 所示。斜着的马槽一般长 1m，深 0.8m，杆坑应比杆根部略大一些，以便立杆时调整杆位用（用吊车立杆时可不挖斜马槽）。

图 2-71 杆坑形状

挖坑前，必须与有关地下管道、电缆的主管单位取得联系，弄清地下设施的确切位置，做好防护措施。组织外来人员施工时，应交待清楚，并加强监护。

在超过 1.5m 深的坑内工作时，抛土要特别注意防止土石回落坑内伤人，在松软的土地上挖坑时，应设有防止塌方措施，如加挡板、撑木等。禁止由下部掏挖土层，在居民区及交通道路附近挖的基坑，应设坑盖或可靠围栏，夜间挂红灯。

3. 组装电杆

组装时，应按杆型组装图的要求进行，组装工作尽量在立杆前完成，然后整体立杆，可节省时间，提高工效。

(1) 电杆各部件的质量检查。

1) 混凝土电杆的检查。钢筋混凝土电杆的杆身弯曲不得超过杆长的 1%，电杆表面应光滑无裂纹。横向如有裂纹，其宽度不得超过 0.1mm，纵向不允许有裂纹。

钢筋混凝土电杆内外都不应有泥浆露筋现象。为了防止积水，电杆顶部必须用水泥进行封堵。

2）横担的检查。低压线路用的铁横担和所有金具，均应进行镀锌处理，规格必须符合要求。陶瓷横担的弯曲度不应大于 2%。

3）绝缘子的检查。绝缘子表面应清洁光滑，安装前应逐个清除污垢，并作外观检查。绝缘子的铁脚与瓷件应结合紧密，铁脚镀锌良好，瓷件无缺釉和破损等缺陷。

用 2500V 兆欧表摇测 1min 后的稳定绝缘电阻，其值不应小于 20MΩ。

（2）电杆装配方法。钢筋混凝土电杆使用的横担，一般用抱箍固定，如图 2-72 所示。横担装好后，即可安装绝缘子。

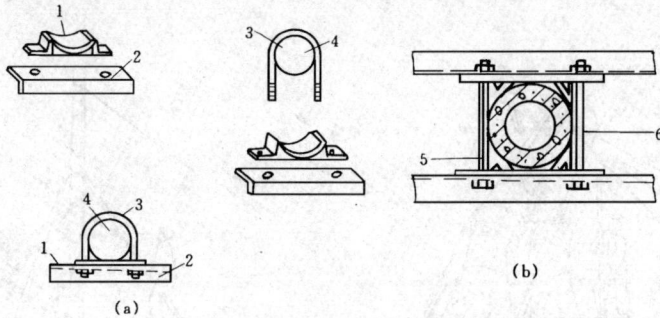

图 2-72 钢筋混凝土电杆横担的安装方法
（a）单横担安装；（b）双横担安装
1—M 形抱铁；2—角铁横担；3—U 形抱箍；4—电杆；
5—垫铁；6—M16 穿钉

低压直线杆一般采用针式绝缘子或蝶式绝缘子，耐张杆采用蝶式绝缘子和两片两孔铁拉板安装在铁横担上。两片两孔铁拉板一端的两孔中间穿螺栓固定蝶式绝缘子，另一端用螺栓固定在横担上，如图 2-73 所示。

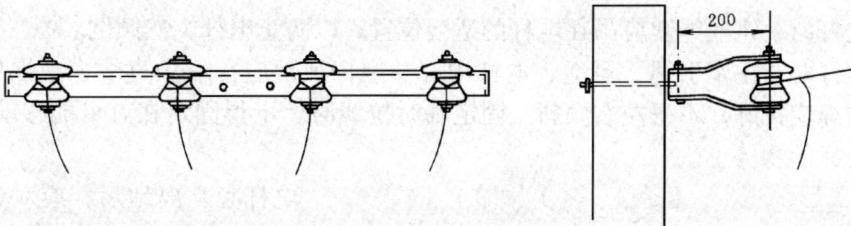

图 2-73 低压蝶式绝缘子与横担连接方法

4.立杆

立杆要设专人统一指挥。开工前，讲明施工方法及信号，工作人员要明确分工、密切配合、服从指挥。

立杆要使用合格的起重工具，严禁过载使用。目前立杆大多采用汽车吊等机械化立杆，也有顶杆及叉杆竖立轻型单杆，如图 2-74 所示。还有一种倒落式人字抱杆起立法，这种方法在施工现场应用比较广泛。它的质量大，稳定性好，装置简单，操作方便，并可任意调整倾斜角度。倒落式人字抱杆起立法所需工具、材料：绞磨、滑轮组、人字抱杆、钢丝绳、牵引绳和地锚。倒落式人字抱杆起立法如图 2-75 所示。

立杆过程中，杆坑内禁止有人工作。除指挥人及指定人员外，其他人员必须远离杆下

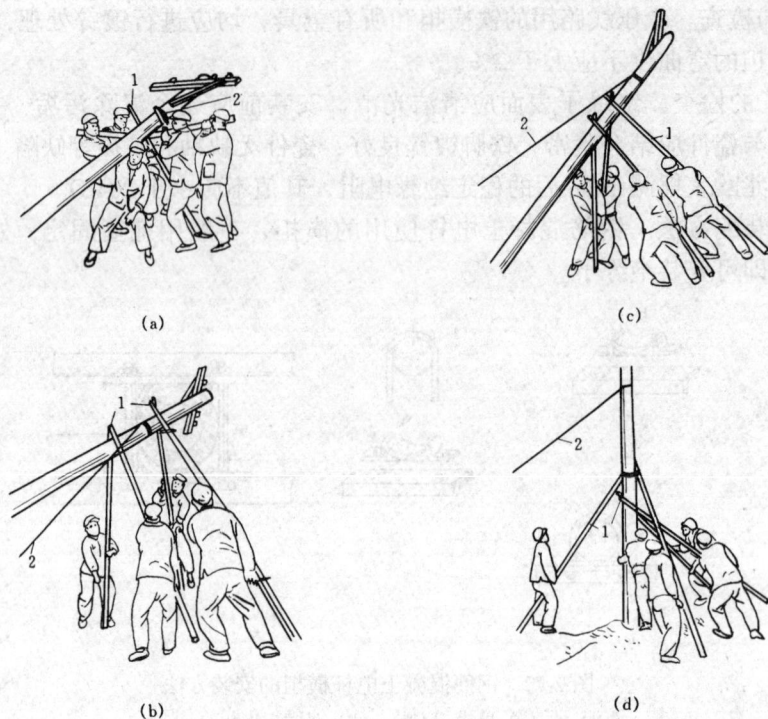

图 2-74 顶杆及叉杆立杆法
(a) 抬起；(b) 支叉杆；(c) 倒换叉杆；(d) 立起后
1—人字杆；2—棕绳

1.2 倍杆高的距离以外。立杆和修杆坑时，应有防止杆身滚动、倾斜的措施，必要时采用叉杆和拉绳控制。

　　吊车立杆时，钢丝绳套应吊在电杆的适当位置，以防止电杆突然倾倒。

　　抱杆立杆时，主牵引绳、尾绳、电杆中心及抱杆顶部应在一条直线上。抱杆应受力均匀，两侧拉绳应拉好，不得左右倾斜。固定临时拉线时，不得固定在有可能移动的物体上，或其他不可靠的物体上。

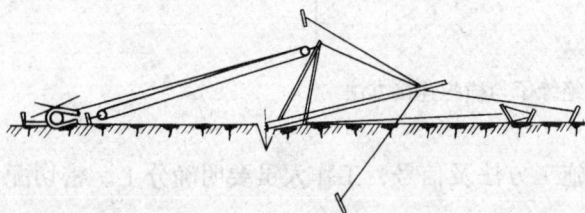

图 2-75　倒落式人字抱杆起立方法示意图

　　电杆起立离地后，应对各吃力点处做一次全面检查，确无问题，再继续起立。起立 60°后，应减缓速度，注意各侧拉绳。

　　已经立起的电杆，如果是已组装好的电杆，应首先调整横担的方向，然后将杆基回填土夯实完全牢固后，撤去叉杆和拉绳。杆下工作人员应戴安全帽。

　　5. 导线架设

　　（1）登杆。登杆的方法有脚扣登杆和踏板登杆两种方法。脚扣有木杆用和混凝土杆用两种。而混凝土杆用又分等径脚扣和可调脚扣，如图 2-76 所示。木杆用脚扣有锯齿，混凝土杆用脚扣是为了防滑，在半圆弧形两端设有防滑橡胶套。使用前，必须检查防滑橡皮是否良好，检查各部焊口是否牢固，检查脚扣皮带有无断裂等。等径电杆用等径脚扣，锥度杆用可调脚扣。低压杆一般是锥度杆。

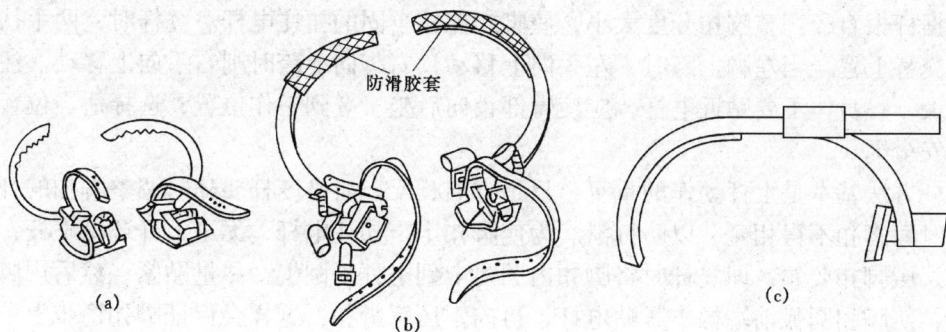

图 2-76　脚扣
(a) 木杆脚扣；(b) 混凝土杆等径脚扣；(c) 混凝土杆可调脚扣

踏板是由木板、绳索和挂钩组成。使用时必须由两个踏板交替登杆，踏板的形状如图 2-77所示。踏板是采用质地坚韧的木材制成，中间不得有疤节，规格如图 2-77（b）所示。绳索采用 16mm 三股白棕绳，长度要适应使用者的身材，一般要保持如图所示一人一手长。踏板和白棕绳均能承受 300kg 质量，每半年要进行一次载荷试验，每次登杆前应检查木板有无裂纹、绳索有无霉烂和机械损伤，并作人体冲击试登。为了保证在杆上作业人员身体平稳，不使踏板摇晃，故应按图 2-77（c）站立姿势工作。

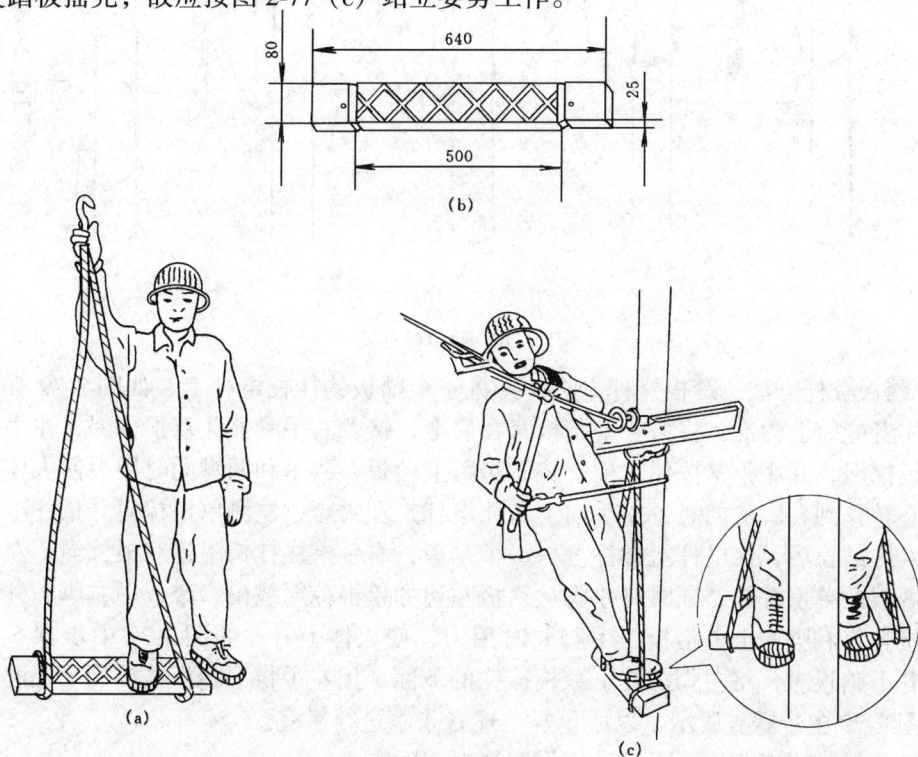

图 2-77　踏板
(a) 踏板绳长度；(b) 踏板规格；(c) 在踏板上作业姿势

1）脚扣登杆方法。登杆前应对脚扣进行人体冲击试验，先登一步电杆，将全身质量加到一个脚扣上，向下冲击，无问题再试另一只脚扣。检查确无问题方可登杆。

根据杆根直径调整脚扣开度大小，使脚扣能较牢固的扣住电杆。登杆时，两手扶杆，两只脚扣交替上登，当左脚上跨时，左手向上移动，右脚向上跨时则右手向上移动。注意步子不宜过大，且身体不要贴近电杆，应使臀部稍向后坐。登到工作位置，选择适当位置系好安全带或安全绳。

下杆方法基本是上杆动作的重复，只是方向相反。对锥度杆要随时调整脚扣的开度，注意下杆时两脚扣不得相碰，以防打滑。为使脚扣牢牢扣住电杆，无论上杆还是下杆，应做到卡、拉、压脚扣要领，即登杆时将脚扣内圆弧卡到电杆外圆上，尽量贴紧；然后用脚将脚扣向后拉，使脚扣圆弧前端橡皮紧贴电杆，再向下压踩脚扣，这样会保证脚扣稳步上下，不至于打滑。脚扣登杆姿势如图2-78所示。

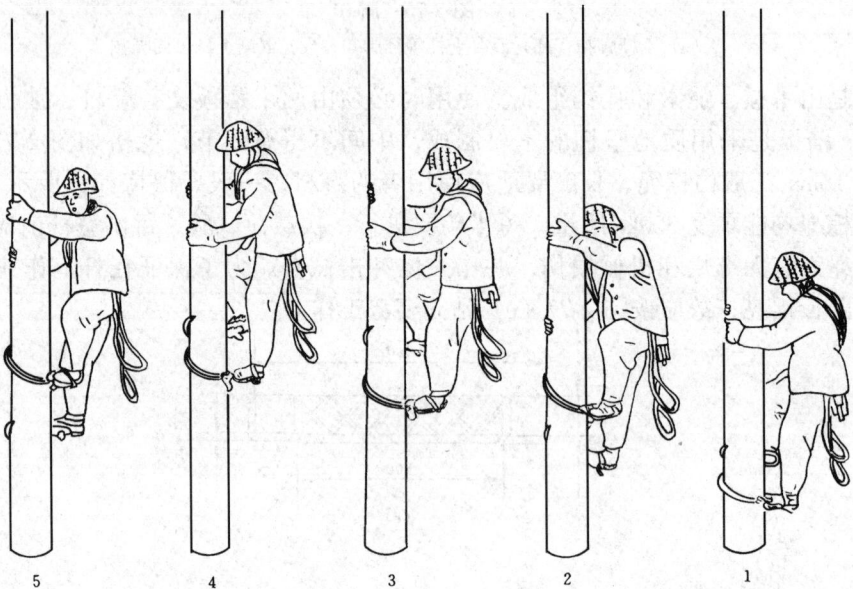

图 2-78　脚扣登杆姿势

2）踏板登杆方法。踏板登杆方法，先将一个踏板钩挂在电杆上，如图2-79所示。其高度以操作者能跨上为准，将另一个踏板背在肩上，接着右手紧握住双根棕绳，左手握住左边贴近木板棕绳，并用手掌按住木板，将右脚跨上踏板，两手和两脚同时用力使人体上升，待人体重心转移到右脚的同时，左手向上扶住电杆，左脚跨过左侧单根棕绳并抵住电杆。

待人体站稳后，在电杆上方挂上另一个踏板，右手握住挂钩附近双根棕绳，左手握住左边贴近木板的单根棕绳，同时将左脚从踏板左边的单根棕绳绕出，改成用右脚，并站在下踏板上。接着将右脚跨上上踏板，手脚同时用力，使人体上升。如图2-79中步骤5所示。当人体离开下踏板时，将左脚抵在下踏板挂钩的下面，用左手将下踏板挂钩摘下提起，向上站起，如图2-79中步骤6所示。以后重复上述各步骤进行攀登。

下杆与登杆程序相反。下杆动作如图2-80所示。

（2）放线。就是将导线沿着电杆两侧放好，准备挂到横担上。放线的方法主要有两种，一种是利用放线架放线；另一种是利用自然条件放线，即在地下挖坑，两侧用垫木垫起，将

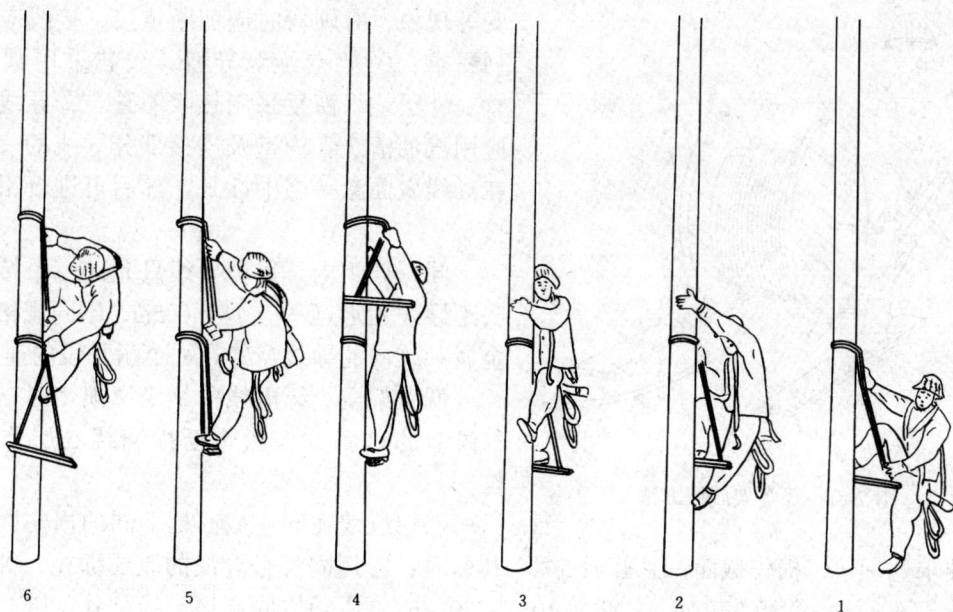

图 2-79 踏板上杆方法

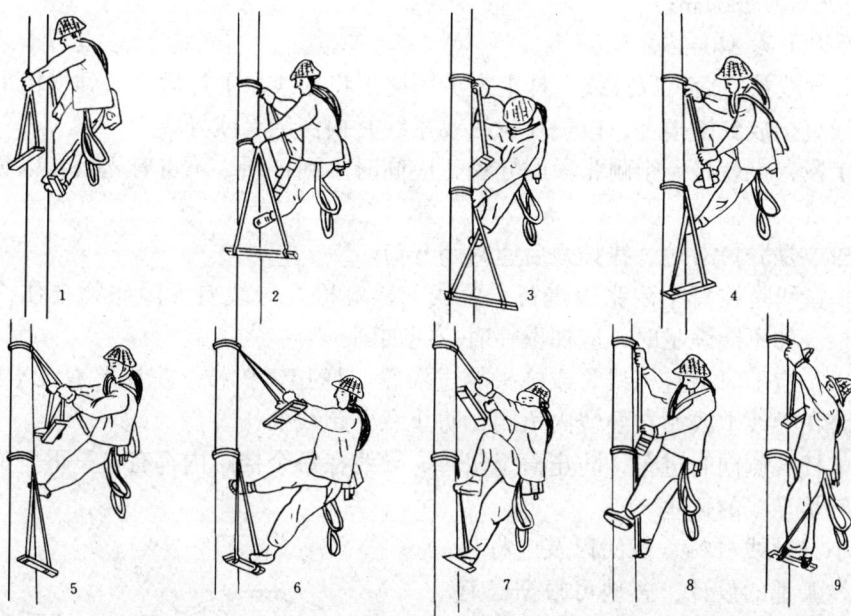

图 2-80 踏板下杆方法

线轴架于垫木上即可。这种方法适合无条件的农村。

　　放线架放线方法如图 2-81 所示。施放导线时，严禁在地面拖拉放线，拉线人员要适当分开，人与人之间以导线不碰地为宜，牵引线头的人员必须是有经验的技工，要走准方向，时刻注意后方信号，并注意线间不要交叉。

　　施放绝缘导线时，应检查导线表面不得有气泡、鼓肚、砂眼、露芯、绝缘断裂及绝缘霉

图 2-81 线盘架放线方法

变等现象，有硬弯时应剪断重接，接线应满足下列要求：①架空绝缘导线，线芯采用圆形压接管；外层绝缘恢复采用热收缩管。②导线连接前应用汽油清洗管内壁及连接部分导线的表面，并在导线表面涂一层中性凡士林后再进行钳接或压接。

同一档距内，每根导线只允许一个接头，接头距导线固定点不应小于 0.5m，不同规格、不同金属和绞向的导线严禁在一个耐张段内连接。

低压架空绝缘电线的绝缘层损伤时，应用耐气候型的自黏性橡胶带至少缠绕 5 层作绝缘补偿。

裸铝绞线在同一截面处不同的损伤面积应按下列要求处理：①损伤截面占总截面 5%～10%时，应用同型号导线的股线绑扎，绑扎长度不应小于 60mm；②损伤截面占总截面 10%～20%时，应辅以同规格导线绑扎，绑扎长度不应小于：

LJ-35 型及以下为 140mm；

LJ-95 型及以下为 280mm；

LJ-185 型及以下为 340mm。

(3) 挂线。导线放完后可以挂线。杆上人员用绳子将导线吊上杆后，放到横担下的滑轮上，不得将导线直接放到横担上，以免在拉线或紧线时损伤绝缘或导线。

在一个施工段，也就是一个耐张段的导线，应同时吊到杆顶，不可有先后，以免导线拖地损伤绝缘或导线。

挂线用滑轮应是开口滑轮，线挂好后应封闭开口。

(4) 紧线。紧线是在每个耐张段进行。紧线前，应检查导线有无障碍物挂住，检查拉线、拉桩及杆根。如不能满足时，应加设临时拉绳加固。

紧线过程中，应随时检查接线管或接头越过滑轮、横担、树枝、房屋等有无卡住现象。工作人员不得跨在导线上或站在导线内角侧，防止意外跑线抽伤。

紧线应在电杆两侧同时进行，防止横担扭转。导线在每个档距内都有自重下垂的自然弛度，这个弛度就是导线的弧垂。

弧垂的大小与导线材料、截面以及电杆档距有关。铝绞线弧垂的设计，各地可根据已有线路的运行经验或按所选定的气象条件计算确定。考虑导线初伸长对弧垂的影响，架线时应将铝绞线的设计弧垂减少 20%。

架空绝缘导线的设计弧垂，应根据所选定的气象条件计算确定，但应满足以下条件：①最大风速不大于 25m/s，温度为零下 5℃；②覆冰厚度不大于 5mm，温度为零下 5℃；③最

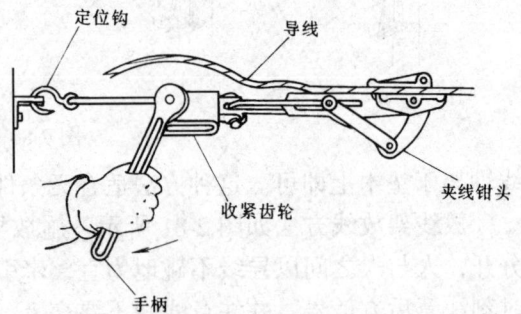
图 2-82 紧线器结构与使用

高温度不高于 40℃，最低温度不低于零下 40℃。

当选出的气象条件不能满足上述条件时，则不宜采用架空绝缘导线。

考虑到绝缘导线初伸长对弧垂的影响，架线时，对绝缘线应将弧垂减少 14%，且敷设温度不应低于零下 20℃。

档内各相弧垂应一致，相差不应大于 50mm。同一档内，同层的导线截面不同时，导线弧垂应以最小截面的弧垂确定。

导线弧垂的测量应与紧线配合进行，紧线器的结构与使用方法如图 2-82 所示。弧垂的测量方法如图 2-83 所示。

在一个耐张段内，当每个档距都一致的情况下，只要在中间 1 到 2 个档距内进行测量即可，测定弧垂后，便可在每根电杆上进行导线的固定。

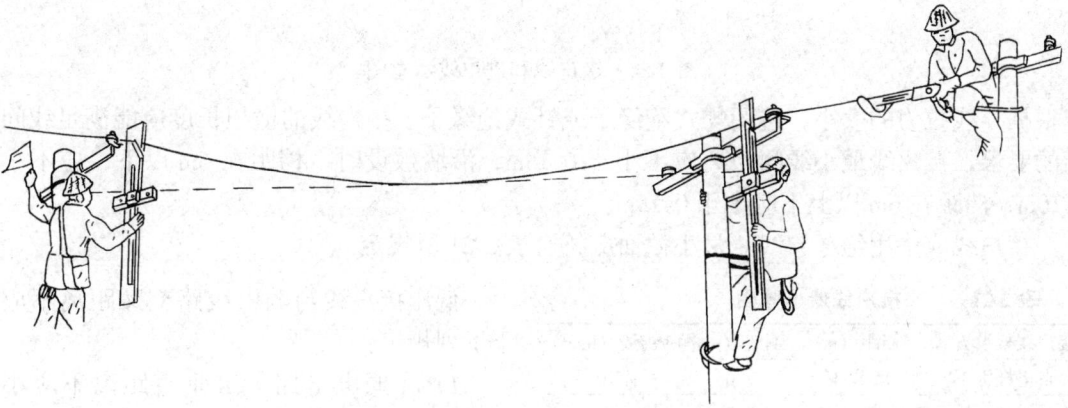

图 2-83　导线弧垂的测量方法

测量弧垂的方法，通常是用两支同规格的弧垂测量尺进行弧垂测量。测量时，将横尺定位在规定的弧垂值上，两电杆上的操作者按图 2-83 所示，将测量尺靠近绝缘子钩在同一根导线上，相对观察各自所在杆的横尺定位上沿至导线下垂最低点，再至对方杆上的横尺定位上沿，若三点在一条线上，则弧垂已符合测量要求。若有偏差可通过紧线调整。这种方法是指同一平面支持点的测量。在不同平面支持点测量弧垂时不宜用等长法（两个相等规格的弧垂尺测量），因两支持点高差越大，视线的倾斜越大，从而观测的误差越大。

三、接户线与进户线

从低压架空线路的电杆到用户室外的第一个支持点之间的一段引线称为接户线。从用户室外第一个支持点到室内的第一个支持点之间的一段连线称为进户线。

接户线的档距不宜超过 25m，若超过 25m 时，应在档距中间加装辅助电杆。沿墙敷设的接户线档距不应小于 6m。同一用户单位只应有一个进户点。从一个用户室外的支持点到另一个用户室外的支持点之间的一段线称为套接线。套接线不宜过长，防止电压损失过大。如图 2-84 所示，是接户杆、接户线、进户线、套户线和进户杆的示意图。

1. 接户线

低压接户线应从低压电杆上引下，而不应在档距中间悬空连接。接户线在低压电杆的一端应采用角铁横担，另一端采用直横担或"Π"形横担。接户线从电杆引下的一端到用户端

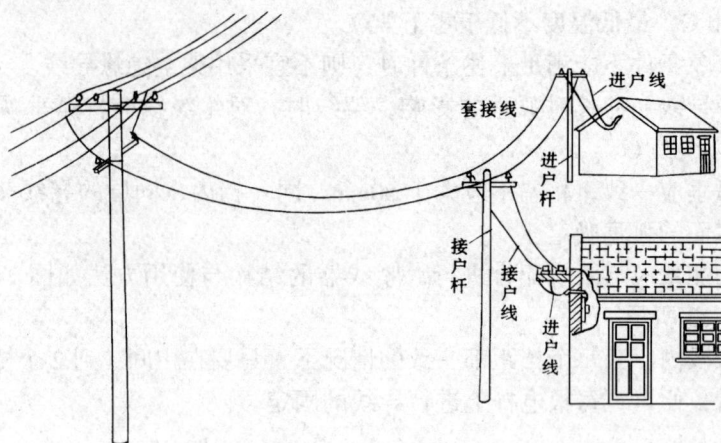

图 2-84　接户线和进户线示意图

应根据导线拉力的大小，选用蝶式绝缘子或针式绝缘子。接户线的横担长度应能满足线间距离的要求，接户线最小线间距离应不小于 0.15m，沿墙敷设时，档距在 6m 以下，应不小于 0.10m，档距在 6m 以上不应小于 0.15m。

接户线应采用绝缘导线。最小截面应符合表 2-21 所规定。

表 2-21　接户线最小截面

接户线架设方式	档距（m）	铜线（mm²）	铝线（mm²）
自电杆引下	25 以下	6	10
沿墙敷设	6 及以下	4	6

低压接户线与弱电线路交叉距离不应小于下列规定：

1）在弱电电路上方垂直距离不应小于 0.8m。

2）在弱电电路下方垂直距离不应小于 0.3m。

接户线不得跨越铁路或公路，并尽量避免跨越房屋。接户线与周围物体的距离如表 2-22 所规定值。

表 2-22　接户线与周围物体的距离

类　　别	最小距离（m）	类　　别	最小距离（m）
到大道中心的垂直距离	5.5	在窗户或阳台以下的水平距离	0.75
到小道中心的垂直距离	3.5	在窗户或阳台以下	0.8
到屋顶的垂直距离	2.5	和树木的距离	0.6
在窗户以上	0.3	到墙壁或构架的距离	0.05

低压接户线在蝶式绝缘子上的绑扎方法如图 2-85 所示。

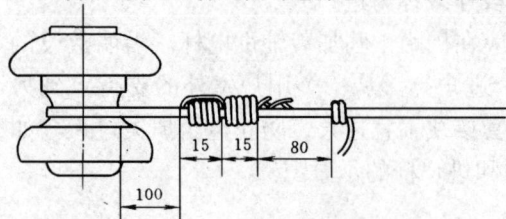

图 2-85　低压接户线在蝶式
绝缘子上的绑扎法

2. 低压进户线

进户点应当尽可能选在接近供电线路处，进户点的房屋应该牢固且不漏水。进户点的位置应明显易见、便于施工和维修。进户线应选择耐气候的绝缘线，其截面按导线的允许载流量选择。进户线与接户线相连接时，必须包缠绝缘，如有铜铝相接时，必须采取可靠的过渡连接。

进户线穿墙时应套保护管，同时应预防相间短路和接地。套管露出墙壁部分不应小于10mm，套管在墙外一端应比室内一端低，并安装防水帽（防水弯头）。进户线应先套上软塑料套管再穿入穿墙套管，并在墙外做防水弯头，并在最低点将塑料管开口，以防存水。

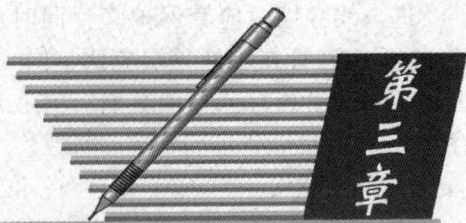

第三章

高压电器检修

高压电器按其作用可分为开关电器（如断路器、隔离开关、负荷开关、接地开关等）；保护电器（如避雷器、熔断器等）；限流电器（如电阻器、电抗器等）；测量电器（如互感器等）；成套电器和组合电器以及电力电容器等。本章重点介绍高压断路器、高压隔离开关以及操作机构的检修。

第一节　高压断路器检修

高压断路器按其灭弧介质可分为：油断路器、真空断路器、六氟化硫断路器、空气断路器以及磁吹和产气断路器等。

（一）油断路器的检修

目前我国生产的油断路器主要有以下各种型号：SN10-10 系列高压断路器，SN4-20G、SN10-35 系列，SW2、SW3-35 系列和 DW2-35、DW6-35 以及 SW4-110Ⅲ、SW4-220Ⅲ、SW6、SW7 等系列高压断路器。

1.SN10-10 系列少油断路器的结构

SN10-10 系列户内高压少油断路器是三相交流 50Hz 户内开关设备。适用于工矿企业、发电厂、变电所和具有同类要求的其他场所，作为保护和控制高压电器的设备，也适用于操作较频繁的地方或通断电容器组。

SN10-10 系列的Ⅰ、Ⅱ、Ⅲ型断路器结构基本相似，由框架、传动系统和箱体三大部分组成。Ⅲ型 3000A 断路器箱体采用双筒结构，由主筒和副筒组成。其外形及结构特点如图 3-1、图 3-2、图 3-3、图 3-4 所示。

框架上装有分闸弹簧 31、支持绝缘子 30、分闸限位器 28 和合闸缓冲器 25。

传动系统包括转轴 27、绝缘拉杆 29 和轴承座 26。

箱体的下部是用球墨铸铁制成的基座 22，基座内装有转轴、拐臂和连板组成的变直机构。当断路器分合闸时，操动机构通过转轴 27、绝缘拉杆 29 和基座内的变直机构，使导电杆 20 上下运动，实现断路器的分合闸。其座下部装有阻尼器 23 和放油螺钉 24。分闸时阻尼器起油缓冲作用。导电杆的端部和静触头的弧触指 14 上均装有耐弧铜钨合金，以提高电寿命和开断能力（每相弧触指数量：Ⅰ型为 3 片；Ⅱ型为 4 片；Ⅲ型为 12 片）。

箱体中间部位是灭弧室，采用纵横吹和机械油吹联合作用的灭弧装置。三级横吹、一级

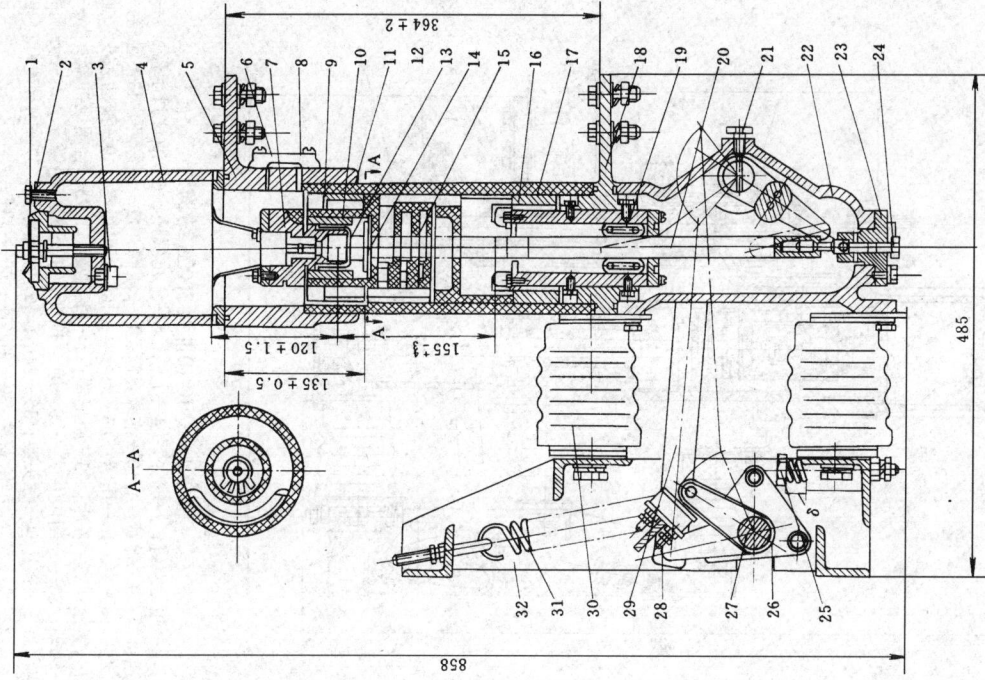

图 3-2 SN10-10Ⅱ型结构

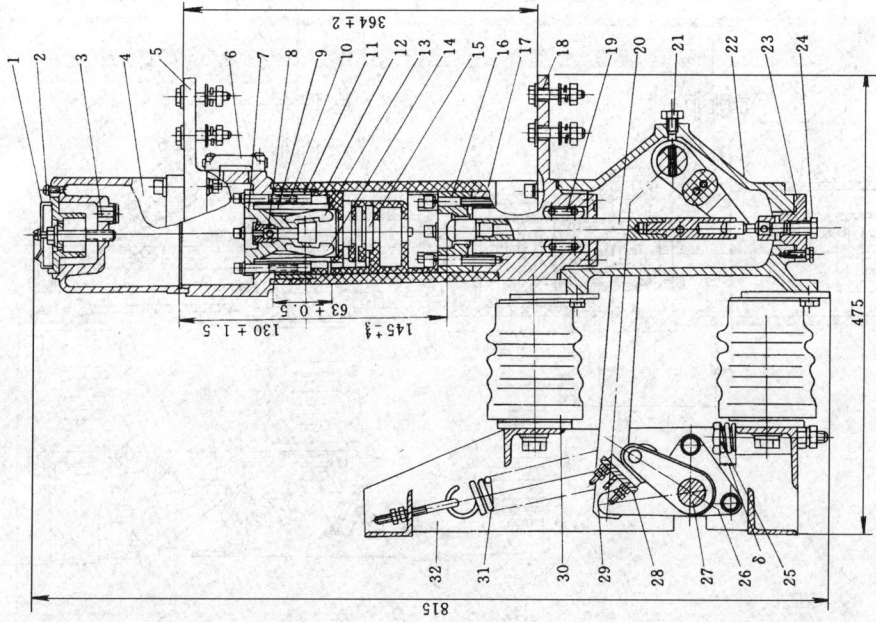

图 3-1 SN10-10Ⅰ型结构

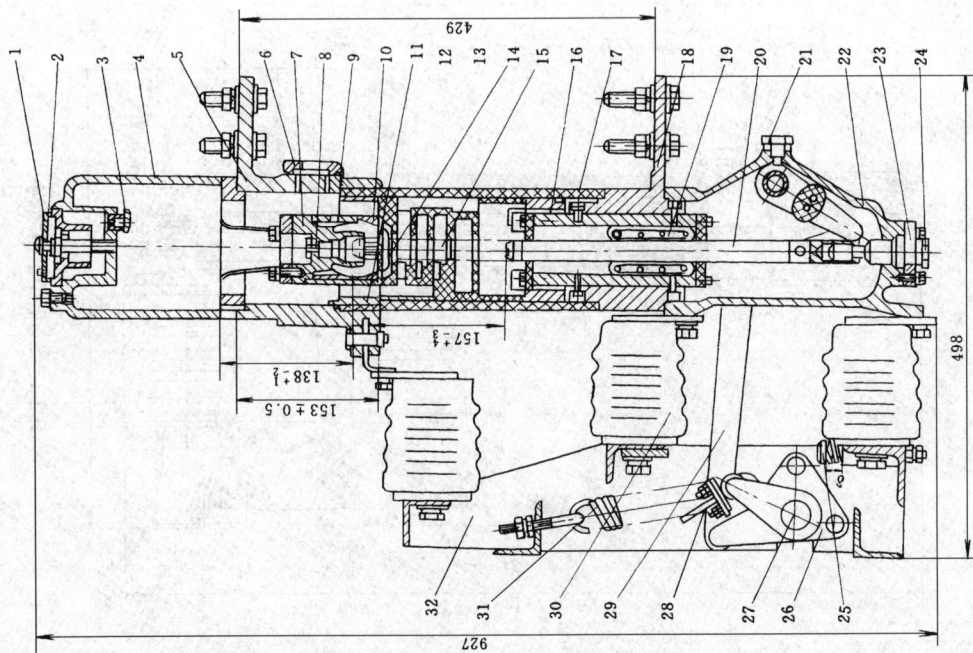

图 3-4 SN10-10Ⅲ型 3000A 结构

1—帽盖；2—注油螺钉；3—活门；4—上帽；5—上出线座；6—油位指示器；7—静触
座；8—逆止阀；9—弹簧片；10—绝缘套筒；11—压圈；12—绝缘环；13—触指；14—
弧触指；15—灭弧室；16—压圈；17—绝缘筒；18—下出线座；19—滚动触头；20—导
电杆；21—螺栓；22—基座；23—阻尼器；24—放油螺钉；25—合闸缓冲器；26—轴承
座；27—转轴；28—分闸限位器；29—绝缘拉杆；30—支持绝缘子；31—分闸弹簧；
32—框架；33—上盖；34—触头架；35—触指；36—副绝缘筒；37—副导电杆；38—副
弹簧；39—副基座；40—拉杆

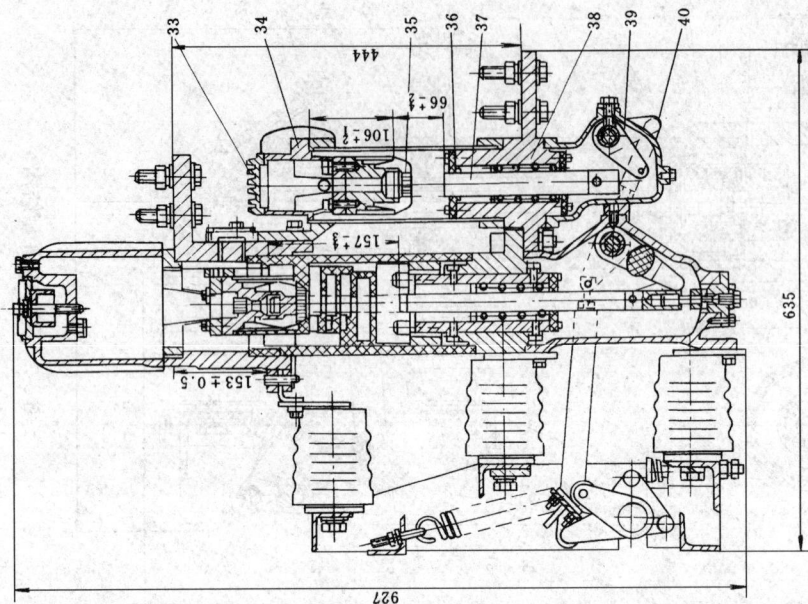

图 3-3 SN10-10Ⅲ型 1250A 结构

纵吹、横吹口采用了扁喷口，配合最佳的分闸速度使燃弧时间缩短。

导电杆与下出线座 18 间装有滚动触头 19，滚动触头在压缩弹簧的作用下与导电杆及下接线座间紧密接触，保证载流能力和动热稳定性。

箱体上部是上帽 4，它是一个惯性膨胀式油气分离器，结构简单，油气分离效果好，排出油气少。帽的顶部设有注油螺钉 2 和定向排气孔。静触座 7 中间装有一个逆止阀 8，起单向阀门作用，防止开断时电弧烧伤静触座表面。

上出线座 5 上装有油位指示器 6。

Ⅲ型 3000A 断路器副筒与主筒并联，副筒没有灭弧室。

副筒下部的副基座 39 由铸铝合金制成。副绝缘筒 36 是半透明的，可以直接观察到内部油面的高度。副基座外部的拉杆 40 与主筒在机械上是连锁的，断路器合闸时主筒触头先接通，而分闸时副筒触头先分开，这样在合分闸过程中，副筒内没有电弧产生，因此，副筒不设灭弧装置，动静触头也无耐弧合金。副筒仅作为并联的载流回路，其中绝缘油主要用作断口绝缘及散热。

2．SN10-10Ⅲ/3000 型断路器检修工艺

（1）解体。

1）打开底部放油螺栓，将油放出。

2）拆掉上下出线端子引线，卸下副筒。

3）用内六角扳子松开上帽与上出线法兰间的 4 只内六角螺栓，取下上帽和静触座以及小绝缘筒。

4）用专用工具卸下上压环，取出灭弧室，用专用工具卸下下压环上 4 只内六角螺栓，取出绝缘筒和下出线座。

5）松开绝缘拉杆与基座处摇臂的连接销，提起动触杆（导电杆），卸下其与摇臂连接的 10mm×55mm 带孔销，取下动触杆。

6）必要时，可松开固定基座的螺栓，将基座从支持绝缘子上取下。

拆下的零部件应放在清洁干燥的场所，并按相、按次序排列，以防丢失或装错，绝缘部件不得碰伤。

（2）上帽检修。

1）松开 M8×12 半圆头螺钉，取下排气孔盖，松开 M12 特殊螺栓，取下油气分离器，进行各部件清洗检查。上帽盖应无砂眼，排气孔应畅通。Ⅲ型断路器上帽盖回油阀应动作灵活，钢球能可靠密封。

2）检修后进行组装，其顺序与拆卸时相反。应注意两边相上盖的定向排气孔与中间相定向排气孔间的夹角为 45°，而且排气孔应背离引线安装。

（3）静触头检修。

1）检查触指接触面，应光滑、平整，不得有金属熔粒堆集，并测量闭合圆，应保证在 $\phi 19 \sim 20mm$ 范围内，触指如果烧损可以用细锉或 0 号砂布修整，但触指厚度不得小于 4mm。

2）检查触头架与触座的连接应紧密，触座与触指接触处不应有烧痕和积垢。用绝缘油清洗干净。弹簧不应弯曲变形，与触指、触座及隔栅接触处不应有烧痕。

3）卸下逆止阀，用绝缘油清洗，用气吹动阀内钢球，看其动作情况，是否封闭严密。

逆止阀内不得有金属熔粒及杂质，钢球动作应灵活，挡钢球的圆柱销两端应铆好、修平，不得凸出。如果钢球封的不严，可将钢球冲打一下，使钢球与特殊螺栓间有可靠的密封线，然后再装上。

4）用绝缘油清洗小绝缘筒并检查其外观情况。内壁不得有严重碳化、烧损及剥落起层现象。

（4）灭弧室检修。依次取出灭弧片及垫片，用泡沫塑料在绝缘油中擦洗灭弧片上的电弧伤痕；严重时，可用0号砂布轻轻地擦拭弧痕，以消除碳化表面。保证灭弧片表面光滑平整，无炭化颗粒，无裂纹或损坏。

（5）绝缘筒检修。

1）检查上出线座，分解油标，清扫干净后组装。出线端子接触面应平整并涂中性凡士林油。油标应清洁，上下孔应畅通。

2）清扫检查绝缘筒内外臂，应无渗油现象，检修时一般不进行分解。如漆膜脱落，应涂绝缘漆。（注意：绝缘筒与上出线座的连接，锦州开关厂1975年以前，其他厂1979年以前的产品可拆卸，在这之后的产品不可拆卸）。

3）取出绝缘筒内下压圈（压环），检查压圈与绝缘筒连接用弹簧。压圈应完整无损，弹簧应无变形或断裂等。

（6）下出线座及导向轮（滚动触头）检修。

1）卸下动触杆的上导向绝缘板及导条，检查导条与下出线座的接触是否紧密，两侧导电面是否有烧痕，导电条与滚动触头表面应无烧痕，滚动触头的滚轮转动应灵活，轴杆不得弯曲，两端铆固，各部件齐全，弹簧应符合要求。

2）检查清洗动触杆（导电杆）上下导向绝缘挡板，应无破损裂纹，导向口应光滑。清洗检查下出线座，修整下出线座接线端子，其表面应无气孔、砂眼及裂纹。接线端子表面光滑、平整并涂以中性凡士林。组装顺序与拆卸时相反。

（7）动触杆（导电杆）检修。

1）在取出动触杆之前，用专用工具卸下动触头，检查烧损程度及连接螺纹，并检查动触头端部孔内的螺钉紧固情况。连接螺纹不应有乱丝脱扣现象，端部孔内的螺钉应紧固。动触头烧损面积大于50%，深度大于2mm时应更换触头。动触杆的压缩弹簧应完好无损。

2）取出动触杆，检查动触杆和缓冲器，动触杆应无烧损、无弯曲，弯曲程度不大于0.15mm。缓冲器孔的口部应无严重撞击痕迹。

（8）基座检修。

1）拆卸正面凸起部位的特殊螺钉，用专用工具打下转轴上的弹簧销（卡），退出转轴。然后取出基座内的联臂，进行清洗，联臂各部件应无变形、损坏，焊接牢固。检查各部轴销、开口销应完整齐全，转动灵活，铆钉牢固，橡皮绝缘块完整无损。

2）检查清洗转轴及外摇臂上的销轴及各部焊口情况。转轴与外摇臂上的销轴不平行度不大于0.3mm。

3）用专用工具松开转轴密封的螺纹套，取出硬质耐油、耐磨橡胶垫圈及骨架橡胶油封，清洗转轴，并更换有关密封胶垫。

4）拆卸缓冲器，清洗检查活塞与圆盘。

5）用绝缘油清洗底罩（即机构盒）内部，底罩应无砂眼和裂纹。

6）组装顺序与分解时相反。在装转轴时，先依次将螺纹套、硬质橡胶垫圈、骨架橡胶油封套在转轴上的外摇臂端，再将底罩内部联臂的轴套孔对准，穿上转轴，然后打入弹性销，最后将转轴上的螺纹套用专用工具旋紧。弹性销有倒角一端应向里，两个弹性销的缺口不应重合，外提臂与联臂的拐臂间夹角应为92°。转轴组装后应转动灵活。

（9）SN10-10Ⅲ型 3000A 断路器副筒检修可参照以上有关部分。

（10）SN10-10 系列断路器的组装。

1）将下出线座放在基座上口找正。

2）将弹簧圈放入绝缘筒内壁半圆槽内，然后放入压圈（压环）使内圆弧台均匀压在弹簧上。将绝缘筒找正后，用专用工具将压圈上的 4 只内六角螺栓对角均匀旋紧，应保证动触杆上下运动灵活。

3）依次装入灭弧片，并使最下面灭弧片的弧形油道与出线端子的方向一致，以保证横吹弧道与上出线座的出线端子方向相反（SN10-10Ⅱ、Ⅲ型断路器横吹弧道与上出线端子方向相反；SN10-10Ⅰ型断路器横吹弧道与上出线端子夹角为135°）。

4）用专用工具装上上压圈压紧灭弧室，测量 A 尺寸（Ⅲ型为 153±0.5mm），如不合格时，可调整下面第 1、2 灭弧片间的调整片。

5）在底罩、出线座、绝缘筒间的"O"型橡胶密封圈均须更换并放好，紧固后检查各密封圈不得有损坏、麻纹及塑性变形和压扁。

6）安装副筒，并转动底罩处摇臂，检查触头灵活情况。

（11）主轴检修。

1）拆卸分闸弹簧及绝缘拉杆，打开主轴两端轴承盖，将轴承由框架里侧拉向外侧，清洗轴承及主轴，待干后涂防冻润滑油，重新装好。要求轴向窜动不大于1mm，如超过则用垫圈调节。

2）检查主轴上各拐臂焊接情况，必要时进行补焊；检查附件是否完好，各转动轴销涂防冻润滑油。

3）检查主轴与垂直连杆拐臂的连接是否完好，拐臂不得有活动现象，不得用顶丝或螺栓代替 8mm×70mm 圆锥销。

4）检查绝缘拉杆表面有无放电痕迹，漆膜是否完整，如有脱落应涂绝缘清漆。

（12）框架及分闸限位器检修。

1）检查框架各组件的焊接情况及安装状况，必要时重新补焊和重新找正。

2）检查分闸限位器及其支架不应变形，橡皮板及钢垫片应隔片安装。

（13）分闸弹簧及合闸缓冲弹簧检修。

分闸弹簧及合闸缓冲弹簧应无严重锈蚀及塑性变形、损坏等。

（14）支撑绝缘子检修。

1）绝缘子表面应清洁无垢，完整无损，无裂纹现象。

2）检查安装螺栓及绝缘子铁部件的浇装情况是否良好。

3）同相绝缘子应在一条垂直线上，各相绝缘子在一条水平线上，绝缘子高差不应大于1mm。必要时加垫片调整。

（15）SN10-10 系列断路器调整参数及方法。

1）断路器调整参数应符合表 3-1 所示。

表 3-1　　　　　　　　　　　SN10-10 系列断路器调整参数

序号	项 目		单位	数 据			
				SN10-10 Ⅰ	SN10-10 Ⅱ	SN10-10 Ⅲ	
				630A	1000A	1250A	3000A
1	导电杆行程	主筒	mm	145^{+4}_{-3}	155^{+4}_{-3}	157^{+4}_{-3}	
		副筒				—	66^{+4}_{-3}
2	电动合闸位置时导电杆上端（尺寸 A）距	上出线上端面	mm	130 ± 1.5	—	—	
		触头架上端面		—	120 ± 1.5	136^{+1}_{-2}	
		副筒上法兰上端面		—	—	106^{+2}_{-1}	
3	灭弧室上端面距	上出线上端面			135 ± 0.5	153 ± 0.5	
		绝缘筒上端面		63 ± 0.5	—	—	
4	三相分闸不同期性[1]		ms	不大于 2			
5	副触头比主触头提前分开时间						不小于 10
6	最小空气绝缘距离		mm	不小于 100			
7	每相导电回路电阻		$\mu\Omega$	不大于 100	不大于 60	不大于 40	不大于 17
8	刚合速度[2]		m/s	不小于 3.5	不小于 4		
9	刚分速度[2]			$3^{+0.3}_{0}$			

注 1) 三相导电杆上端合闸位置之差不大于 2mm 时，可不测三相分闸不同期性。
2) 分合闸速度可用示波器，数字显示测速器或电磁振荡器测量。当采用电磁振荡器（电源频率为 50Hz）测量时，刚合、刚分速度分别为触头接触前及刚分后 0.01s 内的平均速度。刚合、刚分点距合闸位置的距离 Ⅰ 型为 25mm、Ⅱ 型为 27mm、Ⅲ 型为 42mm。

2）SN10-10 系列断路器调整方法。①合闸位置时导电杆上端面距离上接线座上端面的尺寸及三相不同期性可通过调整绝缘拉杆的调节头长度来达到；②隔弧板上端面，距离上接线座端面尺寸须用增减隔弧板间的绝缘衬垫的厚度来达到；③导电杆行程的调节，须调整绝缘拉杆长度和增减分闸限位器垫片的厚度，但要注意当断路器处于分闸位置时，落在分闸限位器上的滚子应有一定压力；④调整分闸弹簧的拉力和合闸缓冲器弹簧的压力可使分合闸速度达到要求。但应保证合闸缓冲器在合闸位置时 δ 值为 4 ± 2mm；分闸位置时 Ⅰ、Ⅱ 型 δ 值为 20 ± 2mm（Ⅲ 型分闸位置 δ 值不限制）；⑤Ⅲ 型 3000A 断路器所需合闸功率较大，配用 CD10 型电磁机构时，手力合闸手柄仅供检验断路器动、静触头接通前各机械部位动作灵活性，或是否有卡滞现象，进行合闸操作及测量技术参数时须用力操动；⑥Ⅲ 型 3000A 断路器副筒导电杆行程，可调节与主筒连接的拉杆来实现，各调整参数达到表 3-1 的要求时，副筒触头比主筒触头提前分开时间不小于 10ms 的参数即可达到；⑦回路电阻若大于要求值时，可检查和清理各导电接触面，拧紧各紧固件。

（二）真空断路器检修

高压真空断路器是三相联动的交流户内配电装置，它配有专用操动机构，并具有结构简单、维护检修工作量少；使用寿命长，运行可靠；能频繁操作，噪声小；灭弧效果好，电弧不外露和无爆炸危险等优点。被广泛地应用于发电厂、变电所以及其他工矿企业额定电压 10kV，三相交流 50Hz 的保护和控制。

1．型号意义和技术参数

高压真空断路器主要产品型号有 ZN1-10、ZN3-10、ZN4-10、ZN5-10、ZN7-10 型等。其型号意义如下：

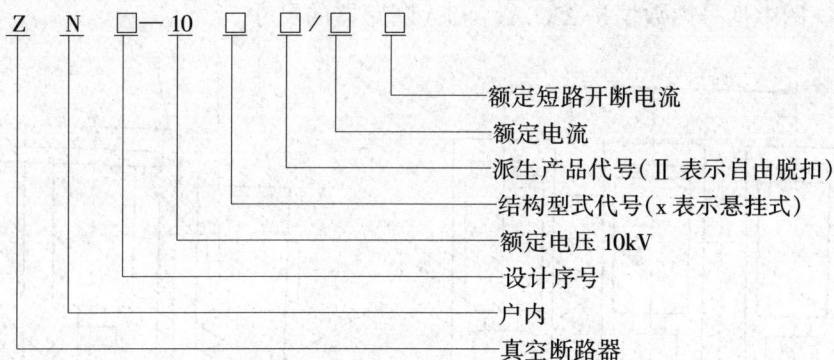

```
Z N □—10 □ □/□ □
```

- 额定短路开断电流
- 额定电流
- 派生产品代号（Ⅱ 表示自由脱扣）
- 结构型式代号（x 表示悬挂式）
- 额定电压 10kV
- 设计序号
- 户内
- 真空断路器

高压真空断路器主要技术参数如表 3-2 所示。

表 3-2　　　　　　　　　高压真空断路器主要技术参数

序号	名　称	单位		型　号			
			ZN7-10x 系列			ZN5-10/1000-20	ZN3-10/630-8
			1250-20	1250-31.5	1600 2500 —40		
1	额定电压	kV	10				
2	最高工作电压	kV	11.5				
3	工频耐压（1min）	kV	42				
4	雷电冲击耐受电压	kV	75				
5	额定电流	A	1250	1250	1600 2500	1000	630
6	4s 短路时耐受电流	kA	20	31.5	40	20	8
7	额定峰值耐受电流	kA	50	80	100	50	20
8	额定短路开断电流	kA	20	31.5	40	20	8
9	额定短路关合电流（峰值）	kA	50	80	100	50	20
10	额定频率	Hz	50				
11	全开断时间	s				≤0.07	
12	合闸时间不大于	s	电磁机构 0.2　弹簧机构 0.15			0.1	
13	配用机构　电磁		CD10 Ⅰ	CD10 Ⅱ		CD10	CD10
	配用机构　弹簧		CT8　Ⅰ				
14	额定操作顺序		分—0.3s—合分—180s—合分				分—0.5s—合分 —180s—合分
15	额定短路电流开断次数	次	30				
16	额定电流开断次数	次	10000			10000	5000
17	机械寿命		10000			10000	6000

2．真空断路器的主要结构与简单原理

高压真空断路器主要是由导电部分、真空灭弧室、绝缘部分、传动部分、框架和操作机构等组成。真空灭弧室是由动、静触头和屏蔽罩、动静导电杆、波纹管以及外壳等部分组成。灭弧室是一个整体，不能拆开，损坏时只有整体更换新的。下面以 ZN7-10x 型高压真空断路器为例，介绍其结构与简单的工作原理。图 3-5 所示为 ZN7-10x 型真空断路器产品结构及安装尺寸。图中括号内数据是 2500A、40kA 断路器的尺寸。

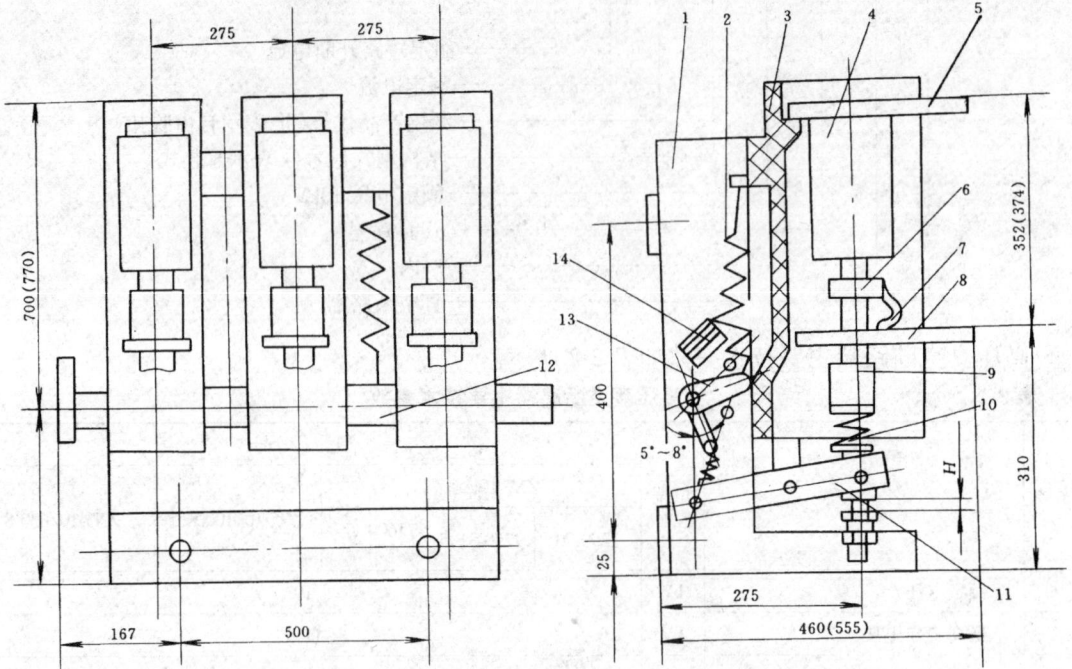

图 3-5　ZN7-10x 型真空断路器产品结构与安装尺寸

1—框架；2—分闸弹簧；3—绝缘壳；4—真空灭弧室；5—上出线板；6—导电夹；7—软连接；8—下出线板；
9—绝缘子；10—触头压力弹簧；11—杠杆；12—主轴；13—拐臂；14—限位垫

ZN7-10x 型真空断路器是采用悬挂式安装结构。在用钢板及角钢焊成的框架上安装三只绝缘壳，三只真空灭弧室通过上出线板安装在绝缘壳上，真空灭弧室动导电杆通过导电夹、软连接与下出线相连接，在动导电杆下端装有绝缘子与触头压力弹簧，通过杠杆与断路器主轴连接，主轴上挂有分闸弹簧，在此弹簧及外力作用下，通过与主轴连接的拐臂把力传递给动导电杆，使断路器分、合闸。

当操作机构的合闸线圈通电，合闸铁芯被吸合，通过拐臂及连杆使灭弧室的导电杆运动，将断路器合闸；当操作机构的分闸线圈通电，分闸铁芯吸合，从而使脱扣装置动作，锁扣释放，断路器在分闸弹簧的作用下迅速分闸。

熄灭电弧是在真空灭弧室中进行的，真空具有很高的熄灭电弧能力。由于此型号真空灭弧室中采用了新型触头材料，动、静触头采用新式线圈结构，在开断电流时形成纵向磁场，因而大幅度提高了开断电流能力，灭弧后触头间的绝缘强度恢复很快。

　3. 真空断路器的检修与调整

（1）检查灭弧室的真空度。用目测看内部零件是否光亮，若失去光亮则说明真空灭弧室已漏气，漏气的灭弧室真空度下降，断路器的开断性能将劣化，使用寿命缩短，漏气者必须更换新灭弧室。在目前尚无条件进行真空度测量的情况下，大部分采用工频耐压的办法来检查真空度。其方法为：切断电源，使真空断路器处于分闸位置，然后在真空灭弧室的动静触头两端施加工频电压 42kV 1min，若无放电或击穿现象，则说明灭弧室的真空度完好，此灭弧室仍可使用。否则，须更换新灭弧室。

真空灭弧室如果已经漏气，或者已经达到主要技术参数表 3-2 中所规定的短路电流开断次数以及电气寿命时，即须更换新灭弧室。灭弧室的更换可按以下顺序和要求进行。具体情况请参照图 3-5 所示。

1）将断路器合闸，将超程下面的螺母松开拧下来。

2）将断路器分闸，卸下杠杆、触头压力弹簧、绝缘子、导电夹及固定灭弧室的螺栓。

3）双手握住灭弧室往上提，即可卸下。

4）将新灭弧室导电杆固定导电夹处用钢丝刷刷出金属光泽。

5）双手握紧新灭弧室，装入下出线大孔中，用 M10 螺栓固定后，将绝缘子与导电杆接好，拧紧导电夹、软连接，装好压力弹簧和杠杆。

6）在合闸位置时，将触头压力弹簧调至要求值，将触头开距、超程调整到规定值。

（2）检查调整合闸机构的超行程。具体方法是将断路器置于合闸位置，测量触头压力弹簧的尺寸（20kA，34~35mm；31.5kA，33~34mm；40kA，45~46mm）。如果上述尺寸超出，应将绝缘子上端 M16 螺母拧松，每旋转半圈即可增大或减小 1mm，直到达到上述尺寸为止。在拧紧 M16 螺母的过程中，应注意用手握住导电杆，防止将扭力矩经导电杆传给真空灭弧室的波纹管，造成真空灭弧室漏气。再测量触头超程 H 尺寸，如不符合 3±0.5mm 时，将超程下面的螺母松开，转动螺母，使 H 尺寸达到 3±0.5mm 时为止。调整完毕，必须将两个螺母相互拧紧。

测量触头开距时，测量绝缘子的合、分位置的差值即可。开距增大时，可将限位垫增加，反之，减少限位垫（具体情况可参照说明书）。

（3）清扫表面尘土及污垢，检查灭弧室玻璃外壳有无裂纹，各转动轴、轴承加润滑油。

（4）检查紧固螺栓、紧固件，防止松脱，更换因磨损失灵的部件。

（5）检查辅助开关动合、动断触头是否接触良好，更换不符要求的辅助开关以及绝缘拉杆、绝缘子、支持杆、绝缘隔板等。

（6）按表 3-3 的要求调整平均分、合闸速度。

表 3-3   ZN7-10x 型真空断路器检修后调试数据

平均合闸速度	(m/s)	0.5~0.9
平均分闸速度	(m/s)	0.9~1.5
触头合闸弹跳时间	(s)	≤2

（7）工频耐压试验。当手动、电动分合闸无问题后，使断路器处于合闸位置，施加工频 42kV 电压，做相与相和相与地之间耐压试验 1min，试验合格后，连接好上、下引出线。

（8）测试机构的跳、合闸电压应合格。

4. 更换真空灭弧室的注意事项

真空断路器的主要部件是真空灭弧室，灭弧室的更换工作将直接影响断路器的正常工作，所以，更换真空灭弧室必须注意以下事项：

（1）一定要按产品使用说明书所规定的顺序和要求将损坏的真空灭弧室拆卸下来。

（2）在新的真空灭弧室安装之前，必须仔细检查并清理干净，将所有导电接触面砂磨光亮，严禁涂油。

（3）装配后的真空灭弧室，其动导电杆必须仔细调整，使导电杆保持在灭弧室的中间位置，且使动导电杆在分合闸过程中不会碰擦灭弧室。

（4）安装完毕后，应对灭弧室做工频耐压试验（在分闸位置施加电压于动、静触头之间进行试验），并将断路器合闸，测量其主回路的电阻值（参照使用说明书上的有关规定）。

（5）测量超程和断路器的行程，并调整至规定值，全部试验合格后必须进行不带负载的合、分闸操作数十次，方能投入运行。

（三）六氟化硫断路器的检修

六氟化硫（SF_6）是由化学元素硫（S_2）和氟（F）合成的一种化学气体，其比重比空气重5倍，是无色、无臭、无毒和不燃的惰性气体。在2~3个大气压下，SF_6能达到变压器油的绝缘强度。它的灭弧能力比空气大100倍。由于SF_6具有良好的灭弧性能和较高的耐受电压强度，所以，被电力系统及工矿企业广泛应用。

1. 六氟化硫断路器的检修周期与项目

（1）SF_6断路器大修周期。一般为10~20年一次，或者在开断短路电流30次时以及回路电阻大于200$\mu\Omega$时也应进行大修。

（2）临时性事故检修。它是特殊情况特殊对待，不能按大修周期进行检修。如遇以下情况必须进行临时检修：

1）当SF_6断路器绝缘不良，放电闪络或绝缘被击穿。

2）当SF_6气体有泄漏，压力迅速下降或年漏气率大于2%时。

3）当分合闸速度过低或分合闸操作不灵活以及其他影响安全运行的不正常现象等。

除此之外，一般SF_6断路器应按大修周期进行检修。超高压SF_6断路器使用说明书中规定，当灭弧室发生严重故障或断路器本体已到检修年限时，应返回制造厂进行修理。所以，在现场一般主要进行SF_6断路器的小修项目和操作机构的大修项目。小修周期每年至少进行一次。

（3）小修项目。

1）引线、导电接触面、软连接等固定螺栓的检查。

2）法兰连接螺栓、地脚螺栓、接地螺栓的检查。

3）SF_6气体检漏及水分测量。

4）测量操作机构电气回路的绝缘。

5）检查操作机构的辅助接点和行程开关。

6）检查氮气的预压力及各压力接点的整定值。

7）加热器及机构、柜门的密封检查。

8）液压油的检查和添补。

其中第5）~8）主要是对液压机构而言。

2. SF_6断路器年漏气率超过2%或气体泄漏压力迅速下降时解体检修

SF_6断路器的灭弧室和支持瓷套中充有5~7个大气压的SF_6气体，当SF_6断路器的密封面不平整或橡胶密封垫老化等原因，将会使SF_6气体泄漏。按规定漏气率大于2%或者气体泄漏压力迅速下降时，必须查明原因后，解体检修处理。

（1）SF_6气体泄漏的检查方法。当发现SF_6断路器有漏气时，要冷静对待，一般尚不致于发生危险，只要及时细致地进行检漏工作，查出漏气原因及漏气点，妥善处理后重新补气即可正常工作。检漏步骤如下：

1）先区分出漏气的管路系统，现以 SF_6 组合电器为例，如图 3-6 所示。通过观察压力表查出漏气系统，然后分段关闭阀门，找出漏气段或漏气范围。

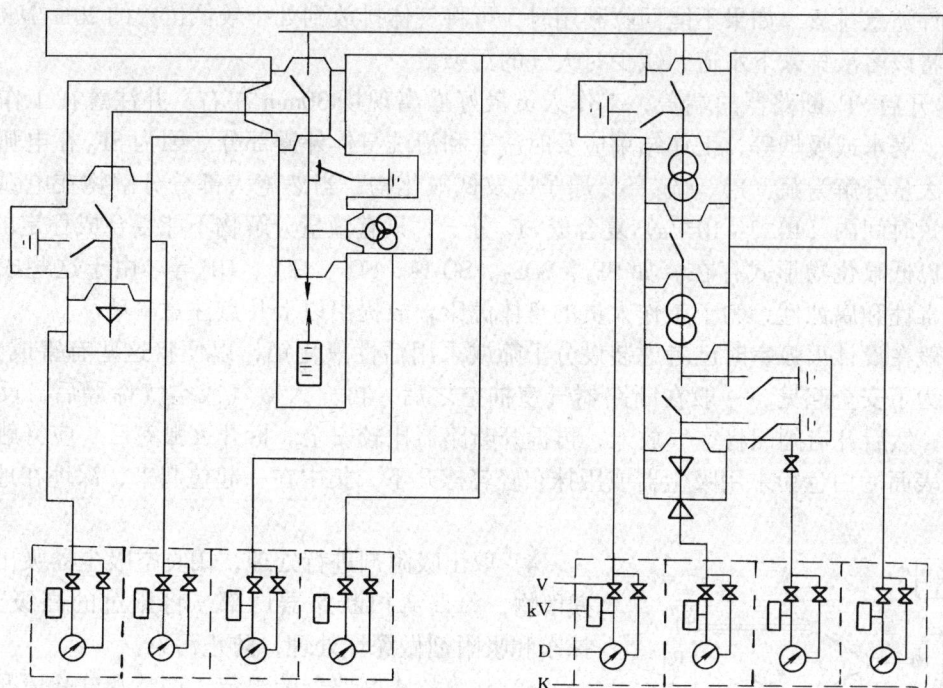

图 3-6　SF_6 组合电器检漏示意图

V—阀门；kV—压力继电器；D—压力表；K—控制器

2）用检漏仪对管路、阀门逐个进行检漏，根据经验，大多数漏气是因为管路连接螺栓松动或密封圈压缩量不到位和密封圈老化损坏所引起 SF_6 气体泄漏，所以应首先检查这些部位。

3）认真仔细地检查断路器本体，逐一检查断路器本体的每个静止密封面和活动密封面，找出所有泄漏点。

（2）检查 SF_6 气体泄漏的注意事项。

1）当发现 SF_6 断路器有泄漏时，其泄漏点周围已经聚集了许多泄漏的 SF_6 气体，为了避免误检，所以在检漏前应先用风扇将周围气体吹走后再进行泄漏点查找。

2）因各家所用检漏仪器不尽相同，所以在检漏前应认真仔细阅读检漏仪器的说明书，正确掌握其使用方法，才能获得可靠的检漏结果。

3）调整检漏仪灵敏度时，亦应避免周围已有气体的影响，应先将周围的 SF_6 气体吹净。此外，在检查时应慢慢移动探头，速度不能太快。国产 LF-1 型 SF_6 检漏仪有足够高的灵敏度，一般都能准确判定泄漏点。

（3）解体检修程序及工艺要求。

1）首先做好解体前的准备工作，根据断路器存在的问题，检查有关部位，测定必要数据；检查密封情况，做好记录；检查压力表、瓷套管、接线端子，进行手动分、合闸操作，检查传动部分的动作情况以及机构和辅助开关等。并制定检修时的安全措施。

2）用气体回收装置抽出断路器内的 SF_6 气体。用过的 SF_6 气体含有较多的有害物质，如果有害物质超标时，必须进行吸附净化，经化验合格后方可回收再利用或稀释排放。量多时不允许随意排放，如果不能回收利用时，可将气体排放到处于较低位置的 20% NaOH 溶液中，再将该溶液排入下水道，减少对大气的污染。

3）开启 SF_6 断路器的端盖，工作人员最好撤离现场 30min 左右。并注意在工作时不可吃东西、喝水或吸烟等，工作结束应及时洗手和清洗身体外露部分。因为 SF_6 在电弧高温作用下，大量分解为氟（F）、硫（S）原子以及低氟化物，当然绝大部分分解物在电弧熄灭后能在极短时间内（$10^{-6} \sim 10^{-7}$s）复合成 SF_6 分子，只有微量分解物不能复合成稳定的 SF_6 分子，而以低氟化物形式存在。如 SF_4、SOF_2、SO_2F_2、SO_2、CO_2、HF 等。由于这些成分具有一定的毒性和腐蚀性，为了工作人员的身体健康，故提出以上几点注意事项。

一般在设计灭弧室时已考虑装设分子筛或采用活性氧化铝，以便将这些有害成分吸收。但是，为了安全起见，一般在断路器气室抽空之后，再充入氮气或空气稀释后，反复抽空 $1 \sim 2$ 次，然后开启阀门将空气放入，再拆开断路器比较安全。拆开灭弧室后，应将触头和有关部分表面的白色粉末用吸尘器或用抹布轻轻擦几下，集中在一起包起来，深埋在地下妥善处理。

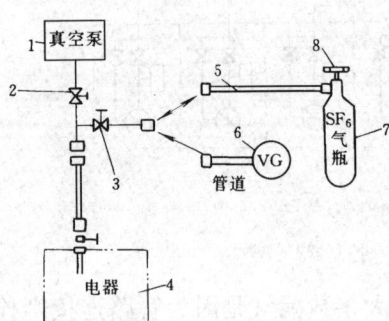

图 3-7　抽真空与充气图

1—真空泵；2—阀门 1；3—阀门 2；4—SF_6
断路器；5—压力管道；6—真空表；7—SF_6
气瓶；8—气瓶阀门

4）取出吸附剂进行处理，用真空吸尘器吸出内部的残留物，检查清扫断路器内部。将用过的高级卫生纸、抹布和吸附剂做深埋处理，防止污染。

5）认真检查断路器的组装、调整及试验情况。

6）将断路器烘干，并将吸附剂加热烘干后放入使用。也可更换新的吸附剂。吸附剂一般不得在空气中暴露 4h 以上，否则重新烘焙。

7）用真空吸尘器清除断路器外表的所有粉尘。

8）更换密封圈，封闭端盖。更换前用酒精清洗密封面，清除杂物颗粒或划痕，每次拆卸断路器必须更换密封垫。端盖封闭后，用真空泵抽真空。图 3-7 所示将真空泵接入 SF_6 断路器，启动真空泵，并开启断路器的阀门开始抽真空操作。抽到真空度为 0.5kPa 以下时，继续维持抽真空时间不少于 30min。具体时间根据周围环境湿度而定，如果湿度较大，可适当延长抽真空时间，让断路器内部水分充分蒸发和抽空，达到要求后，关闭阀门，拆除真空泵准备充气。

9）抽真空合格，可按图 3-7 所示将 SF_6 气瓶接断路器，此时最好将气瓶倾斜放置，如图 3-8 所示。以保证充入断路器的气体无水分，然后开启断路器侧阀门，将 SF_6 气体徐徐充入断路器内，直到压力表上的读数达到规定的额定工作压力值。此值一般按 20℃时的数值规定。充气完毕即可关断路器侧阀门，关闭气瓶阀门，拆除气瓶即可。

10）用检漏仪器检查有无泄漏现象，使年漏气率在规定的范围内。

11）进行分、合闸试验和工频耐压等电气试验，合

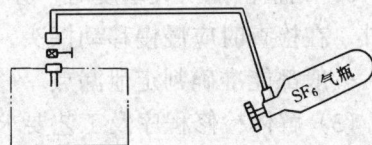

图 3-8　用钢瓶充气示意图

格后再进行整体检查进入备用状态。

第二节 操作机构的检修

高压断路器的操作机构有手动和自动两大类，自动操作机构主要分为电磁操作机构、弹簧储能操作机构、液压操作机构和气动操作机构等。气动操作机构用的很少，而液压操作机构多用于60kV及以上电压等级的断路器上。

（一）电磁操作机构的检修

电磁操作机构基本上由以下4部分组成：

（1）连杆传动机构。它用于传递能量，供断路器合闸。连杆传动机构通常由四连杆组成，并且有自由脱扣性能。

（2）电磁系统。通常由合闸线圈、合闸铁芯以及脱扣铁芯、分闸线圈等组成。

（3）缓冲系统。主要用于吸收合闸铁芯下落时的动能，主要由橡皮缓冲器组成。

（4）辅助开关系统。主要实现分、合闸回路的电气连锁以及提供控制回路状态信号。

目前广泛应用CD10型电磁操作机构来操动10kV电压等级的少油断路器、真空断路器或六氟化硫断路器等。

1.CD10型电磁操作机构的动作原理与主要技术参数

CD10型电磁操作机构结构如图3-9所示。

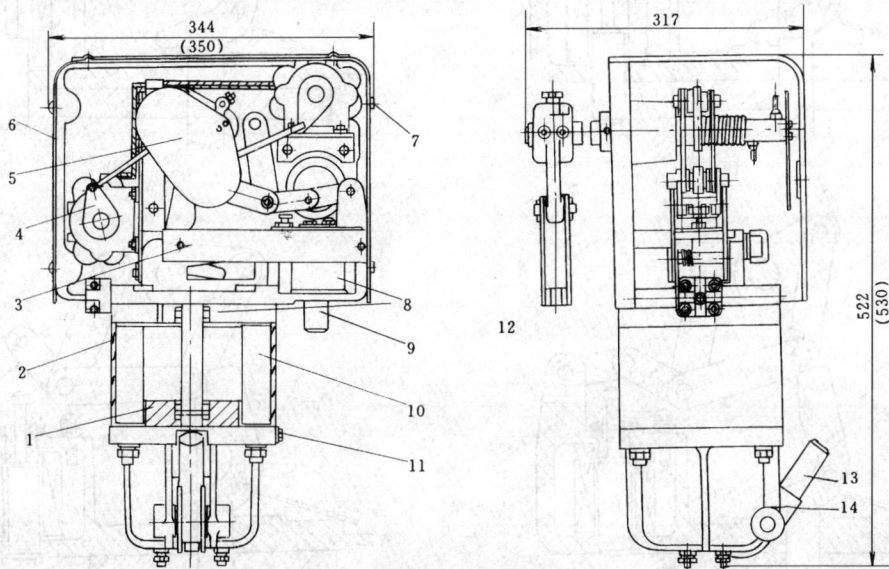

图3-9 CD10型操作机构结构图

1—合闸铁芯；2—磁轭；3—接线板；4—信号用辅助开关；5—分合指示牌；6—罩壳；
7—分合闸用辅助开关；8—分闸线圈；9—分闸铁芯；10—合闸线圈；11—接地螺栓；
12—拐臂；13—操作手柄；14—盖

（1）CD10型电磁操作机构的动作原理如图3-10所示。

1）合闸。合闸前连杆7和6趋近于180°（小于180°），如图3-10（a）所示。合闸线圈通

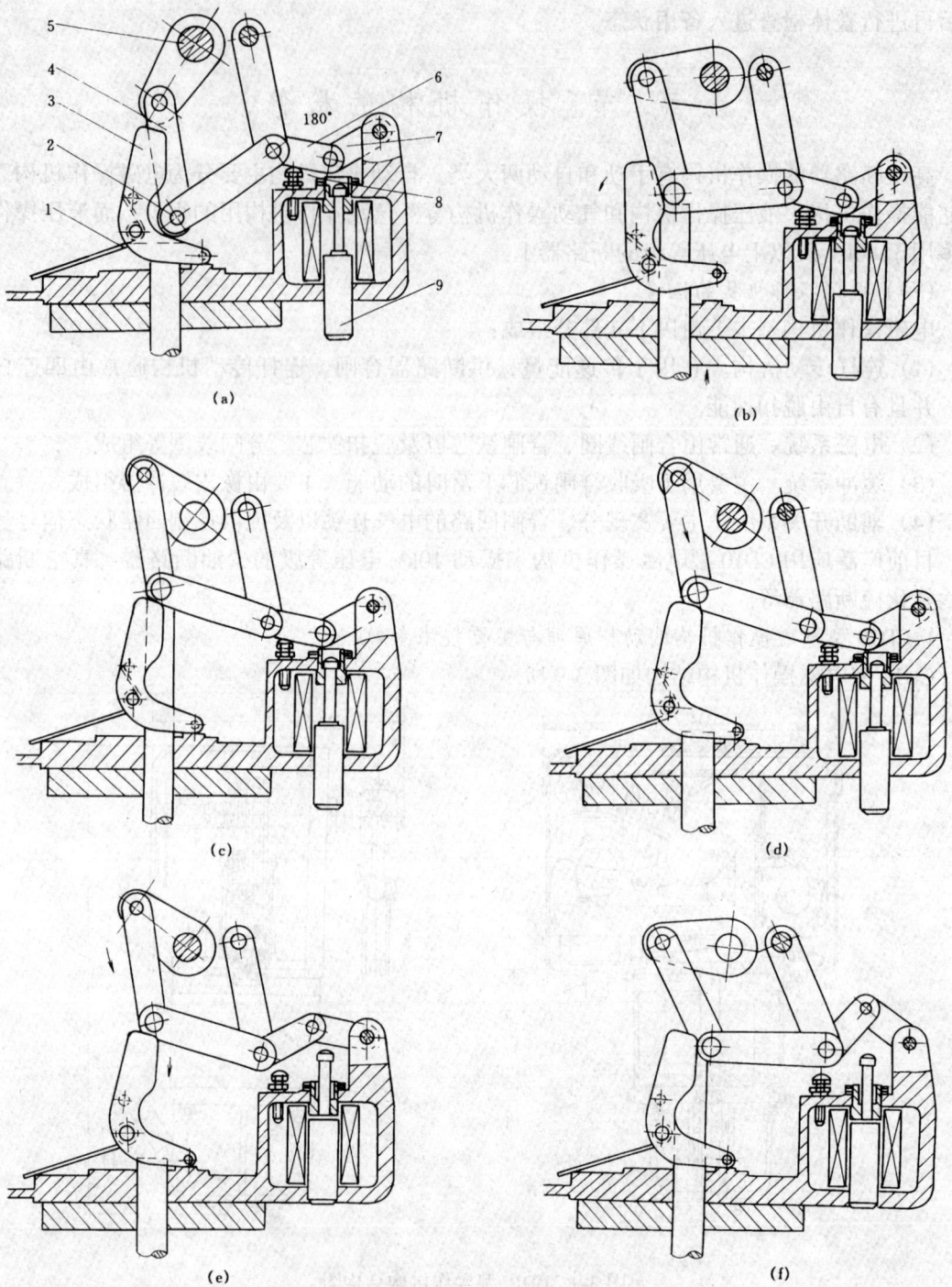

图 3-10 CD10 型电磁操作机构动作原理图

(a) 准备合闸状态；(b) 合闸过程中；(c) 合闸到顶点位置；

(d) 合闸动作结束；(e) 分闸动作；(f) 自由脱扣动作

1—合闸铁芯顶杆；2—轴；3—掣子；4—连杆机构；

5—主轴；6—连杆；7—连杆；8—定位螺钉；9—分闸铁芯

电后，铁芯向上运动推动轴 2 上移，通过四连杆机构使主轴 5 顺时针转动约 90°，使断路器合闸如图 3-10（b）所示。此时断路器的分闸弹簧被拉伸储能。当铁芯行到终点时，轴 2 与掣子 3 出现 2±0.5mm 间隙，如图 3-10（c）所示。这时因主轴的转动，带动辅助开关，使合闸回路常闭触点打开，切断合闸线圈电源。线圈断电后铁芯落下，轴 2 被掣子 3 支撑，完成了合闸过程，如图 3-10（d）所示。

2）分闸。分闸线圈通电，或用手力撞击分闸铁芯 9 时，使分闸铁芯向上冲击，连杆 7、6 被冲向上，角度大于 180°，如图 3-10（e）所示。使轴 2 离开掣子 3 失去支撑，在断路器分闸弹簧力的作用下，主轴 5 逆时针转动完成分闸动作。同时主轴的转动，带动辅助开关使分闸回路的常闭触点打开，切断分闸线圈的电源。

3）自由脱扣。合闸过程中，合闸铁芯顶着轴 2 向上运动，一旦接到分闸指令，使分闸铁芯立即向上运动，冲击连杆 6、7 向上。在断路器分闸弹簧力的作用下，轴 2 从铁芯顶杆 1 的端部滑下，实现自由脱扣，如图 3-10（f）所示。

（2）CD10 系列直流电磁操作机构的主要技术参数如表 3-4 所示。

表 3-4   **CD10 系列直流电磁操作机构的主要技术参数**

序号	项目	机构型号		CD10 Ⅰ	CD10 Ⅱ	CD10 Ⅲ
1	合闸线圈	220（V）	电流（A）	99	120	147
			电阻（Ω）	2.22±0.18	1.82±0.15	1.5±0.12
2		110（V）	电流（A）	196	240	294
			电阻（Ω）	0.56±0.05	0.46±0.04	0.38±0.04
3	分闸线圈	24（V）	电流（A）	37		
			电阻（Ω）	0.65±0.03		
4		48（V）	电流（A）	18.5		
			电阻（Ω）	2.6±0.13		
5		110（V）	电流（A）	5		
			电阻（Ω）	22±1.1		
6		220（V）	电流（A）	2.5		
			电阻（Ω）	88±4.4		
7	最低合闸操作电压			80%额定电压	85%额定电压	
8	最高合闸操作电压			110%额定电压		
9	最低分闸操作电压			65%额定电压		
10	最高分闸操作电压			120%额定电压		
11	铁芯顶杆升到顶点时掣子与圆柱销间隙（mm）			2±0.5		

注   表内电阻是指 20℃时的数值。

2．CD10 直流电磁操作机构常见故障原因及检修

CD10 电磁操作机构常见故障有拒合、合不上闸、拒分、分不了闸和跳跃现象。

（1）拒合。造成拒合的原因有以下几种情况：

1）合闸线圈烧断，其原因可能是合闸线圈受潮，绝缘老化或电压过高，使线圈内部击

穿烧断线圈；辅助开关的触点调整不到位，没有断开，使线圈长期通电造成线圈烧毁；铁芯卡死造成线圈通电时间过长，也能烧坏线圈，使线圈回路不通。首先用万用表测量线圈电阻，来判断线圈是否断线，已经烧断的线圈必须更换备用新线圈，但是，要查明烧毁线圈的原因，将其故障正确处理后方能通电试验新线圈。

2）合闸铁芯卡死，用手动合闸加力杆手动合闸试验，观察铁芯是否灵活，如不灵活则拆开加以调整。

3）辅助开关串接于合闸回路的常闭触头，接触不良或已损坏。遇到这种情况，首先用万用表或试灯来检查触头接触情况，然后拆开检修并调整，对损坏件予以更换。

4）合闸控制回路故障，应仔细检查合闸控制回路有无接触不良，接触器是否损坏，有无断线情况。凡损坏的器件均应更换。

(2) 合不上闸。其原因有以下几种情况：

1）电压过低。直流电磁操作机构的最低合闸电压应保证80%的额定电压（指操作开断短路电流20kA以下的断路器）或85%的额定电压（指操动开断短路电流20kA以上的断路器），如果低于以上规定，操作机构不能合闸。因为直流电磁机构合闸功率的大小取决于合闸线圈的安匝数，电压太低时，线圈中的电流很小，合闸功率成平方关系降低，致使合闸能量不足而合不上闸。此时应检查电源电压，提高电压或增加电源容量，使合闸过程加到合闸线圈的端电压不低于最低操作电压。

2）定位止钉太高。如图3-10（a）所示，在合闸过程中，连杆6和7受力突起，破坏了连杆的"死区"位置，使传动机构2轴上的滚轮从合闸铁芯的顶杆上滑脱，顶杆空跑做虚功，合不上闸。此时应调整定位螺钉8，将螺钉8向下降低一点，使在施加额定操作电压时能合上闸，同时要考虑在施加65%额定电压时能分闸为止。

3）间隙过小。如图3-10（c）所示，轴2上的滚轮与掣子3之间的间隙应为 2 ± 0.5 mm，如果此间隙过小，在合闸终了致使保持合闸位置的掣子来不及复位，而不能保持合闸位置，合闸便不成功。

此间隙通常由制造厂调整好的，但在使用过程中由于冲击振动也可能出现松动变位情况。此时应将机构的动铁芯取出适当调整顶杆的长度，然后用顶丝固定住顶杆，必须牢固顶紧，防止发生变化影响间隙的大小。如果发现间隙过小时，也可能是由于机构与断路器配合的总连杆长度不合适，调节总连杆的长短也可以解决这个问题。

4）辅助开关切换过早。辅助开关中常闭迟延触头串接于合闸回路中，此常闭触头如果分断，合闸回路就被切断，合闸线圈也就断电。正常情况下，它的切换应在断路器主触头接触良好后进行，使动铁芯继续完成其合闸过程。如果辅助开关切换过早，其常闭迟延触头过早切断合闸回路，使机构铁芯动能小，不能克服断路器合闸时的反力时，就会出现合不上闸的现象。解决办法，可适当调整辅助开关与主轴间的拉杆长度即可。

(3) 拒分其原因有以下几种情况：

1）分闸线圈断线，使分闸回路不通，造成拒分现象。用万用表测量分闸线圈就可判断是否断线，如发现有断线应更换备品。

2）脱扣铁芯卡死，使其通电后不能动作，出现拒分现象。此时需调整脱扣铁芯，使其上下动作自由灵活即可。

3）辅助开关接触不良。当辅助开关接触不良时，容易发生时通时断现象，也可能造成拒分现象。只要调整并检修触头，使其接触良好即可。

4）分闸控制回路断线，使分闸无信号而拒分。用万用表检查分闸控制回路，排除断线故障。

（4）分不了闸，其原因有以下几种情况：

1）定位螺钉 8 太低，如图 3-10（a）所示。连杆 6、7 离死区太低，正常分闸冲击力不可能将此两连杆顶起，故分不了闸。只要调高定位螺钉 8 至适当位置即可解决分闸问题。

2）脱扣器松动或铁芯磁化。当脱扣器松动使脱扣器静铁芯与铸铁支座之间出现气隙，将显著降低脱扣力；或脱扣器铁芯被磁化，使脱扣铁芯（分闸铁芯）与连杆 6、7 吸牢，造成分闸无冲程而分不了闸。此时应将静铁芯与支座并紧，对磁化问题主要是通过分闸回路尽量减小指示灯的电流，避免磁化现象。

3）辅助开关接触不良使分闸回路通电后产生较大的压降，当降低到 65% 额定电压以下时，就会出现分不了闸的现象，处理接触问题即可解决分闸问题。

（5）跳跃现象。在合闸过程中，合闸线圈被辅助开关过早切断合闸电源，使合闸铁芯没有达到合闸终点位置，轴 2 上的滚轮没能被掣子 3 托住而返回，使断路器分闸。但这时信号又未切除，合闸线圈会再次通电合闸……分闸，如此急速连续分合跳跃，此时应调整辅助开关与主轴的连杆长度，使辅助开关触点在断路器闭合之后再分断。

另外，掣子 3 在分闸时不能迅速复位或轴 2 的滚轮与掣子 3 间隙未达到 2±0.5mm 的要求，均可能引起跳跃。

总之，CD10 型电磁操作机构应定期检修，其检修周期同所配断路器相同。其检修项目及要求如下：

1）清扫检查各传动部分，检查轴销有无锈蚀断裂现象，如有应及时更换。检查转动部分应灵活，各转动部分应无杂物并加注润滑油，对注油孔应定期加油。

2）检查机构各紧固件，应无松动，用扳手检查各螺栓、螺帽紧固情况。

3）检查辅助开关各触点接触情况，以及辅助开关的切换是否能满足合闸与分闸的要求，和切换是否正确。

4）检查分、合闸线圈的绝缘电阻和直流电阻，用 1000V 兆欧表测分、合闸线圈绝缘电阻不应小于 1MΩ。如果受潮应及时处理。

5）检查定位螺钉的位置和连杆 6、7 的角度，如有变化及时调整定位止钉，并紧固好以免再变动。

6）检查合闸和分闸铁芯的灵活程度，检查橡胶缓冲垫。

7）控制回路检修。图 3-11 是 CD10 型操作机构控制线路图。当合上熔断器 FU1～FU4，操作机构在分闸位置时，绿灯 HG 亮，表明辅助开关 QF1 触点在闭合状态，且合闸接触器 KM 线圈回路完好；当操作机构在合闸位置时，红灯 HR 亮表明辅助开关 QF2 触点在闭合状态，且分闸线圈 YT 回路完好。应注意辅助开关触点和合闸接触器的动、静触头应无烧伤痕迹。如有烧痕应用细锉修整，并紧固各接头螺钉。

电磁操作机构检修完毕，要与断路器配合传动，用手动和电动分合数次，达到规定的技术要求方可投入运行。

（二）弹簧操作机构的检修

所谓弹簧操作机构是指由交、直流电动机或用手力操作，将弹簧储能，靠储能弹簧释放

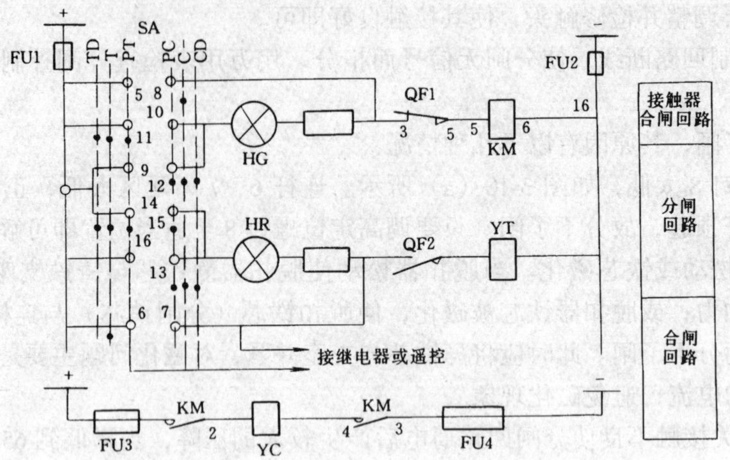

图 3-11　CD10 型电磁操作机构控制线路

YC—合闸线圈；QF1、QF2—辅助开关触点；HR—红色信号灯；YT—分闸线
圈；KM—接触器；SA—控制开关；FU1 ~ FU4—熔断器；HG—绿色信号灯

能量实现断路器合闸的操作机构。弹簧操作机构的基本结构一般分为两大部分。一部分为储能合闸系统。其主要由合闸弹簧、电动机、能量传动系统、合闸锁扣和合闸电磁铁等组成；另一部分为分闸系统。主要由分闸器连杆机构、分闸电磁铁和传动机构等组成。

弹簧操作机构的型号也有若干种，它们的能量传动系统随机构的型号不同而异，如 CT6

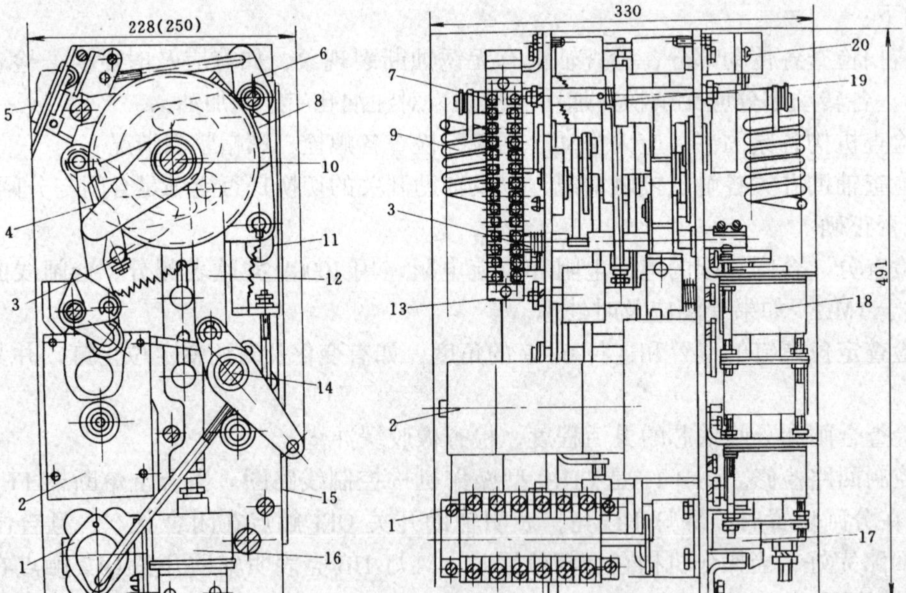

图 3-12　CT8 型弹簧操作机构的结构图

1—辅助开关；2—储能电动机；3—半轴；4—驱动棘爪；5—手按板；6—定位件；7—接线端子；8—保持棘爪；9—合闸弹簧；10—储能轴；11—合闸联锁板；12—连杆；13—分合指示牌；14—输出轴；15—角钢；16—合闸电磁铁；17—欠压脱扣器；18—过电流脱扣器及分闸电磁铁；19—储能指示；20—行程开关

型、CT2 型等是由齿轮、蜗轮和蜗杆等组成的；CT7 型是由链轮系统组成；CT8 型是由凸轮和棘轮系统组成。目前被广泛应用的是 CT8 型弹簧操作机构。如图 3-12 所示，CT8 型弹簧操作机构的基本结构图。

1.CT8 型弹簧操作机构动作原理与主要技术参数

（1）弹簧储能操作机构的动作原理是由电动机通过能量传动系统将合闸弹簧拉长，使交、直流的电能转换成弹簧的势能储存起来。而弹簧储能的能源（电动机）是由行程开关将电源切断，使电动机停止转动。弹簧的能量是通过合闸锁扣（图 3-12 中定位件 6）锁住。当需要合闸时，由合闸铁芯打开合闸锁扣，释放弹簧能量使断路器合闸。

弹簧储能操作机构分闸动作有手动分闸、过电流脱扣分闸和欠压脱扣分闸三种方式。

图 3-13 是 CT8 型弹簧储能操作机构脱扣分闸示意图。

手动分闸是用手按动手按板 2，使脱扣板 16 解除锁扣 4，锁扣 4 在弹簧 3 的作用下逆时针运转，通过拉杆和脱扣板 16 使半轴 1 按顺时针方向转动，完成分闸动作。

过流脱扣分闸是当半轴 1 下方的脱扣器中任何一个线圈有过电流励磁时，脱扣器的动铁芯 14 就被吸合向上运动；推动顶杆 15，并通过脱扣板 16 解除锁扣 4，锁扣解除后机构运动状态同手动分闸。

欠压脱扣分闸是欠压脱扣线圈欠压或失压时，欠压

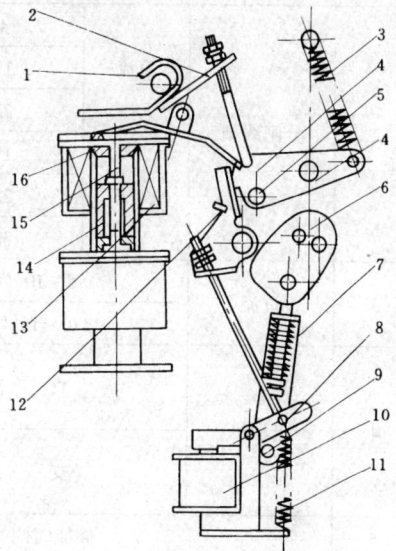

图 3-13　CT8 型弹簧储能操作机构
脱扣分闸示意图

1—半轴；2—手按板；3—弹簧；4—锁扣；
5—滚轮；6—凸轮板；7—欠压复位弹簧；
8—欠压脱扣铁芯；9—销轴；10—欠压脱扣
器线圈；11—欠压脱扣器弹簧；12—锁扣复
位弹簧；13—脱扣器线圈；14—动铁芯；
15—顶杆；16—脱扣板

脱扣铁芯 8 就被欠压脱扣器弹簧 11 拉动向顺时针方向转动，并通过拉杆带动锁扣 4 向逆时针方向转动，使锁扣 4 解除，锁扣 4 在弹簧 3 的带动下逆时针方向转动，此后的机构运动状态也同手动分闸一样。

弹簧储能操作机构与电磁操作机构相比较，弹簧储能操作机构的最大特点就是可以实现交流操作，不需要庞大的直流电源设备。从而减少了开支，降低了成本，也减少了维护工作量。

（2）CT8 型弹簧储能操作机构的主要技术参数，如表 3-5 所示。

表 3-5　　　　　　　　　　　　　弹簧操作机构主要技术参数

序号	项　目			机构型号		CT8
1	合闸线圈	直流	48（V）	额定电流（A）		5.95
			110（V）	额定电流（A）		2.48
			220（V）	额定电流（A）		1.29
		交流	110（V）	额定电流（A）		<9.5
			220（V）	额定电流（A）		<5
			380（V）	额定电流（A）		<3

序号	项 目			机构型号	CT8
2	分闸线圈	直流	48（V）	额定电流（A）	1.95
			110（V）	额定电流（A）	1
			220（V）	额定电流（A）	0.56
		交流	110（V）	额定电流（A）	<2.5
			220（V）	额定电流（A）	<1.2
			380（V）	额定电流（A）	<0.8
3	过流		5~10（A）	整定档次值（A）	5
			10~15（A）	整定档次值（A）	—
4	电动机	直 流		额定电压（V）	110 220
				额定功率（W）	≤450
		交 流		额定电压（V）	110 220 380
				额定功率（W）	≤450
5	储能时间（在85%额定电压下）（s）				5
6	自 重（kg）				≈45

2.CT8 型弹簧储能操作机构检修项目及工艺要求

（1）储能部分的检修。

1）按电机检修工艺要求检查电机绝缘情况、测量直流电阻、轴承加油等，保持储能电机完好无损。

2）用万用表检测电机控制回路，应无接触不良现象，检查行程开关应动作灵敏，触点应无烧伤，若有烧痕可用细锉或细砂布打磨。

3）检查驱动棘爪、保持棘爪和棘轮的摩擦程度，检查储能弹簧有无裂痕以及半轴和各部螺栓、螺钉紧固情况。

（2）合闸操作部分的检修。

1）用 1000V 兆欧表检测合闸线圈的绝缘，应不小于 1MΩ，用电桥或万用表测量线圈直流电阻，判断是否断线和匝间短路，对损坏的线圈必要时更换备用品。

2）检查合闸铁芯的灵活程度和传动连杆的运动情况以及销轴、销钉是否良好。

（3）脱扣机构的检修。

1）用兆欧表测量分闸脱扣线圈、过流脱扣线圈、欠压脱扣线圈的绝缘电阻，用电桥或万用表检查各脱扣线圈的直流电阻，判断是否有断线和匝间短路。它们的规定值参照说明书。

2）检查欠压脱扣器弹簧，能否保证在线圈电压小于 35%额定交流电压时，铁芯可靠释放，在大于 85%额定电压时，铁芯可靠吸合。

3）检查脱扣器铁芯的灵活程度，检查脱扣机构各紧固件应无松动脱落。

总之，在检修弹簧储能操作机构前应熟读产品使用说明书，按厂家要求和使用现场检修规程的要求进行认真仔细检查与修理。

（三）液压操作机构的检修

液压操作机构是利用氮气（N_2）贮存能量，以高压力的液压油推动活塞来实现分、合闸的操作机构。操作机构在一般情况下是与所控制的断路器配套出厂，所以，在检修时应根据具体情况参照产品使用说明书进行拆装检修。

1.CY3型液压操作机构的基本结构与动作原理

如图3-14所示，为CY3型液压操作机构的结构原理。这种机构主要是由贮压筒、充氮装置、油泵、工作缸、阀门系统、分闸电磁铁、合闸电磁铁以及辅助元件等组成。图中机构处于分闸状态，主控阀5关闭，工作缸左侧接通高压，右侧为低压，活塞维持在右边位置，断路器保持分闸。

（1）贮能过程。启动油泵2，油箱9中的低压油经过油泵变成高压油，推动贮压筒3的活塞向上运动，压缩活塞上部的氮气，将高压油贮存在贮压筒内。油泵的启动和停止，是通过贮压筒3下部的微动开关11来控制的，而微动开关又是由贮压筒活塞杆来操作的。当油压达到工作压力（$2200N/cm^2$）时，微动开关动作，使油泵停止；若油压下降到$2100N/cm^2$时，微动开关又动作，使电动机启动，油泵打油，直至达到工作压力时才停止打油。

（2）合闸过程。合闸电磁铁线圈通电，使合闸控制阀4动作，关闭通向低压油箱的小孔a，打开阀4的钢球，使高压油进入单向阀6，并使阀6开启。高压油通过单向阀6分为两路，一路通向主控阀5活塞上方，使活塞动作，顶开主控阀5的钢球，同时关闭了通向低压油箱的小孔b，高压油经过主控阀5进入工作缸右侧，推动断路器合闸；另一路高压油通过单向阀6及油管d进入分闸控制阀8，使其闭锁。

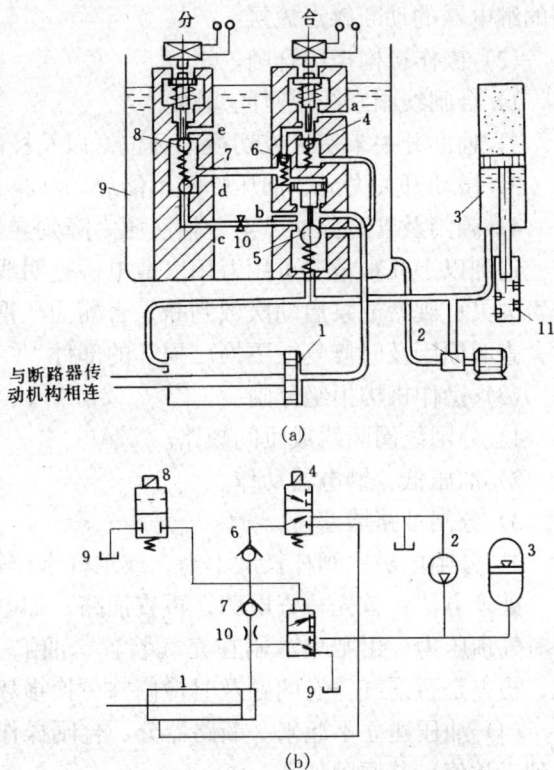

图 3-14 CY3型液压操作机构的结构原理图
(a) 原理图；(b) 液压回路图
1—工作缸；2—油泵；3—贮压筒；4—合闸控制阀；
5—主控阀；6、7—单向阀；8—分闸控制阀；
9—油箱；10—节流孔；11—微动开关

在合闸电磁铁断电后，合闸控制阀4和单向阀6关闭，而主控阀5依靠节流孔10、油管c、单向阀7、油管d进来的高压油使其活塞及钢球维持在开启位置，工作缸及断路器维持在合闸状态。

（3）分闸过程。分闸电磁铁线圈通电，打开分闸控制阀8、主控制阀5，活塞上方高压油经过节流孔、油管d与c泄放，主控阀关闭。工作缸右侧的高压油经小孔b流入油箱，而此时左侧仍接高压油，因此活塞向右方推动，产生分闸动作，断路器分闸。

2.CY3型液压机构的常见故障原因与检修

（1）断路器合闸后油压降低，其主要原因是有漏油现象造成的。如主控阀钢球托被油吹倒，钢球不能封死阀口，压力油经小孔 b 漏出，使油压降低；此外，也可能是油路管接头处压接不良，因合闸时振动使管子接头处大量漏油，造成油压急速下降。发现油压下降应及时查找原因。首先用机械闭锁装置（卡板）将断路器闭锁在合闸位置，使其不能进行分、合闸，也不能进行自动打压。排除故障后才能恢复断路器的正常状态。

处理方法是更换合格的钢球托；紧固管路接头或更换密封垫等。应当注意在运行中的断路器操作机构油压降低到零，再启动油泵，建立正常油压前，必须将微动开关和压力表所控制的继电器的动断触点短接。

（2）操作机构拒绝合闸。

1）合闸线圈断线或匝间短路。

2）辅助开关未切换或切换不到位，以及控制电路接触不良，造成控制电路不通。

3）微动开关失灵，油压降低不能启动油泵，造成合闸闭锁继电器动作。

4）阀门及管路漏油严重，均使压力降到异常值，使断路器不能合闸。

遇到以上几种情况可用万用表或电桥查明线圈是否断线和匝间短路；检查微动开关动作是否失灵；观察油泵启动次数判断是否漏油严重，如果油泵启动频繁，说明高压回路严重漏油，查明原因及时修复或更换已损坏的部件。

（3）操作机构拒绝分闸。

1）分闸线圈断线或匝间短路。

2）油压低，继电器动作。

3）分闸油路堵塞。

4）分闸电磁铁阀杆长度不当，或顶杆卡滞等。

处理方法：首先检查电路，再查油路，如电路和油压正常，则查分闸电磁铁。检查贮压筒氮气预压力，用肥皂水刷在充气装置、油缸、气缸的联动部分及贮气装置顶帽的密封部位，检查是否漏气。有问题及时检修并更换损坏部件。

（4）油压建立不起来。断路器分、合闸操作后压力降低，油泵在 10min 内不能将压力恢复到正常值，其原因如下：

1）各阀门的高压密封垫损坏，逆止阀口不严，使空气进入泵内。此时用金刚砂加油研磨密封面，更换密封垫，在启动油泵前将空气用油挤出去。

2）滤油器堵塞。清洗滤油器，将其脏污除掉，疏通油路。

3）阀口不严，通过阀门的排油孔渗漏油，导致油压降低。更换钢球托，将球托与弹簧牢靠结合，解决渗漏油问题。

4）油泵电动机过负荷造成热继电器动作，使油泵电机回路断电。应查明过负荷的原因，如果是继电器的问题可调整整定值或更换热继电器；如果是电动机容量不够，可增加电机容量；如果是油泵的问题，就消除油泵的问题。

（5）贮压筒油压过高。原因有二：一是微动开关失灵；二是贮压筒的密封圈损坏或贮压筒的同心度差，使液压油进入氮气内，导致贮压筒油压升高。

（6）贮压筒油压过低。原因有三：一是安全阀橡皮垫损坏漏油；二是主阀排油孔漏油；三是氮气外漏。主阀排油孔漏油主要是油中杂物或金属颗粒将阀凸起或将橡皮圈磨损，以致漏油。将其杂物清除或更换橡皮垫圈即可；对氮气外漏，用肥皂水检查漏气的地方及时消除。

3. CY3 型液压操作机构检修项目及质量标准

操作机构的检修周期一般同所配断路器相同。

（1）放油、放氮气和拆卸油管。放油前断开油泵电源开关，打开高压放油阀，释放高压油，将液压油放至桶内。液压油应过滤杂质和水分；放氮气时，用制造厂供给的放气顶针或自制放气螺钉拧入充气阀接头的螺孔内即可放出氮气。注意：如用弹簧钢丝插入充气阀的尾部向里推放气时，钢丝头部应平整、光滑、无尖角；通过压力表与稳压杆证实确无油压后，即可拆卸各连接油管路。

（2）分闸阀的分解检修。拧下固定座，取出阀杆和复归弹簧，用螺钉拧入阀座螺孔取出阀座。取出钢球、球托、复归弹簧。分闸阀拆开的各零件，如果当天不能恢复组装，必须放入液压油中，以免受潮。处理后的阀口应清洗干净，阀杆不应有弯曲现象。

用放大镜检查钢球与阀口密封情况，检查阀杆应无毛刺或头部撞粗变形，如果有变形或毛刺，可用油石研磨或更换备用品。检查弹簧的弹性，不应有变形、卡伤等现象。

将阀体各零件用液压油清洗干净后组装，组装时调好阀杆行程。阀杆总行程为 3~4mm，球阀打开行程为 1~1.5mm，阀杆运动应灵活。

（3）合闸阀的分解检修。拆开合闸阀，检查阀杆的滑动导向情况，如过紧可研磨，检查球阀与阀口的密封情况，更换密封橡胶圈，检查主控阀活塞应无卡伤和摩擦等现象，可用800 号砂布处理。

用液压油清洗阀体各零件，用绸布擦干后进行组装。组装顺序与分解时相反。

（4）放油阀的检修。将放油塞拧出，取下钢球，检查放油塞、钢球及密封阀口是否损坏，应注意放油时放油塞拧出的扣数不应超过两圈。清洗干净，按拆卸相反顺序组装。

（5）贮压筒的分解及充氮。确定贮压筒无压后按顺序拆卸充气装置、贮压筒，将贮压筒垫上破布，夹在台虎钳上，拧下上端帽，取下"O"型密封垫圈。取下压盖、下端帽、下碗形橡胶圈，拧松活塞杆压板，用专用工具或干净木棒从贮压筒的一端轻轻将活塞顶出。

检查贮压筒内壁应光滑无锈蚀，更换全部密封圈，检查活塞杆应无弯曲变形现象，而且光滑垂直。最后清洗组装，清洗时最好用泡沫塑料或绸布进行擦洗，严禁用棉纱类清洗，防止绒毛粘到阀体内。在机构组装后，检查贮压筒漏油情况，在额定压力下不应使活塞杆下降1mm。

充氮前必须检查各紧固件的连接是否可靠，为避免水分进入贮压筒，在充氮前应将气瓶倒置，打开气嘴，将瓶内的水分放出，然后将气瓶正立起，气嘴在上放置方可充氮。充氮时一定要相互配合，做好防爆预防工作。充氮前还应给贮压缸氮气腔内注入少许液压油，以加强密封，贮压缸应立放。充氮时应利用充气装置打开氮气瓶上阀门，待内外压力平衡后，关闭气瓶上阀门，启动油泵，将充气装置上的贮压筒活塞上部氮气充入贮压缸气缸内，然后放掉油压，使活塞返回原位。以上充氮过程可反复几次，直到予充压力为 125±3 表压力为止。

（6）油泵的检修。拆卸零件不准乱放，钢球应无沟痕和锈蚀，尼龙垫圈无损坏，否则更换新品；柱塞的工作行程为 8mm；骨架式胶圈应无损坏，弹簧无变形；铝罩、曲轴应完整无损；通道无堵塞，螺栓应紧固；胶圈应有适当的压缩。油泵两天启动一次为正常。

（7）工作缸、安全阀的检修。缸内壁应光滑、无沟痕，活塞杆应无弯曲变形；活塞拉力约为 30kg 并应拉动灵活；接头端面与框架的距离为 51mm；工作缸的行程为 134±0.5mm；安全阀的球阀与阀口的密封情况；钢球装入后应轻敲一下，使阀口有一圈 0.1~0.3mm 的密封口。安全阀打开压力为 250 个大气压。

（8）微动开关、辅助开关、接触器、加热器、压力表等接点的检查与校验。微动开关应动作灵活，通断良好；辅助开关灵活，导向良好正确、触点无烧痕；接触器触头接触良好，铁芯动作灵活无卡滞现象；加热器在投入运行之前应用 500V 兆欧表测量绝缘电阻，加热器在 7℃时接入，到 10℃时切除。工作缸的加热器，0℃时接入，气温较高时切除；用专用工具将压力表高压接点调到 $2450Nkm^2$，低压接点调到 $1018Nkm^2$，人为的启动微动开关接点，当压力升高至 $2450Nkm^2$ 时，电动机应停止运转，打开放油阀，当压力降到 $1018Nkm^2$ 以下时，电动机应停止运转。

（9）整体清洗、注油。用合格的 10 号航空液压油将机构箱体冲洗干净后方可注油。

总之，液压操作机构检修一定要根据产品说明书上的规定进行检修。

第三节 高压隔离开关检修

高压隔离开关分户内型和户外型两大类。根据它们的结构特点又分单极和三极以及闸刀式、旋转式、插入式和带接地刀闸式等。

（一）高压隔离开关的型号与结构

1. 高压隔离开关的型号

隔离开关的型号含义如下：

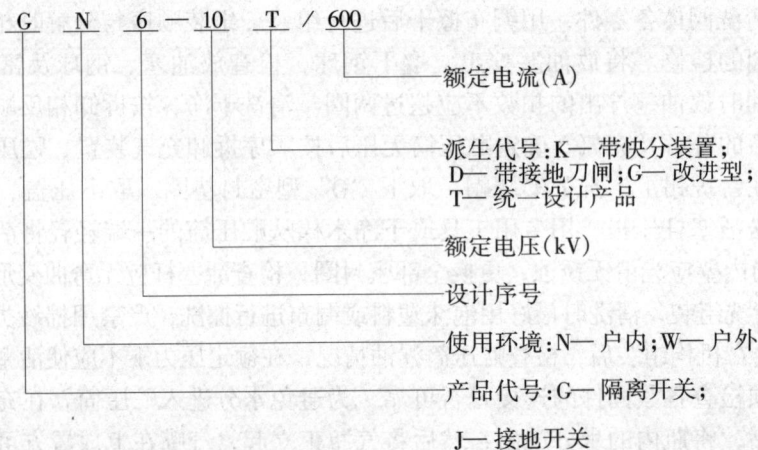

```
G  N  6 — 10  T  /  600
                        额定电流（A）

                   派生代号:K— 带快分装置;
                   D— 带接地刀闸;G— 改进型;
                   T— 统一设计产品

                   额定电压（kV）

                   设计序号

                   使用环境:N— 户内;W— 户外

                   产品代号:G— 隔离开关;

                   J— 接地开关
```

常用户内型隔离开关有 GN6 和 GN8 型。

2. 户内隔离开关的结构

图 3-15 是 GN6 型三极隔离开关结构图，电压为 6～10kV，电流为 200～1000A。它由底架、支持绝缘子、导电部分和传动部分组成。GN6 型高压隔离开关的底架由主轴、限位板和角铁焊接框架组成。限位板焊在主轴上，用来保证触刀分、合时到位。在底架上每极安装两个支持绝缘子（支持瓷瓶），三极平行安装，起支持导电部分和对地绝缘作用。导电部分由固定在支持绝缘子上的静触头和每极两片矩形铜触刀（动触头）组成。触刀一端通过轴销安装在支持片上，两片矩形铜触刀夹持在静触头两侧来维持接触，并可自由转动；另一端与静触头为可动连接，接触压力由触刀上的弹簧来调整。触刀通过拉杆绝缘子、主轴杠杆（拐臂）相连接，通过主轴的转动使触刀按一定轨迹运动，达到分、合闸的目的。

GN8 型隔离开关在结构上与 GN6 型基本相似，所不同之处是 GN8 型隔离开关将支持绝

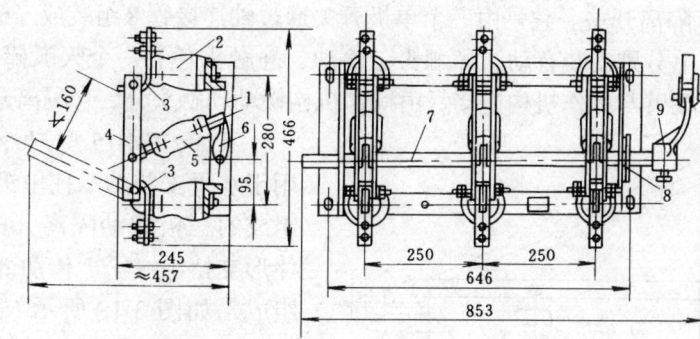

图 3-15　GN6-10T/600 型三极隔离开关结构图

1—底架；2—支持绝缘子；3—触头；4—触刀（动触头）；

5—拉杆绝缘子；6—杠杆（拐臂）；7—主轴；8—限位板；9—拐臂

缘子改为绝缘瓷套管，安装使用更方便，可以水平、垂直或倾斜安装等。GN8 型隔离开关结构如图 3-16 所示。GN8-10T/1000Ⅰ型、Ⅱ型的支持绝缘子一边是支持绝缘子，另一边是瓷套管；而 GN8-T/1000Ⅲ型的支持绝缘子为两边都是瓷套管。

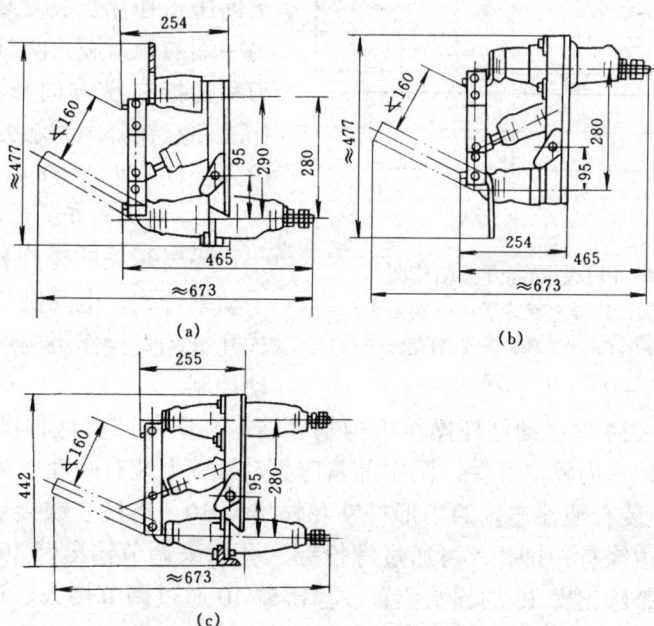

图 3-16　GN8 系列隔离开关结构图

（a）GN8-10T/1000Ⅰ型；（b）GN8-10T/1000Ⅱ型；

（c）GN8-10T/1000Ⅲ型

3．户外式隔离开关的结构

户外隔离开关的工作环境较户内差许多，因经常受雨、雪、风、灰尘以及严寒与酷热的影响，因此对隔离开关在绝缘方面、机械强度等方面要求较高，同时还要考虑触头结冰时有破冰的功能。

户外式隔离开关分为单柱式、双柱式、V 型式和三柱式等。10kV 隔离开关常用双柱式。

图 3-17 所示为 GW 隔离开关。它是由三个单极开关通过轴连接管 8 组装成三极隔离开关。每极的两个支持绝缘子上分别安装有动、静触头，而动、静触头各有一个灭弧棒，动触头（触刀）通过拉杆绝缘子、拐臂与操作机构连接，由操作机构操动动触头分、合隔离开关。

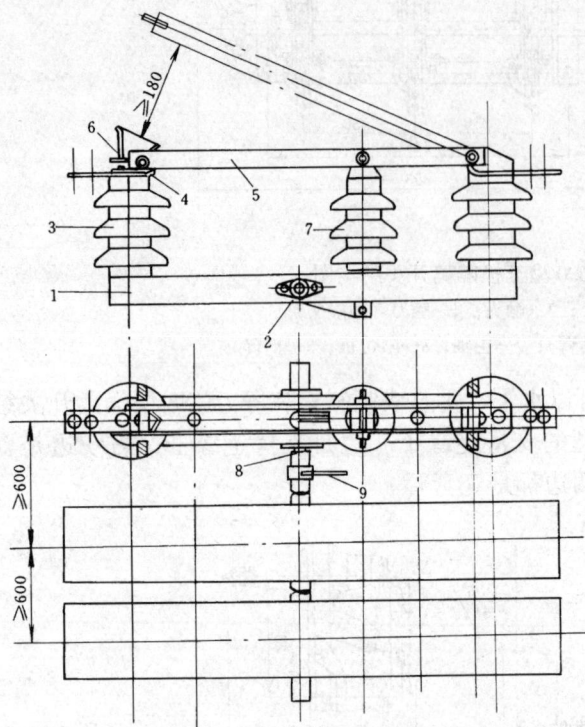

图 3-17　GW1-10Ⅰ型隔离开关结构图

1—底座；2—转轴；3—支持绝缘子；4—静触头；
5—动触头（触刀）；6—灭弧棒；7—拉杆绝缘子；
8—连接管；9—拐臂

又如 GW4-15 型户外隔离开关，它是用于水平安装的双柱单极式，借助于连杆组成的三极联动隔离开关，它是由底架、棒形支持绝缘子、传动部分和导电部分等组成，如图 3-18 所示。每极底架两端轴承座内有轴承和转轴，轴头焊有转动轴板 3，支持绝缘子固定在轴板上，两转动轴板用连杆相连接。当一端支持绝缘子转动时，将带动另一端支持绝缘子反方向旋转，完成导电部分的分、合动作。这种开关的触点在两支持绝缘子的中间位置，采用触刀嵌入式结构。一端装有两对触指，借助压簧作用保持足够的压力，合闸时，另一端的触刀嵌入两对触指内。分闸时触刀和触指向反方向分离开，完成分闸动作。注意在分闸时触刀的相间距离在安装时须保证不小于 60mm。

（二）隔离开关的操作机构

隔离开关的操作机构有手动杠杆式、手动蜗轮式、电动机式和气动式等。电动式和气动式操作机构可以实现远距离或自动控制。

图 3-19 所示为 CS6 型手动杠杆操作机构基本结构与安装图。这种操作机构适用于额定电流在 3000A 以下的户内隔离开关。图中前基座主动轴 6 上装有硬性连接的手柄 5 和杠杆 7，后基座从动轴 11 上装有硬性连接的扇形杆 9 和输出臂 10，连杆 8 铰接于杠杆 7 和扇形杆 9 之间。扇形杆 9 的边缘有一排孔，可通过螺栓穿入孔内来调节输出臂 10 与扇形杆 9 的硬性连接角度，以便调整输出臂 10 的起始位置。输出臂 10 通过调节接头、连杆 3、连接插头与隔离开关主轴拐臂 2 相铰链。

图 3-20 所示为 GN10-20/8000 型隔离开关配用的 CJ2 型电动机操作机构图。其传动原理与手动蜗轮操作机构基本相同。当电动机 1 转动时，通过齿轮、蜗杆使蜗轮 2 转动。蜗轮轴上装有传动杆 3，它通过牵引杆 4 与隔离开关轴上的传动杆连接。每当传动杆 3 转过 180°时，即完成一次合闸或分闸的操作。每次操作完成后，由辅助开关的连锁触点切断电动机的控制电源，使电动机自动停止旋转。

（三）高压隔离开关的检修项目与技术要求

（1）清扫检查绝缘子时，绝缘子表面应清洁无污垢，无裂纹、破损等痕迹。绝缘子或瓷套管的瓷铁粘合应牢固。

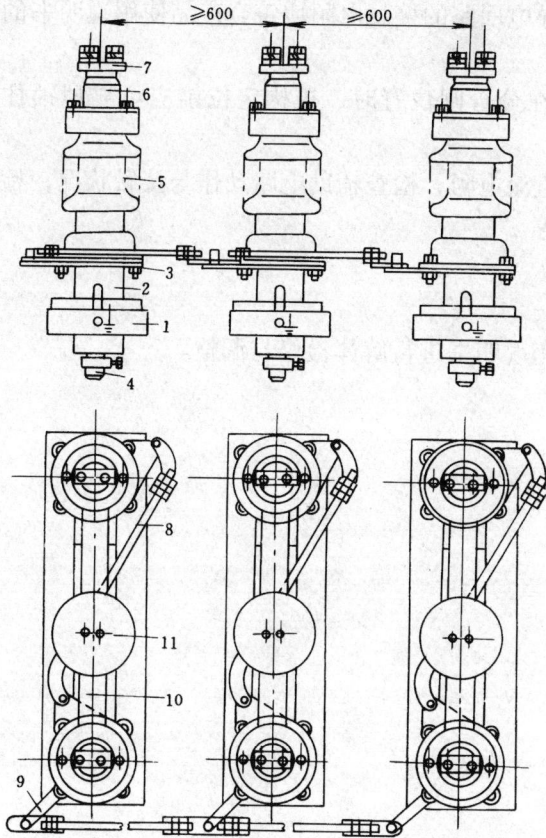

图 3-18 GW4-15 型隔离开关结构图
1—底架；2—轴承座；3—转动轴板；4—转动轴；
5—支持绝缘子；6—接线座；7—接线端子；8—传动
连杆；9—联动拉杆；10—触刀；11—触指

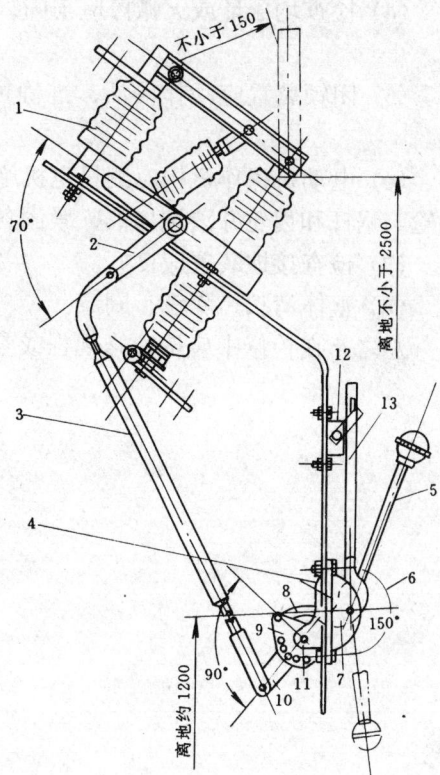

图 3-19 CS6 型手动杠杆操作机构
基本结构与安装
1—隔离开关；2—拐臂；3—连杆；4—基座；5—
手柄；6—主动轴；7—杠杆；8—连杆；9—扇形
杆；10—输出臂；11—从动轴；12—辅助开关；
13—辅助开关连杆

（2）触头检修时，隔离开关的动静触头或触指与触刀接触应良好，线接触面应无烧伤痕迹。触头压力弹簧应无过热变色、变形或断裂现象，在触头的接触处用 0.05mm 厚的塞尺应塞不进去，接触面还应做防腐蚀处理。

用调整压力弹簧来调整接触压力时，调整结束一定要将调整螺帽备紧，防止运行中松动而使压力减小。如果发现触头有烧伤痕迹，可用细锉修整。

（3）操作机构与传动部分应操作轻便灵活，轴销和销钉应完整无损，各部分螺栓、螺帽应紧固，将活动部分涂润滑脂。各铁件除锈刷漆等，调整隔离开关的分、合闸角度和三相同期度及插入深度，三相不同期度不应大于 3mm，插入应符合说明书规定，如果超过标准可通过拉杆绝缘子的调节杆进行调节。

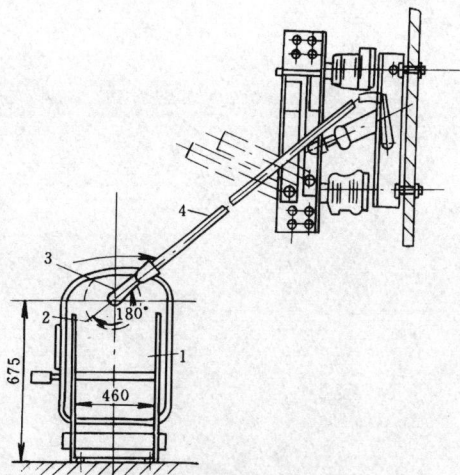

图 3-20 CJ2 型电动机操作机构图
1—电动机；2—蜗轮；3—传动杆；4—牵引杆

（4）检查均压环或灭弧棒应牢固，所测导电回路的接触电阻应符合产品使用说明书的规定。

（5）闭锁装置应动作灵活，准确可靠。在分合闸位置时，机构定位销应可靠地锁住手柄。

（6）电动机操作机构应测量电机绝缘、直流电阻，检查辅助电路动作与接触状况，检查蜗轮与蜗杆和齿轮并清洗加油，紧固各部件等。

（7）检查接地装置应良好。

（8）整体清扫、除锈、刷漆。

总之，在检修中应按检修规程或参照使用说明书进行解体检修与调整。

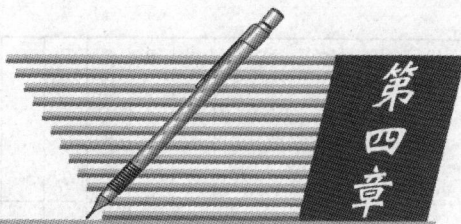

低压电器检修

低压电器是指工作在交流电压 1kV 及以下、直流电压为 1.2kV 及以下的电路中的电器。它的功能就是接通和断开电路，或调节、控制和保护电路及设备，是一种电工器具和装置。

第一节 低压电器的基本知识

一、低压电器的分类

按使用系统之间的关系分为两大类，即配电电器和控制电器。配电电器主要包括熔断器、断路器、刀开关和转换开关等；控制电器主要包括接触器、启动器、主令电器和各种控制继电器。

按工作条件还可分为 8 类，即一般用途低压电器；化工用低压电器；矿用低压电器；牵引用低压电器；船用低压电器；航空用低压电器；热带用低压电器；高原用低压电器。

按操作方式还可分为自动电器和手动电器。

此外，还可按灭弧介质、外壳防护等级、污染等级、安装类别和防触电等级等进行分类。

二、低压电器的型号意义和主要技术参数

(一) 低压电器的型号意义

低压电器的型号是按四级制编制的，其意义如下。

(1) 类组代号。第一和第二级代表电器的类别和特征，用汉语拼音字母表示。类组代号有两个字母，前一个表示类别，第二个表示用途、性能和特征形式。例如，CJ——交流接触器，CZ——直流接触器，RC——瓷插式熔断器，DW——万能式断路器，DZ——塑壳式断路器等。

低压电器的类组代号如表 4-1 所示。其中竖排字母是类别代号，横排字母是组别代号。

表 4-1　　　　　　　　　　　　低压电器产品型号类组代号

代号	名　称	A	B	C	D	G	H	J	K	L	M	P	Q	R	S	T	U	W	X	Y	Z
H	刀开关和转换开关				刀开关		封闭式负荷开关		开启式负荷开关					熔断器式刀开关	刀形转换开关					其他	组合开关

代号	名称	A	B	C	D	G	H	J	K	L	M	P	Q	R	S	T	U	W	X	Y	Z
R	熔断器			插入式		汇流排式			螺旋式	封闭管式					快速	有填料管式			限流	其他	
D	低压断路器										灭磁				快速		万能式		限流	其他	塑料外壳式
K	控制器					鼓形						平面				凸轮				其他	
C	接触器					高压		交流				中频			时间	通用				其他	直流
Q	启动器	按钮式		磁力				减压							手动		油浸		星—三角	其他	综合
J	控制继电器								电流					热	时间	通用	温度			其他	中间
L	主令电器	按钮					接近开关		主令控制器						主令开关	足踏开关	旋钮	万能转换开关	行程开关	其他	
Z	电阻器	板形元件		冲片元件	带形	管形									烧结	铸铁			电阻器	其他	
B	变阻器			旋臂式					励磁式			频敏	启动		石墨	启动调整	油浸启动	液体启动	滑线式	其他	
T	调整器				电压																
M	电磁铁											牵引						起重		液压	制动
A	其他		触电保护器	插销	灯		接线盒		电铃												

(2) 设计代号。这是第三级，表示同一类产品的设计序列（即系列序号），并以数字表示。产品的系列是按不同设计原理、性能参数和防护种类，并根据优先数系设计的。

(3) 基本规格。这是第四级，表示同一系列产品按其某个参数的优先数系而分的基本品种，也用数字表示。

低压电器的全型号形式：

1	2	3	4	5	6	7

1——类组代号，用汉语拼音字母表示。

2——设计代号，用数字表示，位数不限。

其中二位及二位以上的首位用"9"者为船用，用"8"者为防爆，用"7"者为纺织用，用"6"者为农业用，用"5"者为化工用。

3——特殊派生代号，用汉语拼音字母表示，最好取一位，表示全系列在特殊情况下变化的特征，此代号一般不用。

4——基本规格代号，用数字表示，位数不限。

5——派生代号，用汉语拼音字母表示，位数不限，说明系列内的个别变化特征。

派生代号所用字母如表4-2所示。

表 4-2   通 用 派 生 代 号

派生代号	意　　义
A、B、C、D	结构设计稍有改进或变化
C	插入式
J	交流、防溅式
Z	直流、自动复位、防震、正向、重任务
W	无灭弧装置、无极性
N	逆向、可逆
S	有锁住机构、手动复位、防水式、三相、三个电源、双线圈
P	电磁复位、防滴式、单相，两个电源、电压的
K	开启式
H	保护式、带缓冲装置
M	密封式、灭磁、母线式
L	电流的
Q	防尘式、手车式
F	高返回、带分离脱扣，此项派生字母加注于全型号之后
T	按湿热带临时措施制造，此项派生字母加注于全型号之后
TH	湿热带，此项派生字母加注于全型号之后
TA	干热带，此项派生字母加注于全型号之后

6——辅助规格代号，宜用数字，位数不限。

7——热带产品代号。

例如，CJ20-250 表示第 20 个系列交流接触器，额定工作电流为 250A；QZ610-4F 表示第 10 个系列的综合启动器，农用带分离脱扣器，控制的电动机最大功率为 4kW；JR16-20/3D 表示第 16 个系列的热继电器，三相，有断相保护功能，额定工作电流为 20A。

（二）低压电器的主要参数

1. 额定电压

额定电压分额定工作电压 U_N、额定绝缘电压 U_i 和额定脉冲耐受电压 U_{imp}（峰值）三种。额定工作电压是与额定工作电流共同决定使用类别的一种电压。对于多相电路，此电压是指相间电压（线电压）。额定绝缘电压是与介电性能试验、爬电距离（电器中具有电位差的相邻两导电部件间沿绝缘体表面的最短距离，也称漏电距离）相关的电压，在任何情况下它都不低于额定工作电压。额定脉冲耐受电压反映电器当其所在系统发生最大过电压时，它所能耐受的能力。后两种电压共同决定绝缘水平。

2. 额定电流

额定电流分额定工作电流 I_N、额定发热电流 I_{th}、额定封闭发热电流 I_{the} 和额定不间断电

流 I_u 四种。额定工作电流是在规定条件下保证电器正常工作的电流值。约定发热电流和约定封闭发热电流是电器处于非封闭及封闭状态下，按规定条件试验时，其各部件在 8h 工作下的温升不超过极限值时所能承载的最大电流。额定不间断电流是指电器在长期工作制下，各部件温升不超过极限值时所能承载的电流值。

3．操作频率与通电持续率

开关电器每小时内可能实现的最高操作循环次数称为操作频率。通电持续率是电器工作于断续周期工作制时，有载时间与工作周期之比，通常以百分数表示，符号为 TD。

4．通断能力和短路通电能力

通断能力是开关电器在规定条件下，能在给定电压下接通和分断的预期电流值的能力；短路通电能力是电器在规定条件下，包括其出线端短路在内的接通和分断能力。

5．机械寿命和电寿命

机械开关电器在需要修理或更换机械零件前所能承受的无载操作循环次数称为机械寿命。在规定的正常工作条件下，机械开关电器无需修理或更换零件的负载操作循环次数，称为电寿命。

第二节　配电电器的检修

配电电器主要包括熔断器、断路器、刀开关等。目前被广泛地应用在发电厂和变电所的配电装置中。由于低压配电电器在电力生产过程中不断地运行，承受系统过电压和大电流的冲击以及频繁的操作，经常会出现异常现象或故障。为了保证安全生产，电气工作人员必须在了解低压电器的构造、原理及性能的基础上，常握故障的处理方法及检修技能。

（一）低压熔断器

低压熔断器是低压电路及电动机控制电路中用作短路保护或过载保护的电器。它串联在电路中。当电路或电气设备发生短路或过载时，熔断器中的熔体将熔断，使电路或电气设备脱离电源，起到保护作用（在电动机控制电路中，熔断器主要起短路保护作用）。

熔断器主要是由熔体和熔体的熔管（或熔座）两部分组成。熔体是熔断器的主要部分，按用途可分两类：一类是低熔点材料，如铅、锡等合金制成的不同直径的圆丝（俗称保险丝），由于熔点低，不易熄弧，对熔断器各部分的温度影响小，一般用在小电流电路中。一

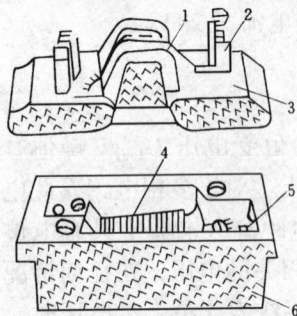

图 4-1　RC1A 瓷插式熔断器
1—熔丝；2—动触头；3—瓷盖；
4—石棉带；5—静触头；6—瓷底座

类是高熔点材料，如用银、铜等制成的熔体，用在大电流电路中，它熄弧容易，但会引起熔断器过热，对过载时保护作用差。熔管是熔体的保护外壳，在熔体熔断时兼有灭弧作用。

常用的熔断器有瓷插式、螺旋式、无填料封闭管式和有填料封闭管式。

1．瓷插式熔断器

瓷插式熔断器是由瓷盖、动触头、静触头及熔丝四部分组成，常用的 RC1A 系列瓷插式熔断器的外形如图 4-1 所示。瓷盖和瓷底均用电工瓷制成，电源线及负载线可分别接在瓷底两端的静触头上。瓷底座中间有一空腔，与瓷盖突出部分构成灭弧室。容量较大的灭弧室中还垫有熄弧用的编织石棉布。

RC1A 系列熔断器的额定电压为 380V,额定电流有 5、10、15、30、60、100A 及 200A 等。

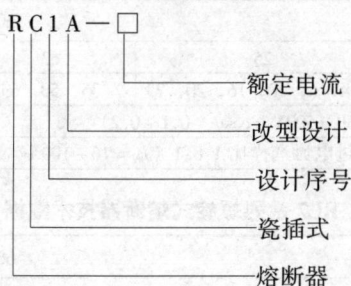

RC1A 系列熔断器价格较便宜，更换也方便，被广泛用于照明和小容量电动机的短路保护。但近年来，由于科学技术的迅猛发展，RC1A 系列瓷插熔断器逐渐被具有高分断断路器所代替。目前照明电路和小容量电动机一般都采用从法国引进的技术产品 C45N 系列断路器作为过载及短路保护。

2. 螺旋式熔断器

螺旋式熔断器主要由瓷帽、熔断管（芯子）、瓷套、上接线端、下接线端及底座等 6 个部分组成。常见 RL1 系列螺旋式熔断器的外形结构如图 4-2 所示。

螺旋式熔断器是填料封闭管式熔断器中的一种。熔断管（熔芯）为一瓷管，内装石英砂和熔体。熔体两端焊在熔管两端的导电金属盖上，其上盖中央有一熔断指示器（有色金属小圆片）。当熔断器分断时，指示器便弹出，透过瓷帽上的玻璃可以看见。在熔断器熔断后，只要旋开瓷帽，取出已熔断的熔管，装上新管，再旋入瓷座内即可。出线端均安装在瓷座上。

这种熔断器一般用在配电线路中，作过载和短路保护。由于它具有较大的热惯性和较小的安装面积，故亦常用于机床控制线路以保护电动机。

RL1 系列产品逐渐被新产品 RL6、RL7 等系列所取代。这些产品的技术数据如表 4-3 至表 4-5 所示。

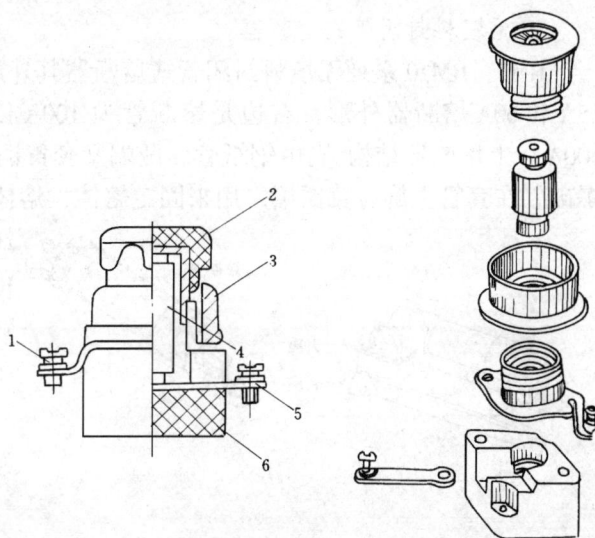

图 4-2　RL1 系列螺旋式熔断器
1—上接线端；2—瓷帽；3—瓷套；
4—熔芯；5—下接线端；6—底座

表 4-3　　　　　　　　　　RL1 系列螺旋式熔断器技术数据

型　号	额定电流（A）		$\cos\varphi \geqslant 0.3$ 时的极限分断能力（kA）	
	支持件	熔　　体	380V	500V
RL1-15	15	2, 4, 6, 10, 15	2	2
RL1-60	60	20, 25, 30, 35, 40, 50, 60	5	3.5
RL1-100	100	60, 80, 100		20
RL1-200	200	100, 125, 150, 200		50

表 4-4		RL6 系列螺旋式熔断器技术数据			
额定电压（V）		500			
额定电流	支持件	25	63	100	200
（A）	熔体	2、4、6、10、16、20、25	35、50、63	80、100	125、160、200
额定分断能力（kA）		50（500V，$\cos\varphi = 0.1 \sim 0.2$）			
"gG"的选择性		过电流选择比 1.6:1（$I_N = 16 \sim 100A$）			

表 4-5		RL7 系列螺旋式熔断器技术数据		
额定电压（V）		660		
额定电流	支持件	25	63	100
（A）	熔 体	2、4、6、10、20、25	35、50、63	80、100
额定分断能力（kA）		25（660V，$\cos\varphi = 0.1 \sim 0.2$）		

RL1 系列熔断器型号意义

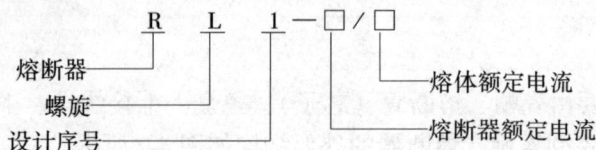

```
        R  L  1 — □ / □
熔断器 ─┘  │  │    │   │
螺旋 ──────┘  │    │   └── 熔体额定电流
设计序号 ─────┘    └────── 熔断器额定电流
```

3. 无填料封闭管式熔断器

RM7、RM10 系列无填料封闭管式熔断器其外形及结构如图 4-3 所示。图 4-3（a）左边是 15A 和 60A 熔断器外形，右边是熔断管为 100A 以上熔断器外形；图 4-3（b）是熔断器为 100A 以上熔断器结构。它由钢纸管、两端紧套黄铜套并用两排铆钉固定，防止熔断时钢纸管爆破，在套管上旋有黄铜帽，用来固定熔体。熔体在装入钢纸管前，用螺钉固定在触刀上或压紧在黄铜帽内，使用时将触刀插进夹座。

RM10 系列熔断器的熔体是用锌片制成的，锌片冲成有宽有窄的不同截面，宽处电阻小，窄处电阻大。当有大电流通过时，窄处温度上升速度比宽处快，首先达到熔化温度而熔断。

RM10 系列熔断器灭弧容易，密封安全，更换熔体方便，但消耗铜材多而且价格较贵。

RM7 系列熔断器外形结构基本与 RM10 相同，但熔体是铜丝中间焊锡珠或铜片上面开孔形成的变截面形状，并在窄处焊有锡桥制成，熔管是三聚氰胺玻璃布加热卷压成型的，熔管两端盖是用酚醛玻璃布热压制成的，节省铜材而且价格比 RM10 便宜。

无填料封闭管式熔断器常用于容量不大的电路作电气设备的短路和过载保护。

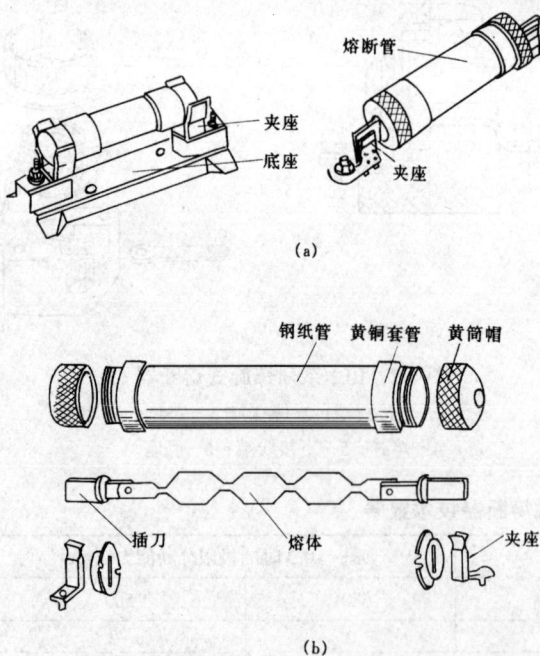

图 4-3　RM7、RM10 系列无填料封闭管式熔断器
（a）外形；（b）结构

为了可靠地切断规定的断流能力的电流，RM10 系列熔断器在切断三次断流能力的电流后，必须换新熔断管。RM7、RM10 技术数据如表 4-6 所示。

表 4-6   RM7、RM10 系列无填料封闭管式熔断器技术数据

型 号	额定电压 （V）	额定电流 （A）	熔体额定电流等级 （A）	极限分断能力 （kA）
RM7-15	交流 220	15	2，2.5，3，4，5，6，10，15	1.5 $\cos\varphi = 0.8$
RM7-15	交流 220	15	6，10，15	2.0 $\cos\varphi = 0.7$
RM7-60	交流 380	60	15，20，25，30，40，50，60	5.0 $\cos\varphi = 0.5$
RM7-100	交流 380	100	60，80，100	2.0 $\cos\varphi \geqslant 0.35$
RM7-200	交流 440	200	100，120，150，200	
RM7-400		400	200，250，300，350，400	
RM7-600		600	400，450，500，550，600	
RM10-15	交流 220	15	6，10，15	1.2
RM10-60	交流 380	60	15，20，25，35，45，60	3.5
RM10-100	交流 380 500	100	60，80，100	10.0
RM10-200	交流 380 500	200	100，125，160，200	10.0
RM10-350	直流 220	350	200，225，260，300，350	10.0
RM10-600	直流 220	600	350，400，500，600	10.0

4. 有填料封闭管式熔断器

有填料封闭管式熔断器的结构如图 4-4 所示。

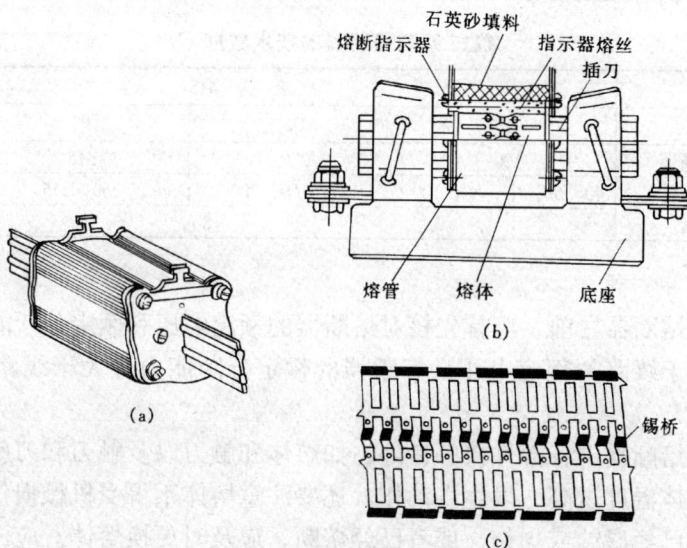

图 4-4　RTO 有填料封闭管式熔断器
（a）外形；（b）结构；（c）锡桥

它由两个主要部分组成：熔断体包括熔管、熔体、熔断指示器、石英砂填料、指示器熔丝、插刀；底座包括瓷质底座和固定于其上的金属夹头与连接头。熔体是有锡桥的变截面铜质导电件。熔断指示器是带弹簧的组合件，当熔件熔断后，它便弹出，表示熔断器已熔断。

有填料封闭管式熔断器的老产品用得最多的是 RTO 系列熔断器。它的优点是极限断流能力大，用于具有较大短路电流的电力输配电系统中；缺点是当熔体熔断后不易更换，且制造工艺复杂。RTO 系列熔断器技术数据如表 4-7 所示。

表 4-7　　　　　　　　　　　RTO 系列熔断器的技术数据

熔管额定电流（A）	熔体额定电流（A）	极限分断能力（kA）		
		AC　380V cosφ　0.3	AC　500V cosφ　0.2	DC　440V T　0.015s
50	5, 10, 15, 30, 40, 50			
100	30, 40, 50, 60, 80, 100			
200	80, 100, 120, 150, 200			
400	150, 200, 250, 300, 350, 400	50	25	25
600	350, 400, 450, 500, 550, 600			
1000	700, 800, 900, 1000			

新产品有 RT12、RT14 和 RT15 系列，有填料熔断器，其中 RT12 和 RT15 还具有电缆过载保护性能。它们的技术性能数据如表 4-8 和 4-9 所示。

表 4-8　　　　　　　　　　　RT12 系列熔断器的技术数据

额定电压	（V）	415			
熔断器代号		A1	A2	A3	A4
熔断器额定电流	（A）	20	32	63	100
熔体额定电流	（A）	4, 6, 10, 16, 20	20, 25, 32	32, 40, 50, 63	63, 80, 100
额定分断能力	（kA）	80（cosφ = 0.1 ~ 0.2）			

表 4-9　　　　　　　　　　　RT15 系列熔断器的技术数据

额定电压（V）		415			
熔断器代号		B1	B2	B3	B4
额定电流（A）	熔断器	100	200	315	400
	熔　体	40, 50, 63, 80, 100	125, 160, 200	250, 315	350, 400
额定分断能力（kA）		80			

5. 熔断器的使用与维护

在安装或使用熔断器之前，应首先核对熔断器的额定电压和额定分断能力。熔断器的额定电压应大于或等于线路的额定电压；熔断器的额定分断能力应大于线路中的预期短路电流。

安装时应保证熔断器中各部件接触良好，如熔体和触刀以及触刀和刀座的接触，以免因接触不良而引起熔体温度过高，发生误动作。还要注意熔体不得受机械损伤。

如果发现熔体已经腐蚀或损伤，或者已经熔断，应及时更换熔体。应注意新换熔体与换下的规格应一致，以保证动作的可靠性。同时应注意更换熔体要停电。

熔断器上积有尘垢，应及时清除，对于有指示器的熔断器，还应经常检查，若发现熔断器指示器已动作，应及时更换熔断器的熔体，熔断器指示器应面向外侧或上方。

（二）低压断路器

断路器也称自动开关，其二者同为一种开关电器。它能接通、承载以及分断正常电路条件下和在规定的非正常电路条件下（短路或过载）的电流。

低压断路器从结构上基本可分为万能式和塑壳式断路器两大类。它们都是由触头、灭弧系统、各种脱扣器以及操作机构和自由脱扣机构几大部分组成，其工作原理如图4-5所示。主触头由操作机构（手动或电动）分合闸的。在正常情况下，触头能接通或分断工作电流；在故障情况下，它又能有效并及时地分断高达数十倍额定电流的故障电流，以保护电路及电路中的电气设备。断路器的自由脱扣机构是一套连杆机构，当主触头2闭合后，它将主触头锁在合闸位置上。若电路发生故障，自由脱扣机构就在有关的脱扣器的操作下动作，使挂钩3脱开，于是主触头就在释放弹簧1的作用下迅速分断。例如，当过负荷时热继电器4中热阻丝使双金属片向上弯曲，使挂钩3脱开；当短路时，过流脱扣器5向上迅速动作使挂钩3

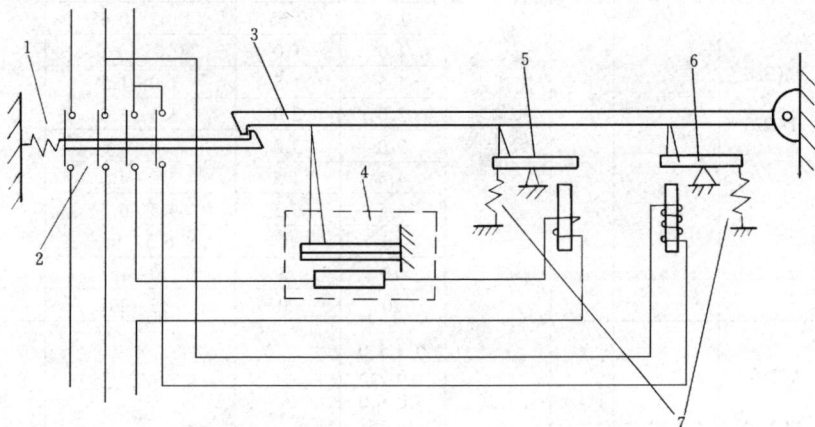

图4-5 低压断路器动作原理图
1—释放弹簧；2—主触头；3—挂钩；
4—热继电器；5—过流脱扣器；6—欠电压脱扣器；7—拉力弹簧

脱开；当电压低于规定值时，欠压脱扣器不吸引衔铁，而衔铁在拉力弹簧7的作用下使挂钩3脱开；使主触头2不能接通；如果正常断开触头则操动分励脱扣器，使挂钩3脱开。分励脱扣器在图4-5中未画出，其原理同过流脱扣器5相似，只是分励脱扣器线圈正常不带电，只要接通按钮开关就动作。

1.DZ系列塑壳式断路器检修

塑壳式断路器有一绝缘塑料外壳（即基座和盖），除接线端子在壳外，其余部件都在壳内。塑料壳内有触头系统、灭弧室、脱扣器等。它可以装设多种附件以适应各种不同控制和保护的需要。塑壳式断路器有较高的短路分断能力和动稳定性、以及比较完备的选择性保护功能。这种断路器被广泛的用于配电线路，也被用于非频繁地启动和分断电动机，以及用于各种大型建筑的照明电路。我国生产的塑壳式断路器主要有 DZ5、DZ10、DZ12、DZ15 和 DZ20 等系列产品。

（1）常用塑壳式断路器及技术数据。电力系统常用的塑壳式低压断路器有 DZ5 和 DZ10 系列产品，根据它们所具有的脱扣器不同，可分为复式脱扣器、电磁脱扣器、热脱扣器和无脱扣器四种。一般均采用复式脱扣器。无脱扣器的断路器只能作为闸刀开关使用。

塑壳式断路器的有关技术数据如表4-10和4-11所示。

表 4-10   **DZ5 系列断路器的技术数据**

型　号	额定电压（V）	额定电流（A）	极数	脱扣器 类别	脱扣器 额定电流（A）	热脱扣器 额定电流（A）	热脱扣器 整定电流调节范围（A）	极限分断电流（A） 交流 220V cos φ = 0.7	极限分断电流（A） 交流 380V cos φ = 0.7
DZ5-10	AC220	10	1	复式	0.5			1000	
					1,1.5,2,3,4,6			500	
					10			1000	
DZ5-20	AC380 DC220	20	2,3	复式热双金属片式、电磁式或无脱扣器	0.15	0.15	0.10 ~ 0.15		
					0.2	0.2	0.15 ~ 0.20		
					0.3	0.3	0.20 ~ 0.30		
					0.45	0.45	0.30 ~ 0.45		
					0.65	0.65	0.45 ~ 0.65		
					1.0	1.0	0.65 ~ 1.0		
					1.5	1.5	1.0 ~ 1.5		
					2.0	2.0	1.5 ~ 2.0		
					3.0	3.0	2.0 ~ 3.0		
					4.5	4.5	3.0 ~ 4.5		
					6.5	6.5	4.5 ~ 6.5		
					10	10	6.5 ~ 10		
					15	15	10 ~ 15		
					20	20	15 ~ 20		
DZ5-25	AC380V DC220V	25	1	复式	0.5,1.0 1.6,2.5 4.0,6.0 10,15 20,25			2000	
DZ5-50	AC380V 500V	50	2,3	液压式	10,15,20 25,30,40, 50				2500
DZ5-50B, 100B	AC380V	50 100	1	液压式或电磁式	1.6,2.5 4.0,6.0 10,15,20 30,40,50 70,100			2000	1500

表 4-11   **DZ10 系列断路器的技术数据**

额定电流（A）	复式脱扣器 额定电流（A）	复式脱扣器 动作电流整定倍数	电磁脱扣器 额定电流（A）	电磁脱扣器 动作电流整定倍数	极限分断电流(kA) DC 380V	极限分断电流(kA) AC 500V	极限分断电流(kA) AC 500V	机械寿命（万次）	电寿命（万次）
100	15	10	15	10	7	6	7	2	1
	20		20						
	25		25						
	30		30		9	9	7		
	40		40						
	50		50						
	60		100	6 ~ 10	12	12	10		
	80								
	100								

额定电流(A)	复式脱扣器		电磁脱扣器		极限分断电流(kA)			机械寿命(万次)	电寿命(万次)
	额定电流(A)	动作电流整定倍数	额定电流(A)	动作电流整定倍数	DC 380V	AC 500V	AC 500V		
250	100	5~10	250	2~6	20	30	25	0.8	0.4
	120	4~10							
	140	3~10		2.5~8					
	170								
	200			3~10					
	250								
600	200	3~10	400	2~7	25	50	40	0.7	0.25
	250								
	300								
	350			2.5~8					
	400		600						0.2
	500			3~10					
	600								

（2）DZ 系列塑壳式断路器。DZ 系列塑壳式断路器一般不考虑维修。因为它除了接线端子外，其他附件都被罩在塑料壳内，而且它的使用场合和安装位置使其不易受到环境影响，所以即使断路器发生故障也属断路器的选择问题和寿命问题，一般更换合适的断路器即可。但是，电动操作机构无法再扣，这多半是电动操作机构的安装底板朝灭弧室一侧偏移所致。解决的办法是拧松安装底板，并朝脱扣器方向移动，然后将螺钉拧紧。如果仍不能解决问题，那就要调整杠杆或在机构滑动部位，加润滑脂。

（3）DZ 系列塑壳式断路器的型号意义。

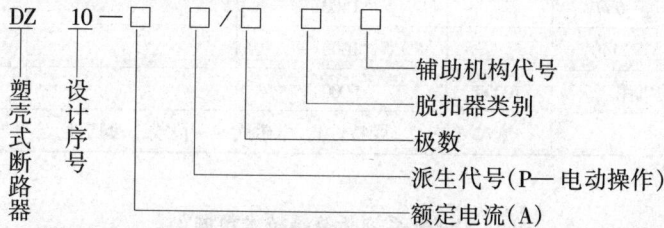

```
DZ  10—□  □/□  □
```

- 塑壳式断路器
- 设计序号
- 额定电流(A)
- 派生代号(P—电动操作)
- 极数
- 脱扣器类别
- 辅助机构代号

脱扣器类别：0 表示无脱扣；1 表示热脱扣；2 表示电磁脱扣；3 表示复式脱扣。

辅助机构：0 表示不带附件；1 表示分励；2 表示带辅助触头；3 表示不带失压脱扣；4 表示不带分励辅助触头；5 表示分励失压；6 表示二组辅助触头；7 表示失压辅助触头。

例如，DZ10-100/323 为额定电流 100A，带失压保护的电磁脱扣式三极断路器。

2. 万能式断路器检修

万能式断路器也称框架式断路器。它呈敞开式结构，一般安装在低压配电屏和大型动力柜内。目前我国生产的万能式断路器有 DW10 系列、DW15 系列和 DW16-630 型几种。

DW10 系列产品是我国 1958 年开始设计生产的。其主要结构有带自由脱扣器的操作机构、触头（包括主触头、副触头和灭弧触头）、脱扣器、灭弧室等几个部分组成。其合闸方式有直接手柄操作、电磁操作和电动机操作。一般 600A 以下采用电磁操作机构；1000A 及以上可采用电动机操作。DW10 系列断路器技术指标较低。

DW15 系列断路器是更新换代产品，它分选择型和非选择型两种。选择型的采用半导体脱扣器，它还有供抽屉式成套装置用的产品（DW15C 抽屉式断路器）。

DW16-630 型万能断路器为非选择型，具有过载、短路及单相接地保护脱扣器。适用于中小容量电网作主保护开关。它是在 DW10 系列的基础上发展而成的，可以取代 DW10 系列 600A 以下规格的产品。

（1）万能式断路器的技术数据如表 4-12 和 4-13 所示。

（2）万能式断路器常见故障及检修。万能式断路器常见的故障主要是触头过热烧毛或熔焊；自由脱扣机构故障造成手动操作或电动操作不能合闸；灭弧系统等故障。以下是采用 DW10 断路器为例来介绍万能式断路器的故障处理和检修方法。

表 4-12　　　　　　　　　　　DW15 系列断路器的技术数据

额定电压（V）			380, 660, 1140			380			
额定电流（A）			200	400	600	1000	1500	2500	4000
极限通断能力（kA）	电压（V）	380	20	25	30	40		60	80
		660	10	15	20				
		1140		10	12				
	cosφ		0.25		0.3	0.25		0.2	
	延时（s）			0.2		0.4			
	电压 380V		4.4	8.8	13.2	30		40	60
	cosφ			0.5		0.25		0.2	
机械寿命（万次）			2	1		1		0.5	
电寿命（次）	配电用	380V	5000	2500		2500		500	
		600V		1500					
		1140V		1000					
	电动机用		10000	5000					
脱扣器型式			热式（一、二段特性）、电磁式（一段或二段特性）、半导体式（三段特性）						

表 4-13　　　　　　　　　　　DW10 系列断路器技术数据

断路器额定电流（A）	过电流脱扣器额定电流（A）	过电流脱扣器整定电流倍数	主电路热稳定电流（$A^2 \cdot s$）	极限分断电流（kA）	
				DC440V $T \leqslant 0.01s$	AC380V，$\cos\varphi \geqslant 0.4$ 周期分量有效值
200	60		9×10^6	10	10
	100				
	150				
	200	有 100%、150% 及 300% 额定电流三种刻度	12×10^6		
400	100			15	15
	150				
	200				
	250		27×10^6		
	300				
	350				
	400				

断路器 额定电流 （A）	过电流脱扣器 额定电流 （A）	过电流脱扣器 整定电流倍数	主电路 热稳定电流 （A²·s）	极限分断电流（kA）	
				DC440V $T \leqslant 0.01\text{s}$	AC380V，$\cos\varphi \geqslant 0.4$ 周期分量有效值
600	500	有 100%、 150% 及 300% 额定电流三种 刻度	27×10^6	15	15
	600				
1000	400		80×10^6	20	20
	500		160×10^6		
	600				
	800		240×10^6		
	1000				
1500	1000		960×10^6		
	1500				
2500	1000		2160×10^6	30	30
	1500				
	2000				
	2500				
4000	2000		3840×10^6	40	40
	2500				
	3000				
	4000				

1）触头检修。触头是接通和切断主电路的执行元件，又是负荷电流的通道，容易发生过热、磨损、烧伤和熔焊等故障，DW10 系列断路器的触头分主触头、副触头和灭弧触头三种，如图 4-6 所示。

DW10 系列断路器合闸时首先是灭弧触头接触，然后是副触头接触，最后是主触头接触。断开电路时，其动作顺序相反。

主触头通过负载电流，副触头的作用是在主触头分开时保护主触头，灭弧触头是用来承担切断电流时电弧灼伤。

断路器触头过热的原因是多方面的，如触头接触压力太小、触头氧化及导电零部件连接处的螺丝松动、触头合闸不同期或顺序有误、触头通过过负荷电流等。

a）检查调整触头压力，更换失效或损坏

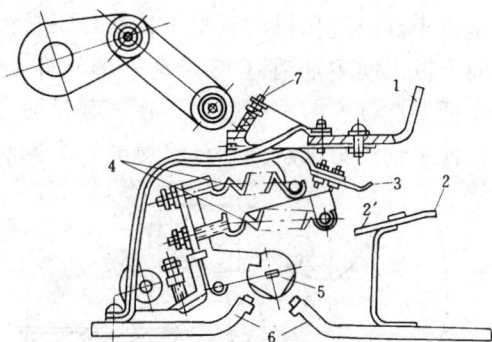

图 4-6 DW10 系列断路器触头系统
1、2—灭弧触头；2′、3—副触头；4—弹簧；
5—主动触头；6—主静触头；7—止挡螺钉

的弹簧。触头刚接触时的压力叫初压力，初压力过小会使动静触头在刚接触时产生跳动而烧伤触头。触头闭合时的压力叫终压力，终压力太小会造成触头在闭合位置时接触不良，接触电阻过大而使触头在运行中发热。触头压力计算方法如下式

$$触头终压力 = 2.25 \times \frac{触头额定电流（A）}{100} \ (N)$$

$$触头初压力 = 0.5 \times 触头终压力 （N）$$

测定触头初压力，可以在动触头和静触头间放一纸条，纸条在触头弹簧压力下被夹紧。在动触头上装一弹簧秤，一手拉弹簧秤，一手轻轻地拉纸条，当纸条刚可以抽出时，这时弹

簧秤上的读数就是初压力。

测定触头终压力，应合上断路器使触头闭合，在动静触头之间夹一纸条，按测试初压力的方法，当纸条可以抽出时，弹簧秤上的读数即为终压力。以上两种测量方法，弹簧秤拉紧的方向，都应垂直于触头的接触面。

触头的压力如不符合制造厂的规定，应调整相应的螺母，改变弹簧的长度可以提高触头的压力，如发现弹簧失效应更换新弹簧。

b) 触头表面氧化会使触头接触不良，触头连接处螺丝松动会使动静触头合闸时发生跳动，产生电弧而烧毛触头。前者，可将氧化严重的触头拆下放入硫酸中，将氧化层腐蚀掉，然后放入碱水中，再用自来水清洗擦干；后者，则可拧紧触头连接处松动的螺丝，并将烧伤的触头表面形成凹凸点，用细锉修平，改善接触。

c) 合闸不同期或触头动作顺序有误也能引起触头过热或烧伤故障。这可调整触头背面的止挡螺钉 7，调节改变副触头 2′、3 和灭弧触头 1、2 的距离（参见图 4-6），使触头的不同期性不大于 0.5mm。调整时应注意动、静触头之间的最短距离（开距）在保证可靠灭弧的条件下越小越好，用以减少工作间隙。灭弧触头开距一般为 15～17mm，灭弧触头刚接触时主触头之间的距离以 4～6mm 为宜，主触头的超行程以 2～6mm 为宜，不宜过大。

d) 设备长期过载运行，使触头长期通过负荷电流，或设备频繁启动，受到启动电流的冲击，都会使触头发热。只要调整设备的负荷，使设备在额定负荷状态下运行，或避免频繁的启动即可消除触头发热现象。

2) 操作机构的检修。断路器在操作过程中，经常出现合不上闸或跳不开的现象，这大多是由于自由脱扣机构调整不良所致。自由脱扣机构如图 4-7 所示。手动合闸时，应先把手柄向下扳，使主轴销钉 13 推动斧形杠杆 14 及逆时针方向转动，直到斧形杠杆 14 的右下端和伞柄形杠杆 8 的左端缺口搭在一起，使自由脱扣机构处于"再扣"状态后，再将手柄向上推，使主轴销钉推动斧形杠杆顺时针方向转动，直到斧形杠杆右端的齿形钩和掣子 4 钩搭起来为止，这时断路器处于合闸状态。

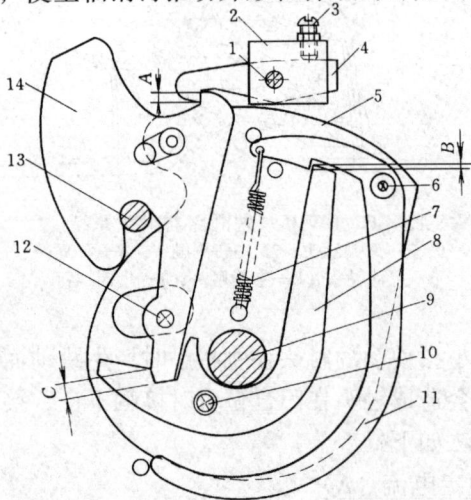

图 4-7　自由脱扣机构（合闸位置）

1—掣子轴；2—支架；3—止挡螺钉；4—掣子；5—侧板；6～10、12—轴；7—弹簧；8—伞柄形杠杆；9—主轴；11—鼠尾形杠杆；13—主轴销钉；14—斧形杠杆

由于斧形杠杆右下端和伞柄形杠杆左端缺口处（即图 4-7 中 C 处）磨损变钝，钩搭时容易滑脱，自由脱扣机构就不能"再扣"，装配调整不良，也会使自由脱扣机构不能"再扣"。一旦不能"再扣"，则断路器就不能合闸。处理时可用什锦锉进行细致的整修，必要时更换新部件；装配调整不良者，则可将自由脱扣机构进行解体检查，使机构在闭合位置时，B 处长度为 1.7～2mm，C 处长度为 2～2.5mm。应注意不要轻易改变弹簧 7 的长度。

由于斧形杠杆右端的齿形钩和掣子钩搭处（即图 4-7 中 A 处）磨损变钝，致使钩搭时滑脱；或者，由于装配调整不良，使齿形钩子和掣子钩搭不住，也会造成手动操作不能合闸。前者同样可以用什锦锉进行细致的整修，必要时更换部件；后者则可调整掣子支架上的止挡螺钉3，使自由脱扣机构在闭合时掣子能可靠挂牢，其挂入深度不小于2mm（即图4-7中的尺寸）。

DW10系列断路器的操作机构，通常600A及以下的有电磁合闸操作机构，1000A及以上的采用电动机操作。二者均属电动操作。

电动操作过程中，若发现断路器动作不正常，应立即停止操作进行检查。注意分析是属机械故障还是控制电路的故障。若按下按钮电动机旋转，联动机构正常，则断路器合不上的原因多属机械故障。如自由脱扣机构挂钩位置不合适，或行程不够，或合闸时间太短等。若按下合闸按钮后，断路器拒动或虽动作仍不能吸合，则原因多属于控制电路故障。处理时不可盲目乱动，更不允许在未查明原因的情况下反复操作，否则将容易损坏断路器。

断路器行程不合适，则合闸不能达到预定的位置，需要调节行程。电磁机构应调整电磁铁的高度；电动机操作则调整传动拐臂的长度，即改变图4-8中调节滑块的位置。

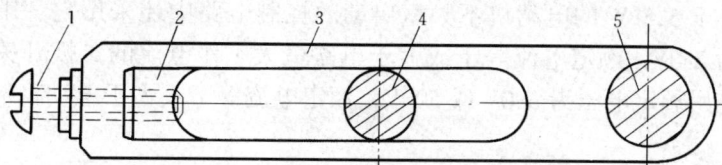

图 4-8　DW10 系列断路器的传动拐臂
1—调节螺钉；2—调节滑块；3—传动拐臂；4、5—轴

当断路器某相连杆损坏时，则该触头不能闭合，这时应换损坏的连杆。

刹车装置的松紧或电磁制动器的线圈连接线的接触问题都会影响断路器的正常跳合闸。

3）灭弧系统的检修。灭弧系统的灭弧罩受潮、碳化或破裂；灭弧栅片烧毁或脱落，都会影响灭弧效果，应及时进行修复。

DW10系列断路器灭弧罩通常是采用陶土或石棉水泥制造，具有隔温和隔弧的性能。灭弧时出现软弱无力的"噗噗"声，多数是灭弧的时间太长而不能迅速熄灭电弧。

电弧在动静触头的间隙中形成后，进入了灭弧罩绝缘壁组成的窄缝中，以冷却电弧起到灭弧作用。当灭弧罩受潮或者碳化时就会影响电弧的迅速熄灭。处理方法是将灭弧罩烘干，或者将碳化部分用电工刀刮除擦净后即可继续使用。但破裂的灭弧罩不能再使用，只能更新。新安装的灭弧罩必须装正，不得歪斜。

（三）刀开关和转换开关

刀开关是用来隔离电源或在规定条件下接通、分断正常或非正常电路的一种配电电器；是带有触头（触刀），并通过它与底座上的静触头（刀座）相契合或相分离，以接通或分断电路的一种开关。

常用的刀开关有HK系列瓷底胶盖闸刀开关、HH系列铁壳开关、HR系列刀熔开关和HD系列单投开关。

转换开关是用于主电路将一组已连接的器件转换到另一组已连接的器件的开关。常用的转换开关有板用刀形和叠装式触头元件的组合开关。

1. 刀开关

刀开关又称闸刀开关，是结构最简单、应用最广泛的一种低压电器。下面介绍4种：

（1）HK系列瓷底胶盖闸刀开关。HK系列瓷底胶盖闸刀开关（也称开启式负荷开关），

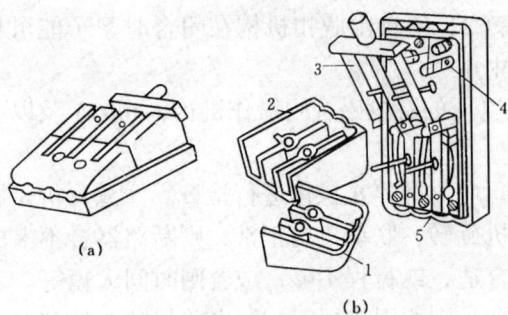

图 4-9 瓷底胶盖闸刀开关
(a) 外形；(b) 内部结构
1—下胶盖；2—上胶盖；3—闸刀；
4—静插座（静触座）；5—接线端子

它是由刀开关和熔断体组合而成的一种电器，如图 4-9 所示。瓷底板上装有进线座、静触头、熔体、出线座和三个刀片式的动触头，上面覆盖有胶盖以保证用电安全。

HK 瓷底胶盖闸刀开关没有专用的灭弧装置，用胶木盖来防止电弧灼伤操作人员。拉闸或合闸时应动作迅速，使电弧较快的熄灭，同时也减轻电弧对刀片和触座的灼伤。

瓷底胶盖闸刀开关容易被电弧烧坏，引起接触不良等故障，因此不宜用于频繁分合的电路。但是，因为这种开关价格便宜，一般在照明电路或功率小于 5.5kW 的电动机不频繁启动的控制电路中还采用它。用于照明电路时可选用额定电压为 250V，额定电流等于或大于电路最大工作电流的二极开关；用于电动机的直接启动时可选用额定电压为 380V 或 500V，额定电流等于或大于电动机额定电流 3 倍的三极开关。

HK 系列瓷底胶盖闸刀开关的规格如表 4-14 所示。

表 4-14　　　　　　　　　　　HK 系列瓷底胶盖刀开关规格

型号	额定电压（V）	额定电流（A）	极数	型号	额定电压（V）	额定电流（A）	极数
HK1	220	15	2	HK2	250	10	2
	220	30	2		250	15	2
	220	60	2		250	30	2
	380	15	3		380	10	3
	380	30	3		380	15	3
	380	60	3		380	30	3

（2）HH 系列铁壳开关。HH 系列铁壳开关，又称封闭式负荷开关，其结构和外形如图 4-10 所示。这种闸刀开关装有速断弹簧 4，当闸刀断开电路负荷时，闸刀与触座之间的电压很高，将产生较大的电弧，如不迅速熄灭电弧，则烧坏闸刀片和触座。因此，在铁壳开关的手柄转轴与底座之间装有一个速断弹簧，用钩子扣在转轴上，当扳动手柄分闸或合闸时，开始阶段 U 形双刀片并不移动，只拉伸了弹簧，储存了能量，当转轴转到一定角度时，弹簧力就使 U 形刀片快速从触座夹缝中拉开或迅速嵌入触座的夹缝中，电弧被很快熄灭。

铁壳开关内装有熔断器，作短路保护用，为了保证用电安全，铁壳开关装有机械连锁装置，当箱盖打开时不能合闸；当闸刀合上后，箱盖不能打开。铁壳开关多用于小型感应电动机的全压启动和 22kW 以下电动机的控制，也可作其他电气设备的开关用，

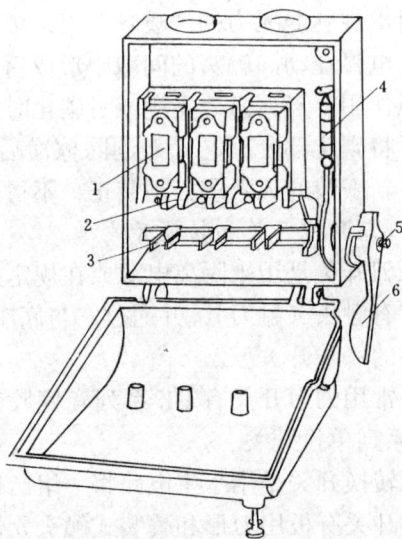

图 4-10　铁壳闸刀开关
1—熔断器；2—静触座；3—动触座；
4—速断弹簧；5—转轴；6—手柄

对电气设备过载和短路均能达到保护作用。铁壳开关的额定电流一般按电动机额定电流的 3 倍选用。HH 系列铁壳开关的规格如表 4-15 所示。

表 4-15　　　　　　　　　　　　　　　　**HH 系列铁壳开关规格**

型号	额定电压 （V）	额定电流 （A）	极数	型号	额定电压 （V）	额定电流 （A）	极数
HH3-15/2	250	15	2	HH3-200/2	250	200	2
HH3-15/3	500	15	3	HH3-200/3	500	200	3
HH3-15/2	250	30	2	HH4-15/2	220	15	2
HH3-30/3	500	30	3	HH4-15/3	380	15	3
HH3-60/2	250	60	2	HH4-30/2	220	30	2
HH3-60/3	500	60	3	HH4-30/3	380	30	3
HH3-100/2	250	100	2	HH4-60/2	220	60	2
HH3-100/3	500	100	3	HH4-60/3	380	60	3

HH 系列铁壳开关的型号意义

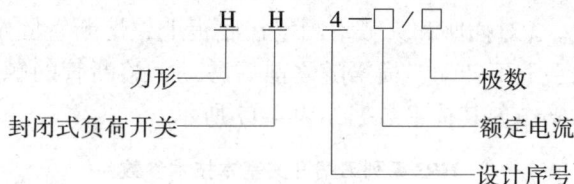

（3）HD 系列开关板用刀开关。HD 系列开关板用刀开关是用在成套动力箱或成套开关柜中，其额定电压交流为 500V，直流为 440V，额定电流由 100A 到 1500A。有的开关板用刀开关有灭弧罩，它可以用来切断负荷电流。没有灭弧罩的刀开关，只能作隔离开关用，即断开电压而不能断开电流。

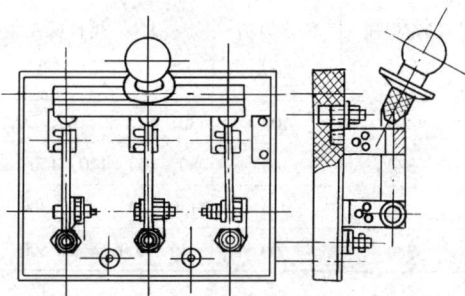

由于开关板用刀开关的使用特点和安装操作方式有许多不同，所以其设计型号和种类也较多。常用的开关板用刀开关有 HD11 ~ HD14 系列。其规格如表 4-16 所示。HD11 型中央手柄式单投闸刀开关如图 4-11 所示。

图 4-11　HD11 系列中央手柄式单投闸刀开关

表 4-16　　　　　　　　　　　　**开关板用刀开关和转换开关规格**

型　号	结构形式	转换方向	极数	额定电流（A）
HD11—□/□8	中央手柄操作式	单投	1，2，3	100，200，400
HD11—□/□9	中央手柄操作式	单投	1，2，3	100，200，400，600，1000
HS11—□/□		双投		
HD12—□/□1	侧方正面杠杆操作式，带灭弧罩	单投	2，3	100，200，400，600，1000
HS12—□/□1		双投		
HD12—□/□0	侧方正面杠杆操作式，无灭弧罩	单投	2，3	100，200，400，600，1000，1500
HS12—□/□0		双投		
HD13—□/□1	中央正面杠杆操作式，带灭弧罩	单投	2，3	100，200，400，600，1000
HS13—□/□1		双投		

型　　号	结构形式	转换方向	极数	额定电流（A）
HD13—□/□0	中央正面杠杆操作式，无灭弧罩	单投	2，3	100，200，400，600，1000，1500
HS13—□/□0		双投		100，200，400，600，1000
HD14—□/31	侧面手柄操作式，带灭弧罩	单投	2，3	100，200，400，600
HD14—□/30	侧面手柄操作式，无灭弧罩			

（4）HR系列刀熔开关。熔断器式刀开关简称刀熔开关，它是以熔断器触刀作为刀开关触刀的，它是熔断器和刀开关两种功能都具备的组合电器。

常见的刀熔开关有HR3系列和HR5系列两种，由于它们成本低，安装面积小，而且兼有刀开关、通断电路和熔断器对电路的保护作用，被应用于交流50Hz大短路电流的低压配电网络和电动机电路。

1）HR3系列刀熔开关。HR3系列刀熔开关是由触头系统（包括熔断器、插座）、底板、灭弧室和操作机构组成。3对插座和灭弧室固定在底板上，熔断管固定在带有弹簧钩子锁板的绝缘横梁上，操作把手上下转动，横梁随之前后移动，熔断管的触刀就插入或脱离插座，完成电路接通或分断的操作。其技术数据如表4-17所示。

表4-17　　　　　　　　　　　　　　HR3系列刀熔开关基本技术参数

额定电压（V）	额定电流（A）	熔体额定电流（A）	交流380V时的分断能力（A）		导线截面	
			刀开关	熔断器	铜线	铜排
380	100	30，40，50，60，80，100	100	25000	35	
380	200	80，100，120，150，200	200	25000		25×3
380	400	150，200，250，300，350，400	400	25000		40×3
380	600	350，400，450，500，550，600	600	25000		50×3

2）HR5系列刀熔开关。HR5系列刀熔开关是由触头系统（包括熔断管）、灭弧室、底座、塑料防护盖和具有弹簧储能快速关合机构以及指示熔断体通断的信号装置组成。熔断管装在塑料护盖上，利用塑料护盖向内、外转动而完成接通或分断操作。灭弧室由耐弧塑料压成，并设有导弧角以提高分断能力，清除飞弧的危害，延长触头的寿命。HR5系列刀熔开关的技术参数如表4-18所示。

刀熔开关的接线方式只有板前接线一种，而操作机构有正面、侧面手柄和杠杆式4种。

表4-18　　　　　　　　　　　　　　HR5系列刀熔开关基本技术数据

型　　号			HR5-100	HR5-200	HR5-400	HR5-600
额定电压（V）			660	660	660	660
额定电流（A）			100	200	400	600
额定通断能力（A）	380V $\cos\varphi=0.35$	接通	1000	1600	3200	5040
		分断	800	1200	2400	3780
	660V $\cos\varphi=0.65$	通断	300	600	1200	1890

型　　号	HR5-100	HR5-200	HR5-400	HR5-600
额定熔断短路电流（kA）	50	50	50	— 50
配用的熔断器	NT00	NT1	NT2	NT3
辅助开关	380V，5A，控制功率 300V·A			

注 HR5 系列刀熔开关配用的熔断器是 RTO 系列。

3）刀熔开关的维护。刀熔开关应垂直安装，倾斜度不得超过 5°，而且使有灭弧罩的一端在上方。检查操作机构有无卡死现象，检查灭弧罩、挡板等是否牢固可靠；使用过程中要经常检查触刀和插座的烧伤磨损情况，若触刀烧损严重，就要将整个熔断体换掉；检查灭弧罩有无烧损或碳化现象，熔体信号指示器是否弹出，如弹出必须更换熔断体。更换熔断体要断开负荷，才熔断不久的熔断体更换时应戴手套，以免烫伤操作人员。

2．转换开关

常用的转换开关有板用刀形 HS11～HS13 型。其规格如表 4-16 所示；还有叠装式触头元件组成的组合开关 HZ 系列，如图 4-12 所示的 HZ10-10/3 型转换开关。

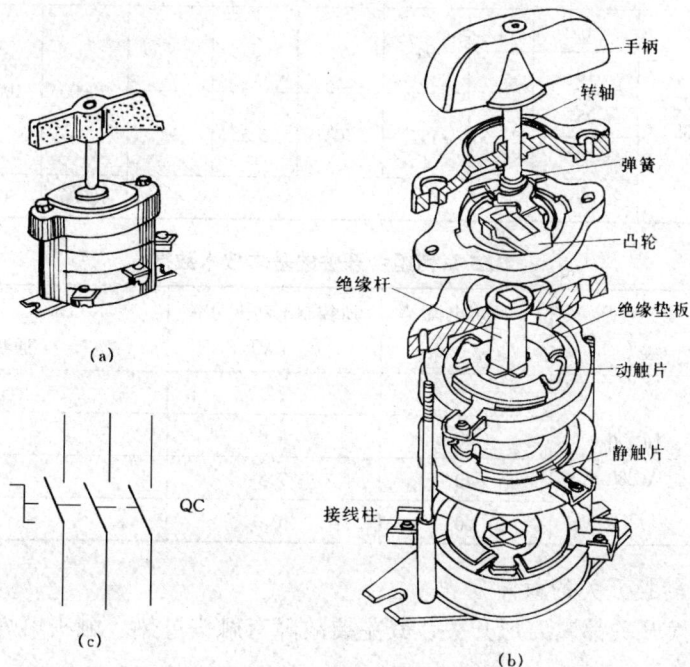

图 4-12　HZ10-10/3 型组合开关
（a）外形；（b）结构；（c）符号

（1）开关板用刀形转换开关。HS 系列转换开关有中央手柄操作式和各种杠杆操作结构。杠杆操作机构的刀形转换开关主要用于开关板和动力箱，它可以切换额定电流下的负载电路。而中央手柄式的刀形转换开关主要用于磁力站，不能切换负荷的电流，仅作隔离开关用。

（2）组合开关。组合开关有许多系列产品，如 HZ3 型、HZ5 型、HZ10 型和 HZ15 型等系列。其中应用最广泛的是 HZ10 型系列产品，它的寿命长、使用可靠、结构简单，适用于交流 50Hz、380V 以下，直流 220V 及以下的电源电路；5kW 以下小容量电动机的直接启动；电动机的反正转控制及照明控制电路，不易频繁操作。

图 4-12 中的组合开关有 3 对静触头，分别装在 3 层绝缘垫板上，并附有接线柱，伸出盒外，以便和电源、用电设备相接，3 个动触头由 2 个磷铜片或硬紫铜片与灭弧性能良好的绝缘钢纸板铆合而成，并和绝缘垫板一起套在附有手柄的绝缘杆上。手柄每次转动 90°，带动 3 个动触片分别与 3 个静触片接通或断开。顶盖部分由凸轮、弹簧及手柄等零件构成操作机构。这个机构由于采用了弹簧，能使开关快速闭合及分断。

在控制电动机反正转时，一定要使电动机完全停止后再接通反转电路。HZ10、HZ5 系列组合开关的基本技术数据如表 4-19 和表 4-20 所示。

表 4-19　　　　　　　　　　　HZ10 系列组合开关的基本技术数据

型　号	额定电压 (V)	额定电流 (A)	极数	极限操作电流 (三极产品) (A)		可控制电动机的最大功率和额定电流		额定电压和额定电流下的电寿命次数			
								交流 $\cos\varphi$		直流 时间常数 (s)	
				接通	分断	功率 (kW)	电流 (A)	≥0.8	≥0.3	≤0.0025	≤0.01
HZ10-10	DC220 AC380	6	1	94	62	3	7	20000	10000	20000	10000
		10									
HZ10-25		25	2, 3	155	108	5.5	12				
HZ10-60		60									
HZ10-100		100						10000	5000	10000	5000

表 4-20　　　　　　　　　　　HZ5 系列组合开关的基本技术数据

型　号	额定电压 U_N (V)	额定电流 I_N (A)	所控制电动机功率 (kW)	$1.1U_N$ 及 $\cos\varphi = 0.3 \sim 0.4$ 时的通断能力 (A)
HZ5-10	DC220 AC380	10	1.7	40
HZ5-20		20	4.0	80
HZ5-40		40	7.5	160
HZ5-60		60	10.0	240

3．刀开关和转换开关的故障处理

刀开关和转换开关都属刀形开关，其主要故障有触头过热、触头熔焊、开关与导线接触部分过热等。

（1）触头过热与熔焊。其原因是多方面的，如刀开关的杠杆调整不合适，使动触片未合闸到位造成接触面减小，电阻增大而发热；静触座夹片无弹性（长期过负荷发热造成），使动触片与触座夹片接触不良造成发热；由于操作过电压和分断大电流时产生弧光，电弧来不及熄灭，造成动静触头熔焊。以上故障的处理方法是定期检查负荷电流，注意触座是否过热变色，调整好杠杆使触片能合闸到位。及时更换无弹性触座。如发现有熔焊现象，轻者用细锉修平，重者更换开关。

（2）开关与导线接触部分过热。其主要原因是螺丝松动或铜铝接触造成化学腐蚀，接触面电阻增大，在额定负荷电流下发热。处理办法是在定期检修时清除氧化层，拧紧螺栓。如果是铜铝接头，应首先将接头处清理干净，然后采用铜铝接头的新工艺，在接头处涂 DJG-I 和 DJG-Ⅱ型导电膏，也可采用国产的闽电牌 DG1 型电接触导电膏。

第三节 控制电器检修

控制电器包括接触器、启动器、主令电器和各种控制继电器等。主要用于电力拖动和自动控制系统。

（一）接触器

接触器是一种适用于远距离频繁接通和切断交、直流电路的自动控制电器。其主要控制对象是电动机，也可用于控制其他电力负载，例如电热器、电焊机、电容器组等。

接触器分为交流接触器和直流接触器两大类。它们的作用原理都是利用电磁吸力使触头动作（接通或断开），并配有灭弧装置。因此，结构都包括电磁系统、触头系统和灭弧装置三个主要组成部分。

1．交流接触器

交流接触器是用于控制交流供电负载，主要是用于电动机。由于交流供电的使用场合比较广泛，为了经济合理地适应不同使用场合的需求，所以生产的交流接触器品种规格较多。目前常用的有 CJ0、CJ10、CJ12 和 CJ20 等系列产品，其型号意义如下：

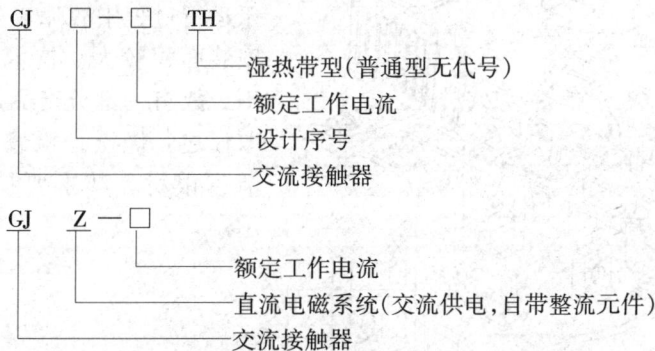

```
CJ □ — □ TH
              湿热带型(普通型无代号)
            额定工作电流
          设计序号
        交流接触器
```

```
GJ Z — □
            额定工作电流
          直流电磁系统(交流供电,自带整流元件)
        交流接触器
```

交流接触器的结构有直动式的，也有转动式的，还有电磁系统为转动式（拍合式）而触头系统为直动式的（所谓杠杆传动式）。交流接触器采用交流激磁，但双线圈式的交流接触器，如 CJZ 系列的是交流供电，自带整流元件的直流激磁。

（1）CJ10 系列交流接触器。CJ10 系列交流接触器是目前应用最广泛的一个系列。它用于交流 500V 及以下电压等级，全系列共有 7 个等级。其中 40A 及以下各级为直动桥式双断点结构，其余的为杠杆传动桥式双断点结构。直动式结构为立体布置方式，如图 4-13 所示。触头系统在电磁系统上方，其安装面积小；杠杆传动式为平面布置方式，触头系统在电磁系统左侧，安装面积较大。其外形如图 4-14（b）中 CJ10-60 所示。

CJ10-20 型交流接触器的结构如图 4-13 所示。主触头为三相，上方配有陶土纵隔板灭弧罩；辅助触头为二动合和二动断。控制线圈的电源有交流和直流两种：交流电源为 36、110、220V 及 380V；直流电源为 48、110V 和 220V。直流线圈做成双线圈式，一个是启动线圈组，另一个是保持线圈（两个线圈串联时为保持）。CJ10 系列接触器为一般性负荷接触器，其主要技术数据如表 4-21 所示。

表 4-21

表 4-21 CJ10 系列交流接触器主要技术数据

型 号	额定电压 U_N（V）	额定电流 I_N（A）	可控制电动机的最大功率（kW）		额定操作频率（次/n）	$U = 1.05 U_N$ 及 $\cos\varphi = 0.35$ ± 0.05 时的通断能力（A）		寿命（万次）	
			220V	380V 及 500V		380V	500V	机械	电
CJ10-5		5	1.2	2.2		50	40		
CJ10-10		10	2.2	4		100	80		
CJ10-20	380 500	20	5.5	10	600	200	160	300	60
CJ10-40		40	11	20		400	320		
CJ10-60		60	17	30		600	480		
CJ10-100		100	30	50		1000	800		
CJ10-150		150	43	75		1500	1200		

（2）CJ12 系列交流接触器。CJ12 系列交流接触器是一种能承受重负荷的产品，全系列有 5 个等级。为适应不同的控制需要，其主触头有二极、三极、四极和五极 4 种类型。辅助触头为一单独的组件，共有 6 组触头，可组合成"五分一合"、"四分二合"、"三分三合"。主触头为单断点指形，为增强灭弧能力，在静触头一侧设置了磁吹线圈。由于运行过程中故障较多，而且是平面布置，安装面积较大，技术经济指标较低，有噪声，故有一部分产品逐渐被 CJ20 系列产品取代之。优点是检修方便，铜质主触头可节省银材。其主要技术数据如表 4-22 所示。

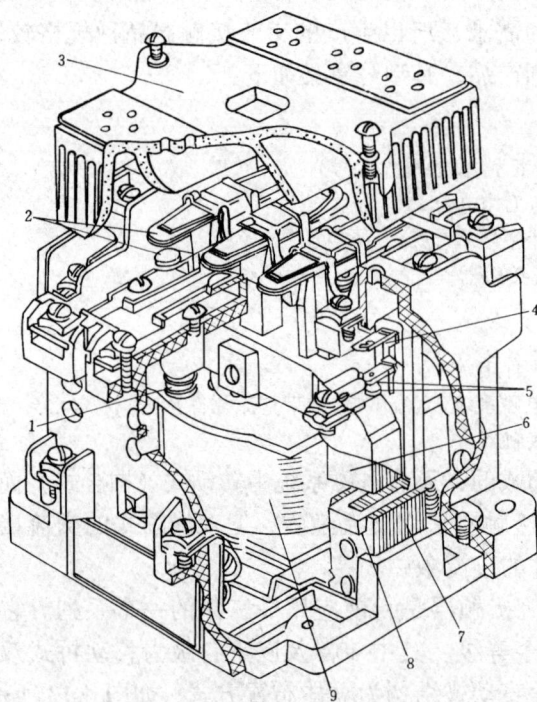

图 4-13 CJ10-20 型交流接触器结构图
1—反作用弹簧；2—主触头；3—灭弧罩；4—辅助常闭触头；5—辅助常开触头；6—动铁芯；7—静铁芯；8—短路环；9—线圈

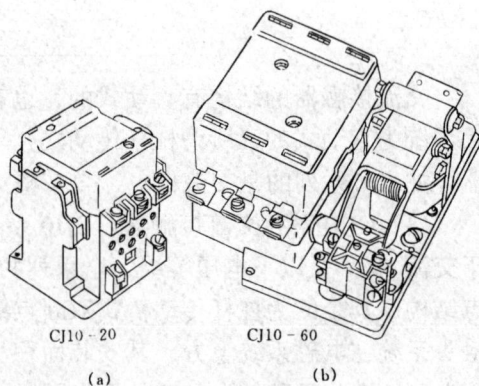

图 4-14 交流接触器外形
（a）直动式；（b）杠杆式

（3）CJ20 系列交流接触器。CJ20 系列交流接触器是当代的新产品。它用于交流频率为 50Hz，电压为 380、600V 和 1140V，电流在 10～630A 的电力系统中接通和分断的电路。

表 4-22 CJ12 系列交流接触器的技术数据

型　号	额定电压 U_N (V)	额定电流 I_N (A)	额定操作频率 （次/n）	寿命 （万次） 机械	寿命 （万次） 电	接通和分断能力 (A) 接通	接通和分断能力 (A) 分断	热稳定性	电动稳定性
CJ12-100		10		300	15	$12I_N$	$10I_N$		
CJ12-150		150	600	300	15	$12I_N$	$10I_N$		
CJ12-250	380	250		300	15			$7I_N$ $10I_N$	$20I_N$
CJ12-400		400		200	10	$10I_N$	$8I_N$		
CJ12-600		600		200	10	$10I_N$	$8I_N$		

本系列产品均采用直动桥式双断点立体布置结构，其安装面积小，节省材料。触头采用银基合金，抗熔焊性能和电寿命都较高，且具有很强的承受 AC4 类负荷的能力。AC4 使用在交流鼠笼型异步电动机的启动、反接制动、反向与点动的大电流场合。接触器的使用类别和典型用途如表 4-23 所示。

表 4-23 接触器的使用类别和典型用途

电流种类	使用类别代号	典型用途举例
交流 （AC）	AC1	无感或微感负载、电阻炉
	AC2	绕线式电动机的启动与分断
	AC3	鼠笼型异步电动机的启动与运转中分断
	AC4	鼠笼型异步电动机的启动、反接制动、反向与点动
直流 （DC）	DC1	无感或微感负载、电阻炉
	DC2	并励电动机的启动、反接制动、反向与点动
	DC3	串励式电动机的启动、反接制动、反向与点动

另外，CJ20 系列交流接触器的吸合电压为 80% 的额定电压，所以吸合很可靠，对电网电压的波动影响较小，目前逐渐取代 CJ10 系列产品。

（4）CJZ 系列交流接触器。CJZ 系列交流接触器主要适用于交流频率为 50Hz、电压在 380V 以下，电流 630A 及以下的电力线路中，供远距离接通和分断电路之用。按其电流等级可分 CJZ-160、CJZ-250、CJZ-400、CJZ-630 四个等级。CJZ 交流接触器的主要结构如图 4-15 所示。CJZ 交流接触器为立体布置，采用直动式圆柱铁芯直流励磁系统（由交流供电，自带整流元件），并有一、二次缓冲装置，接触器工作平稳无噪声，吸引线圈功率损耗小。触头系统为双断点桥式结构直动式。交流接触器具有两个直流励磁线圈，一个为启动线圈，另一个为保持线圈。CJZ 系列交流接触器的主要技术数据如表 4-24 和表 4-25 所示。

表 4-24 CJZ 系列交流接触器主要技术数据

项　　目		单　位	型号及技术参数							
			CJZ-160		CJZ-250		CJZ-400		CJZ-630	
额定电流		A	160		250		400		630	
额定电压		V	220	380	220	380	220	380	220	380
控制电动机最大容量	AC3	kW	45	80	72	125	115	200	182	315
	AC4	kW	21	37	31	55	37.5	65	46	80
主触头初压力 终压力		N	39.2/58.8		88.2/117.6		127.4/166.6		127.4/166.6	

表 4-25   **CJZ 系列交流接触器主要技术数据**

项 目		单 位	型号及技术参数			
			CJZ-160	CJZ-250	CJZ-400	CJZ-630
主触头	开距	mm	6.7 ~ 7.3	7.5 ~ 8.5	8.9 ~ 9.5	7 ~ 8
	超程	mm	3.2 ~ 3.8	4 ~ 5	4.5 ~ 5.5	7.5 ~ 8.5
	不同期	mm	≤0.2	≤0.2	≤0.2	≤0.2
辅助触头	开距	mm	3.5 ~ 4.6			
	超程	mm	1.8 ~ 2.5			
短接触头	开距	mm	1.2 ~ 1.5			
	超程	mm	1.5 ~ 2.5			
额定分断能力		A	$8I_N$ 25 次			
额定接通能力		A	$10I_N$ 100 次			

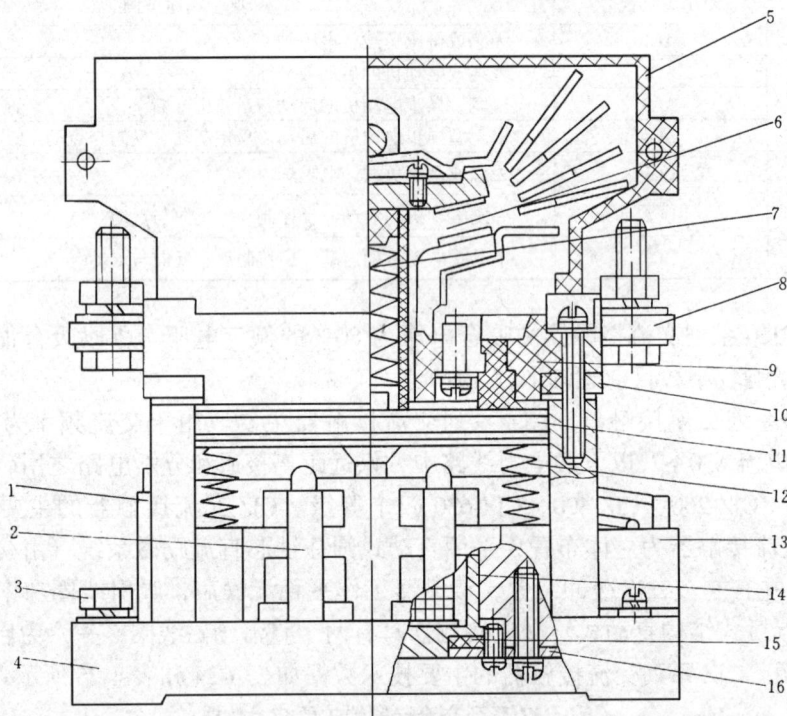

图 4-15   CJZ 交流接触器结构图

1—短接触头；2—辅助触头；3—接地螺钉；4—底座；5—灭弧室；6—触头支持；
7—触头弹簧；8—下接线板；9—底板；10—一次缓冲垫；11—衔铁；
12—反力弹簧；13—整流元件；14—磁轭；15—二次缓冲垫；16—托板

2. 直流接触器

直流接触器是用于控制直流供电负载和各种直流电动机的低压电器。从结构上看，其电磁系统基本上是转动式，即拍合式电磁铁。直流接触器的结构原理如图 4-16 所示。由于线圈通过的是直流电，因而不存在涡流的影响，所以铁芯和衔铁均用整块铸钢或钢板制成；主触头数量不多，只有 1～2 个；直流接触器采用磁吹灭弧装置。由于磁导体是整块铸钢或钢板制成，所以耐磨损，适宜频繁操作，寿命长。

常用的直流接触器有 CZD 系列和新产品 CZ18 系列直流接触器。其额定工作电压为 440V 以下，主触头 1～2 个可分为动合或动断触头。辅助触头数量不等。线圈的直流电压有 24、48、100V 和 220V 几种。其技术数据可查电工手册或电气设备手册。

直流接触器的型号意义

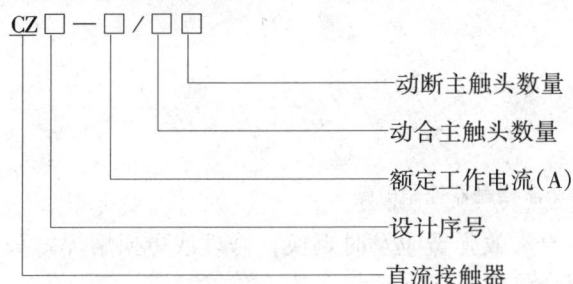

CZ□—□/□□

动断主触头数量
动合主触头数量
额定工作电流（A）
设计序号
直流接触器

3．接触器常见故障及检修

无论是交流还是直流接触器，在长期的使用过程中，都会受到电源电压的波动、负载电流大小的变化以及频繁地操作和周围环境的影响，产生许多异常现象或故障。为了保证安全生产，一旦发现异常或故障，应及时正确地进行检修。

图 4-16　直流接触器的结构原理图
1—静铁芯；2—电磁线圈；3—衔铁；
4—静触头；5—动触头；6—辅助接点；
7—接线端子；8—接线端子软连接；
9—跳闸弹簧；10—底座

（1）通电后接触器不动作。这种现象一般是由于控制电路有断点，如图 4-17 所示。当合上按钮 SB2 后，接触器 KM 不动作的原因可能是熔断器 FU1 熔断，SB2、SB1 触点有氧化层或灰尘以及触点被卡住，造成接触不良或根本就不通，合闸线圈 KM 断线或整个控制回路各部分串联的螺丝松动。应紧固各部分螺丝，清除灰尘或氧化层，如属线圈或按钮的问题则更换新的。

（2）通电后不能完全闭合。此种现象原因较多，如电源电压过低，合闸线圈的额定电压高于电路电压；可动部分被卡住、触头超程过大、反力弹簧压力过大等。处理方法是检查电源电压，更换与电源相符的线圈；调整可动部分使其闭合灵活；调整行程或反力弹簧压力。

（3）不能自锁。如图 4-17 所示，当合上 SB2，KM 通电，接触器 KM 主触头吸合。松开 SB2，则接触器 KM 主触头断开，原因是自锁触头接线错误或自锁回路接触不良。检查接线并改正，检查自锁回路的连接点和触头应接触良好，必要时更换新触头。

（4）接触器振动有异音。有异音的原因是电压不足；铁芯极面不平整，有污垢；衔铁或铁芯螺丝松动；铁芯上的短路环（分磁环）断裂；可动部分装配不当等都能使接触器振动产生异音。处理方法：检查电压；清理极面污垢；用细锉修平极面；紧固各部件螺丝；将断裂的短路环焊牢或换新。

（5）线圈断电后接触器不释放。主要原因是铁芯极面有油垢、可动部分卡住、反力弹簧失效、触头熔焊、控制回路接错线等都能使接触器不释放。处理方法是对时间较长的接触器

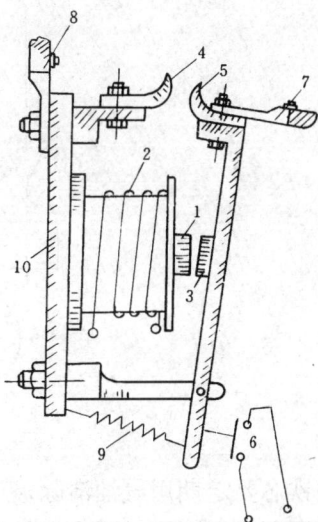

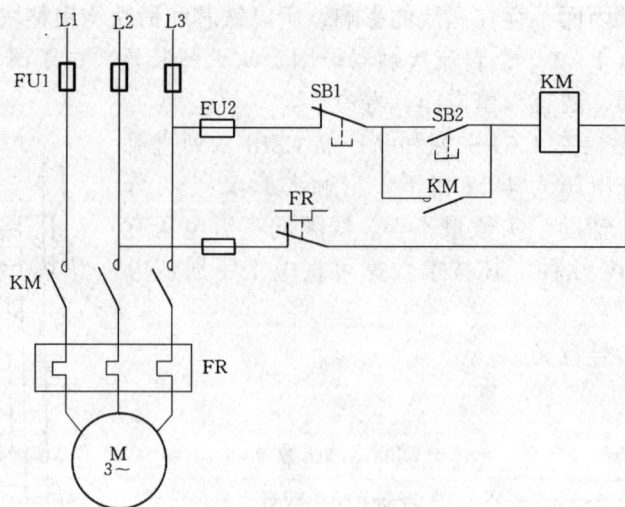

图 4-17 交流接触器控制电路

的铁芯要定期用汽油清除极面黏性油垢，对失效弹簧应及时更换，修理或更换熔焊触头，调整同期并保证接触压力，保证可动部分闭合灵活。

（6）合闸线圈过热烧损。主要原因是线圈电压与电源电压不符，过高运行和欠压运行都会使线圈过热。可动部分卡住、铁芯与衔铁间隙过大、绝缘损伤（机械损伤或化学腐蚀受潮）、环境温度高、匝间短路、双线圈自锁触头焊住，而启动线圈长期通电等都会造成线圈过热烧损。

处理方法是检查电源电压，检修铁芯及可动部分，做防潮、防腐、防机械损伤措施，定期清扫检查各触头，更换有缺陷的线圈。

（二）热继电器

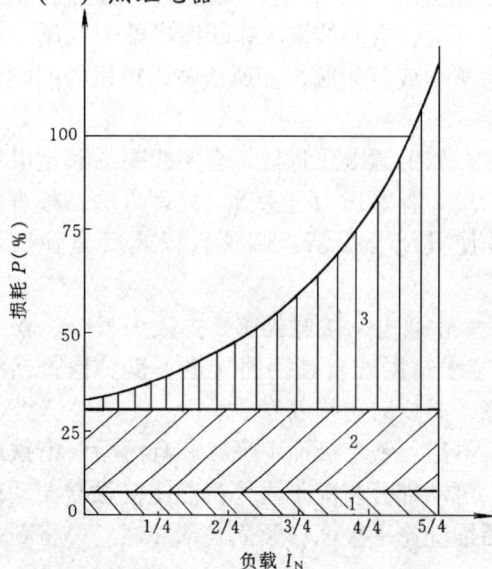

图 4-18 损耗与负载电流的关系曲线
1—机械损耗；2—铁损；3—铜损

电力生产离不开电动机，特别是交流异步电动机使用得最为广泛。电动机在运行过程中常因各种原因造成故障而损坏，损坏部位最多的是电动机绕组，这些绕组的损坏又往往是电动机过载而引起的。

电动机的损耗分机械损耗、铁损和铜损三部分。机械损耗基本与负载大小无关，铜损则和负载的平方成正比，如图 4-18 所示。当电动机过载运行时，绕组电流增大。随着电流的增大，机械损耗和铁损已不占主要地位，铜损比重大为增加，铜损愈大绕组发热愈严重，由此造成电机绕组过热损伤绝缘，缩短了电机使用寿命，甚至烧毁电动机。为了避免过载造成的损失，故将所有连续运行的电动机加设过载保护。热继电器就是其中一种保护电器。

1. 热继电器的动作原理

目前我国生产的热继电器是双金属片式，它的特点是结构简单、体积小、成本较低。

双金属片是由两种不同膨胀系数的金属片压成一体，它在受热后能朝线膨胀系数小的一方弯曲。热继电器中的双金属片的加热方式一般有直接通电加热和主电路电流通过专门的热元件，利用热元件产生的热量来加热双金属片两种。也有两种结合的复合加热方式。

由于双金属片或加热元件是串接在电动机的主电路中，通过它的电流就是电动机绕组的电流。电动机在额定负载下正常运转时，双金属片不变形，热继电器不动作。一旦发生过载，双金属片获得超过"规定值"的热量，因而发生弯曲。经过一定的时间，其弯曲程度迫使热继电器的执行元件，即触头动作，切断接触器线圈的电路，使之释放，断开主电路，起到保护电动机的作用。

2．常用热继电器的故障处理

当前我国生产的热继电器有 JR0、JR5、JR9、JR10、JR14、JR15、JR16 及 JR20 等系列产品，使用最多的是 JR16 和 JR20 两个系列。

JR16 系列热继电器是一种带有差动式单相运行保护装置的产品，全系列分 20、60A 和 150A 三个等级，共有 20 号热元件。它不仅具有一般热继电器的保护性能，而且当三相电动机一相断路或三相电流严重不平衡时，它能及时动作，起到断相保护的作用（热元件规格请查电气设备手册）。

JR20 系列热继电器是我国近年来的新产品，其额定电压为 660V（辅助触头额定电压为 380V），额定电流分 10、16、25、63、160、250、400A 及 630A 等 8 个等级。160A 及以下的 5 级直接利用主电路电流产生的热量；其余 3 级则配有专门的速饱和电流互感器，其一次线圈串接在主电路中，二次线圈则与热元件串联。

本系列产品的结构为三相立体式，其动作机构是拉簧式翻转速度型机构，且全系列通用。其动作原理及结构如图 4-19 所示。当发生过载时，热元件 15 受热使双金属片 10 和 14 向左弯曲，并通过滑板（导板）11 和动杆 12 推动杠杆 13，以支持件的 0_1 点为圆心沿顺时针方向转动，顶动拉力弹簧 7，由拉力弹簧 7 带动触头 17、18 动作，使动断的动触头分开，并使动合的动静触头闭合。与此同时还顶动指示件 1 显示动作情况。热继电器动作后，经过一定时间的冷却即能自动或手动复位，重新投入工作。

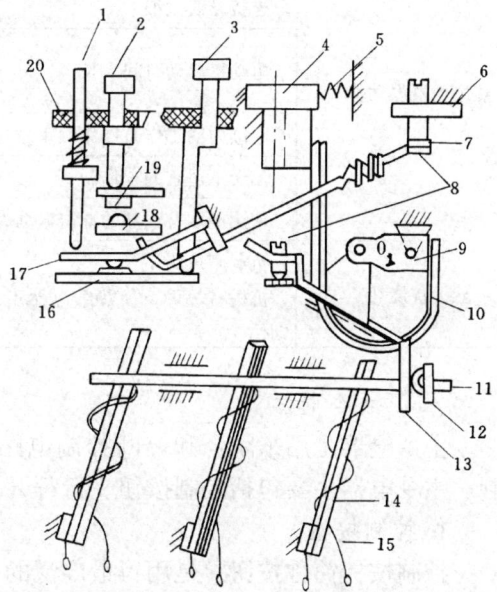

图 4-19　JR20 系列热继电器动作原理及结构图
1—动作指示件；2—复位按钮；3—断开/检验按钮；4—电流调节按钮；5—弹簧；6—支承件；7—拉力弹簧；8—调整螺钉；9—支持件；10—补偿双金属片；11—滑板（导板）；12—动杆；13—杠杆；14—主双金属片；15—热元件；16、19—静触头；17、18—动触头；20—外壳

JR20 系列热继电器具有断相保护功能；有温度补偿功能；兼有手动和自动两种复位方式；有凸轮调节旋钮调节整定电流；有动作灵活性检查装置；有脱扣动作指示；有断开检验按钮等特点。此产品有插入连接式的（10、16、25A 及 63A 等级），也有独立安装式的和导轨安装式的。

热继电器常见故障及处理方法如表 4-26 所示。

表 4-26 　　　　　　　　　　　热继电器常见故障及其处理方法

故 障 现 象	产 生 原 因	处 理 方 法
热继电器接入后主电路不通	热元件已烧坏	更换热元件
	接线螺钉未拧紧	拧紧接线螺钉
	进出线脱焊	重新焊好
热继电器控制电路不通	调整旋钮或螺钉在不合适的位置上，将触头顶开	重新调整到合适的位置上
	触头烧坏或触头杆的弹性消失，使触头无法接触	修理触头或动触头杆，必要时更换新的
热继电器不动作	整定值偏大	合理调整整定值
	热元件烧断或脱焊	更换新元件或产品
	连接导线太粗	按产品说明书规定选用标准导线
	动作机构卡死	修理（用户不得随意调整）
	导板脱出	重新装入并校验其动作灵活性
热继电器误动作	整定电流偏小	调整整定值
	连接导线太细	按说明书选择标准导线
	电动机启动时间太长	按电动机启动时间要求选择具有合适可返时间等级的热继电器或在启动过程中将热继电器短接
	断续周期工作时操作频率过高	降低操作频率或更换适合的线圈
	用于不适宜的工作制	改用其他保护装置，如过流继电器
	使用地点有强烈的冲击振动	选用带防冲击装置的热继电器
热元件烧坏	负载侧短路	检查线路，排除故障并换元件
	机构有故障，使热继电器不能动作	更换产品

（三）主令电器

主令电器是用来闭合和分断控制电路以发布命令的电器，也可用于生产过程的程序控制。主令电器主要包括控制按钮、行程开关、万能转换开关和主令控制器等低压电器。

1. 控制按钮

控制按钮简称按钮，是用得最广泛的一种主令电器。它主要用于远距离操作具有电磁线圈的电器，如接触器和继电器。也用在控制电路中以发布指令和执行电气连锁。总之，按钮是操作人员与控制装置之间的中间环节。

控制按钮的型号意义如下：

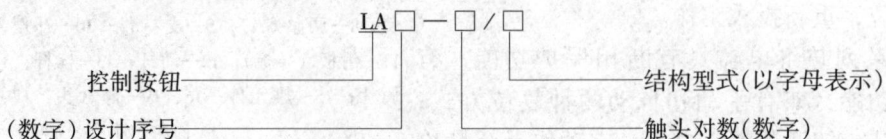

LA□—□/□

控制按钮
（数字）设计序号
结构型式（以字母表示）
触头对数（数字）

结构型式的代号意义：

K——开启式，适用于嵌装在面板上，不能防止偶然触及带电部分；

H——防护式，有保护外壳，能防止按钮元件受机械损伤和触及带电部分；

S——防水式，有密封外壳；

F——防腐式，有防腐密封外壳；

J——紧急式，有红色大蘑菇头按钮帽，供紧急情况下切断电源用；

Y——钥匙式，用钥匙操作，能防止误操作；

X——旋钮式，它用旋转式的按钮帽操作；

D——带指示器的按钮；

Z——自保持按钮，其内部装有保持用电磁机构。

目前常用的按钮有 LA18、LA19 和 LA20 等系列产品，它们适用于交流电压为 500V、直流电压为 400V，额定电流为 5A，控制功率交流为 300W，直流为 70W 的控制电路。

按钮在使用过程中应经常清除灰尘，触头接触不良时，应用清洁的蘸有溶剂的棉布揩拭干净或用细锉修整以及更换弹簧等。触头严重烧损应更换按钮。

2. 行程开关

行程开关是用来反映工作机械的行程，发布命令以控制其运动方向或行程大小的主令电器。如果把行程开关安装在工作机械行程终点处，以限制其行程，它就称为限位开关或终点开关，它被广泛地应用在机床和起重机械以控制这些机械的行程。当工作机械运动到某一位置时，行程开关就通过机械可动部分的动作，将机械信号变换为电信号，以实现对机械电气的控制，限制它们的动作和位置，借此实现保护的作用。

常用的行程开关有一般用途，如 LX19 系列行程开关和起重设备用，如 LX22 系列行程开关，它有 5 个规格。

一般用途行程开关适用于机床和其他生产机械以及自动线，而起重设备用行程开关被用于限制起重机械和冶金辅助机械的行程。

3. 万能转换开关

万能转换开关是由多组相同结构的触头组件叠装而成的多回路控制电路。它主要用于高压断路器操作机构的合闸与分闸控制；各种控制线路的转换；安培计和伏特计的换相测量控制；配电装置线路的转换和摇控；有时也被用于鼠笼异步电动机的星—三角降压启动控制。

万能转换开关的型号意义（以 LW5 为例）：

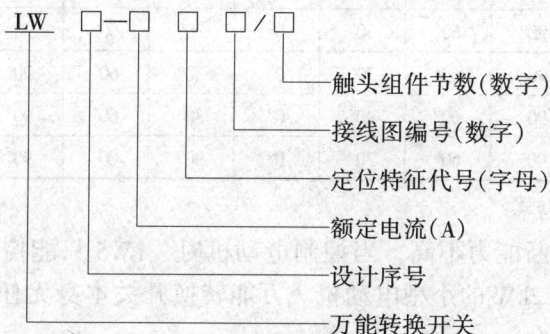

目前用得较多的万能转换开关产品有 LW5 和 LW6 系列两种。它们的定位特征如表 4-27 和 4-28 所示。

表 4-27　　　　　　　　　　　　　　LW5 万能转换开关定位特征

定位特征代号	操作手柄角度											
A*						0° 1←	45°					
B*					45°	0° →1←	45°					
C						0°	45°					
D					45°	0°	45°					
E					45°	0°	45°					
F				90°	45°	0°	45°	90°				
G				90°	45°	0°	45°	90°	135°			
H			130°	90°	0°	45°	90°	135°				
I			135°	90°	45°	0°	45°	90°	135°			
J		120°	90°	60°	30°	0°	30°	60°	90°	120°		
K		120°	90°	60°	30°	0°	30°	60°	90°	120°	150°	
L	150°	120°	90°	60°	30°	0°	30°	60°	90°	120°	150°	
M	150°	120°	90°	60°	30°	0°	30°	60°	90°	120°	150°	180°
N					45°	1	45°					
P					90°	0°	90°					

注　表中有 * 号者为无限位式。

表 4-28　　　　　　　　　　　　　　LW6 万能转换开关定位特征

定位特征代号	操作手柄角度											
A						0°	30°					
B					30°	0°	30°					
C					30°	0°	30°	60°				
D				60°	30°	0°	30°	60°				
E				60°	30°	0°	30°	60°	90°			
F			90°	60°	30°	0°	30°	60°	90°			
G			90°	60°	30°	0°	30°	60°	90°	120°		
H		120°	90°	60°	30°	0°	30°	60°	90°	120°		
I		120°	90°	60°	30°	0°	30°	60°	90°	120°	150°	
J	150°	120°	90°	60°	30°	0°	30°	60°	90°	120°	150°	
K*	150°	120°	90°	60°	30°	0°	30°	60°	90°	120°	150°	180°

注　表中有 * 号者为无限位式。

　　万能转换开关的通断能力不高，当控制电动机时，LW5 只能控制 5.5kW 以下的小型电动机，LW6 只能控制 2.2kW 的小型电动机。万能转换开关本身无任何保护，所以使用时必须有其他保护电器来配合。

　　4. 主令控制器

　　主令控制器亦称主令开关，它主要用于控制系统中，按照预定的程序来分合触头，以发布命令或实现与其他控制线路的连锁和转换。由于控制线路的容量一般都不大，所以主令控制器的触头也是按小电流设计的。

主令控制器和万能转换开关一样是借助于不同形状的凸轮使其触头按一定的次序接通和分断的。它们在结构上大体相同，只是主令控制器除了手动式产品外，还有由电动机驱动的产品。

常用的主令控制器有以下三种：

（1）LK5 系列主令控制器。它有直接手动操作、带减速器的机械操作与电动机驱动等三种型式的产品。触头为桥式双断点型式，由凸轮控制其通断。它适用于额定电压为交流到 380V、直流到 440V 的电路，供频繁地操作各种类型的电力驱动装置和实现远距离控制用。

（2）LK6 系列主令控制器。它是由同步电动机和齿轮减速器组成的定时元件，由此元件按预定的时间顺序，周期性接通和分断一些电路，再通过由这些电路所控制的继电器去控制生产设备中的电机或电器。

（3）LK7 型十字型主令开关。它主要用在交流电压到 380V、电流到 5A 的机床控制电路，以控制多台接触器、继电器线圈，使被控制机床能分别工作于 4 种状态。开关共有 4 对常开触头。当手柄在中央位置时，4 对触头全断开；当手柄扳向 4 个互成 90°方向的任一位置时，与此位置对应的一对触头接通，其他 3 对均断开。在定位器上以数字 1～4 表示 4 个工作位置。操作手柄有长短两种，长的附有止动件，只有拉开止动件后才能扳动，故可防止误操作。

第四节　低压成套开关设备的装配

低压成套开关设备的装配工作是一个系统而复杂的工作。它要根据其所服务的对象去设计一个主电路方案，再根据现场的环境条件去选择成套开关设备的型号和规格以及有关的开关设备、保护、测量电器、母线以及必要的辅助元件等，绘出主电路和辅助电路的原理接线和安装图，按图施工，进行成套开关设备的装配工作。

（一）主电路方案的设计

低压成套设备的生产厂家较多，有引进国外的技术，也有自己研制的产品。各种型号的成套开关设备所采用的装配工艺都不一样，而且所选用的开关设备以及辅助元件等也各不相同，所以在主电路的设计方案表示方法上有所不同。但是，在同样的服务对象下，其主电路的设计方案大同小异，都离不开受电、馈电、联络、备用、无功功率补偿等性质。因此，在确定了服务对象后，根据具体情况，本着安全可靠、经济合理和操作、维护方便等原则，设计出主电路的方案。以下介绍两种型号低压成套开关设备主电路的表示方法。

（1）PGL 型低压配电屏主电路部分方案表示法，如图 4-20 所示。

PGL 型低压配电屏主电路方案有好几十种，图中是其中的八种，如 01，02，06，09，04，37，13，14 是 PGL 型低压配电屏中的部分方案。

（2）BFC 系列抽屉组合式低压配电柜部分主电路表示法，如图 4-21 所示。

BFC 系列抽屉组合式低压配电柜主电路方案同样有几十种，图中只表示了部分方案。

BFC 系列抽屉组合式低压配电柜主电路的表示方法大致可以代表其他型号抽屉组合式配电柜的主电路方案表示法。而 PGL 型低压配电屏也可以代表一般固定式成套开关设备主电

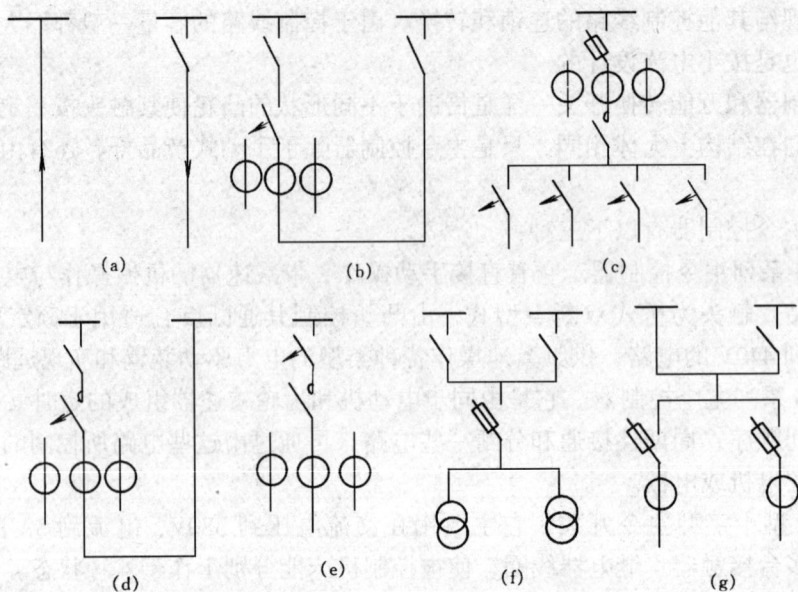

图 4-20　PGL 型低压配电屏主电路部分方案表示法

(a) 电缆受电；(b) 架空受电或联络；(c) 受电和馈电；
(d) 架空受电或馈电；(e) 馈电；(f) 联络；(g) 联络和馈电

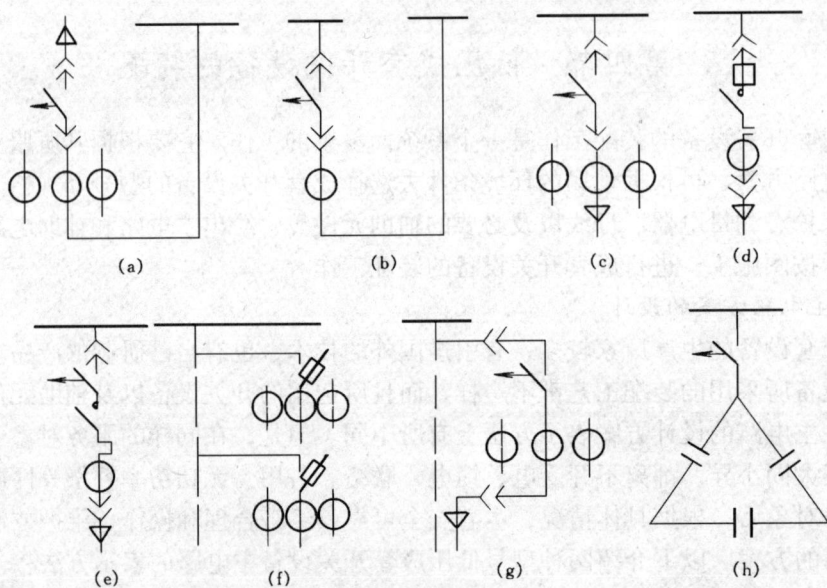

图 4-21　BFC 系列抽屉组合式低压配电柜部分主电路方案表示法

(a) 电缆受电；(b) 联络；(c) 馈电；(d) 控制电动机；(e) 控制电动机；
(f) 馈电或控制电动机；(g) 控制照明；(h) 电容补偿

路方案的表示方法。虽然 PGL 是开启式，而 GGL、GHL 等配电柜是封闭式，它们之间只有防护型式和防护等级上的区别，在主电路方案设计上大同小异（防护型式和等级请参阅第九章第二节的铭牌介绍）。

（二）PGL 型低压配电屏的装配

PGL 型低压配电屏的主电路方案很多，我们选择其中一种具有一定代表性的设计方案，来进行装配，如图 4-20（c）所示，是 PGL 型低压配电屏的 09 号主电路设计方案，此方案属于受电和馈电，也可用来作小容量异步电动机的直接启动和照明电路控制用。它是多回路布置，而且接触的设备种类也较多。从图 4-20（c）的单线图上可以看到主电路需要有刀熔开关、电流互感器、交流接触器和低压断路器；辅助电路需要电压表、电流表、电度表、熔断器和按钮以及端子排等，也可以根据控制对象去增加或减少其他电器辅件。总之，通过 PGL 型低压配电屏 09 号主电路设计方案的装配过程，基本上可以掌握成套开关设备的装配要领，同时可学会电压表、电流表、电度表的安装以及它们通过互感器的接线方法，也能针对所控制对象去选择屏内的开关电器和测量电器等。

（1）PGL 型低压配电屏外形尺寸要求，如图 4-22 所示。

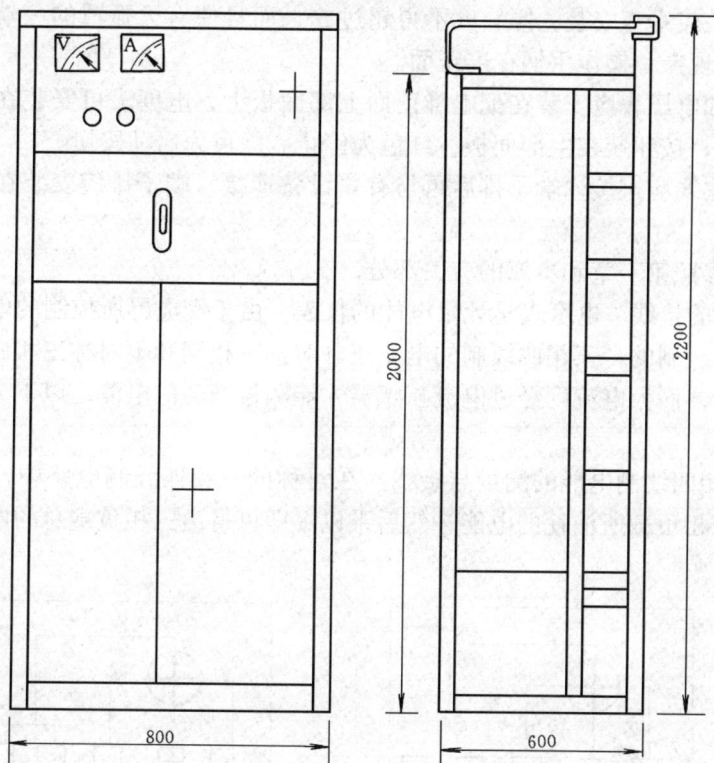

图 4-22 PGL 型配电屏外形尺寸

（2）PGL 型配电屏装配前的准备工作。

1）按图 4-22 准备低压配电屏本体。

2）准备适量并符合要求的母线和绝缘导线。

3）准备电工常用的工具和测量仪表。

4）准备要安装的开关电器以及附属元件，如：

HR3 系列刀熔开关一组；

DZX10 或 DZ10 系列断路器 4 只；

CJ10 或 CJ12 系列交流接触器 1 只；

LMZ1-0.5□/5A 电流互感器 3 个；

42L6-□/5A 电流表 1 块或 3 块；

42L6 0～450V 电压表 1 块；

RL 或 RC 系列熔断器 2 个；

LA2 型控制按钮 2 个（红、绿各 1 个）。

根据所控制的负荷类型准备 1 块三相或三相四线有功电度表。

另外准备适量的端子排，其型号尽量采用新产品，如 JH1 系列等，当然 D1 系列和 B1 系列也可以使用。准备足够的机螺栓、螺帽和垫圈等。

（3）配电屏装配工艺要求。

1）屏内设备由上向下逐级平面布置，保证识别和维护方便。所配导线应横平竖直，尽量沿屏风构架绑扎成束。

2）刀熔开关应垂直安装，倾斜度不得超过 5°，而且使有灭弧罩的一端在上方。操作机构应灵活无卡死现象，操作手柄在屏正面。

3）电流表和电压表应安装在配电屏正面上部面板上，电度表可安装在屏内上部门内或下部侧面构架上；按钮装在上部面板，红色为停止、绿色为启动按钮。

4）所有二次线应进接线端子排后再与有关设备连接，端子排应安装在配电屏的内部侧面或下部。

5）其他请参照第一章和本章的有关部分。

（4）电度表的接线。电度表是计量电能的仪表。由于配电屏所控制的电路有三相三线制的，也有三相四线制的，三相四线制的电路还分对称三相制和不对称三相制电路。小电流可以直接进行测量，而大电流则经过电流互感器才能测量消耗的电能。以下分别说明电能的测量与接线。

1）对称三相四线制电能的测量与接线。在对称的三相四线制电路中，可以用一块单相电度表测量任一相负载所消耗的电能，然后乘以 3 即可得出三相负载总的电能。测量接线如图 4-23 所示。

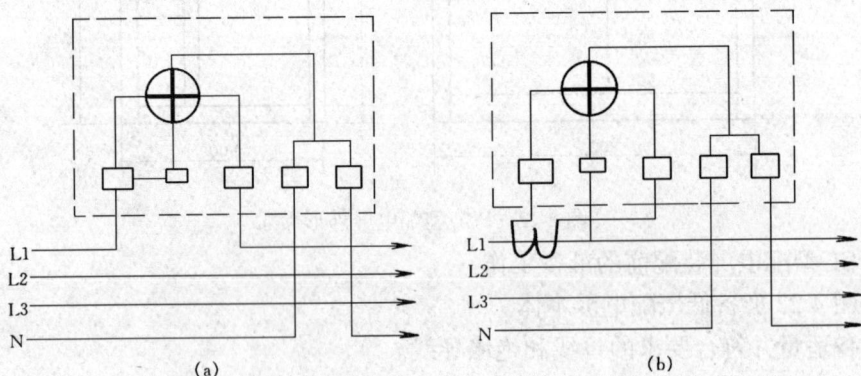

图 4-23　单相电度表测量对称三相四线电路的电能

（a）直接测量；（b）通过电流互感器测量

2）不对称三相四线制电能的测量与接线，如果三相负载不对称，可采用三相四线电度表直接或通过电流互感器测量。测量接线如图 4-24 所示。

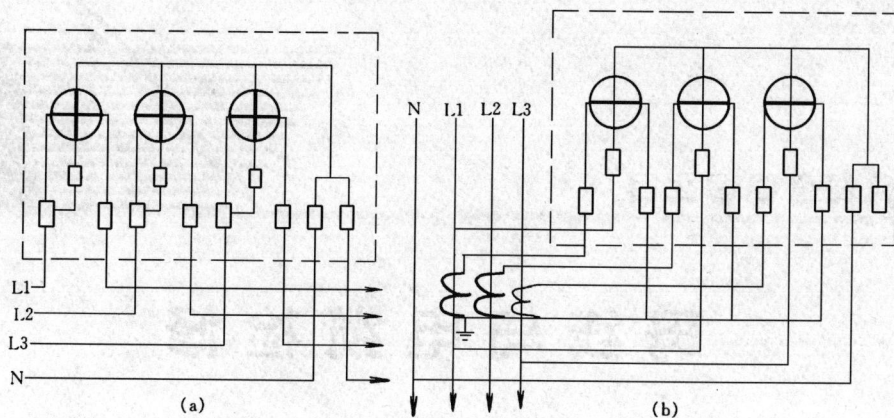

图 4-24　三相四线电度表测量不对称电路电能

(a) 直接测量接线；(b) 通过电流互感器测量接线

3）三相三线制电能的测量与接线。在三相三线制电路中，三相电能可用两块单相电度表测量，三相总电能是两表读数之和，不过在工业上多半采用三相三线电度表，其特点是有两组电磁元件分别作用在固定于同一转轴的铝盘上，从计算器上直接读出三相总电能。接线方法如图 4-25 所示。

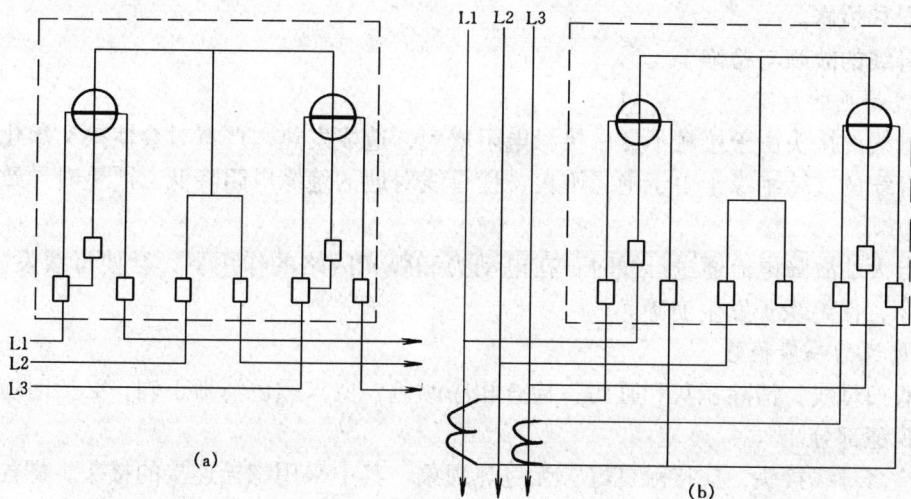

图 4-25　三相三线电度表的接线

(a) 直接测量接线；(b) 通过电流互感器接线

第五章

母线与电缆检修

第一节 母 线 检 修

母线常用在高低压变配电装置中，起汇集和分配电能作用。这种配电母线按材料分有铜、铝、钢三种。其中母线又分为硬母线和软母线两类。硬母线又分为矩形、槽形、菱形、管形、水内冷（管形）和封闭母线等几种；软母线又分为铜绞线、铝绞线和钢芯铝绞线。

母线的检修除了正常进行大小修以外，还有配电装置改造、母线故障与存在的缺陷有针对性的装配和检修。

一、母线的故障与检修

1. 母线常见的故障

（1）母线的接头由于接触不良，接触电阻增大，造成发热，严重时会使接头熔化。

（2）母线的支持绝缘子由于绝缘不良，使母线对地的绝缘电阻降低。严重时导致闪络和击穿。

（3）当大的故障电流通过母线时，在电动力和弧光闪络的作用下，会使母线发生弯曲、折断或烧坏，使绝缘子发生崩碎。

2. 硬母线的一般检修

（1）清扫母线，清除积灰和脏污；检查相序颜色，要求颜色清晰正确，必要时应重新刷漆或补刷脱漆部分。

（2）检修母线接头，应接触良好，无过热现象。其中采用螺栓连接的接头，螺栓应用力矩扳手紧固，使其母线的接触面连接紧密，螺栓两侧的平垫圈和弹簧垫圈应齐全，弹簧垫圈应有弹性，否则会使母线接头松弛。

采用焊接连接的接头，应无裂纹、变形和烧毛现象，焊缝凸出成圆弧形；铜铝接头应无接触腐蚀；户外接头和螺栓应涂有防水漆。

（3）检查母线伸缩节，要求伸缩节两端接触良好，能自由伸缩，无断裂现象。

（4）检修绝缘子及套管，要求绝缘子及套管应清洁完好，用 1000V 兆欧表测量母线的绝缘电阻应符合规定。若母线绝缘电阻较低，应找出故障原因并消除，必要时更换损坏的绝缘子及套管。

（5）检查母线的固定情况，要求母线固定平整牢靠，并检修其他部件，要求螺栓、螺母、垫圈齐全，无锈蚀，片间撑条均匀。必要时对支持绝缘子的夹子和多层母线上的撑条进行调整。

（6）测量母线接头的接触电阻，应不超过具有相同长度无接头母线电阻值的20%。

3．硬母线接头的解体检修

（1）接触面的处理，应消除表面的氧化膜、气孔或隆起部分，使接触面平整而略粗糙。处理的方法，可用粗锉把母线表面严重不平的地方锉掉，使之锉平之后用钢丝刷刷去表面氧化膜，并涂以电力复合脂，以降低接触电阻和防止氧化，减少接头发热。

铜母线或钢母线的接触面，都要搪一层锡。如果由于平整接触面等原因而使锡层被破坏，就应重搪。搪锡的方法：将焊锡熔化在焊锡锅内，把母线要搪锡的部分锉平擦净，涂上松香或焊油并将它放在锅上。然后多次地把熔锡浇上去，等到母线端部粘锡时，则可直接将端部放在焊锡锅里浸一会，然后拿出，用抹布擦去多余部分。搪锡层的厚度约为0.1～0.15mm。焊锡的熔点在183～235℃之间，一般根据其颜色来判别，即锅内所熔焊锡表面呈现浅蓝色时，就可以开始搪锡。

（2）母线接触面经锉平除净氧化膜后，涂一层电力复合脂，其接触面连接螺栓用力矩扳手按表5-1所示规定的力矩值进行紧固后，按验收规范规定即可不用塞尺检查。

表 5-1 　　　　　　　　　　　　　钢制螺栓的紧固力矩值

螺栓规格（mm）	力矩值（N·m）	螺栓规格（mm）	力矩值（N·m）
M8	8.8～10.8	M16	78.5～98.1
M10	17.7～22.6	M18	98.0～127.4
M12	31.4～39.2	M20	156.9～196.2
M14	51.0～60.8	M24	274.6～343.2

（3）为防止母线接头表面及接缝处氧化，在每次检修后，规定涂抹电力复合脂或采用中性凡士林油。

（4）更换失去弹性的弹簧垫圈和损坏的螺栓、螺母。

（5）补贴已熔化或脱落的示温片。

4．软母线的检修

（1）清扫母线各部分，使母线本身清洁并且无断股和松股现象。

（2）清扫绝缘子串上的积灰和脏污，更换表面发现裂纹的绝缘子。

（3）绝缘子串各部件的销子和开口销应齐全，损坏者应更换。

（4）软母线接头发热的处理。

1）清除导线表面的氧化膜使导线表面清洁，并在线夹内表面涂以电力复合脂。

2）更换线夹上失去弹性或损坏的各个垫圈，拧紧已松动的各式螺栓。根据检修经验证明母线在运行一段时间以后，线夹上的螺栓还会发生不同程度的松动，所以在检查时应特别注意各螺栓的松动情况。

3）更换已损坏的各种线夹和线夹上的钢制镀锌零件。

4）接头检查完毕，在接头接缝处用油膏填塞后再涂以凡士林油，或电力复合脂。

二、母线的加工与安装

（一）母线的加工

母线的加工包括母线校正、尺寸测量、下料、弯曲、钻孔及接触面加工等工作。

1. 母线的校正

母线本身要求特别平直，所以对于弯曲不正的母线应进行校正，其校正方法最好采用母线校正机进行。如果无此种设备也可用手工作业进行校正，即将弯曲的母线放在平台上或槽钢上，用硬木锤敲打校正。如果母线扭曲的比较严重时，也可以在弯曲不平的母线上垫上铜或铝制成的垫块，用大锤敲打，此时所用的垫块一定要平直。

2. 母线安装尺寸的测量和下料

在施工图纸上一般不标示母线加工的尺寸，因此在母线下料前，应当到现场进行实际测量，测出实际需要的安装尺寸。测量工具可用线锤、角尺、卷尺等。测量方法可按图 5-1 所示，例如测量在两个不同垂直面上所装设的一段母线的安装尺寸，先在两个绝缘子与母线接触面的中心各放一个线锤，用尺测量出两个线锤之间的距离 $A1$ 及绝缘子中心线之间的距离 $A2$。而 $B1$ 和 $B2$ 的尺寸可根据实际需要选定，以施工方便为原则。然后将测得尺寸在木板或平台上划出大样，也可用 $4mm^2$ 的铜或铝导线弯成样板，作为弯曲母线的依据。

下料时，应本着节约的原则，合理使用材料，以免造成浪费。为了检修时拆卸母线方便，可在适当的地点将母线分段，用螺栓连接。但这种母线接头不宜过多，因为接头多了不仅增加了工作量和浪费了人力和材料，更主要的是增加了事故点，影响安全运行。因此，母线的接头除检修需要的分段要用螺栓连接外，其余尽量采用焊接。连接电气设备的分支线及电气设备之间的连接线，除必要的弯曲外，尽量减少弯曲。

3. 母线的弯曲

矩形母线的弯曲，通常有平弯、立弯和扭弯（麻花弯）三种形式，如图 5-2 所示平弯和立弯两种方式。

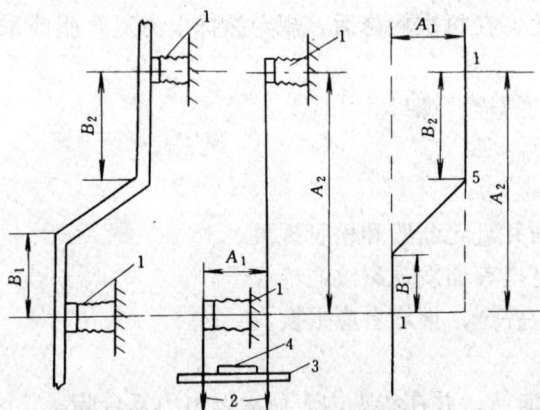

图 5-1 测量母线装设尺寸
1—支持绝缘子；2—线锤；3—平板尺；4—水平尺

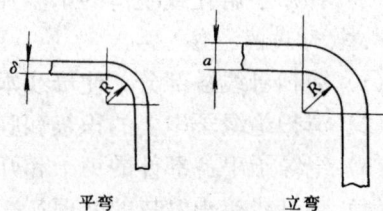

图 5-2 矩形母线的弯曲形式
δ—母线的厚度；a—母线宽度；
R—弯曲半径

（1）平弯。母线平弯可用平弯机加工，如图 5-3 所示。先在母线弯曲的地方画上记号，再将母线放在平弯机的两个滚筒之间的槽钢上，拧紧固定压力丝杠，将母线固定好，再慢慢向下扳动手柄，使母线依样板弯曲。样板可用 $4mm^2$ 的铜或铝线做成，扳动手柄时用力不可过猛，以免母线发生裂纹。母线平弯时，允许的最小弯曲半径列于表 5-2 中。弯曲时要注意，必须将平弯机上的固定丝杠拧紧，防止母线在弯曲时滑动，影响弯曲尺寸的准确性。

表 5-2 母线平弯最小允许弯曲半径

母线截面（mm²）	最小弯曲半径		
	铜	铝	钢
50×5 及以下	2δ	2δ	2δ
120×10 及以下	2δ	2.5δ	2δ

注 表中 δ 是母线的厚度。

弯曲小型母线，可用虎钳弯曲，弯曲时，先将母线置于虎钳的钳口中，但虎钳钳口上应垫以铝板或硬木，以免挤伤母线。在弯曲时，铝母线上面垫以方木，然后手扳动母线，再用手锤敲打，直到母线弯曲到合适的角度为止。

（2）立弯。母线立弯可用立弯机，如图5-4所示。弯曲时，先将母线需要弯曲的部分套在立弯机的夹板4上，再装上弯头3，拧紧夹板螺栓，校正无误后，操作千斤顶1，使母线顶弯。立弯的弯曲半径不能过小，否则母线会产生裂痕和折皱，最小弯曲半径列于表5-3中。

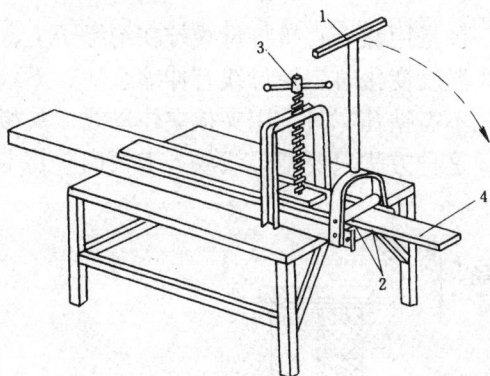

图 5-3 平弯机

1—手柄；2—滑轮；3—压力丝杠；4—母线

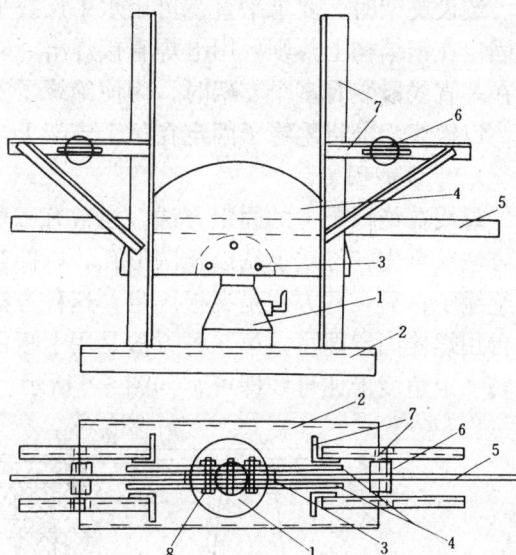

图 5-4 母线立弯机

1—千斤顶；2—槽钢；3—弯头；4—夹板；5—母线；
6—挡头；7—角钢；8—夹板螺丝

表 5-3 母线立弯最小允许弯曲半径

母线截面（mm²）	最小弯曲半径		
	铜	铝	钢
50×5 及以下	1a	1.5a	0.5a
1.20×10 及以下	1.5a	2a	1a

注 表中 a 是母线的宽度。

（3）扭弯（麻花弯）。母线扭弯可用扭弯器，如图5-5所示。先将母线一端夹在台虎钳上，钳口垫以铝板或硬木，母线的另一端用扭弯器夹紧，然后双手用力转动扭弯器的手柄，使母线弯曲到需要的形状为止。通常只能弯曲 100mm×8mm 以下的铝母线。如果超过这个范围就需将母线弯曲部分加热后再进行弯曲。母线的加热温度：铜为 350℃ 左右，铝为 250℃ 左右。扭弯 90° 时，扭弯部分的长度应为母线宽度的 2.5～5 倍。

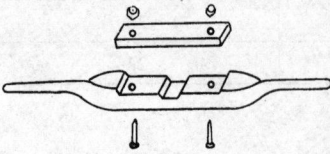

图 5-5　母线扭弯器

（4）母线钻孔。在母线与电气设备连接处或母线本身需要拆卸的接头处，需要钻孔用螺栓连接。如果母线还需要焊接，那么焊接工作应该放在钻孔之前弯曲之后，因为焊接的尺寸不易做到十分准确。如果在钻孔之后进行焊接，那么焊件上的孔眼位置常常需要修改。

母线钻孔，应首先按要求尺寸在母线上画出钻孔位置，并在孔中心用冲头冲眼，然后用电钻或台钻钻孔。钻孔时，孔眼直径一般不应大于螺栓直径 1mm。孔眼要垂直，不能歪斜，位置要正确。钻好孔后，将孔口的毛刺除去，使其保持光洁。

（二）母线的安装

安装母线前，必须把固定母线的支架装好，支架可埋设在墙上或固定在建筑物的构件上。装设支架时，要求平直，可用水平尺找平找正，再用螺栓固定或用水泥灰浆灌牢。如支架固定在钢结构上，则可用电焊直接焊牢。支架装好后，用螺栓将绝缘子固定在支架上。如果在一直线段装有多个支架时，为使绝缘子安装整齐，可先在两端支架的螺栓孔上拉一根铁线，以铁线为准将绝缘子固定在每个支架上。最后将母线固定在绝缘子上。

1. 母线的固定

母线在绝缘子上的固定方法，通常有三种：一种是用螺栓直接将母线拧在绝缘子上，这种方法须事先在母线上钻以长圆形孔，以便当母线温度变化时，使母线有伸缩余地，不致拉坏绝缘子；另一种方法是夹板固定，这种方法母线不需钻孔，只是用夹板夹住母线，夹板两边再用螺栓固定即可；第三种方法是用卡板固定，这种方法只要把母线放入卡板内，将卡板扭转一定角度卡住母线即可，如图 5-6 所示。

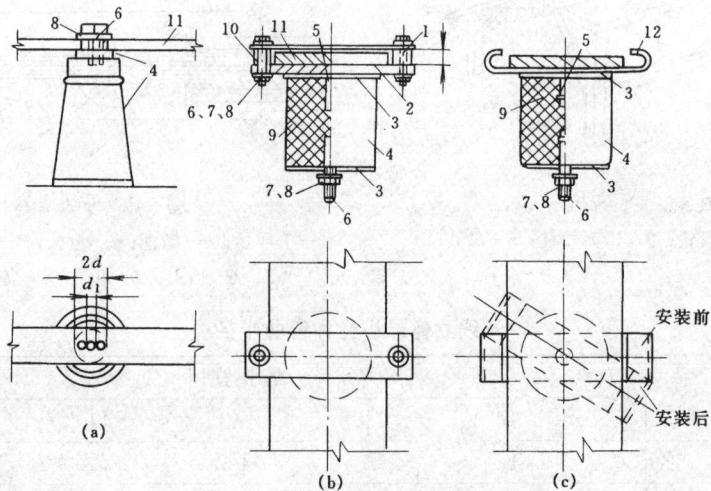

图 5-6　矩形母线在绝缘子上的固定方法
(a) 用螺栓直接固定母线；(b) 用夹板固定母线；(c) 用卡板固定母线
1—上夹板；2—下夹板；3—红钢纸垫圈；4—绝缘子；5—沉头螺钉；6—螺栓；7、9—螺母；8—垫圈；10—套筒；11—母线；12—卡板母线固定在绝缘子上，可以放平，也可以立放，视需要而定。如果在一个绝缘子上固定一相的多条矩形母线时，无论平放或立放，都应采用特殊的母线夹板固定，如图5-7所示。当母线平放时，固定夹板的螺栓外面要套上支持套筒，使母线与上压板之间保持1~1.5mm的间隙；当母线立放时，母线间要有隔板，使上部压板与母线之间保持1.5~2.0mm间隙。这样，当母线通过负荷电流受热膨胀时，可以自由伸缩，不致损坏绝缘子。

对于大电流母线的固定，由于结构形状不同，固定的方法也有所不同。菱形母线、槽形母线、管内通水管径小的母线和管内不通水管径大的母线的固定方法，如图5-8所示。

当母线工作电流大于1500A时，每相母线的支持铁件及母线支持夹板零件（双头螺栓、压板垫板等），应不使其构成闭合磁路。

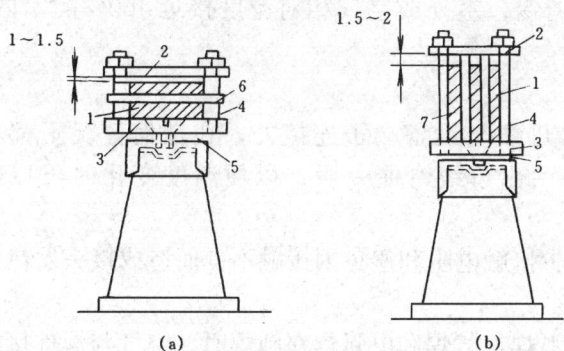

图5-7 多条矩形母线安装方法
(a) 母线平放；(b) 母线立放
1—母线；2—上部压板；3—下部压板；4—螺栓；
5—垫片；6—支持板；7—隔板

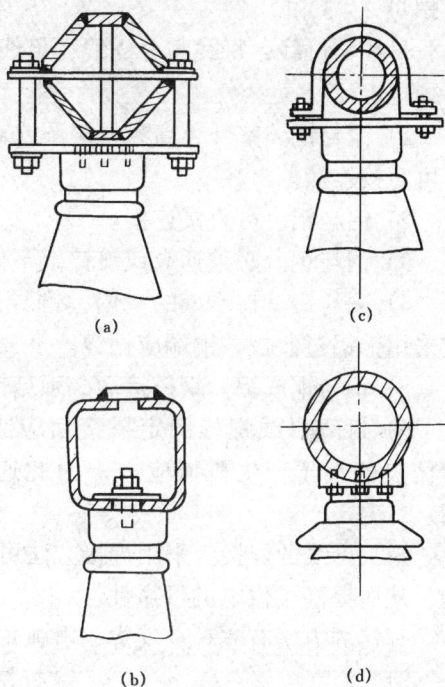

图5-8 大电流母线的固定
(a) 菱形母线；(b) 槽形母线；(c) 管内通水
管径小的母线；(d) 管内不通水管径大的母线

2. 母线的连接

母线的连接方法分为螺栓连接、焊接和压接三种。其中硬母线除了采用焊接外，大部分采用螺栓连接；而软母线则除了采用螺栓连接外，大部分是采用压接法。采用焊接和压接的方法与螺栓连接相比较，降低了接触电阻，增加了机械强度，但工艺复杂，施工也不方便。

（1）母线连接的要求。

1）有足够的机械强度。

2）接头的电阻小而且稳定。接头的电阻通常是用与相同长度导线的电阻的比值来表示。对于新接头的电阻比应不大于1；对于运行后的接头，电阻比应不大于1.2。

3）耐腐蚀。

（2）母线螺栓连接。用螺栓连接母线时，母线连接部分接触面应涂上一层电力复合脂，螺栓连接处加弹簧垫圈及平垫圈。连接用的螺栓和螺母六角头尺寸应符合现行的国家标准。在室外或室内潮湿场所应用镀锌的，室内干燥的地方可用烤蓝的，以免锈蚀。

螺栓的装法：当母线平放时，螺栓由下向上穿，其余情况螺母应装在便于维护的一侧。螺栓两侧都要放平垫圈，螺母侧还应加装弹簧垫圈，两螺栓垫圈之间应有 3mm 以上的间距，是为了防止接头紧固螺栓间构成闭合磁路而引起发热。在拧紧螺栓时，应采用力矩扳手紧固螺栓，这样，可以使每个相同直径的螺栓对工件的压力相等，受力均匀，增加母线接头接触面，从而减少接触电阻，使母线接头不致于过热。拧紧后的螺杆应露出螺母 2~3 扣。

母线与母线，母线与分支线，母线与电器设备接线端子搭接时，其搭接面的处理应符合下列规定：

1）铜与铜。室外、高温且潮湿或对母线有腐蚀性气体的室内，必须搪锡，在干燥的室内可直接连接。

2）铝与铝。可直接连接。

3）钢与钢。必须搪锡或镀锌，不得直接连接。

4）铜与铝。在干燥的室内，铜导体应搪锡，室外或空气相对湿度接近 100% 的室内，应采用铜铝过渡板，铜端应搪锡。

5）钢与铜或铝。钢搭接面必须搪锡。

6）封闭母线螺栓固定搭接面应镀银。母线与设备端子连接处，在任何情况下都不能使设备端子产生机械应力，为此通常将引出母线弯曲一段，以便温度变化时可以伸缩。

(3) 母线的焊接。采用焊接方法可以减少接触电阻和避免因接触不良而造成接头发热问题，从而提高了供电的可靠性。

焊接的方法有三种：气焊、电弧焊和氩弧焊。气焊和电弧焊在施焊时，空气与焊件接触极易产生氧化膜，且焊接加温时间长，引起母线退火、变形或起皱；焊缝易产生气泡、夹渣和裂纹等缺陷，使焊缝直流电阻增加。另外，在母线长期运行中由于盐雾、水分的侵蚀，引起电解和电化腐蚀，使母线接头电阻进一步增加，在通过额定负载电流时，接头温升将超过允许值，影响安全运行，所以，应采用氩弧焊。因为氩弧焊的焊接质量高，焊件变形小，效率高并能全方位焊接，所以是近年来广泛应用的焊接方法。

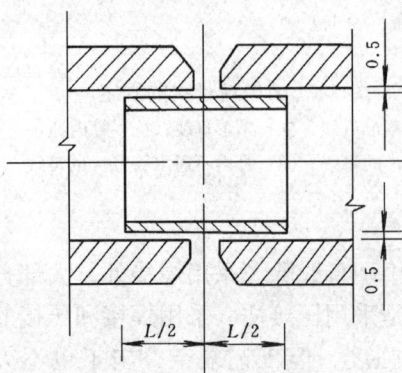

图 5-9　衬管位置图
注：L——衬管长度

母线的焊接工作应由专业人员进行，电气工作人员应做好配合工作，如在焊接前下料、打坡口、摆正焊件、拼装和固定等。

铝母线的焊接采用对接焊，一般可以不打坡口，但对截面较大的母线可以开成 V 形坡口或较大的缝隙。对接时焊口尺寸应符合表 5-4 的规定。

管形母线焊接时，补强衬管垂直中心线应位于焊缝中间，衬管与管形母线之间间隙应小于 0.5mm，如图 5-9 所示。

母线坡口均是用钢錾凿出，然后用锉刀修正，焊前一定要将坡口周围清理干净，以保证焊接质量。

表 5-4　　　　　　　　　　　对口焊焊口尺寸（mm）

母线类型	焊口形式	母线厚度 a	间　隙 c	钝边厚度 b	坡口角度 α (°)
矩形母线		<5	<2		
		5	1~2	1.5	65~75
		6.3~12.5	2~4	1.5~2	65~75
管形母线		3~6.3	1.5~2	1	60~65
		6.3~10	2~3	1.5	60~75
		10~20	3~5	2~3	65~75

第二节　电缆检修

一、电力电缆的特点和分类

（一）在电力系统中，电能的传输有架空线路和电缆线路两种形式。电缆线路与架空线路相比较，电缆线路具有以下优点：

（1）占地小，电缆线路在地下敷设不占地面空间，不受路面建筑物的影响，无须架设杆塔，适合于城市供电。

（2）由于电缆线路敷设在地下沟道里或构架上，对周围设施以及人体都比较安全可靠。

（3）电缆线路一般不受外界的影响，不会产生因雷击、风害、挂冰、风筝以及鸟害等因素造成的短路或接地等故障。

（4）敷设在地下比较隐蔽，有利于备战。

（5）运行维护比较简便，工作量少，从而减少了维修费用。

（6）电缆的电容较大，有利于提高电力系统的功率因数。

（7）对通信线路干扰很小或不产生干扰。

（二）电缆线路与架空线路比较也存在以下缺点：

（1）成本高，投资费用较大，约为架空线路的 10 倍。

（2）敷设后不易改动，不宜作临时性的使用。

（3）线路不易分支。

（4）故障查找较困难。

（5）处理故障费工时而且费用高。

（6）电缆头的制作工艺要求较高。

（三）电力电缆的分类有以下几种形式

1. 按绝缘材料分类

油纸绝缘：黏性浸渍纸绝缘型（统包型、分相屏蔽型）；不滴流浸渍纸绝缘型（统包型、分相屏蔽型）；有油压油浸渍纸绝缘型（自容式充油电缆、钢管充油电缆）；有气压黏性浸渍纸绝缘型（自容式充油和钢管充气电缆）。

　　塑料绝缘：聚氯乙烯绝缘型；聚乙烯绝缘型；交联聚乙烯绝缘型。

　　橡胶绝缘：天然橡胶绝缘型；乙丙橡胶绝缘型。

　　2. 按传输电能形式分类

　　交流电缆和直流电缆。

　　3. 按结构特征分类

　　统包型：缆芯成缆后，在外面有统包绝缘，电缆芯线置于同一护套内。

　　分相型：主要是分相屏蔽，一般用在 10～35kV 线路上，有油纸绝缘和塑料绝缘。

　　钢管型：电缆绝缘外有钢管护套，分钢管充油、充气电缆和钢管油压式、气压式电缆。

　　扁平型：三芯电缆的外型呈扁平形状，一般用于长度较大的海底。

　　自容型：护套内部有压力的电缆，分自容式充油电缆和充气电缆。

　　4. 按敷设环境条件分类

　　地下直埋、地下管道、空气中、水底、矿井、高海拔、盐雾、大高差、多移动、潮热区……。一般环境因素对护层的结构影响较大（有的要求考虑机械保护，有的要求提高防腐蚀能力，有的要求增加柔软度等等）。

　　5. 其他

　　按电压等级可分为高压电缆和低压电缆；按芯数可分为单芯电缆和多芯电缆等。

二、电缆的型号

　　每一个电缆型号表示着一种电缆的结构，同时也表明这种电缆的使用场合和某些特征。我国电缆产品型号编制原则如下：

　　（1）电缆线芯材料、绝缘与内护层材料以其汉语拼音的第一个字母大写表示。例如，纸绝缘的"纸"字（zhi）以 Z 表示；铝（Lü）以 L 表示；铅（qian）以 Q 表示。有些电缆结构上的特点，也用相应的汉语拼音字母代表。例如，分相铅包型电缆的"分"字（fen）以 F 表示。

　　（2）电缆外护层的结构则以外护层结构的数字编号来代表；没有外护层的则在数字后面加"0"。例如，"20"表示裸钢带铠装结构。

　　电缆型号字母的含义如表 5-5 所示。

表 5-5　　　　　　　　　　　　　　电缆型号字母的含义

	类　别	导体	绝　缘	内护套	特　征	外护层
油浸纸绝缘	Z—纸绝缘层	T—铜 L—铝	Z—油浸纸	Q—铅套 L—铝套	CY—充油 F—分相 D—不滴流 C—滤尘用	02、03、20、21、22、23、30、31、32、33、40、41、42、43、441、241 等
塑料绝缘	V—塑料电缆	T—铜 L—铝	V—聚氯乙烯	V—聚氯乙烯		22、23、32、33、42、43……
	VJ—交联聚乙烯电缆	T—铜 L—铝	VJ—交联聚乙烯	LW—皱纹铝套 V—聚氯乙烯 Y—聚乙烯 Q—铅套		22、23、29、32、33、39、42、43……

类　别		导体	绝　缘	内护套	特　征	外　护　层
橡皮绝缘	X—橡皮电缆	T—铜 L—铝	X—橡皮	Q—铅 V—聚氯乙烯 F—氯丁胶		2，20，29

电缆型号中字母的排列，一般按下列次序排列：

绝缘种类——线芯材料——内护层——其他结构特点——外护层。

例如：

ZLQ 20——表示纸绝缘、铝芯、铅包、裸钢带铠装电力电缆；

ZLL 22——表示纸绝缘、铝芯、铝包、二级防腐、钢带铠装电力电缆；

ZQF 2——表示纸绝缘、铜芯、分相铅包钢带铠装电力电缆；

YJLV 29——表示交联聚乙烯绝缘、聚氯乙烯护套、内钢带铠装电力电缆。

对于电缆的了解除了必须了解型号之外，还必须了解所用电缆的工作电压、芯数以及电缆的截面大小等等。因此，如果现有电缆截面为 120mm²，电压为 10kV 的三芯铝芯油浸纸绝缘铅包钢带铠装电缆，其正确的表示方法是 ZLQ10，3×120。

（3）交联聚乙烯绝缘电缆。近年来，10kV 及以下电压等级的场合，广泛地采用交联聚乙烯绝缘电缆，其电缆的特点如下：

优点：

1）有优良的介电性能。

2）交联聚乙烯的允许温升较高，所以电缆的允许载流量较大。

3）耐热性和耐老化性能高，长期允许工作温度可达 90℃。

4）适于垂直高落差和有振动场所敷设。

5）耐化学腐蚀性能好。

缺点：

1）绝缘厚度比浸渍纸绝缘电缆大，因此电缆外径较大。

2）交联聚乙烯的脉冲击穿强度随脉冲次数增加而降低的趋势比油浸纸绝缘的显著。

3）耐电晕比油浸纸绝缘的低。

4）击穿强度随温度上升而下降的趋势比油浸纸绝缘显著。

结构如图 5-10 所示。导体用于传输电流；内屏蔽层是防止导体尖端毛刺放电；绝缘层用于导体与大地之间的隔离；外半导体层是防止外屏蔽尖端放电；铜屏蔽层是防止外界因素干扰；充填物用于充填电缆芯周围的空隙，使其电缆外形美观；内护层具有防水性能和一定的电气性能；铠装层分为钢带和钢丝两种，钢带铠装能承受一般机械外力作用，但不能承受大的拉力。钢丝铠装不但能承受一般机械外力的作用，还能承受较大的拉力；外护层是防止铠装层受到腐蚀，还具有一定的电气性能和防水性能。

三、电缆的敷设

电缆在线材中是比较贵重的材料，其施工也比较复杂，所以在敷设电缆之前一定要做好准备工作。根据设计图纸或资料核对电缆的型号及规格；测量所需敷设长度并留足余量，外部检查应无任何损伤，对 6kV 及以上的电缆要做直流耐压和泄漏电流试验，试验完毕立即

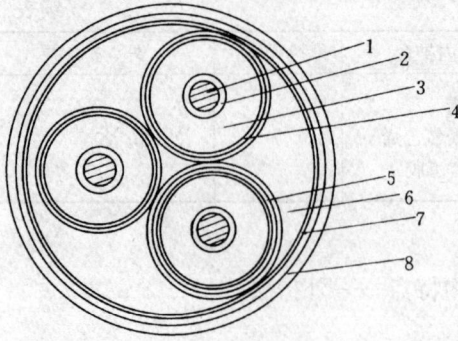

图 5-10 交联聚乙烯电缆结构

1—导线；2—导线屏蔽层；3—交联聚乙烯绝缘；4—半导体层；5—铜带；6—填料；7—内护层；8—外护层

封端，以防电缆受潮（主要针对油浸纸绝缘）。

电缆敷设的方法很多，有直埋地下电缆的敷设、电缆沟敷设、排管敷设、隧道敷设以及敷设在电缆桥架上。这些敷设方式各有它的优点和缺点。选择哪种方式敷设要根据电缆线路的长短、电缆的数量、厂矿的生产性质以及周围环境条件等具体情况来决定。

1. 一般规定

(1) 电缆敷设前应按下列要求进行检查。

1) 电缆通道畅通，排水良好，金属部分的防腐层完整无损，隧道有足够完好的照明，通风符合要求。

2) 电缆型号、电压、规格应符合电缆手册和图纸的设计。

3) 电缆外观应无损伤，绝缘良好。当对电缆的密封有怀疑时，应进行潮湿判断。直埋电缆与水底电缆应经过试验合格。

4) 电缆放线架应放置稳妥，钢轴的强度和长度应与电缆盘的质量和宽度相配合。

5) 敷设前应按设计和实际路径计算每根电缆的长度，合理安排每盘电缆，减少接头。

6) 在带电区域内敷设电缆时，应有可靠的安全措施。

(2) 电缆敷设时，不应损坏电缆沟、隧道、电缆井和人井的防水层。

(3) 三相四线制系统中应采用四芯电力电缆，不应采用三芯电缆另加一根单芯电缆或导线、电缆金属护套作中性线。

(4) 并联使用的电力电缆其长度、型号、规格宜相同。

(5) 电力电缆在终端头与接头附近宜留有备用长度。

(6) 电缆各支持点间的距离应符合设计规定。当设计无规定时，不应大于表 5-6 中所列数值。

表 5-6　　　　　　　　　　　　　　电缆各支持点间的距离 (mm)

电缆种类		敷 设 方 式	
		水　平	垂　直
电力电缆	全塑型	400	1000
	除全塑型外的中低压电缆	800	1500
	35kV 及以上高压电缆	1500	2000
控　制　电　缆		800	1000

注　全塑型电力电缆水平敷设沿支架能把电缆固定时，支持点间的距离允许为 800mm。

(7) 电缆的最小弯曲半径应符合表 5-7 所示的规定。

(8) 黏性油浸纸绝缘电缆两端的最大位差不应超过表 5-8 的规定，当不能满足要求时，应采用适合于高位差的电缆。

表 5-7　　　　　　　　　　　　　　　　**电缆最小弯曲半径**

电缆型式		多芯	单芯	电缆型式		多芯	单芯
控制电缆		10D		交联聚乙烯绝缘电力电缆		15D	20D
橡皮绝缘电力电缆	无铅包、钢铠护套	10D		油浸纸绝缘电力电缆	铅包	30D	
	裸铅包护套	15D			铅包 有铠装	15D	20D
	钢铠护套	20D			无铠装	20D	
聚氯乙烯绝缘电力电缆		10D		自容式充油（铅包）电缆			20D

注　表中 D 为电缆外径。

表 5-8　　　　　　　　　　　**黏性油浸纸绝缘铅包电力电缆的最大允许敷设位差**

电压（kV）	电缆护层结构	最大允许敷设位差（m）
1	无铠装	20
	铠装	25
6～10	铠装或无铠装	15
35	铠装或无铠装	5

（9）电缆敷设时，电缆应从电缆盘的上端引出，不应使电缆在支架上或地面摩擦拖拉，应沿着电缆敷设路径每隔 2～2.5m 的距离放一只滚轮，将电缆放在滚轮上进行拖拉。也可在一定距离内用人工扶着电缆进行拖拉。进行敷设的电缆上不得有铠装压扁、电缆绞拧、护层折裂等未消除的机械损伤。

（10）油浸纸绝缘电力电缆在切断后，应立即将端头进行铅封，塑料绝缘电缆应有可靠的防潮封端。

（11）敷设电缆时，允许敷设的最低温度、敷设前 24h 内的平均温度以及敷设现场的温度不应低于表 5-9 的规定，当温度低于表 5-9 所规定值时，应采取措施。

表 5-9　　　　　　　　　　　　　　　　**电缆允许敷设最低温度**

电缆类型	电缆结构	允许敷设最低温度（℃）
油浸纸绝缘电力电缆	充油电缆	−10
	其他油纸电缆	0
橡皮绝缘电力电缆	橡皮或聚氯乙烯护套	−15
	裸铅套	−20
	铅护套钢带铠装	−7
塑料绝缘电力电缆		0
控制电缆	耐寒护套	−20
	橡皮绝缘聚氯乙烯护套	−15
	聚氯乙烯绝缘聚氯乙烯护套	−10

（12）电力电缆接头的布置应符合下列要求：

1）并列敷设的电缆，其接头的位置不要并排装接，应前后错开。

2）电缆明敷设时，其接头应用托板托置固定。

3）直埋电缆接头盒外面应有防止机械损伤的保护盒（环氧树脂接头盒除外）。位于冻土层内的保护盒，盒内宜注以沥青。

（13）电缆敷设时应排列整齐，不宜交叉。对敷设的电缆应用卡子进行固定，并及时装设标志牌。

（14）标志牌的装设应符合下列要求：

1）在电缆终端头、电缆接头、拐弯处、夹层内、隧道及竖井的两端、人井内等地方的电缆上都应装设标志牌。

2）标志牌上应注明电缆线路的编号，当无编号时，应注明电缆型号、规格以及起始地点，并联使用的电缆应有顺序号。标志牌的字迹应清晰可见，而且不易脱落。

3）标志牌的规格宜统一，标志牌应能防腐蚀，挂装应牢固可靠。

（15）电缆的固定，应符合下列要求：

1）在下列地方应将电缆加以固定：①垂直敷设或超过45°倾斜敷设的电缆在每个支架上；桥架上每隔2m处；②水平敷设的电缆、在电缆首末两端及转弯、电缆接头的两端处；当对电缆间距有要求时，每隔5～10m处；③单芯电缆的固定应符合设计要求。

2）交流系统的单芯电缆或分相后铅包电缆的固定夹具不应构成闭合磁路。

3）裸铅（铝）包电缆的固定处，应加软衬垫保护。

4）护层有绝缘要求的电缆，在固定处应加绝缘衬垫。

（16）沿电气化铁路或有电气化铁路通过的桥梁上明敷电缆的金属护层或电缆金属管道，应沿其全长与金属支架或桥梁的金属构件绝缘。

（17）电缆敷设应做到横平竖直，引出方向一致，余度一致，相互间距离一致，避免交叉压叠，达到整齐美观。

（18）在下列地点，电缆应穿入保护管内：

1）电缆引入及引出建筑物、隧道、沟道处。

2）电缆穿过楼板及墙壁处。

3）引至电杆上或沿墙敷设的电缆离地面2m高的一段。

4）室内电缆可能受到机械损伤的地方，室外电缆穿越道路时，以及室内人容易接近的电缆距地面2m高的一段。

（19）电缆进入电缆沟、隧道、竖井、建筑物、盘（柜）以及穿入管子时，出入口应封闭，管口应密封。

（20）电缆敷设完毕后，应及时整理电缆，将电缆按设计位置排列放置，电缆理直，并按前述要求在不同的场合采用塑料扎带或卡子进行固定，补挂电缆牌等，在上盘（柜）的地方应留有适量弯头裕度。

2. 直埋地下电缆的敷设

将电缆直接埋入地下的方式，多为室外电缆稀少的地区和土壤中不含有腐蚀电缆铠装和封包的物质。直埋方式投资少。直埋电缆沟的宽度与敷设的电缆根数有关。如只敷设一根，其宽度只要便于挖土和放置电缆用的滑轮即可。如敷设数根电缆时，要求电缆与沟壁应保持50～100mm的距离。

（1）电缆埋置深度应符合下列要求：

1）电缆表面距地面的距离不应小于0.7m。穿越农田时不应小于1m。在引入建筑物与地下建筑物交叉及绕过地下建筑物时，可浅埋，但应采取保护措施。

2）电缆应埋设于冻土层以下，当受条件限制时，应采取防止电缆受到损坏的措施。

（2）电缆之间，电缆与其他管道、道路、建筑物等之间平行和交叉时的最小净距应符合表 5-10 的规定。严禁将电缆平行敷设于管道的上方或下方，特殊情况应按下列规定执行：

表 5-10　　　　电缆之间，电缆与管道、道路、建筑物之间平行和交叉时的最小净距

项　　目		最小净距（m）	
		平　　行	交　　叉
电力电缆间及其与控制电缆间	10kV 及以下	0.10	0.50
	10kV 以上	0.25	0.50
控制电缆间		—	0.50
不同使用部门的电缆间		0.50	0.50
热管道（管沟）及热力设备		2.00	0.50
油管道（管沟）		1.00	0.50
可燃气体及易燃液体管道（沟）		1.00	0.50
其他管道（管沟）		0.50	0.50
铁路路轨		3.00	1.00
电气化铁路路轨	交　　流	3.00	1.00
	直　　流	10.0	1.00
公　　路		1.50	1.00
城市街道路面		1.00	0.70
杆基础（边线）		1.00	—
建筑物基础（边线）		0.60	—
排水沟		1.00	0.50

注　电缆与公路平行的净距，当情况特殊时可酌减。

1）电力电缆间及其与控制电缆间或不同使用部门的电缆间，当电缆穿管或用隔板隔开时，平行净距可降低为 0.1m。

2）电力电缆间、控制电缆间以及它们相互之间，不同使用部门的电缆间在交叉点前后 1m 范围内，当电缆穿入管中或用隔板隔开时，其交叉净距离可降为 0.25m。

3）电缆与热管道（沟）、油管道（沟）、可燃气体及易燃液体管道（沟）、热力设备或其他管道（沟）之间，虽净距能满足要求，但检修管路可能伤及电缆时，在交叉点前后 1m 范围内，尚应采取保护措施；当交叉净距不能满足要求时，应将电缆穿入管中，其净距可减为 0.25m。

4）电缆与热管道（沟）及热力设备平行、交叉时，应采取隔热措施，使电缆周围土壤的温升不超过 10℃。

5）当直流电缆与电气化铁路路轨平行、交叉时，其净距不能满足要求时，应采取防电化腐蚀措施。

（3）直埋电缆的上、下部应铺以不小于 100mm 厚的软土或沙层，并加盖保护板，其覆盖宽度应超过电缆两侧各 50mm，保护板可采用混凝土盖板或砖块。

软土或沙子中不应有石块或其他硬质杂物，防止电缆受机械损伤。板上面再将原土回填

好，如图 5-11 所示。

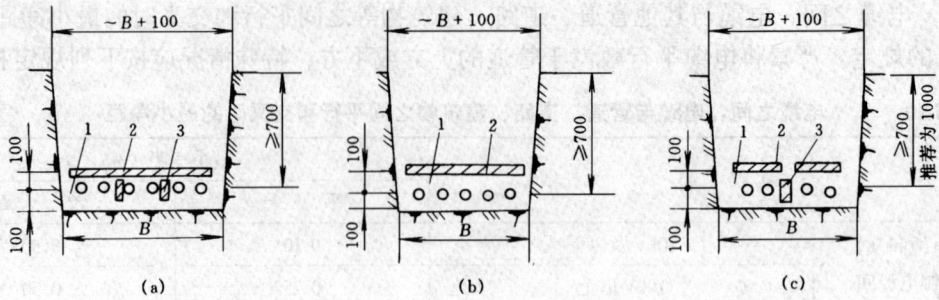

图 5-11　直埋电缆断面图
(a) 适用于 10kV 及以下电力电缆（图中示意三种不同电压电缆）；(b) 适用于
控制电缆；(c) 适用于控制电缆和 1kV 以上电力电缆同沟埋设
1—黄砂或软土；2—水泥板或砖；3—砖

3. 生产厂房内及隧道、沟道内电缆的敷设

隧道、沟道、生产厂房内的桥架上电缆敷设除应按前述一般规定要求进行外，还要符合下列要求：

(1) 电力电缆和控制电缆一般应分开排列。当电力电缆和控制电缆敷设在同一侧的支架上时，应尽量将控制电缆放在电力电缆的下面，1000V 及以下的电力电缆应放在 1000V 以上的电力电缆的下面，电力电缆和控制电缆不应放在同一层支架上，以减少故障时事故的扩大。

(2) 交流单芯电力电缆，应布置在同侧支架上。当按紧贴的正三角形排列时，应每隔 1m 用绑带扎牢。

(3) 电缆与热力管道、热力设备之间的净距，平行时不应小于 1m，交叉时不应小于 0.5m，当受条件限制时，应采取隔热保护措施。

电缆通道应避开锅炉的看火孔和制粉系统的防爆门，当受条件限制时，应采取穿管或封闭槽盒等隔热防火措施。电缆不宜平行敷设于热力设备和热力管道的上部。

(4) 明敷在室内及电缆沟、隧道、竖井内带有麻护层的电缆，应剥除麻护层，并对其铠装加以防腐。

(5) 电缆敷设完毕后，应及时清除杂物，盖好盖板，必要时，尚应将盖板缝隙密封。

4. 管道内电缆的敷设

电缆穿管敷设时的规定，除了前述一般规定要求外，应符合下列几点要求：

(1) 电缆穿管敷设前，可用压缩空气进行疏通管道使其畅通，管道内部应无积水，无杂物堵塞。穿电缆时，不得损伤护层，可采用无腐蚀性的润滑剂（粉）进行。

(2) 电缆穿入单管时，应符合下列规定：

1) 铠装电缆与其他电缆不得穿入同一管内。

2) 一根电缆管只允许穿一根电力电缆。

3) 敷设混凝土管、陶土管、石棉水泥管内的电缆，宜用塑料护套电缆，以防腐蚀。

四、电缆终端头和中间接头的制作

电缆终端头和中间接头的制作，是电缆施工最重要的一个环节，制作质量的好坏，将对电气设备的安全运行具有十分密切的关系。对于浸渍纸绝缘电缆，如果电缆终端头绝缘和密封不好，不仅会漏油，使电缆绝缘干枯，潮气会侵入电缆内部，使电缆绝缘性能降低。同样交联聚乙烯绝缘电缆也会使潮气侵入电缆内部，造成绝缘性能降低，使之在长期的运行中加速绝缘恶化，导致绝缘击穿。因此，在制作过程中，要严格按照工艺要求进行施工。

（一）电缆终端头的种类

电缆终端头分为户外和户内两种。装在户外的终端电缆头，由于气候气温的变化大而且经受雨淋，所以必须具有可靠的密封性能及足够的湿闪距离，结构比较笨重。户内终端头一般不需要防水结构，10kV 及以下的电缆终端头可以不用瓷套管，结构比较简单。

常见的户外铸铁壳终端头有鼎足型、扇型和倒挂型三种。此外还有环氧树脂型和瓷外壳型以及交联聚乙烯绝缘热缩型等终端头。常见的户内终端头有漏斗型、铅手套型、干包型、环氧树脂型、塑料手套型、瓷手套型、交联聚乙烯绝缘热缩型和铸铁盒型等。

1. 干包电缆终端头

干包电缆终端头的特点是体积小、质量小、制作比较方便、成本低廉，但耐油压性能差，在较高温度下运行时，易老化而失去弹性、发脆，而且机械强度低，故只能使用 3kV 及以下的电缆。一般在高温车间和高低差大的电缆的低端不宜采用。目前，聚氯乙烯软手套式的干包终端头由于解决了终端头三叉口渗漏油的问题，应用广泛。

干包电缆终端头制作工艺如下：

（1）准备工作。

1）制作电缆终端头前，把所用的材料和工具准备齐全，材料应符合要求，工具需擦洗干净，保持清洁，并按设计图纸核对电缆型号和规格。

2）检查电缆是否受潮。用清洁、干燥的夹钳将统包绝缘纸撕下几条进行检验。

3）测量绝缘电阻。

a）3kV 及以下的电力电缆，可使用 1000V 兆欧表进行测量，并将其测量数值换算到长度为 1km 和温度为 20℃时，应不小于 50MΩ。

b）6～10kV 的电力电缆，可使用 2500V 兆欧表，其测定数值换算到长度为 1km 和温度为 20℃时，应不小于 100MΩ。

4）核对相序，做好记号。按 L1、L2、L3 三相分别在线芯上做好记号，应与电源相序一致。

（2）决定剥切尺寸。电缆终端头的安装位置确定后，电缆外护层和铅（铝）包的剥切尺寸即可决定。干包型电缆终端头的剥切尺寸如图 5-12 所示。

（3）制作工序。

1）打电缆卡子，箍住电缆钢铠的端部，以防松散。

a）根据预先决定的剥切尺寸，在钢铠上打卡子处做好记号。卡子可用电缆本身剥下来的钢带制作。钢带上的沥青可用喷灯烧净（这也对钢带起退火的作用）。

b）在要打卡子及卡子之间的电缆钢铠上，用喷灯将该处的沥青层烧热后用布擦干净，再用锉刀或砂布打磨，使其显出金属光泽，并搪一层焊锡，沿电缆轴向放置接地线。

c）将卡子卡在电缆钢铠及接地线上，用手卡紧，再用钳子使两端相互扣上咬牢，最后用钳子将咬口向钢带旋转方向打平。使卡子紧箍在电缆钢铠上。咬口位置应设在侧面。

2）剥除外护层。

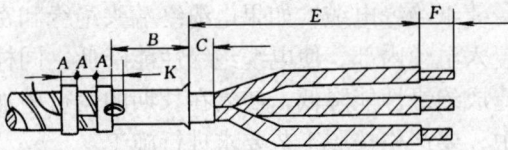

图 5-12 干包终端头的剥切尺寸

A——电缆卡子宽度及卡子间距，A = 电缆本身钢铠宽度；

K——焊接地线尺寸，不分电压与电缆截面大小，K = 10 ~ 15mm；

B——预留铅包尺寸，按电缆截面大小分：
35mm² 及以下　　　B = 铅包外径 + 40mm；
50mm² 及以上　　　B = 铅包外径 + 50mm；

C——预留统包绝缘尺寸，不分电压与电缆截面大小，C = 25mm；

E——绝缘包扎长度，按电压分：
1kV 及以下　　　E > 160mm；
3kV　　　E > 210mm；

F——导体裸露长度，F = 端子孔(线鼻子孔)深度 + 5mm

a) 用钢锯在外护层第一道卡子口向上（端部方向）3 ~ 5mm 处，锯一环形深痕，深度为钢铠厚度的 2/3，不得锯透。

b) 用螺丝刀在锯痕尖角处将钢铠挑起，用钳子钳住，用力撕断钢铠，然后自端部向下（电缆侧），用手（戴手套）将钢铠剥除。

c) 以同样的方法剥去第二层钢铠，并修饰钢铠切口，使之圆滑无刺。

d) 用喷灯烘热，剥除内层黄麻衬垫，在黄麻衬垫伸出钢铠 3mm 处把它切断，刀口应向外，不得割伤铅（铝）包层。

e) 用喷灯稍微烘热铅（铝）包层表面，用刀刮去氧化膜（铝包则用锉刀打粗糙）。禁止用喷灯将沥青纸在铅（铝）包上燃烧。

3) 焊接地线。

a) 接地线采用裸铜软绞线，截面不应小于 10mm²，表面应保持清洁，无断股现象，长度按实际需要决定。

b) 将地线分股紧贴铅（铝）包排列，用直径 1.4mm 的裸铜线缠绕三匝箍紧。剪断余线，将地线留出部分向下弯并敲平，使地线贴紧扎线并涂上焊剂。

c) 地线与钢铠的焊接处应在两道卡子之间，各股线均应与钢铠焊牢。焊接过程中，喷灯火焰宜与电缆倾斜一定角度，火焰大小以焊料刚能熔化为宜。

d) 地线与铅（铝）包焊接时，喷灯火焰不得垂直对着电缆，以免烫伤铅（铝）包和内部绝缘。电缆截面在 70mm² 以下者，可用点焊（焊点为长 15 ~ 20mm、宽 20mm 左右的椭圆形），70mm² 以上应用环焊（焊点为圆环形）。地线与铅包（或铝包）的焊接应牢固、光滑。

4) 剖切铅（铝）包，胀喇叭口。

a) 量取规定长度以后，做一个记号，在该记号处用绝缘带临时包缠两圈，然后用电工刀沿着绝缘带的表面将铅（铝）包切一圆形深痕，深度为铅包厚度的 1/2 ~ 2/3（切割铝包时检修人员可适当掌握加深，但不得切透），将临时包带取下。

b) 用特殊剖铅刀或电工刀，顺着电缆轴向，在铅（铝）包上剖切两道深痕，深度同上，间距 6 ~ 10mm。

c) 在电缆顶端，将两道深痕间的铅（铝）皮条，用螺丝刀或电工刀撬起，用钳子夹住往下撕，当撕至环形深痕处时，再轻轻将铅（铝）皮条折断。

d) 自上而下用手将铅（铝）皮剥开，当靠近下部环形深痕时，应将铅（铝）包沿一个方向向外拉断。

e) 用胀铅（铝）器把铅（铝）包胀成喇叭口，如图 5-13 所示。其最大直径为铅（铝）包直径的 1.2 倍。然后将喇叭口处修饰得光滑无喇。注意不能使铅屑掉入喇叭口内。

5) 包缠统包绝缘。

a) 电缆在统包绝缘纸外层有 1 ~ 2 层半导体纸，为了改善喇叭口处的电场分布，半导体纸应伸出铅（铝）包口 5mm。为此，在铅（铝）包口处，向外临时用直径 1mm 的线绳绕半导体纸紧紧箍扎五圈（即约 5mm），然后将线扎箍以外的半导体纸沿扎箍边缘整齐地撕下（禁止用刀切割，以免统包绝缘受损）。半导体纸撕齐后，再将临时扎线拆除。

b）从喇叭口向端头量取预留统包纸绝缘的尺寸并做记号。

c）用聚氯乙烯带包缠预留统包绝缘部分，以填平喇叭口为准。喇叭口内必须充填结实，并用尼龙绳绑扎，其绑扎长度为 20mm 左右。

d）将端头其余的统包绝缘纸撕去，用手将三相线芯分开，用电工刀切去三芯填充物，但注意刀口应向外切，不得剖伤绝缘和导体。

e）用白布蘸汽油沿绝缘绕缠方向将芯线的电缆油擦干净，用白纱带临时将线芯包缠两层。

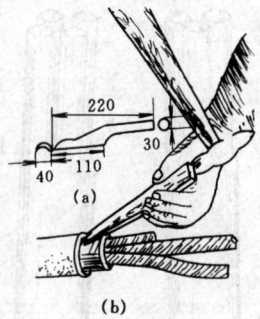

图 5-13　铅（铝）包胀喇叭口

（a）胀铅器；（b）胀喇叭口操作

6）线芯包缠绝缘带。

a）拆除一相芯线临时白纱带。

b）从芯线分叉口根部开始用聚氯乙烯带在线芯绝缘上包缠 1～3 层，包缠的层数可根据橡胶管（或塑料管）套入的松紧而定。包缠时，拉紧聚氯乙烯带的松紧程度应一致，沿绝缘纸绕缠方向以半叠法向端头包缠，不应有打折、扭皱等现象。其他两相线芯同样处理。

7）包缠内包层。

a）在线芯三叉口处压入第一个风车，风车必须紧紧地压入三叉口，置放平正，风车用宽 10mm 的聚氯乙烯带制成，如图 5-14 所示。

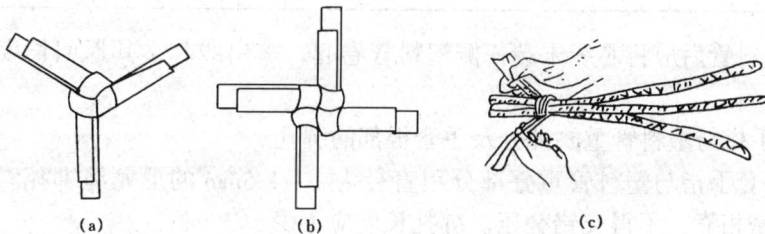

图 5-14　分叉口压入的风车

（a）三芯电缆风车；（b）四芯电缆风车；（c）压入风车

b）用宽度为 20～25mm，厚度为 0.15～0.20mm 的聚氯乙烯带（不得采用黄蜡布带或黑蜡布带）包缠内包层，如图 5-15 所示。

c）在内包层即将完成时压入第二个风车，风车的聚氯乙烯带宽度为 15～20mm，当电缆两端高差过大时，所压风车应适当增加。风车压入后，应向下勒紧，使风车带均衡分散，摆置平整，带边不起皱，层间无空隙。

8）套入聚氯乙烯软手套。

a）在线芯上刷一层薄薄的凡士林或干净的机油，套入合格的软手套。软手套的形状如图 5-16 所示，手套必须紧贴内包层，手套三叉口处必须紧贴压芯风车（风车不得松动）。

图 5-15　包缠内包层

b）用聚氯乙烯带临时包扎软手套根部，然后用聚氯乙烯带封手套手指，从各芯根部勒紧包缠至高出手指口约 20～30mm。

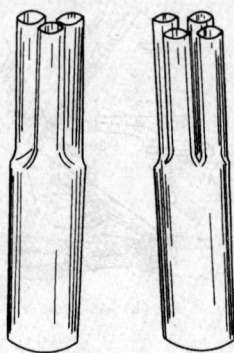

图 5-16 聚氯乙烯软手套

手指根部缠三层左右，手指口处缠一层，缠成一个锥形。

9）套入塑料软管。塑料管的长度为线芯长度加 80~100mm。内径可参照表 5-11 选用。截面为 50mm² 及以上的电缆，管壁厚度为 1~1.5mm，对截面为 35mm² 以下的电缆不做规定。

a）将塑料管截成需要的长度，一端削成 45°的斜口。

b）将塑料管预热，方法有两种：一是用电炉直接烤热，温度为 70~80℃左右；二是用 100~120℃合格的变压器油（或合格的机油）注入管内直接预热。

c）套塑料管工作应由两人合作。套管时，塑料管平口一端用平口钳子夹住，自另一端注入变压器油，对准芯线滑冲几次后，迅速套至手套手指根部，但不得刺破手套。套入后，夹住密封的一端，立刻松开放尽剩油，并应将管内残油用手挤压排出，管与绝缘间应紧贴密实，无皱折现象。

表 5-11   塑料管内径选择（mm）

电压等级 （kV）	电缆截面（mm²）													
	2.5	4	6	10	16	25	35	50	70	95	120	150	185	240
1	4	4	5	5	6	9	10	11	13	15	17	18	20	23
3			5	6	7	8	9	11	13	14	16	18	19	21	24

d）套完塑料管后应将芯线末端一侧塑料管卷起，露出线芯，其返回长度应满足线鼻子连接的要求。

10）手套手指与塑料管重叠部分及手套根部的绑扎。

a）在软手套手指与塑料管重叠部分用直径为 1~1.5mm 的尼龙绳绑扎。绑扎时，必须用力勒紧，紧密相靠，不得交错叠压。绑扎长度应不少于 30mm。

b）拆除软手套根部临时绑扎的聚氯乙烯带，用手压紧手套，排除手套内部空气，在软手套根部正式包上一层聚氯乙烯带，然后在软手套根部绑扎尼龙绳。电缆截面为 50mm² 及以上者，绑扎长度不得小于 30mm，其中应有 10mm 压在手套与铅包接触部位上，20mm 压在内包层斜面上。当电缆截面为 35mm² 及以下时，绑扎长度不得小于 20mm，其中应有 10mm 压在手套与铅包接触部位上，10mm 压在内层斜面上。

11）剥除线芯末端的绝缘纸并压接线端子。用聚氯乙烯带在线芯至铝端子管口一段（导体裸露部分）及端子上的压坑包缠填实，将原来卷起的塑料管退下来套在铝端子上。用直径为 1~1.5mm 的尼龙绳在铝端子上将塑料管绑扎结实。然后，用黑蜡带或黄蜡带或浸渍玻璃纤维带，自三相分叉处开始在各相线芯的塑料管上，分别包缠两层。若为了标志相序，则可分别包缠一层黄、绿、红聚氯乙烯带。

12）包缠外包层，用聚氯乙烯带在软手套外包缠几层后即用黄（黑）蜡带或浸渍玻璃纤维带进行包缠直至成型。成型后可再用聚氯乙烯带包缠一层，以使外表美观。在三叉口处先后压入 3~4 个风车，风车必须勒紧，填实三叉口空间，以排除空气。最后一个风车应比外包缠高度高出 1~2mm，以免积灰。

13）干包终端头如图 5-17 所示，所需要的主要材料如表 5-12 所示。图 5-17 中的 A、K、B、d、h、D、H、F 等为电缆头各部分的具体尺寸，如表 5-13 所示。

表 5-12　　　　　　干包终端头所需主要材料表

序号	材料名称	规格	每一个头需用量
1	聚氯乙烯软首套	与电缆截面同	1 只
2	铝鼻子	与电缆截面同	3 只
3	聚氯乙烯带	25×0.2mm	25m
4	塑料管		2m
5	黄、黑蜡带或醇酸玻璃纤维带	25×0.17mm	25m
6	尼龙绳	$\phi = 1 \sim 1.5$mm	8m
7	硬脂酸		0.1kg
8	封铅		0.2kg
9	凡士林油	中性	0.02kg

表 5-13　　　　　　1~3kV 干包终端头尺寸

代号	尺寸
A	电缆钢带宽度
K	$10 \sim 15$mm
B	35mm^2 及以下　$B = D_1 + 40$mm 50mm^2 及以上　$B = D_1 + 50$mm
d	35mm^2 及以下　$D = D_1 + (6 \sim 8)$mm 50mm^2 及以上　$d = D_1 + (12 \sim 14)$mm
h	35mm^2 及以下　$h = D_1 + 20$mm 50mm^2 及以上　$h = D_1 + 40$mm
D	35mm^2 及以下　$D = D_1 + 25$mm 50mm^2 及以上　$D = D_1 + 30$mm 120mm^2 及以上　$D = D_1 + 35$mm
H	35mm^2 及以下　$H = D_1 + 50$mm 50mm^2 及以上　$H = D_1 + 80$mm 120mm^2 及以上　$H = D_1 + 100$mm
F	$F = $ 线鼻子孔深度 $+5$mm

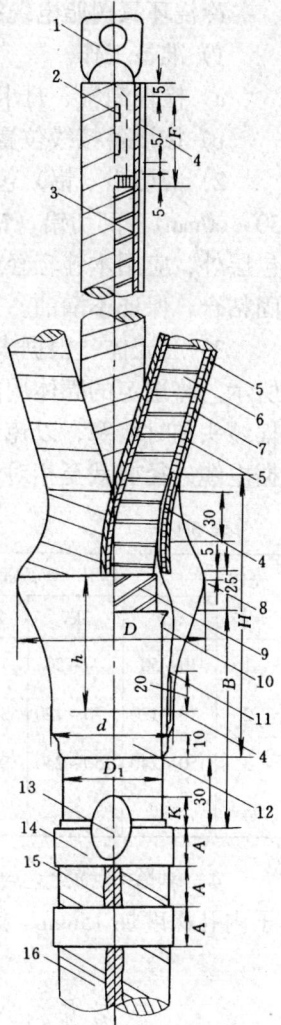

图 5-17　1~3kV 干包电缆终端头结构

1—接线端子（线鼻子）；2—接线端子压接坑内填以聚氯乙烯带；3—芯线绝缘；4—尼龙绳；5—聚氯乙烯带；6—黄（黑）蜡带二层；7—塑料软管；8—聚氯乙烯带包缠外包层；9—预留统包绝缘纸；10—聚氯乙烯带包缠内包层；11—聚氯乙烯软手套；12—预留铅包；13—接地线封头；14—接地卡子；15—裸铜接地线；16—电缆钢带

2. 环氧树脂电缆终端头

环氧树脂是一种热塑性线型结构的树脂，它具有两个或两个以上环氧基，在一定温度下，加入适量的固化剂，能使线型结构交联成网状结构，成为遇水不溶、加热不熔的热固性塑料。它有优异的电气性能和一定的机械强度，曾被广泛的应用。

冷浇型环氧树脂电缆终端头的主要材料，有聚丙烯外壳（包括壳体、上盖、垫圈、出线套等）、环氧冷浇材料、自粘胶带、丁腈或氯丁耐油胶管、无碱玻璃丝带、绝缘带（包括内包带和相色带）、线鼻子等。

冷浇环氧树脂电缆终端头制作工艺：

1）准备工作。

a）检查潮气、打卡子、剥切钢铠，割去黄麻，焊接地线等。

b）按设备接线位置量取所需长度，将多余的电缆锯除。

2）剖切铅（铝）包层、胀喇叭口；量出预留铅（铝）包尺寸（一般自第一道卡子向外 50～60mm），剖切铅（铝）包层，用专用工具胀喇叭口。自喇叭口向下 30mm 一段的铅（铝）包层外，应用木锉轻轻打毛，并用干净塑料带临时包绕保护，其目的是使之能与环氧树脂牢固粘合，保证不漏油。

3）套壳体。根据表 5-14 所示，选用与电缆规格相适应的聚丙烯壳体及垫圈，如图 5-18 所示。将选定的壳体用蘸汽油的抹布将内、外擦干净，壳体套至电缆钢铠上，上口用干净的棉纱头临时堵塞，以免脏物落入。垫圈套至喇叭口下 30mm 以下位置，垫圈下部的阶梯可根据电缆外径剪裁至相对应的尺寸。

表 5-14　　　　　　　　　　　　　　聚 丙 烯 外 壳 的 规 格

壳体号数	适用电缆截面（mm²）				各部分主要尺寸（mm）								
	1kV	3kV	6kV	10kV	D_1	D_2	D_3	D_4	D_5	D_6	H_1	H_2	H
1	10～50	4～50	10～25	—	26	22	18	35	69	17	37	33	148
2	70～120	70～120	35～70	16～50	33	29	25	45	89	25	35	33	167
3	150～240	150～240	95～185	70～150	44	40	36	55	110	35	35	33	190
4	—	—	240	185～240	52	48		65	120	38	29	33	210

4）剥除电缆纸。半导体纸剥至伸出铅包20mm；电缆端部线芯绝缘纸剥除长度为接线端子内孔深度加15mm。剥纸时为了整齐美观可在不剥除的界面缠绕临时包带或扎线，并割除线芯之间的填充物，擦净全部线芯上的油污。

5）套入耐油橡胶管。

a）先在绝缘纸芯上包绕一层聚氯乙烯带，以防止套管时损坏线芯绝缘。

b）在线芯上涂以滑石粉或凡士林，套入耐油橡胶管，胶管的大小参照表5-15选择。胶管下面切成45°斜面，用酒精将套管里外擦净，特别注意要除去橡胶管内的存水。套至三叉口处要防止擦伤绝缘纸，胶管端头处应往外翻，露出接线端子（线鼻子）孔外部分的导体。

6）包绕电缆三叉口处堵油层。用自粘橡胶带从喇叭口下10mm处到喇叭口上面50～80mm处的耐油橡胶管上包绕三层，三叉口中央可先填一些自粘带或用自粘带压风车，然后用自粘胶带来回包绕密封。包绕时自粘胶带需拉伸一倍左右，以保证层与层间的粘合。

7）套入上盖、压接线端子（接线鼻子），包绕线芯端头堵油层。

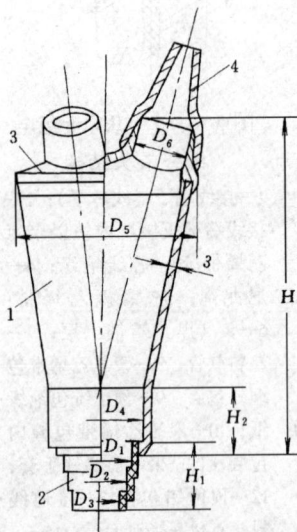

图 5-18　外壳结构图

1—壳体；2—垫圈；
3—上盖；4—出线套

表 5-15　　　　　　　　　　　　耐压橡胶管内径选择表（mm）

电缆额定电压	电缆线芯截面（mm²）									
（kV）	16	25	35	50	70	95	120	150	185	240
1，3	9	9	11	11	13	15	17	19	21	23
6，10	11	11	13	15	17	19	21	23	25	27

a）套入聚丙烯外壳上盖，对于接线端子（线鼻子）最大外径小于上盖口径的电缆，此工艺也可以在压接端子后再进行。

b）安装接线端子，用压接法将接线端子与线芯连接起来。

c）压坑用自粘胶带或聚氯乙烯带填满，接线端子与线芯绝缘间 15mm 空隙用聚氯乙烯带填满，然后在接线端子下 30mm 至接线端子第二个压坑部位缠绕一层自粘胶带，再将耐油胶管翻回套到接线端子第一个压坑部位。

d）排出橡胶管内的空气后，用直径为 1mm 的尼龙绳在第一个压坑部位的耐油胶管上绕扎 5 圈，以加强堵油作用。

e）用自粘胶带在接线端子上开始由上向下绕包至端子的端部下面 20mm 处，来回绕包三层作为堵油密封。

8）缠包加强层。

a）自接线端子至上盖口下部 20mm（或齐上盖口）处的耐油胶管外，半叠包绕两层黑玻璃漆布带（或黄腊布带），以加固胶管的强度。

b）校对相序，并用聚氯乙烯相色带分相包缠一层。相色带外再包一层透明聚氯乙烯带。

9）固定外壳及上盖，浇注环氧树脂。

a）固定好壳体，把壳体移至垫圈上，然后用塑料带绕包连接封口。

b）固定好上盖，使其与壳体结合紧密，并在相接处亦用塑料带绕包一层，以防注胶时渗漏。

c）冷浇铸环氧树脂，冷浇铸剂是一种由环氧树脂、稀释剂、增塑剂、填料混合而成的环氧复合物，并和固化剂装在同一袋子中，它们之间用金属夹子或塑料夹分开。浇铸前应先将环氧复合物揉捏均匀，再去掉塑料袋中间的夹子，让其环氧复合物和固化剂混合在一起，并在塑料袋外不停地揉捏均匀，时间为 8～10min。当观其颜色基本一致，并具有热量发出时，则可剪去口袋一角，将环氧复合物缓慢地浇入壳体内。环氧冷浇铸剂宜在 15℃以上施工，一般较适宜的温度为 20～30℃，具体情况请参照所购材料说明，若温度低，则需将环氧冷浇铸剂预热或提高环境温度。

d）套上出线套。冷浇型环氧树脂终端头装配如图 5-19 所示。

3．10kV 交联聚乙烯绝缘电缆热缩型终端头的制作工艺

（1）剥除电缆外护套，用电缆夹将电缆垂直固定，如图 5-20（a）所示，由电缆末端量取实际需要的长度，然后剥除电缆外护套（一般户外终端头量取长度为 750mm；户内头量取长度为 550mm）。

10kV 交联聚乙烯绝缘电缆终端剥切尺寸如图 5-20（b）所示。

（2）剥除电缆铠装，由外护套断口量取 30mm 铠装，绑扎线，其余部分用钢锯将钢铠锯齐并除掉，但不得损伤内护层，如图 5-21（a）所示。

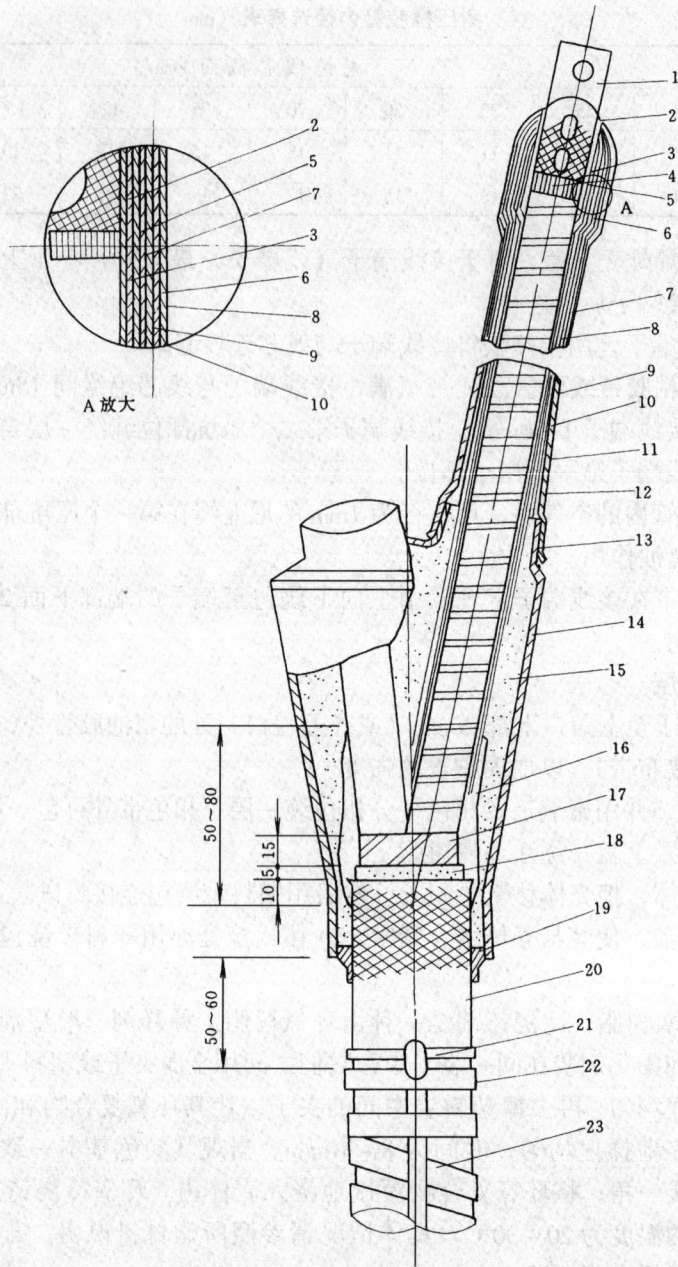

图 5-19 1~10kV冷浇环氧树脂终端头装配图

1—接线耳；2—自粘胶带；3—耐油橡胶管；4—线芯；5—聚氯乙烯绝缘包带；6—自粘胶带；7—聚氯乙烯绝缘带；8—黑漆玻璃带或黄蜡绸带；9—相色带；10—聚氯乙烯透明带；11—出线套；12—纸绝缘；13—聚丙烯壳盖；14—壳体；15—环氧树脂冷浇铸剂；16—自粘胶带；17—统包绝缘；18—半导体层；19—垫圈；20—铅包层；21—接地线；22—卡子；23—钢铠

（3）剥内护层。在电缆铠装断口处保留 20mm 内护层，将其余部分剥除，如图 5-21（b）所示。

（4）焊接地线。摘除填充物，分开线芯，打光铠装上接地线焊区，用编织铜线作为接地

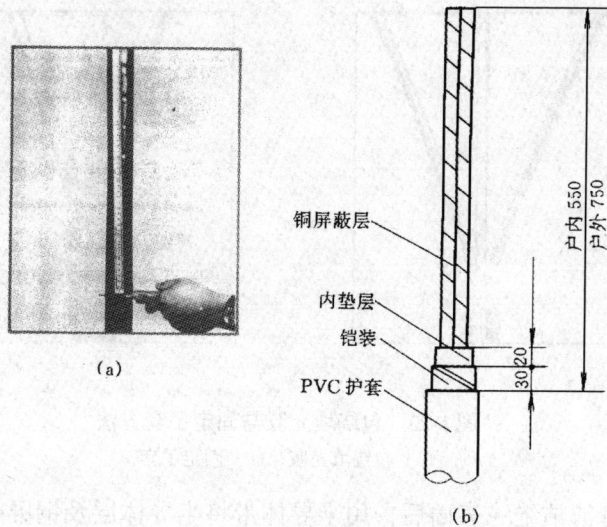

图 5-20　10kV 交联聚乙烯绝缘电缆终端剥切尺寸
（a）剥电缆外护层；（b）终端剥切尺寸

线，将接地线连通每相铜屏蔽层和铠装，并焊牢，焊接方法如图 5-22 所示。

（5）包绕填充胶与固定手套。在三叉根部包绕填充胶，形似橄榄状，最大直径大于电缆外径约 15mm。然后用清洁剂擦净表面，将手套套入三叉根部，由手指根部依次向两端加热固定，如图 5-23 所示。手套根部应无空隙。

（6）剥除铜屏蔽层。由手套指端量取 55mm 铜屏蔽层，其余剥除。在铜屏蔽层断口处量取 20mm 半导体层，将其余部分剥除。清理绝缘表面，如图 5-24 所示。

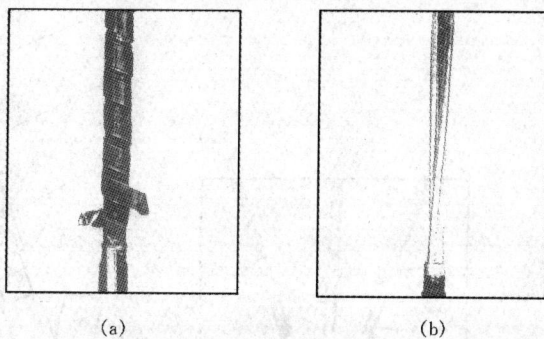

图 5-21　剥切钢铠与内护层
（a）剥切电缆钢铠；（b）剥切内护层

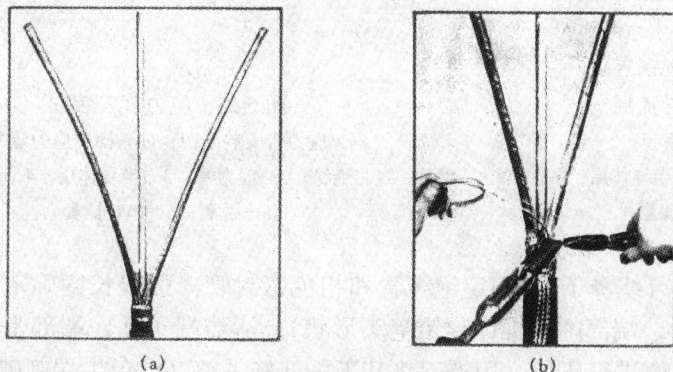

图 5-22　焊接地线方法
（a）分线芯；（b）焊接地线

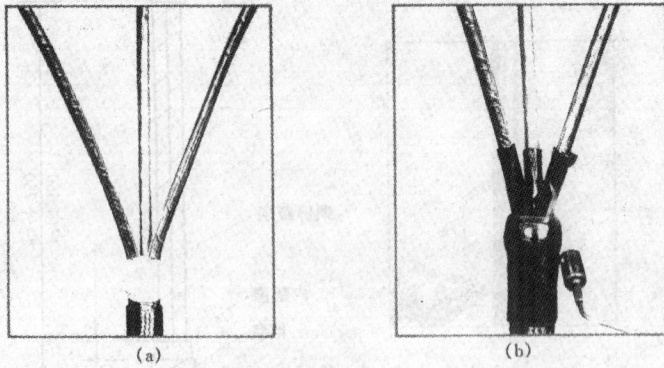

图 5-23　包绕填充胶与固定手套方法

(a) 包绕填充胶；(b) 固定手套

（7）固定应力管清洁绝缘表面后，用半导体带将半导体层及铜屏蔽层断口处包一层，如图 5-25（a）所示套入应力管，搭接铜屏蔽层 20mm，再按图 5-25（b）所示，用微火焰均匀加热固定。

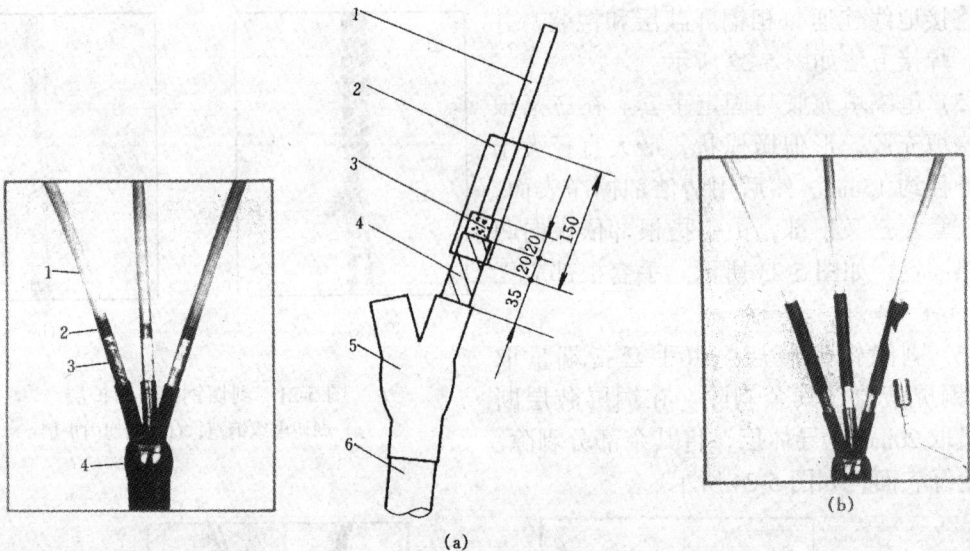

图 5-24　剥铜屏蔽
层和半导体层

1—三芯分支手套；2—铜
屏蔽层；3—半导体层；
4—绝缘层

图 5-25　应力管安装图

(a) 应力管安装简图；(b) 固定应力管方法

1—线芯绝缘；2—应力管；3—半导体层；4—铜屏蔽层；
5—手套；6—PVC 护套

（8）压接端子（线鼻子）、固定绝缘管和相色密封管。引线长度确定后，按端子孔深加 5mm 剥去线芯绝缘，端部削成锥体（铅笔头形状），清洁端子孔，端部密封处打麻面，将导线端部插入端子孔内进行压接。用锉刀将其不平处修平整（以免尖端刺破密封管）并清洁表面，在锥体部分包绕填充胶，用填充胶填平绝缘与端子孔端之间以及端子上的压坑，并搭接端子 10mm。套入绝缘管至三叉根部（管上端超出填充胶 10mm），由根部起加热固定。如图

5-26 所示。将相色密封管套在端子接管部位，先预热端子，再由上端起加热固定，户内终端头安装完毕。

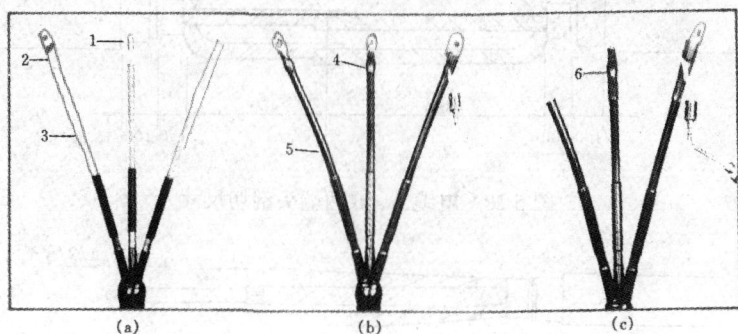

图 5-26　压接端子、固定绝缘管和相色密封管

(a) 压接端子；(b) 固定绝缘管；(c) 固定相色密封管

1—接线端子（线鼻子）；2—线芯；3—线芯绝缘；4—绝缘管与端子搭接部分；

5—绝缘管；6—相色密封

(9) 交联聚乙烯绝缘电缆热缩型户外终端头，如图 5-27 所示。除防雨裙外，其他工序同户内终端头制作一样。安装防雨裙首先清洁绝缘表面，套入三孔防雨裙，尽量将防雨裙下落至绝缘手套手指根部，加热颈部固定。然后依次套入单孔防雨裙并加热雨裙颈部固定。将密封管套在端子接管部位，先预热端子，由上端起加热固定密封管。将相色管套在密封管上，加热固定，户外交联聚乙烯绝缘电缆终端头制作完毕。

4．10kV 交联聚乙烯绝缘电缆热缩型中间接头制作工艺

(1) 用电缆支架将施工电缆固定在方便操作的位置，量取尺寸后剥除外护层。切割铠装钢带（切割前用 $\phi2.0$mm 的铜线扎两圈作为切割标志），剥除内护层和填充物，在铜屏蔽端部缠上 PVC 带防止铜带松散，分开线芯。如图 5-28 所示，将 A、B 两端头重叠 200mm 作接头中心标志，然后锯断。接头中心左侧为 A 端，右侧为 B 端。将两根附加的护套管和保护盒分别套入两端电缆。

如图 5-29 所示，剥除铜屏蔽层（用 PVC 带将留下的铜屏蔽层扎紧），剥除半导体层。注意剥切时不得损伤线芯绝缘，剥切完毕用清洁剂擦净线芯。

(2) 在 A 端电缆三相线芯上分别套入红色较长的内绝缘管，红色较短的外绝缘管和黑色较长的外导电管。

(3) A、B 两端如图 5-29 所示切除连接管部位绝缘，并在绝缘断口处削成锥体状，然后在任一端套上连接管，每相压接一次，再和另一端对应连接并进行最后压接。压接后的连接管不应有过大的变形，同时用砂纸将连接管打磨一遍并清洗干净。

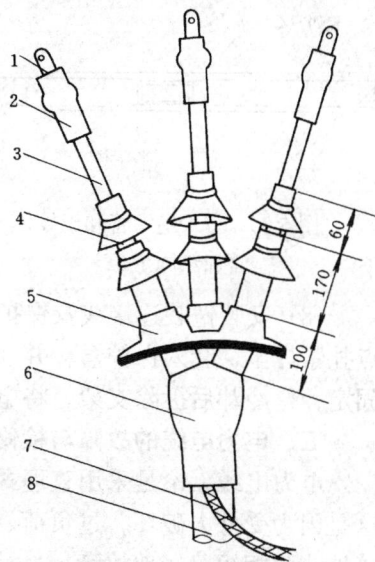

图 5-27　户外终端头

1—端子；2—密封管；3—绝缘管；4—单孔防雨裙；5—三孔防雨裙；6—手套；7—接地线；8—PVC 护套

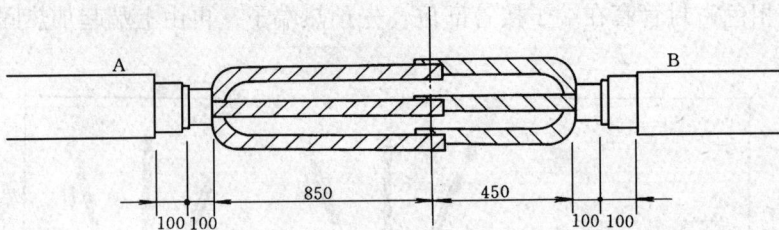

图 5-28　电缆 A、B 两端头剖切尺寸

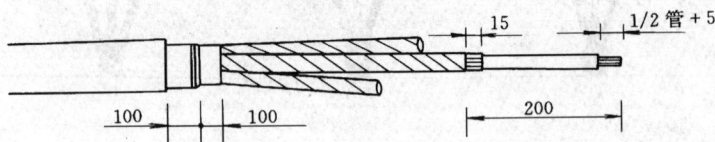

图 5-29　电缆芯线的剥切尺寸

（4）用半导体带绕包连接管两层，在 A、B 两端绝缘体上均匀涂抹硅子，再用聚四氟乙烯带以半重叠法包绕附加绝缘。包一层后再次涂抹硅子，进行包绕其厚度为 3mm 后再次涂抹硅子，套上绝缘管加热收缩，套入半导体管加热固定，如图 5-30 所示。

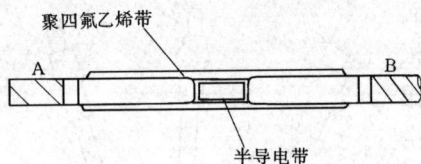

图 5-30　套入绝缘管和半导体管加热固定工艺

（5）上述工作完毕后，将铜屏蔽层从电缆的一端包绕至另一端，两端各压 50mm 扎紧。

（6）安装跨接线。将软铜编织线在电缆一端扎紧，并与另一端铜屏蔽层连接扎紧，同时将三相线芯合拢在一起用 PVC 带扎紧（软铜编织线为 10mm^2）。

（7）收缩内护层。将电缆本体的内护层预留段打磨后套入内护层管，加热收缩。

（8）安装铠装连接线及保护盒。用软铜编织线将电缆 A、B 两端铠装层连接起来，连接点扎紧焊牢，套入保护盒，并在两端尾部绕包填充胶带或 PVC 带，套入外护层套管，加热固定，待冷却后拆除支架，将电缆放到沟槽内。

五、电力电缆的故障与检修

电力电缆无论是采用直埋式或悬挂式等敷设方法，在运行中都存在发生故障的可能性，这是因为受外力破坏，过负荷、过电压等原因而引起绝缘老化、击穿，使电缆线路发生单相接地或两相短路接地故障。另外，电缆线路还存在中间接头脱焊、断线，油浸纸绝缘电缆渗油等缺陷时，也会引发故障。为了防止电缆故障的发生，必须对电缆进行经常性的检查，及时发现缺陷，及时处理，以保证安全运行。

（一）常见故障及原因分析

1. 漏油

（1）电缆过负荷运行，造成温度过高，油膨胀而产生漏油。

（2）电缆两端安装位置的高低差过大，致使低端电缆内油的静压力过大。

（3）电缆中间接头或终端头的绝缘带包扎不紧，密封不良。

（4）充油电缆终端头套管裂纹、密封垫不紧或损坏。

（5）电缆铅包折伤或机械碰伤。

2．接地和短路

（1）负荷过大，温度过高，造成绝缘老化。

（2）电缆中间接头和终端头因制作密封不严，水分进入或者接头接触不良而造成过热，使绝缘老化。

（3）铅包上有小孔或裂缝，或铅包受化学腐蚀、电解腐蚀而穿孔，或铅包被外物刺穿，都能使潮气侵入电缆内部。

（4）敷设时电缆弯曲过大，纸绝缘和屏蔽带受损伤裂纹。

（5）瓷套管脏污、裂纹（室外受潮或漏进水）造成放电。

（6）受外力作用，造成机械破损。

3．断线

电缆因敷设处地基沉陷或土建施工挖沟不慎等原因而使其承受过大的拉力，致使导线被拉断或接头被拉开，以及被铲断。

（二）电缆故障的查找方法

电缆的故障点，往往不能直接观察出。例如，电缆在直流耐压试验时被击穿，而在电缆外表上就不会有明显的征兆，所以故障点主要依靠试验方法来寻找。

电缆故障的性质并不一致，目前尚无一种方法能探测各种性质的故障点，而只是对不同性质的故障，采用不同的探测方法，因此，探测故障点时，首先应确定故障的性质，同时还要掌握电缆的敷设位置、长度及其他有关技术资料，这样才能迅速准确地找出故障点的位置。

1．确定电缆故障的性质

一般可用 1000～2500V 兆欧表，在电缆两端分别进行试验。除了测量各线芯对铅包以及各线芯间的绝缘电阻外，同时还需检查电缆线芯是否断线，从而确定故障性质。常见的电缆故障性质有以下几种：

（1）接地或短路故障是指电缆一芯或数芯对地的绝缘电阻或芯与芯之间的绝缘电阻较多的低于正常值，而线芯连续性良好者。根据所测得的绝缘电阻数值的大小，又可分为高阻故障和低阻故障。

（2）断线故障是指电缆各芯绝缘均良好，但有一芯或数芯导线不连续；或不完全连续（经电阻连通）者。

（3）断线并接地故障。这种故障是指断线故障和接地故障同时发生。

（4）闪络性故障。这种故障多发生在预防性耐压试验时的中间接头或终端头内。故障现象不完全相同，有的在接近所要求的试验电压时发生击穿，当电压降低时击穿就停止。有的击穿会连续发生，但频率不稳定，间隔时间由数秒钟至数分钟或数十分钟不等；也有的在某些情况下，击穿现象会完全停止，即使加到试验电压也不击穿，经过若干时间后再击穿。

2．电缆故障点的测定

测定电缆故障点的方法很多，目前多采用 QF1-A 型电缆探伤仪来测定。QF1-A 型电缆探伤仪不仅可以测量电缆线芯的接地、相间短路和断线的故障点，而且可以测量电缆线芯电阻、相间电容和对地电容。它由桥体、直流指零仪和交直流电源三个独立部分组成，如图 5-31 所示。各部分由接插件连接，可以分别拆卸。桥体所使用的直流电源是通过整流获得的一组 15、300、600V 直流电源供给的，亦可外接直流电源，同时内附一个 1000Hz/s 的音频振荡器。桥体的平衡指示，在测量电缆电容和断线故障时，由耳机担任；测量电缆电阻和接地、短路故障时，由直流放大指零仪担任。由于采用了直流放大指零，故测量接地、短路故障点的准确度较高。

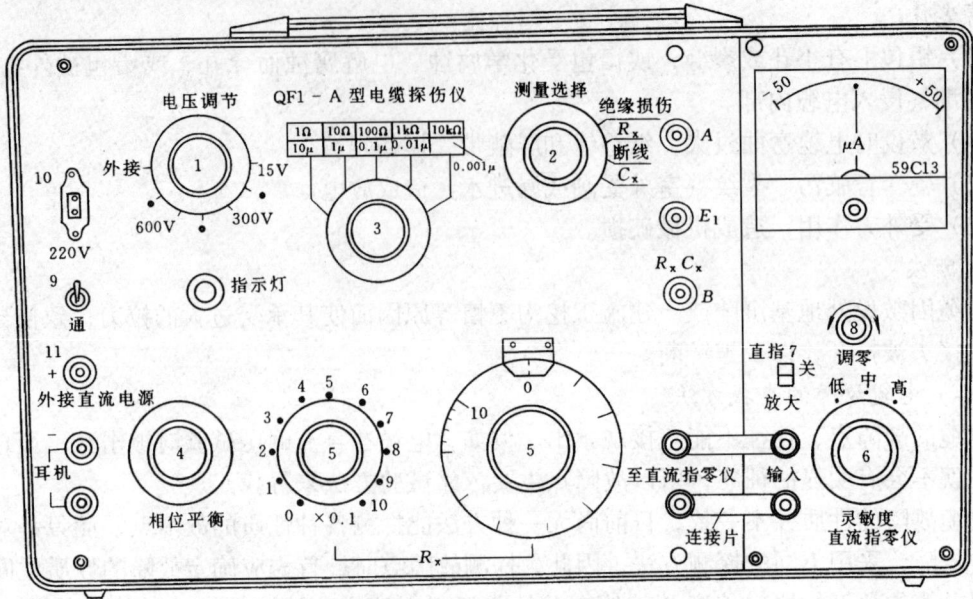

图 5-31　QF1-A 型电缆探伤仪仪面图

1—电压调节开关；2—测量选择开关；3—量程选择开关；4—相位平衡电位器；5—读数电阻盘；

6—直流指零仪灵敏度调节开关；7—直流指零仪电源开关；8—调零电位器；9—电源开关；

10—电源插座；11—外接直流电源接线柱

(1) 电缆线芯接地或短路故障点的测定。

1) 原理：由于同一规格线芯的电阻与长度成正比，故利用电桥法测出故障点两边的电阻，求出两电阻之比（也就是长度之比），即可确定故障点。原理接线如图 5-32 所示。单相接地时，A0 为完好的电缆线芯，B0 为故障线芯，0、0 端跨接，R_K 由一个双十进位电阻盘和一个滑线电阻所组成，总阻抗为 100Ω，连成一个差动桥臂。当调节 R_K 至电桥平衡时

$$R_K/(1 - R_K) = L_x/(2L - L_x)$$

所以

$$L_x = 2R_K L$$

式中　L_x——接地点至测量端的电缆长度；

　　　L——电缆全长。

若为两相短路故障，则将一条故障线芯作为地线，另一条故障线芯接 B，完好线芯接 A，此时的 L_x 即为短路点至测量端的电缆长度。

2) 测量步骤。

a) 将被测电缆按图 5-33 接线。单相接地时，故障线芯接 B 点，完好线芯接 A 点，E 点接地；两相短路时，完好线芯接 A，任一故障相芯接 E，直流指零仪输入端分别接 A 点和 B 点（这样可以减少多次接线接触电阻所造成的误差。若电缆回路电阻在 10Ω 以上时，可直

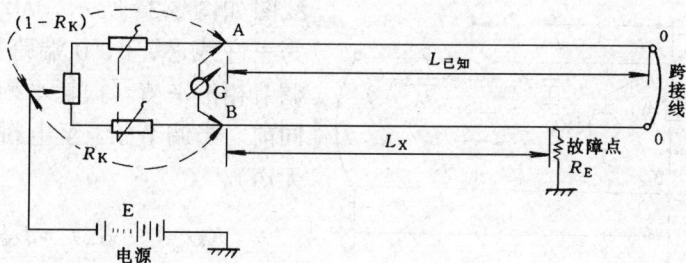

图 5-32　测量电缆绝缘损伤点的原理接线图

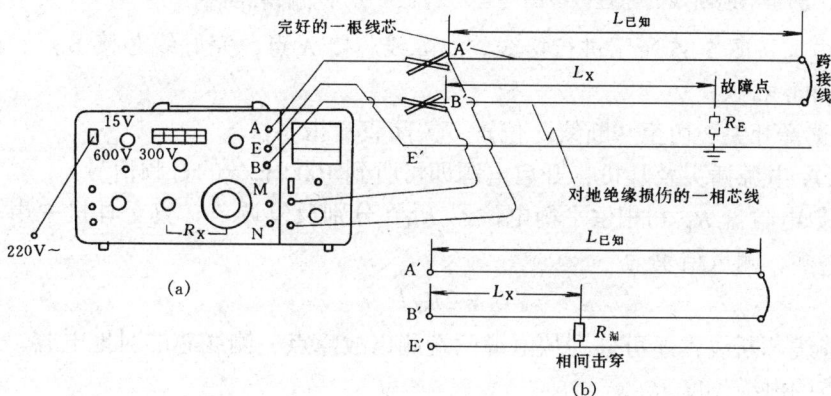

图 5-33　测量电缆绝缘损伤点的实际接线图
(a) 单相接地；(b) 两相短路

接连至 M 和 N 两点)。

b) 图 5-31 所示为 QF1-A 型电缆探伤仪仪面图。将测量选择开关 2 切换至"绝缘损伤"的位置。

c) 先将直流指零仪电源开关 7 切至"直指"的位置。

d) 将电压调节开关 4 回零，在插座 10 中插入电源，开启电源开关 9。

e) 旋动电压调节开关将电压升至 15V，调节读数电阻盘 R_K 使直流指零仪指零。若发现灵敏度不够（因为接地电阻大或回路电阻不同致使调节 R_K 时对指零仪的影响不大），可升高电压至 300V，甚至 600V 时再调，若灵敏度仍感不足，则应投入直流放大器。

f) 投入直流放大器时的操作程序：将电压调节开关回零，直流指零仪灵敏度调节开关调至"低"处，直流指零仪电源开关切至"放大"位置并旋动调零电位器 8，使直流指零仪指零。

g) 逐次升高电压和直流放大器灵敏度。（每调节一次直流放大器的灵敏度，直流指零仪均须调零，调零时须将电压调节开关回至空档处），调节 R_K 至平衡。将 R_K 的读数乘以两倍电缆长，即得出故障点距测量端的长度。

(2) 电缆线芯断路故障点的测量。

1) 原理：同种规格的电缆线芯的对地电容与其长度成正比。按此原理，采用交流差动电桥法，测量故障点两边线芯的对地电容，求出它们之比，从而确定故障点的位置。原理接

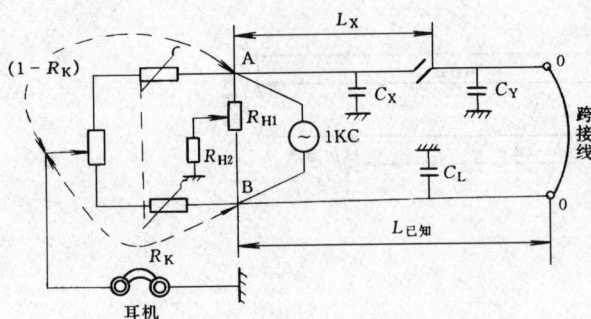

图 5-34 测量电缆断线的原理接线图

线图如图 5-34 所示。A0 为故障线芯，B0 为完好线芯，0、0 端跨接，R_{H1} 和 R_{H2} 为调节相位平衡（损耗平衡）的电位器，R_K 同前。当调节 R_K 至电桥平衡时（耳机内无声）。

$$R_K/(1 - R_K) = C_x/(C_L - C_r)$$
$$= L_x/(2L - L_x)$$
$$L_x = 2R_K L$$

2）测量步骤。

a）将被测电缆按图 5-35 所示进行接线。故障线芯接 A 点，完好线芯接 B 点，E 点接铅包或另一根完好的线芯。

b）将测量选择开关 2 切至"断线"位置，关闭直流指零仪。

c）插入 220V 电源插头及耳机，开启电源即可听到 1000Hz/s 的音频信号。

d）调节读数电阻盘 R_K 和相位平衡电位器 R_H，分别反复调节，直至耳机中声音消失为止，此时电桥平衡，测量结果为

$$L_x = 2R_K L$$

若全部电缆线芯断线，还可分别从电缆两端测出故障点一侧线芯的对地电容，通过电容比计算出故障点的电缆长度。

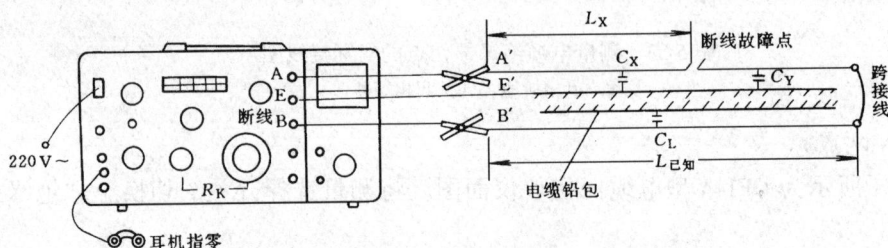

图 5-35 测量电缆断线的实际接线图

（三）电缆的检修

主要电气设备（发电机、变压器、电动机等）的电缆，一般随机、炉或该设备的大、小修而同时进行检修。

（1）电缆的检查及试验。

1）电缆各部分有无机械损伤，电缆外层钢铠有无锈蚀现象。

2）电缆终端头的接线接触是否良好。

3）电缆线芯铜接线鼻子与所连接设备的接触是否良好，有无发热及脱焊现象。

4）电缆终端头的绝缘是否干净，有无电晕放电痕迹。

5）电缆终端头瓷套管有无裂纹及放电痕迹。

6）电缆终端头有无漏油现象。

7）电缆终端头绝缘胶是否足够，有无水分，有无裂痕、变质以及空隙。

8）电缆铅包有无腐蚀。

9）测定绝缘电阻。

10）定期进行耐压试验和泄漏电流试验。

（2）电缆的修理。

1）终端头漏油的处理。发现终端头有漏油现象时应查明原因，及时消除导致漏油的缺陷。若在接线鼻子处渗油时，可将该处绝缘剥去，重新包扎。若漏油严重时则应将电缆端头重新制作。在拆掉包缠的绝缘层时应尽量按包缠顺序逐层剥离，切勿用刀切削。对于干包型终端头在三芯分叉处漏油时，一般应重新制作。

2）绝缘胶不足、开裂或有水分时的处理。当发现绝缘胶不足或开裂时，可用同样牌号的绝缘胶灌满；若发现有水分时，则应将旧胶清除，用相同牌号的新绝缘胶重新灌注。

3）终端头受潮的处理。发现终端头受潮时，可用红外线灯泡或普通白炽灯对其进行干燥。干燥处理的时间，一直要进行到电缆的绝缘电阻上升至稳定值后 2h，且吸收比大于 1.3 后方可结束。

若电缆端头受潮时，必须去掉一段电缆，待测量其绝缘电阻合格后，重新制作终端头。

4）接线鼻子脱焊的处理。接线鼻子脱焊的原因主要是在焊接时导线外面的氧化层未除净，因而造成焊接不良，接触电阻太大，引起发热而脱焊。故在焊接时应特别注意除净导体和接线鼻子中的氧化层，将接线鼻子预先搪锡，并将缆芯用锡浇透重新焊牢。

二次线装配与检修

第一节 二次回路的定义及分类

现代发电厂和变电所的电气回路，通常可把它分成两大类，即一次回路和二次回路。其中由发电机、变压器、断路器、隔离开关、母线及电力电缆等一次设备相互连接，构成发电、输电、配电或进行其他生产的电气回路称为一次回路或一次接线系统。而由熔断器、控制开关、继电器、控制电缆等二次设备相互连接，构成对一次设备进行监测、控制、调节和保护的电气回路称为二次回路或二次接线系统。虽然一次回路是主体，它担负着完成电力系统发、送、变、配电的基本任务，但是，二次回路在近代发电厂和变电所中，同样也被人们所重视，并把它看做电气装置的一个不可缺少的重要组成部分。因为它在保证一次设备正常工作以及安全经济运行和管理等多方面起着重要的作用。

由于二次回路设备的使用范围广、元件多、安装分散，而且在元件之间都是用导线连接成回路后再使用的，因此，为了管理和使用上的方便，我们又把它分成几类。

1. 按二次回路电源的性质来分

(1) 交流电流回路。由电流互感器二次侧供电的全部回路组成。

(2) 交流电压回路。由电压互感器二次侧及三相五柱电压互感器开口三角侧供电的全部回路组成。

(3) 直流回路。由直流电源正极到负极，包括直流控制、操作及信号等的全部回路组成。

2. 按二次回路的用途来分

(1) 测量仪表回路。

(2) 继电保护和自动装置回路。

(3) 开关控制和信号回路。

(4) 断路器和隔离开关的电气闭锁回路。

(5) 操作电源回路。

以上所述第一种分类方法的优点，主要是在二次线的安装工作中以及在运行中可以给检查故障提供方便，对交流和直流回路可以区别清楚；而第二种分类方法具有进一步明确回路作用，帮助说明动作原理的优点。因此，在实际生产中，两种方法都是结合在一起使用的。

第二节 二 次 配 线

一、一般要求

（1）配电盘内的配线应排列整齐，接线正确、牢固，与图纸一致。

（2）导线与电器的连接，必须加垫圈或花垫，所有连接配线用的螺钉、螺帽、垫圈等配件，应使用铜质的。

（3）导线与电气元件间采用螺栓连接、插接、焊接或压接式终端附件时，均应牢固可靠。

（4）盘、柜内的导线不应有接头，导线芯线应无损伤。

（5）电缆芯线和所配导线的端部均应套上异型软白塑料号头，并标有打号机打印好的编号，编号应正确，字迹清晰且不易脱色。

（6）在盘、柜内的配线及电缆芯线应成排成束、垂直或水平、有规律地配置，不得任意交叉连接。其长度超过 200mm 时，应加塑料扎带或螺旋形塑料护套。

（7）绝缘导线穿过金属板时，应装在绝缘衬管内，但导线穿绝缘板时，可直接穿过。

（8）所有与配电盘相连接的电缆，在与端子排相连接前，都应用电缆卡子固定在支架上，使端子不受任何机械应力。

（9）用于连接箱、柜门上的电器、控制台板等可动部位的导线尚应符合下列要求：

1）应采用多股软导线，敷设长度应有适当裕度。

2）线束应有外套螺旋塑料管等加强绝缘层。

3）与电器连接时，端部应绞紧，并应加终端附件或搪锡，不得松散、断股。

4）在可动部位两端应用卡子固定。

（10）对盘、柜内的二次回路配线以及电缆截面的要求：电流回路应采用电压不低于 500V，截面不小于 $2.5mm^2$ 的铜芯绝缘导线，其他回路截面不应小于 $1.5mm^2$。对于电子元件回路、弱电回路采用锡焊连接时，在满足载流量和电压降以及有足够机械强度的情况下，可采用不小于 $0.5mm^2$ 截面的绝缘导线。

（11）由电缆头至端子排的电缆芯线全长应套上塑料软管。

二、二次接线图

二次接线图按其用途通常分为原理图、展开图、安装图三种。

（1）原理接线图。原理接线图是表示继电保护、测量仪表和自动装置等的工作原理的。它是将二次线和一次线中的有关部分画在一起，在其图纸上所有仪表、继电器和其他电器都以整体形式表示，其相互联系的电流回路、电压回路和直流回路都能表示出来。这种接线图的特点是能使看图者对整个装置的构成有一个明确的整体印象。可以看出保护的范围和方式以及动作顺序，图 6-1 所示。

（2）展开接线图。它的特点是将设备展开来表示，即把线圈和接点按交流电流回路、交流电压回路和直流回路分开表示。为了避免回路的混淆，对属于同一线圈作用的接点或同一元件的端子，用相同字母代号表示。此外，回路还按动作次序由左到右、由上到下地排列，因此回路次序比较明显，阅读和查对回路比原理图方便，在实际工作中已被广泛采用。图 6-2 所示6～10kV 线路过电流保护展开图，它是根据图 6-1 所示的原理图绘制的。展开图中

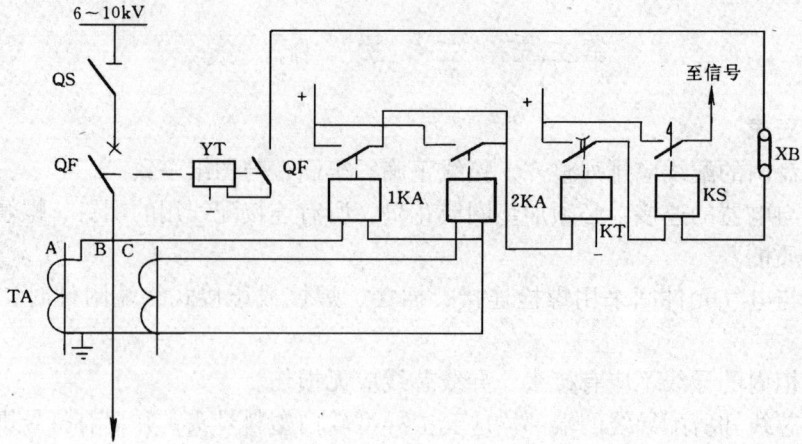

图 6-1　6～10kV 线路过电流保护原理图

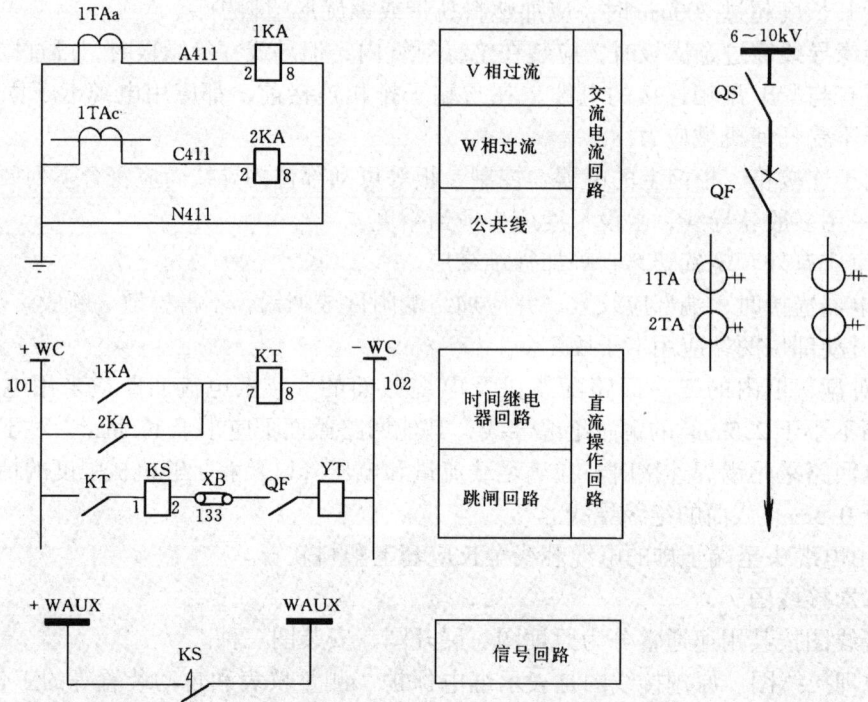

图 6-2　6～10kV 线路过电流保护展开图

各元件均采用国家统一规定的图形和文字符号。

（3）安装接线图。安装接线图是加工配电盘和现场施工中不可缺少的图纸，也是运行、试验和检修的主要参考图纸。安装接线图通常包括配电盘盘面布置图及盘后接线图两部分。盘面布置图是用来决定各设备元件在盘面的排列和安装位置的，因此要注有各元件间的距离尺寸，以便于盘面加工；而盘后接线图则是安装配线的依据，除了回路及元件编号必须与展开图完全对应外，在端子标号头上也要有更具体的端子编号说明端子的接线由哪里来到哪里去。此外，为了便于配电盘外的接线，还需在端子排外的引线侧，绘制出至各安装单位的控制电缆去向。

在施工前,应根据原理接线图和展开图对安装接线图进行全面核对,以避免安装后出现问题。

图 6-3 是图 6-1 和图 6-2 的安装接线图。

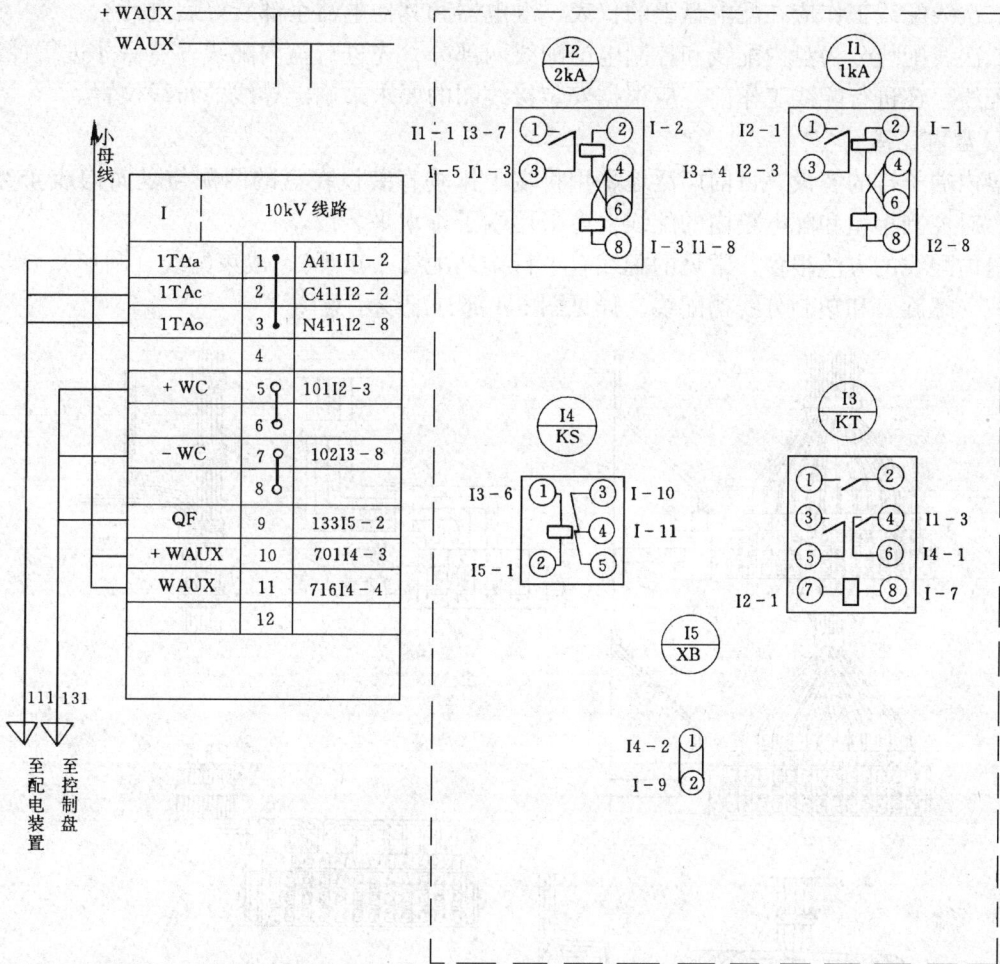

图 6-3 6～10kV 线路过电流保护盘盘后接线图

图 6-3 中设备元件的编号与前述原理接线图及展开图的编号全部对应。接线端子采用"相对编号法"。例如甲、乙两个设备端子要连接起来,那么就在甲设备的端子上标印它所连接的乙设备的端子号,同时在乙设备的端子上也标印甲设备的端子号,即两个设备端子上的编号相对应。这样在实际配线时,就可以根据端子上编号找到与它相连接的对象。

下面用"相对编号法"对图 6-3 进行验证。

首先看到 I 安装单位 10kV 线路的端子排,端子数为 12 个。两侧为接线端子,左侧标号头写着 1TAa、1TAc 是由配电装置内的电流互感器通过控制电缆接过来,右侧标号头写着 I1－2、I2－2、I2－8 是接向盘内的三个端子,即分别接到 I1 元件的 2 号端子及 I2 元件的 2、8 号端子上。如果找到 I1 元件的 2 号端子及 I2 元件的 2、8 号端子,则可见到上面分别写有端子号为 I－1、I－2 和 I－3，这就说明三个端子是应接到 I 号端子排上的 1、2、3 端子上的。

由此可见，任何两个端子之间的连接线，对编号来讲是来去相对应的，这样就大大地方便了配线工作。

三、布线方法

二次线配线工作应在配电盘上的仪表、继电器和其他电器全部装好后进行。

二次线配线分为盘内配线和控制电缆配线两部分，先进行盘内配线，然后才进行控制电缆的配线。在进行配线工作前，应根据安装接线图的要求来确定导线的布线位置。

1. 盘内配线

盘内端子排的装设，目前广泛地采用将端子排垂直装设在盘的两侧与盘面构成 45°角的位置。对控制柜箱和配电箱内的配线，多采用端子排水平装设。

盘内配线的方法很多，常见的配线有平行排列配线（矩形）、成束配线（圆形）、塑料套装配线（螺旋）和塑制分线槽配线。详见图 6-4 部分配线示意图。

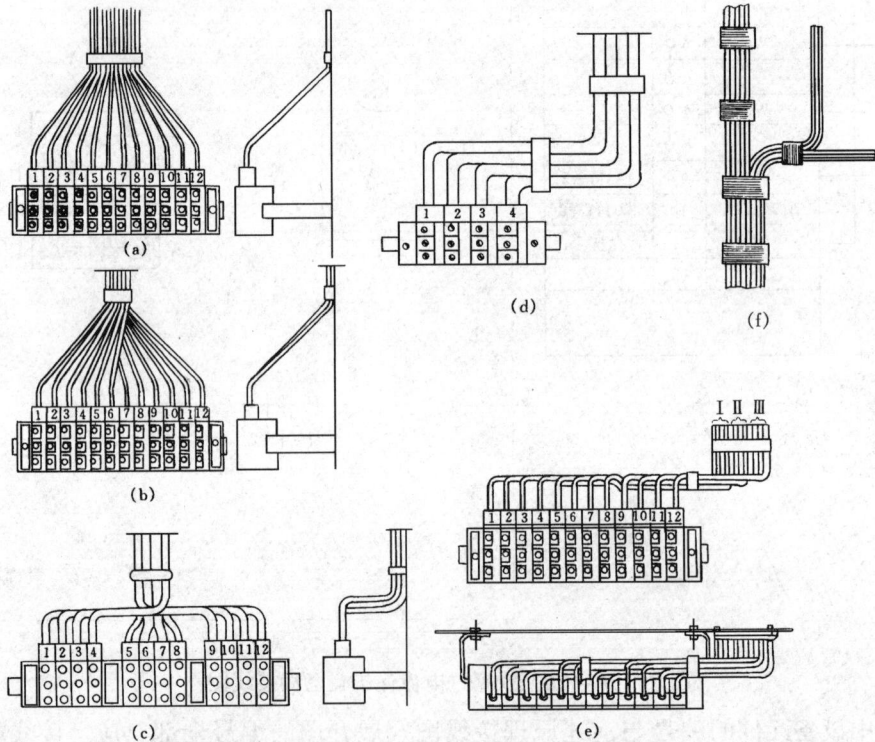

图 6-4 部分配线方法示意图

(a) 单层导线扇形分列；(b) 双层导线扇形分列；(c) 三层线束分列；(d) 单层导线的分列；(e) 在端子板附近导线分列成三层；(f) 正常的导线束

目前国内外普遍采用塑料套装配线（螺旋）和塑制分线槽配线。

为了使配线整齐、清楚、美观，按配线工艺要求进行配线，即布线应横平竖直、绑扎成束。因此，在配线工作前，应根据安装接线图的编号及端子的排列顺序、走向、长度进行切割导线，并将割断的导线一一拉直，然后，再根据导线的走向、数量多少进行绑扎、套装、下槽，使导线装配整齐美观。导线敷设需要弯曲时，弯曲半径一般为导线直径的 3 倍。最后按其编号和排列顺序以及所要连接的端子分别进行接线。

2. 控制电缆配线

（1）标号头。标号头的种类比较多，有黑胶木标号头、硬圆形塑料标号头、硬半圆形塑料标号头和软异形塑料管标号头等。目前广泛地采用软异形白塑料管标号头，并用打印机按照安装接线图上端子的文字和数字编号进行打印。然后将打印好的标号头套在导线头部，以便于检查和维修。

（2）接线。接线前先将电缆固定好，可采用 U 形卡子、Ω 形卡子或塑料扎带进行固定。多根电缆要排列整齐，电缆头排成水平或梯形。再用扎带将芯线分段扎紧，芯线引至端子时要保持横平竖直。对多余的备用芯线应弯成螺旋形圆圈，放在较隐蔽的一侧。

每个接线端子的每侧接线宜为 1 根，不得超过 2 根。对插接式端子，不同截面的两根导线不得接在同一端子上；对于螺栓连接端子，当接两根导线时，中间应加平垫圈。

第三节　配电盘的安装

目前发电厂或变电所内使用的配电盘，型式种类较多，常用的有控制仪表盘、继电保护盘、信号盘、直流盘及动力盘等。这些盘基本上是落地安装的。由于各种盘的型号不同，其结构尺寸也不相同，因此，在安装前不仅要熟悉设计图纸，而且还应了解盘的结构尺寸，并加以校对，以确定实际安装部位等。

（一）盘体安装

1. 基础底座的加工与埋设

配电盘不能直接安装在基础上，必须将加工好的底座埋设在基础上，然后将配电盘固定在底座上。固定方式有两种，即螺栓连接和电焊焊接，如图 6-5 所示。一般，焊接法比较牢固可靠，接地良好，但不适于动迁。对主控制盘、继电保护盘以及自动装置盘等，只能采用螺栓连接固定，不宜采用焊接固定。

底座的材料常用槽钢或角钢，其规格应根据配电盘的结构尺寸、质量而定。槽钢常采用 [5～[10，角钢常采用∠30mm×4mm～∠50mm×5mm 的规格范围。

（1）底座的加工。用槽钢或角钢来做盘的基础底座时，必须经过加工处理。原因是配电盘基础用的槽钢或角钢，要求平直无弯曲，对水平度的要求较严格，一般水平误差应不超过 1/1000。对新领用的槽钢或角钢也须放在平台上检查平直，必要时用大锤或平锤校正。

（2）底座的埋设。底座埋设应根据设计位置进行。埋设方式有两种：一种是在浇灌混凝土时，直接将底座埋好。这虽然可以减少一个工序，节省预留孔的木材，但它的缺点是在浇灌混凝土时容易移动，增大误差，影响质量。另一种是在浇灌混凝土时，用木板预留出槽和洞（要绘制好图交土建部门），待混凝土凝固后，将木胎模拆除，再埋设底座，这样可以做到尺寸准确，但时间长。为了保证质量，一般采用后一种方法。

预留槽的宽度较底座槽钢宽 30mm 左右，深度应为槽钢埋入深度加 10～20mm 再减去二次抹灰的厚度，以便垫铁调整底座水平。底座平面一般比抹灰后的混凝土地面高 10mm，埋入深度为底座槽钢高度减去 10mm。

在焊有钢筋弯脚的地点应留一方洞，洞深大于弯脚的长度。

在混凝土凝固后，拆去预留胎模，整理一下槽洞，首先将基础底座的中心线找出，用石

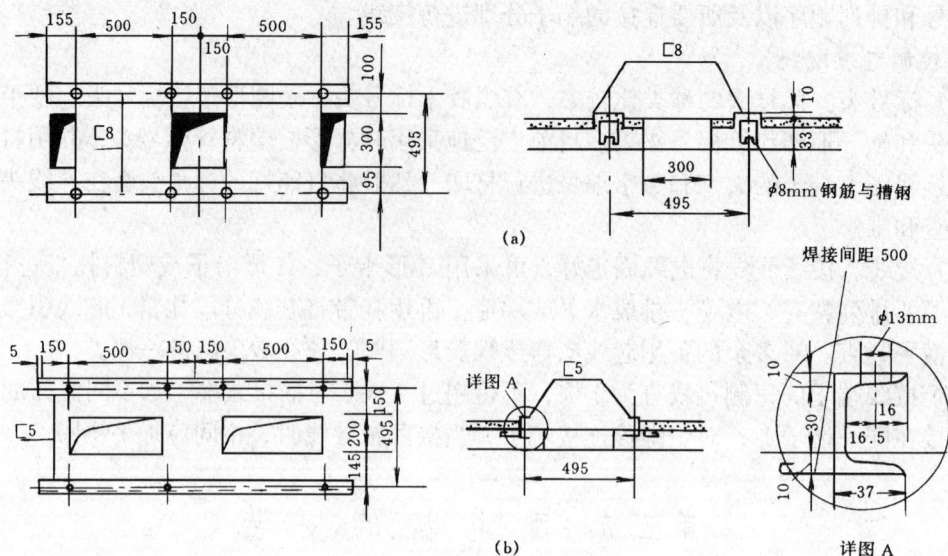

图 6-5 配电盘底座加工图

(a) 焊接法；(b) 螺栓连接法

笔划在基础底座上的两端。按照设计图纸的尺寸和标高，测量其安装位置，并做上记号（记号应准确）。然后将基础底座放在所测的位置上，使其与记号对准，再调整底座水平。调整水平的方法是用水平尺放在底座上，校正水平，低的地方加垫铁。通常将一根基础底座调整好后，还要与另一根进行校正。若因两根基础底座距离大，水平尺不够长，可以用以下方法找平：找一根平板尺，将平板尺放在两根基础底座上面，再将水平尺放在平板尺上，进行找平。水平调好后应将底座固定，固定的方式，可用电焊焊接在钢筋上，然后便可浇灌混凝土。

2. 立盘

配电盘安装工作，必须在土建工作已经结束，木胎模已拆除，混凝土的养生期已过，室内的杂物已清理干净后，方可进行。装盘时，将盘底螺孔对准基础螺栓孔放下，盘放稳后，按照图纸规定的尺寸，调整配电盘的位置，并校正盘体的水平和垂直。可用一根木棒，一端绑上线锤，木棒放在盘顶上，线锤沿盘吊下，但不能与盘边相贴，等线锤稳定后，测量线锤的吊线与盘边的距离，此距离上下不等时，表示盘体有倾斜现象，需在倾斜方向的底部垫上垫片一直调到垂直为止。调整好的盘，水平误差每米不超过 1mm，垂直误差每米不超过 1.5mm。调整好之后，将盘用螺栓或焊接固定。当许多盘安装在同一平面上时，必须先将中间一块盘安装好，再以中间一块盘为准，向左右两侧进行安装。装完一块，即进行固定，再进行下一块，直到全部装完为止。安装时必须注意盘与盘之间的间隙不宜过大，一般不应超过 2mm。

（二）控制信号小母线安装

小母线安装在主控制室盘顶部，盘上设有 MJ1-5 型小母线架，以固定小母线。小母线采用 ϕ6mm 铜棒或铜管。一层可安装 16 根，超过 16 根则在其上方架设第二层，但如需架设第二层者，每层安装不能超过 12 根。安装前必须将小母线校正平直，小母线的连接，一般采用连接钢套，最好采用铜套，将小母线两端插入钢套中，用螺钉顶紧。接头处应先用钢丝刷将氧化层刷去，并涂上一层凡士林油，以保证接头良好。小母线接好后，再将其安放在小母线架的导电板弯槽中，由压板紧固，导电板的两侧有4个螺钉，以供接引线之用。

各种用途的小母线，应涂有不同颜色的油漆，以便运行人员鉴别。颜色规定如表6-1所示。

表 6-1   小 母 线 涂 色 表

符　号	名　　称	涂　色	符　号	名　　称	涂　色
+ WC	控制小母线（正电源）	红	WV_a	电压小母线（U相）	黄
− WC	控制小母线（负电源）	蓝	WV_b	电压小母线（V相）	绿
+ WS	信号小母线（正电源）	红	WV_c	电压小母线（W相）	红
− WS	信号小母线（负电源）	蓝	WV_N	电压小母线（中性线）	黑
+ WFS	闪光小母线	红色、间绿			

除涂色以外，还应在每条小母线两侧装有标明其代号或名称的标志牌。

（三）二次线的校对

二次线在接线前或接线后应进行校线。其目的是为了确保接线正确。

二次接线如果是单层明配线方式，因所有导线及其连接处都很明显。在这种情况下，只需要仔细地检查并与展开图及安装接线图校对即可。如果多层或成束配线方式，因导线隐蔽以及线路较长，不能明显判断，则须用专用工具进行校线。

二次接线的校对分为盘内和盘外两部分。在校线之前，应熟悉展开图和安装图。根据展开图和安装接线图进行校线。

1. 盘内二次接线的校对

盘内二次接线的校对，只需要一个人根据展开图和安装接线图进行。校对工具可采用信号灯或蜂鸣器，有条件时，最好采用蜂鸣器进行校线，因为用这种工具校线快、省力，只要听见声音即表明接线正确，便可校下一根线。

校线的顺序：先从端子排自上而下，从左到右，逐个端子进行校对，而后再对盘内各电器间的连接线进行校对。但是在校对之前，必须将要校对的线头拆掉一根方可进行，否则就不准。

2. 控制电缆线的校对

控制电缆由于线路长或电缆两端在不同室内，进行校线时，常采用如下几种方法：

（1）电话听筒法。当校对两端在不同室内的控制电缆时，可使用电话听筒法。这种方法是利用两个低电阻电话听筒和4～6V的干电池组成，按图6-6的接线法进行校对。校对时，首先将电池1的一端用导线接至控制电缆的钢铠或铅皮上，利用电缆的金属外皮作回路（如电缆没有铅皮，可借接地的金属结构先找出第一根缆芯，以此芯线作回路），然后将电话听筒2的一端也接至电缆的铅皮上，将电话听筒的另一端按顺序地接触电缆的每一根芯线，当接到同一根芯线时则构成闭合回路，此时电话听筒中将有响声并可同时通话。用同样的方法校对并确定其余的电缆芯。

（2）信号灯校线法。信号灯校线法是用电压为3V的干电池和2.5V的小灯泡做导通试验，如图6-7所示。两只信号灯在电缆的两端，将信号灯与电池串联，电池端接铅皮，灯泡端逐个接触电缆的每一根缆芯，当电缆两端的校验灯接到同一根芯线时，则构成闭合回路，此时信号灯亮，用同样的方法校对并确定其余的电缆芯。但是，在开始校线前，应先拟定校对顺序及校线时所用的信号。一般系在回路接通后（两端的灯泡明亮以后），电缆的一端工作人员将回路开合 3 次，然后电缆的另一端工作人员同样将回路开合 3 次，即表示正确。

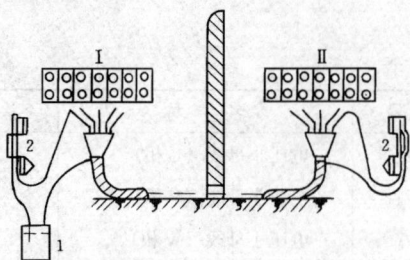

图 6-6　用电话听筒法进行校线
1—干电池；2—电话听筒

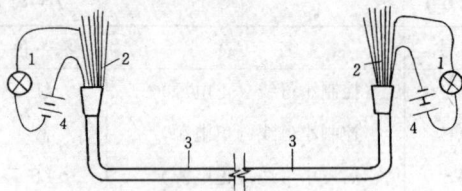

图 6-7　信号灯校线
1—灯泡；2—电缆芯；3—电缆；4—干电池

两端的电池在回路中必须串联，如将一端的电池正极接铅皮，则另一端的电池是负极接铅皮。

第四节　二次线的检修及试验

一、清扫

二次回路接线的清扫是一项不可缺少的工作，否则端子排或继电器、仪表以及其他电器连接线的端子上灰尘积多，就会造成绝缘电阻降低，回路接地以及短路事故。

（1）二次回路的清扫周期为一个月。对于条件差、灰尘多的场合可以缩短周期。

（2）二次回路的清扫工作必须由两人一起进行，其中一人监护，避免人身触电和造成二次回路短路、接地等故障。

（3）清扫工具宜采用吸尘器或手动吹风器（也称皮老虎）。

二、检修

（1）清扫盘内的积灰，检查盘上各元件的标志、名称是否齐全。

（2）检查各种按钮、转换开关、弱电开关、弱电琴键的动作是否灵活，触点接触有无压力和烧伤。检查胶木外壳应无裂纹，胶木按钮应无碳化现象。

（3）检查光字牌、插头、灯座、位置指示器灯泡是否完好。

（4）检查各表计、继电器以及自动装置的接线端子螺钉（包括盘内的端子排接线端子螺钉）有无松动。

（5）检查电压、电流互感器二次引线端子是否紧固，有无锈蚀，接地是否完好，电压互感器的熔断器是否正常。

（6）配线是否整齐，固定卡子有无脱落。

（7）测量绝缘电阻是否符合如下规定：

1）二次交流回路内每一个电气连接回路不得小于 $1M\Omega$。

2）全部直流系统不得小于 $0.5M\Omega$。

（8）检查断路器及隔离开关的辅助触点，应无烧伤、氧化现象，接触应无卡涩和死点。

（9）检查交直流接触器的接点有无烧伤，并要求接点与灭弧罩保持一定间隙，并联电阻无过热等。

（10）检查二次交直流控制回路的熔断器是否接触良好。静触头的铜片是否有弹性，触头螺丝是否松动。

（11）检查发电机、调相机用励磁调节电阻、灭磁电阻以及自动调整励磁回路的调节电阻等，其滑动触点与静止触点有无接触不良，螺丝有无松动以及调节的位置与箭头所指示的位置是否一致。

三、二次线的电气试验

对于新安装、大修以及二次线更换后，必须进行电气试验。

1. 测量绝缘电阻

测量绝缘电阻时，应使用 500 ~ 1000V 摇表。

绝缘电阻的测定范围应包括所有电气设备的操作、保护、测量、信号等回路，以及这些回路中的电器（操作机构的线圈、接触器、继电器、仪表、电流和电压互感器的二次线圈等）。可划分为以下回路分段进行测量。

（1）直流回路，是熔断器或自动开关隔离的一段。

（2）交流电流回路，是由一组电流互感器连接的所有保护及测量回路组成，或由一组保护装置的数组电流互感器回路组成。但对接有四组电流互感器以上的差动保护回路可分段测量。

（3）交流电压回路，是一组或一个电压互感器连接的回路。

新安装、大修以及二次线更换后所测得的绝缘电阻值应符合下列规定：

（1）直流小母线和控制盘的电压小母线，在断开所有其他并联支路时，应不小于10MΩ。

（2）二次回路的每一支路和断路器、隔离开关操动机构的电源回路，应不小于1MΩ。

（3）接在主电源回路上的操作回路，保护回路和 500 ~ 1000V 的直流发电机的励磁回路，应不小于1MΩ。

（4）在比较潮湿的地方，（2）、（3）两项的绝缘电阻可降低到 0.5MΩ。

如通过测量发现某一回路绝缘电阻值不符合规定时，应找出原因及时处理。

2. 交流耐压试验

当二次回路绝缘电阻合格后，应进行回路的交流耐压试验。交流耐压的数值为 1000V，持续时间为 1min。无异常现象则认为试验合格。

对不重要的回路可用 2500V 兆欧表试验，持续时间为 1min，无异常便认为试验合格。

在进行二次回路耐压之前，必须将回路中的所有接地线拆掉，以及断开电压互感器二次绕组、蓄电池及其他直流电源。凡试验电压低于 1000V 的部件、仪表、继电器等皆与系统完全断开。

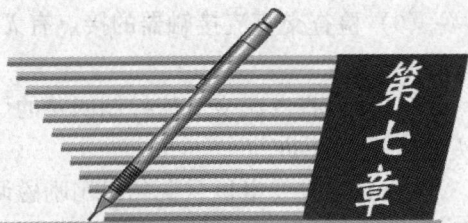

第七章

变 压 器 检 修

第一节　变压器检修的基本知识

变压器是根据电磁感应原理制成的一种静止电器，它是用来将某一电压等级的交流电能变换成同频率的另一电压等级的交流电能的设备。

一、变压器的种类及用途

常见的变压器从冷却方式上主要可分为浸油冷却和干式风冷两大类，从用途又分输电变压器、配电变压器和特种变压器等多种。

输电变压器是将发电机发出的电压升高后送到电网中；配电变压器将从电网中送来的电压经变压器降压后分配到各用电单位；特种变压器可以配合仪表、保护等完成高电压、大电流的测量或保护线路、设备等免于事故的发生或扩大，如电压互感器、电流互感器等；还可在电子仪器或影视音响中应用它来进行信号传递或负载匹配等用途。由于特种变压器有特殊用途，所以在结构形状上有时各不相同，但它们的工作原理基本上是一样的。

二、变压器的型号及含义

1. 分类

电力变压器可以按绕组耦合方式、相数、冷却方式、绕组数、绕组导线材质和调压方式分类，如表 7-1 所示。

表 7-1　　　　　　　　　　　　　电力变压器的分类及其表示符号

分　　类	类　　别	表示符号
绕组耦合方式	自耦	O
相数	单相	D
	三相	S
冷却方式	油浸自冷	无或 J
	干式空气自冷	G
	干式浇注绝缘	C
	油浸风冷	F
	油浸水冷	W
	强迫油循环风冷	FP
	强迫油循环水冷	SP
绕组数	双绕组	—
	三绕组	S

分　类	类　别	表示符号
绕组耦合方式	自耦	O
相数	单相	D
	三相	S
绕组导线材料	铜	—
	铝	L
调压方式	无载调压	—
	有载调压	Z

2. 型号

变压器的型号通常由两部分组成，第一部分是汉语拼音，用以代表产品分类、结构特征和用途。第二部分是数据，分子代表额定容量（kVA），分母代表高压绕组电压等级（kV）。另外，在型号后可加注防护类型代号，TH 为湿热带，TA 为干热带。

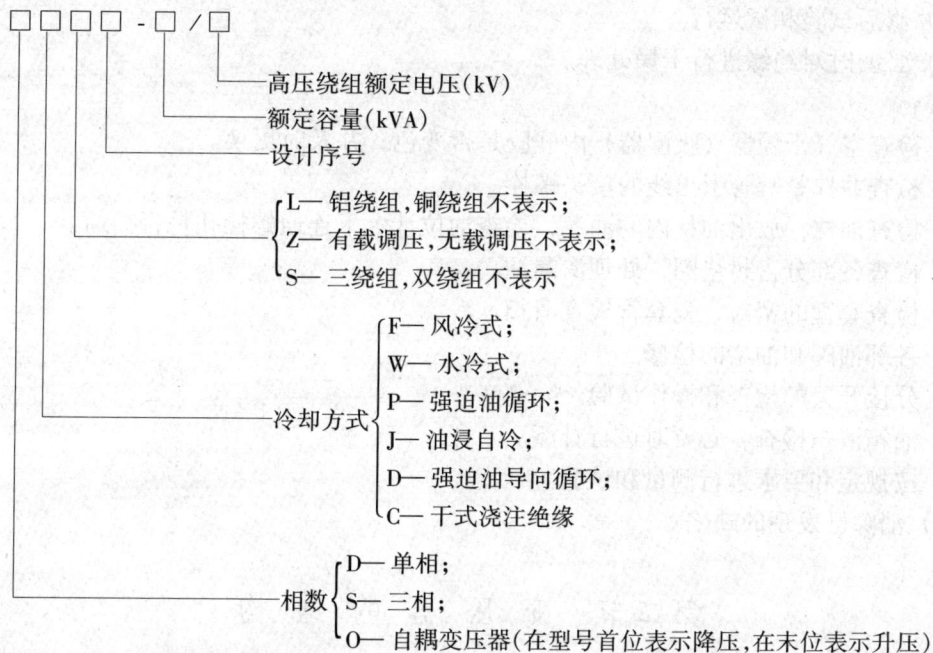

例如，SFZ8-40000/110 表示三相风冷铜绕组有载调压，额定容量为 40000kVA，高压绕组额定电压为 110kV 电力变压器，设计序号 8 为低损耗型。

三、变压器检修周期及项目

变压器在运行中，经常会受到周围环境、气候条件以及过电压和故障电流的冲击等影响，使变压器受到一定的伤害，又因负载产生的热量会使绝缘老化、绝缘油变质等，为了保证安全生产，不间断地供电，所以在一定的运行时间内应对变压器进行检查修理和做预防性试验，将变压器中存在的隐患消灭在萌芽之中。

1. 变压器检修周期

变压器的检修周期应根据变压器的结构特点和使用情况来确定。一般规定大修周期为 5~10 年一次；小修周期每年至少 1 次。如果变压器发生故障或异常状况，经检查分析判断明确内部存在故障时，应特殊对待提前检修。

2. 变压器检修项目

大修：

（1）吊芯检查修理。

（2）对绕组、引线的检修。

（3）分接开关的检修。

（4）对铁芯、穿芯螺丝、接地片的检修。

（5）套管的检修。

（6）变压器附件的检修（防爆筒、热交换器、空气干燥器、油枕及散热器、阀门、气体继电器）。

（7）油箱清扫涂漆。

（8）各密封胶垫更换和试漏。

（9）变压器油的处理或换油。

（10）修后试验和试运行。

（11）必要时对绝缘进行干燥处理。

小修：

（1）检查空气干燥器（吸湿器）内硅胶是否变色，并及时更换。

（2）检查并拧紧套管引出线的接头螺栓。

（3）检查油枕，放出油枕内的油泥，检查油位计上下连通螺栓孔是否畅通。

（4）检查各部分密封垫圈，处理渗漏油。

（5）检查套管的密封，瓷套管检查清扫。

（6）各部油阀和油堵的检修。

（7）分接开关的检查和操作试验。

（8）油箱清扫检查，必要时进行补漆。

（9）按规定和要求进行测量和试验。

（10）消除已发现的缺陷。

第二节　变压器的结构

变压器主要是由铁芯、绕组、套管、电压分接开关、冷却装置、油箱及附件所构成。

一、铁芯

变压器铁芯是用 0.35mm 的硅钢片叠成，片间涂刷绝缘漆。变压器铁芯的作用在于取得较高的导磁率，是变压器磁路系统的主体。

变压器铁芯有心式和壳式两种。由于心式结构简单，绕组的安置和绝缘的处理都较容易，所以，电力变压器一般采用心式铁芯结构。心式铁芯由铁芯柱和铁轭组成。铁芯柱的截面一般外接圆呈多级阶梯形状，大型变压器铁芯内部还留有冷却铁芯的油道，以利于变压器油循环，也加强了散热效果，如图 7-1 所示。

铁轭的截面有矩形、T 形、阶梯形等，如图 7-2 所示。

铁芯叠好后，要用槽钢夹件将上、下铁轭夹紧，铁芯柱用环氧纤维带扎紧。夹件与铁轭之间必须用绝缘纸板绝缘，以免通过夹件形成涡流而过热。

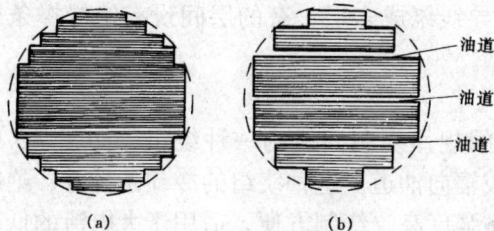

图 7-1 变压器铁芯截面
(a) 无油道；(b) 有油道

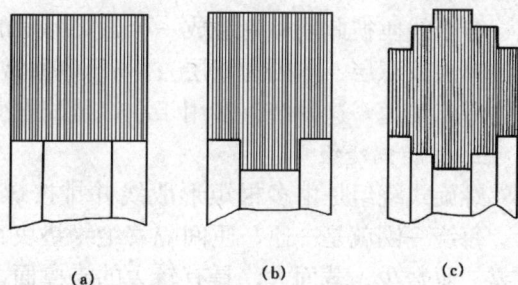

图 7-2 变压器铁轭截面
(a) 矩形；(b) T 形；(c) 阶梯形

为了避免变压器在运行中或试验中，铁芯对地产生悬浮电压（铁芯和金属零部件处于不同的电位），导致铁芯对地间歇放电，所以，铁芯必须有一点接地。其接地方法是用一薄铜片，一端夹在铁轭任两硅钢片间，另一端夹在夹件与绝缘纸板之间，接地铜片一般放在低压引出线侧。夹件、夹件绝缘纸板和接地铜片的布置如图 7-3 所示。

大型变压器有些夹件螺栓要穿过铁轭，这种穿芯螺栓对铁芯必须有良好的绝缘。

二、绕组

变压器绕组多采用电解铜绕制，也有铝线绕制的，其使用的绝缘材料：高压绕组一般用高强漆包和纱包线；低压绕组则采用高强度绝缘纸包绝缘导线。将高压、低压绕组都绕成圆筒形状，互相同心的套在铁芯柱上，低压绕组套在里面靠近铁芯，高压绕组套在低压绕组外面，绕组与铁芯间和高压绕组与低压绕组之间均用绝缘隔开，而且高、低压绕组间还留有冷却油道，既便于散热冷却，又加强了绝缘。

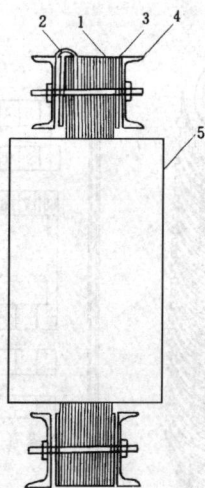

图 7-3 变压器铁芯接地
1—铁轭；2—接地铜片；3—绝缘纸板；
4—夹件；5—绕组

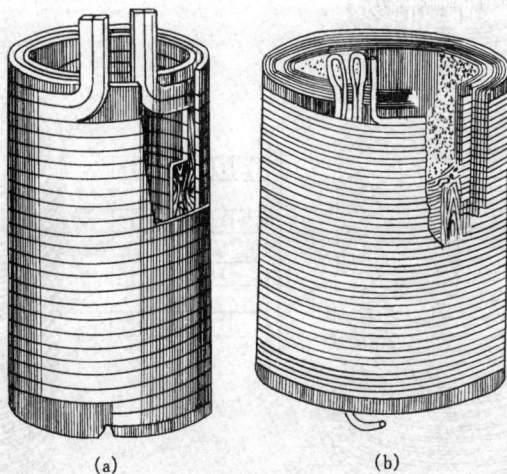

图 7-4 圆筒式绕组
(a) 低压侧双层圆筒式绕组；
(b) 高压侧多层圆筒式绕组

变压器绕组形式有圆筒式、螺旋式、连续式和纠结式等。

1．圆筒式绕组

各个线匝彼此紧靠着绕成一个圆筒形状的螺旋管，如图 7-4 所示。低压侧是用扁铜线绕成的单层或双层（本图为双层）；高压侧通常用圆导线绕成多层，有的层间设有绝缘撑条构成的冷却油道。这种绕组多用于小容量配电变压器。

2．螺旋式绕组

螺旋式绕组是由多根矩形股线并排按螺旋线的规律绕制而成的一种绕组，如图 7-5 所示。每绕一圈就是一匝，匝间隔着绝缘垫块，形成辐向油道。这种绕组的冷却条件好，绝缘可靠，匝数少，截面大，具有较大的支撑面，机械强度高，绕制方便，适用于大电流的低压绕组。

螺旋式绕组因采用多股导线并绕，则每匝中处于外圆和内圆不同位置的各并联股线的长度必然不同，而且各自所交链的漏磁通也不相同，使整个绕组各股线的电阻和漏抗不能相等。这样将会造成电流在各并联股线内分布不均匀，增大了变压器的附加损耗。所以在绕制时各股线必须进行换位（即各股线在不同匝线所在位置互相换位），使各股线的阻抗相等。

3．连续式绕组

连续式绕组是由一根或几根（一般不超过 4 根）导线连续绕制成许多呈盘形的线段而组成的绕组。每个线盘有许多匝，各个线盘之间用水平放置的横垫块隔开，横垫块在线盘上沿辐向均匀分布，构成辐向油道。为了便于绕组固定和进行横向夹紧，绕组内径的圆周上均匀装设纸板撑条，同时构成垂直油道。如果是多根导线并绕，从一个线盘到另一个线盘的连接处需要换位。绕组的连续是用特殊方法实现的，在线盘之间没有焊接头。由于连续式绕组有较大的散热表面，端部支撑面也较大，机械强度较高，故广泛的用作高压绕组。图 7-6 所示是连续式绕组的外形图和连接顺序示意图。

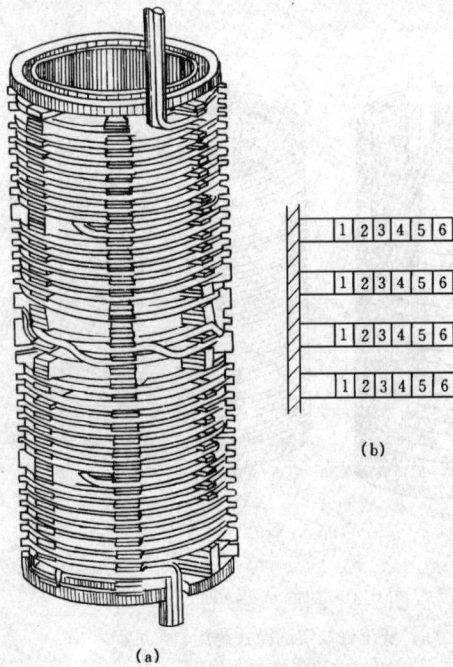

图 7-5　螺旋式绕组
(a) 绕组外形；(b) 导线排列情况

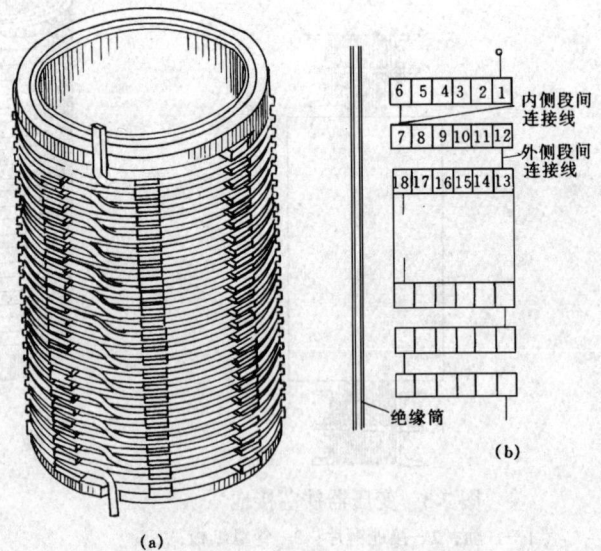

图 7-6　连续式绕组
(a) 绕组外形图；(b) 连接顺序示意图

对于 110kV 及以上的连续绕组，为了改善它的耐冲击电压水平，在两端的几个线盘应有比较大的截面积，并且加厚绝缘，或者在两端线盘的边缘上加装电容屏蔽环。

4.纠结式绕组

纠结式绕组与连续式绕组相似，也是由线匝和线盘组成，只是线盘不再由线匝紧挨着按顺序 1，2，3……自然数列排列，而是在顺序相邻的两个线匝之间有规律地插进其他顺序的线匝，如图 7-7 所示。这种线盘好像很多个线匝纠结在一起，故称为纠结式。纠结式绕组增加了纵向电容，冲击特性好，因此，尽管制作工艺复杂，在大型变压器中仍被广泛应用。

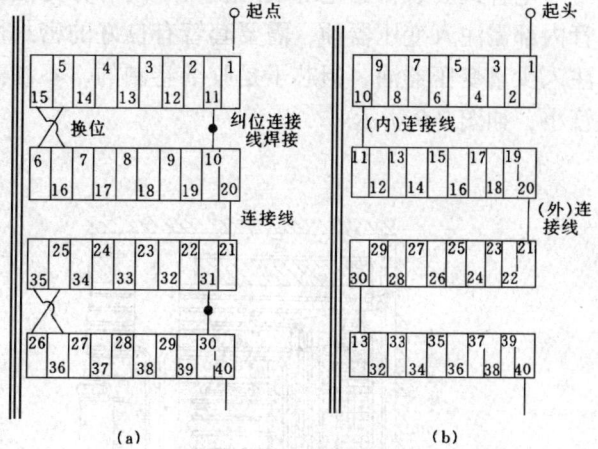

图 7-7 纠结式、连续式绕组比较图
(a) 纠结式；(b) 连续式

除以上几种变压器绕组外，现代变压器的低压侧还采用箔式绕组，即用等宽度的铜箔或铝箔，两侧夹两层及以上的绝缘纸，同时绕制而成的。结构非常紧凑，既可用于圆筒形，又可用于矩形变压器绕组，根据散热需要可设制一个或两个冷却通道。

由电气特性所决定，箔式绕组只适用于 15000kVA 以下的变压器。250kVA 以下的小容量变压器由于导体太薄，而且缠绕匝数较多，也不经济，所以不宜采用箔式绕组。

变压器绕组的绝缘，分主绝缘和纵绝缘两种。主绝缘是指绕组与铁芯、油箱等接地部分之间的绝缘，以及高、低压绕组之间的绝缘及各相绕组之间的绝缘。纵绝缘是指绕组匝间、层间、段间与静电板之间的绝缘，如图 7-8 所示。绕组要压紧，当电力系统或变压器本身发生短路时，绕组及其绝缘层将受到很大电动力的冲击，以致损坏变压器，因此对绕组必须采取相应的紧固措施。

径向压紧靠低压绕组与铁芯之间、低压、高压绕组之间的矩形或圆形的木撑条撑紧；轴向压紧，有用绝缘纸板压制的楔形垫块打进铁轭和绕组端部的压板之间以压紧绕组，而多数变压器则采用压环和压钉来使绕组轴向压紧。

三、套管

套管是变压器引出线的绝缘支架。它不仅作为引出线对地的绝缘，还起着固定引出线的作用，所以，变压器的套管必须具有较高的电气强度和机械强度以及良好的热稳定性。

低压套管一般采用瓷质绝缘套管，高压套管在瓷质套管内还必须采用较复杂的内部绝缘，常用的高压套管有充油式套管和电容式套管。

1.充油式套管

充油式套管是在瓷套管内以变压器油作为主绝缘。60kV 的充油式套管设有下部瓷套，套管内部的绝缘油是从变压器的油箱注入。110kV 及以上的充油套管，绝缘油是独立注入，不与变压器油箱连通。

2.电容式套管

电容式套管是在中心导电杆的外表面上，紧密地绕包绝缘层，并在绝缘中布置多层均压用的以铝箔为极板的电容芯子作为套管的主绝缘。电容芯子与中心导电杆构成并列的同心圆柱面电容屏，利用电容分压原理调整电场，使芯子的径向和轴向电位分布较均匀。

电容式套管根据绝缘纸的材料不同可分为油纸电容式和胶纸电容式两种。油纸电容式套管内部需注入变压器油，需要套管有良好的密封性能，需要下部瓷套。胶纸电容式套管内部注入少量变压器油，但芯子是胶纸卷制的，不渗油，可以取消下部瓷套，其尺寸比前一种套管小，如图7-9所示。

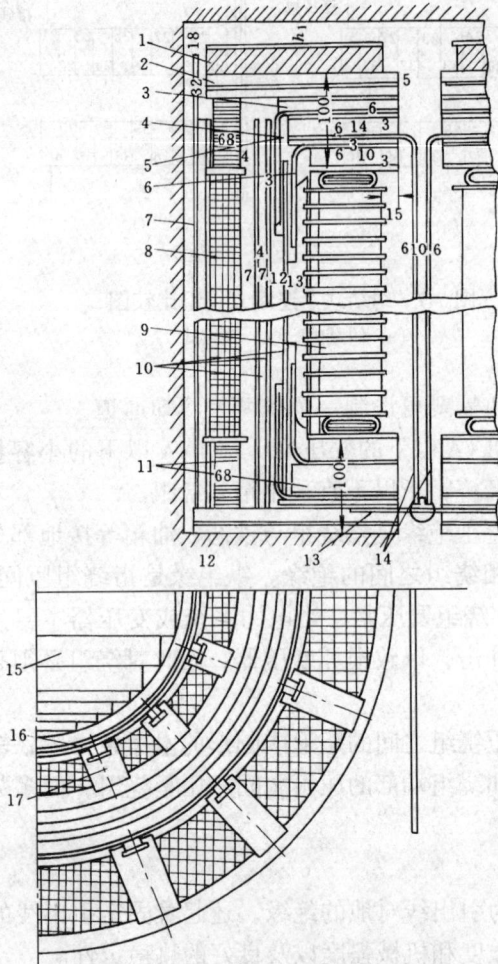

图 7-8　110kV 变压器绝缘结构示意图

1—钢压板；2—铆有垫块的绝缘纸板圈；3—带有
"□"形垫块的绝缘纸板圈；4、6—角环；5—绝缘
纸板圈；7—绝缘纸板筒；8—低压绕组；9—高压绕
组；10—高压绕组绝缘筒；11—绝缘垫圈；12—铁
轭绝缘；13—下隔板；14—相间隔板；15—铁芯柱；
16—撑条；17—垫块

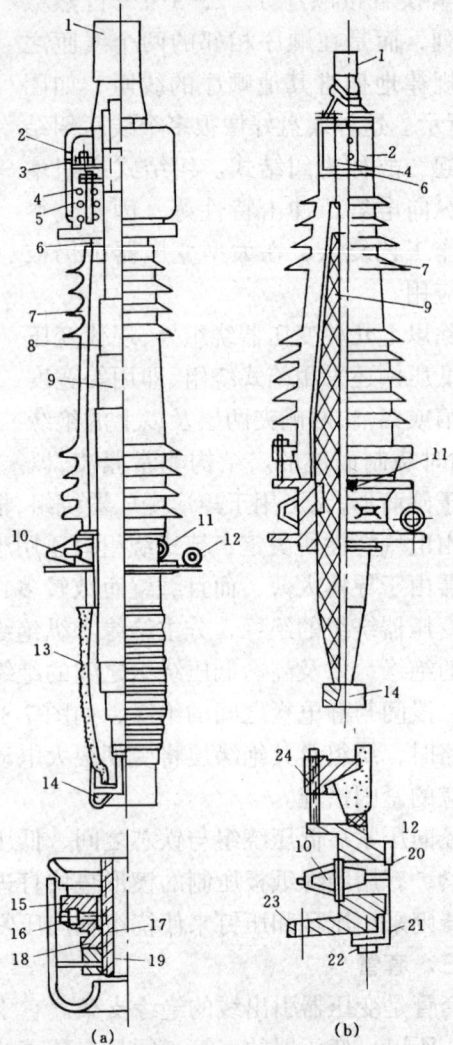

图 7-9　电容式套管

（a）油纸电容式；（b）胶纸电容式

1—接线端子；2—均压罩；3—压圈；4—螺杆及
弹簧；5—贮油器；6—密封垫圈；7—上瓷套；
8—绝缘油；9—电容芯子；10—接地瓷管；11—
取油样塞子；12—中间法兰；13—下瓷套；14—
均压球；15—底座；16—加油塞；17—封环；
18—垫圈；19—螺帽；20—锥形环；21—封环；
22—压圈；23—安装法兰；24—压钉

四、电压分接开关

电压分接开关是用倒换高压绕组的分接头来进行调压的装置。其调压方式，一种是停电切换，称为无载调压；另一种是带电切换，称为有载调压。有三相的（主要用于中、小容量变压器）和单相的（主要用于大容量变压器）。它们的触头材料是镀镍黄铜，具有耐磨和良好的导电性能。

1. 环形触头式单相无载电压分接开关

这种开关适用于绕组中部抽头的大型变压器，如图 7-10 所示。它有 6 个静触柱，由上、下两绝缘板支撑着。静触柱与绕组分接头连接。动触头是由几个套在回转曲轴上的接触环构成。接触环内装有螺旋板弹簧，靠弹簧的压力使接触环和静触柱之间保持良好的接触，并具有自动定位的特性。回转曲轴可以回转 5 个位置，在每个位置上，接触环同时与两个静触柱接通，构成几种分接状态。

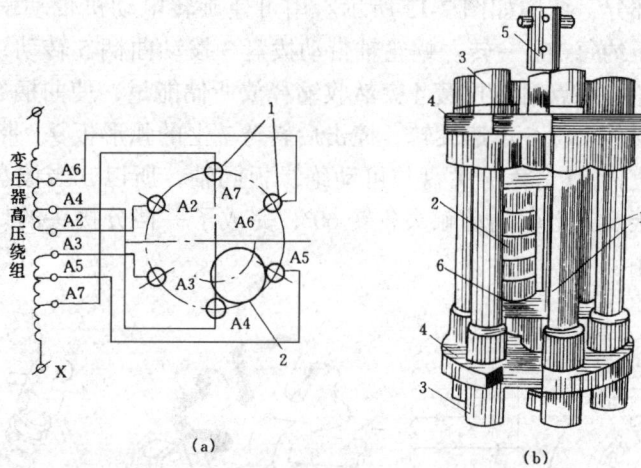

(a)   (b)

图 7-10 单相环形触头无载调压分接开关
(a) 原理接线；(b) 结构图
1—静触柱；2—接触环；3—接线端头；4—绝缘支架；
5—操动杆；6—回转曲轴

2. 有载调压分接开关

有载调压分接开关是由电气部分和机械传动两个部分组成的。

(1) 电气部分。由于变压器是在带负载条件下切换绕组分接头，故在切换过程中，绕组导电回路不得断开，同时也不允许将分接头之间的绕组短路。有载调压的电气接线型式有多种，而基本原理是相同的。图 7-11 所示是复合型有载调压分接开关原理接线。在绕组中段，每相抽出 6 个抽头 A、B、C、D、E、F。分别与等距排列在环形绝缘板上的 6 个静触头 a、b、c、d、e、f 相连接。环形绝缘板内有一个圆形可动绝缘板，上面装有主动触头 M 和 2 个辅助动触头 M1、M2，在辅助动触头 M1 和 M2 之间，串联着限流电阻 r_1 和 r_2，在 r_1 和 r_2 串联的中点又与主动触头 M 相连接。可动绝缘板由轴带动，并带动装在其上的主动触头 M、辅助动触头 M1 和 M2、限流电阻 r_1 和 r_2 一起转动。可动绝缘板转动时，是一档一档地转动的，不会停止在任何位置，而只是从一个固定位置变换到另一个固定位置，即主动触头 M 总是正好跨接在两个静触头上。下面分析主动触头 M 由跨接静触头 d、c 的位置切换到跨接静触头 c、b 位置的过程（可动绝缘板顺时针方向转动）：①主动触头 M 还没有离开静触头 d 之前，辅助触头 M2 与 d 接通，这时绕组回路没发生变化；②主动触头 M 离开静触头 d，辅助动触头 M1 接近静触头 b，这时绕组回路内串联了电阻 r_2；③辅助动触头 M1 与静触头 b 接触，辅助动触头 M2 还未离开静触头 d，主动触头 M 的中部与静触头 c 接触，这时绕组抽头 B 经限流电阻 r_1 与抽头 c 接通，而抽头 D、B 间则串联着限流电阻 r_1 和 r_2；④辅助触头 M2 离开静触头 d，主动触头 M 与静触头 c 接通，辅助触头 M1 仍与静触头 b 接通，这时抽头 D 和 B 断开，抽头 B、C 间仍串联电阻 r_1 接通；⑤主动触头 M 与静触头 b 接通，辅助动触头 M1 即将离开静触头 b，这时主动触头 M 将抽头 B、C 直接接通，电阻 r_1 对短路不起作用；⑥辅助动触头 M1 离开静触头 b，主动触头 M 对称地跨接在静触头 b、c 上，可动绝缘板停止转动。

（2）机械传动部分，结构如图 7-12 所示。用可逆旋转电动机带动蜗杆 10，经蜗轮减速机构后，将转速减至约每 10s 一转。蜗轮轴带动拨盘 3 拨动曲柄 5 转动，将拉簧 4 拉长，使之储能。当曲柄 5 超越死点时，拉簧 4 突然收缩释放所储能量，使曲柄 5 迅速转动。此时曲柄转轴另一端的扇形传动板 6 迅速旋转，撞击后转臂 7 上的弧形板 9，带动后转臂跟着旋转，将六分叉盘 8 很快拨转 60°。六分叉盘与可动绝缘板同轴，所以，当拨盘 3 旋转一周，六分叉盘带动可动绝缘板及其上面的动触头急转 60°，完成了一档分接头的切换工作。同时六分叉盘还兼作定位之用。

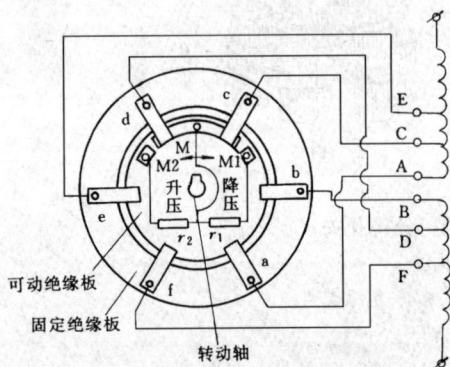

图 7-11　复合型有载调压
分接开关原理接线图

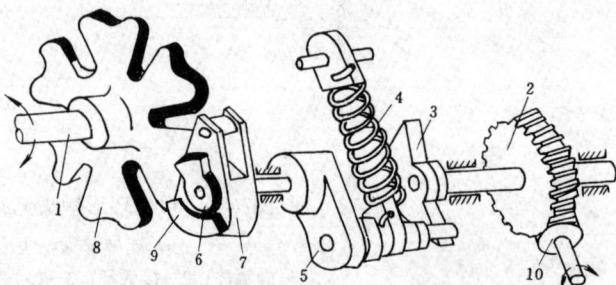

图 7-12　有载调压分接开关传动机构示意图
1—动触头转轴；2—蜗轮；3—拨盘；4—拉簧；5—曲柄；
6—扇形传动板；7—后转臂；8—六分叉盘；
9—弧形板；10—蜗杆

有载调压开关一般单独装在一只体积较小的油箱内，里面充有变压器油，自成封闭体系，整体埋入或半埋入变压器的油箱内。

五、冷却装置

电力变压器在运行中存在铜损和铁损，这些损耗转化成的热量会使变压器温度升高。

为了保证变压器在额定负荷下安全运行，必须采取一定的冷却方式来降低变压器的工作温度，一般中、小型变压器采用油浸自然冷却；大型变压器采用油浸风冷或强迫油循环风冷，也有采用油浸水冷或强迫油循环水冷。干式变压器主要是风冷。

中、小型变压器油浸自然冷却方式是依靠与油箱表面接触的空气对流把热量带走。变压器油箱四周焊接许多的管或铁片，称散热器，起着增加散热面积的作用。

大型变压器油浸风冷是在散热器中间设通风机使空气流动，将热量带走；强迫油循环风冷，是用油泵强迫油箱中的油循环，另外在散热器中设通风机加速空气流动带走热量；油浸水冷或强迫油循环水冷是用水将油箱的热量带走。

六、油箱及附件

油箱是油浸式变压器的外壳，器身全部浸在箱内的变压器油中，变压器油既作为绝缘介质，又作为冷却介质。

中、小型变压器多做成箱式，检修时要将器身从油箱中吊出。它的箱壁与箱底焊接成整体，如图 7-13（a）、（b）所示。而大型变压器一般油箱做成钟罩式，如图 7-13（c）所示。检修时，拆除箱底螺栓即可将油箱吊起，而器身不动。

油枕一般为圆筒形容器，水平安装在油箱的上部，通过弯管与油箱连通，弯管上装有阀门等。油枕的一端装有油位计，底部装有带油塞的沉积器等。油枕作为变压器油热胀冷缩的缓冲容器，使变压器油与空气在油枕内接触，油枕的容积大约为油箱容积的 10%，随空气进入油枕的水分，会使油受潮，从而使变压器的绝缘性能下降，因此变压器应装设呼吸器，如图 7-14 所示。这样可以延长变压器油受潮和氧化的进程，防止了变压器异常事故。

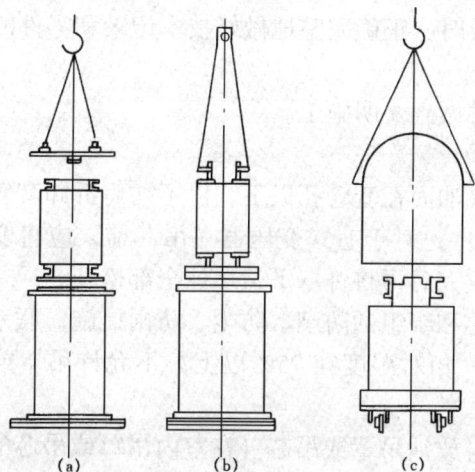

图 7-13　变压器油箱
（a）、（b）箱式；（c）钟罩式

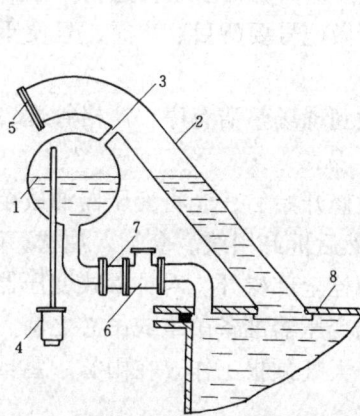

图 7-14　油枕、呼吸器和防爆管
1—油枕；2—防爆管；3—油枕与防爆管
连通器；4—呼吸器；5—防爆膜；6—气
体继电器；7—蝶形阀；8—箱盖

呼吸器内装有用氯化钴浸过的硅胶，它有很强的吸潮能力，呼吸管直插油枕上部，高出油面，随空气进入的水分，经呼吸器时被硅胶吸收。用氯化钴浸过的硅胶，除吸湿外，还起指示剂作用，其吸湿饱和后，由蓝色变红色。

防爆管是防止变压器内部发生故障时，油箱内大量气体来不及排除而使压力升高，以致造成油箱破裂，故在容量为 1000kVA 及以上的变压器顶部都装有防爆管。

第三节　变压器大修（吊芯检修）

一、修前准备工作

（1）组织工作人员讨论计划中提出的技术措施，准备好大修用材料、备品备件，运到现场并设专人保管。

（2）将大修用各种工具放入专用工具柜或箱内，并对其型号、规格、数量登记在册，对检修器具如电焊、火焊、安全用具、梯子、架子、起重工具等做好检查并运至现场指定位置放好。

（3）准备好存放变压器油的储油罐，将好用的滤油机、阀门、油管运到现场并连接好油管路。

（4）准备好检修现场用临时电源盘和临时照明用具。

（5）做好防风沙、防雨、防火措施。

（6）制定现场检修场地布置图，准备好技术资料和技术记录表格。

（7）组织学习检修计划、规程和检修项目，学习安全技术措施，明确任务、分工、进度、方法和质量要求。

二、吊芯检修方法及技术要求

变压器大修需要解体进行吊芯检查修理。解体时，要认真做好各部件安装顺序记录和记号，所做记号要醒目、牢靠，且便于区分。要及时、正确完整地做好技术记录和零件的测绘工作。

做到现场整洁有序，严格管理，定期检查并做到文明施工。

1. 吊芯

大修开始后，先将变压器油放至铁芯顶面（油面在套管孔以下，以不妨碍拆卸套管时为准），然后拆卸引线、套管、油枕、防爆管等附件，对于芯式变压器在吊芯前，应将变压器大盖螺栓全部松开。对钟罩式变压器在油全部放完后再将钟罩下盖螺栓全部松开。

当变压器准备吊罩或吊芯之前，应做好铁芯和绕组的防潮、防尘、防雨措施，联系气象台做好天气预报工作。在雨雾、雪或潮湿天气（相对湿度在75%以上）不允许吊罩或吊芯工作。

当变压器铁芯温度稍高于周围温度时，即可放油吊罩或吊芯（在室内吊罩或吊芯的变压器，室内温度至少比室外温度高出10℃），如变压器铁芯低于空气温度时，则应采取适当措施提高变压器铁芯温度，一般用外部能量加热使铁芯温度高出周围空气温度10℃。

为了防止变压器在吊芯过程中受潮，应尽量缩短铁芯在空气中暴露的时间，在一切准备就绪后，方可将变压器油放尽，开始吊罩或吊芯。起吊用吊杆受力要均匀，吊绳不得与钟罩或芯子的零部件相碰。变压器从放油开始计算，铁芯和绕组与空气接触时间不应超过以下规定：

相对湿度≤65%时，16h；

相对湿度≤75%时，12h。

变压器器身在空气中暴露的时间是从变压器放油开始算起，到开始注油为止（而注油时间不包括在内）。

当变压器铁芯温度高于周围环境温度 3 ~ 5℃时，则器身在空气中暴露时间可根据具体情况延长 1 ~ 2 倍。吊罩或吊芯前，放油的速度越快越好。

2. 铁芯检修

首先应遵守下列规定：

(1) 检修人员除携带必须的检修用具外，严禁携带其他与检修无关的物品，以免脱落掉入铁芯或线圈内。

(2) 进入油箱内或到铁芯顶部及下节油箱检修时，工作人员应穿专用的工作服及耐油胶鞋，并准备好擦汗的毛巾。带入油箱内或铁芯顶部的工具，事前应检查登记，并用白布带拴好，用完后全部清点回收。

(3) 检修中拧下的螺栓、螺帽以及其他零件均应放入专用箱内，由专人保管，在变压器内使用的照明必须是 36V 电压以下的。

(4) 检修人员上、下铁芯时，只能沿铁构架或梯子上下，禁止检修人员手抓线圈或脚踩线圈，沿引线进行上下，以防损坏线圈绝缘。

其次是铁芯的检修方法和质量标准：

(1) 检查硅钢片的压紧程度，看铁芯有无松动，铁轭与铁芯柱对缝处有无歪斜、变形，检查铁芯有无过热变色和接地是否完好牢靠。

(2) 检查铁芯油道有无油泥杂物，油道是否畅通，油道衬条应无损坏、松动和位移。

(3) 所有穿芯螺栓应紧固，用 1000 ~ 2500V 兆欧表测量穿芯螺栓与铁芯以及铁轭与铁轭夹件之间的绝缘电阻（应拆开接地片），其值不得低于最初测量值的 50%。

(4) 大型变压器穿芯螺栓应做交流 1000V 或直流 2500V 的耐压试验 1min，如果不合格者应查明原因并及时处理。

(5) 检查所有螺栓应紧固，并有防止松动措施，木质螺栓应无损伤，防松绑扎线应完好。

3. 线圈检修

(1) 线圈所有垫块、衬条应无松动位移，线圈与铁轭及相间的绝缘纸板应完整无损，牢固且无位移。

(2) 各组线圈应排列整齐，间隙均匀，压紧用顶丝应牢靠顶住压环，螺帽上的背帽应紧固，线圈表面无油污杂物，油路应畅通无阻。

(3) 线圈绝缘层应完整，无过热变色，无脆裂或击穿现象，高、低压线圈无移动变位。

(4) 检查引线绝缘应完好，包扎紧固无破裂现象，引出线固定牢靠，其固定引线的支架坚固，引出线与套管导杆连接牢靠，接触良好，接线正确。

4. 电压分接开关检修

(1) 有载调压分接开关。

1) 检查调压装置各分接头与线圈的连接应正确牢靠，分接头引线处绝缘完整无损，各分接头应清洁、接触良好，接触面用 0.05mm × 10mm 塞尺检查，应塞不进去。检查分接头开关传动轴应连接牢固，销钉完好。三相切换时，开关变化应一致，且与指示器指示位置也一致。

2) 检查开关触头有无烧损或变色现象，用丙酮清洗触头。触头间应有足够的压力（一般为 0.5 ~ 0.6MPa），检查开关箱、套管及传动轴的密封圈，检查油标，更换油标密封胶垫。

3）检查调压装置的机械传动部分，如连接轴、齿轮、凸轮、传动花盘的各部螺栓、弹簧、垫圈、销钉等应牢固齐全，动作应灵活无卡滞现象。

4）调整传动装置，使其动作配合正确。

（2）无载调压分接开关。

1）检查调压装置各分接头与线圈的连接应紧固正确，各分接头应清洁，且接触紧密，弹力完好。用丙酮清洗接触环和静触柱，不允许用砂布或细锉来打磨接触环和静触柱，所有能接触的部分，同有载调压开关的检查方法，应以塞尺塞不进为准。

2）转动接点应正确的停留在各个位置上，且与指示器指示位置一致。

3）传动装置的各机械连接部分应牢靠，各部螺栓、弹簧、销钉应完整无损，传动装置动作灵活无卡滞现象，密封完好无漏油或渗油。

4）所有绝缘件、胶木筒、胶木管、胶木杆、胶木座板等均应无裂纹和变形。

5. 套管检修

（1）外部检查修理。

1）清扫套管外部，除去油垢和积灰，检查套管的法兰、铁件和瓷件应完好无损，无裂纹和破损现象，瓷裙表面无闪络痕迹。

2）检查瓷套和法兰结合处的胶合剂是否牢固可靠，有无脱落或松动现象。当发现胶合剂脱落或结合处松动时，则应重新胶合或更换新套管。

3）检查各部分衬垫密封是否良好，有无漏油情况。如发现轻微漏油，可拧紧法兰盘螺栓，无效时则应更换新的密封衬垫。

4）检查贮油器或膨胀器有无裂纹，如有破损应查明原因更换备品，检查油位是否正常。在一般情况下（15～20℃）油面应在贮油器或膨胀器全高的 1/2 处，否则应补注合格的新油，或放出多余的油。

5）取油样化验，如不合格则将旧油放掉换新油。

（2）解体检修。当套管破损需要更换备品时，或因雷电闪络，瓷套有烧焦情况，内部有损坏的可能时，或密封衬垫老化漏油，介质损失不合格等，都应解体检修。

1）拆开与绕组的引线，拆下套管腰部法兰与变压器顶盖的连接螺栓，吊下套管，放在专用的架子上并固定牢靠。

2）解体套管应在干燥（空气相对湿度不大于 75%）、清洁、无灰尘的场所进行。解体步骤为：①解体前做介质损失试验，并检查是否渗油；②打开放油螺丝把油放掉，并取样试验和化验；③拆卸帽盖；④拆卸贮油器上盖和贮油器口的螺帽、弹簧垫圈与平垫圈，拆卸导电管；⑤拆卸上瓷套，注意松螺栓时应逐一地拧松，每次每个螺栓不得超过 1/3 圈，以免瓷套受力不均而破裂，吊出上瓷套，取出密封衬垫；⑥取下固定在双层导电管上的取样蛇形管，取出对准圆中心用的胶木固定圈，抽出全部胶木筒，注意不得将接地线拉断；⑦拆卸下瓷套，拆卸导电管固定螺栓，抽出导电管。

（3）对所有拆下来的零部件，用变压器油清洗，用无绒毛的干净布擦净，专人保管好。检查胶木绝缘筒、胶木圈应无纵向和横向裂纹起层现象，如有则更换备品。

（4）套管组装。组装顺序与解体顺序相反，所用工具材料要干净，工作人员应戴干净的手套，拧螺栓时应注意避免圆周受压力不均损伤瓷套或漏油，上螺帽不能用力过猛，不得碰伤瓷套和贮油器。套管组装完毕应用合格的变压器油冲洗 1～2 次，然后注入合格的变压器油，清扫检查外部无异状后，进行检修后试验。

三、变压器油的净化

变压器油在运行过程中，由于受空气中的氧和高温同时作用而氧化，使绝缘性能变坏而老化；变压器油也很容易吸收空气中的水分和脏污，混有一定水分和脏污的变压器油，其击穿强度显著下降，介质损失显著增加，当变压器油的绝缘性能及物理化学性质不合标准要求时，就必须进行处理。对于老化的变压器油，只能用化学的方法，把劣化产物分离出去。对于混有水分和脏污的变压器油，可用物理方法将水分和脏污分离出去，称之为净化。

1.压力式滤油机及过滤方法

压力式滤油机由滤网、油泵、滤过器、压力表、管路和阀门等部件组成，如图7-15所示。滤过器是压力滤油机的核心，如图7-16所示，一般有20～30个滤过单元，由螺旋夹具压紧构成一个整体，每个滤过单元由铸铁制成的滤框2和滤板1组成。滤油时在滤框和滤板间夹2～3层滤纸3。滤框是中空的，滤板的两侧刨有流油的沟道。在滤框和滤板下部的两角开有流油的孔，一个是污油的进孔4，一个是净油出孔5。滤纸3上也冲有相应的孔。在滤过器下面有集油盘，积存由滤框、滤板和滤纸缝隙中挤出的变压器油，并将油通过图7-15中的阀门9送回污油系统。

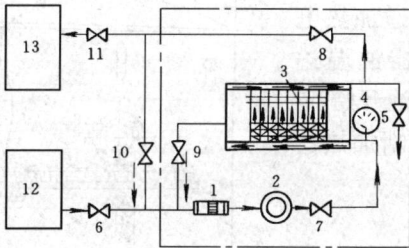

图 7-15　压力式滤油机系统

1—滤网；2—电动油泵；3—滤过器；4—压力表；
5—取油样阀门；6、7、8、9、10、11—控制阀门；
12—污油罐；13—净油罐

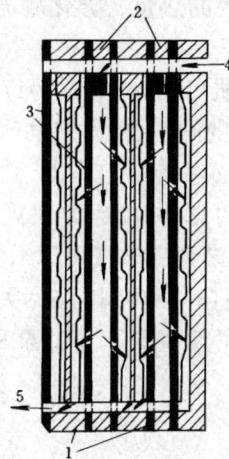

图 7-16　滤过器的构造

1—滤板；2—滤框；3—滤纸；
4—污油进孔；5—净油出孔

将滤油机上部的出口和入口分别接通净油罐和污油罐，如图7-15所示，启动油泵，电动油泵2从污油罐中抽出污油，经过滤网1，除去其中较大的杂质，然后进入滤过器的污油进孔，分成很多支路，充入各滤过单元的滤框中，经过滤纸，由滤板上的沟道汇入出油孔流出。污油中的水分和污物被滤油纸吸收和粘附，故由出油孔流出的则是净化干燥的变压器油。

滤油纸在使用前，应放在80～90℃的烘箱内干燥24h，并保存在干燥而清洁的容器内。一般滤过轻度脏污的油，2h左右更换一次滤油纸，脏污较重的油1h左右更换一次。每次更换一张滤油纸就可以了，即在进油侧取出一张，在出油侧加一张新滤油纸。

使用过的滤油纸，应放在干净油中洗涤，去掉杂质后吊起来，滴尽残油进行烘干。一张滤油纸可用 2~4 次。

使用滤油纸时，注意以下几点事项：

1）初次启动滤油机 3~5min 内，要将出油送回污油罐重新过滤，防止滤纸上脱落的纤维进入净油内。此时关闭阀门 11 打开阀门 10 即可。

2）进油管路上的滤网，根据油的脏污程度，每 10~15h 冲洗一次。

3）压力式滤油机操作时应先打开出油阀门，启动油泵后再打开进油阀门；停机时，先关闭进油阀门，停止油泵后再关闭出油阀门，以防止发生跑油事故。

4）压力滤油机的箱盖不是密封的，运行中空气中的潮气可以浸入，因此要求有干燥、清洁的工作条件，最好安放在室内或工作棚内，而且保持室内温度高于周围温度 5~10℃。

2．真空式滤油机及过滤方法

在抽真空的容器里，用喷嘴把变压器油变成雾状，使油中的水分自行扩散，与油脱离，而且由于抽真空，也排除了油中的空气。这是一种除去油中水分效率很高的方法，但不能除去油中脏污和杂质，而且系统较复杂。

真空滤油机由滤过器、油泵、真空泵、加热器和雾化罐、管道、阀门等组成，如图 7-17 所示。雾化罐是真空滤油机的核心，用 5~8mm 厚的钢板焊成，如图 7-18 所示。为了补偿水分汽化时所需的热量，雾化罐需要保温，并在罐壁上有加热励磁绕组，罐底装有电阻加热器。

真空滤油机启动时，如图 7-17 所示，关闭排油泵的出口阀门 4，打开其他的阀门，依次启动吸油泵和排油泵，调节压力使雾化罐里的油面保持一定高度，然后启动真空泵，接通加热电源，将雾化罐的真空度提高到规定数值。待变压器油温达 60~70℃时，逐渐开启出口阀门 4，关闭回油阀门 5，滤油开始。

停止时，打开回油阀门 5，关闭出油阀门 4，切断加热器电源之后，停止吸油泵、排油泵和真空泵。

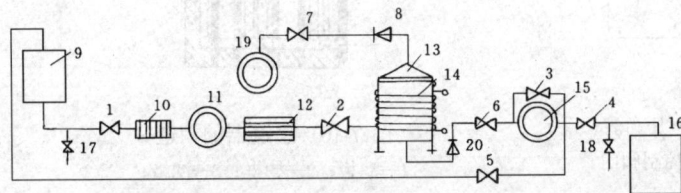

图 7-17　真空雾化油处理系统示意图

1~7—控制阀门；8—逆止阀；9—污油罐；10—滤过器；11—吸油泵；12—加热器；13—雾化罐；14—励磁绕组；15—排油泵；16—净油罐；17、18—取油样阀门；19—真空泵；20—逆止阀

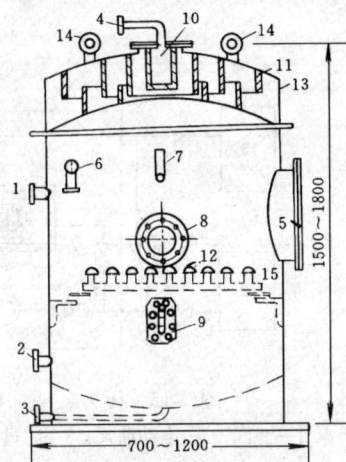

图 7-18　雾化罐结构示意图

1—污油进口；2—净油出口；3—放残油口；4—接真空装置；5—人孔；6—真空表；7—温度计；8—观察孔；9—油标；10—油气分离器；11—挡板；12—喷嘴；13—顶盖；14—吊环；15—支架

第四节　变压器附件的检修

一、油箱及顶盖的检修

（1）油箱内部、外部及顶盖应清扫干净，无油垢、无脱漆。如有脱漆的地方应除锈后补

漆。

（2）检查油箱及散热管有无渗漏，或焊缝开裂等现象，如有渗漏应在大修中将油放出后进行补焊，但应注意防火。

（3）清除箱底和箱壁上的油垢、渣滓，用清洁的变压器油冲洗散热器和油箱至干净为止。

二、油枕和防爆管的检修

（1）将油枕内的油从下部放油孔放出，排除沉淀物，并用变压器油冲洗干净。

（2）检查油枕各部有无渗漏，油枕与油箱的连通管有无堵塞。

（3）检查油位计是否正常，有无堵塞，玻璃管应无裂纹和污垢。

（4）清除油枕和防爆管的油垢和铁锈，检查防爆管的薄膜和密封垫是否良好，如有损坏应及时更换。密封垫在大修中应当换新的。

三、阀门、热交换器和呼吸器的检修

（1）各阀门应灵活、严密、不漏油。手柄齐全并有锁定装置。投入运行前应全部检查开闭位置正确并锁定。

（2）关闭热交换器上、下阀门，从下部将交换器内的油放尽，拆开上、下盖将吸附剂放入洁净的容器内。用清洁的变压器油冲洗热交换器内部，除去其油垢。

（3）根据吸附剂的受潮程度进行干燥，干燥好的吸附剂在装入热交换器之前，应用清洁干燥的变压器油冲洗，除去其中尘土杂质。干燥后的吸附剂应及时装入交换器内，以防再受潮，吸附剂装入量为变压器总油量的 1%。

（4）拧紧热交换器上、下盖，更换新衬垫，防止渗油。

（5）打开上部的排气螺丝和上部入口阀门，使变压器油流入热交换器内，将内部空气排出。待空气排完油向外溢时，拧紧排气螺丝，打开下部的阀门，等 5min 左右再从气体继电器上部放一次气，即可投入运行。

（6）检查呼吸器。应清洁并装有吸潮剂，检查呼吸器与油枕连通管严密不漏油。当吸潮剂大部分变成红色时，应该更换。

第五节　变压器试验与干燥方法

一、变压器的试验项目及方法

变压器经过大修后，其绝缘性能和某些电气特性可能有所变化，经过试验和测量，将其结果与以往的资料进行比较，即可判定变压器是否达到质量要求。

变压器检修后的试验项目主要有：绝缘电阻试验；直流电阻试验；泄漏电流试验；交流耐压试验。

1. 绝缘电阻及吸收比的测量方法

绝缘电阻试验可检查变压器的绝缘性能，尤其能有效地检查出绝缘受潮、表面脏污以及贯穿性的集中缺陷现象。

绝缘电阻是施加在被试品上的直流电压与被试品流过的泄漏电流的比值，即

$$R_x = \frac{U}{I_g}$$

式中　U——加在绝缘体两端的电压，V；

　　　I_g——通过绝缘体的泄漏电流，μA；

　　　R_x——绝缘电阻，MΩ。

良好的绝缘体，即使加上相当高的电压，能通过的泄漏电流还是很少的，少到只能用微安（1μA $= 10^{-6}$A）来计算，所以绝缘体的绝缘电阻是非常大的，要用兆欧来做测量的单位。

绝缘体的绝缘电阻不是一个永远不变的数值，它会受到很多外界条件和本身的影响。例如，绝缘材料防潮处理不好吸收了水分，或在表面上附着灰尘和油垢等物，它的绝缘电阻就要大大降低，即使还没有完全变成导体，但在运行中，也很容易被正常使用的电压所击穿而造成事故。为了事先了解设备的绝缘情况，因此，在其试验之前首先要测量绝缘电阻。

（1）绝缘电阻的测试方法。

1）测量部位和顺序。绝缘测量的部位和顺序，如表 7-2 所示。

表 7-2　　　　　　　　　　　　　　绝缘测量的部位和顺序

顺序	双绕组变压器		三绕组变压器	
	被测绕组	应接地的部位	被测绕组	应接地的部位
1	低压	外壳及高压	低压	外壳、高压及中压
2	高压	外壳及低压	中压	外壳、高压及低压
3	—		高压	外壳、中压及低压
4	高压及低压	外壳	高压及中压	外壳及低压
5	—	—	高压、中压及低压	外壳

注　表中顺序 4、5 的项目，只对 15000kVA 及以上的变压器进行。

2）测量方法。如测量双绕组变压器的绝缘电阻时，兆欧表接线端子的连接，应参照仪表上所注明的标号进行，即注有"地"（或者"E"）的一端，在测量对外壳的绝缘时，应接到外壳；在测量高低压绕组之间的绝缘电阻时，应接低压绕组端。变压器的一次侧及二次侧绕组之间与每一绕组对外壳及铁芯间的绝缘电阻是不可分开的，例如用普通方法测量变压器高低压绕组间的绝缘电阻时，通过绝缘体的泄漏电流，一方面可以直接从高压绕组流到低压绕组，另一方面也可以从高压绕组流入外壳，再从外壳流入低压绕组，从而使测量值产生误差，绝缘电阻值比真实值略为降低。

测量接线如图 7-19 所示。测量高、低压绕组间的绝缘电阻时，将兆欧表的"线路"（或"L"）端和"接地"（或"E"）端分别接到高压侧和低压侧绕组上，将"保护环"（或"G"）端接到变压器铁芯或外壳上。这种接法所测得的绝缘电阻就是高压对低压的数值，其中没有对地的成分，因为对地的成分完全被保护环所短路，并不经过指示仪表。

（2）吸收比试验。当测量容量较大的变压器的绝缘电阻时，可以看到绝缘电阻的数值和通电时间有关。通电的时间愈长，其读数愈高，这种现象为绝缘体的吸收特性。

1）吸收比试验的目的。其目的是要求出两种时间下绝缘电阻的比值，用它来判断变压器是否受潮或确定变压器干燥工艺是否良好，这是一项重要的原始数据。此项试验适用于大容量的变压器，其他电容很小的产品不用做吸收比试验。

2）吸收比试验方法。吸收比的试验和测量绝缘电阻的方法大致相同，所不同的就是要记录通电时间。现在规定的吸收比分两种：一种是 60s 与 15s 时绝缘电阻的比值；另一种是

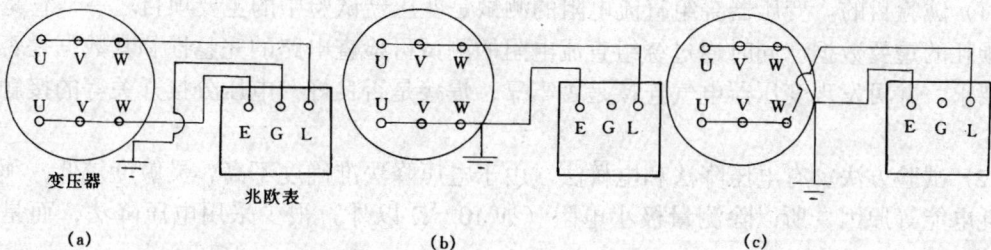

图 7-19 变压器测量绝缘电阻接线示意图

(a) 高压绕组对低压绕组; (b) 高压绕组对地; (c) 低压绕组对地

10min 与 1min 绝缘电阻的比值, 即

$$吸收比 = \frac{R_{x60''}}{R_{x15''}} \quad 或吸收比 = \frac{R_{x10'}}{R_{x1'}}$$

35kV 以下的电力变压器, 温度在 10 ~ 40℃时, 60s 与 15s 的吸收比应大于或等于 1.3。35kV 以上的电力变压器有时需要做 10min 与 1min 的吸收比, 其值应大于或等于 2, 即

$$\frac{R_{x60''}}{R_{x15''}} \geq 1.3 \quad 或 \frac{R_{x10'}}{R_{x1'}} \geq 2$$

(3) 铁芯紧固螺栓的绝缘试验。铁芯与铁轭的紧固螺栓要求绝缘良好, 如果其绝缘损坏, 在运行中将引起局部短路, 产生很大的涡流。当有两个以上的螺栓绝缘损坏时, 则形成了一个好像在磁场中受感应的绕组, 将产生强烈的循环电流。其产生的热量, 能使绝缘损坏, 以致发展到绕组层间短路, 最终烧毁变压器。因此, 在变压器大修中, 必须测量铁芯和铁轭紧固螺栓的绝缘电阻。发现异常应及时处理。

铁芯和铁轭的紧固螺栓在出厂试验时, 用 1000V 以上兆欧表测量, 其值在电压为 3 ~ 6kV 的不低于 200MΩ; 电压为 20 ~ 30kV 的不低于 300MΩ; 电压为 0.4kV 的不低于 90MΩ。运行中的变压器其铁芯和铁轭紧固螺栓的绝缘电阻不得低于初始值的 50%。其耐压试验电压为交流 1000V 或直流 2500V, 施压时间持续 1min。

(4) 绝缘电阻试验注意事项。

1) 试验前应拆除被试变压器的所有对外连接线, 并将被试绕组对地充分放电, 至少放电 2min。

2) 测量时, 非被测试绕组均应接地。

3) 兆欧表水平放置后校验其指零和无穷大来判断此兆欧表是否良好, 测量时保持 120r/min 的恒定转速, 测吸收比时, 为了读数准确, 最好采用电动兆欧表。

4) 应在兆欧表达到额定转速时将表头接于被试绕组, 同时计时, 计算出吸收比。

5) 读数完毕, 先将表头离开被试绕组, 再停止兆欧表的转动, 防止被试绕组储存的电荷烧毁兆欧表。

6) 试验结束时, 必须将被试绕组对地充分放电。

7) 记录被试物温度、环境温度和空气相对湿度。

8) 绝缘电阻是以变压器绕组浸入油中时所测得的数值为准。变压器注油后应静放 5 ~ 6h, 再进行测量, 所得数值与前次比较, 应换算到相同温度时的数值。

2. 变压器直流电阻试验

（1）试验目的。变压器绕组直流电阻的测试是变压器试验中的主要项目之一，它是确定短路损耗的重要数据。同时通过绕组直流电阻的测试可检查电路的完整性和其数据是否符合设计要求，并可发现变压器电气连接是否牢靠，焊接是否良好，电压分接开关等的接触是否良好。

（2）试验方法。有电压降法和电桥法。由于电压降法准确度不高，灵敏度较低，须换算和消耗电能等原因，所以除测量极小电阻（如 $10^{-3}\Omega$ 以外）很少采用电压降法，而是采用电桥法。

测量直流电阻用的电桥分为单臂和双臂两种。单臂电桥又称惠期登电桥，双臂电桥又称凯尔文电桥。单臂电桥适用于测量 10Ω 以上的高电阻，如容量在 180kVA 以下的配电变压器。双臂电桥适用于测量 10Ω 以下的低电阻。图 7-20 所示为单臂电桥测量变压器绕组直流电阻的原理接线图。图 7-21 所示为双臂电桥测量变压器绕组直流电阻的接线示意图。

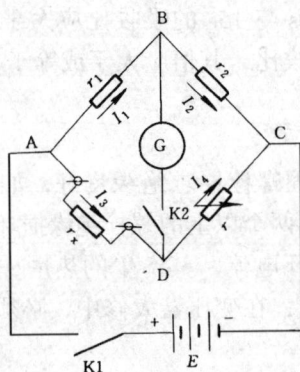

图 7-20 单臂电桥测量直流
电阻的原理图

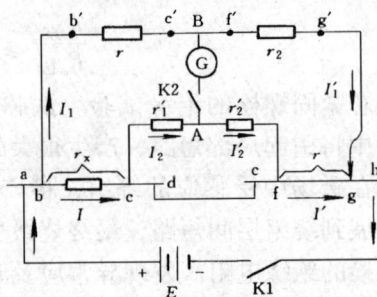

图 7-21 双臂电桥测量变压
器绕组直流电阻接线示意图

（3）测试直流电阻时注意事项。

1）测试前应将被试绕组对地充分放电。

2）双臂电桥接线时电压端子（P1、P2）靠近被测物侧，电流端子（C1、C2）接外侧。尤其对于低值电阻更要注意接法，图 7-22 所示为低值电阻的四端接线法。

3）由于绕组电感较大，所以在电路闭合后，待被测电路充电电流稳定方可接入检流计，测出电阻值。完成测量后要先断开检流计开关，再断开电源。防止反电动势打坏检流计。

4）变压器有中性点引出的可以测量相电阻，带有分接头的绕组应在所有分接头下测量其直流电阻。

5）将所测电阻值按第八章异步电动机直流电阻测量方法换算到75℃的电阻值，在同一接头上测得各相直流电阻，相互间的差别以及与制造厂或最初测量值的差别不应超过±2%。

3．泄漏电流试验

变压器绝缘在直流高压下测量其泄漏电流值，可以灵敏地判断变压器绝缘的整体受潮、部件表面受潮或脏污以及贯穿性的集中缺陷等，在变压器绝缘预防性试验中，可以根据历年来测量泄漏电流值的大小，或其变化趋势以判别设备是否受潮或存在缺陷。

（1）微安表接在高压端的泄漏电流试验，接线如图 7-23 所示。

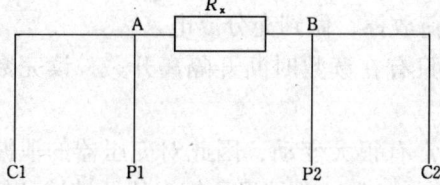

图 7-22　低值电阻的四端接线法　　　图 7-23　微安表接在高压端的泄漏电流试验接线图

1）这种接线可以消除高压引线等对地的杂散电流（电晕电流、高压试验变压器的泄漏电流等）影响造成测量误差。试验时，微安表用金属罩进行屏蔽，微安表接到被试品的高压端采用屏蔽线。应注意，读表时保证安全距离，站在绝缘垫上并做好安全措施，防止触电。

2）当被试品出现放电以致击穿时，为防止大电流流过微安表而烧毁表头，因此，在试验回路中还必须对微安表进行保护，如图 7-24 所示。图中 F 为放电管，是用来保证电路中出现微安表所不能容许的电流时，能迅速放电，使微安表短路。R 是微安表前串联电阻，其数值（Ω）可按下式算出

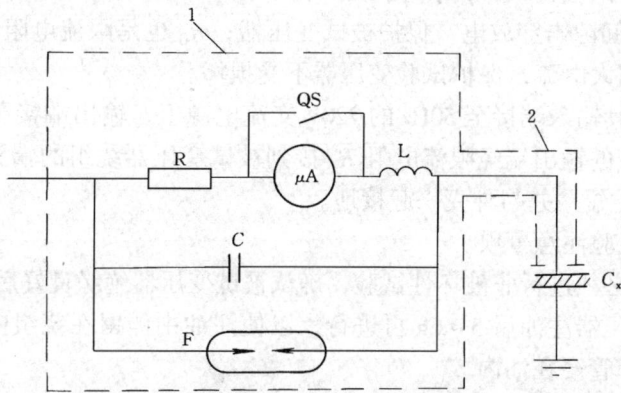

图 7-24　微安表保护接线
1—屏蔽罩；2—屏蔽线

$$R = \frac{U_f}{I_\mu} \times 10^6$$

式中　U_f——放电管实际放电电压，V；

　　　I_μ——微安表所用档满量程电流，μA。

图中 C 是滤波电容器，用来滤掉试品击穿时电路中出现的高频分量，而电感 L 是阻止高频分量通过微安表。一般 C 取 0.5～5μF，电压 300V 的电容器。微安表并联隔离开关 QS，读数时打开。此隔离开关只短路微安表。

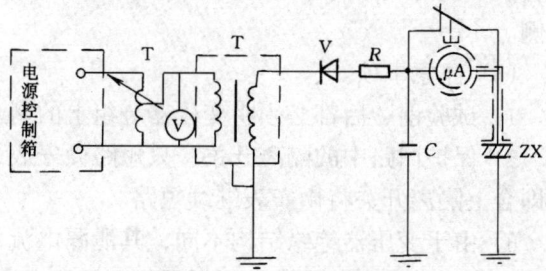

（2）微安表接在低压端的泄漏电流试验。这种接线优点是读数方便、安全。但由于电路的高压引线等对地的杂散电流以及高压试验变压器对地泄漏电流等都经微安表，使读数包含了被试品以外的电流，造成测量误差。因此，在实际测量中，如果试品一端不直接接地，则

微安表可接在试品与地之间，上述误差即可消除。如果试品一端已接地，则将微安表接在高压侧。

(3) 注意事项。

1) 试验前、后都必须将变压器绕组上的剩余电荷放掉，做到充分放电。

2) 保护回路中的隔离开关，只短路微安表，也只有在读数时断开隔离开关，读完数应立即合上隔离开关将微安表继续短路。

3) 由于变压器绝缘结构不同，其泄漏电流值也常有很大变动，因此对变压器的泄漏电流值不作统一规定，而主要根据同类型设备或同一设备历次试验结果比较来估计被试品的绝缘状态，并结合其他绝缘试验结果综合分析作出判定。

4. 工频耐压试验（交流耐压）

工频耐压试验是鉴定主绝缘强度最有效的方法，也是保证设备绝缘水平，使变压器可靠运行的重要措施。耐压试验一般可发现集中性的缺陷，如绕组主绝缘受潮、开裂，或引线绝缘距离不够，以及绕组绝缘上附有污垢等。工频耐压所加电压远比正常运行时高（属破坏性试验），所以，必须在非破坏性试验（如绝缘电阻、介质损失角、直流泄漏、绝缘油的电气试验）后，认为绝缘良好才进行外施工频耐压试验。

(1) 工频耐压试验方法。按图 7-25 所示接线，R_1 是限流电阻，当被试变压器绝缘击穿时，限制大电流保护试验变压器；Q_x 是保护球间隙，当试验变压器电压超过预定试验电压的 5% ~ 10% 时，球间隙击穿放电，保护被试变压器；R_0 也是限流电阻，当球间隙 Q_x 击穿放电时，它用来限制大电流，保护试验变压器不受损坏。

AV 是调压器，其输入端接至 50Hz 的 220V 交流电源上，输出端接至试验变压器 T 的输入端，试验变压器 T 的输出端经限流电阻 R_1 接到被试变压器绕组的端头上，其他未测试的绕组如图 7-19 所示，短路并与外壳一起接地。

(2) 工频耐压试验注意事项。

1) 工频耐压前必须进行非破坏性试验，确认被试变压器绝缘良好后方可进行耐压。

2) 试验要在变压器注油后 5 ~ 6h 再进行，以使注油中停留在绕组中的气泡尽可能的逸出。油应注满，使套管浸在油内。

3) 试验时电压上升速度，在试验电压的 40% 以前，可以是任意的，以后应以均匀的速度升至预定的数值。保持 1min（固体绝缘干式变压器应保持 5min），然后电压均匀降低，大约在 5s 内降到试验电压的 25% 或更小，再切断电源。

4) 试验过程中，要保持电压稳定，操作人员应精神集中，被试设备和高压引线应设遮栏并有专人监护。

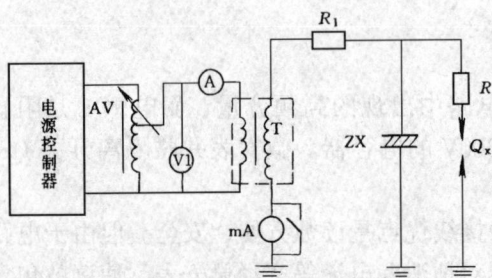

5) 如发现表针指示有变化，或冒烟、有放电的响声，则必须拆开变压器，消除缺陷后再重新试验。

6) 在试验过程中，发现变压器内部有放电声和电流表指示突然变化，在重复试验时，施加电压比第一次降低，都说明是固体绝缘击穿了；如果施加电压并未降低，仍在原来施加电压下开始放电，是属于油隙的贯穿性击穿。如在试验过

图 7-25　工频耐压试验接线

程中，变压器内部有炒豆般的声响，电流表的指示也很稳定，这可能是悬浮金属件对地的放电。

7）工频耐压标准如表 7-3 所示。

表 7-3   **变压器的工频耐压试验标准（kV）**

额定电压	3	6	10	15	20	35	44	66	110	154	220
出厂试验电压	18	25	35	45	55	85	105	140	200	275	360 395
预防性试验电压	15	21	30	38	47	72	90	120	170	240	306 336

8）变压器工频耐压试验前后的绝缘电阻值变化不得超过 30%。

（3）绝缘油电气击穿强度试验。

准备工作：

1）所需仪器：试验变压器以及调压和测量装置；油杯和黄铜电极；温度计（0～100℃）。

2）试验前，先用汽油或苯清洗油杯和电极，并调整电极距离，用量规检验使其平行距离精确到 2.5mm。电极和油面的距离不小于 15mm，如图 7-26 所示。

3）试样的温度应使其接近于室温。在取样时将试样瓶颠倒几次，使油均匀混合，但不应使油起泡沫或气泡。

4）用被试油冲洗油杯和电极 2～3 次，然后将被试油样沿油杯壁注入油杯中，并静置 10～15min，使油中气泡逸出。

试验方法：

1）调压器应在零位，脱扣开关应在断开位置。将油杯接入高压电路中，在试验变压器和被试油杯之间串入 5～10MΩ 的保护水电阻。

2）合上电源开关，启动调压器，升压速度约为每秒

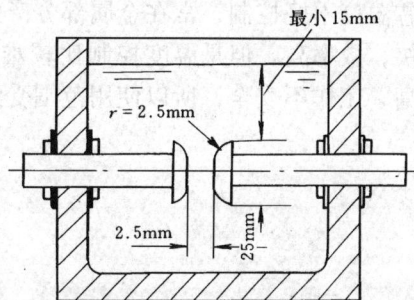

图 7-26   油试验用油杯和电极

3kV，直至油中发生十分明亮的火花放电，且电压表指针降为零位，脱扣开关跳闸为止。发生击穿前的瞬间，电压表指示的最大电压值称为击穿电压。如发生不大的破裂声和电压表针发生抖动，均不算击穿。油样被击穿后，可用玻璃棒在电极中轻轻拨动数次，但不可改变电极间距离，以除掉滞留在电极中间的游离碳。静置 5min 后，再进行一次试验，如此进行 5 次。试验结果应取 5 次测值的算术平均值，如果 5 次测量值中任一数值与平均值的偏差超过 ±25% 时，则应继续进行试验，直到偏差不超过 25% 为止。并做好记录。

3）试验宜在室温不低于 20℃ 和相对湿度不大的晴天进行。

二、变压器干燥方法

变压器受潮必须进行干燥。变压器干燥是一项消耗时间较长而且要求较高的工作，并不是每次大修都必须进行的工作，只有在绝缘受潮的情况，或变压器经过全部或局部更换绕组或绝缘大修以后均应进行干燥。

变压器干燥方法视其容量大小和结构型式而不同，各厂（所）可根据具体条件来选择干燥方法。其方法有以下几种：

1. 感应加热法

感应加热法是将变压器器身放在原油箱中，在油箱外用绝缘导线缠绕励磁绕组，通以交流电，利用油箱壁中涡流损耗的发热来干燥的。此时箱壁的温度不应超过 115～120℃，器身温度不应超过 90～95℃。其计算方法请查阅《电工计算手册》或《机修手册》中电气设备的修理上册。

2. 热风干燥法

热风干燥法是将变压器器身放在干燥室中，通热风进行干燥，干燥室可根据变压器器身大小用内面装有防火材料的壁板搭合而成。干燥室应尽量小些，壁板与器身之间距离应小于 200mm。可用电炉、蒸汽蛇形管等来加热。进口热风温度应逐渐上升，最高温度不应超过 95℃，热风进口处应设过滤器或装金属栅网以消灭火星、灰尘。热风不要直接吹向器身，尽可能从器身下面均匀地吹向各方面，潮气则由箱盖通气孔放出。

3. 烘房（或烘箱）干燥法

对中、小型变压器采用这种方法则很简单，干燥时，只要将变压器器身搬运至烘房（或烘箱）内，控制温度为 95℃，每小时测一次绝缘电阻。在干燥过程中，潮气由烘房（或烘箱）上部的排气孔排出。

变压器干燥方法还有零序电流干燥法，其干燥速度快，消耗的电能比感应法小，但是铁芯温度不好控制，常在金属部分产生局部过热；短路干燥法，利用绕组铜损加热干燥，升温快，效率高。但是温度控制比较难，容易产生局部过热，而且有时需要的干燥电源电压较高，工作不安全，所以使用范围受到限制；还有真空热油喷雾干燥法和煤油气相干燥法等。

同步发电机检修

第一节　同步发电机的基本知识及结构

交流同步发电机是根据电磁感应原理工作的，是机械能转换为电能的旋转电机。

在火力发电厂中，用汽轮机作为发电机的原动机，整个机组叫做汽轮发电机组，其中的交流发电机叫做汽轮发电机。在水力发电厂中，用水轮机作为发电机的原动机，整个机组叫作水轮发电机组，其中交流发电机叫做水轮发电机。由于汽轮机转速高，水轮机转速低，因此汽轮发电机和水轮发电机在结构上（主要在转子结构上）有一些差别，反映在工作特性上也有一些差别。但是，它们的基本工作原理却完全相同。

一、基本原理

图 8-1 所示是同步发电机原理模型图。

当转子绕组 5 通入直流电后，在磁极间产生磁力线 4，磁力线从转子的 N 极经过定子、转子之间的空气间隙以及定子铁芯后回到 S 极。若转子在外力推动下逆时针转动，定子绕组 U、V、W 切割磁力线，感应出电动势，其方向根据右手定则判定。此时将定子绕组的 X、Y、Z 连接起来，另一端 U、V、W 与负荷接通后，就将在定子绕组和负载中流过三相交流电。

在发电机相序一定的情况下，发电机发出电的质量是否合格，主要看发电机的端电压和电流频率。端电压 U 可通过调整转子电流来保证，而电流频率 f 的高低要靠原动机的转速来调整，频率为

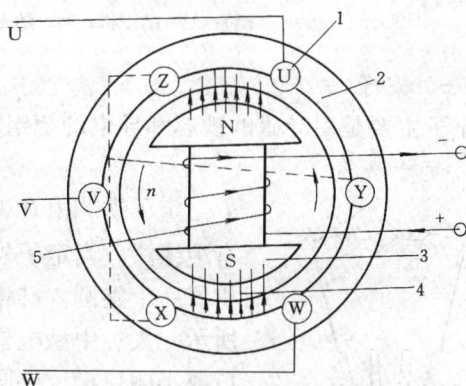

图 8-1　同步发电机原理模型图
1—定子绕组；2—定子铁芯；3—转子铁芯；
4—磁力线；5—转子绕组

$$f = pn/60 \quad (\text{Hz}) \tag{8-1}$$

式中　n——发电机转速，r/min；

p——发电机转子磁极对数。

从上式得知，同步发电机的转速 n 与转子磁极对数和发出交流的频率有关，即

$$n = 60f/p \quad (\text{r/min}) \tag{8-2}$$

二、同步发电机的结构

本章以 QF-25-2 型空气冷却汽轮发电机为例，叙述同步发电机各部分的结构，其他型式的机组则补充一些它们的特点。

汽轮发电机主要由定子、转子两大主体和励磁、冷却两大附属系统组成。如图 8-2 所示，是汽轮发电机总装结构图。

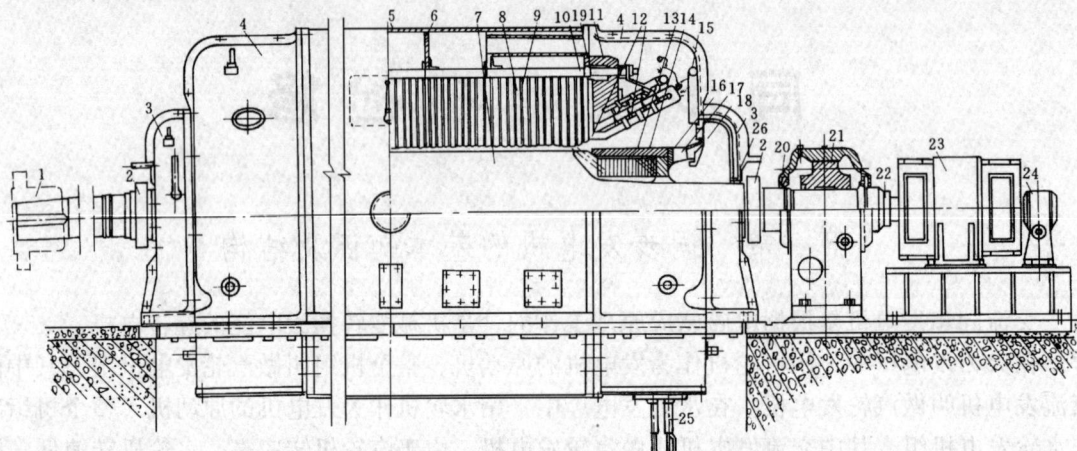

图 8-2 汽轮发电机总图

1—连轴器（汽侧）；2—集电环（滑环）；3—小端盖；4—大端盖；5—机座；6—横向壁；7—转子；8—定子铁芯；9—定子径向风道；10—燕尾筋；11—定子铁芯端压板；12—定子绕组；13—转子绕组；14—护环；15—消防水管；16—中心环；17—离心风扇；18—内端盖（挡风圈）；19—机壁；20—油挡；21—励端轴承；22—连轴器（励侧）；23—励磁机；24—励磁机轴承；25—引出线；26—风挡

（一）定子

定子主要是由导磁的铁芯和导电的绕组以及机座、端盖等组成。

1. 定子铁芯

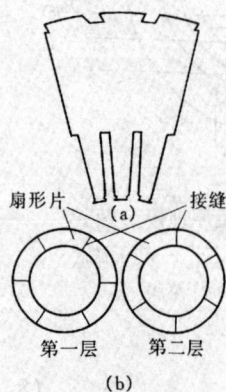

图 8-3 扇形片及叠装方法
(a) 扇形硅钢片；
(b) 叠装方法示意图

定子铁芯由 0.35~0.5mm 厚的硅钢片叠压而成，片与片之间涂有绝缘漆。当定子外径大于 1m 时，每层硅钢片都是由若干扇形片拼成一个整圆。硅钢片外圆冲有燕尾缺口，内圆冲有线槽，如图 8-3 所示。大、中型电机均采用开口槽，而中、小型电机有时采用半开口或半闭口槽。外圆的燕尾缺口套装在机座的燕尾筋上，内圆的线槽则嵌放定子绕组。

硅钢片叠装好后，用油压机压紧，两端装有齿压板和端压板，齿压板压住铁芯每个齿，端压板压住齿压板和铁芯轭部，然后用拉紧螺杆沿轴向压紧铁芯，如图 8-4 所示。

为了加强定子铁芯的散热效果，沿轴向将铁芯分成许多段，每段之间留有 10mm 左右的通风沟。铁芯的端部制成阶梯状，这是为了减少端部漏磁通的影响，防止涡流引起过热，也能改善通风情况。

为了在运行中监视铁芯的温度，在铁芯中也要埋入一些测温元件，就是把电阻测温元件埋入用环氧酚醛层压玻璃布板冲成的扇形片的槽中，其形状与硅钢片冲片形状相似，测温元件埋入后用环氧树脂胶好，如图8-5所示。在定子铁芯叠片时，将这种测温元件埋入铁芯的指定部位，电阻元件两端用屏蔽线从铁轭的背面引出。

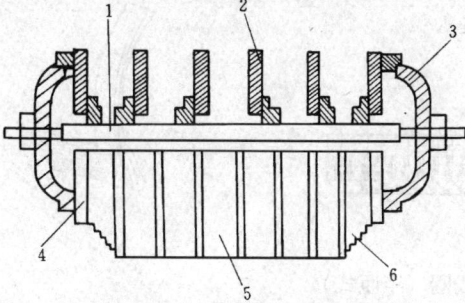

图 8-4　定子铁芯固定示意图

1—拉紧螺杆；2—机座壁板；3—端压板；

4—齿压板；5—定子铁芯；6—阶梯部分

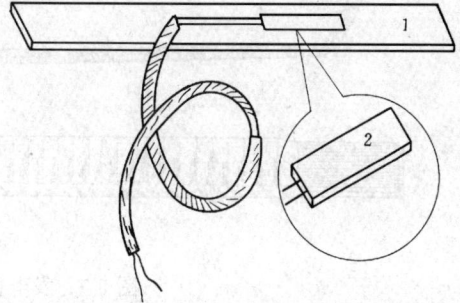

图 8-5　测温元件

1—玻璃布层压板；2—测温元件

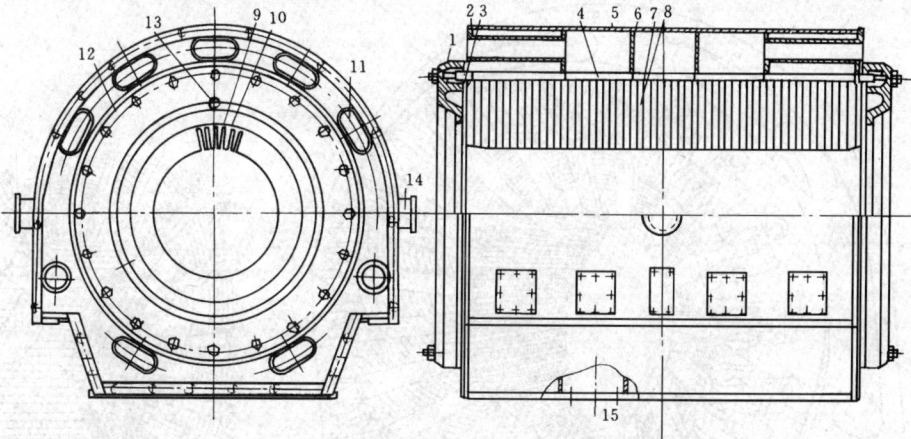

图 8-6　发电机定子铁芯装配图

1—端压板；2—机壁；3—齿压板；4—燕尾筋；5—机座；6—横向壁；7—铁芯叠片；

8—径向通风沟；9—铁芯槽；10—铁芯齿；11—轴向通风道；12—端部连线支架螺孔；

13—端压板吊攀螺孔；14—吊攀

图8-6是空冷汽轮发电机定子铁芯装配图。

2. 定子绕组

定子绕组是发电机的主要部分，它是由嵌在定子铁芯槽中的线圈，按一定规律连接而成的。为了制造和嵌线方便，大、中型发电机定子绕组的单元部件，一般将其分成两半，制成半匝式，如图8-7所示。该单元部件称为线棒。直线部分（有效边）放在定子槽内，槽外的部分称为线圈端部（渐开线）。将篮形线圈的两个半匝式线棒的一端焊接在一起，即成为一个线圈。若干个线圈串成一相即为一相绕组。

盘形线圈是将两个线棒用盘形线圈的连接线将它们焊接起来，即成为一个盘形线圈。

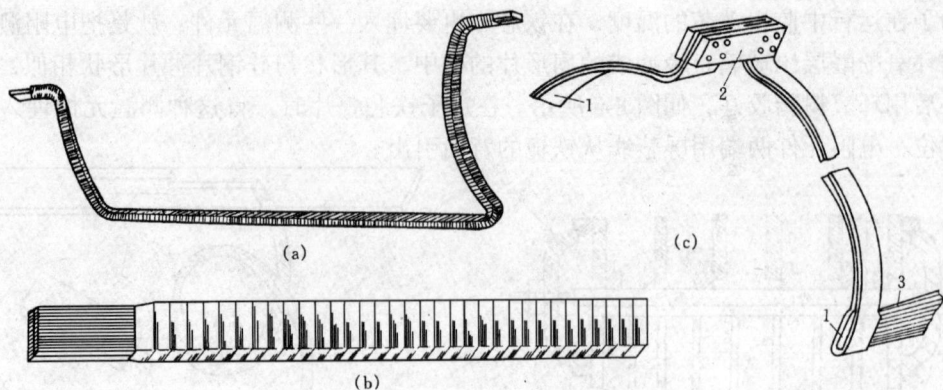

图 8-7　发电机定子线圈（半匝式）

（a）篮形线圈的线棒；（b）盘形线圈的线棒；（c）盘形线圈的连线

1—端部连线；2—连接铜排；3—线棒

篮形线圈的端部和直线部分是一个整体，且呈锥体状，故亦称"喇叭口形"端部；而盘形线圈的直线和端部是分开的，呈直角形，如图 8-8 所示。

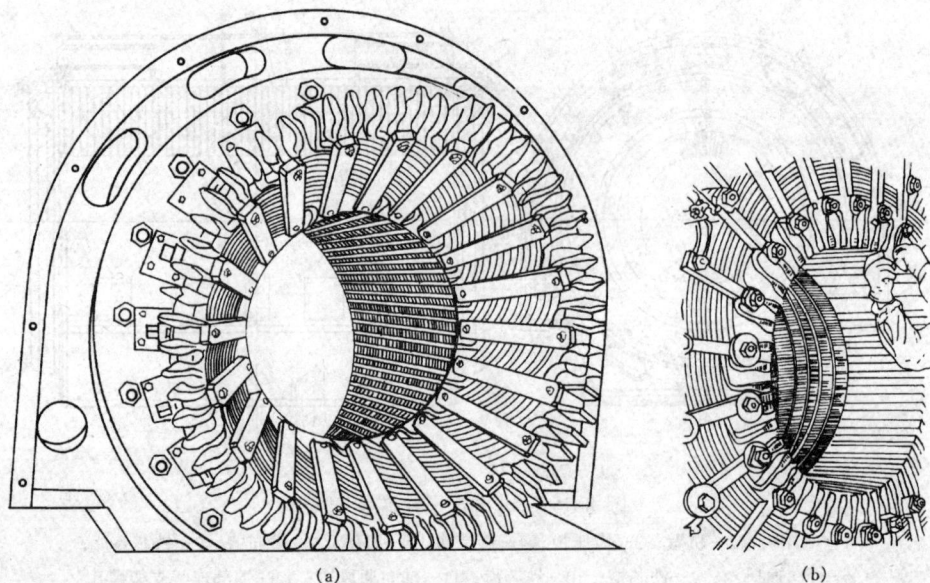

图 8-8　定子绕组端部形式

（a）篮形绕组端部；（b）盘形绕组端部

同步发电机定子线棒通过的是交流电，由于集肤效应的影响，电流趋向线棒表面通过，这就相当于增大了导体电阻，铜损增加。为了克服集肤效应引起的附加损耗，所以，发电机单匝线棒不采用大截面整块铜条制成，而是用多股小截面绝缘铜线并联，再采用适当换位措施制成线棒。

所谓换位，就是每股扁铜线在一根线棒或一相绕组中不断变换它们所占的位置，使其占遍各个不同的位置（尤其是槽内），从而使电流平均分布于每股扁铜线中。一般发电机采用双排换位，如图 8-9 所示。其方法是将扁铜线依次间隔相等的距离，压出二个"δ"弯，然后将铜线分成两排编织起来。这种换位一般只在线棒的直线部分进行，每根扁铜线在槽内的位置，从一端到另一端相当于转了360°，所以，也称360°换位。

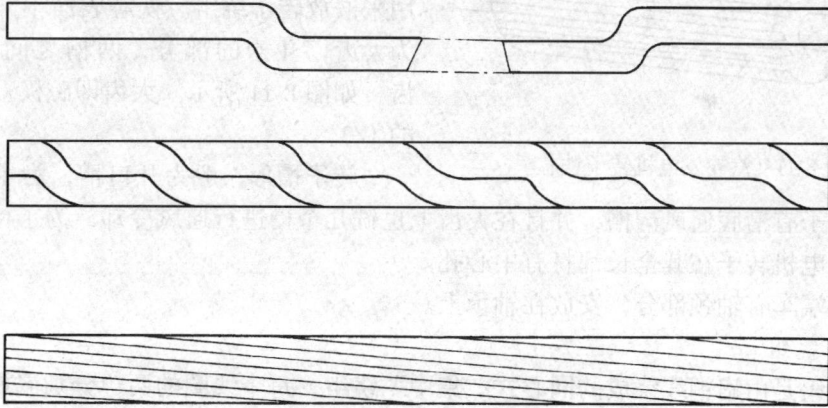

图 8-9　线棒双排换位方式示意图

大型机组为了进一步改善换位的效果，常采用540°换位。即在槽内转换360°，在端线部分转换180°。

氢外冷发电机线棒的结构与空冷发电机的线棒完全一样。氢内冷发电机线棒内有不锈钢的通氢气的管道，使布置在不锈钢管两侧的扁铜线得到冷却。

水内冷发电机的定子线棒都采用半匝式篮形结构。一般由空心铜管和扁铜线组成，如图 8-10 所示。空心铜管既通水，又导通电流，它和扁铜线一起参加换位。

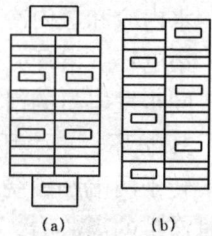

图 8-10　水内冷机组定子线棒截面图
(a) 槽部；(b) 端部

3．机座和端盖

机座是用来支撑和固定定子铁芯，同时也起着分配冷却气流的作用。机座一般是由钢板焊接而成。它与铁芯外圆之间留有空间，用隔板组成风道。

氢冷发电机为了防止漏氢和抵抗氢气爆炸，机座和端盖均采用厚钢板焊接而成。要能承受不小于 6 个大气压的压力。氢气冷却器都装在机座内。为了防止氢气泄漏，所有接缝处要采取密封措施，并采用特殊的轴封系统。

水冷和空冷发电机端盖上开有有机玻璃制成的窥视孔，氢冷发电机因防止漏氢而未开窥视孔。

（二）转子

汽轮发电机因转速高，所以其转子制成细而长的圆柱形。水轮发电机转速低，为了得到额定频率，就需要增加极对数，因而水轮发电机转子直径大而长度小。

汽轮发电机是卧式，其转子为隐极式的。水轮发电机只有中、小型或冲击式采用卧式，而大型水轮发电机均是立式，转子为凸极式的。转子主要由转子铁芯、转子励磁绕组、护环、中心环和风扇等组成。

1．转子铁芯

发电机转子铁芯是用来导磁和固定转子绕组的。由于汽轮发电机转速高，离心力很大，因此，汽轮发电机转子铁芯一般采用高强度、导磁性能较好的铬、钼、镍合金钢锻造而成。

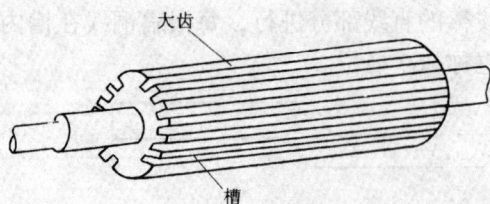

图 8-11　汽轮发电机转子铁芯

转子铁芯一般采用整体锻造，转子铁芯表面上铣有许多槽（约占圆周长的 2/3 左右），用来嵌放转子绕组。铁芯表面不开槽的部分称为大齿；开槽的部分，两槽之间的齿称为小齿，如图 8-11 所示。大齿即磁极，约占圆周长的 1/3。

转子槽形一般为开口槽，为了加强冷却效果，有些转子有槽底通风沟槽，并且在大齿上也铣几个槽进行通风冷却。为了检查转子铁芯的质量，发电机转子在其全长都打有中心孔。

转子两端车有轴颈部分，安放在轴承上。

2. 转子绕组

转子绕组是由扁铜线绕成的同心式"集中"绕组，每个线圈的两边分别嵌放在大齿两侧的槽内，所有槽内的线圈串联，将绕组的两端引出，连接到集电环上（滑环）。

同心式绕组的每个线圈内又分为若干匝。匝间垫以匝间绝缘，绝缘一般用环氧酚醛玻璃布板或醇酸云母板以及虫胶云母板。

转子绕组的槽绝缘一般采用槽形的环氧酚醛玻璃布和粉云母的复合绝缘，转子槽楔一般用硬铝或铝青铜制成，通常槽中央部分的槽楔用高强度铝合金制成，槽口两端用铝青铜制成。

水内冷和氢内冷机组的转子绕组采用空心铜管或异形铜线制成。

集电环（滑环）是转子绕组引出线的滑动接触端子，要求有足够的机械强度和耐磨性能。同步发电机的滑环一般由合金钢制成。

3. 护环、中心环及风扇

转子两端励磁绕组端部外面的钢环称为护环。其作用是承受励磁绕组端部在转子高速转动时产生的离心力，保护励磁绕组端部。护环一般采用高强度的无磁性锰合金钢锻成一个整体，用热套法套在转子铁芯上。

中心环之内圆一般热套在转轴上，外圆与护环热套配合，以支持护环和防止绕组轴向移动，这种护环称刚性结构护环，如图 8-12 所示。

大型机组的转子较长，挠度较大，长期运行使护环的边口因受挠度引起的附加力而磨损，为了克服这一缺点，大型发电机采用了弹性心环或悬挂式护环两种型式。

弹性心环和护环的装配如图 8-13 所示。心环上有一个 S 形的部分，能够产生一定的弹性变形，从而吸收了运行中作用在护环上的附加应力，但也容易在 S 处产生裂纹。

悬挂式护环热套在转子本体上，中心环则嵌装在护环上，而与转子轴上的花鼓

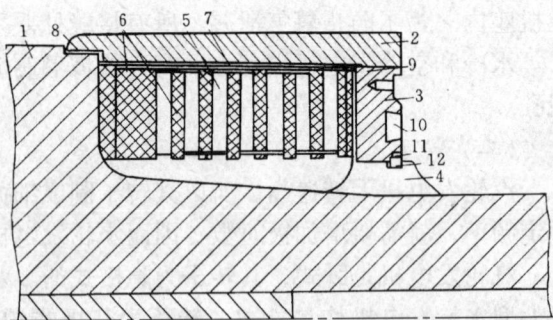

图 8-12　刚性结构护环

1—转子本体；2—护环；3—中心环；4—花鼓筒；5—励磁绕组端部；6—垫块；7—护环绝缘；8—护环止口绝缘；9—圆柱；10—燕尾槽；11—螺钉；12—环键

筒分离，这样运行中转子轴的挠度就不会影响到护环。图8-14是悬挂式护环的装配图。这种护环的边口处沿圆周做出一个个齿状凸起，同时在转子本体端部沿圆周车出一条凹槽，并使转子端部边缘也形成一个个凸起。组装时，护环加热一定温度后，将护环齿状凸起部分沿转子端部边缘齿状凹进位置向转子铁芯推进。达到转子端部凹槽部位，将护环旋转一个角度，使转子铁芯边缘齿状凸起部分与护环齿状凸起部分卡合，并用定位销将护环在轴向和圆周方向固定牢靠。

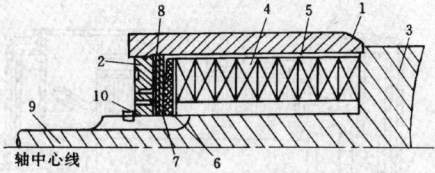

图 8-13　弹性心环和护环装配图

1—护环；2—弹性心环；3—铁芯；4—绕组；5—护环绝缘；6—绝缘环；7—钢质压圈；8—铝质楔块；9—转子轴；10—中心环固定钢楔

　　风扇是空冷机组和氢冷机组冷却空气循环的重要组成部分，有离心式风扇和旋桨式两种。离心风扇制作容易，但效率较低；旋桨式风扇效率高，其叶片用合金钢或铝合金制成，焊接或用螺栓固定在风扇环上，风扇环再热套在转子轴上。

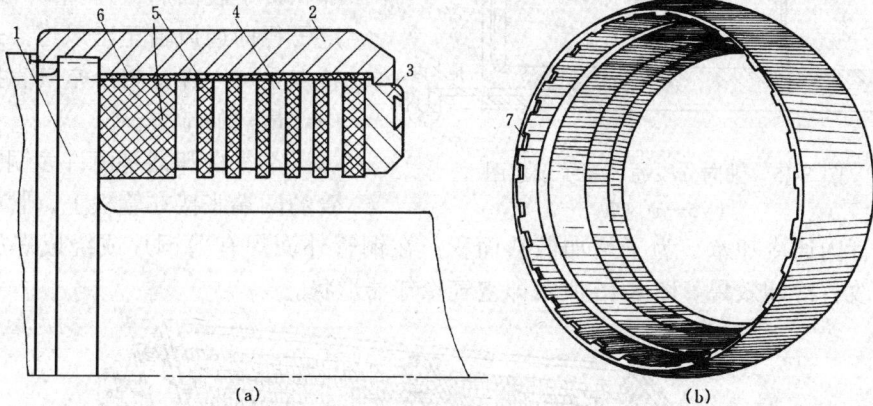

图 8-14　悬挂式护环装配图

(a) 悬挂式护环装配图；(b) 悬挂式护环实物

1—转子本体；2—护环；3—中心环；4—励磁绕组端部；5—垫块；6—护环绝缘；7—护环上凸齿

（三）发电机冷却系统

　　发电机在运行中，由于存在各种损耗，会引起各部分温度的升高。为了限制发电机的温度在允许值之内，必须进行冷却。

　　中、小型汽轮发电机常用空气作为冷却介质。但空气的冷却性能较差，而且高速流动的空气通过发电机各处风道时与高速旋转的转子之间的摩擦要产生很大的通风损耗，它可以占发电机总损耗的40%，因此，对于大型发电机，常采用氢气作为冷却介质。氢气具有质量小、比热大、导热系数大等特点。用氢气作为冷却介质，不但冷却性能好，而且它的通风损耗小，仅为空气冷却的1/7左右。

　　水的比热和导热系数比氢气更大，冷却效果更好，发电机由空气冷却改为双水内冷，其容量可以提高2~4倍。

　　1. 空冷发电机的冷却系统

　　空冷发电机的冷却系统，它是由转子轴上的风扇压送，通过各部分的冷却通道，对发电

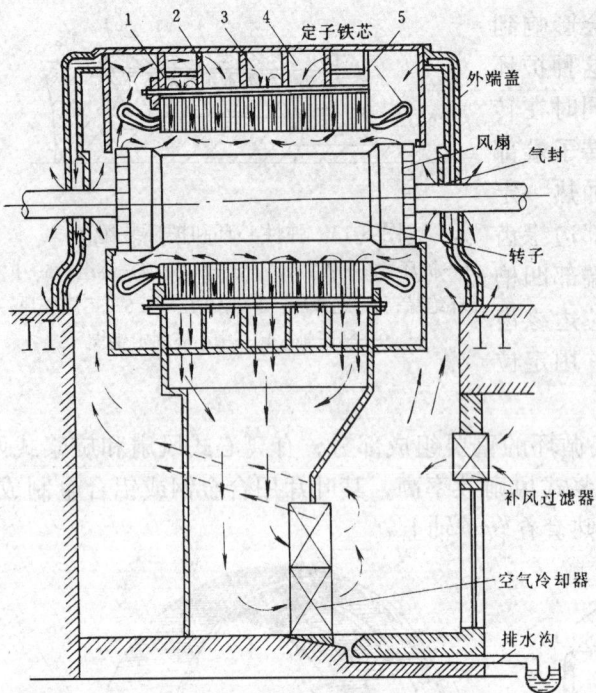

图 8-15 轴向分段通风系统示意图
1～5—通风道

机进行冷却。一般采用轴向和径向通风相结合的冷却方式。即轴向分段通风系统，如图 8-15 所示。在发电机机座的定子背部，用横向壁分隔为五部分，其中 1、3、5 部分与出风道相通，2、4 两部分与定子两端相通，冷空气经风扇吸入后，一部分经端部进入定子、转子间隙，冷却定子齿部和转子表面后，再经 1、5 部分的定子径向通风道冷却定子铁芯后进入出风道，另一部分经定子端部进入 2、4 部分，然后由定子铁芯背部的径向风道，在冷却定子铁芯的同时进入定、转子之间的气隙，冷却定子齿部和转子表面后，再经 1、3、5 部分的定子径向通风道至出风道。这种风道的特点是可以保证将冷空气直接送到电机中部最热的地方。

空气冷却器是由许多铜管组成，铜管的两端胀接在管板上，管板与端盖形成水室，管内通冷却水，为了增加散热面积，在铜管外面焊有薄铜片或绕成螺旋状的细铜丝，从而改善冷却效果。图 8-16 所示即空气冷却器形状。

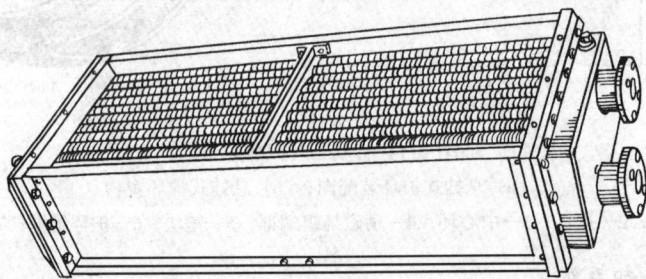

图 8-16 空气冷却器

2. 氢冷发电机冷却系统

氢冷发电机冷却系统分为氢内冷和氢外冷两个系统。氢外冷发电机的结构和冷却系统与空冷机组基本相同，只是它的氢气冷却器不是安装在机座下部的热风室，而是安装在发电机的机壳内，这样可以减小氢气的容积。50～200MW 的汽轮发电机一般采用氢外冷。

氢气与空气混合后具有爆炸的危险，因此一定要避免空气漏入机内，通常除了整个发电机要很好密封外，还要保持发电机机壳内的氢气压力略大于大气压力。当然氢气压力愈高冷却效果愈好，但对密封要求也愈高。氢冷发电机转轴的密封采用油密封。油密封的原理是在静止部分与转动部分的间隙中形成一层油膜，使氢气与空气隔离开来，依靠压力不断的将油压入气隙，以维持连续的油膜。为了达到密封的作用，油压应比氢压高。

随着发电机容量的增大和电压的提高，导线截面和绝缘厚度都增加了，绝缘层的温差加大，这时为了提高冷却效果，大型发电机广泛采用氢内冷，尤其发电机转子，因为发热问题较严重，常采用所谓"气隙取气斜流通风"的方式。这种方式的特点是槽底呈半圆形，供安放导风垫条用。槽楔具有特殊的截面，这种槽楔对应发电机定子的进风区和出风区，开有许多一定形状的风斗，如图 8-17 所示。由于转子高速转动时，转子和气隙中的气流有很大的相对速度，就使气隙中的氢气被压入进风斗，然后，氢气就沿着绕组侧面上的斜风沟自上而下流到槽底，经过槽底垫块上的沟道，流到绕组另一侧的斜风沟，再经出风口甩到气隙中。绕组上的斜风沟是在铜线上经仔细排列加工做成。

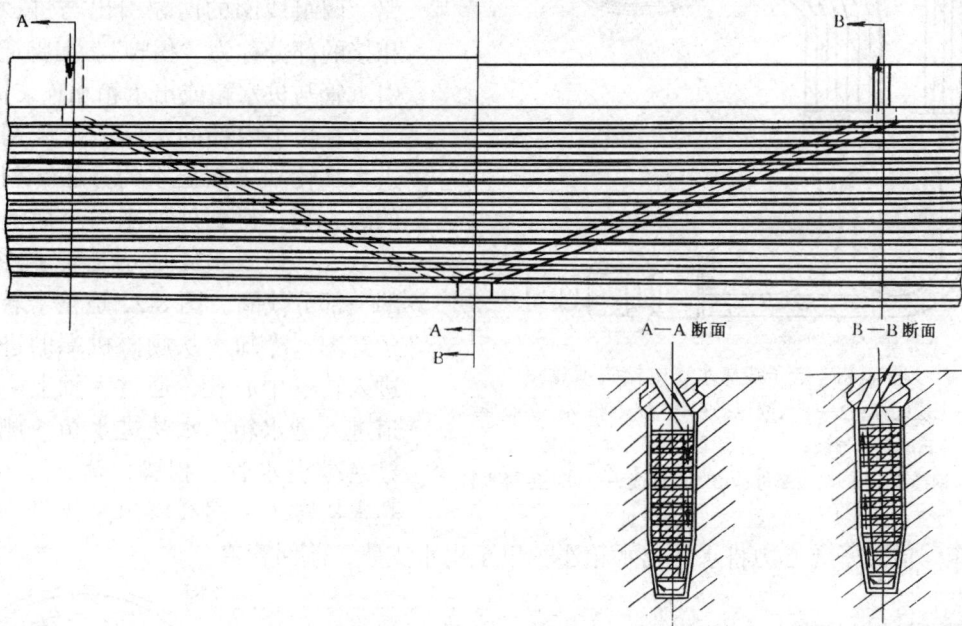

图 8-17　气隙取气斜流通风氢内冷转子示意图

定子绕组采用氢内冷时一般采取轴向通风的方式。

3. 水内冷发电机的冷却系统

汽轮发电机采用水内冷的方式大大改善了冷却效果，从而大幅度提高了发电机的出力。

水内冷发电机定子线棒一般采用空心和实心导线交替叠编构成的，详见图 8-10 所示。在线棒的端部，又将空心导线和实心导线分开，这是为了将空心导线弯向一边，以便焊接进、出水的铜管头，如图 8-18 所示。定子绕组的水路和电路不一样，电路仍然是双层绕组，每相所有线圈串联起来只引出一对首尾端，而水路则是一个或半个线圈，就成为一条支路，以免水路过长而影响冷却效果。各条水路的进出水管汇集接在端部的集水环上。如果采用一个线圈构成一条支路时，进、出口的集水环就都装在电机的一端，一般装在汽侧机壁上，如图 8-19（a）所示，为定子线圈水路每圈水路示意图。如采用半个线圈构成一条支路时，进、出口集水环则分装在电机的两端机壁上，如图 8-19（b）所示，为半圈一水路示意图。

集水环是由铜管制成，上面均匀地分布着水接头，它作为发电机定子各线棒冷却水的总进、出水管，图 8-20 是集水环进、出水示意图。集水环与线棒用绝缘软管连接，构成机内

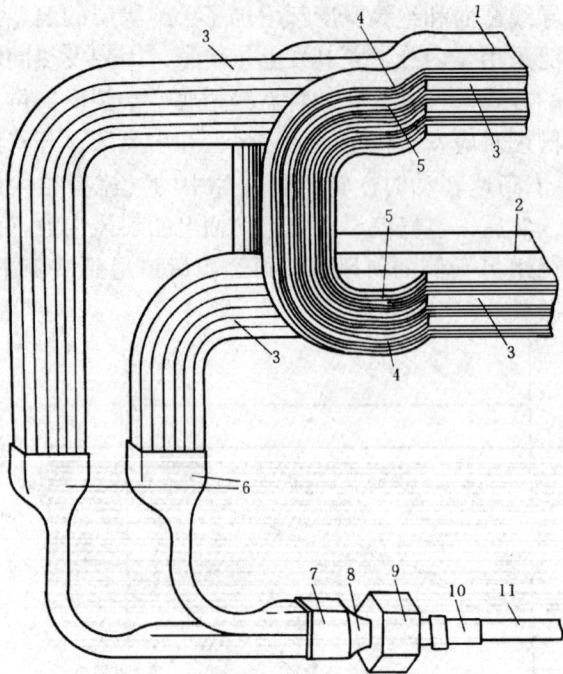

图 8-18　定子线棒水、电接头示意图

1—上层线棒；2—下层线棒；3—空心铜管；4—实心导线；5—补充的实心导线；6—板烟斗状接头；7—铜接头；8—不锈钢接头；9—接头螺母；10—水管接头；11—绝缘水管

的通路，再由集水环与机外冷却水系统进出水管相连接。

为了便于发电机在运行或检修时的试验，集水环用绝缘带包缠并用绝缘垫块与机壁隔离开。

水冷发电机转子绕组采用空心铜线，同一槽内并排放两组导线，转子的水路和电路也不同。一般一组线圈是一条水路。两组线圈的两端引出与进、出水管相接的部分称为"拐脚"。拐脚通过绝缘引水管与进水箱或出水箱相连。

在转子内部的水路一般采用中心孔进水，转轴表面出水的方法，利用转子的离心力，得到外加压力小而流量较大的效果，如图 8-21 所示是转子绕组水路的一部分线圈。图 8-22 是整个转子水路示意图。冷却水从励磁机端的进水支座进入转子中心孔，通过大轴上一径向孔道进入进水箱。水从进水箱一侧的小孔经绝缘引水管、拐脚，流入下层线圈。热水从转子上层线圈出来经另一端到达出水箱。借转子离心力将水从出水箱小孔甩至出水支座，流回管道。

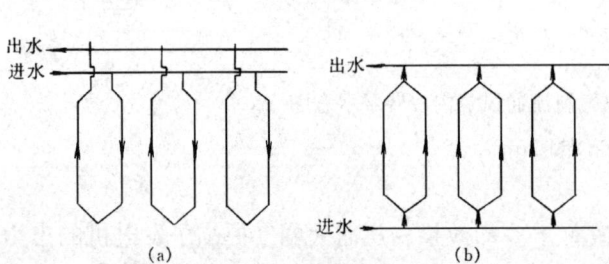

图 8-19　定子线圈水路示意图

(a) 每圈一水路；(b) 半圈一水路

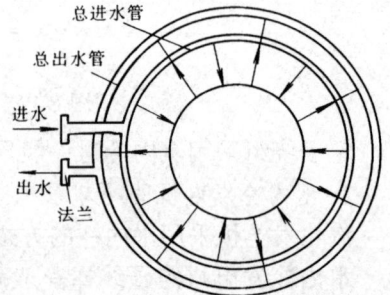

图 8-20　集水环进、出水示意图

4. 发电机的消防装置

空冷发电机在运行中发生故障时，无论是定子绕组接地、相间短路还是铁芯损坏等，都有可能引起电机内部着火。为了及时和迅速地灭火，发电机必须装设灭火装置。它是安装在发电机两端端盖内有很多喷水孔的环装喷水管。当发电机着火时，迅速切断发电机出口断路器、转子励磁开关，降低发电机转速，同时迅速启动灭火装置，使消防水呈雾状喷向发电机端部，并随转子转动时的气流将水滴带至着火点，使火熄灭。

氢冷发电机不装灭火装置，因为氢气不能助燃。当它在氢冷状态下运行时，如电机内部着火，可以开启二氧化碳充气阀门，用二氧化碳灭火。

水冷发电机也不设灭火装置。

（四）发电机励磁系统

同步发电机的转子采用直流发电机作为励磁机，其结构与普通直流发电机相同，请参考直流机部分。为了保证励磁机的正常工作，励磁机配有一套调节励磁的电气设备，也称励磁系统。其励磁电流供给方式有以下几种：

（1）半导体励磁系统。随着大功率半导体整流元件的大量生产，许多大型发电机采用了静止半导体整流的励磁方式。常用的静止半导体励磁系统有交流发电机式、整流变压器式等几种，无需整流子。

（2）无刷励磁系统。随着同步发电机制造容量的不断增大，励磁方式也跟着向前发展，静止半导体励磁系统虽然可以不用整流子，但是仍需要滑环和电刷装置。对于大容量发电机，因励磁电流大，滑环尺寸就需要大，电刷的数量也多，还存在滑环发热、电刷磨损等问题，因此，有的发电机采用无刷励磁系统。

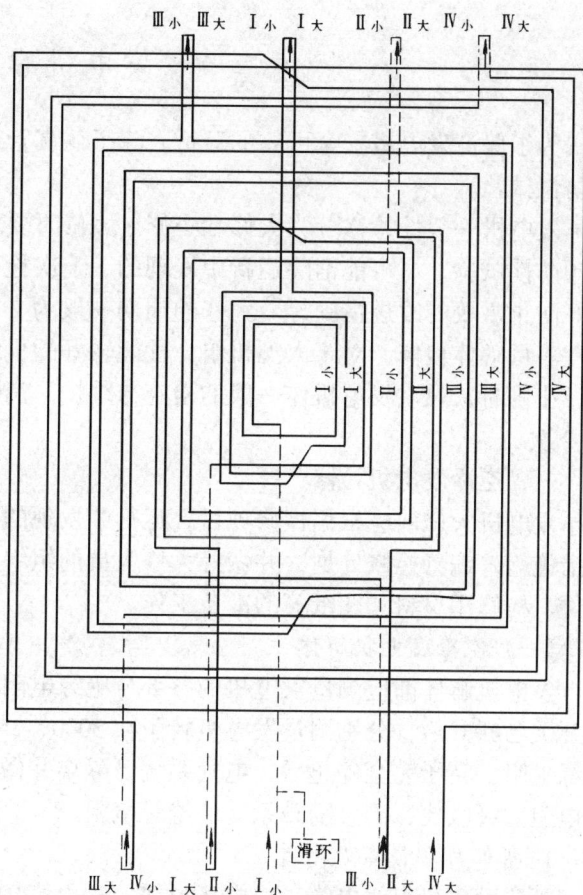

图 8-21　转子绕组水路

无刷励磁系统的发电机转子励磁电流，是由装在发电机转子轴上的旋转半导体整流器供给的。旋转半导体整流器为三相桥式整流，它又由与发电机同轴的电枢旋转式三相同步发电机供电。因为发电机转子励磁绕组、整流器和给整流器供电的三相同步发电机的旋转电枢在同一轴上旋转，所以，它们之间就可以用固定的连接线进行连接，这样就不需要电刷、滑环、整流子等部件。

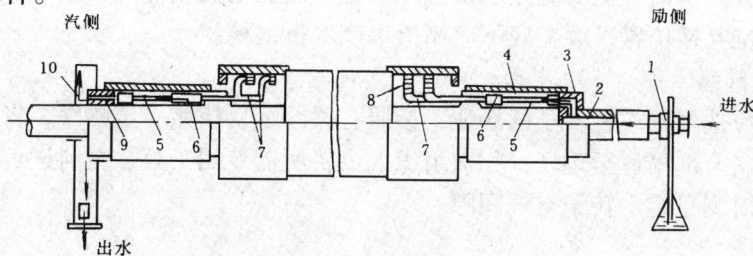

图 8-22　转子整体水路示意图

1—进水支座；2—中心孔；3—进水箱；4—小护环；5—绝缘引水管；6—接头；
7—拐脚；8—转子绕组端部；9—出水箱；10—出水支座

第二节　发电机的一般性检修

为了保证发电机安全可靠的运行，除了认真管理以外，还必须有计划地安排定期检修和预防性试验。

发电机一般性检修分为大修和小修。大修时要对发电机做全面的检查与清理，按规定进行预防性试验，尽可能消除运行中发现的、上次检修遗留的和本次大修中发现的设备缺陷，做好防止事故的改进措施等。大修的周期一般为2～3年一次，但新安装的机组在运行一年半左右可解体检修。对于大型机组，性能较好的机组也可4年大修一次。

小修时，只对发电机作一般的检查与维护，消除一些小的设备缺陷。小修的周期为一年1～2次。

一、空冷发电机检修

发电机大修前应根据检修项目，运行中发现的缺陷，以及前次检修遗留下来的问题和改进措施等，编订检修计划，并做好大修人员的组织和检修工作所需的工具、仪器仪表、备品备件、检修用材料和图纸等的准备工作。

（一）空冷发电机解体

发电机解体前应测量发电机的各部分绝缘电阻并做好记录。例如，当发电机已解列，灭磁开关已断开后，分别测量发电机转子在3000、2500、2000、1500、1000、500、0r/min时的绝缘电阻；转子完全停止后，电气系统已隔离并做好安全措施后，测量发电机定子绕组的绝缘电阻和吸收比，测量励磁系统的绝缘电阻。

1. 拆卸外围设备及附件

拆除励磁机出线电缆、集电环电缆、轴电流接地电刷等，做好标志。

拆开发电机消防水管或励磁机冷却水管接头，并用布将管口封闭防止掉进异物。

与汽机分场或水工分场配合解开发电机与原动机以及发电机与励磁机的联轴器（汽轮发电机在解开联轴器前应先拆除盘车电机电缆）和集电环罩等。

拆集电环刷架和励磁机地脚螺栓，并将其吊放在指定的检修位置，同时妥善保管拆卸下来的螺栓和零部件，用硬绝缘纸板包好集电环。

2. 拆卸大盖

测量并记录大盖与轴的轴封间隙，取下定位销钉，拆卸大盖螺栓并妥善保管，将大盖吊到指定检修位置。吊离大盖时应注意扶稳，禁止碰撞发电机端部绕组或转子风扇等处，汽侧和励侧大盖不准互换位置，大盖底下应用道木或木板垫稳。

3. 抽转子前的准备

抽转子前应选择好放置转子的场地，参照有关图纸，按照一定顺序，将抽转子时所用的专用工具、材料全部吊运至现场，积极组织人员将所需专用工具、材料进行整理检查，使其完好无损。同时测量定、转子空气间隙。

4. 抽转子

发电机抽转子必须用起重机械配合进行。其方法应根据发电机的构造、起重设备和现场条件来选择，常用的方法有接轴法和滑车法。

（1）接轴法。在发电机励磁机侧基础外的地面上垫好枕木，并覆盖上厚为10～15mm的钢板，使其与机座平齐。将转子连同励侧轴承座用桥式起重机吊起，取出轴承座下面的绝缘垫，并在轴承座下的缝隙中，与转子平行的方向塞入上、下两面修平的钢板条两根以上，并在与轴承座接触的表面上涂一层润滑油脂以减少摩擦，再将轴承座放到板条上。

　　用桥式起重机将转子从汽侧吊起，在励侧用手拉葫芦（链条葫芦）慢慢地向励侧抽出转子，此时桥式起重机在汽侧随着转子向励侧移动，当汽侧吊钩下的钢丝绳快碰到定子绕组端部时，在汽轮机侧转轴的下面垫入支架，将转轴临时落在支架的木垫块上，然后在汽侧联轴器上装接假轴，如图 8-23 所示。在假轴上重新绑好钢丝绳，用吊车吊起，起吊时注意定转子上、下、左、右的间隙，然后撤去支架，继续用手拉葫芦往外抽转子，当转子重心移至定子之外，再在假轴下垫好支架，将转子假轴落至支架上后，撤出汽侧钢丝绳和励侧手拉葫芦，在转子重心处绑好两根等长钢丝绳，用桥式起重机将转子吊起，两根绳子之间距离不应小于 500～700mm，转子与钢丝绳之间应衬上木板或橡皮板，以防钢丝绳滑动。吊起转子，调整定子、转子之间间隙，并保持转子水平后，假轴端由一人扶住，吊车慢慢向励侧移动，抽出转子。吊至检修位置的专用托架上。

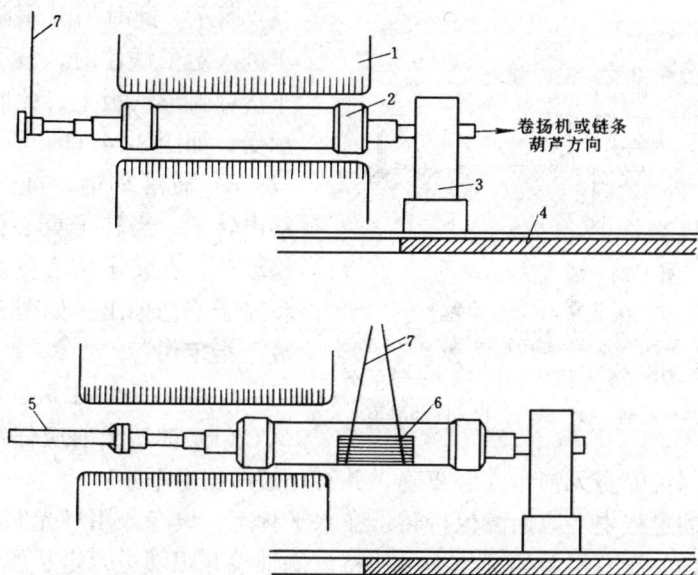

图 8-23　接轴法抽出转子示意图

1—定子；2—转子；3—励侧轴承座；4—钢板垫条；5—假轴；6—木板或橡皮板；7—起吊用钢丝绳

　　（2）滑车法。此法是将转子轴颈架在滑车上，用手拉葫芦慢慢移动转子，当转子重心移出定子腔后，再用吊车将转子吊放在检修位置上。

　　具体方法如下：

　　1）解开汽侧联轴器，使汽轮机与发电机联轴器之间保持一定间隙，以便转子升降。如果风扇直径大于定子内径，则应拆除汽、励两侧的风扇，安装顶转子的专用工具。

　　2）拆开发电机两侧的轴承上盖，取下上盖和上瓦，用顶转子的专用工具（或用吊车）在励侧轴承内侧将转子顶起（若用吊车则将转轴放在支架上）后，取出励侧轴承下瓦并将轴承座吊至指定位置。同时将转子向上顶至一定高度，使转子本体和护环不碰定子铁芯和端部绕组。然后将弧形垫块放入定子与转子下方间隙中（靠护环内侧），降下转子，此时励侧转子靠弧形垫块支撑。拆除励侧顶转子专用工具。

3）用吊车将转子励侧略微吊起，取出弧形垫块，在定子膛内铺一层塑料垫或青壳纸，然后在塑料垫或青壳纸上面穿入护芯铁板。铁板厚度应大于 12mm，弧形要与定子铁芯内圆吻合，并在汽侧将其拉住。

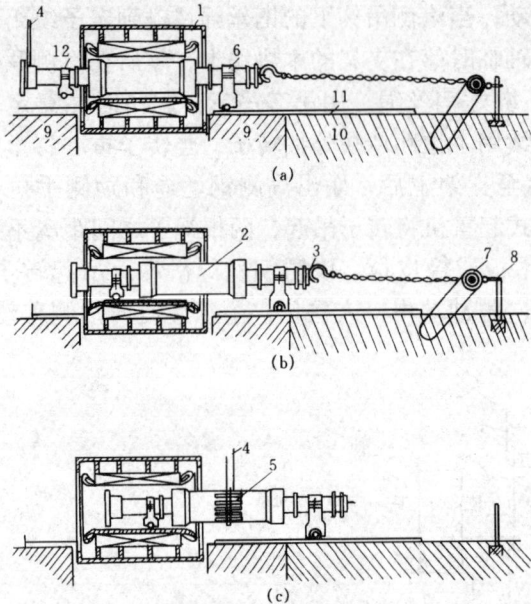

图 8-24　滑车法
(a) 步骤 1；(b) 步骤 2；(c) 步骤 3
1—定子；2—转子；3—吊环；4—起吊钢丝绳；5—木垫板；
6—外部滑车；7—倒链；8—固定倒链的桩；9—轴承座
基础；10—励磁机基础；11—铁轨；12—内部滑车

4）对准发电机中心铺好铁轨，将励侧外部滑车放在轨道上，推至轴颈下面并调整高度后将转子落下，使其轴颈座落在滑车上面的弧形木垫板上，扣上压盖紧固螺栓并装好吊环，将手拉葫芦钩住吊环。

5）用吊车将汽侧转子轴抬起，取下顶转子专用工具，取出汽侧下瓦，安装内部滑车，当转子水平，定转子间隙均匀时，用手拉葫芦慢慢移出转子，如图 8-24 (a) 所示。此时吊车跟随移动。当内部滑车进入定子铁芯时，放下转子，使内部滑车落在弧形铁板上，此时转子质量由滑车承受，如图 8-24 (b) 所示。

6）撤吊车钢丝绳，用手拉葫芦继续移出转子，当转子重心移出定子后，撤手拉葫芦，在转子重心处绑钢丝绳，用吊车将转子平稳抽出，如图 8-24 (c) 所示，并放至指定位置。

5．抽转子的注意事项

(1) 抽转子前应仔细检查所有起重设备和专用工具，保证完整无损，安装正确，并有足够的安全系数。

(2) 抽转子的过程中，应始终保持转子在水平状态，设专人用灯光照射监视定、转子空气间隙应保持均匀，派有经验的工作人员扶持汽侧轴端并跟随进入定子膛内，以免转子在向前移动中偏斜摆动，碰撞定子。

(3) 转子重心位置的钢丝绳下应垫木板或橡皮板，以免滑动。同时注意在任何情况下起重钢丝绳都不准接触或碰擦转子轴颈、风扇、护环及转子引线等。

(4) 抽转子过程中，需要变更钢丝绳位置时，不准将转子直接放在定子铁芯上，严禁用护环做支撑面或使护环受力，可用其他物件将转子临时支撑住，并保持定、转子之间的空气间隙。

(5) 转子抽出后，应放至专用的支架上。

(6) 发电机的转子抽出后，应严加防护，在不进行检查修理时，对定子、转子用篷布盖好，并应加贴封条，以防发生意外。

(二) 定子检修

1．进入定子内部工作的注意事项

(1) 禁止穿带钉子的鞋进入定子膛内，进出定子膛不准直接踏在端部线圈上。定子端部线圈应用毡垫或橡胶板盖好，铁芯下部也应铺设橡皮垫。

（2）进入定子腔内的所有人员，衣袋里不准装有任何金属物品和其他物品。

（3）非工作人员，禁止进入定子内部，对于领导检查工作或经允许的参观人员进出定子时，要履行登记手续。

（4）设专人看管工具，在定子内工作的所有工具，要全部进行登记，不得丢失。

（5）在定子内工作，禁止吸烟，遇有特殊工作需要动火时，应预先做好灭火措施。

（6）每日检修完毕应将定子两端用苫布盖好，贴封条，以防意外事故。

2. 机座与外壳的检修

（1）用手锤轻敲机座各处的螺栓，判断机座是否牢固，并要求钢板、加强筋应完整，无开焊和变形，油漆平滑光泽，机座内外清洁干净。

（2）定子外壳与定子铁芯应连接牢固，钢板无变形，夹紧螺栓紧固，无松动痕迹。

（3）机壳应完好地接地，各起重吊环、吊孔应完整可靠，各温度计座、窥视窗孔应齐全完好，位置正确。

（4）大、小端盖，风挡，轴封各部件应清扫干净，检查各处应无变形、裂纹、开焊等现象，风挡、轴封要圆滑且沟、齿清晰尖锐，端盖密封毡垫完整无缺、富有弹性，为密封而向轴封齿间引入正压风的所有风道与风孔应完整，对外无漏风，对内畅通无阻。

3. 定子铁芯检修

（1）首先应仔细检查定子铁芯齿部或轭部有无因铁芯松动而产生的红色粉末状锈斑。特别是槽口和通风孔边缘处，可用薄刀片试探硅钢片的接合处，若有松动可用硬质绝缘材料做成铲子状工具，铲掉锈斑，再用压缩空气吹净，涂上绝缘漆，同时设法消除铁芯松动。

（2）仔细检查铁芯各部，包括风道内、通风沟内均应清扫干净，无灰尘油垢。用干燥清洁（1.96×10^4Pa）的压缩空气吹灰，用布蘸四氯化碳擦净脏污和油垢，注意清扫时，防止四氯化碳中毒，应有良好的通风。

（3）铁芯表面的绝缘漆膜应完整无损、光滑柔润。如果老化或脱落过多，可将残漆彻底清除干净，重新按原漆种类进行涂刷。如果铁芯有变色，说明有局部过热，必要时应做铁损试验，按实际情况，提出具体的处理措施。

（4）铁芯用穿芯螺杆压紧时，应用 500～1000V 兆欧表测量绝缘电阻，其数值应在 10～20MΩ 以上。螺帽下的绝缘垫最易损坏，而且一般无法更换新的，检查时应特别注意，如有损伤，应擦净其周围的油垢，涂上绝缘漆。

（5）测量埋在铁芯内的测温元件的直流电阻和绝缘电阻，检查有否开路、短路或接地情况。

4. 定子绕组检修

（1）检查定子绕组端部的垫块有无松动，端部固定装置是否牢固。如果垫块、端箍、压板等附件有松动现象时，应垫好垫块，重新扎紧绑带或绳，涂绝缘漆或拧紧压板螺母。

（2）线圈表面绝缘应完整无损，平滑光亮、无胀起、裂纹脱落、变色、焦脆现象。如果漆膜脱落严重，则应重新涂盖一层原质绝缘漆，但要注意漆膜不能过厚，以免影响冷却效果。也不要使用酒精绝缘漆，因其最易破裂和剥离。尤其线圈的接头处，更应注意其有无变色和膨胀以及焦脆现象，接头处的变化一般是由于接头焊接不良发热引起的。如果发现以上现象，应剥开接头绝缘，重新补焊，再恢复绝缘并涂漆。

（3）端部连接线和引出线以及端部线圈的绝缘部分除不应有以上现象外，对油垢应用蘸少许四氯化碳或航空汽油的布擦净，并查明油垢的来源，予以处理。

（4）用小锤轻敲所有定子槽楔，如有1/3松动（指一个槽内）则应全部更换。对有过热变色的槽楔必须退出更换，同时要查明原因，予以消除。更换槽楔应注意在退出定子膛内上部的槽楔时，严禁一次性将一个槽的槽楔全部退出，以免绕组下垂，发生意外。应退一半换一半，新打入的槽楔应紧度合适，排列整齐，位置正确。

对全部更换或重新打紧的槽楔，最后按规程做工频耐压试验（指绕组）。

（5）槽部线圈应紧固、平滑完整、没有电晕腐蚀，如果线圈主绝缘严重缺陷，经试验击穿或威胁安全运行，就要进行局部处理或更换备用线圈，对轻微局部损伤现象，为防止扩散，可用补强方法，在损坏处包2~3层原质绝缘带，并涂原质绝缘漆。

（6）线圈在定子铁芯的槽口处最易损坏，所以，大修时应仔细检查线圈在出槽口或铁芯径向通风道处有无严重凸起、磨损和漏胶现象，检查槽口垫块有无松动等情况。

（7）测量埋设在槽内的定子绕组测温元件的直流电阻数值，检查测温元件有否损坏，用250V兆欧表测量测温元件对铁芯的绝缘电阻。如发现测温元件接地，应检查引出线并设法消除接地，避免造成铁芯硅钢片间短路。

（三）转子检修

发电机转子铁芯是采用优质、高强度合金钢锻造或经电热炉熔炼后，置于真空中铸造成的一个整体部件。

发电机转子绕组是由纯铜或含有少量银的铜合金制成。其每个绕组除有槽绝缘外，各匝之间由云母或环氧玻璃带绝缘。

1. 转子一般检修项目及方法

（1）用电桥测量转子绕组直流电阻，与前次大修所测数值比较，相差不应超过2%。用兆欧表测量绝缘电阻换算到热状态下应不小于0.5MΩ。

（2）用干燥的压缩空气1.96×10^5Pa进行吹灰清扫，用布蘸汽油擦净油污和脏垢。

（3）检查转子铁芯各部分应无过热变色，表面漆膜光亮完整，所有平衡块、平衡螺钉牢靠紧固，无松脱、无位移、变形或金属疲劳等现象，且被锁紧。

（4）检查转子槽楔应完整无损，漆膜光泽，槽楔表面无裂痕、无过热等现象。用小锤轻敲每块槽楔应无空振声音并应做好记录。

（5）检查转子绕组，从通风沟、通风道、通风槽和通风孔处检查线圈应无膨胀、变形、破损老化、绝缘飞散等现象。并注意端部线圈或护环下绝缘板以及线圈本身绝缘不得堵住护环的通风孔。

（6）转子线圈直线部分应用槽楔和绝缘垫条均匀地压在槽内，线圈端部用绝缘垫块撑紧形成一个坚实的整体。

（7）转子引线及引线连接件应完好，各部分紧固牢靠，绝缘无损伤，引线槽压板稳固可靠并被锁紧。

2. 护环、中心环和风扇的拆装与检修

当发电机转子绕组发现缺陷或损伤，或转子护环、中心环以及风扇本身存在缺陷或损坏时，都需要将风扇、护环和中心环拆卸下来进行检修。

（1）转子风扇的检修。首先认真仔细地进行外观检查，用小锤轻敲风扇，如声音清脆则说明风扇无裂纹并安装牢固，如声音嘶哑则说明叶片松动或有裂纹，应及时查明原因并进行处理。

如果转子风扇为轴向分离叶片式，在拆卸过程中，应认真做好标志记号，以便组装时对号入座，避免错位造成不良后果。

有平衡块的风扇，一定要检查其是否牢固可靠，是否移位或锁紧。

（2）护环与中心环的检修。护环、中心环与转子应紧密配合，应无位移和机械外伤。在一定的位置用塞尺测量护环与转子本体的轴向间隙，用量块测量中心环弹性沟间隙。用放大镜检查护环边缘、棱角处和中心环弹性沟槽底部应无裂纹，必要时可做金属探伤试验，严防隐形缺陷存留。护环、中心环应保持清洁光滑。

如需拆卸护环和中心环时，应经领导批准，将转子在专用支架上放稳，准备好拆卸专用工具，按工艺要求进行拆卸。拆卸方法在第三节特殊检修中叙述。

（四）发电机冷却系统与励磁系统检修

1. 发电机冷却系统检修

发电机冷却系统主要检查冷却器各部有无漏水和渗水现象，用硬毛刷或钢丝刷清洗各冷却水管中的水垢，应边刷边用水冲洗干净，最后由化学分场工作人员进行防腐处理。对水室盖板的密封垫应在大修中更换，以免老化漏水，影响机组运行。冷却器检修完毕恢复原状后，进行水压试验，用 $3 \times 10^5 \sim 4 \times 10^5$Pa 水压，30min 后看有无渗漏。

2. 发电机励磁系统检修

（1）励磁机的检修请参照第十章直流电机检修部分。

（2）半导体励磁装置所用的交流励磁机和中频副励磁机应按一般交流发电机和励磁机检修的要求进行检修。

检修时应将硅整流元件、散热器、熔断器及冷却风机等全部拆下，用压缩空气吹净散热器、风道及其他绝缘部件上的积灰，用干净布将各部件擦干净，并紧固各部连接螺栓。

测量硅整流元件的正反向伏安特性，发现个别元件特性劣化，应及时更换新元件。装复硅整流元件时，应将硅整流元件与散热器的接触面涂上硅油，以免腐蚀。

测量各个阻容保护回路的电阻、电容数值，检查各回路接线应良好。清理进风口滤网，检查风机及电动机，用水冷却还应检修水系统，进行水路冲洗并检查渗漏情况。

用压缩空气对灭磁开关、放电电阻等进行吹灰清扫，检查各部分的连接螺栓应紧固，开关机构动作灵活，用细锉修整触头，保证接触良好，接触面应在 80% 以上。检查引出线和放电电阻应无过热变色现象。

清扫检查磁场变阻器，使其清洁，操作机构灵活，动、静接点光滑无伤痕，要安装牢固并弹性良好。电阻元件无过热变色氧化现象等。

检修完毕对励磁装置进行耐压试验（1kV，1min），半导体励磁装置在试验前必须将硅整流元件短路，以免元件被击穿。对无刷励磁装置一般不进行交流耐压试验。

二、氢冷与水冷发电机检修

空冷发电机的检修内容也适用于氢冷和水冷发电机，但氢冷和水冷发电机的检修还有它们的特点，以下对其特点加以补充。

（一）氢冷发电机检修

氢冷发电机由于氢气在发电机内部有一定压力，如果渗漏到发电机外部将会降低冷却效果，也易引起爆炸危险，因此，氢冷发电机要求密封良好。在检修时，对于油密封装置固定在端盖上的氢冷发电机，应先拆开端盖上的人孔门，分解油密封装置，然后才能拆卸端盖。如果油密封装置固定在轴承上的，则可先拆开端盖后再拆开油密封装置。

氢冷发电机一般都采用油密封，由于密封油压高于氢压，往往向发电机内部渗漏，使发电机定子绕组遭到油的侵蚀，长时间会使绕组绝缘膨胀，严重时甚至会堵塞端部通风孔，造成通风不良，所以，在大修时要用蘸航空汽油的布擦净油垢，并认真仔细检查密封装置。

检查定子测温元件引出线端子板处的密封情况。端子板的每个螺钉的紧力应均匀，密封垫如老化或损坏应及时更换。

检查定子引出线的密封套管，调整密封弹簧的压力，必要时可将套管放在水中检查有无气泡逸出，也可在定子内充气时用肥皂水检查。

转子应做密封试验（根据厂家要求的标准或检修规程规定的标准）。

检查清扫所有氢冷系统的管道，应畅通无阻，法兰的橡皮垫应更换。

（二）水冷发电机检修

水冷发电机大修时除了完成前述的空冷检修项目外，还需检查水路零件有否损坏，并要进行水路冲洗和水压试验。

1. 定子水路的冲洗和水压试验

先用 $3 \times 10^5 \sim 4 \times 10^5 Pa$ 的干净压缩空气从集水环的出水管处吹入，将定子绕组水路中剩余的水吹净，再通入清洁的凝结水进行冲洗。然后再将压缩空气从集水环的进水口吹入，吹净剩水，从进水口通入凝结水进行冲洗。这样反复进行 3～4 次，直到无黄色杂质为止。

表 8-1　水内冷发电机的水压试验标准

类别	标准　试验水压（ $\times 10^5 Pa$ ）	时间（h）
交接试验	7.35	8
更换整台绝缘水管	7.84	8
更换部分绝缘水管	4.9	8
大修、预防性试验	4.9	8

冲洗之后进行水压试验，试验标准如表 8-1 所示。

试验用压力表应校验合格。加压前将整个水路中空气排除，充满水，从集水环最高点处能放出连续水流判断是否满水。加压要缓慢升压，达到压力后检查各部是否有渗漏。

2. 转子水路的冲洗与水压试验

由于转子水路弯角较多，可以先进行反冲洗，用 $5 \times 10^5 \sim 7 \times 10^5 Pa$ 压缩空气从出水箱的出水孔逐个吹入，将剩水吹净，然后通入清洁的凝结水冲洗，如此反复 3～4 次直至排出清洁、无黄色杂质为止。有时因有较大异物进入水路，反冲无效后，进行正冲洗或反正重复进行。在冲洗好一半后，将转子转过 180°，再继续冲洗其余部分。

大修时转子水回路的水压试验适宜于在汽轮机校验危急保安器时进行，在高转速的情况下，转子绝缘水管承受的是提高了的压力，如果有漏水，则在大小护环的接缝间会有雾状水滴沿圆周甩出。

转子漏水的原因一般为绝缘水管老化破裂，接头松动，焊接处开焊或空心铜管质量问题等，发现漏水应及时处理。

三、发电机干燥与修后试验

（一）发电机的干燥

发电机受潮就需要进行就地干燥，首先应做好保温和必要的安全措施，必要时可以用热风或电热装置提高周围空气温度。

干燥时要严格控制发电机各部分的温度，不应使其超过以下温度限额：

（1）定子膛内的空气温度，80～90℃（用温度计测量）。

（2）定子绕组表面温度，85℃（用温度计测量）。

（3）定子铁芯温度90℃（在最热点用温度计测量）。

（4）转子绕组平均温度，120～130℃（用电阻法测量）。

发电机干燥时的预热时间（65～70℃的时间）不得少于12～30h。全部干燥时间一般为70h以上。

在干燥时应定时记录绝缘电阻、排出空气的湿度、铁芯温度、绕组温度的数值，并绘制定子温度和绝缘电阻的变化曲线，如图8-25所示。从曲线中可以看出，受潮绕组在干燥初期，由于潮气蒸发的影响，其绝缘电阻显著下降。随着干燥时间的增加，绝缘电阻便逐渐升高，最后在一定温度下，稳定于一定值。

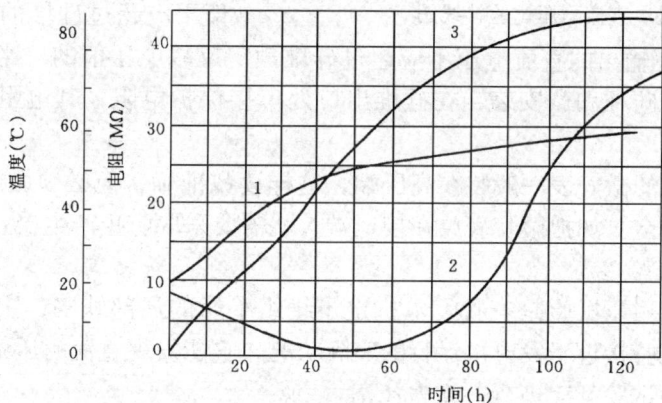

图 8-25　发电机干燥曲线

1—定子温度；2—定子绝缘电阻；3—转子绝缘电阻

如果在温度不变的情况下，绝缘电阻及吸收比稳定3～5h后，定子的绝缘电阻大于每kV额定电压1MΩ，转子的绝缘电阻大于1MΩ时，干燥工作可以结束。

干燥方法有定子铁损法、直流电源加热法、热风法、短路电流干燥法、热水干燥法（水冷机组）。它们的操作方法见第八章异步电机干燥方法。

（二）发电机修后试验

发电机大修时对定转子绕组绝缘进行预防性试验。其项目包括定转子绕组绝缘电阻、定子绕组的吸收比、定子绕组的直流耐压和泄漏电流的测量以及定子绕组的工频耐压试验等。

1. 绝缘电阻的测量

一般测试发电机定子绕组的绝缘电阻时，使用1000～2500V兆欧表，而测量转子和励磁机的绝缘电阻时，用500～1000V的兆欧表。

测量绝缘电阻除隔离电源外，对大型机组应先放电2min以上再进行测试，测试完毕也应放电。

2. 吸收比的测量

测吸收比可以了解发电机受潮状况，吸收比的大小也是判断绕组绝缘状况的重要依据。通常我们把测量时间60s和15s时的绝缘电阻值相除，将其商称为吸收比。发电机在绝缘正常时，吸收比应在1.3以上，如低于1.3或比上次数值下降较多时，就可判定绕组受潮或局部受潮，受潮的电机就需要干燥处理方能使用。

3. 直流耐压和泄漏电流的测量

直流耐压试验是将发电机定子绕组加上一个较高的直流电压，同时用一只微安表测量通过绝缘的泄漏电流，以进一步检验绝缘的性能是否良好。

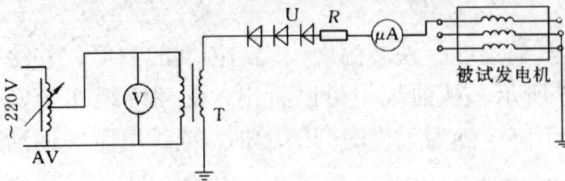

图 8-26　直流耐压试验接线图

直流耐压试验接线如图 8-26 所示。当送上交流电源后，用调压器逐步升压，高压试验变压器的输出电压经高压硅堆整流后，变成直流电压加在被试绕组上。为防止损坏硅堆，加在硅堆上的电压有效值不应超过硅堆的最大允许反峰电压值的 0.35 倍，实际输出的直流电压不应超过硅堆额定反峰电压值的一半。为防止被试绕组击穿或闪络时烧坏硅堆和微安表，在硅堆出口处串接保护电阻，其电阻值按每伏试验电压 10Ω 选取。

测量泄漏电流的微安表一般装在高压端，这样读数准确，但必须做好对地绝缘与屏蔽，在操作时应注意安全。如把微安表放在接地端，就需要采取防止产生误差的措施。

4. 工频耐压试验

前面所述直流耐压试验是查找发电机定子绕组绝缘的局部缺陷，主要对端部绕组更有效，而工频耐压试验接近于发电机运行的实际状况，它能发现直流耐压试验所不能发现的绝缘缺陷，因此两种试验都应进行，互为补充。

图 8-27 所示是工频耐压试验的原理接线图。由于被试品属于电容性负载，高压试验变压器在容性负载下，会使高压侧电压升高，而且当发电机的容抗与试验变压器的漏感抗发生串联谐振时，则电压升高的现象更为显著，最高可达计算电压的 3~4 倍，这个电压对发电机绝缘是很危险的，所以在工频耐压试验时除选择容量适当的试验设备外，还要用仪表变压器测

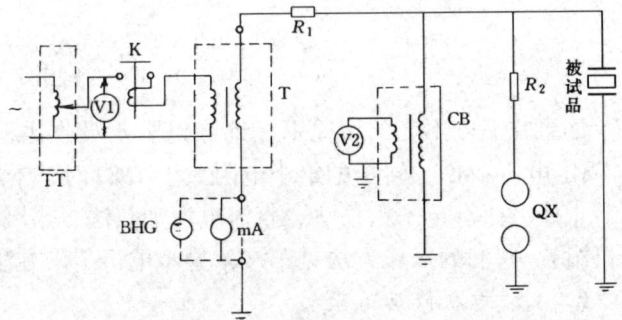

图 8-27　工频耐压试验原理接线图

量试验电压，并采取一定的保护措施。如用球间隙作为过电压保护（球间隙的放电电压整定为 110%~115% 试验电压）。用电阻作为限流保护，图 8-27 中的 R_1 为限流保护电阻，用来限制发电机定子线棒被击穿时的电流而不使故障扩大，其电阻数值按每伏试验电压 0.05~0.2Ω 选取，一般采用水电阻；R_2 用来限制球间隙的放电电流，防止损坏球间隙，其数值按每伏试验电压 1Ω 选取，一般也采用水电阻。

定子绕组工频耐压的试验电压如下：

1）交接时的试验电压标准如表 8-2 所示。

表 8-2　　　　　　　　　　　　　**定子绕组交接时耐压试验标准**

容量（kVA）	额定电压 U_N（V）	试验电压（V）
3 ~ 1000	36 以上	0.75（$2U_N + 1000$），但不得少于 1500
1000 及以上	3300 及以下	0.75（$2U_N + 1000$）
	3300 ~ 6600	$0.75 \times 2.5U_N$
	6600 以上	0.75（$U_N + 3000$）

对于运行过的电机，则不分容量大小，其交接试验电压均为 $1.5U_N$，但不得低于 1500V。

2）大修不更换绕组时的试验电压标准一般为 $1.5U_N$。

第三节　发电机的特殊检修

发电机特殊检修是指发电机存在的局部缺陷或发生故障时进行的修理工作。

一、定子绕组的检修

（一）更换定子线棒

发电机在运行或在预防性试验中，如果发生线棒绝缘击穿事故时，为了不延长停机时间，尽快恢复运行设备，一般采取更换备品线棒的方法处理局部故障。

造成发电机定子线棒绝缘击穿的原因有很多，例如，安装时线棒固定不牢固，由于振动造成线棒绝缘磨损；长期过负荷或铁芯故障造成线棒全部或局部过热；运行中的过电压；短路故障或非同期并列使线棒受到电动力的冲击；水冷机组铜线漏水以及绝缘老化等，都可能发生线棒绝缘击穿事故。

1. 开口槽机组更换上层线棒

更换线棒工作必须做好人员组织、技术措施、备品备件和工具、材料准备以及安全、保卫等措施，方可进行更换修理工作。

（1）取出故障线棒。首先拆除端部的固定零件，打出该槽的槽楔，剥除接头处的外包绝缘，烫开接头，然后取出故障线棒，测量线棒的截面尺寸（宽、高）并做好记录，送试验室或检修间进行试验分析。

（2）吹灰清扫。故障线棒取出后，清理其槽内及端部，用压缩空气吹扫、去除杂物及垫条等的碎屑，同时测量中间垫条的厚度，对已损坏的更换新的。

（3）非故障线棒的检查，非故障线棒应完整无损，与故障线棒的连接头应进行清理，如系银焊的应用氧—乙炔加热、揩清并锉去毛刺。如系锡焊的，搪锡不好的应重新搪锡。对非故障线棒，应按规定进行耐压试验。

（4）备品线棒的检查与搬运。检查备品线棒的尺寸是否符合要求，一般要求备品线棒的宽度比槽宽小 0.3mm 左右。备品线棒的接头部分应当清理干净，如系锡焊，应经搪锡，然后按规定对备品线棒进行耐压试验。

搬运备品线棒时，其直线部分需用托板托住，以防直线部分绝缘损伤。托板的长度应比线棒的直线部分短 100mm 左右。托板形状如槽钢形。

（5）备品线棒入槽。对沥青浸胶连续绝缘的线棒最后用烘箱（房）或者用直流电焊机来预先加热后再入槽，加热温度为80℃左右。

入槽前再检查一次槽内是否清洁，垫好中间垫条，按记录要求，弄清线棒汽、励两端的方向，再将线棒从励侧慢慢进入定子达到指定位置，转动到嵌线的方向后，准备入槽。线棒在进入定子膛内和入槽时，工作人员要特别注意不得碰擦线棒绝缘，以防损伤绝缘。入槽时，先将线棒的一端入槽，再向直线部分加压，使线棒逐渐入槽。

（6）线棒的压紧。当线棒全部入槽后，检查并调整两端伸出长度符合要求后，再将线棒的直线部分均匀压紧。压紧线棒可用图8-28所示的螺杆千斤顶。在线棒上垫以长条层压板做的垫板，用千斤顶有槽的一端压住垫板，另一端顶住定子铁芯，拧动手柄将线棒压紧。垫板的宽度比槽宽小1mm左右，厚度应使线棒压紧后，垫板仍高出槽口20～30mm，长度近似线棒直线部分。沿线棒的直线部分每隔500～600mm装一副千斤顶，每副千斤顶的压力应相等。

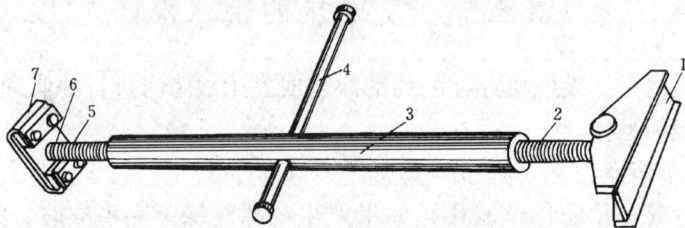

图 8-28　螺杆千斤顶
1—上鞍；2—左螺纹；3—无缝钢管；4—扳手柄；5—右螺纹；6—下鞍；7—橡皮板

（7）线棒的固定。线棒压紧后，将绕组端部上、下层的垫块垫好，调整端部绕组的间隙并垫好端线间的垫块，然后扎紧或装好端部压板，拧紧螺母。当线棒冷却后，拆下螺杆千斤顶，检查并清理槽内异物，垫好楔下垫条，打进槽楔。

（8）线棒的焊接。打完槽楔应对嵌入的备用线棒进行一次交流耐压试验，合格后才能进行焊接、包接头绝缘、配垫块、扎紧并涂绝缘漆，最后还应测量直流电阻与做绝缘试验。

（9）线棒更换完毕的检查和清理。对发电机的冷、热风道和工作现场进行一次认真仔细的检查和清理。认真清点工具，要确保发电机内部无遗留物，以免发电机在投入运行时发生新的故障或事故。

2. 开口槽机组更换下层备品线棒

开口槽半匝式线棒的机组，当发现下层线棒有击穿故障时，必须先取出所有压住此线棒端线的全部上层线棒。应注意不得损伤这些线棒。

（1）拆除与故障线棒有关的所有固定部件，做好记录和记号并妥善保管，剥开接头绝缘，烫开接头，用压缩空气吹扫杂物。

（2）对沥青浸胶连续绝缘的线棒为了减少损伤，应加热80℃左右取出。若是烘卷式绝缘和环氧粉云母热弹性胶绝缘的线棒，取出时一般不需加热。

（3）抬线棒。先将两端慢慢地稍微抬起，如果较紧，可用软质绳索或带子从槽口处线棒间隙穿过，绑在扛棒上向上抬起。当两端抬起接近端部的铁芯通风沟时，可以用图8-29所示的专用工具内的ϕ0.5mm钢丝作为引线，将绳索从通风沟处穿过上、下层线棒，绑在扛棒上，慢慢抬起，如此从两端进行，穿绳索的间隔随线棒的松紧度而异，一般为200～300mm。

（4）取出故障线棒。当整根线棒被均匀抬起后，安装取出线棒的工具，如图 8-30 所示，即把绳索按同样的松紧绑在一根和线棒等长的钢管上，利用横担上的螺杆把线棒均匀拉出。横担与拉紧螺杆的数量应按机组大小和线棒在槽内的松紧程度来决定，一般两根横担的间距为 500～600mm。面线取出后，再取下层故障线棒，然后可以按更换上层线棒（面线）的方法将备品底线（下层线棒）和被取出的上层线棒逐一嵌入。

（二）故障线棒的简易处理方法

1. 线棒的重新绝缘

当发电机上层线棒绝缘损坏而击穿时，又没有备品的情况下，而且线棒的铜线没有损坏时，可以将故障线棒重新绝缘。

检修时，先把线棒上的旧绝缘剥去。剥绝缘时应注意不要损坏股间绝缘和导线。旧绝缘剥完后应检查有无股间短路，否则须修复。然后在直线部分连续包上环氧粉云母带，放在加热模上烘压，使环氧树脂聚合。重新绝缘时要特别注意控制线棒的宽度，使其在嵌线允许的公差范围内。线棒烘压好后便可包端线绝缘，将直线部分主绝缘的两端（靠近渐伸线弯角处）削成锥形，并锉光滑。对额定电压为 6.3kV 的机组，其锥度长约为 40mm 左右。包端线绝缘时，先在锥形处和端线上涂自干环氧清漆，再包环氧粉云母带，层数根据机组的额定电压而定，最外面包一层玻璃丝带，然后外面再涂一层自干环氧清漆，待漆干后，试验合格即可使用。

2. 沥青云母浸胶绝缘线棒的局部处理

局部处理线棒绝缘时，所用的绝缘材料应与线棒的原绝缘材料相同。

拆下线棒，剥去击穿处的旧绝缘，剥除长度应在 100mm 以上，新旧绝缘搭接处也削成锥形，锥形长度可按下式计算

$$L = 10 + \frac{U_N}{200}(mm) \qquad (8-3)$$

式中　L——锥形的长度，mm；

　　　U_N——定子额定电压，V。

在剥削时应注意不得损伤股线绝缘和导线，削成锥形而不应呈阶梯形，以便保证新旧绝缘良好的吻合。

当剥去旧绝缘，削成锥形并清理完毕，即可在导线上涂一层沥青漆，然后包沥青云母带，边包边涂漆，这时的漆应比在导线上涂的漆要稀一点。包一层涂一层漆，每层云母带包

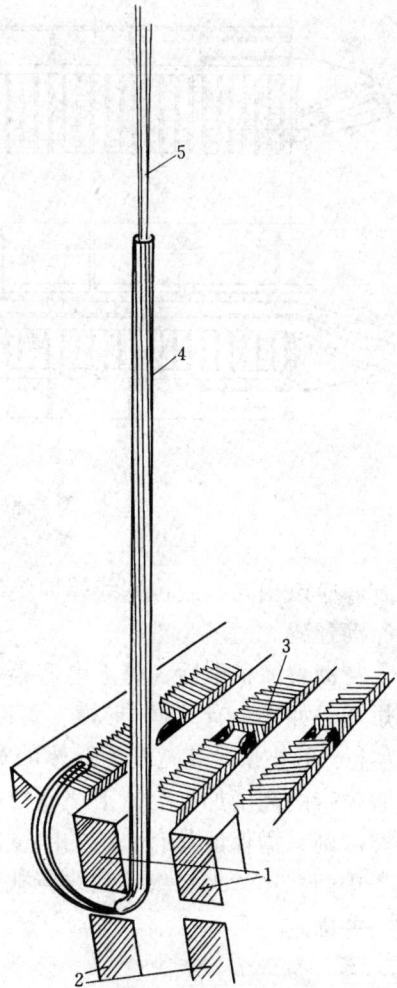

图 8-29　抬线棒穿绳索工具
1—上层线棒；2—下层线棒；3—定子铁芯；4—$\phi5 \times 1mm \sim 8 \times 1mm$ 紫铜管；5—$\phi0.5mm$ 左右的钢丝

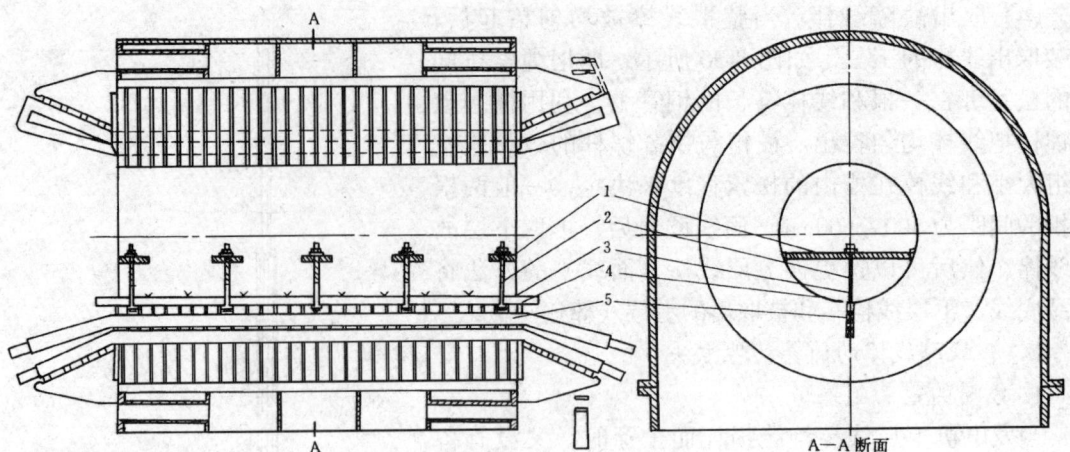

图 8-30 取出面线的工具（取上层绕组）
1—横担；2—螺杆；3—尼龙绳或斜纹带；4—钢管；5—需要取出的面线

的方向应该相同。当包到线棒原绝缘尺寸差不多时（稍小一点），再在外面包一层玻璃丝带，并涂沥青漆。

待沥青漆稍干后，裹上电容器纸或聚脂薄膜（作脱模用），将线棒放在"V"形加热模上烘压。如果没有"V"形模，可以做一副简易烘压模具来代替，如图 8-31 所示。图中的 1、3 为上、下垫条，其宽度为线棒的宽度加脱模带的厚度；2 为侧面垫条，它的高度为线棒包上脱模带的高度加上上、下垫条之和，垫条的长度应比新包绝缘段长 200mm 左右，而垫条的厚度则只需保证其有一定的刚度即可。线棒包好新绝缘后，四面放上垫条，将新绝缘放在垫条中间，用纱带将垫条和线棒扎紧，然后装上压板和螺杆并将其拧紧（整根线棒应用托架支持并固定）。

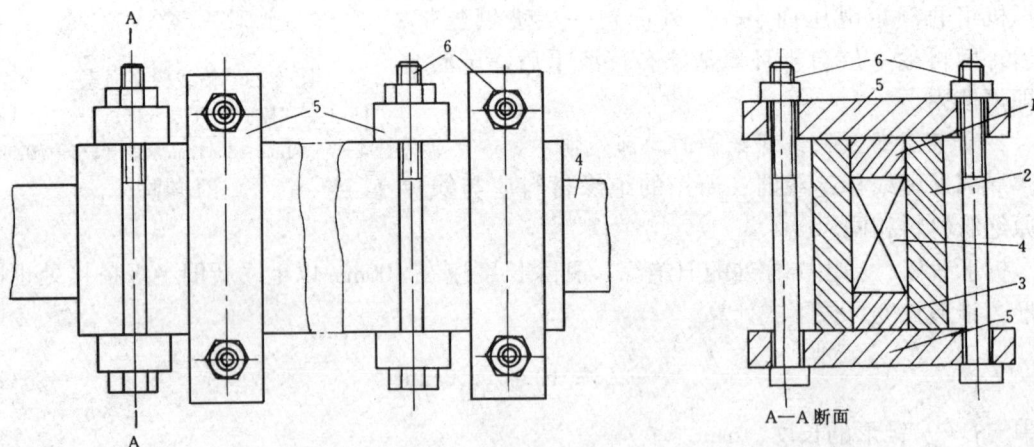

图 8-31 简易烘压模具
1—上垫条；2—侧面垫条；3—下垫条；4—线棒；5—压板；6—螺杆

烘压模装好后，便可加热，加热的方法根据现场条件而定，并做好保温措施。当温度达到 90～100℃，漆开始流出时，再稍待片刻就可以拧紧螺杆，使垫条上、下、左、右平齐，且垫条两端与原线棒绝缘间没有空隙，然后保温 2 ~ 3h。保温结束并待线棒与模具冷却后，即可拆开模具和脱膜带，经试验合格便可准备嵌放槽中。

3. 烘卷式绝缘线棒的局部处理

烘卷式绝缘线棒的局部处理基本与沥青云母浸胶绝缘线棒的局部处理方法相同，只是包卷绝缘的方法与烘压时控制的温度不同。

首先削好锥形，在导线上涂虫胶绝缘漆，然后将已裁好的虫胶云母板逐层烘卷上去。云母板上也应涂一层很薄的虫胶漆，可用平板烙铁加热烘卷，云母板的两端与原有绝缘的锥形搭接处应削成斜面，每层云母板接头处也应削成斜面搭接，如图 8-32 所示。斜面的长度应根据云母板的厚度决定，如云母板厚度为 0.5mm 时，斜面长约 10mm 左右，第一层云母板的宽度为剥去绝缘的导线长度加上两端斜面的长度 20mm，以后每层放宽 20mm，云母板的长度可根据线棒截面的尺寸决定，但可以稍长些，待卷上后再剥去多余的部分。

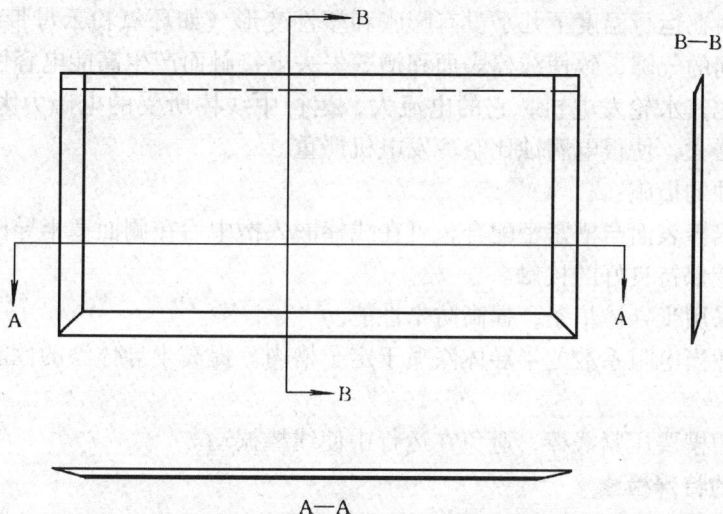

图 8-32　削好斜面的云母板

烘卷时应注意云母与导线或云母板之间应紧密接触，各层云母板的接头不能在同一处，应四面叉开，当烘卷至线棒原绝缘尺寸大致相等时即可放在"V"形模或简易压模中烘压。烘压温度为 120 ~ 130℃ 左右，待虫胶漆吹泡或开始流出时，就可拧紧螺杆至要求的尺寸，保温 2 ~ 3h。烘压后的线棒经试验合格即可放入槽内。

（三）电晕腐蚀的原因及防腐措施

发电机定子线棒表面与定子槽壁之间，由于失去电接触而产生高能电容性放电。这种电容性放电所产生的加速电子，对定子线棒表面产生热和机械的作用，同时放电使空气电离而产生臭氧（O_3）及氮的化合物（NO_2、NO、N_2O_4），这些化合物与气隙内的水分发生化学作用，因而引起线棒的主绝缘出现腐蚀的现象，轻则变色，重则防晕层变酥，主绝缘出现麻坑，这种现象统称为"电腐蚀"，有外腐蚀和内腐蚀两种。

（1）外腐蚀。是指发生于防晕层和槽壁之间的腐蚀。外腐蚀蚀损情况较严重，腐蚀速度也较快，腐蚀的程度可分为三类：

1）轻微腐蚀。线棒防晕层由原来的黑灰色，局部或全部变成深褐色。

2）较重腐蚀。线棒防晕层呈灰白色，并有不同程度的蚕食现象，局部也变酥，部分主绝缘外露。

3）严重腐蚀。线棒防晕层大部分或全部变酥，有的甚至完全脱落。主绝缘外露，出现麻坑。此外，槽楔和垫条也都有不同程度的腐蚀，有的呈蜂窝状，甚至只剩残片。

（2）内腐蚀是指发生于防晕层和主绝缘之间的腐蚀。一般剥去防晕层可以看到，腐蚀程度也可分为三类：

1）轻微腐蚀。线棒防晕层内表面和主绝缘外表面略有小白斑。

2）较重腐蚀。线棒防晕层内表面和主绝缘外表面呈黄白色。

3）严重腐蚀。线棒防晕层内表面和主绝缘外表面一片白色，有大量白色粉末。

由于线棒和槽壁之间存在着间隙，包括主绝缘和防晕层之间，以及防晕层和槽壁之间的间隙。当间隙内的电场强度超过某一数值时，间隙内就产生电容性放电，如果间隙在防晕层和槽壁之间，就产生外腐蚀；如果间隙在主绝缘和防晕层之间，就产生内腐蚀。

热固性材料在运行温度下几乎没有膨胀和塑性变形（如环氧粉云母带绝缘），不能填补线棒和槽壁之间的气隙，致使线棒表面和槽壁失去电接触而产生高能电容性放电，使线棒表面产生腐蚀。尤其水轮发电机，它的电流大，运行中线棒所受的电磁力大，使线棒振动厉害，接触电阻增大，使得电腐蚀比空冷发电机严重。

防止电腐蚀的措施：

（1）保证线棒表面与槽紧密配合，可在线棒嵌入槽中后在侧面塞半导体垫条，使线棒表面防晕层和槽壁保持良好的接触。

（2）槽内采用半导体垫条，提高防晕性能。

（3）选用适当电阻系数的半导体漆喷于定子槽内。提高半导体漆的性能，选用附着力强的半导体漆。

（4）定子槽楔要压紧线棒，避免在运行中使线棒振动。

二、转子的特殊检修

（一）护环、中心环的拆装

当发电机转子绕组发现缺陷或护环、中心环本身有缺陷等，都需要将这些部件拆卸检修。就是在正常情况下，经过几个大修间隔后，也应该把这些部件拆卸下来进行检查。因各种型号的机组在结构上不完全相同，所以拆卸方法也不一样，这里介绍一种方法仅供参考。

护环和中心环的结构如图 7-12 ~ 图 7-14 所示。它们与转子之间均为热套配合的。一般机组的护环和中心环都是同时拆装的，在拆卸时将护环和中心环一次同时拉出，然后再根据需要分解护环和中心环。装复时自然先将中心环装入护环后再一起热套在转子上。

1. 拆卸护环、中心环前的准备

（1）首先检查护环与转子本体及护环与中心环之间接合处是否有记号，如没有则应在汽、励两端分别用钢字号码打上记号，两端不能调错位。然后再拆除固定护环、中心环用的零件。

（2）用石棉绳塞住转子的花鼓筒处、中心环上的所有孔洞以及护环表面的通风孔。注意不可塞进太深，以免塞入端部绕组里。不可将石棉绳塞进环键槽内，以防拉护环时，中心环被卡住。

在护环和转子本体接合处的间隙上，也应绕上 2 ~ 3 圈直径为 10mm 左右的石棉绳，防止加热时烧坏端部槽楔和楔下垫条。

2. 拉护环、中心环

（1）装配拉出护环的专用工具，并用起重机吊住护环。一般发电机的护环直径都比转子本体大，所以可用拉脚式专用工具或抱箍等工具来拉出护环。

1）图8-33所示是拉脚式专用工具拉出护环。拉脚式专用工具包括两根接有长拉杆的拉脚和一只中间有螺纹顶杆的横担。为了便于调整拉杆的长度，拉杆上打有许多孔，拉护环时可将两根拉脚扣住护环的端面，横担的螺纹顶杆顶住转子的轴端，用销钉插入拉杆与横担对应的圆孔里，拉杆的长度应根据轴头的长短调节，如果一根不够长，可用两根配接。

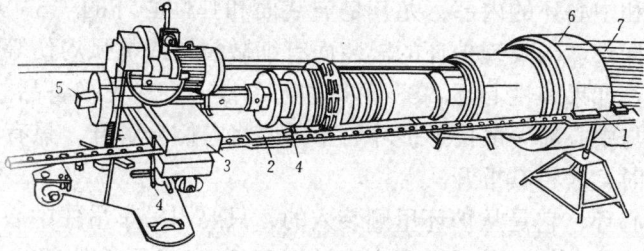

图 8-33　拉脚式拉护环专用工具组装图
1—拉脚；2—拉杆；3—横担；4—销钉；5—顶出护环用的螺杆；6—护环；7—转子本体

2）图8-34所示为抱箍式拉护环专用工具拉出护环。有些机组护环止口处外圆车成圆锥形状，用拉脚式专用工具无法拉出护环，因此可采用如图8-34所示抱箍等工具。它包括两只用厚钢板弯制的半圆形抱箍，一只用槽钢拼焊的横担和两根作为拉杆的长螺杆等。拉护环时，用抱箍箍紧护环，利用抱箍（起重用）上的吊攀将护环吊住，这个起重用的抱箍应装在护环和中心环的重心处。横担放在轴端，横担的中心应与轴中心的高度相同，为了保护轴头，可在横担与轴头间垫上厚度为10mm左右的铝板或铜板。在横担与抱箍间配上一定长度的螺杆，扳紧螺母，即如图8-34那样组装好。

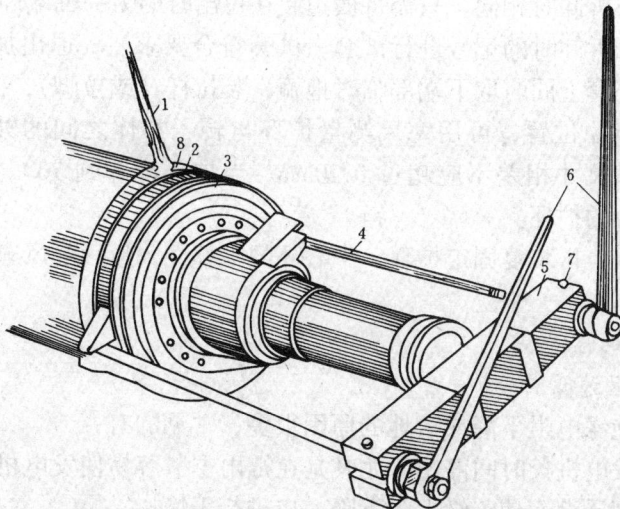

图 8-34　抱箍拉护环专用工具组装图
1—吊护环的钢丝绳；2—护环；3—中心环；4—拉护环用的螺杆；5—横担；6—扳手；7—销钉；8—石棉绳

（2）加热。做好上述工作后，即可用氧—乙炔火焰加热护环。汽焊枪的数量应根据护环的大小来决定，一般为4把以上。加热时火力要猛，火嘴要不停的移动位置，不得停留在一处，防止局部过热使护环变形损坏。加热温度一般在250℃左右，可用测温笔或半导体温度计以及焊锡条判断其加热温度，当温度一到，即可停止加热并迅速扳动拉杆螺母（或螺纹顶杆），将护环拉出。同时趁热用专用抱箍将转子端部箍紧，防止端部绕组变形，待冷却后再拆下抱箍，测量端部绕组及有关部分的尺寸，并做好记号和记录。

（3）保温。当迅速拉下护环后，将其吊至指定检修位置，下面垫上木板，将护环端面平放于木板上后，立即用石棉布包裹，防止在降温时冷却不均使护环变形。当温度降低并冷却后，仔细检查护环和中心环的内部，尤其是嵌装面和弹性心环的"S"形部分，必要时，应用着色法或超声波探伤。当发现护环的嵌装面有细微裂纹或电弧灼伤等痕迹时，必须立即找出原因并进行处理。如果弹性心环"S"形部位有裂纹时，应更换备品。

（4）分解护环与中心环一般拉下护环后不需要将它们分解开，只有在护环与中心环本身有损伤或特殊要求时，才将其拆开。

刚性结构的中心环，它是从护环里侧装入的，只要用吊车吊住中心环，将护环与转子嵌装端面平放木板上，用汽焊枪快速加热护环与中心环嵌装面的外部，移动火焰使护环膨胀后，中心环在吊车的配合下自动落下。如松下吊钩中心环不能自动脱落时，可用紫铜棒轻敲心环即可脱落。

另一种结构的中心环是直接从护环的外侧装入，也可用吊车吊住中心环，加热护环，用吊车将中心环吊出即可。装入的方法基本同拆开的方法相同。

3. 装复护环、中心环

当护环、中心环以及转子绕组检修完毕，即可准备装复护环和中心环。在装复之前检查转子本体、护环、中心环、花鼓筒处的嵌装面处，应无毛刺、锈斑和漆膜等，用压缩空气吹扫转子端部并将护环、中心环及转子有关嵌装面用干净布擦净。复核转子绕组端部护环绝缘的外径尺寸，其尺寸比护环内径大2～3mm左右为正常。

装护环的工具与拆卸时相同，只需将横担装在拉出时的另一轴端即可。在工具装配就绪后，吊起护环，按照拆卸时的记号进行试套，试套符合要求后，退出加热，温度达250℃左右移动吊车，将护环套上同时取下端部临时抱箍，装拉杆（或拉脚），扳紧螺母或螺纹顶杆，使护环套入。应套至原位置，可用塞尺测量护环与转子本体之间的轴向间隙来判断。上、下、左、右四点间隙尺寸相差不应超过0.20mm。当护环冷却到70℃左右以下即可拆去工具，准备装复另一端的护环。

两端护环装复后，再装复固定护环、中心环的零部件，最后装风扇，并用兆欧表测量转子绝缘电阻。

（二）转子绕组的检修

1. 转子绝缘电阻过低或接地

引起转子绕组绝缘电阻下降或接地的原因很多，常见的有：

（1）受潮。当发电机长时间停用，尤其是在霉雨季节容易使发电机转子绝缘电阻很快降至允许值以下。发现受潮而使绝缘电阻下降，应进行干燥。

（2）集电环（滑环）下堆积碳粉或油垢、引出线绝缘损坏或集电环绝缘损坏时，也会使绝缘电阻下降或接地。

由于集电环与转轴间的绝缘有电刷粉末和油污堆积，使转子绝缘电阻过低或造成接地，应将集电环及绝缘上的油垢用布擦净，再用压缩空气吹清，要保证集电环与转轴间绝缘表面和缝隙中洁净，然后测量绝缘电阻。如果绝缘电阻回升，应将集电环与转轴间的绝缘上重新涂漆处理。

如果转子引出线是从转轴表面引出的，引出线绝缘损坏时也会引起转子接地。这时应设法打出引线槽楔，将引线与集电环分开，重新处理引出线绝缘。如果集电环影响操作，则拉出集电环后进行处理绝缘。

（3）转子绕组端部积灰，也会使转子绝缘电阻降低甚至造成接地。由于发电机长期运行，又多年未拉护环，使绕组端部大量积灰。在正常的大小修中，护环内的积灰不易清除。所以，遇到这种情况就得拉护环来清除积灰。一般当拉去一端或两端的护环后，绝缘电阻会立刻回升。这时应剥去护环绝缘，用干燥的压缩空气将端部及转子本体上的各通风槽内的积灰尽量吹净。如果端部绕组的绝缘漆膜已脱落时，应喷绝缘漆处理。测量合格后恢复护环。

（4）槽口绝缘损坏。由于运行中通风和热膨胀的影响，槽口处保护层老化、断裂、甚至脱落，使槽口处槽套的云母逐渐剥落、断裂、被吹掉，再加上槽口积灰，也会使转子绝缘电阻下降或引起转子接地。

要彻底解决这个问题，应该在恢复性大修时更换槽套。当损坏程度还不普遍时，应进行局部修理。

首先是拉护环，剥去端部护环绝缘，仔细检查转子绕组端部和槽口状况。修理时，拆去端部和槽口处的垫块后，吹净端部及槽口的积灰，压缩空气压力不宜过大，以防吹散槽绝缘和匝间绝缘，一般以 $1 \times 10^5 \sim 2 \times 10^5 Pa$ 左右为好。如槽口缝隙和转角处的积灰吹不掉，可用薄竹片刮去或用毛刷刷掉，再用压缩空气吹净。对已经接地的槽口，刮、刷应特别注意，做到清除积灰，又不损坏槽绝缘。待积灰清理完毕，测量绝缘电阻，其数值稳定，且大于 $1M\Omega$，然后再修补槽口绝缘。

修补绝缘时，先将醇酸漆和云母粉调和的填充泥涂塞在槽口绝缘损坏处的缝隙内和绕组与本体之间的转角处，转角处填充泥应形成一个圆角，以增加绕组与转子本体间的爬电距离。然后包 $2 \sim 4$ 层 0.10mm 厚，$10 \sim 25$mm 宽的玻璃丝带，第一层和第二层玻璃丝带不应包得过紧，以防将填充泥挤出。也不要包得过长，以免影响散热。新包的玻璃丝带上应涂绝缘漆，所有槽都同样修理，最后在绕组端部喷一层绝缘漆。

当修补好槽口绝缘并配好垫块后，再测量一次绝缘电阻，合格后，可包护环绝缘，装复护环。

（5）槽绝缘断裂或损坏引起接地。转子的槽绝缘断裂造成转子绝缘电阻降低或引起转子接地。应仔细查明原因，予以消除，避免事故扩大。

检修时，先拉去两端护环，查出接地槽之后，打出该槽槽楔，取下楔下垫条，确定接地点准确位置，在该槽口做好记号。同时测量绝缘电阻，观察有无变化。

修理时要用薄钢片做一工具，钢片的厚度应比绝缘薄些，如图8-35所示。插入钢片，用万用表测量接地情况，当钢片插到接地时，万用表指示接地消失，绝缘电阻回升。将准备好的天然云母片或绝缘薄板塞入槽绝缘和槽壁的缝内，再用兆欧表测量应无接地现

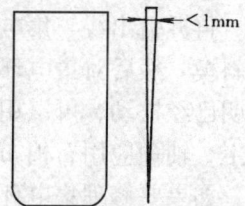

图 8-35　修理槽
绝缘用钢片

象，然后再向插入的绝缘片周围缝隙内注入绝缘漆。

槽绝缘修补好后，槽内上面涂绝缘漆，垫上垫条，打进槽楔。一般先打进100mm左右，用小锤轻敲检查松紧程度，再次测量绝缘电阻，如符合要求，可装复护环。

2. 转子匝间短路

如果仅是个别的线匝被短路，则对发电机影响不大。当短路匝数较多时，将会引起发电机振动和励磁电流增大。当发生严重的匝间短路故障时，发电机随着转子电流的增大而剧烈振动，使发电机不能继续运行。

（1）端部个别线匝发生匝间短路的修理。发电机转子绕组端部各线圈间的连接处或极间连接处发生匝间短路时，因为它们在绕组端部的上面或底下，所以可以用层压板做工具将短路点撬开，这时短路即消失。然后剥去旧绝缘换上新绝缘。

匝间短路发生在最大一只线圈端部时，也可以用层压板撬开短路点，当短路点消失后，修复绝缘。

（2）端部发生严重匝间短路的修理。发电机的转子绕组由于端部倒塌，造成严重的匝间短路时，一般应设法进行恢复性大修。

如果短路是由于转子绕组端部最上层的线匝产生严重的永久变形，铜线伸长与外挡的一只线圈相碰，造成严重匝间短路时，且转子的其他部分绝缘尚好，则可以进行局部修理。修理时，将变形线匝锯断，取下它的端线，将端线重新整形或锯短后再焊起来。由于接头机械强度较差，所以接头应在槽内，距槽口一般为200mm左右距离。

（3）直线部分匝间短路的修理。首先查清短路槽号和槽内的位置。如果发生在槽内靠近槽底部位很难处理，若仅为个别线匝可以暂不修理。

如果短路点在靠近槽楔的几匝处，可打出槽楔，取下垫条，从端部在短路线匝之间沿槽插进一根适当厚度的层压板通条，通条头部锉成斜面，两边倒出圆角，宽度要比导线窄2~3mm。将通条插过短路点一段距离，当短路消失时，将通条侧转并抬起一些，再沿通条塞入厚度为0.5mm的绝缘垫条，然后抽出通条，在垫条与导线之间涂绝缘漆。做好上述工作后，将导线复平、压紧、打进槽楔，测量绝缘电阻合格，即可装复护环。

3. 集电环（滑环）绝缘的处理

集电环的绝缘材料一般是天然云母片和环氧酚醛层压玻璃布筒。当发电机转子绕组由于集电环绝缘损坏而造成接地时，应检查绝缘损坏的程度。当不严重而且时间紧迫时，可以不拆集电环，进行局部修理，用布蘸汽油擦净积灰，用小刀或划针等工具将烧损的绝缘及电刷粉末剔出，并用压缩空气吹净，如接地消除，则可用环氧树脂将空洞填满，干燥后将集电环绝缘周围全部涂环氧漆。

如果集电环绝缘严重烧损，应拆下集电环进行检修。拆卸集电环时先剥去引出线头的绝缘，再拆引出线与集电环的连接螺钉。如引出线是用斜楔固定的，则拧出斜楔固定螺钉，打出斜楔。然后对集电环加热，待温度达到250℃左右时，用小锤轻敲集电环，如发出哑声则说明已经松动，可以用紫铜棒或撞木将集电环敲下放好，汽端可垫以木条后将集电环搁在轴颈上，轴颈应用石棉布包好以免碰伤轴面。

如果要修理集电环绝缘，应将绝缘上的钢皮圈轻轻拨出一半，用棉纱绳或布带将绝缘扎紧，然后取下钢皮圈，切勿使集电环绝缘的云母片散乱。

更换云母片或环氧酚醛层压玻璃布筒时，应准确测量原绝缘尺寸，以免造成尺寸过大使集电环装不上，或造成严重偏心。绝缘装好后装钢皮圈，加热集电环至250℃左右，套上集电环。在套装时注意集电环与转子引线对应的位置，用小撬杠插在集电环螺孔内调整引线对应位置，待集电环冷却后，打进斜楔并固定好或拧紧连接螺钉，并在伸出集电环两侧的绝缘上包扎数层玻璃丝带，最后涂环氧漆，并测绝缘电阻。

三、水内冷机组更换绝缘水管

先拆卸保护绝缘引水管的小护环，取下固定绝缘水管的绝缘垫块，然后剥去接头处的绝缘物，拆下损坏的绝缘水管。按拆下的绝缘水管长度截取绝缘水管的长度，在现场装上接头，将水管装复。装复绝缘水管后做总体水压试验，如各处不漏水，再包好接头绝缘，装复绝缘垫块，最后装复小护环。

更换绝缘水管的注意事项：

(1) 各型机组的小护环等结构有所不同，拆卸前应查阅图纸，核对实物。

(2) 损坏的水管拆下后，应在绕组的接头和进出水箱的接头处做好记号，特别是进出水管都在一端的机组，以防水管接错造成重大事故。拆下的绝缘垫块也应做好记号，以便原位装复。

(3) 旧水管拆下后应对转子绕组进行一次反冲和流量试验，其方法如第二节"二"中所述。这时水管与压缩空气管可以直接接在绕组的接头处。

(4) 换上的水管，其长度应与原来的一样，并事先经过水压试验。

(5) 拆装水管时应用两把扳手，一把卡紧接头，一把拧动螺母，以防损坏绕组的水接头。

第九章

三相异步电动机检修

第一节 三相异步电动机的结构

三相异步电动机主要是由定子、转子两大部分和机座、轴承、端盖、接线盒、风扇和风扇罩壳以及空气间隙等组成，如图 9-1 所示。

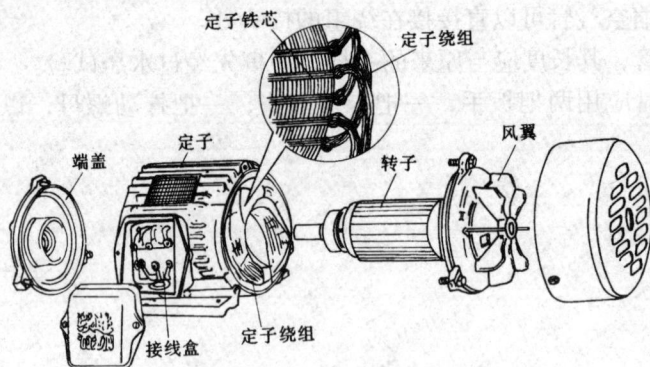

图 9-1 三相鼠笼式异步电动机的结构

一、定子组成及各部分元件的作用

定子由定子铁芯、定子绕组、机座、端盖和接线盒等组成（中小型电动机还有风扇罩）。定子铁芯是由 0.35mm 厚的硅钢片叠压而成，在环状的内圆上均匀地开有许多槽，硅钢片间涂有绝缘漆。定子铁芯的作用是导磁。三相绕组由带有绝缘的铜导线绕成绕组，按一定的规律嵌放在定子槽内。绕组的 6 个出线头，分别固定在机座外壳的接线盒里，线头旁标有各相的始末符号。三相绕组可接成星形，也可接成三角形，如图 9-2 所示。

机座是铸铁的，它是用来固定定子铁芯和端盖以及接线盒的，同时起散热作用。中小型异步电动机机座上有散热片，是用来增加散热面的，风扇罩起防护和导风作用，端盖起防护和支持转子轴承作用。绕线式电机定子有刷架。

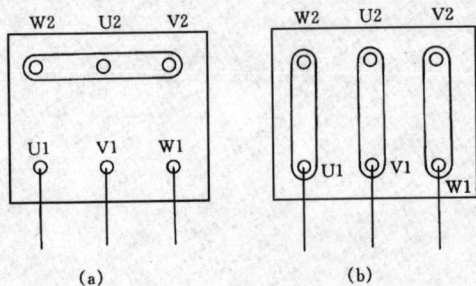

图 9-2 定子绕组在接线盒内的连接
(a) 星形连接；(b) 三角形连接

二、转子组成和各部件的作用

转子由转轴、转子铁芯、转子绕组和风扇组成，中小型电机轴承也安装在转子轴上。转轴由高碳钢制成，用来支持转子铁芯等。转子铁芯也是硅钢片叠压而成的，在其外圆上均匀开有许多槽，槽内嵌放转子绕组。转子绕组有鼠笼式和绕线式两种。绕线式转子有集电环。

（1）鼠笼式转子，如图9-3所示。铜条鼠笼转子是在转子槽内放置裸铜条，在铁芯端部用短路环将铜条焊接起来（如鼠笼状）。铸铝转子是槽内导体和两端短路环连同风扇叶片一起用铝铸成一个整体，如图9-3所示。

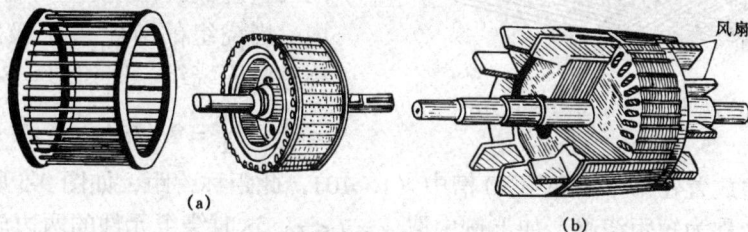

图 9-3　鼠笼式转子

(a) 用铜条做绕组的鼠笼转子；(b) 铸铝的鼠笼转子

为了改善电动机的启动特性，小型电动机转子采用斜槽结构，而大中型电动机采用深槽式或双鼠笼式转子。深槽式转子是利用交流集肤效应原理限制启动电流，而双鼠笼式转子是利用不同电阻来限制启动电流的。

（2）绕线式转子。用绝缘导线绕制而成，绕组的相数、磁极对数和定子绕组相同。三相绕组一般接成星形，三根引出线连接在固定于转轴上的三个集电环上（滑环），由一组支持在端盖上的电刷将集电环与外电路接通，如图9-4所示。

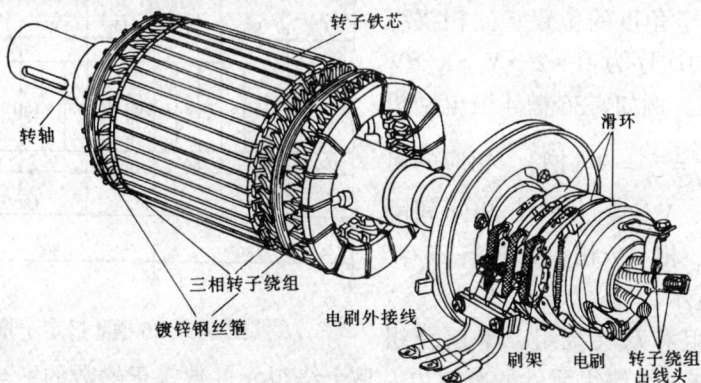

图 9-4　绕线式转子

无论何种型式转子，均需要轴承来支撑才能旋转。轴承主要分为两大类，如滑动轴承和滚动轴承。微型电机和大型电机常用滑动轴承，而中小型电机多用滚动轴承。滚动轴承又分滚珠和滚柱轴承。大中型电机轴伸端用滚柱轴承，电机后端一般采用滚珠轴承。

三、常见的几种定子绕组

1. 绕组的基本知识

(1) 极距。极距是定子绕组磁极之间的距离。以字母 τ 表示，用槽数计算。当定子槽数为 Z，磁极对数为 p，则极距 $\tau = \dfrac{Z}{2p}$（槽）。

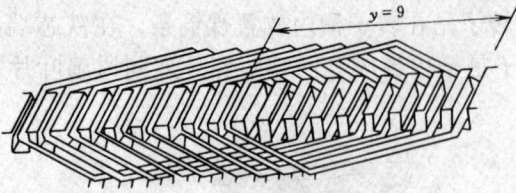

图9-5 $y = 9$ 时绕组在槽中的分布

(2) 节距。节距表示一个绕组元件的两边之间的距离。以字母 y 表示，用槽计算。为了感应尽量大的电动势，绕组元件的两边应嵌放在接近一个极距 τ 的两个槽内。当绕组的节距等于极距时 ($y = \tau$)，称为整距绕组。例如 $Z = 36$，$p = 2$，则 $\tau = \dfrac{Z}{2p} = \dfrac{36}{4} = 9$（槽），若取 $y = \tau = 9$，这时绕组元件的两边放置在第1槽和第10槽中 (1~10)，此距称跨距，如图9-5所示。当绕组节距小于极距时，称为短距绕组，如上例中取 $y = 7 < \tau$，这时绕组元件的两边放置在第1槽和第 $1 + 7 = 8$ 槽内 (1~8)。双层绕组一般采用短距 $y = 0.8\tau$，以同时减少5次和7次谐波的影响，既改善了电动机的性能，又节省了材料。

(3) 电角度及三相绕组分布的原则。定子或转子的圆周空间角等于360°。旋转磁场在空气隙内按正弦分布，一对磁极对应一个周波，它的电角度 ωt（即电磁关系的角度）等于360°。两对磁极的电机对应两个周波，在定子圆周空周内，电角度变化则为720°……由此可见空间角与电角之间的关系为电角度 = 空间角 × 磁极对数。

三相绕组的分布原则：每组绕组元件数相同，相与相之间在槽内间隔120°电角度。为了提高绕组的利用系数和分布系数，三相绕组通常在槽内按60°相带分布，也就是每相在每极内占据60°电角度的位置。三相绕组在定子槽内分配的次序为 U→Z→V→X→W→Y……依次类推。例如，36槽4极电动机定子绕组，$\tau = \dfrac{Z}{2p} = \dfrac{36}{4} = 9$（槽），相应的电角为180°，U—V，V—W，W—U 相间间隔各120°，每极下U相、V相、W相各占60°相带，如图9-6所示。

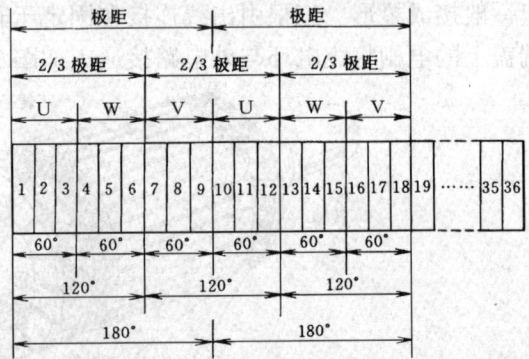

图9-6 36槽4极定子槽展开图

(4) 单层绕组和双层绕组，单层绕组是指每个槽内只嵌一个绕组元件的有效边，整个绕组元件数等于槽数的一半。双层绕组是将每个槽用层间绝缘分成上、下两层，各嵌放一个绕组元件的有效边，整个绕组元件数等于槽数。

(5) 极相组。当定子槽数为 Z，磁极数为 $2p$ 和相数为 m，则每极每相所占据的槽数 $q = \dfrac{Z}{2pm}$。将同一相的 q 只绕组元件按一定的方式串联成一组叫作极相组（俗称为"联"或"把"）。极相组是绕组在绕制和嵌放的基本单元，如图9-7所示。每一相绕组由数个极相组串联或并联而成。

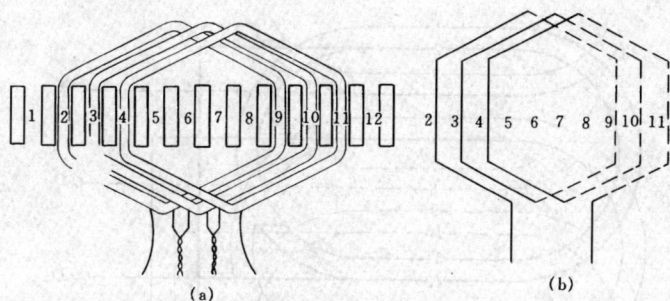

图 9-7 一个极相组中各线圈的连接方法

(a) 线圈的连接方法；(b) 用展开图表示

(6) 绕组端部的连接。每组绕组由数个极相组组成，必须在端部将其连接成一个整体，可以将其串联为一路，或者并联成为多路。整个三相绕组只引出 6 个始、末端（延边三角启动的电动机绕组，每相中还引出一个抽头，故有 9 个出线头）。

1）串联。分"正串"接法和"反串"接法两种。当两个极相组之间间隔着一个极距时，属于同性磁极，极相组内电流方向相同，故采用"正串"接法，即前一极相组的尾接后一极相组的头（尾—头或头—尾相接的原则）。若两个极相组相邻，属于异性磁极，极相组内电流方向应相反，故采用"反串"接法，即前一极相组的尾接后一极相组的尾（尾—尾—头—头相接的原则），如图 9-8 所示。

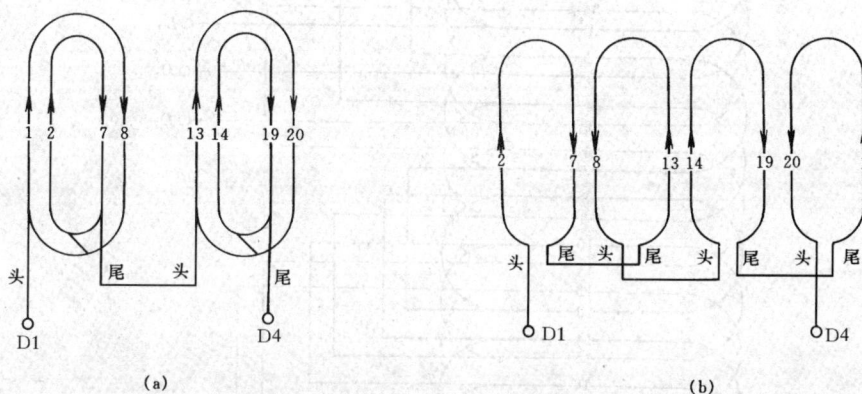

图 9-8 绕组端部的连接

(a) 正串接法；(b) 反串接法

2）并联。极相组间并联的条件是绕组感应电动势的大小和相位相等，各条并联支路内的极相组数（这几个极相组仍按规定串联）应相等。绕组的并联支路数用字母 a 表示。在整数槽绕组中，绕组的最大可能并联支路数等于极数。并联支路数与磁极数应保持一定的关系，即磁极数能被并联支路数整除。

2. 单层同心式绕组

极相组内的绕组元件的节距不等（互相差 2 槽），同心地嵌放在槽内。多用于每极每相槽数为偶数的 2 极或 4 极电机中。绕组展开图如图 9-9 所示。

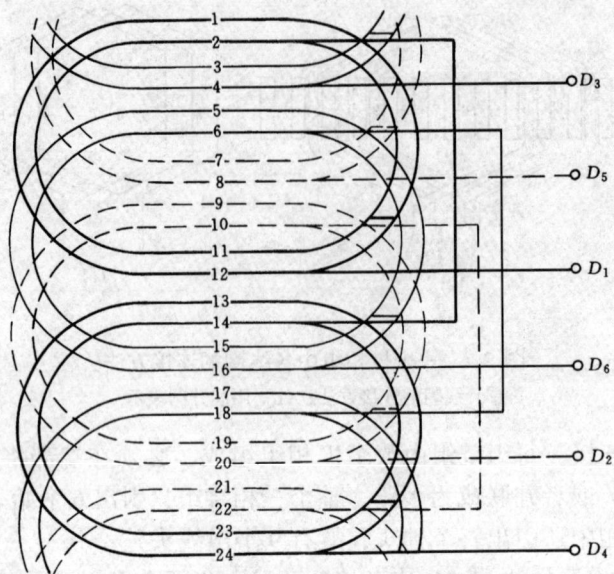

图 9-9 单层同心式绕组

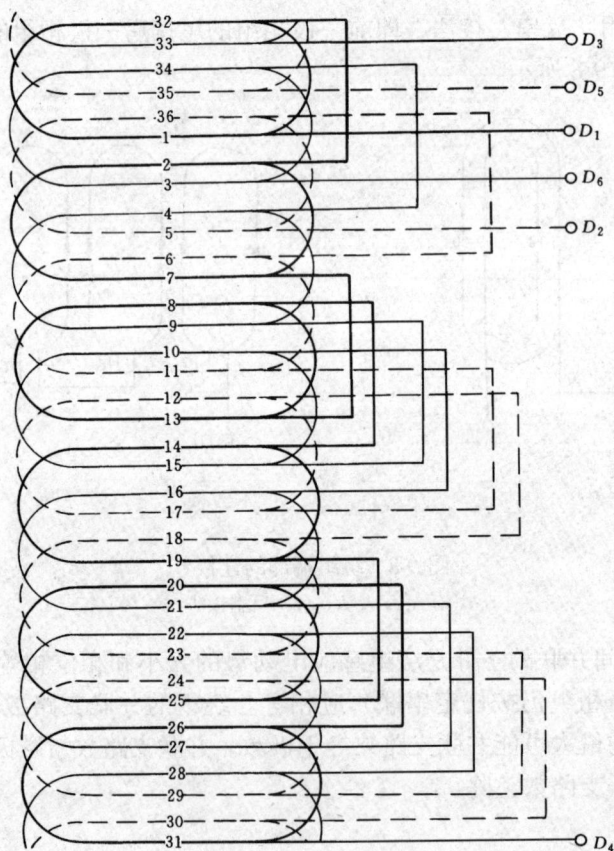

图 9-10 单层链式绕组

3. 单层链式绕组

它由等节距的绕组元件组成，线模是一种尺寸，制造工艺简单，适用于 $q=2$ 的 4 极、6 极和 8 极的电机。绕组展开图如图 9-10 所示。

4. 单层交叉式绕组

极相组由两个等节距和一个短距的绕组元件反串而成，因为采用了适当的短距后，端部用铜节省，而且嵌线方便。近年来广泛用于每极每相槽数为奇数的 2 极、4 极和 6 极电动机，如图 9-11 所示。

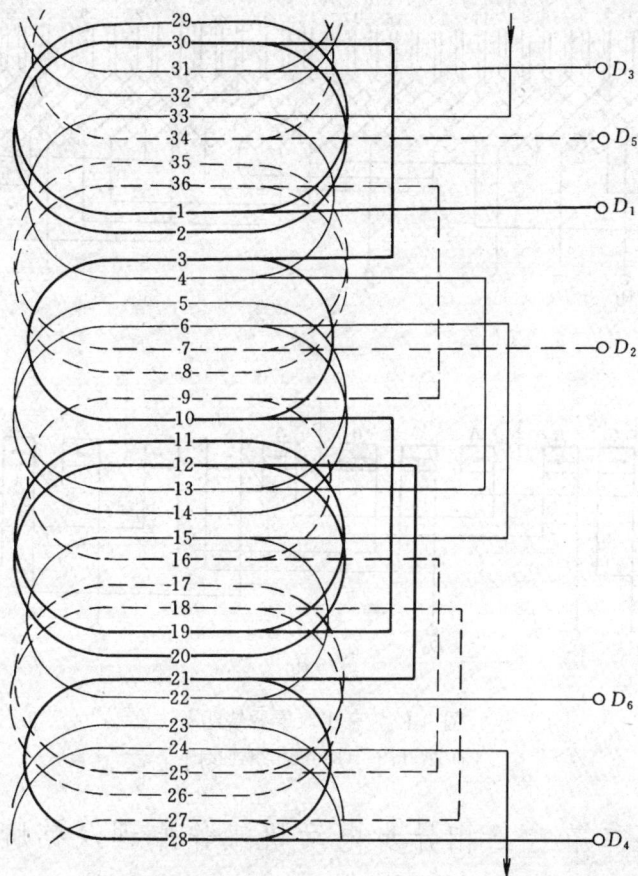

图 9-11 单层交叉式绕组

5. 双层叠式绕组

极相组各绕组元件，节距相等，彼此相错一槽嵌放，一个叠压着一个，每个绕组元件的两个有效边，一边嵌放在槽的上层，一边嵌放在另一槽的下层。它的优点是可任意选用合适的短节距，一般采用 $y=(0.7\sim0.9)\tau$，以改善电磁性能，且制造方便。较大容量电动机多采用双层叠式绕组，如图 9-12 所示。

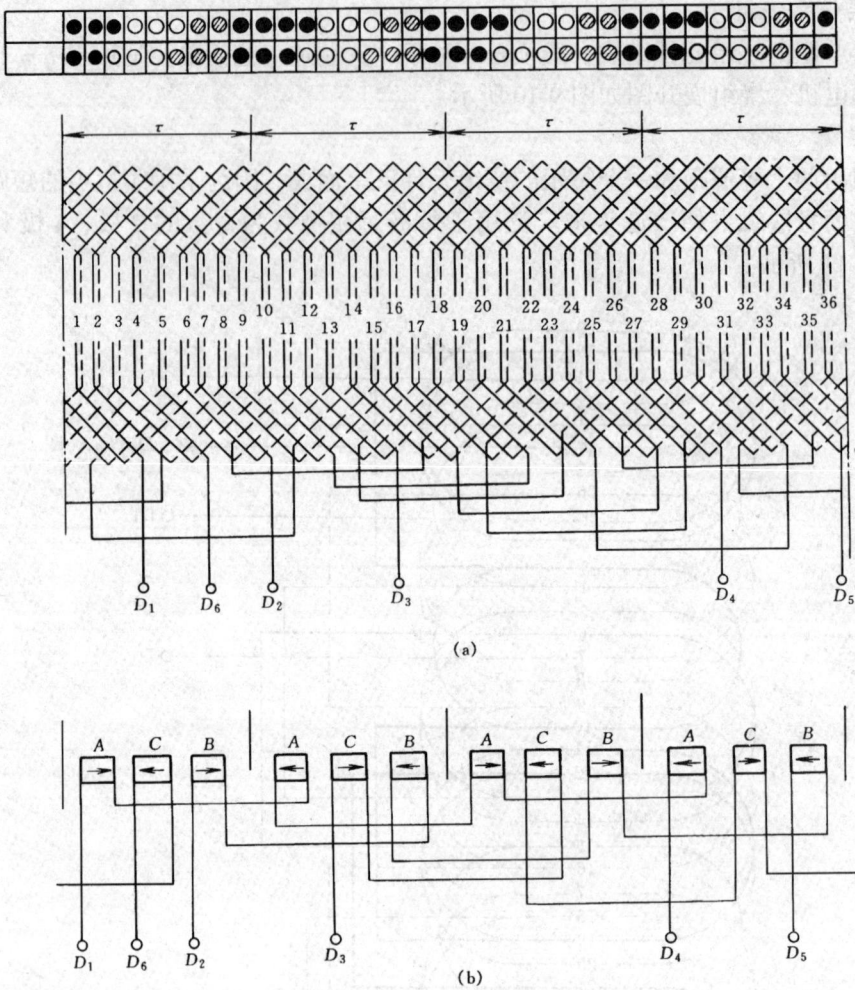

图 9-12 三相双层叠绕组

(a) 展开图；(b) 极相组连接图

第二节　三相异步电动机工作原理及铭牌

一、旋转磁场的产生

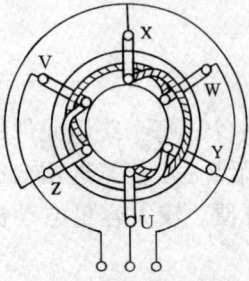

图 9-13 三相异步电动机
定子绕组接线图

设在交流电机的定子铁芯上布置有三个相同的集中绕组 UX、VY、WZ，它们彼此之间沿定子内圆相差 120°空间角，并且它们连接成星形，如图 9-13 所示。我们把相序 U—V—W—U 的三相对称电流分别送入这三相绕组中，并规定从绕组的首端（U、V、W）到末端（x、y、z）的电流方向作为正方向，如果取 U 相电流为参考正弦量，则三相电流的瞬时值为

$$i_U = I_m \sin \omega t$$

$$i_V = I_m \sin(\omega t - 120°)$$

$$i_W = I_m \sin(\omega t - 240°)$$

它们随时间变化的曲线如图 9-14 所示。下面让我们在电流曲线的时间轴上，任意选取几个依次相隔 1/3 周期的时间 t_0、t_1、t_2 和 t_3，来看看三相绕组中的电流和它们的磁场的变化情况。

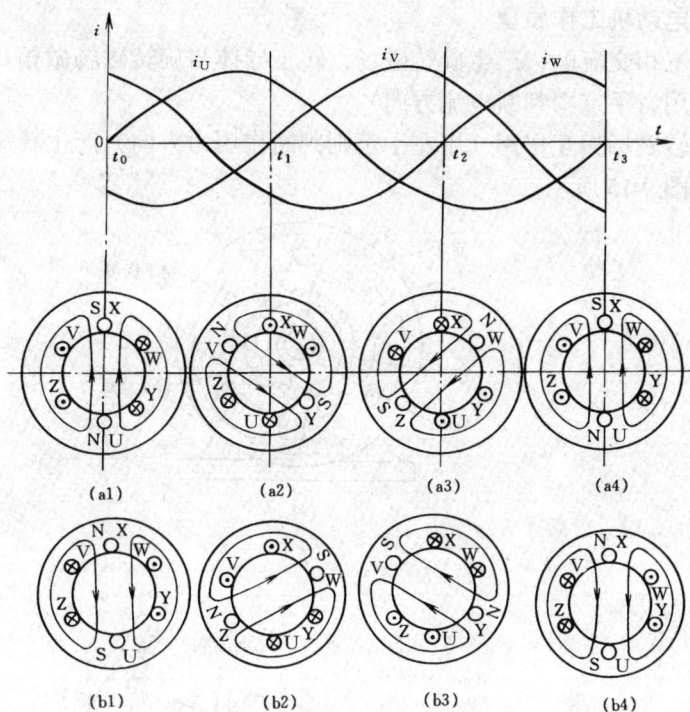

图 9-14 旋转磁场的产生原理

在图 9-14 的电流曲线中，当 $t = t_0$ 时，U 相电流 $i_U = 0$，V 相电流 i_V 为负，W 相电流 i_W 为正。根据前述电流正方向的规定，可得这时三相绕组中电流的方向如图 9-14（a1）所示，即 U 相绕组 UX 中没有电流；V 相绕组 VY 中的电流从末端 Y 流入（用 ⊗ 表示），而从首端 V 流出（用 ⊙ 表示）；W 相绕组 WZ 中的电流从首端 W 流入，末端 Z 流出。显然在图 9-14（a1）中左面两绕组边的电流方向都是由里指向外，右面两绕组边的电流方向都是由外指向里，这样，根据右手螺旋定则，可画出三相电流在这时共同建立的磁场图形，如图 9-14（a1）带箭头的实线所示。从图可见，定子铁芯的上边是 S 极，下边是 N 极。

当 $t = t_1$ 时，即此时刻 t_1 过了 1/3 周期时，i_U 变为正，i_V 变为零，i_W 变为负，按照前面的方法进行分析，可得图 9-14（a2）所示的磁场图形。可见，这时磁场的 N 极和 S 极从图 9-14（a1）的位置转到图 9-14（a2）的位置，已经顺时针方向转了 120°也就是说，当电流随时间变化经过了 120°电角度时，合成磁场在空间也转过了 120°。

同理，当 $t = t_2$、$t = t_3$ 时，可分别得到图 9-14（a3）、（a4）的磁场图形。在这两个时刻，N 极和 S 极的位置从图 9-14（a2）的位置也先后顺时针方向在空间转过了 120°和 240°，到达了图 9-14（a3）、（a4）的位置。

从上面的分析可见，在对称的三相绕组中流过对称的三相电流时，三相电流共同建立的合成磁场是在空间不断地旋转的，这样的磁场叫做旋转磁场。同时还不难推知，这个磁场具有下列两个基本特性：

（1）三相绕组空间位置已定之后，旋转磁场的转向由绕组中电流的相序决定。当相序改变时，旋转磁场的转向也改变，如图 9-14 中（b1）～图 9-14（b4）所示。

（2）旋转磁场的转速 $n = 60f/p$。

二、三相异步电动机工作原理

定子绕组通入三相交流电，产生旋转磁场，转子导体与旋转磁场做相对运动，切割磁力线感应产生电流（用右手定则判断电流方向）。

转子电流与旋转磁场相互作用（用左手定则判断作用力方向）产生转矩，使转子沿旋转磁场方向转动，如图 9-15 所示。

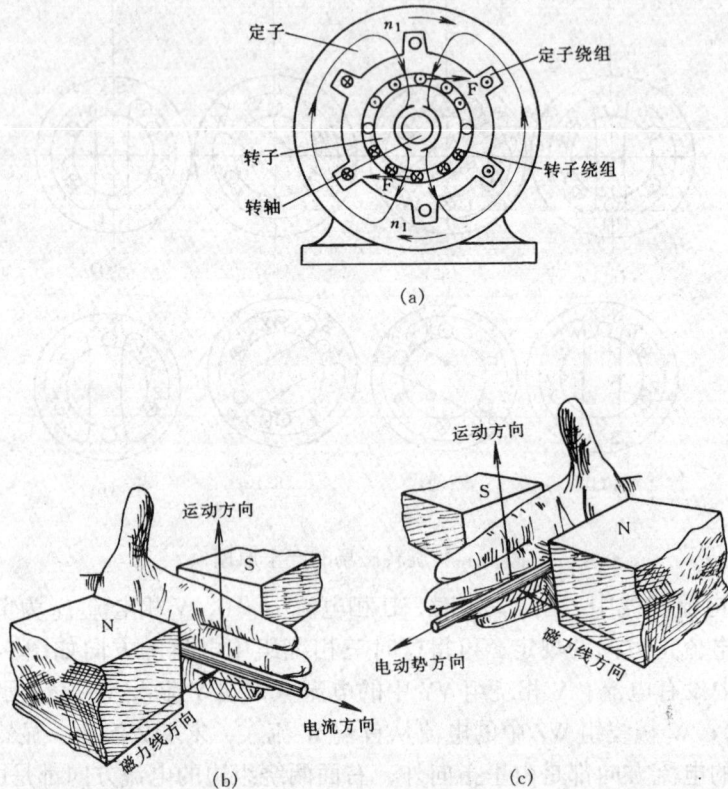

(a)

(b)　　　　　　　　(c)

图 9-15　三相异步电动机工作原理
(a) 三相异步电动机工作原理示意图；(b) 左手定则；(c) 右手定则

三、异步电动机铭牌介绍

电动机的机座上都有一块铭牌，它给用户和检修人员提供了简要的使用数据。用户在使用电动机之前，必须正确地理解铭牌上各项的涵义。

铭牌上标有电动机的型号、额定容量、额定电压、额定电流、接法、温升（绝缘等级）、转速、频率、定额以及防护型式等。

（1）型号。异步电动机的型号由产品代号、规格代号和特殊环境代号三个部分组成。产品代号是由类型代号、电机特点代号和设计序号三个小节顺序组成。如 YR2 表示第二次设计的绕线型异步电动机。其中 Y 是异步电动机的类型代号，R 是电机特点代号，2 是设计序号。我国常用异步电动机的产品代号和特殊环境代号如表 9-1 所示。

表 9-1 常用异步电动机的产品代号和特殊环境代号

产 品 名 称	新产品代号	特点代号	汉字意义	老产品代号
鼠笼型异步电动机	Y			J、JO、JS
绕线型异步电动机	YR	R	绕	JR、JRZ
高速异步电动机	YK	K	快	JK
绕线型高速异步电动机	YRK	RK	绕快	JRK
高启动转矩异步电动机	YQ	Q	启	JQ
高转差率（滑差）异步电动机	YH	H	滑	JH、JHQ
多速异步电动机	YD	D	多	JD、JDO
立式鼠笼型异步电动机	YL	L	立	JL
立式绕线型异步电动机	YRL	RL	绕立	—
隔爆异步电动机	YB	B	爆	JB
起重冶金用异步电动机	YZ	Z	重	JZ
起重冶金用绕线型异步电动机	YZR	ZR	重绕	JZR
电磁调速异步电动机	YCT	CT	磁调	JCT
电梯异步电动机	YTD	TD	电梯	JTD
电动阀门异步电动机	YDF	DF	电阀	—

特殊环境代号（用字母表示）

G——高原用	TH——湿热带用	W——户外用
T——热带用	TA——干热带用	
F——化工防腐用	H——船用	

异步电动机的规格代号有两种表示方法。对中小型异步电动机以中心标高（mm）—机座长（字母表示）—铁芯长度（数字表示）—极数（数字表示）的方法来表示。

字母 L 表示长机座，M 表示中等机座，S 表示短机座。型号表示方法如下：

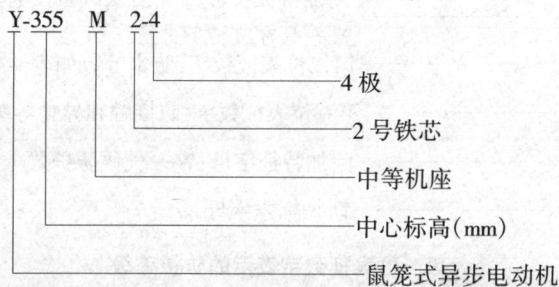

Y-355　M　2-4

- 4 极
- 2 号铁芯
- 中等机座
- 中心标高（mm）
- 鼠笼式异步电动机

大型异步电动机则以功率—极数—定子铁芯外径表示，如：

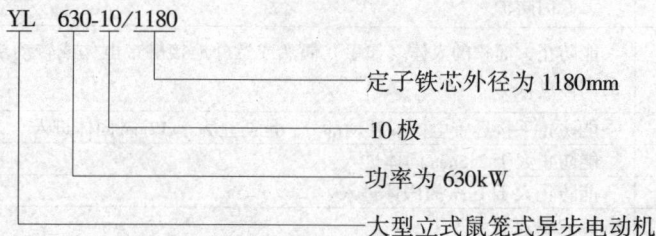

YL　630-10/1180

- 定子铁芯外径为 1180mm
- 10 极
- 功率为 630kW
- 大型立式鼠笼式异步电动机

无特殊环境要求的不标注。

（2）额定值。制造厂根据国家标准，对电机电量或机械量的规定值。主要有：

1）额定电压 U_N。U_N 为正常工作状态下，电机定子绕组所能承受的线电压。

2）额定频率 f_N。f_N 为电机所接受交流电源的频率，我国电网的频率为 50Hz。

3）额定功率 p_N。p_N 为在额定运行状态下电机轴输出的机械功率。

4）额定电流 I_N。电机在额定电压，额定频率的电源下，输出额定功率时，定子绕组允许长期通过的线电流。

5）额定转速 n_N。电机在额定电压、额定频率和额定输出功率时的转速。

（3）接法。电机在额定电压下，定子三相绕组应采取的连接方法。一种是额定电压 380V/220V，接法为 y，d，表明每相绕组的额定电压为 220V。当电源电压为 380V 时，绕组应接成星形，额定电压为 220V 时，绕组接法为三角形；一种是额定电压 380V，接法为三角形，表明每相绕组的额定电压为 380V，适用于电源电压为 380V 的场合，接法为三角形。

（4）温升。电机运行时温度高出环境温度的数值。允许温升决定于电机绕组绝缘材料的耐热性（即绕组绝缘能长期使用的极限温度）。有的铭牌只标注绝缘等级，绝缘等级与允许温升的关系如表 9-2 所示。

表 9-2 电机允许温升与绝缘等级的关系（℃）

绝 缘 等 级	A	E	B	F	H	C
绝缘材料的允许温度	105	120	130	155	180	180 以上
电机的允许温升	60	75	80	100	125	125

（5）定额。指电机允许持续使用的时间，分为连续定额、短时定额和断续定额三种。

（6）转子开路电压和额定电流。绕线式异步电动机用作配用启动电阻的依据。

（7）防护类型表示法。

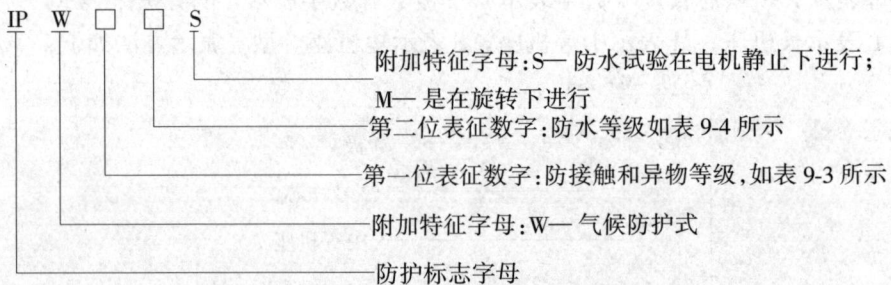

附加特征字母：S— 防水试验在电机静止下进行；
M— 是在旋转下进行
第二位表征数字：防水等级如表 9-4 所示
第一位表征数字：防接触和异物等级，如表 9-3 所示
附加特征字母：W— 气候防护式
防护标志字母

表 9-3 第一位表征数字表示的防护等级

IP 第一位表征数字	简　　述
0	无专门防护
1	能防止大面积的人体（如手）偶然或意外地接触带电体或转动部分；能防止大于 50mm 的固体进入
2	能防止手接近带电体或转动部分；能防止大于 12mm 固体进入
3	能防止大于 2.5mm 固体进入
4	能防止大于 1mm 的固体进入
5	防尘型

表 9-4　　　　　　　　　　　　第二位表征数字表示的防护等级

IP 第二位表征数字	简　　述
0	无专门防护
1	防滴设备，垂直滴水应无有害影响
2	15°防滴设备，与垂线成15°以内任意角度，滴水无影响
3	防淋水设备，与垂线成60°以内角度，淋水无有害影响
4	防溅水设备，任何方向的溅水应无有害影响
5	防喷水设备，从任何方向喷水应无有害影响
6	防海浪设备
7	防浸水设备，在规定的水压和时间内浸水应无影响
8	指潜水电机，连续浸在水中

第三节　三相异步电动机常见故障原因及处理方法

一、轴承故障

运行中的电机，轴承部分发生故障是最常见的，因为轴承是电动机上较易磨损的零件，又是负载最重的部分。

电动机的轴承有两种：一种是滚动轴承，一种是滑动轴承（又称轴瓦）。滑动轴承与滚动轴承相比较，具有精度高、振动小，并在保证液体摩擦的条件下能长时期高速工作等优点。滑动轴承的缺点为安装和维修工艺复杂，容易漏油。

1. 滑动轴承发热原因及处理方法

滑动轴承运行中温度高于规程规定的 85℃，这时轴承就处于发热状态。其主要原因是由于轴瓦内得不到良好的润滑引起的，如：

（1）轴承中的油圈变形，不是真圆，磨损严重致使油圈不转或转得较慢。对接式油圈的螺丝脱扣（螺纹磨损），或在断孔处断裂发生故障。

（2）轴承中所用的润滑油太脏或油量加得不够，润滑油的种类不合适。

（3）由于安装不良，引起电动机转子的轴向串动，使滑动轴承的圆根被磨。

（4）轴瓦间隙太小，轴瓦中的油槽开得不适当，或轴瓦研刮得不够好，使轴瓦发生偏心，致使一些轴瓦上半部被磨。此外，电动机的轴与轴瓦的接触角太大，形成不了油膜，这样就破坏了它的液体摩擦而引起轴瓦发热。

滑动轴承中的润滑油有两种作用：一是冷却作用，另一种是借助于电动机轴旋转时，自然形成的油膜造成的液体摩擦，减少摩擦损耗。因此，必须使进入轴承中的润滑油分布于滑动轴承支持面的各部分，这是利用轴瓦内所开的油槽来达到的。电动机轴承的油槽都开在轴承的两侧，润滑油在轴颈转动时进入油槽内，使其分布到整个工作面上，自然形成油膜，产生压力平衡外部负荷。油槽不应开在油膜承载区域以内，否则就会破坏油膜的承载能力。

在轴瓦上开槽时参考尺寸如图 9-16 及表 9-5 所示。

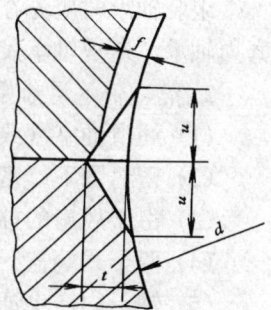

图 9-16

（5）冷却水质不净，使轴承的冷却水管经常被堵塞。

轴瓦直径 d	< 60	> 60 ~ 80	80 ~ 90	90 ~ 110	110 ~ 140	140 ~ 180
u	4.5	6	7	9	10.5	12
f	1.5	1.5	2	2	2.5	2.5
t	1.5	2.0	2.5	3.0	3.5	4.0

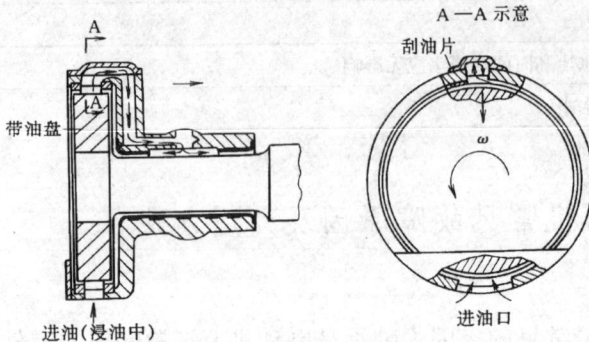

图 9-17

（6）压力油循环润滑的滑动式轴承油管道被堵塞，或油泵故障。

（7）油盘式滑动轴承的润滑系统如图 9-17 所示，轴承带油盘下半部的进油口浸在油中，当油盘随转子旋转时将油带至上部，由刮油片将油截住，产生压力，使油顺着油道流入轴瓦内，所以这种轴承的刮油片不允许装反，否则不能产生油压。当电动机需要反转时，必须将刮油片拆下，装在油道的另一侧。

滑动轴承发热的处理。对于两半式轴承在拆装时应注意瓦口的垫片，增减垫片可以调整轴瓦间隙。轴瓦磨损严重应重新浇铸乌金，并进行研刮和测量。轴瓦顶间隙的测量通常采用压铅法，用 $\phi 0.5 \sim 1mm$，长约 $30 \sim 40mm$ 的铅丝放在轴瓦接合平面和轴颈上，侧间隙的测量可用塞尺测量。使用中轴瓦允许间隙值如表 9-6 所示。超过表中数值，同时轴承运行又不正常时，则必须重新浇铸轴瓦上的乌金，然后进行研刮和测量。

项 目	转速在 900r/min 以下者			转速在 900r/min 以上者		
轴的直径 （mm）	30 ~ 50	50 ~ 80	80 ~ 120	30 ~ 50	50 ~ 80	80 ~ 120
两边之和的间隙 （mm）	0.1 ~ 0.15	0.15	0.15 ~ 0.20	0.15	0.15 ~ 0.20	0.20 ~ 0.25

在低速电动机中采用黏度较大的润滑油，高速电动机或压力油循环的电动机中一般采用透平油。当油中含杂质过多或油色变黑时应及时换油。

组装轴承时应先在轴瓦上和轴颈上滴入少量润滑油，防止在组装过程中或电动机启动时磨损轴承，造成轴承发热。

2. 滑动轴承漏油原因及处理方法

（1）润滑油室（或油箱）油位过高。

（2）密封圈不严密或失效。

（3）由于风扇的抽力，油被吸入电动机内。

（4）两半式端盖，接合面接合不严密。

（5）轴承内产生油蒸汽。

（6）润滑油的黏度太小。

处理方法：在电动机静止时加油，满足油圈的浸入深度即可，在电动机旋转时，由于油圈的带油会使油位显示下降，此时属于正常状态，不需要加油，如果此时进行补充油量，则会造成油室内油位过高而引起漏油。对油位指示器，可以标出"静止"和"运行"两个油位标志，以此提示操作人员。

轴承的密封圈有迷宫式的，有毛毡的，有气封式的。

迷宫式的轴承与轴有一定的间隙，此间隙不宜过大，并应该在迷宫密封圈的下部钻上几个孔，使其油流回轴承座内，如图 9-18 所示。

毛毡式式的密封圈应紧包住轴颈，油顺轴淌出时被毛毡吸收，所以这个毛毡应具有一定的厚度，不宜太薄，而且应当富有弹性，每次检修时应更换。如果漏油，不要用漆片或油漆之类去涂刷，否则在干枯后，毛毡将失去弹性，反而使漏油更严重。

电动机的两半式端盖如结合面不严，应该研磨。在检修时结合面之间应刮扫干净，必要时加上毛线，重新涂以漆片。组装轴承时，先把对口螺栓把紧，随后再拧紧端盖螺栓。

用压力油循环冷却的电动机或高速电动机，其轴承内常有油蒸汽产生，它从间隙内散入电动机内凝结成油珠，附于电动机各部。因此可以在端盖外面的轴承上部装一个排汽管，使油蒸汽排在电机外部。

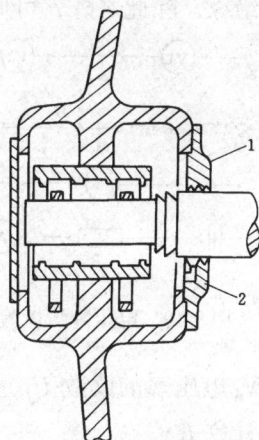

图 9-18 迷宫式密封圈
1—迷宫式密封圈；2—回油孔

3. 滚动轴承发热原因及处理方法

滚动轴承发热或者运行中声音不正常的主要原因：一是滚动轴承寿命已达极限而磨损；二是由于检修质量不良、维护保养不当造成的提前损坏故障。处理方法如下：

（1）安装时轴中心线不得歪斜，避免滚道局部受力而造成滚道和滚体迅速疲劳。

（2）装配轴承时一定要将轴承清理干净，不得有硬质微粒落入轴承内，避免滚道压伤和金属剥落。

（3）在安装轴承前要检查轴承孔或轴颈是否圆，如不圆则造成轴承内外圆变形，当滚动体通过其最小直径滚道时，需承受新增加的压力，使滚动体与滚道过早磨损。

（4）加强维护，定期检查保证轴承不缺油而且要保证油的质量和数量，油多油少均能造成轴承发热。一般油量应保持在轴承油室的 1/2～2/3 为宜。

（5）应注意轴承内圈与轴的配合不能过紧，强行套装会使轴承破裂，或轴承端盖过紧造成负荷过重，另外，要找正与机械连接的中心位置。

二、三相异步电动机定子绕组故障及处理

三相异步电动机定子绕组常见故障有主绝缘被击穿绕组接地，匝间绝缘损坏造成匝间或相间短路，绕组接错线或断线等。

1. 定子绕组接地故障原因与处理方法

（1）定子绕组接地故障原因。长期备用的电动机或者受周围环境以及气候的影响，使电动机受潮而绝缘降低。长期过载运行和电场的作用使绕组主绝缘枯焦、龟裂、酥脆，这种绝缘在正常的工作电压下或很小的过电压就会击穿接地。当槽楔未打紧、端部绕组绑扎不牢、槽满率过低或绕组直线部分与槽壁之间的间隙超过 0.5mm 时，由于电动力或机械振动都会造成绕组绝缘磨损而折，降低绝缘强度而击穿接地。定子与转子相摩擦（也称扫膛）使铁芯过热，烧毁槽楔和绕组绝缘造成接地故障。

另外，铁芯松动、引线绝缘老化以及过多的灰尘和腐蚀性气体均能破坏主绝缘，造成接地故障。总之，主绝缘接地击穿的绕组，如果属于绝缘老化或绝缘严重损坏的应全部更换线圈和绝缘，除此之外，可局部处理。

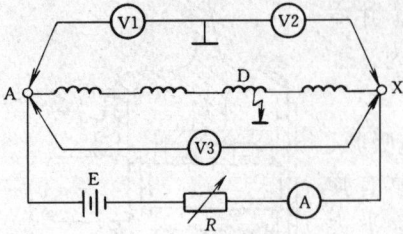

图 9-19　电压降法试验接线

(2) 接地点的查找方法。查找接地故障点的方法较多，对于不完全接地可采用冒烟法，即在定子铁芯和绕组之间加一较低电压（为避免烧坏铁芯，将电流限制在 5A 以下），当电流通过故障点时会发热，使绝缘烧损而冒烟和产生电火花。对于金属性接地故障，一般采用电压降法或开口变压器法来查找故障点。

1) 电压降法。主要是在抽出转子后，将交流或直流电源接入故障相的两端，如图 9-19 所示。测量 V_1、V_2、V_3 电压表的读数 U_1、U_2、U_3，因为 $U_1 + U_2 \approx U_3$，然后按比例求出接地点距离引线端的百分数 L

$$L（\%）= U_1/U_3 \times 100\%$$

即距离 A 端的百分数。用这个方法查找金属性接地点较准确。

2) 开口变压器测试法。先确定故障相，在故障相与铁芯之间加一低压交流电源，如图 9-20 所示。这样在电流导入端至接地点之间，所有串联的绕组中都有电流，而接地点以后的绕组则无电流通过。这时用开口变压器跨在槽的上面，开口变压器的绕组接一块微安表，逐槽测量。在每槽上沿轴向移动开口变压器，当全槽都有感应电压产生时，说明接地点还在后槽内。当开口变压器在 $x_1 x_2$ 槽由上向下移动时，到 D 点后微安表的指示消失（或减少），则表示故障点在 D 处。

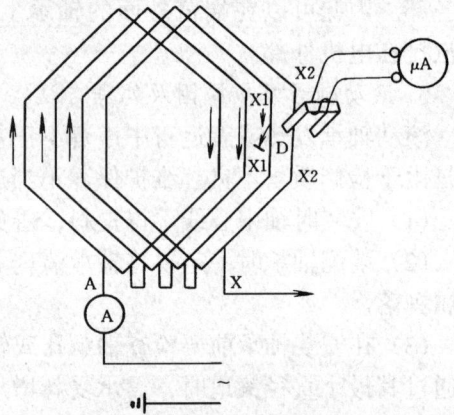

图 9-20　开口变压器测试法

(3) 低压电动机绕组接地故障的处理方法。当低压电动机绕组出现接地故障时，应仔细观察绕组损坏情况，除绝缘老化外，都可以进行局部处理。槽口和容易看到的故障点，可在故障处塞入天然云母片来处理。若绕组的上层边绝缘损坏，可以打出槽楔，修补槽衬或抬出上层线匝进行处理。如果故障点在槽底，只有更换槽衬才能解决，由于要抬出一个节距的绕组，所以在操作时要特别小心，不要碰伤匝间绝缘。为了避免损伤绝缘，最好将绕组加热（用恒温加热，不超过 85℃；通入电流加热一般在 7%～15% 额定电压之间，电流不超过额定值，温度不超过 75℃），待绝缘软化后，用滑线板撬开槽衬，小心地进行处理。处理完毕应吹灰清扫干净后再浸一次漆并烘干。

(4) 高压电动机绕组接地故障处理方法。由于经常处在高电场下工作，故对绝缘要求较高，在处理故障时，必须保持现场及绕组本身的清洁。半开口槽电动机的局部修理可以按低压电动机的处理方法进行。开口槽的局部修理，无论是哪种绝缘结构都可用沥青云母带包扎处理，检修工艺如下：

1) 割断端部绕组的绑线取下垫块，退出故障槽的槽楔。如果故障点在上层边则抬出故障边即可。如果故障点在下层边，则抬出一个节距的所有上层边才能取出故障边，在抬出绕组时，不要损伤非故障绕组的绝缘，也不要扭折绕组端部使之变形过大。若有备品时，可更换故障绕组。

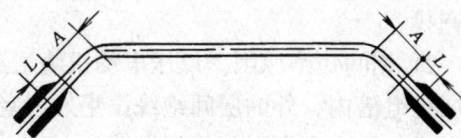

图 9-21　局部修理绕组的故障线棒

2) 接地故障绕组的修理。剥去绕组直线部分的绝缘并延伸至端部绕组，其尺寸如图 9-21 所示。在绝缘搭接处削成平滑锥形斜坡，以便新旧绝缘能很好的吻合，斜坡的长度 L 为

$$L = 10 + U_N/200 \text{（mm）}$$

式中　U_N——电动机额定电压，V。

剥去端部绝缘的最短长度 A 为 50～100mm。

剥削绕组绝缘时，应当细心不得损伤匝间绝缘和导线。匝间绝缘如有少数损伤，可用绸带包扎并垫入薄云母条后涂上高强度绝缘漆。如有烧断的导线，用同规格的导线用锡焊焊接起来，并锉平接头，几个焊接头应错开排列。清理绕组后刷 1410 沥青漆，再连续包扎 5032 沥青绸云母带。一面包扎一面涂漆，每隔 1～3 层涂一层漆，半叠绕包扎并要包扎紧固，对搭接处应特别细心。包扎绝缘的层数与电动机的额定电压有关，6kV 使用 0.13mm 厚云母带，直线部分包扎 9 层，端部包扎 8 层。最外面用白布带半叠绕包一层后经过模压到规定尺寸，再包以锡箔后做耐压试验，其耐压标准如表 9-7 所示。

表 9-7　　　　　　　　　额定电压 U_N 为 2～6kV 电动机局部绕组的耐压标准

试　验　项　目		试验电压 U_S（kV）				
备用绕组放入槽内以前		$2.25U_N + 2$				
备用绕组放入槽内后与旧绕组连接前		$2.0U_N + 1$				
取出故障绕组后留下的旧绕组		$1.7U_N$ 但不能小于下项规定				
全部接好以后	额定电压 U_N（kV）	0.4 及以下	0.5	2	3	6
	试验电压 U_S（kV）	1	1.5	4	5	10

耐压合格后，在白布带表面刷 1211 号自干沥青漆。

3) 清扫定子槽及处理其余绕组表面的绝缘，并对这部分绕组进行耐压试验。

4) 将修复的绕组或备用绕组嵌入槽内，然后再进行一次耐压试验。

5) 嵌入此节距范围内绕组的上层边，打入槽楔，焊好端头及连线，对全部绕组进行耐压试验，并测量绕组的直流电阻，其值相差不应超过 2%。

6) 包好引线连接头，配置端部垫块，并绑好端部绑线。

7) 对端部涂漆或喷漆。

2. 定子绕组短路故障原因及处理方法

(1) 定子绕组短路故障原因一般可分为匝间短路和相间短路两种。

1) 匝间短路原因。电动机长期过负荷运行，使绕组长时间在高温下工作，造成绝缘老化变质；电动机绕组受到机械损伤或化学腐蚀，使绕组绝缘损坏；三相异步电动机断相运行，使绕组严重过热，从而破坏了匝间绝缘，严重时将会造成相间短路。

匝间短路较严重的情况可以直观地看出，较轻的可以采用开口变压器检查或电压降法进行查找。

2）相间短路原因。低压电动机绕组连线或引出线绝缘损坏，绕组端部绝缘的隔极纸或双层绕组槽内、外的层间绝缘没垫好或老化、损坏等；高压电动机的绝缘老化裂缝，当灰尘过多时，往往也会引起相间短路。

为避免相间短路故障，应加强平时的维护和检查，缩短预防性试验周期，及时发现隐患，将故障消灭于萌芽之中。

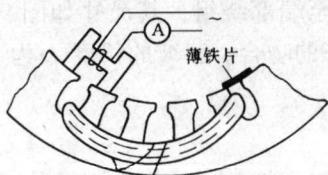
图 9-22　开口变压器检查法

（2）短路点的查找方法

1）开口变压器法查找匝间短路故障如图 9-22 所示。将开口变压器放在定子膛内所要检查绕组边的槽口上，并将变压器绕组通入交流电。此时定子铁芯与开口变压器构成一个磁路，开口变压器的绕组相当于变压器的初级绕组，如果被检查槽内绕组中有匝间短路，则串接在电源回路的电流表读数就会增大。再用一块薄铁片或废锯条放在被试绕组的另一边槽口上，当该绕组有匝间短路时，此薄铁片在交变磁力的作用下将产生振动，发出"吱吱"的声音。若匝间短路不严重时，只有轻微振动感觉而没有声音。用开口变压器沿定子铁芯逐槽移动查找，便可找到匝间短路绕组的位置。

使用开口变压器查找故障时应注意以下几点事项：

a）三角形接线的绕组应将三相分开。

b）多支路并联的绕组应按支路分开。

c）判断双层绕组故障线圈，当发现一个槽内有匝间短路迹象时，可查出该槽内上、下层绕组各自对应的另一边所处槽的位置，再用薄铁片放在这两个槽上；根据其不同反映，即可确定是哪个线圈有匝间短路故障。

d）开口变压器在接通电源前，应先将变压器开口侧放在铁芯上，并接触吻合，以防变压器绕组电流过大而烧毁。

2）电压降法查找匝间短路方法。将电动机的每相分别通入低压交流电，观察电流最大的那一相即有匝间短路故障存在。然后再分别测量该相的每组或每个线圈的电压降，电压最小的那组（或那一个线圈），即有匝间短路故障存在。测量时剥开各组或各个线圈之间连线的绝缘，用万用表测量即可，如图 9-23 所示。

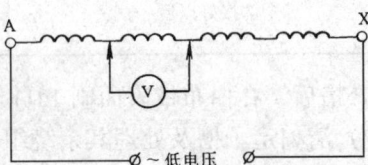
图 9-23　电压降检查法

（3）定子绕组匝间短路故障的处理方法。对于匝间短路找出故障点后可按以下要求进行处理。

1）低压电动机若烧损不严重，可用绝缘丝带进行包扎，也可以涂漆、垫绝缘物等方法处理。若匝间短路造成烧损严重，则须局部或全部更换绕组。

2）高压电动机匝间短路，首先抬出故障绕组，剥去统包绝缘，切掉导线烧损部分并清理和修整导线，将两头锉成斜坡，其坡面长度 b 等于导线厚度 a 的 2 倍。各线匝间的接头点必须相互错开，如图 9-24 所示。按照绕组原有长度配好补接新导线后，用银焊将导线焊接。焊接前，先锉好导线对接口，将银焊片夹在对接口中间，涂上硼砂，在导线的两面加上碳精

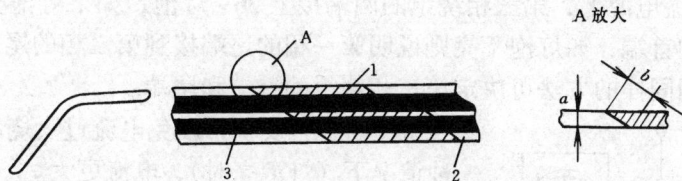

图 9-24 绕组匝间导线断股修理方法

1—新补接铜线；2—原有铜线；3—匝间绝缘

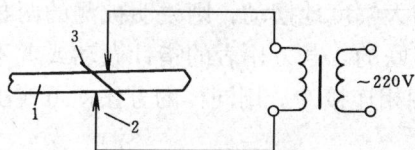

图 9-25 铜导线焊接法

1—导线；2—碳精电极；3—银焊片

电极，并利用它将焊点夹紧，然后合上电源加热，如图 9-25 所示。如果电源调节适当，经 5～10s 后，银焊片即熔化。但在焊接中一定待银焊片完全熔化，银焊液在焊接口边缘有"翻滚"现象才可断开电源。待焊接处的银焊变深白色后再松开夹钳。

导线焊接完毕要修整焊接点，焊接点的尺寸不得大于原导线的尺寸。在匝间垫上比导线稍宽的绝缘垫条或者按原匝间绝缘厚度包扎匝间绝缘，用玻璃丝带将匝间勒紧，然后刷漆、烘干，再按上述接地故障时高压电动机绝缘局部处理工艺包好统包绝缘及嵌线工作。

3.定子绕组断线（或断股）的查找

拆开电动机端盖，用电桥测量各相直流电阻（小容量单支路电动机用万用表即可测定），测得直流电阻明显增大的一相，则有断线故障，然后对故障相各极相组、各支路进行测量，找出故障绕组。在正常情况下，定子绕组三相直流电阻值，各相之差不超过 2%（高压电动机）或 1%（多股、多支路接线的电动机）。

根据经验，断线故障多发生在电动机引出线和引线端部铜鼻子根部。为了尽快找出故障点，首先检查这些部位。断线部分应焊接并做绝缘处理。

4.定子绕组接线错误

电动机三相绕组的首端和尾端，在接成星形或三角形时，有一定的顺序，不能连接错误，其正确接法如图 9-26 所示。任何一端接错时，电动机接通电源都不能顺利启动，达不到额定转速，同时异常声音大，三相电流不平衡并在电动机空转时，电流超过额定值。其查找首尾的方法有以下几种：

（1）灯泡法。首先应分清哪两个线头是属同一相绕组的，可用万用表或兆欧表来鉴别，也可串灯泡鉴别同一相两个线头。然后用灯泡法查找三相绕组的首端和尾端，如图 9-27 所示。将任意两相绕组串联起

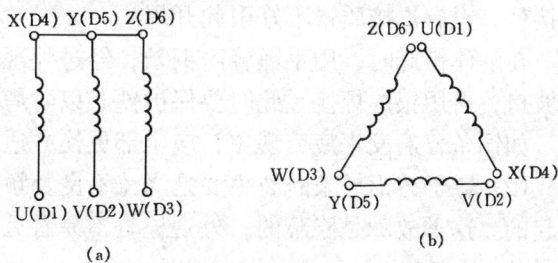

图 9-26 星形及三角形的正确接法

(a) 星形接线；(b) 三角形接线

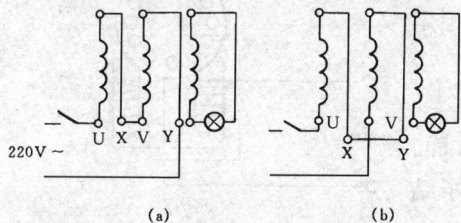

图 9-27 绕组首、末端的鉴别

来，接到 220V 交流电源上，第三相绕组的两端接上 36V 灯泡，如果灯泡亮，说明第一相的尾端接到第二相的首端；如灯泡不亮则说明第一相的尾端接到第二相的尾端，再更换两相绕组，同样连接及用同样的方法可决定第三相绕组的首端和尾端。

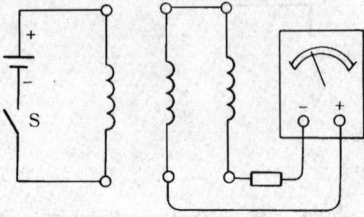

图 9-28　万用表法查找首尾端

试验时进行要快，以免电流过大烧坏电机，尤其是第一种情况下（灯泡亮时），电流更大。

（2）万用表法。将万用表的旋转开关转到直流毫安档位置，将干电池与开关串联起来接于任何一相绕组，另两相按图 9-28 所示连接起来。当开关 S 合上的一瞬间，若万用表的指针向一个方向大幅度地摆动，则说明被测的两相绕组是首端和尾端相串联的。若万用表的指针微动或者不动，则说明被测的两相绕组是首端和首端或者尾端和尾端相连接的。用同样的方法便可找出另一相绕组的首尾端。

三、电动机转子故障

（一）鼠笼转子故障

鼠笼转子常见故障是铸铝转子的铸铝导条断裂和铜条转子断条。其现象是电动机启动时在通风道内有火星飞出，在运行中定子电流有摆动，电动机振动。主要原因及处理方法如下：

（1）转子铜条在槽内松动，电机在运行中铜条受电动力和离心力以及启动与停止时的剪切力的作用，引起交变应力而造成疲劳断裂。一般铜条断裂口发生在槽口伸长端与短路环的焊接处，也有焊接质量不好引起开焊。

在解体检修时，用手锤轻敲铜条，经过外观仔细检查即可发现断裂处。在铜条断裂处打成坡口，再用银焊焊接。此时要保护铁芯以防烤坏铁芯。

如铜条普遍发生疲劳现象，应全部更换并适当增加铜条的截面，以求与槽的紧密配合。

（2）转子铸铝导条断裂主要是浇铸不良及频繁的反、正转启动和过载运行以及转子扫膛引起的。这种故障是隐蔽的，外观检查不易看见，因此，必须用断条侦察器来检查铸铝转子的断条。

断条侦察器是利用互感器的原理将被测转子放在铁芯 1 的上面，用探测器 2 逐槽测量，如图 9-29 所示。如遇所测槽内断条，则电压表读数就会增大。

另一种检查方法为铁粉法。它是在转子两端端环上通以低压大电流，此时每根铝条中都有电流流过，于是在周围产生磁场。如果把铁粉撒在转子表面，某些铝条周围的铁芯能吸引铁粉，如果某一根铝条周围铁粉很少，甚至没有，就是根断条。所通电流大小，从铝条周围的铁粉能排列成行为准。

如发现铸铝转子断条较多，已不能使用时，应将铝熔化后重新铸铝或者换成铜条。

（二）绕线式转子故障

绕线式转子绕组在嵌线工艺上、浸漆焊接上等方面，同定子绕组检修大同小异，并无太大的区别。但在转子结构上，绕线式转子较鼠笼式转子多了端部绕组扎线和集电环。扎线绑扎是否牢固和集电环是否平整光泽以及接触是

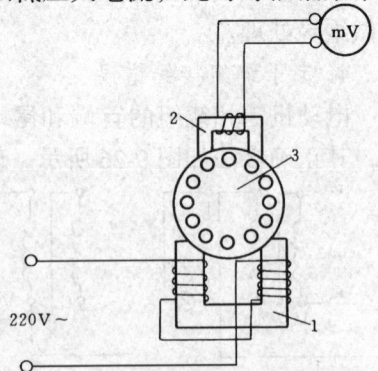

图 9-29　铸铝转子断条的检查
1—铁芯；2—探测器；3—被测转子

否良好，是保证电动机可靠运行的关键。

（1）扎线故障的处理。绕线式转子绕组端部扎线方法有两种，一种是用去磁钢丝绑扎，另一种是使用无纬纤维带绑扎。绕线式转子绕组端部绑扎结构如图 9-30 所示。扎线与转子绕组之间是绝缘的。当电动机绝缘老化或受机械损伤时，会造成绕组与钢丝扎线短接故障。如果绝缘因老化收缩会使扎线松动或钢丝扎线封头焊接不良，造成扎线开焊会使扎线断裂甩出，酿成事故。以上情况必须更换绝缘重新绑扎。

转子绕组经过检修处理后，在端部绕组上卷好绝缘，然后缠绕扎线。缠绕扎线可在机床上进行，无机床可按图 9-31 所示，制作一个简易的工具。

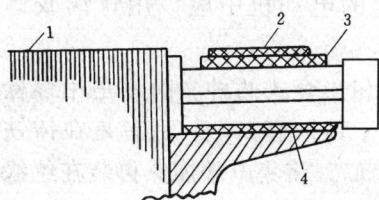

图 9-30　转子绕组端部绑扎结构
1—转子铁芯；2—扎线；3、4—绝缘

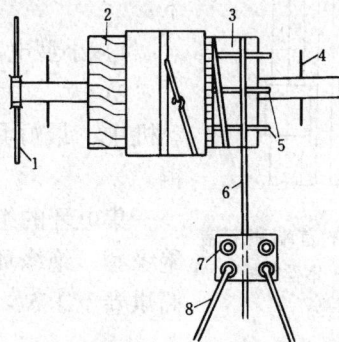

图 9-31　缠绕扎线的简易工具
1—扳手；2—转子绕组端部；3—端部绝缘；4—支架滚筒；5—夹紧铜皮（或无纬纤维带）；6—钢丝（或无纬纤维带）；7—拉紧工具；8—桩线

电动机转子所用钢丝的弹性极限应不低于 $160 kg/mm^2$，钢丝所加的拉力按表 9-8 选择。

表 9-8　　　　　　　　　　缠绕钢丝扎线时预加的初应力值

钢丝扎线直径（mm）	拉　力（kg）	钢丝扎线直径（mm）	拉　力（kg）
0.5	12 ~ 15	1.0	50 ~ 60
0.6	17 ~ 20	1.2	65 ~ 80
0.7	25 ~ 30	1.5	100 ~ 120
0.8	30 ~ 35	1.8	140 ~ 160
0.9	40 ~ 45	2.0	180 ~ 200

钢丝扎线的直径、匝数、宽度和排列方法应尽量保持原样。钢丝扎线的宽度要比绝缘层的宽度小 10 ~ 30mm。

如果在检修时需要改变钢丝的种类、匝数等项，应做钢丝扎线强度核算。

为了使钢丝扎紧，在圆周上每隔一定距离，在钢丝扎线底下垫一块铜片（预先镀锡）。当该段钢丝扎线绕好后，把铜片的两头弯到钢丝扎线上，用锡焊牢。在缠绕时应将钢丝扎线的首端和末端放在铜片的位置上，以便卡紧焊牢，如图 9-32 所示。

采用无纬纤维带（即无纬黏性玻璃丝带）缠绕端部绕组，经烘干固化后成为玻璃钢环。这种材料不需考虑绑环对端部的绝缘。修复后的转子应做静平衡或动平衡试验。

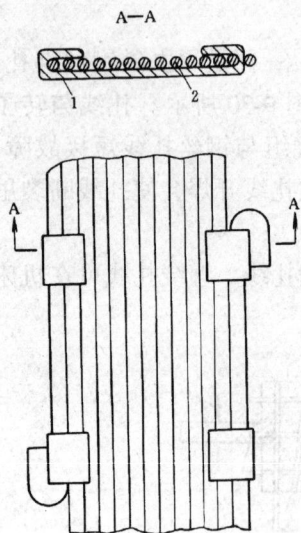

A—A

图 9-32 钢扎线的首端和末端
1—铜夹片；2—钢丝扎线

（2）绕线式转子集电环故障。由于集电环表面有砂眼、麻点等，使集电环与电刷接触不良，会造成电刷冒火，影响电机正常运行。集电环与转子绕组的连接螺栓松动将会造成电动机运行故障。因此，集电环表面不允许有麻坑、砂眼及斑痕，不允许有偏心度。经过长时间使用的电动机，集电环磨出了条形沟状，此时，就应用车床将集电环表面车光滑。集电环与转子绕组的连接螺栓应紧固。

严重烧损的集电环需要更换新的。新集电环材料的选择如下：

1）小型电动机最好是用锰钢。

2）大、中型电动机的集电环，在不用变阻器调节速度的电动机中，最好用黄铜。在调速的电动机中应该用青铜或锡青铜。

集电环的组装分为装配式和热套式两种。前者是用螺栓将绝缘套、绝缘环及集电环装配于铸铁套筒上。后者是在铸铁套筒烘卷上 1.5～2mm 厚的绝缘套筒，将集电环加热再装在绝缘套筒上。

四、异步电动机的干燥

长期备用的电动机因受环境或气候的影响受潮。新绕制的电机绕组在浸漆前后均需要进行干燥处理。干燥的方法较多，根据具体情况分别使用不同的干燥方法。

（1）外部加热法。在缺乏干燥室（烘房）的单位，时常使用各种不同的临时设备，有时可在定子膛内、外放置灯泡或电炉、电阻丝等，并用帆布围好以减少热量的散发。此方法加热不均匀且易损伤绕组，只适用于小型电机，烘干绝缘表面轻微受潮。

也可以采用热风干燥法，将温度计放在热风入口处，为了均匀的干燥，则应时常移动电动机。最好是将电动机放在永久的循环热风干燥室内烘干。干燥室中的隔离屏能把烘热的电阻丝与可燃气体以及油漆隔绝，避免发生火灾。

目前对中小型电动机的干燥广泛应用红外线灯泡法和红外线烘炉，因为此种方法发热效率高，其节电近 50%左右。

（2）直流干燥法。将定子绕组相互串联，接通直流电源（可用直流电焊机，或其他直流电源等），用可变电阻来调节温度，如图 9-33 所示。

（3）定子铁损干燥法。这种方法比较安全，适宜于大型电动机，但必须抽出转子进行。

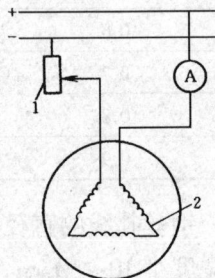

图 9-33 直流干燥法
1—变阻器；2—定子绕组

具体方法是在定子铁芯上绕上励磁绕组，通入 380V 交流电源，使定子产生磁通，依靠铁损来干燥定子，如图 9-34 所示，这种方法比较方便。首先测量定子铁芯的尺寸，计算定子铁芯的有效截面积 Q。

$$Q = (L - nl)\left(\frac{D_o - D_i}{2} - h\right)K \quad (cm)^2$$

式中　L——定子铁芯长度，cm；

n——通风沟数目；

l——通风沟宽度，cm；

D_o——定子铁芯外径，cm；

D_i——定子铁芯内径，cm；

h——定子槽齿高度，cm；

K——铁芯填充系数，取 0.9～0.95。

计算励磁绕组的匝数 W

$$W = \frac{U}{4.44fQB} \times 10^8 = \frac{45U}{QB} \times 10^4$$

式中　f——频率；

U——励磁绕组外施电压，V；

B——定子铁芯磁通密度，T。

一般 2.5 万 kW 以上的电机，W 仅需 2～4 匝即可。

计算绕组的电流值 I

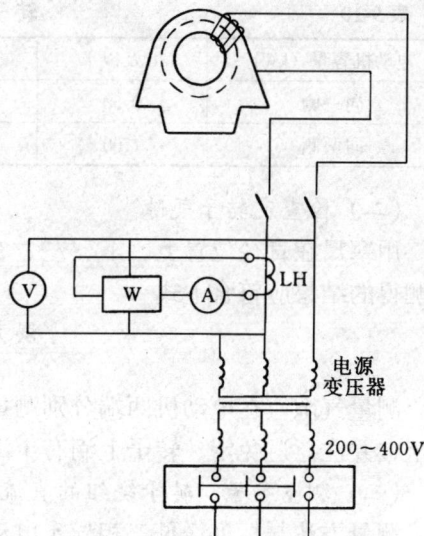

图 9-34　定子铁损干燥法

$$I = \frac{\pi D_a aw}{W}$$

$$D_a = D_o - \frac{D_o - D_i}{2} - h \,(\text{cm})$$

式中　D_a——定子铁芯平均直径；

aw——定子铁芯单位长度所需要的安匝数，一般电机可参考表 9-9。

表 9-9　　　　　　　　　　　　定子铁芯磁通密度 B 与 aw 之间的关系

B（T）	5000	6000	7000	8000～10000
aw（AW/cm）	0.7～0.85	1.0～1.2	1.3～1.45	1.7～2.1

根据上述计算得出的电流数值，选择导线的截面。

注意事项：

1）选择导线的电流密度不宜过高，禁止使用铅皮电缆或铠装电缆。

2）测量定子绝缘时可以不切除电源。

3）干燥温度可用原有测量装置进行测量并在铁芯中部加装酒精温度计进行校对。若温度超过规定值时，断开电源，让温度降低于规定值 5℃后再合上电源。

4）电机端部应加保温，减少冷空气流入，以免温度不均匀。

第四节　三相异步电动机拆装工艺

一、拆卸前的检查

（一）检查电动机机座及转子轴向窜动

（1）检查电动机机座与端盖有无裂缝。

（2）检查转子轴向窜动，对于滑动轴承的电动机，其窜动值不应超过表 9-10 所列数值。

表 9-10   转 子 轴 向 窜 动 值 （mm）

电动机容量（kW）	10 及以下	10～20	30～70	70～125	125 以上
向一侧	0.50	0.75	1.00	1.50	2.00
向两侧	1.00	1.50	2.00	3.00	4.00

（二）检查定转子气隙

用塞尺在直径位置上、下、左、右测量 4 点，重复 3 次，每次将电动机转子旋转 120°，所测得的结果应符合下式

$$\frac{最大值 - 最小值}{平均值} < 10\%$$

测量气隙应在电动机两端分别测量，塞尺要塞在定子与转子铁芯的齿顶上，不可放在槽楔上，并注意避免定、转子上滴有干漆的影响。

（三）测量定子、转子绕组的直流电阻

测量方法与标准详见三相异步电动机修后试验的"直流电阻试验"。

（四）测量定子、转子绝缘电阻

测量方法及标准详见三相异步电动机修后试验的"绝缘电阻与吸收比的试验"。

二、电动机的拆卸

（一）拆卸前的准备

（1）做好必要的记号与记录。

（2）拆开靠背轮螺栓、地脚螺栓、引入线电缆头和接地线，做记号后将电动机吊运至检修场地。

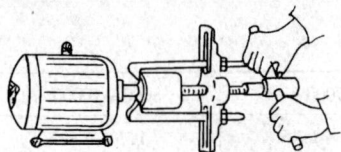

图 9-35　拉出靠背轮方法

（二）拆卸靠背轮

拆卸靠背轮应用专用拉具，操作方法如图 9-35 所示。根据靠背轮直径大小选择适当的拉距，其螺杆中心线要对准轴的中心线，并注意靠背轮的受力情况。当靠背轮与轴结合较紧不易拉出时，可用煤油沿轴浸润，用紫铜锤轻敲靠背轮。若靠背轮仍然很紧，可将煤油擦净后，用火焊烤把将靠背轮圆周迅速加热，同时上紧拉力器，在拉力器与烤把的配合下卸下靠背轮。

（三）拆卸端盖

为防止组装时产生错误，一般在电动机前后盖与机座间用钢字头打上记号，两端盖记号应有区别。

装滚动轴承的电动机，先拆后轴承盖，卸下后端盖，再拆前轴承盖，卸下前端盖。组装时顺序相反。

装滑动轴承的电动机在拆卸端盖前先放油，有油环的最好将其提起，以免碰坏。

绕线式电动机一定要举起电刷。

拆卸端盖时，先拧出端盖与机座的固定螺丝，然后用木锤或紫铜棒沿端盖边缘轻敲，使端盖从机座上脱离。如果端盖上有顶丝的，可用顶丝对角顶出端盖。对于大的端盖，在拆卸前应用起重工具将其系牢，以免端盖脱离机座时碰伤绕组绝缘，端盖离开止口后，用手扶持慢慢移放至木架上，止口向上。

（四）抽转子

小型电动机的转子可用手抬出，但不要擦伤铁芯和绕组。当转子风扇直径大于定子膛孔时，应将转子从风扇侧取出。有集电环的从集电环侧取出。

大中型电动机，必须用起重工具或专用工具抽出转子。抽转子方式有多种，一般选用一段内径比轴径大 10～20mm 且管口无毛刺的钢管作为假轴，套在轴的一端，套假轴时，在轴颈上必须包上保护物。在专用支架上抽出转子，如图 9-36 所示。将转子轴两端挂在链条葫芦上或可调高度的花篮螺栓上，使转子稍微抬起，经检查牢固可靠后，由专人监视间隙，慢慢移动滚轮将转子抽出定子膛孔，放在木台上。

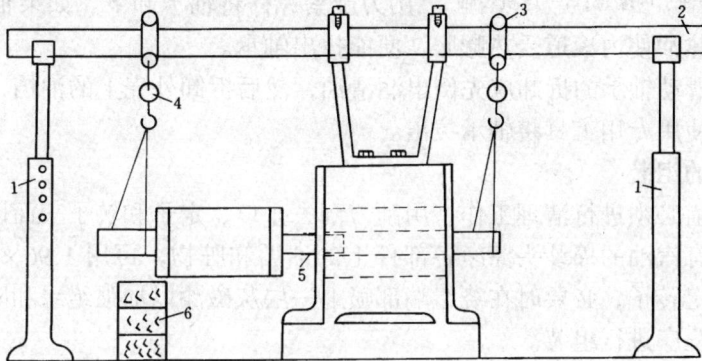

图 9-36　在专用支架中抽转子

1—可调支架；2—横梁；3—滚轮；4—链条葫芦；5—假轴；6—木台

用行车轴转子方法如图 9-37 所示。用行车略微吊起转子，将其重心移出定子膛口，放在临时支架上，再用行车吊住转子重心处，慢慢将转子抽出，也可用滑车法等等。

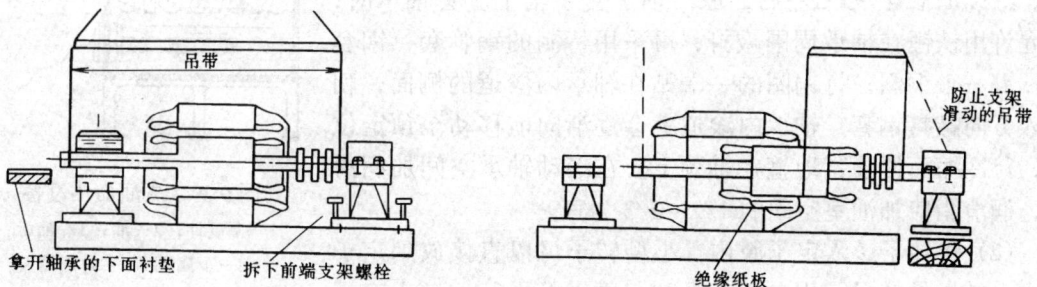

图 9-37　用行车抽吊转子

无论用什么方法都必须遵守下列规定：

（1）在抽出（或装进）转子时，如使用钢丝绳，则钢丝绳不得碰到转子轴颈、风扇、集电环和绕组。

（2）应将转子放到硬木垫上。

（3）转子不得碰到定子，因此在抽装转子时，必须使用透光法进行监视。

（4）钢丝绳绑缚转子的部位，必须衬以木垫，防止损坏转子和防止钢丝绳在转子上打滑。

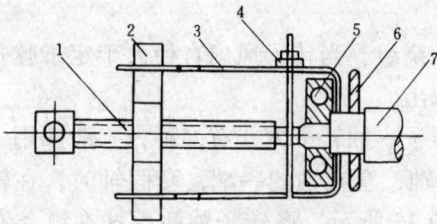

图 9-38　拆卸滚动轴承

1—螺杆；2—卡板架；3—卡板；4—调整螺杆；
5—滚动轴承；6—轴承内端盖；7—电机转轴

（五）轴承的拆卸

（1）滚动轴承的拆卸是利用拆卸轴承的专用工具进行拆卸，如图 9-38 所示。为了不使轴承外滚道受力，专用工具的卡板应卡在轴承内滚道上。将螺杆对准转轴端头的中心孔，旋动螺杆略微加点力，用手转动轴承外滚道时，应能自由活动，并要注意卡板不要与轴相碰，然后扳动螺杆对轴承内滚道加力，同时用手锤轻敲卡板，当轴承略有松动时，再用力旋紧螺杆将轴承卸下。如果轴承过紧，可在轴承内滚道上浇铸热油使内滚道受热膨胀，便能拉出轴承。

（2）整体式滑动轴承的拆卸应先倒出润滑油，然后拆卸外壳上的油挡，松掉轴承固定螺钉，提起油环，使用专用工具将轴承拔出。

三、电动机的组装

电动机组装前必须进行清理工作，用刮刀刮去止口、定子和转子表面以及其他配合面上的油漆，并用蘸有汽油的棉纱头擦净各部件上的油垢和脏物，再用 $1.96 \times 10^5 \sim 2.94 \times 10^5$ Pa 的压缩空气吹净定转子，必要时在绕组端部喷上一层灰磁漆以加强绝缘和防潮，待漆干后可按拆卸时相反的程序进行组装。

（一）滚动轴承电动机的组装

（1）在套装轴承前先将轴承内油盖套在轴上，然后擦净轴颈，热套轴承至轴颈肩胛为止。热套的方法是将洗净的轴承放入油槽内的支架上，使轴承悬于油中，如图 9-39 所示。油槽逐步加温，当油温升到 70℃ 时停止加热，保持半小时左右，继续加温至 95℃ 左右，取出轴承套于轴上。套轴承时，不允许用铁锤在轴承周围敲打，可采用特制的钢管套，钢套一端镶一个铜圈，将铜圈的一端贴在轴承内滚道的侧面，朝套入方向敲打钢套，轴承内滚道就会逐渐向前移动至预定位置，待冷缩后便紧紧地箍在轴颈上。在滚动轴承空间加润滑脂，润滑脂应加油室空间的 1/2～2/3 为宜。

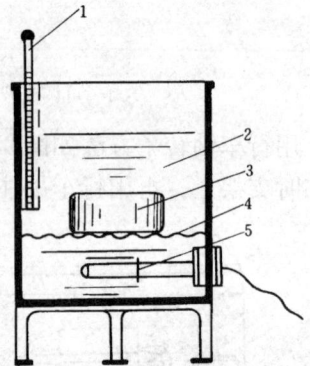

图 9-39　热油加热设备

1—温度计；2—油；3—轴承；
4—金属网；5—电热器

（2）将转子送入定子膛内。小型转子可以直接放到定子膛内，较大的转子需用专用工具和起重工具平行的送入定子膛内。装转子应注意转子轴伸端和接线盒的相对位置。

（3）装端盖前先清理端盖，装上挡风板，若有轴承盒的在加完油后，将内外油盖用螺栓对角轮换拧紧，装上第一个端盖，同时用螺栓将轴承盒与端盖固定。用铜棒敲打端盖四周，使端盖和机座止口互相吻合一小部分后，再对角轮换拧紧螺栓，把止口安全拧合。

（4）装第二个端盖时，应将转子稍微抬起后，将止口对合，拧紧螺栓。如端盖无通风孔时，可用长螺栓或铁丝钩穿过端盖，将内油盖拉住，当装好端盖后，将油盖螺栓对角轮换拧紧。

（5）滑动轴承的电动机组装应注意正确安装油环，不得卡坏油环。组装完毕应调整定、转子的空气间隙最大偏差不超过平均值的 10%，窜轴间隙应符合标准。

（二）绕线式电动机的组装

除了与滚动轴承电动机相同的部分外，还要组装集电环和提刷装置。

（1）将保护盒固定在端盖上。

（2）套上短路环，使其在轴上灵活滑动，而径向转动受键所限制。

（3）热套集电环，并检验集电环上 3 个插头和短路环上的 3 个插座的连接情况是否良好。

（4）将提刷杆和刷握装到保护盒上，提刷杆要全部套上绝缘。

（5）装上提刷杆和手柄等，以及接好电气线路和盖好保护盖。

提刷装置必须可靠，电刷提起时短路环必须先短接，短路环离开时，电刷一定要接触集电环。

（三）电动机组装后的测量

1. 测量定转子的绝缘电阻

2. 测量绕组的直流电阻

3. 交流耐压试验

4. 试转

第五节　三相异步电动机更换定子绕组

电动机定子绕组由于故障严重，损坏处较多（如星形接线的三相异步电动机，由于断相运行将其他两相绕组烧毁），或者长期过载运行使电动机过热绝缘老化，这时就需要将绕组全部拆出，更换定子绕组。

（一）记录有关的技术数据

（1）记录电动机铭牌上的额定数据，包括额定容量、额定电压、额定电流、接法、转速、转子电流等。

（2）记录运行数据包括空载电流、启动电流、负载时的温升、定子绕组每相电阻、空载损耗。

（3）定子铁芯数据包括定子槽数、定子铁芯外径、定子铁芯内径、空气隙、定子铁芯长度、通风槽数、通风槽宽度、定子铁芯有效长度和槽形各部尺寸。

（4）绕组数据包括绕组节距、每极每相槽数、绕组形式、导线材料及线径、每槽线匝数、每绕组匝数、绕组接法及并联支路数、分数槽的极相分配排列和绕组外形尺寸及草图。

（5）绝缘情况包括槽绝缘材料层数、厚度，绕组绝缘材料层数、厚度，端部绝缘材料，相间绝缘材料尺寸，端部绑线材料、尺寸等。

（二）拆除定子旧绕组

打出槽楔，将烧坏的绕组取出。为了便于取出绕组，可在待拆绕组中通以电流，使绕组发热软化，或者利用其他热源来加热待拆旧绕组。拆完旧绕组，应将铁芯全面清理干净，并仔细检查铁芯，确认铁芯没有问题后才能进行下一道工序。

（三）剪裁和放置槽绝缘

为了保证电动机绕组有可靠的绝缘，绕组与铁芯之间和绕组的相与相之间均需加强绝

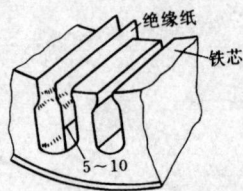

图 9-40　放置槽绝缘

缘。一般低压电动机通常采用 0.15 ~ 0.20mm 厚的聚酯薄膜复合青壳纸再加一层聚酯薄膜。双层绕组上、下两层之间用厚 0.15 ~ 0.20mm 复合青壳纸隔开，绕组端部相与相之间用一层复合青壳纸即可，剪成端部绕组形状。槽绝缘两端都要伸出槽外 5 ~ 10mm，宽度等于槽形周长。双层绕组槽内层间绝缘比槽长 10 ~ 15mm，宽比槽宽 4 ~ 6mm，并折叠成 U 形。放置槽绝缘时，青壳纸一面接触铁芯，薄膜接触导线。放置槽绝缘如图 9-40 所示。

（四）绕组元件的制作

绕组元件（线圈）要在绕线模上进行制作。绕线模的尺寸和形状，要根据所修电动机的型号以及本电机绕组的型式来确定，如图 9-41 所示。线模尺寸过小使端部长度不足而造成嵌线困难，在操作时易损伤绕组导线或槽口绝缘。若线模尺寸过大，则电机定子端部绕组过长，易碰端盖，甚至无法使用。一般线模尺寸的确定，可借拆下的完整绕组做参考，取最小的一匝，参考它的形状和周长作为线模模芯的尺寸。线模模芯做成后，应在其轴心处倾斜锯开，半块固定在上夹板上，半块固定在下夹板上，以便于绕组绕好脱模。

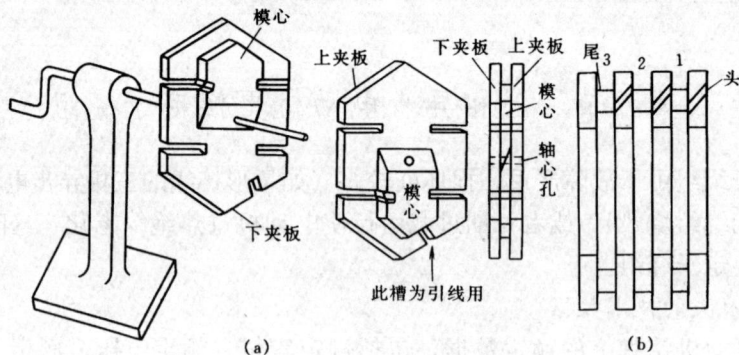

图 9-41　绕线机和绕线模
(a) 绕线机；(b) 绕线模

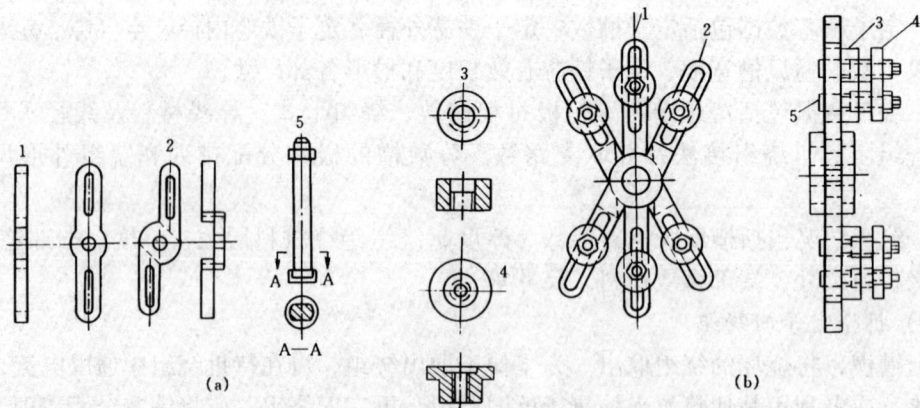

图 9-42　万能绕线模零件和装配图
(a) 零件图；(b) 装配图
1—立板（钢 1 件）；2—斜板（钢 2 件）；3—垫圈（钢 6 件）；4—垫圈（铝 6 件）；5—轴钉

绕线模尺寸的确定，也可参照电工手册中有关单层绕组和双层绕组线槽的计算公式来确定。

制作绕线模时，应同时做出一个极相组的模芯，这样可减少接头。

由于电动机的种类、型号、容量大小很多，如果为每一种电动机制作一副线模，既不经济又浪费时间（对制造厂例外），所以，对一般电动机绕组元件的制作可用一种万用绕线模，如图9-42所示。

线圈元件在绕制过程中，要排列整齐，保证匝数并稍微拉紧，不可松散。

（五）嵌线工艺

定子绕组嵌线前应清理铁芯线槽，制作并放置槽绝缘，准备嵌线工具。嵌线常用工具形状与名称如图9-43所示。

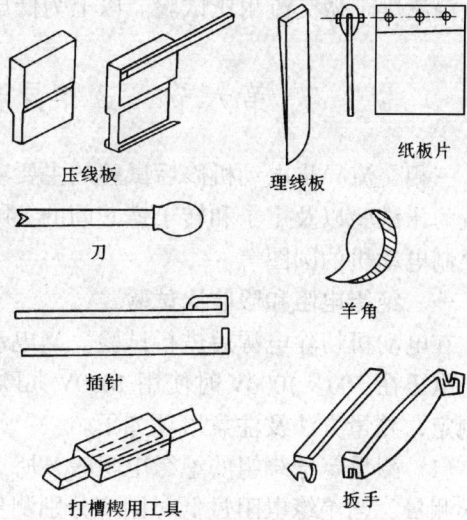

图 9-43　嵌线常用工具

嵌线时，先将绕组稍加变动，然后将绕组的一边用手顺轴向理顺捏扁，再把导线一匝或几匝有次序地放入槽内。以下为半封闭槽双层绕组嵌线工艺。嵌线方法如图9-44所示。

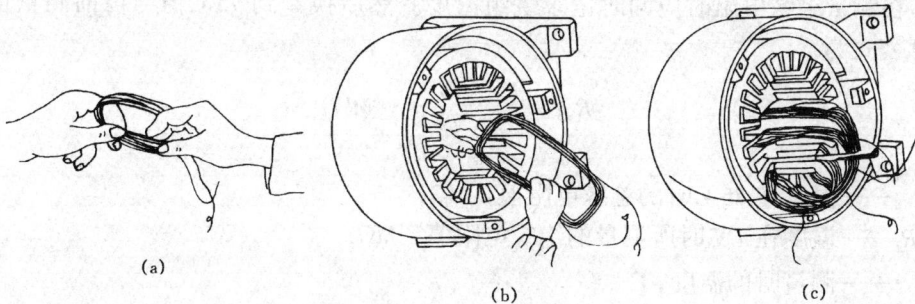

图 9-44　嵌线方法
(a) 步骤1；(b) 步骤2；(c) 步骤3

嵌第一节距的绕组元件时，以机座出线孔为基准，确定第一槽后，向后逐槽嵌入下层边，将上层边用纱带扎好，防止嵌线过程中与铁芯相碰而损伤导线绝缘，也能方便继续嵌线。当第一节距的下层绕组元件嵌完后，可顺次嵌入其他绕组元件，将上层边嵌入相应的槽内（先放入层间绝缘），覆好槽绝缘，打入槽楔，垫好端部绝缘。嵌最后一个节距绕组元件时，将第一节距绕组元件的上层边吊起，嵌好最后一个节距绕组元件的下层边，然后逐个嵌入第一节距绕组元件的上层边，覆好槽绝缘，打入槽楔，垫好端部绝缘，如图9-45所示。

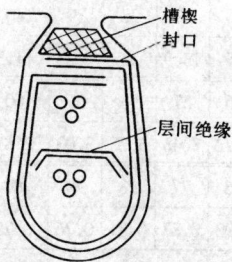

图 9-45　槽绝缘、层间绝缘及槽楔的构成

绕组全部嵌放完毕后，对端部绕组进行整形，将绕组端部伸出部分整理为一定直径的喇叭形，并剪去突出的绝缘纸。检查端部伸长尺寸和槽楔松紧，然后焊接各极相组间的接头和引出线，包好绝缘，用扎线将端部和引线扎牢。测量三相直流电阻、绝缘电阻、极

性，浸漆烘干做交流耐压试验。以上为低压电机更换绕组的程序。

第六节　三相异步电动机检修后的试验

三相交流异步电动机修后试验的主要项目有绝缘电阻和吸收比测定，直流电阻的测量，交流耐压试验以及定子和转子铁芯间的气隙测量、定子绕组极性试验、空载试验、短路试验和绘制电动机的圆图等。

一、绝缘电阻和吸收比试验

在电动机切除电源后进行试验。当电动机额定电压在 1000V 以上，使用 2500V 兆欧表；额定电压在 500 ~ 1000V 时使用 1000V 兆欧表；额定电压在 500V 以下时使用 500V 兆欧表进行测定，测量方法及注意事项如下。

（1）测量定子绕组的绝缘电阻时，所连接的电缆或绕线式异步电动机的启动电阻，可以一起测量，当绝缘电阻过低时则应分别测量各部分的绝缘。

（2）电动机绝缘如不合格，在干燥前后均应测量绝缘电阻，此时应断开电动机的连接部分，并分相进行测量。

（3）对电压在 1000V 及以上的电动机还应测量吸收比（即 $R_{60''}/R_{15''}$）其值大于 1.3 时即认为绝缘良好。

（4）在测量绝缘电阻时应同时记录绕组温度。然后换算到 75℃ 值与以前测量值进行比较。换算公式为

$$R_{75} = \frac{R_t}{2 \times \dfrac{75 - t}{10}} (\text{M}\Omega)$$

式中　　R_{75}——温度在 75℃时的绝缘电阻值，MΩ；

R_t——温度在 t℃时所测量的绝缘电阻值，MΩ；

t——测量时的温度，℃。

若设 $2 \times \dfrac{75 - t}{10} = K$，即 $R_{75} = \dfrac{R_t}{K}$（MΩ）

而 K 值可由表 9-11 查出。

表 9-11　　　　　　　　　　电动机绝缘电阻温度换算系数表

t℃	1	2	3	4	5	6	7	8	9	10	11	12	13	14	15	16	17	18	19	20
K	170	158	147	139	128	120	112	105	98	91	85	79	74	69	64	60	56	52	48.6	45.5
t℃	21	22	23	24	25	26	27	28	29	30	31	32	33	34	35	36	37	38	39	40
K	42.5	39.5	37	34.5	32	30	28	26	24.3	22.7	21.2	19.8	18.5	17.2	16	15	13.9	13	12	11.3
t℃	41	42	43	44	45	46	47	48	49	50	51	52	53	54	55	56	57	58	59	60
K	10.6	9.9	9.2	8.6	8	7.5	7	6.5	6.1	5.7	5.3	4.9	4.6	4.3	4	3.72	3.48	3.25	3.03	2.83
t℃	61	62	63	64	65	66	67	68	69	70	71	72	73	74	75	76	77	78	79	80
K	2.64	2.46	2.30	2.14	2	1.87	1.74	1.625	1.516	1.414	1.32	1.23	1.15	1.07	1	0.93	0.87	0.81	0.76	0.71

（5）交接时，电压为 1000V 及以上电动机的绝缘电阻在接近运行温度时，定子绕组不应低于每千伏 1MΩ，转子绕组不应低于 0.5MΩ。电压为 1000V 以下者，则检查绕组间和绕组对

机壳有无短路，绝缘电阻不作规定。

二、直流电阻的测量

1. 测量目的

测量直流电阻主要是检查焊接头是否良好，回路是否完整等。

测量时：

（1）对鼠笼型电机，应测定子绕组各相电阻。

（2）对绕线型电机，应测定子、转子绕组各相电阻及启动装置设备的电阻。

（3）对有可变电阻器或启动电阻器的应同时测量其直流电阻。

2. 测量方法

可使用电桥或压降法分别测量电动机各相电阻。如各相绕组端头已在内部连成星形或三角形时，则应按下述方法测量与换算：

（1）星形接法（中点未引出）。此时先测出三相线间电阻 R_{UV}、R_{VW}、R_{WU}。

各相电阻可用下式计算

$$R_U = \frac{R_{WU} + R_{UV} - R_{VW}}{2}$$

$$R_V = \frac{R_{UV} + R_{VW} - R_{WU}}{2}$$

$$R_W = \frac{R_{VW} + R_{WU} - R_{UV}}{2}$$

如所测得的 R_{UV}、R_{VW}、R_{WU} 相等，则每相电阻为

$$R_U = R_V = R_W = \frac{R_{UV}}{2}$$

（2）三角形接法（不能拆开时）。此时测出线间电阻 R_{UV}、R_{VW}、R_{WU} 与相电阻的关系为

$$R_{UV} = \frac{R_U(R_V + R_W)}{R_U + R_V + R_W}$$

$$R_{VW} = \frac{R_V(R_W + R_U)}{R_U + R_V + R_W}$$

$$R_{WU} = \frac{R_W(R_U + R_V)}{R_U + R_V + R_W}$$

而各相电阻可由下式求出

$$R_U = (R_{UV} - K_m) - \frac{R_{WU} R_{VW}}{R_{UV} - K_m}$$

$$R_V = (R_{VW} - K_m) - \frac{R_{UV} R_{WU}}{R_{VW} - K_m}$$

$$R_W = (R_{WU} - K_m) - \frac{R_{UV} R_{VW}}{R_{WU} - K_m}$$

式中　$K_m = \dfrac{R_{UV} + R_{VW} + R_{WU}}{2}$

如测得的 R_{UV}、R_{VW}、R_{WU} 相等，则每相电阻 $R_U = R_V = R_W = \dfrac{3R_{UV}}{2}$

3. 直流电阻的判断标准

各相绕组直流电阻的相互差别与制造厂或最初测得数据比较，不应超过2%。

可变电阻器或启动电阻器的直流电阻与制造厂数值或最初测得的数据比较，相差不应超过10%。如有分接头，应在所有分接头上测量其直流电阻。

4．注意事项

（1）为了与以往的数据比较，应按下式换算到75℃的直流电阻值

$$R_{75} = R_t \frac{235 + 75}{235 + t}$$

式中　R_t——温度t℃时的电阻值，Ω；

　　235——铜导线时的温度换算系数（若是铝导线时应将235改为225）。

（2）如各相相互间与已往数值比较超过2%以上时，必须查明原因（很可能是接头焊接不良），并应加以处理。

三、交流耐压试验

1．定子绕组的交流耐压试验

在测定绝缘电阻合格后，必须做绕组的工频交流耐压试验。对各相绕组在内部连接好的电机，只做三相绕组对外壳的耐压试验；对各相绕组在外部连接的，应分别做各相对其他两相及外壳的耐压试验。

2．对绕线式电动机还应进行下列交流耐压试验

（1）转子绕组对轴及绑线的交流耐压试验。

（2）可变电阻器对地的交流耐压试验。

3．交流耐压试验标准

（1）交接时定子绕组的试验标准如表9-12所示

表9-12　　　　　　　　　　　交接时的耐压试验标准（kV）

额定电压	0.4及以下	0.5	2	3	6	10
试验电压	1	1.5	4	5	10	16

（2）大修不更换绕组时的耐压试验电压为额定电压的1.5倍，但至少为1000V。

（3）局部更换绕组时的试验电压标准如表9-13所示。

表9-13　　　　　　　　　　局部更换定子绕组时的耐压试验标准

序号	试验项目	试验电压（V） 额定电压为2～6kV的电机
1	备用绕组（或线棒）放入槽内前	$2.25U_N + 2000$
2	备用绕组（或线棒），放入槽内后与旧绕组连接前	$2U_N + 1000$
3	取出要更换的绕组（或线棒）后，试验留下未更换的旧绕组部分	$1.7U_N$，但不应低于上表的规定
4	全部绕组连接后	见上表

注　U_N为定子绕组的额定电压。

（4）全部更换绕组时的试验电压标准如表9-14所示。

表 9-14　　　　　　　　　　**全部更换定子绕组时的试验电压标准**

序号	试 验 项 目	试验电压（V）	
		额定电压为 1000V 以下的绝缘	额定电压为 2~6kV
1	新绕组元件（线棒）放入槽内前		$2.75U_N + 4000$
2	新绕组放入槽内后，但未连接和焊接前	容量在 1kVA 以下者，$2U_N + 1000$ 容量在 1~3kVA 者，$2U_N + 2000$ 容量在 3kVA 以上者，$2U_N + 2500$	$2.75U_N + 2000$
3	全部绕组连接好以后，整个定子绕组	容量在 1kVA 以下者，$2U_N + 750$ 容量在 1~3kVA 者，$2U_N + 1500$ 容量在 3kVA 以上者，$2U_N + 2000$	$2U_N + 1000$

（5）绕线式电动机转子绕组交流耐压试验标准如表 9-15 所示。

表 9-15　　　　　　　　　　**绕线式电机转子绕组耐压试验标准**

序号	试 验 项 目	试验电压（V）
1	交接和不更换绕组的大修，或局部更换绕组在连接、焊接并绑扎后	$1.5U_P$，但不得低于 1000
2	全部更换绕组时 绕组放入槽内前 绕组放入槽内后 绕组连接、焊接并绑扎后 集电环（滑环）与绕组连接前	$2U_P + 3000$ $2U_P + 2000$ $2U_P + 1000$ $2U_P + 2200$

注　U_P 为转子静止时，在定子绕组上加额定电压，转子绕组开路，在集电环上所测得的电压。

（6）转子绑线对绕组和外壳的交流耐压试验电压为 1000V。

（7）可变电阻器交流耐压试验电压采用 1000V。

第十章

异步电动机控制电路接线

电动机的控制电路，是电力拖动的组成部分之一。各种机械设备的拖动都有不同的电气控制电路，但是，无论其复杂程度如何，都离不开启动、制动和调速三个基本环节。

第一节　三相异步电动机的启动控制接线

当电动机定子通入三相交流电的瞬间，其转子即开始启动，按一定的方向旋转，此时由于转差率 $s = 1$，转子感应电动势最大，而转子电路的阻抗很小，所以转子电流很大，定子电流为了保持主磁通不变，也要相应增大，达到额定电流的 $4 \sim 7$ 倍。这个电流会使电动机发热，也会导致供电线路电压下降，影响同一线路上其他电气设备的正常工作。

对于小容量的电动机可以直接启动，也称全压启动，对容量较大的电动机必须采用降压启动的方法。

一、三相异步电动机全压启动控制电路接线

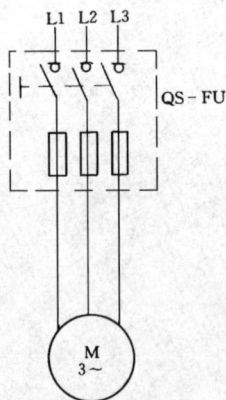

图 10-1　负荷开关正
转控制电路

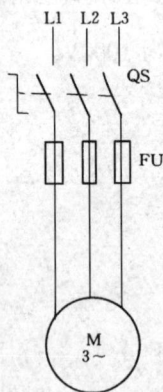

图 10-2　组合开
关正转控制电路

1. 单方向控制电路

单方向控制电路常采用负荷开关、组合开关等设备来控制工矿企业中的风扇、砂轮机或小型电钻与机床的冷却泵等电动机；用按钮和接触器来实现点动控制。其接线如图10-1所示，是手动负荷开关单方向旋转控制电路图。图10-2所示为组合开关单方向旋转控制电路图。图10-3所示为点动单方向接线图和电路原理图。接线图画起来较复杂，一般常用图10-3（b）所示的原理图来参照进行接线。

图10-3的动作原理如下（点动）：

启动：按下按钮 SB，接触器线圈 KM 带电，KM 主触头闭合，电动机 M 运转。

停止：松开按钮 SB，接触器线圈 KM 断电，KM 主触头分断，电动机 M 停转。

在用按钮和接触器控制电动机的电路中，仍需要用转换开关 QS 作为电源隔离开关。如果用此点动控制升降机械时，启动按钮 SB 应再串接一个停止按钮的常闭触点，以防止启动

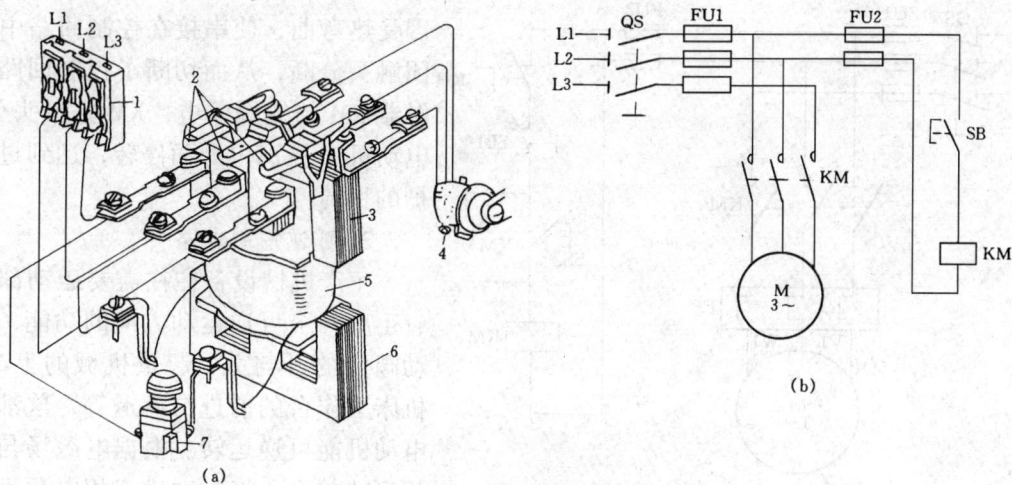

图 10-3　点动单方向旋转控制电路

(a) 接线图；(b) 原理图

1—熔断器；2—主触头；3—上铁芯；4—电动机；5—绕组；6—下铁芯；7—按钮

按钮 SB 因机械卡死或电弧将动、静触点焊死而使按钮不能分断，造成电机不能停转事故。

图 10-4 是具有自锁的单方向旋转控制电路，如果要使电动机经过按下按钮启动后，在松开按钮时电动机仍能连续运转，则需将接触器 KM 的动合辅助触头并联在启动按钮 SB2 的两端，同时在控制回路中再串联一个停止按钮 SB1，控制电动机的停转，动作原理如下：

合上电源开关 QS，按下启动按钮 SB2，接触器 KM 线圈带电铁芯闭合，KM 主触头闭合，电动机 M 通电启动，同时 KM 动合辅助触头闭合自锁，完成启动过程。这时松开启动按钮 SB2，由于在 SB2 两端并联的 KM 动合触头闭合自锁，控制回路仍保持接通，所以电动机 M 能继续运转。

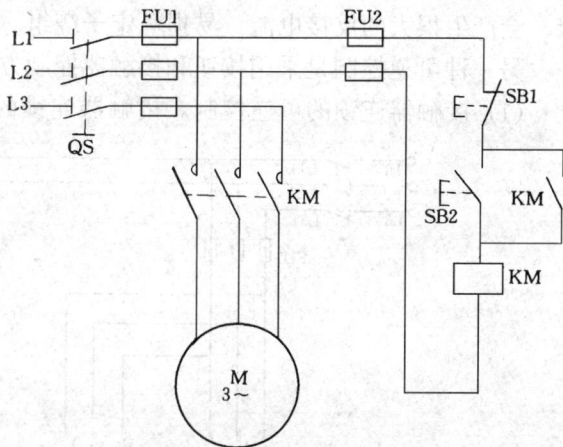

图 10-4　具有自锁的单方向
旋转控制电路

当需要停止转动时，只要按停止按钮 SB1，接触器 KM 线圈断电，靠接触器反力弹簧的作用，使 KM 主触头和 KM 动合辅助触头同时分断，电动机 M 断电停转。

图 10-5 为具有过载保护、自锁的单方向旋转控制电路。当电动机在运转过程中，因为各种原因造成电动机过负荷运行，将会使电动机过热，长时间过热会损坏绝缘，影响电动机使用寿命，甚至会烧毁电动机。因此，对连续运行的电动机必须采取过载保护。一般采用热继电器作为过载保护元件，如图 10-5 中的 FR。

图中 KH 为热继电器，它的热元件串接在电动机的主电路中，常闭触头则串接在控制回路中。如果电动机 M 在运行中由于过载使负荷电流超过电动机额定值时，经过一定时间，

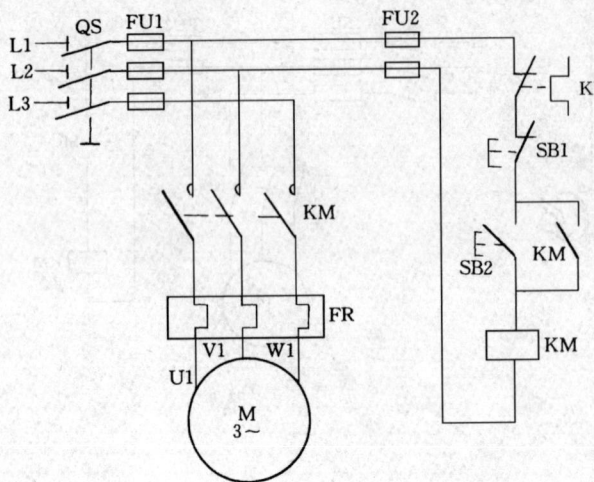

图 10-5　具有过载保护
的单方向旋转控制电路

串接在主电路中的热继电器的双金属片因受热弯曲，使串接在控制回路中的常闭触头分断，从而切断了控制回路，接触器 KM 的线圈断电，KM 主触头分断，电动机 M 脱离电源而停转，达到过载保护的目的。

2.可逆控制电路

生产机械设备往往需要运动部件具有正反两个可逆运动方向的功能，如电动阀门的开与关，起重机械的上与下，机床工作台的前进与后退等，这都要求电动机能可逆运转。根据电磁场与电流相序的关系，将电动机三相电源进线中任意两相对调就可以达到反转的目的，常用可逆控制电路有以下几种：

一种是倒顺开关可逆控制，这种开关有三个位置，即"顺转"、"停止"、"倒转"，如果电动机处于正转状态，欲使其反转，必须先把手柄扳到"停止"位置，使电动机停转，然后再把手柄扳到"倒转"位置，使其反转。如果直接由"顺转"扳至"倒转"时，电源突然反接，会产生很大的反接电流，易损坏定子绕组。

另一种可逆控制是采用按钮和接触器控制方法。

（1）接触器连锁的可逆控制。接触器连锁的可逆控制电路如图 10-6 所示。图中采用两

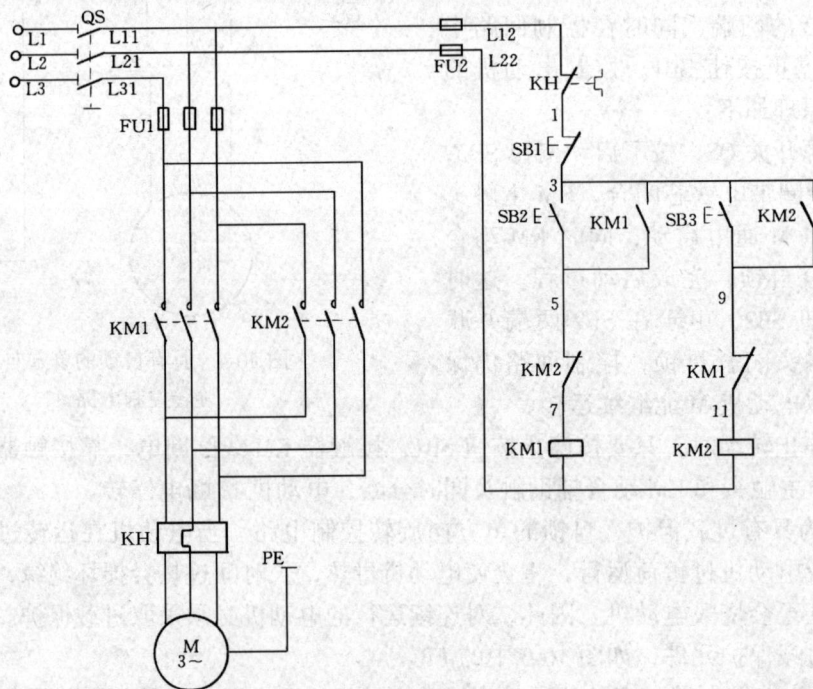

图 10-6　接触器连锁的可逆电路

个接触器，即正转用接触器 KM1，反转用接触器 KM2。当 KM1 的主触头接通时，三相电源的相序按 L1—L2—L3 接入电动机。而当 KM2 的主触头接通时，相序为 L3—L2—L1 接入电动机。所以，当两个接触器分别工作时，电动机的旋转方向相反。

从图 10-6 中主电路可看出两个接触器不能同时工作，因为同时工作将会造成 L1、L3 两相电源短路，所以要求 KM1 和 KM2 要相互闭锁，即在 KM1 与 KM2 线圈各自的支路中相互串联了对方的一副动断辅助触头，以保证 KM1 和 KM2 不会同时通电。KM1 与 KM2 这两副动断辅助触头在电路中所起的作用称为连锁作用，这两副动断触头就叫做连锁触头。

接触器连锁可逆控制电路动作原理如下：

合上电源开关 QS，正转时按 SB2，KM1 线圈带电使铁芯吸合，KM1 主触头闭合，电动机 M 正转，同时 KM1 自锁触头（辅助动合触头）闭合，连锁触头（KM1 辅助动断触头）分断。

反转时先按 SB1，KM1 线圈断电，KM1 主触头分断使电动机 M 停转，同时 KM1 自锁触头分断、连锁触头闭合。再按 SB3，KM2 线圈带电铁芯吸合，KM2 主触头闭合，电动机 M 反转，同时 KM2 自锁触头闭合，KM2 连锁触头分断，达到接触器的电气连锁目的。

（2）按钮连锁可逆控制电路。按钮连锁可逆控制电路如图 10-7 所示。其动作原理与图 10-6 接触器连锁可逆控制电路基本相似。由于采用了复合按钮，当按下反转按钮 SB3 后，首

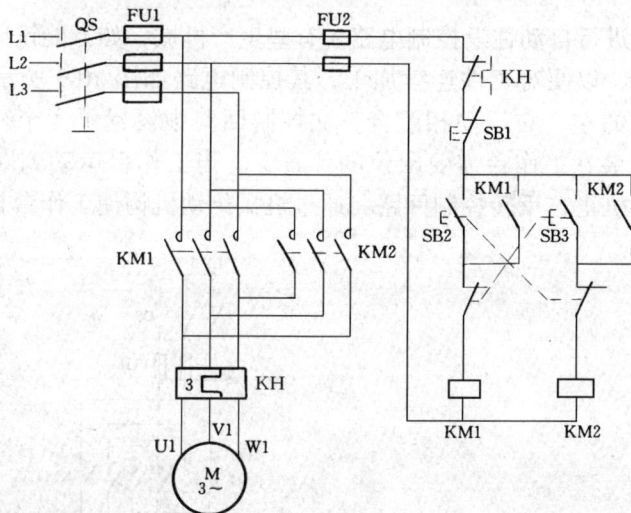

图 10-7　按钮连锁可逆控制电路

先使接在正转控制电路中的反转按钮的动断触头分断，于是，正转接触器 KM1 的线圈断电，触头全部恢复正常位置，电动机 M 断电作惯性运行，紧接着，反转按钮的动合触头闭合，使反转接触器 KM2 的线圈通电，电动机立即反转启动。这样，既保证了正反转接触器 KM1 和 KM2 不会同时通电，又可不按停止按钮而直接按反转按钮进行反转启动。在正常运行中，不允许将旋转的电机突然反转，易损坏电机和所拖机械。

以上两种连锁的可逆控制均有各自优点和缺点，在实际应用中往往是将两者结合起来用，从而保证了安全运行的目的。

（3）按钮和接触器双重连锁可逆控制电路如图 10-8 所示，这种电路操作方便，安全可

靠，为工矿企业在电力拖动设备中所常用，其动作原理可结合以上两种控制电路进行分析操作。

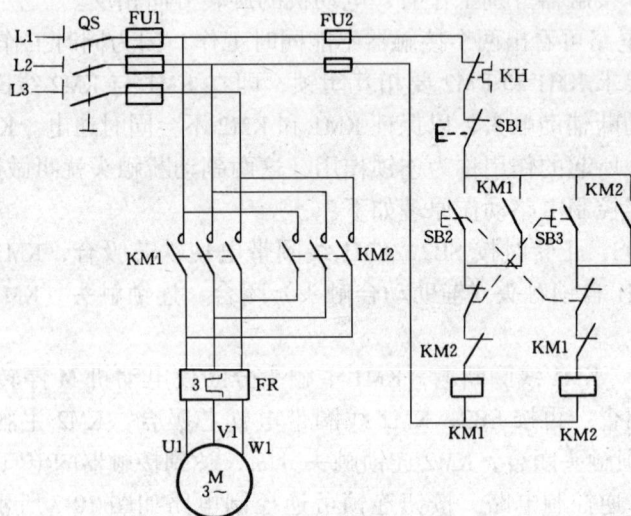

图 10-8　按钮、接触器双重连锁可逆控制电路

（4）用行程开关进行自动往返控制电路。有些生产机械，如万能铣床等要求工作台在一定距离内能自动往返，以便对工件连续加工，其控制电路如图 10-9 所示。为了使电动机的正反转控制与工作台的左、右运动相配合，在控制回路中设置了 4 个行程开关 SQ1、SQ2、SQ3、SQ4，并将它安装在工作台需要限位的位置上。当工作台运动到限位之处，行程开关动作，自动换接电动机正、反转控制回路，通过机械传动机构使工作台自动往复运动。

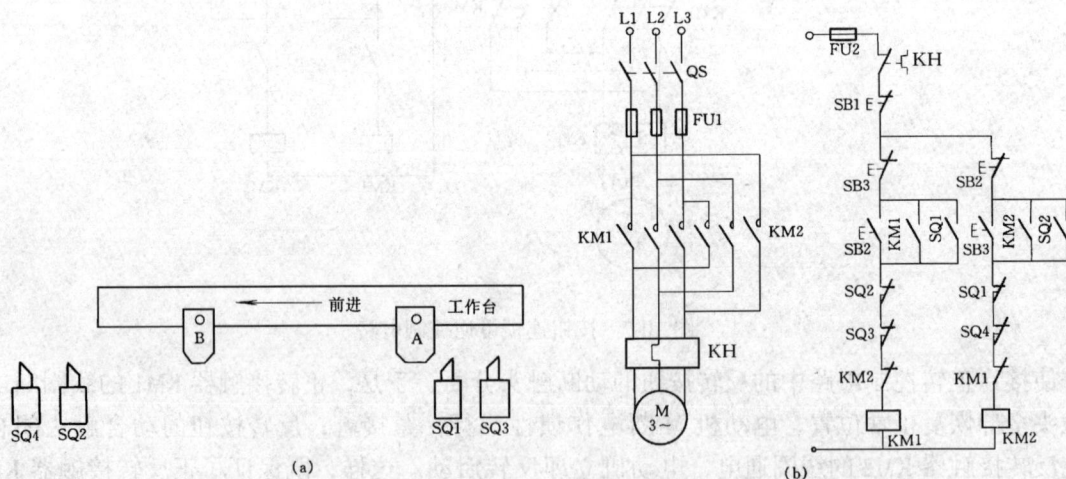

图 10-9　自动往返行程控制
(a) 工作台示意图；(b) 控制电路图

图 10-9 的动作原理如下：

按下启动按钮 SB2，接触器 KM1 线圈带电吸合，电动机 M 启动正转，通过机械传动装

置拖动工作台向左方向运动,当工作台运动到需要限位的位置时,挡铁 B 碰撞行程开关 SQ2 使其动断触头断开,使接触器 KM1 线圈断电释放,电动机 M 断电停转。与此同时,行程开关 SQ2 的动合触头闭合,接触器 KM2 线圈带电吸合,使电动机 M 反转,拖动工作台向右运动,同时行程开关 SQ2 复原,接触器 KM2 的自锁触头闭合,故电动机 M 继续拖动工作台向右运动,当工作台向右运动到一定位置时,挡铁 A 碰撞行程开关 SQ1,使 SQ1 动断触头断开,接触器 KM2 线圈断电释放,电动机 M 断电,与此同时,行程开关 SQ1 的动合触头闭合,接触器 KM1 线圈带电吸合,电动机 M 又开始正转。如此周而复始,工作台在预定的距离内自动往返运动。

图中行程开关 SQ3 和 SQ4 安装在工作台往返运动的极限位置上,以防止行程开关 SQ1 和 SQ2 失灵时,工作台运动不止而造成事故。

二、三相异步电动机降压启动控制电路

常用的降压启动方式有定子电路串联电阻(或电抗器)降压启动;星—三角形换接启动;自耦变压器降压启动;延边三角形降压启动等。

1. 串电阻(或电抗器)降压启动控制

电动机启动时,在电动机定子回路串联电阻,使电动机定子绕组的电压低于电源电压一定值,待电动机启动后,将所串联的电阻短接,使电动机在正常的额定电压下工作。定子串电阻的降压启动控制,有采取按钮控制和时间继电器控制等形式。

(1) 按钮控制,如图 10-10 所示为按钮、接触器控制的定子串电阻降压启动电路。其动作原理如下:

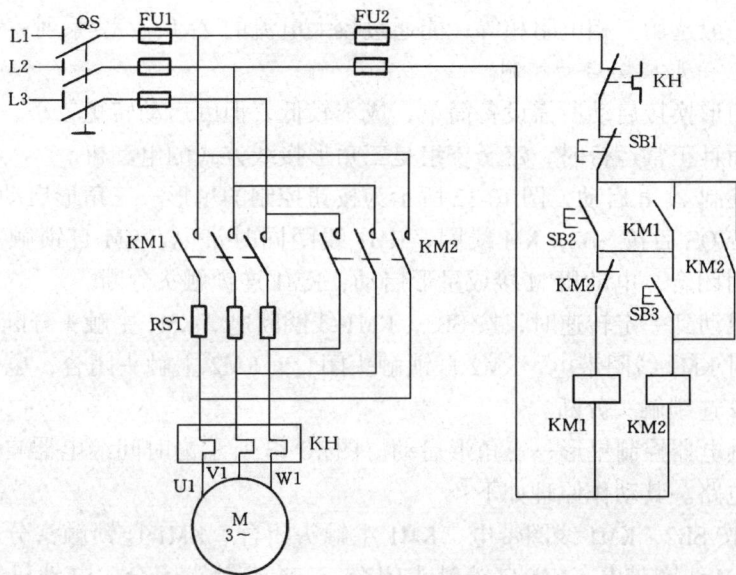

图 10-10　按钮控制的串电阻降压电路

合上转换开关 QS,按 SB2,KM1 线圈带电,接触器 KM1 主触头闭合,电动机 M 串电阻器 RST 降压启动。同时 KM1 自锁触头闭合,当电动机转速一定时,按 SB3,KM2 线圈带电,接触器 KM2 主触头闭合,此时电阻器 RST 被短接,电动机全压运行。同时,KM2 自锁触头闭合，KM2动断触头分断，KM1线圈断电释放，KM1主触头分断。

（2）时间继电器控制，图10-11所示为时间继电器与接触器控制的串电阻降压启动电路。其动作原理如下：合QS，按SB2，KM1线圈带电，KM1主触头闭合，电动机串电阻器RST启动，同时KM1自锁触头闭合，KM1动合辅助触头闭合，KT线圈带电，KT动合触头延

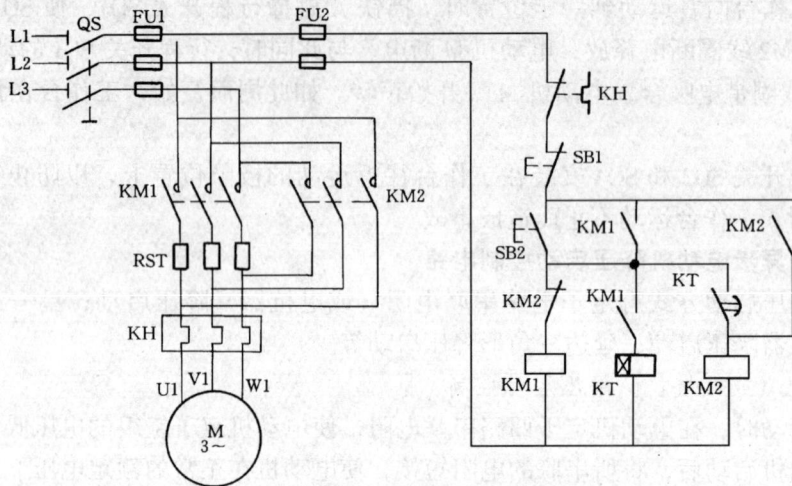

图10-11　时间继电器控制串电阻降压启动电路

时闭合，KM2线圈带电，KM2主触头闭合，电阻器RST短接，电动机全压运行。同时KM2自锁触头闭合，KM2辅助动断触头分断，KM1线圈断电释放。

启动电阻一般选用三相电阻相等，能通过较大电流的ZX1、ZX2系列铸铁电阻。

2. 星形—三角形换接启动控制

星形—三角形换接启动所需设备简单，成本较低，但因启动转矩较小，故只适用于空载或轻载启动，而且正常运行时，定子绕组是三角形接线方式的电动机。

（1）按钮控制y，d启动，图10-12所示为按钮控制的星形—三角形启动控制电路。其动作原理如下：合QS后按SB2，KM线圈、KM1线圈同时带电，KM自锁触头、KM主触头、KM1主触头同时闭合，电动机M接成星形启动，KM1连锁触头分断。

当电动机启动到一定转速时，按SB3，KM1线圈断电、KM1主触头分断、KM1连锁触头闭合，在此同时KM2线圈带电、KM2自锁触头闭合、KM2主触头闭合，电动机接成三角形全压运行，KM2连锁触头分断。

（2）时间继电器控制星形—三角形启动。图10-13所示为时间继电器自动控制星形—三角形降压启动电路。其动作原理如下：

合上QS，按SB2，KM1线圈带电、KM1主触头闭合、KM1连锁触头分断，KM1辅助动合触头闭合、KM线圈带电、KM自锁触头闭合、KM主触头闭合，电动机接成星形降压启动。

在KM1线圈带电的同时，时间继电器线圈KT也带电，KT常闭触头延时分断、KM1线圈断电、KM1常开触头分断、KM1主触头分断、KM1连锁触头闭合、KM2线圈带电、KM2主触头闭合，电动机接成三角形全压运行。KM2连锁触头分断，KT与KM1均失压恢复正常备用状态。

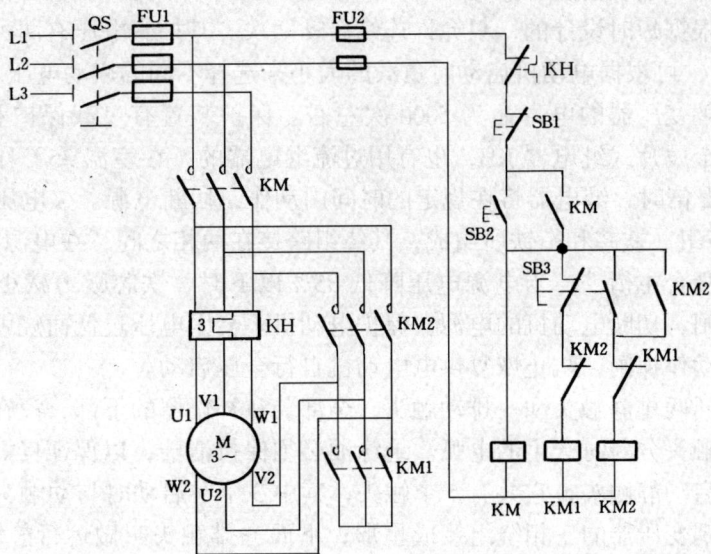

图 10-12　按钮控制星形—三角形降压启动电路

从图 10-13 中可得知与启动按钮 SB2 串联的接触器 KM2 的一副动断辅助触头可防止两种意外事故，使线路工作更可靠，一种情况是电动机启动并正常工作时，接触器 KM1 已断电释放，KM2 已带电吸合，如果有人误按 SB2，KM2 的动断触头可防止 KM1 带电动作，不至于造成电源短路；另一种情况是在停机以后，如果 KM2 的主触头由于机械故障或焊死不能分断，由于设置了 KM2 动断触头，电动机就不能第二次启动，从而防止了短路故障。

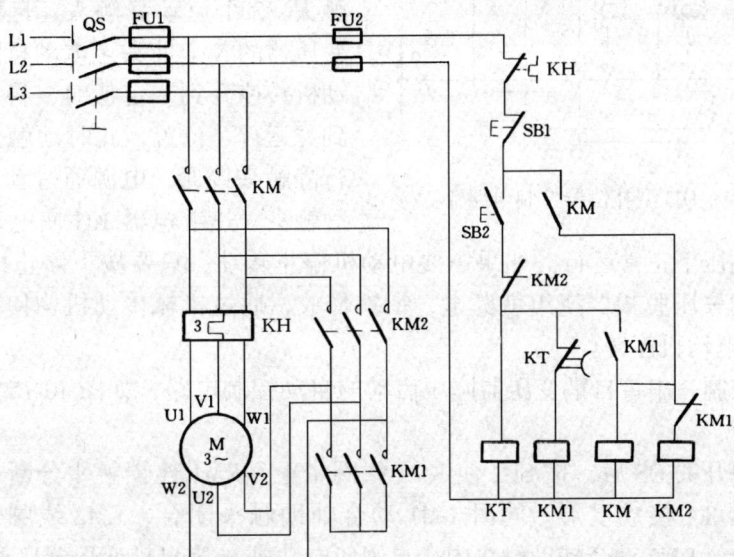

图 10-13　时间继电器自动控制星—三角形启动电路

3. 自耦变压器降压启动控制

自耦变压器降压启动也分手动和自动控制两种。

（1）手动控制。手动控制自耦变压器保护装置和手柄操作机构均装在箱架的上部。自耦变压器的绕组是根据短时设计的，只允许连续启动两次。其抽头电压有两种，分别是电源电压的65%和80%，可根据电动机启动时负载的大小来选择不同的启动电压。

手动控制自耦变压器的电寿命为5000次左右。保护装置有过载保护和欠压保护两种，过载保护采用双金属片式继电器KH，也有用过流继电器的。在室温35℃环境下，电流增加到额定电流的1.2倍时，继电器将在规定的时间内动作，切断电源。欠电压保护采用失压脱扣器KV，它由绕组、铁芯和衔铁所组成，其绕组跨接在两相之间。在电源电压正常情况下，绕组带电使铁芯吸合主衔铁，当电源电压降低85%以下时，铁芯吸力减小，衔铁通过自重下落，使机构掉闸，切断电动机的电源，保护电动机不会因电压过低而烧毁。在电源突然断电时，机构也会动作掉闸，防止恢复供电电动机自行全压启动。

触头系统包括两排静触头和一排动触头，全部装在补偿器的下部，浸在绝缘油内，绝缘油的作用是熄灭触头分断时产生的电弧。绝缘油必须保持清洁，以保证良好的绝缘性能。上面一排触头叫做启动静触头，它共有5个触头，其中3个在启动时与动触头接触，另外2个是在启动时将自耦变压器的三相绕组接成星形；下面一排触头叫做运行静触头，只有3个；中间一排是动触头，共有5个，有3个触头用软金属带连接接线板上的三相电源，另外2个触头是自行接通的，在启动时做自耦变压器绕组的中性点用。

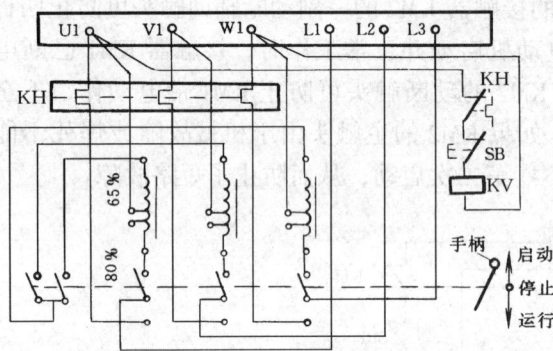

图10-14　QJ3型补偿器控制电路

QJ3型补偿器动作原理如图10-14所示。当手柄在"停止"位置时，装在主轴上的动触头与两排静触头都不接触，电动机不通电；当手柄向前推到"启动"位置时，动触头与上面一排启动静触头接通，电源通过动触头、3个启动静触头、自耦变压器、自耦变压器的3个抽头至电动机降压启动；当电动机转速升到一定值时，将手柄向后迅速扳到"运行"位置，此时动触头与下面一排运行静触头接通，电源通过动触头、三个运行静触头、热继电器KH使电动机直接与电源接通，在额定电压下正常运行。如果需要电动机停止转动，只要按下停止按钮SB，跨接在两相电源之间的失压脱扣器绕组就断电，衔铁释放，通过机械传动机构使补偿器手柄回到"停止"位置，电动机停转。

（2）自动控制。串接自耦变压器降压启动的自动控制电路，如图10-15所示。其动作原理如下：

当合上电源开关QS后，按SB2使KM1线圈带电，KM1连锁触头分断、KM1主触头闭合、自耦变压器TA接成星形。同时KM1动合辅助触头闭合，KM2线圈带电，KT带电，KM2主触头闭合，KM2动合辅助触头闭合自锁使电动机M串自耦变压器启动。由于KT线圈带电，KT动断触头延时断开，KM1线圈断电，KM1动合触头断开，KM1主触头断开，KM1连锁触头闭合。KT动合辅助触头延时闭合，KM3线圈带电，KM3自锁触头闭合，KM3主触头闭合，电动机M全压运行。同时KM3连锁触头断开，KM2线圈断电，KM2主触头分断，KM2自锁触头分断。

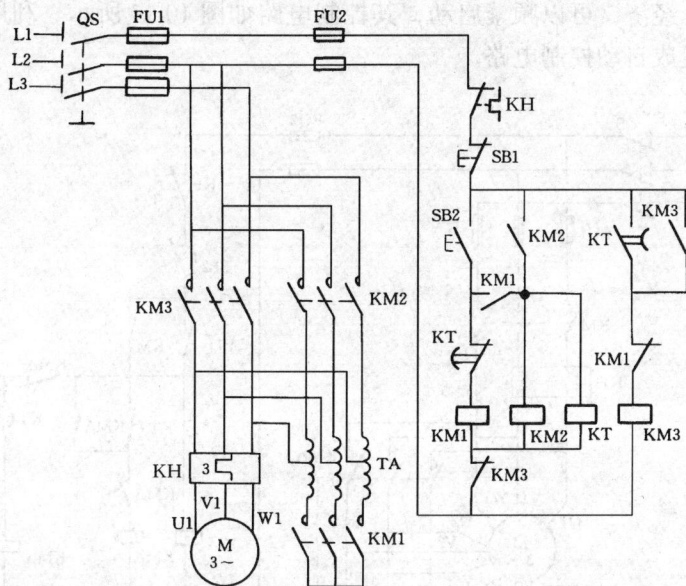

图 10-15　串自耦变压器降压启动自动控制电路

（3）延边三角形降压启动。延边三角形降压启动是一种不用增加专用启动设备又能得到较高的启动转矩的降压启动方法。它只适用于定子绕组有 9 个出线头的异步电动机，其启动原理如图 10-16 所示。它将每一相绕组按一定比例分成两部分，引出一个中间接头。启动时，靠接触器将一部分绕组接成三角形，另一部分绕组按星形接在三角形的延边上，如图 10-16（a）所示。达到启动的目的，启动完毕，换接成三角形运行，如图 10-16（b）所示。延边三角形启动电压降低的程度，决定于电动机绕组抽头两端的匝数，三角形延边部分的匝数越多，每相绕组所承受的电压降就降得越低，电压的向量，如图 10-16（c）所示。三角形的边长为 U_1，其内部的三个向量为三绕组所承受的电压，变化极限在 $U_1 \sim \sqrt{3}U_1$ 之间。

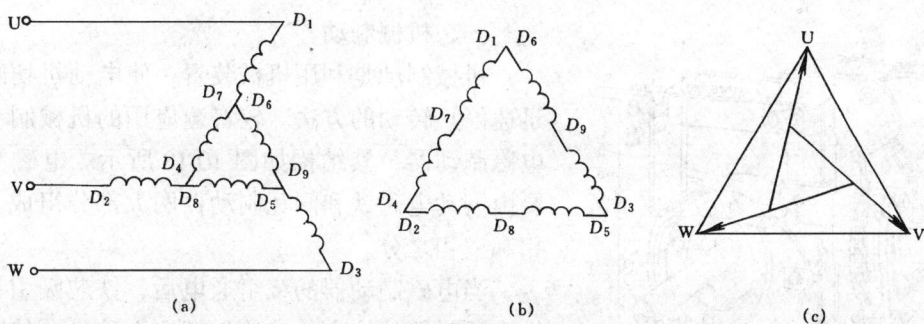

图 10-16　延边三角形启动原理图

根据试验，当绕组的星接与角接部分匝数比为 1:1 时，启动电压降低为 $U_1/\sqrt{2}$，启动电流和启动转矩均降低为直接启动时的 0.5 倍；当星接与角接部分的匝数比为 1:2 时，启动电压降低为 $0.78U_1$，启动电流和启动转矩均降低为直接启动时的 0.6 倍。

延边三角形启动可以根据负荷特性的要求，选用不同比例的抽头，通过绕组的换接实现降压，设备简单、经济，可以频繁启动，其控制电路如图 10-17 所示。利用按钮、时间继电器、交流接触器组成自动控制电路。

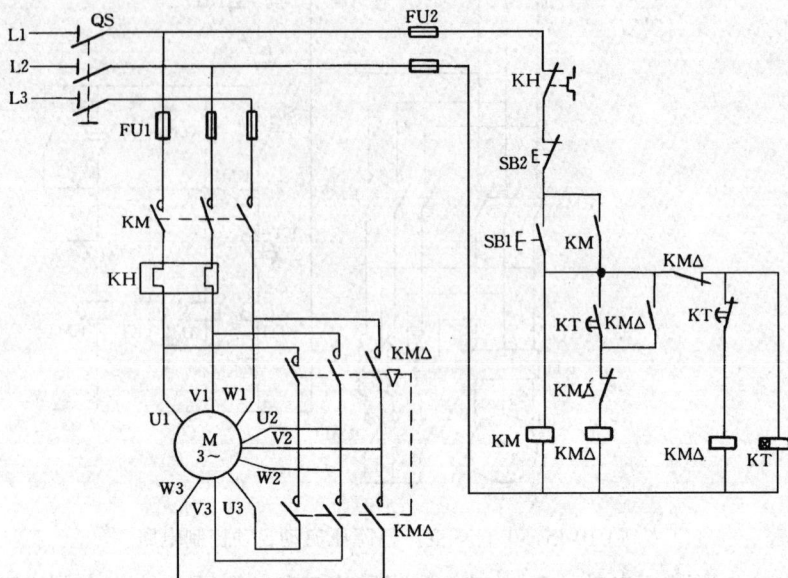

图 10-17　延边三角形降压启动自动控制电路

第二节　电动机的制动控制

电动机切断电源后，由于惯性不能马上停转，这对某些生产机械是不允许的，如在电力拖动工作中，起重机械的准确定位、各种机床的迅速停车与反转等，都需采取一定的方法使其制动。制动的方法一般有机械制动和电力制动两种。

一、机械制动

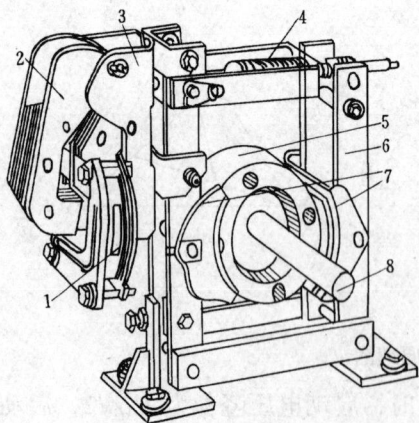

图 10-18　电磁制动器
1—绕组；2—衔铁；3—铁芯；4—弹簧；
5—闸轮；6—杠杆；7—闸瓦；8—轴

机械制动是利用机械装置，使电动机切断电源后迅速停止转动的方法。较普遍应用的机械制动设备是电磁制动器，其结构如图 10-18 所示。电磁制动器主要由制动电磁铁和闸瓦制动器两大部分组成。它有单相和三相之分。

当电磁制动器的绕组通电后，铁芯吸引衔铁，衔铁克服弹簧的拉力，迫使杠杆向上移动，使闸瓦松开闸轮，电动机正常运转。

当电磁制动器的绕组断电时，衔铁复原，在弹簧的作用下，使闸瓦与闸轮紧紧抱住，电动机就被迅速制动而停止转动。

电磁制动器的控制电路如图 10-19 所示。图 10-19 (a) 是电动机带电的同时，电磁制动器也带电，二者同时动作。而图 10-19（b）是改进后的电路，它是电磁制动器启动后，电动机才能启动，克服了电动机瞬间断路运行工作状态。

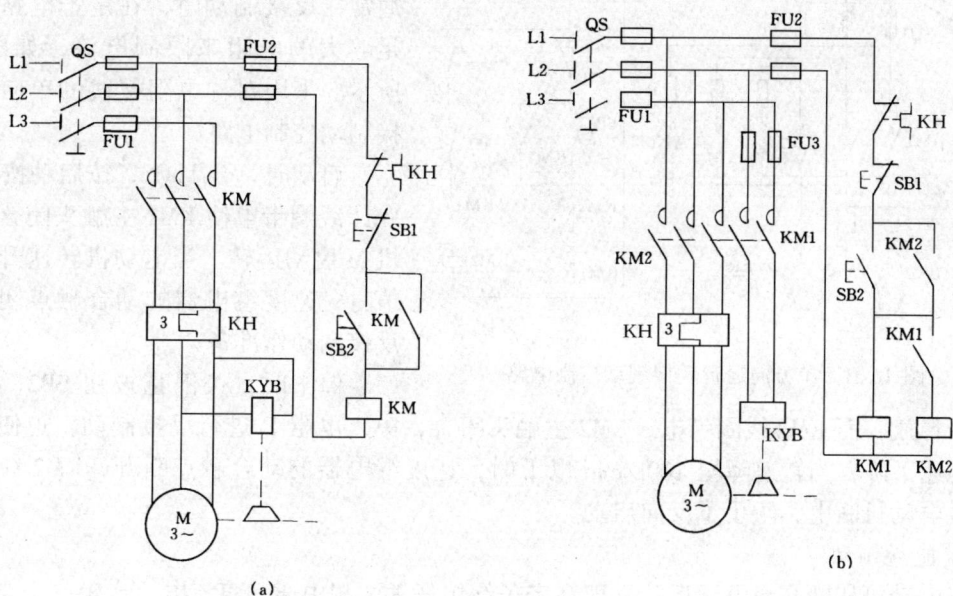

图 10-19　电磁制动器制动控制电路
（a）起重机械电磁制动控制电路；（b）改进后电路

二、电力制动

在电动机切断电源停转的过程中，产生一个与电动机实际旋转方向相反的电磁力矩，迫使电动机迅速停转，这种制动方法称为电力制动。电力制动通常用反接制动、能耗制动、回馈制动和电容制动几种方法。

1. 反接制动

当电动机拖动机械设备稳定运行时，为了迅速将电动机停转或反转，我们采用将电源的相序反接来改变旋转磁场的方向，使惯性运转的电动机转子产生一个相反的电磁转矩，迫使电动机迅速停转，达到制动目的，其动作原理如图 10-20 所示。图中 QS 是隔离开关，向上合时，电动机正转，如果再向下投合时，由于 L1、L2 两相相序对调了，产生的磁场方向与前者相反，在电动机转子上产生与原来相反的电磁转矩，即制动转矩。电动机在制动转矩的作用下迅速降低转速，当转速接近零时，要及时断开电源，防止反向启动。

由于反接制动时，旋转磁场和转子的相对速度很高，为 $n_1 + n$，此时的感应电动势，转

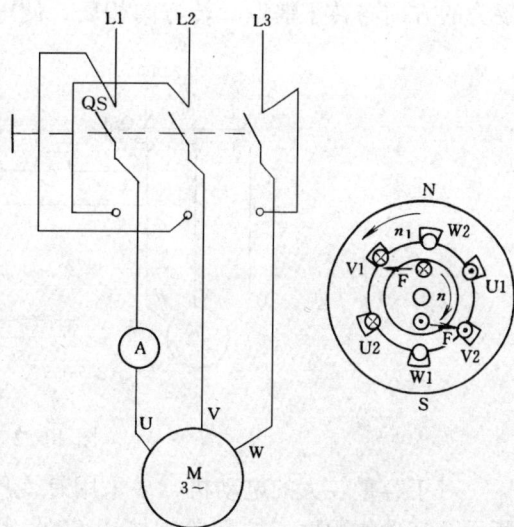

图 10-20　反接制动原理图

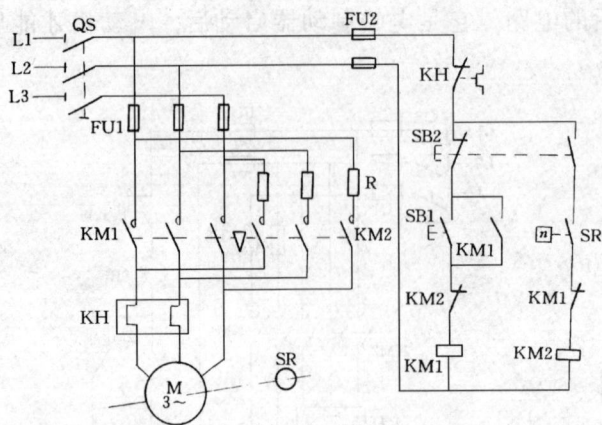

图 10-21　单方向运行反接制动控制电路

子电流和制动转矩都很大，为了限制制动电流和对电动机转轴的机械冲击力，通常在反接制动时，在定子电路中串接足够大的电阻来限制电流，如图 10-21 所示。采用对称电阻接线的单向运行反接制动控制电路。

启动时，合上 QS，按启动按钮 SB1，KM1 线圈带电使 KM1 主触头闭合，电动机 M 启动运转。当电动机转速升到一定值时，速度继电器的动合触点闭合，为反接制动作准备。

停车时，按停止按钮 SB2，KM1 线圈断电释放，而 KM2 线圈带电，KM2 主触头闭合，串入电阻 R 进行反接制动，迫使电动机转速迅速下降，当转速降至 100r/min 以下时，速度继电器的动合触点断开，KM2 线圈断电释放，电动机断电，防止了反向启动。

2. 能耗制动

当电动机切断交流电源后，立即在定子绕组任意两相中通入直流电，产生一个空间静止磁场，作惯性旋转的电动机转子切割磁力线，感应电动势、电流产生制动转矩，使转子迅速减速直至停转。这种方法是在电动机定子绕组中通入直流电以消耗转子惯性运转的动能来进行制动的，当电动机停止后，应立即切断直流电源。

能耗制动的原理如图 10-22 所示。合 QS1 电动机 M 运转。如需要停止电动机 M 转动时，先断开 QS1 并向下推合，电动机 M 断电而转子做惯性旋转。若将 QS2 合闸，电动机 V、W 两相定子绕组即通入直流电，在定子中产生一个恒定磁场，使惯性旋转的电动机转子切割磁力线，在转子绕组中感应电流，根据右手定则可判定感应电流的方向是上面的流入（纸面），下面的流出（纸面）。这个电流与恒定磁场相互作用产生电磁力，根据左手定则可判断出电磁力的方向与转子惯性旋转方向相反，使电动机受到制动迅速停转。

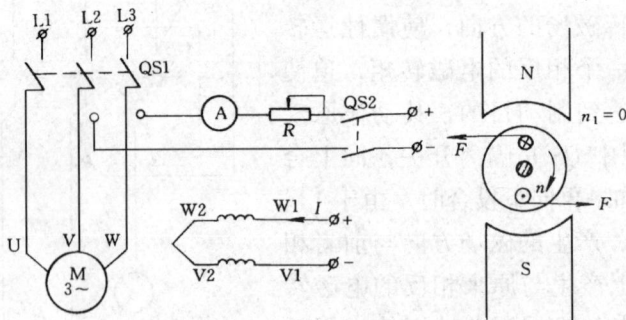

图 10-22　能耗制动原理图

对于容量较大的电动机，多采用有变压器全波整流能耗制动自动控制电路，如图 10-23 所示。其动作顺序：按下跳闸按钮 SB2，切断 KM1 线圈电路，KM1 主触头分断，电动机 M

断电惯性旋转。接通 KM2 线圈，KM2 主触头闭合，将直流电源接入定子两相绕组，同时接通时间继电器线圈 KT，使其延时接点 KT 在整定时间（电动机转速接近零时）后，KT 动断触点断开，KM2 线圈断电，主触头分断，将直流电源切除。

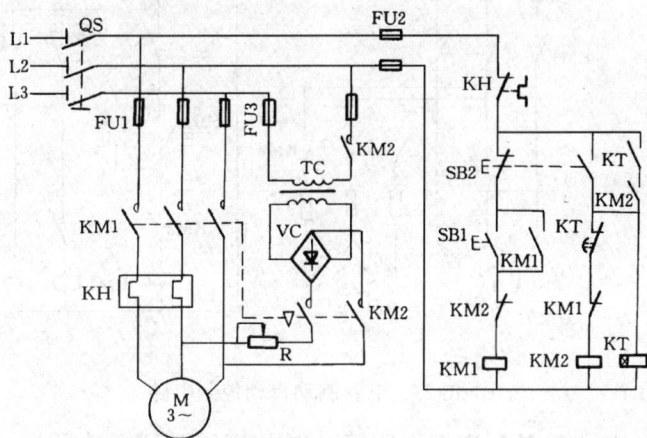

图 10-23　全波整流能耗制动自动控制电路

3. 回馈制动

回馈制动又称再生发电制动。它适用于电动机转子转速 n 高于旋转磁场转速 n_1 的场合，此时电动机处在发电状态，电磁转矩为阻力矩，使电动机转速迅速下降，其转动部分的动能转变为电能回馈电网。

回馈制动方法主要用在起重机械和多速异步电动机上，其制动原理如图 10-24 所示。图中旋转磁场按逆时针方向旋转，现假设旋转磁场不动，因转子转速 n 大于旋转磁场转速 n_1，故此时转子绕组以逆时针方向切割磁力线，产生感应电流的方向与原来电动机状态时相反，电磁转矩也与转子旋转方向相反，此电磁转矩变为制动转矩，使重物不至下降太快。这时，电动机变发电机运行，将重物的位能转换为电能送回电网，所以将这种制动方法称为回馈制动或再生发电制动。

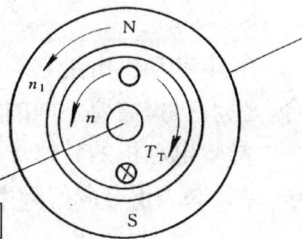

图 10-24　回馈制动原理图

又如多速电动机，当电动机由 2 极变为 4 极时，定子旋转磁场的转速由 3000r/min 变为 1500r/min，而转子在变极的瞬间仍以原来 3000r/min 的转速旋转，此时，$n > n_1$，电动机变发电机运行，产生发电制动作用。

4. 电容制动

当电动机切断交流电源后，立即在电动机定子绕组接入电容器来迫使电动机转速迅速下降至停转的方法叫电容制动。其动作原理：当旋转的电动机断开交流电源时，转子仍有剩磁。随着转子的惯性运动，这个磁场切割定子绕组产生感应电动势、电流，通过电容器构成回路。这个电流与磁场相互作用产生一个与旋转方向相反的电磁转矩，对电动机进行制动，使其迅速停转。

电容制动自动控制电路如图 10-25 所示。其制动原理如下：

当需要电动机 M 停止转动时，按下 SB2，KM1 线圈断电释放，接触器 KM1 主触头分断，

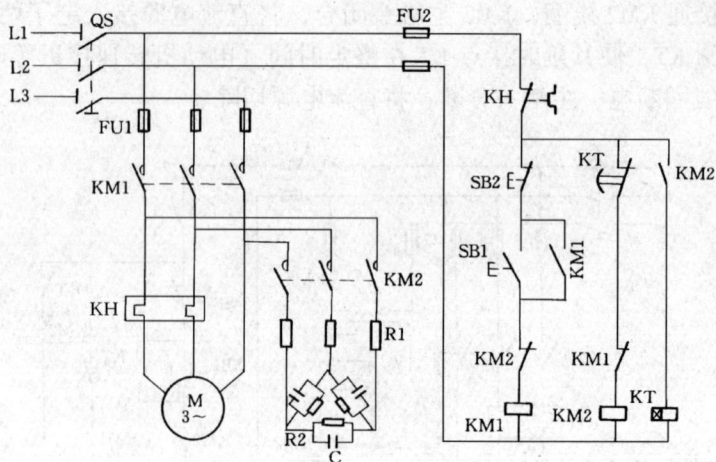

图 10-25　电容制动自动控制电路

KM1 自锁触头分断，电动机 M 断电惯性旋转，由于 KM1 连锁触头闭合，KM2 线圈带电，接触器 KM2 主触头闭合，电动机定子绕组接入三相电容器制动至停转。同时时间继电器线圈 KT 带电，其延时断开的动断触点在电动机转速接近降至零的时候，KT 延时断开的动断触点分断，使 KM2 线圈断电释放，KM2 主触头分断，三相电容器切除，同时 KM2 连锁触头恢复，KM2 动合辅助触头分断，KT 线圈断电，KT 延时动断触点恢复。

第三节　异步电动机的调速

异步电动机由于它的结构简单和运行可靠，在工业上得到广泛的应用。但在不同的场合，生产机械需要不同的转速进行工作，所以，本节对异步电动机的调速做一介绍。

异步电动机的转速 n 决定于旋转磁场的同步转速 n_1 和转差率 s，而旋转磁场的同步转速 n_1 又取决于电源的频率 f_1 和定子绕组的磁极对数 p，即

因为 $$n = (1-s) n_1 \qquad n_1 = \frac{60f_1}{p}$$

所以 $$n = (1-s) \frac{60f_1}{p}$$

根据上式的关系，异步电动机调速方式一般有变频调速、变极调速、改变转差率调速或者采用电磁滑差和液压滑差耦和器调速。

一、变频调速

变频调速就是通过改变输入电流的频率来改变旋转磁场的转速，可以在较广的范围内平滑地调节电动机转速。它没有附加转差损耗，调速效率高，被广泛应用于工业自动化控制的各个领域。如水泵给水调节控制、消防给水控制、电梯运行控制等。在目前，变频调速是异步电动机调速的最佳方案。

1. 变频调速基本原理

根据电动机转速公式 $n = 60f/p$ 可知，当磁极对数 p 不变时，电动机转速 n 与频率 f 成正比，如果改变电动机定子电源频率 f，就可以改变电动机的转速。

由于电动机的电动势 $E = 4.44fN\phi \times 10^{-8}$，当电动机定子匝数 N 不变的情况下，电动势与电源频率 f 和磁通 ϕ 成正比关系。又因 E 近似外加电压 U_x，所以 $U_x = c\phi$，c 为常数，则磁通 $\phi = U_x/f$，因此若外加电压 U_x 不变，则磁通 ϕ 随电源频率的改变而改变，亦即频率降低，则磁通增加，频率升高，则磁通减少。前者会造成磁路过饱和，使励磁电流增加，引起铁芯过热，后者将使电动机容量得不到充分利用。所以，在变频调速中，降频必须同时降压，即频率与电压能协调控制，成比例的变化，保证磁通 ϕ 不变。

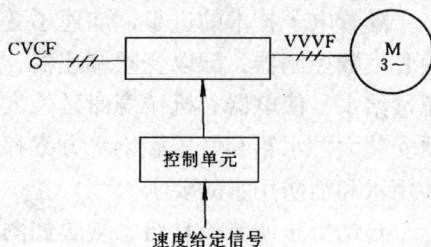

图 10-26　变频调速系统框图

2．变频调速系统

变频调速系统的表示方法如图 10-26 所示。它由变频器（或称变频电源）和控制单元组成，完成将恒压恒频（CVCF）电源转换为变压调频电源（VVVF），为交流异步电动机提供调速用变频电源。

3．变频调速系统的分类

变频调速系统可分为两大类：

(1) 交—直—交变频调速（又称带直流环节的间接变频调速）。

(2) 交—交变频调速（又称直接变频调速）。

每一类中又可以根据不同的分类方法加以区分，如：

(1) 交—直—交变频又分换流电路，直流电源型式，调压方式。

1) 换流电路又分为：

a) 串联电感式。

b) 串联二极管式。

c) 带辅助晶闸管（180°通电型）。

d) 带辅助晶闸管（120°通电型）。

2) 直流电源型式又分为：

a) 电压型。

b) 电流型。

3) 调压方式又分为：

a) 相位控制晶闸管整流。

b) 晶闸管直流开关。

c) 脉冲宽度调制型。

(2) 交—交变频又分相数，连接方式，有无环流。

1) 相数又分为：

a) 单相—单相。

b) 三相—三相。

2) 连接方式可分为：

a) 反并联整流电路。

b) 交叉连接整流电路。

3) 有无环流可分为：

a) 有环流。

b）无环流。

总而言之，在实际应用中是根据工作性质和要求选择不同类型的变频系统。

4．变频调速装置的应用

随着电子技术的进步，加速了变频调速的发展和应用，一种微机自动控制给水装置，由中心模数控制器，配以变频调速器，使水泵电动机软起、软停并无级变速，达到恒压的改变流量给水，使电器、机械寿命延长大约 15～20 倍，节约能源 40％以上，解决了高层建筑屋顶安装大贮水箱和气压罐给水方案存在的一些问题，而且一套装置可以同时满足高层楼房生活用水和消防用水的要求。

自动恒压调节流量给水装置如图 10-27 所示。采用两台离心式水泵 P1，P2，分别由异步电动机 M1 和 M2 拖动。其中 P2 为定量泵，它由工频电源直接供电的三相异步电动机 M2 拖动，保持水泵恒速运行。P1 是可调泵，它的拖动电动机 M1 由变频器（VVVF）供电，实现调速工作，LG 为联轴器（即靠背轮）。

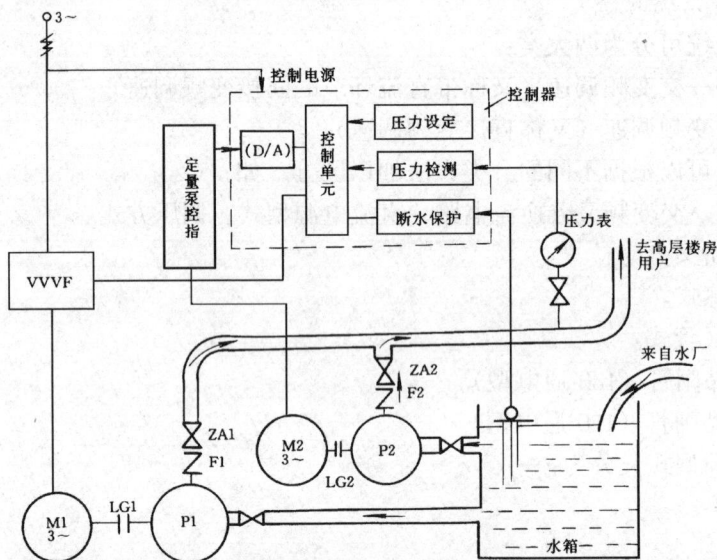

图 10-27　自动恒压调节流量给水装置图

自动恒压调节流量给水装置的设计目标就是为了保证楼层用户管道内水压恒定，其调节方案如下所述：

（1）当楼层用水量最大时，为了保持管道中水压始终恒定，此时可调泵 P1 和定量泵 P2 同时满负荷运行。

（2）当楼层用水量减少时，此时定量泵 P2 继续满负荷运转，而可调泵 P1 拖动异步电动机开始减速运行，以保持楼内管道压力不变。

（3）当楼层用水量低于一台水泵的额定给水量时，此时自动关闭定量泵 P2，只运行可调水泵 P1，由可调泵 P1 调节楼内管道压力，保持压力恒定不变。

（4）当夜深人静楼内用户不用水时，此时可调泵 P1 也自动停止，既保证了楼层给水管道的压力恒定不变，又可节省能源。

要完成给水装置自动恒压调节流量，就必须采用压力、流量的闭环调节系统，如图

10-27所示。调节泵 P1 通过变频器（VVVF）提供变频电源，控制部分由控制器、定量泵控制器、变频器（VVVF）及压力检测等部分组成。控制器有压力设定输入、压力检测和断水保护。控制部分由控制电源供电。管道压力采用压力传感器检测，将测得的信号及时反馈到控制器的另一输入端。使控制器完成对定量水泵 P2 的启动、停止逻辑控制以及对变频器的调速控制。

5. 全自动变频调速给水设备电路

全自动变频调速给水设备控制电路工作原理如图 10-28 所示。

工作原理叙述如下：

（1）整机设备启动以后，第一台电动机通过开关 QF1、KM1 和变频器（VVVF）的输出端 U、V、W 以及 KM2、QF2 得到逐渐上升的频率和电压，而开始旋转并转速逐渐升高，电动机进行软启动。当电动机转速升高到某值，即电动机转速达到系统中预先设定的参数（如水泵系统中的设定压力）时稳定其转速而旋转，从而达到系统的平衡。这种过程是连续的动态平衡过程。

此时转换开关 SA1 处于自动控制位置，系统处于微机 PC 的控制下。

（2）当参数增大到一定范围，电动机转速随之响应到其额定转速，这时系统参数再增大，电动机无法响应其参量变化时，系统中设定的参数无法保持，这时设备内的自动闭环控制系统发出上极限信号，通过开关和控制系统先断开第一台电动机的交流接触器 KM2（KM3、KM4），断开其变频电源。此时，控制回路将输出控制信号，使与之对应的接触器 KM5（KM6、KM7）闭合，将该电动机已在变频状态下达到工频运行的第一台电动机切换到工频电源上继续工频运行。然后，再用拖动第一台电动机中退出的变频器通过控制回路自动接通交流接触器 KM3（KM4），去启动第二台电动机。第二台至第三台电动机仍重复上述的动作过程。

（3）当系统参量减少，变频运行的电动机通过闭环系统和变频器（VVVF）响应其转速下降，转速下降到极限仍不能满足系统参量变化时，自动闭环系统发出下极限信号，按投入相反的顺序依次退出，先启动投入而且运行长的电动机。

（4）为保证在变频和工频切换时，电源的交流接触器不同时闭合，分别按逻辑关系以不同组合的辅助触点进行闭锁。

（5）当控制转换开关 SA1 处于手动状态时，此时可通过手动控制按钮 SA2、SA3、SA4 分别按需要手动投入或断开电动机。

灯光 HL1～HL12 分别利用接触器 KM1～KM7 的辅助触点和中间继电器的触点反映该装置的工作情况。

（6）压力表 SP 安装在水泵出水管上，将水管的出口压力转变为 0～5V 的模拟信号，和预先设定参数值进行比较后，由微机 PC 输出信号调节变频器（VVVF），控制其输出频率的变化和各电动机启动、断开接触器的自动开闭。

（7）水位控制器 SL 具有上下两对接点，参阅图 10-27。用于反映供水水箱水位的变化。当水位低于下水位时，此时因补水不足下水位控制器闭合，使装置自动停止运行，防止因无水电机水泵空转。当水位达到上限水位时，上限水位控制器断开，装置可根据实际需要自动运行。

6. 变频器的维修

做好维修工作不仅能降低企业的维修费用，而且能通过维修详细了解变频器内部电路结

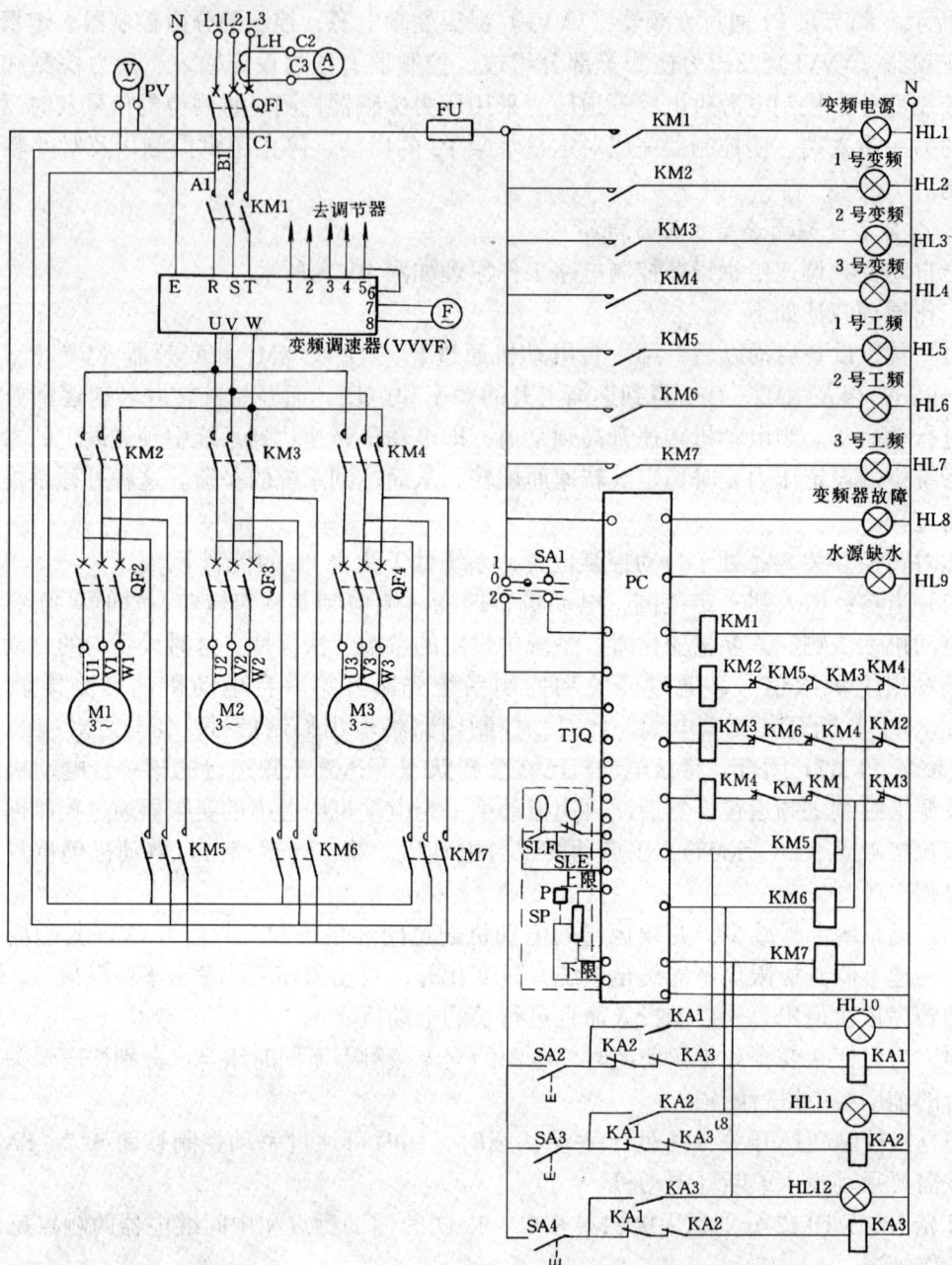

图 10-28 全自动变频调速给水设备电气控制原理图

构，积累经验，提高判断故障的能力，缩短变频器故障停机时间。

变频器故障一般可分为参数值不当或配线错误（这类故障一般发生在变频器调试阶段），再就是变频器的硬件损坏和外部器件损坏等。

1）详细阅读变频器随机手册或使用说明书中提供的有关技术数据和技术要求，注意检查变频器进线电源电压、环境温度和湿度以及散热器的温度，定期清除电路板和散热器上的积灰。

2）用兆欧表检查变频器引出线及电动机绝缘电阻，更换尚能运行但时间已超过的风机。

3）检查接插件和各部螺丝紧固情况。

二、变极调速

根据异步电动机转速关系式 $n = (1 - s) 60f/p$，可知在恒定的频率下，电动机的转速与极对数 p 成反比，所以变更电动机绕组的极对数就可以改变它的转速。但它是一级一级的变化，而不是平滑的调速。要想改变极对数就需要事先制成具有专门接线的"双速"或"多速"鼠笼转子的异步电动机。

绕线式异步电动机转子绕组具有与定子相对应的极对数，如果定子绕组为改变极对数而重新组合，转子绕组也必须进行相应的重新组合，但此重组不方便。鼠笼转子能随时适应定子的极对数，所以更适合变极调速的应用。

通常用得较多的是两级，即调速比为 2:1，叫做双速电机。以下为双速电机的接线与控制。

1. 变极调速的接线方法

对于三相绕组改变极对数的接线方法很多，如 Y，y、y，Y、d，d、D，y、y，D、d，d 变换等等，无论三相绕组接法如何不同，其极对数仅能改变一次，因此只能有两种转速。

双速电动机是采用改变极对数来改变转速的，其定子绕组接线方法如图 10-29 所示。图中电动机的三相绕组接成三角形，三个连接点引出三个出线端 U1、V1、W1，每相绕组的中点各引出一个出线端 U2、V2、W2，共 6 个引出线端。改变这 6 个出线端与电源的连接方法就可以得到两种不同的转速。要使电动机在低速工作时，只要将三相电源接到电机绕组三角形连接顶点的线端 U1、V1、W1 上，其余三个出线端 U2、V2、W2 空着不接，此时电动机定子绕组接三角形，磁极为 4 极，同步转速为 1500r/min。

当电动机需要高速工作时，如图 10-29（b）所示，将电动机绕组三个出线端 U1、V1、W1 连接在一起，电源接到 U2、V2、W2 三个出线端上，这时电动机绕组为星—星连接，磁极为 2 极，同步转速为 3000r/min。

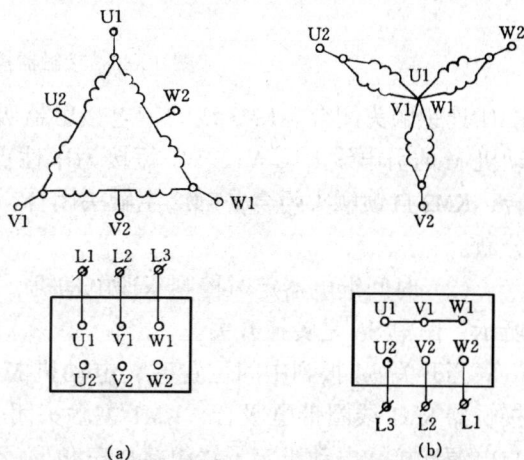

图 10-29　双速电动机定子绕组接线图
(a) 低速三角形连接（4极）；
(b) 高速星—星连接（2极）

2. 变极调速的控制电路

（1）接触器控制双速电动机。用按钮和接触器控制双速电动机的控制电路，如图 10-30 所示。其动作原理如下：首先合电源开关 QS。

低速工作时的控制：

按 SB2，KM1 线圈带电吸合，KM1 自锁触头闭合，KM1 主触头闭合，电动机 M 接成三角形低速运转，同时 KM1 连锁触头分断。

高速工作时的控制：

按 SB3，KM1 线圈断电释放，KM1 主触头分断，电动机 M 断电，KM1 自锁触头分断，

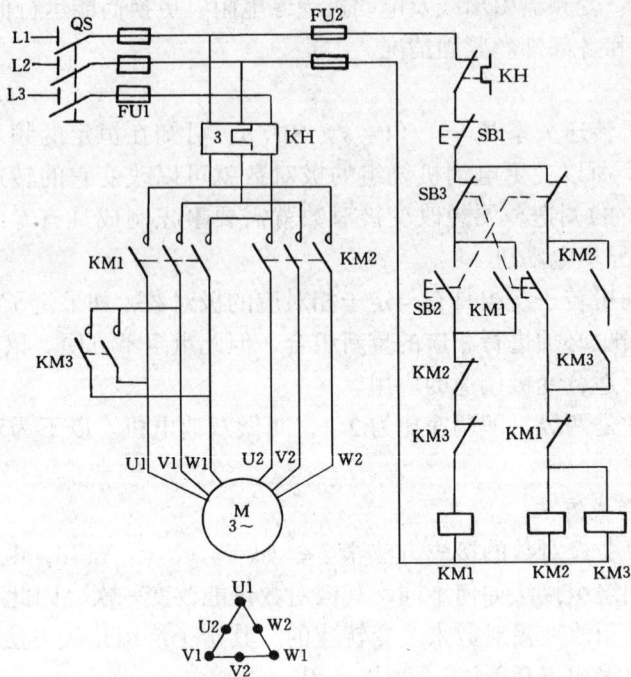

图 10-30　接触器控制双速电动机的电路图

KM1 连锁触头闭合。KM3 线圈带电接触器吸合，KM3 自锁触头闭合，KM3 主触头闭合，电动机 M 的引出线 U1、V1、W1 短接为中性点，KM3 连锁触头分断。KM2 线圈带电接触器吸合，KM2 自锁触头闭合，KM2 主触头闭合，电动机 M 接成星—星高速运转，KM2 连锁触头分断。

（2）时间继电器定时控制双速电动机。用时间继电器控制双速电动机电路，如图 10-31 所示，图中 SA 是转换开关。

当开关 SA 扳到中间位置时，电动机 M 停转，将开关 SA 扳到标有"低速"的位置时，接触器 KM1 线圈带电吸合，KM1 主触头闭合，电动机定子绕组的 3 个出线端 U1、V1、W1 与电源连接，电动机定子绕组接成三角形，以低速运转。

当把开关 SA 扳到标有"高速"的位置时，时间继电器 KT 线圈先带电吸合，KT 动合触头瞬时闭合，接触器 KM1 线圈带电吸合，KM1 主触头闭合，电动机定子绕组接成三角形低速启动，经过一定的整定时间，时间继电器 KT 的动断触头延时断开，接触器 KM1 线圈断电释放，KM1 主触头分断，KT 动合触头延时闭合，接触器 KM3 线圈带电吸合，KM2 线圈也带电吸合，电动机定子绕组被接触器 KM3 和 KM2 的主触头接成星—星，以高速运转。

三、电磁滑差离合器调速

电磁滑差离合器调速系统，是由普通鼠笼式异步电动机、电磁滑差离合器和控制装置组成。这种调速是通过电磁滑差离合器来实现的，其优点是控制电路简单、价格便宜、调速精确，在一定范围内可平滑调速，但低速运行时损耗较大，效率较低。

电磁滑差离合器的主要部件是电枢、磁极和励磁绕组，如图 10-32 所示。电枢是用铸钢做成圆筒形结构，与拖动电动机的转轴连接在一起，随拖动电动机一起转动。磁极做成爪形

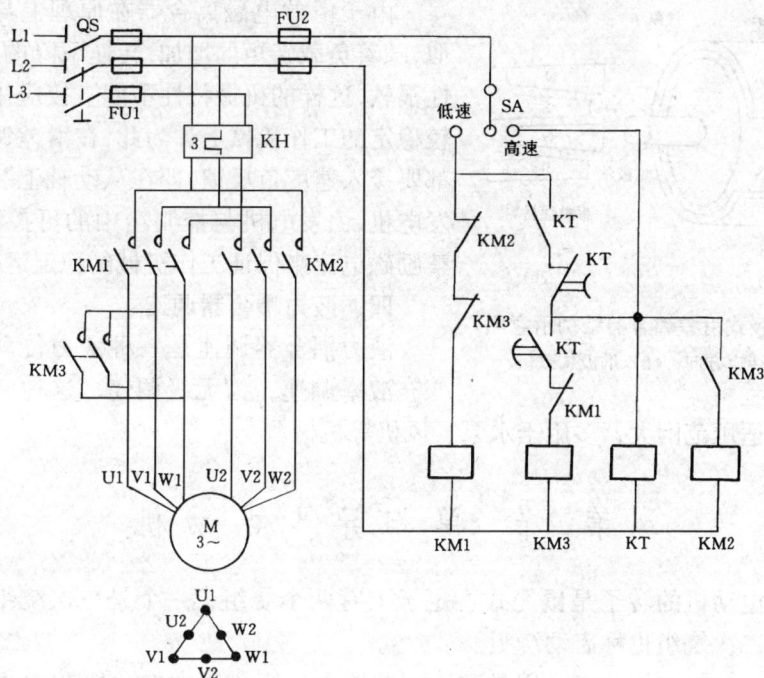

图 10-31 时间继电器定时控制双速电动机电路

结构，若干对爪形磁极利用放在中间的隔磁环用铆钉铆在一起，装在另一根轴上，如图 10-33所示，机械负载就连接在这根轴上。磁极上装有励磁绕组，励磁绕组由可控硅整流电源供给励磁电流。

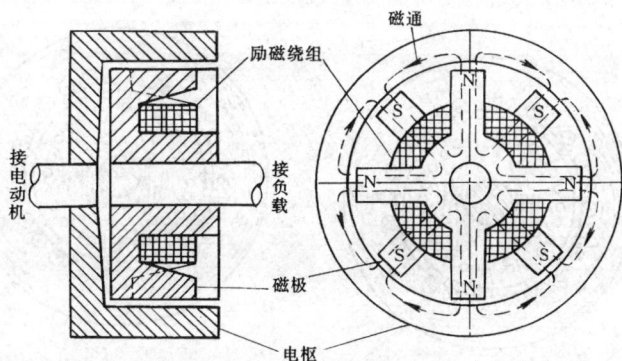

图 10-32 电磁滑差离合器基本结构示意图

当电动机带动筒形电枢旋转时，电枢就会因切割磁力线而感应出涡流来，如图 10-33 (a) 所示，涡流方向可由右手定则确定如虚线所示，这个涡流与磁极的磁场相互作用产生电磁力，根据左手定则可知力的方向，此电磁力所形成的转矩使磁极跟着电枢同方向旋转，从而带动机械运行。

由于电磁离合器中电枢的转速近似不变，磁极带动负载的转速高低就由励磁绕组中的电流大小而定，因此，改变励磁电流的大小，也就改变了工作机械的转速。

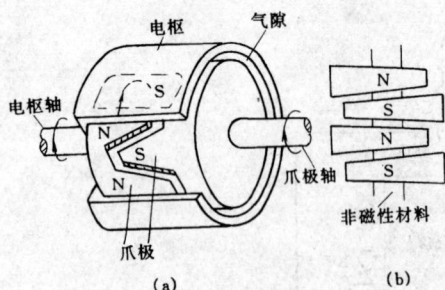

图 10-33　爪极式滑差离合器结构示意图
(a) 涡流与转矩方向；(b) 爪极式磁极

由于滑差电磁离合器在原理上与异步电动机相似，随着负载转矩的增加，转速下降的很快，故机械特性很软，这样的机械特性不能直接应用于要求速度比较稳定的工作机械上。为此，在滑差调速系统中一般都要接入速度负反馈，即在从动轴上装有负反馈测速发电机，由发电机与控制箱中的可控硅配合，及时调整励磁电流来保证工作机械的稳定运行。

四、液力耦合器调速

液力耦合器调速是一种液力传动装置，通过改变充液率调速，为无级调速，这种调速方法的调速范围广，功率适用范围大，多用于水泵、风机等机械。

第四节　单相异步电动机

单相异步电动机的转子是鼠笼式，定子上有两个绕组，一个是一次绕组或称为工作绕组，另一个是二次绕组也称启动绕组。

单相异步电动机多用于家庭用具和工业装置上，容量最大的一般在 1kW 左右，将它们连接到单相电源上，其启动方式根据不同的结构有不同的启动方法。

一、单相异步电动机的工作原理

当单相电动机绕组通过单相交流电时，将在定子中产生一个脉动磁场，我们将这个脉动磁场分解为两个旋转磁场，如图 10-34 所示。这两个磁场的旋转速度相等，旋转方向相反，每个旋转磁场的磁感应强度的幅值等于脉动磁场磁感应强度幅值的一半，这样一来，任一瞬

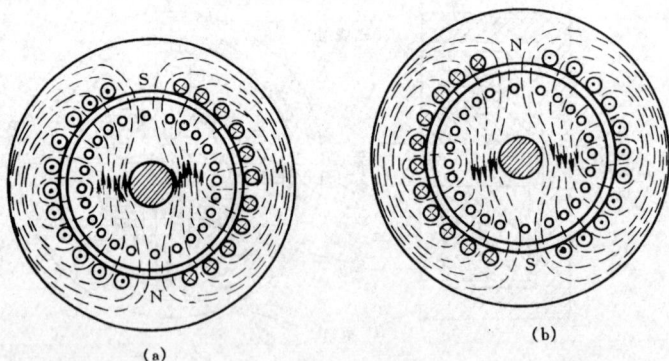

图 10-34　单相异步电动机中的脉动磁场分布图
(a) 交变电流半个周期内磁场分布；(b) 另半个周期内磁场反向分布

间脉动磁场的磁感应强度都等于这两个旋转磁场磁感应强度的向量和。当电动机转子静止时，两个旋转磁场在转子上产生两个大小相等，方向相反的正向转矩 T_{cw} 和逆向转矩 T_{ccw}，其二者之和（$T_{cw} + T_{ccw} = 0$）等于零，因此，转子不能自行启动，如图 10-35 所示。脉动磁场轴线并不移动。

如果我们用某种方法使电动机转子顺着正向旋转磁场的方向转动一下，就会出现正向转

矩 T_{cw} 大于逆向转矩 T_{ccw}，转子在合成转矩的作用下，转子就能继续沿正向旋转磁场的方向转动。因此，要应用单相异步电动机，使其自行启动，就必须利用某种方法使单相异步电动机转子获得一定的启动转矩。

对于隐极式单相异步电动机获得启动转矩的方法有两种，其一是在定子槽内嵌放一组工作绕组（一次绕组），再在槽内嵌放一组启动绕组，在空间相差 90°，此绕组采用较细的导线，使电阻加大，它的电流领先于工作绕组电流，由此产生旋转磁场和启动转矩。另一种是

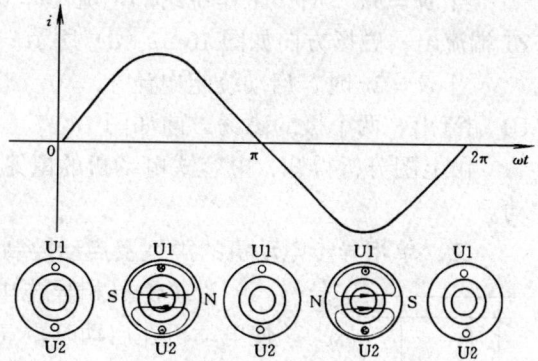

图 10-35　脉动磁场的分析图

将电容器与启动绕组串联，使电流领先，在时间上两个绕组中的电流有一个相位差。电容式电动机原理接线如图 10-36 所示。图中启动绕组与电容器 C 串联后与工作绕组并联，当电动机接通单相电源时，由于启动绕组是容性电路，所以电流 i_A 超前电源电压一个角度，而工作绕组是感性电路，电流 i_M 滞后电源电压一个角度，只要电容器选择适当，就能使 i_M 滞后 i_A90°。这两个电流分别通入空间相差 90°的两个绕组时，将形成一个旋转磁场，如图 10-37 所示。

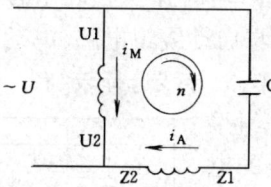

图 10-36　电容式电动机
原理接线图

当 $\omega t=0$ 时，启动绕组的电流 $i_A=0$，工作绕组的电流 i_M 为负值，则 i_M 从 U2 端流入，U1 端流出，根据右手螺旋定则可确定两个极的磁场方向，如图 10-37（a)所示。

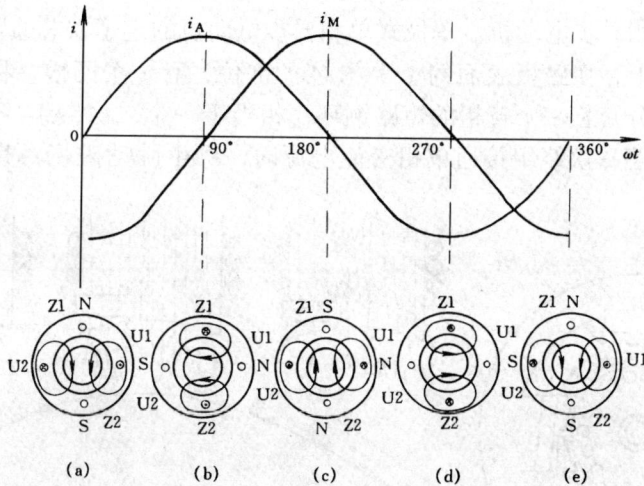

图 10-37　两相绕组通入两相电流产生的旋转磁场

当 $\omega t=\pi/2$ 时，工作绕组的电流 $i_M=0$，启动绕组的电流 i_A 为正值，则 i_A 从 Z1 端流入，Z2 端流出，磁场方向如图 10-37（b）所示。

当 $\omega t=\pi$ 时，启动绕组的电流 $i_A=0$，工作绕组的电流 i_M 为正值，则 i_M 从 U1 端流入，U2 端流出，磁场方向如图 10-37（c）所示。

当 $\omega t = 3\pi/2$ 时，工作绕组的电流 $i_M = 0$，启动绕组电流 i_A 为负值，则 i_A 从 Z2 端流入，Z1 端流出，磁场方向如图 10-37（d）所示。

当 $\omega t = 2\pi$ 时，启动绕组电流 $i_A = 0$，工作绕组的电流 i_M 为负值，则 i_M 从 U2 端流入，U1 端流出，两个极的磁场方向如图 10-37（e）所示。

由上图分析得知，电容式电动机的鼠笼转子在旋转磁场的作用下产生启动转矩而自行转动。

二、单相异步电动机的类型及启动控制

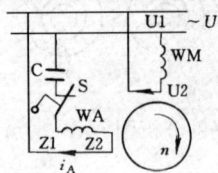

图 10-38　电容启动电动机

为了使单相异步电动机产生启动转矩，就需要采取一定的方法，使电动机在启动时，气隙中能形成一个旋转磁场。

（1）电容启动的单相异步电动机其原理接线如图 10-38 所示。启动时将启动绕组、电容器及离心开关 S 串接后与工作绕组并联再接至单相交流电源上。当电机静止不动或转速较低时，装在电机上的离心开关 S 处于闭合状态，如图所示。当电动机启动完毕，转速达到同步转速的 75%～80% 时，离心开关 S 分断，切断电容器与启动绕组电路，电动机通过工作绕组稳定运行。这种电机启动绕组只是在启动过程短时工作，故导线选择较细。

（2）电容运行单相异步电动机如果将电容启动电动机的启动绕组采用工作绕组同样粗的导线，设计成能长时间接在电网上工作，这样的电机称为单相电容电动机，原理接线如图 10-39 所示。在运行时串联在启动绕组（辅助绕组）电路中的电容器仍与电路接通，保持启动时产生两相旋转磁场的特性，既可得到较大的转矩，而且电动机的功率因数、效率、过载能力都比其他类型单相电动机要高。这种电动机称为电容运行电动机。

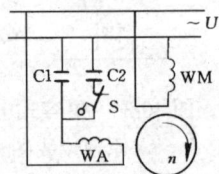

图 10-39　电容运行电动机

（3）罩极式单相异步电动机。罩极式单相异步电动机的定子铁芯通常是凸极式，一次绕组就绕在这个磁极上，在磁极表面约 1/3～1/4 的部位，有一个凹槽，将磁极分成大小两部分，在磁极小的部分套着一个较粗的短路铜环，相当于一个二次绕组（或称罩极绕组），如图10-40（a）所示。当一次绕组接通单相交流电源时，产生脉动磁场，其中一部分磁通穿过

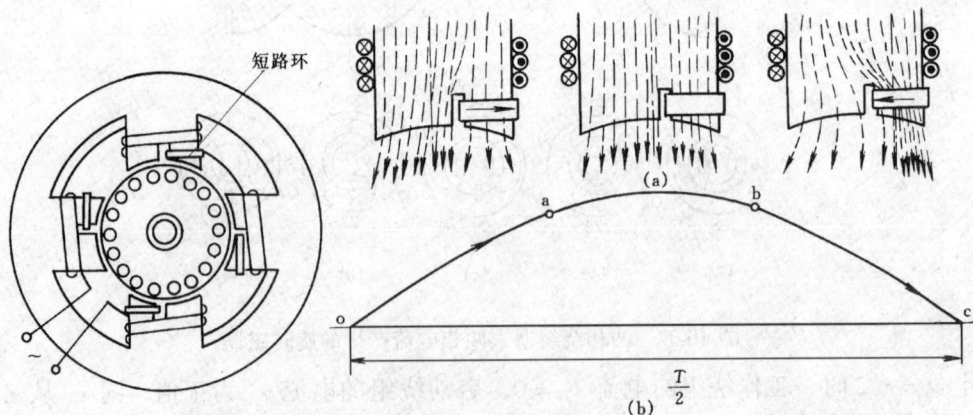

图 10-40　单相罩极式异步电动机结构示意图

（a）罩式单相异步电动机的内部结构；（b）磁通在空间和时间上的相位差

短路环，根据楞次定律，在短路环中产生感应电流，反对罩极中的磁通变化，使这部分磁通滞后一个角度，而将极面下的磁通分成空间和时间上都存在相位差的两部分，如图 10-40 (b) 所示。于是在磁极的端面上就形成了一个移动的磁场，使转子受到这局部旋转磁场的作用而向短路环方向自行启动达到稳定运转状态。

这种电动机构造简单，但是启动转矩小，效率也低，一般应用在风扇、音响、小型鼓风机以及自动装置中。

第十一章

直流电机检修

第一节　直流电机的结构与原理

一、直流电机的结构

直流电机主要是由机座、磁极、电刷装置和电枢等组成，如图 11-1 所示。

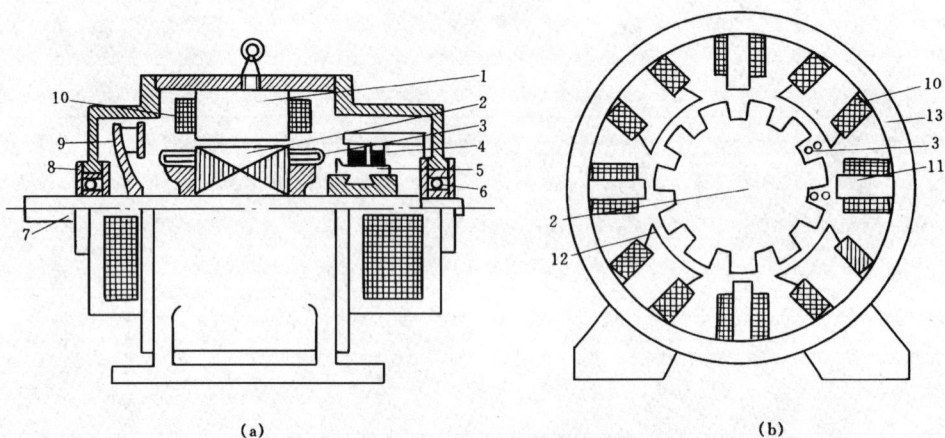

图 11-1　直流电机的结构

（a）结构示意图；（b）剖面图

1—磁极；2—电枢；3—电枢绕组；4—电刷；5—换向器；6—轴承；7—轴；8—端盖；
9—风扇；10—主磁极线圈；11—换向磁极；12—极靴；13—机座

1. 机座和端盖

电机的主磁极和换向磁极都是固定在机座的机壳上，机壳作为磁通的通路也称做磁轭，由浇钢铸成或钢板卷曲焊接成，机座底脚的作用是将电机固定在基础上，机座对电机内部的部件起保护作用，也是电机通风散热系统的一部分。

端盖一般由铸铁铸成，主要起保护电机内部部件不受外界因素引起的损害，同时也保护运行与维护人员的人身安全。中小型直流电机的轴承装在端盖内，故端盖还起到支承转动部分的作用，因此应有足够的强度。

2. 磁极

直流电机的磁极分为主磁极和换向磁极两种，它们的作用不同。

（1）主磁极。由铁芯和套在铁芯上的绕组组成，如图 11-2 所示。铁芯用螺栓固定在机座上，它下面的扩大部分称为极靴，其作用是使磁通在空气隙中分布均匀，并使励磁绕组牢

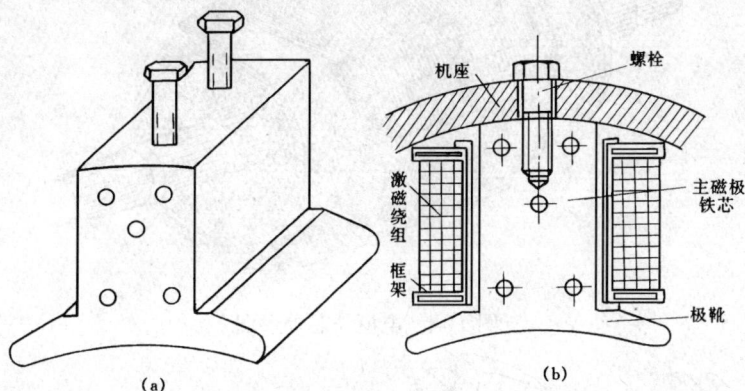

图 11-2　直流电机的主磁极
（a）主磁极铁芯；（b）主磁极

固的套在铁芯上。铁芯一般用 $0.5 \sim 1mm$ 厚的硅钢片叠压而成，用铆钉铆紧，片与片之间靠钢片本身氧化膜绝缘。励磁绕组由绝缘铜线绕成，绕组与铁芯之间用聚酯纤维纸、云母纸等绝缘。

（2）换向磁极。换向磁极又称附加极或补偿磁极，它是装在相邻两个主磁极之间中心线上的小极，可用来克服直流电机电枢反应，减少电机运行时电刷下面可能产生的火花，从而改善换向的作用。换向磁极也是由铁芯和绕组组成，如图 11-3 所示。小型电机的换向磁极，铁芯是由整块锻钢制成，大、中型电机的换向磁极是由 $1 \sim 1.5mm$ 厚的低碳钢板叠成。换向磁极的线圈一般用绝缘扁铜线绕成，线圈与铁芯之间加装线圈护框。换向磁极也是用螺栓固定在机座上，它的气隙可以通过垫片来调整。

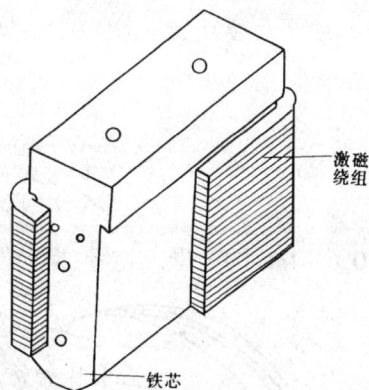

图 11-3　直流电机的换向磁极

3. 电枢

电枢是由装在转轴上的铁芯、绕组和换向器组成。

（1）电枢铁芯。电枢铁芯是构成电机磁路和嵌放电枢绕组的，通常用 $0.35 \sim 0.5mm$ 厚的硅钢片叠压而成，片间涂有绝缘漆，铁芯圆周均匀的冲有槽孔，以便嵌放电枢绕组用，如图 11-4 所示。容量稍大的直流电机中，铁芯沿轴向分成几段，各段间留有一定间隙，称为通风道。运行时可以吹入空气，以冷却铁芯及绕组。

（2）电枢绕组。电枢绕组能产生电动势和通过电流，使电机达到能量转换的目的。它是由绝缘铜导线绕制的线圈（小容量电机一般采用圆导线，容量稍大的电机采用矩形导线），镶嵌在铁芯槽内，并用槽楔固定。绕组与铁芯之间有绝缘，其端部通过绝缘层用去磁钢丝扎紧。

（3）换向器。换向器由许多带有燕尾形的换向片（铜片）拼成一个圆筒形，如图 11-5 所示。电枢绕组各线圈首末端都接到换向器的换向片上。相邻两换向片之间垫有一层厚

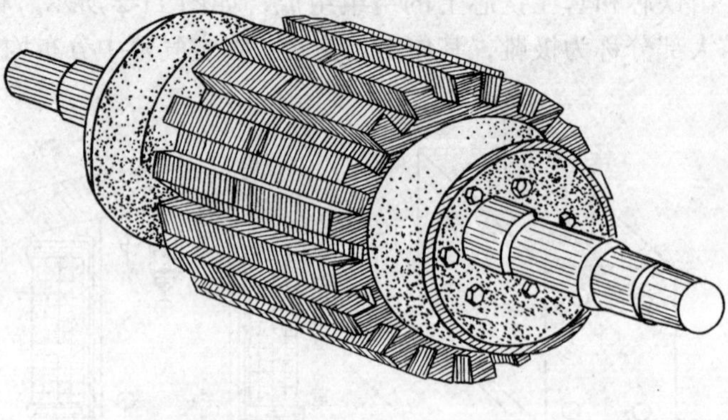

图 11-4　电枢铁芯外形图

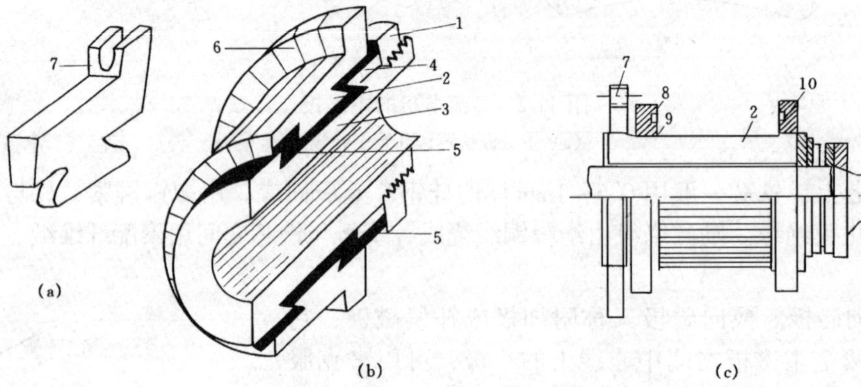

图 11-5　换向片与换向器
(a) 换向片；(b) 拱式换向器；(c) 紧固式换向器
1—螺旋压圈；2—换向片；3—套筒；4—V形钢环；5—云母；
6—片间绝缘；7—升高片；8—钢圈；9—绝缘层；10—平衡槽

0.6～1mm的云母片绝缘,换向器与套筒之间亦用云母绝缘,换向片嵌入金属套筒后,用V形钢环和螺旋压圈固定成一个整体。换向片和V形钢环间也要用特制的V形云母环妥善绝缘,这种换向器称为拱式换向器。转速高离心力大的直流电机换向器常采用紧固式换向器,如上图11-5(c)所示。它的结构特点是用不带燕尾的换向片拼成圆筒,内衬绝缘套在套筒上,在换向器端部和升高片前面分别垫两条环状绝缘层,然后用热套法将两个预先加工好的钢圈套上,使换向片箍为一个整体。

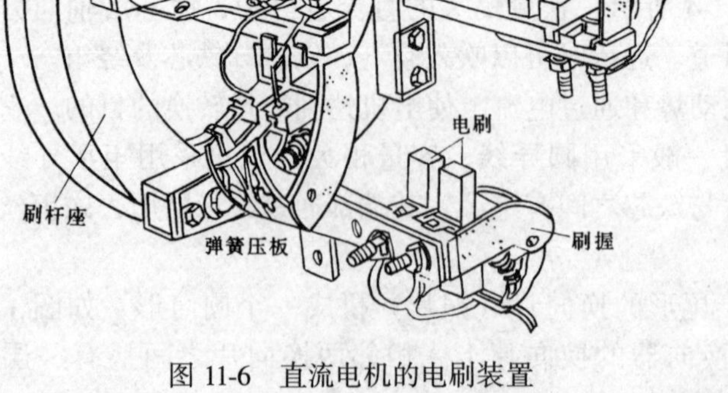

4. 电刷装置

电刷装置是连接电枢绕组和外电路的,它由电刷、刷握、刷杆和刷杆座组成,如图11-6所示。电刷装在刷握中,用弹

图 11-6　直流电机的电刷装置

簧压紧在换向器上,压力一般为 $0.15 \times 10^5 \sim 0.25 \times 10^5$Pa。刷握用螺栓固定在刷杆上。按电流大小,每个刷杆上由几块电刷组成电刷组。电刷组的数目等于主磁极数目,各电刷组的位置通过刷杆座进行调节,当电刷调节到电气中性线位置时,就将刷杆座用螺栓固定在端盖或机座上。

二、直流电机的基本原理

1. 直流发电机

如图 11-7(a)所示是两极直流发电机的简单工作原理。在两个固定磁极 N、S 之间,有一个圆柱形铁芯,上面放一匝线圈 abcd,这就是电枢绕组。线圈两端分别和两个半圆形铜环相连接,铜环固定在轴上并和轴一起旋转。铜环之间以及铜环与转轴之间都是互相绝缘的。这两个半圆形铜环组成了最简单的换向器,铜环就是换向片,分别与位置固定不变的电刷 A 和 B 相接触,电刷与铜环之间可以相对滑动,通过电刷把电枢绕组中的电流引出来。

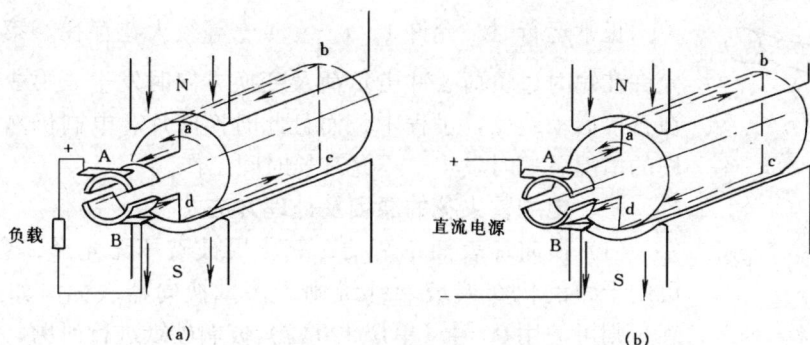

图 11-7 直流电机的工作原理

(a) 直流发电机;(b) 直流电动机

当发电机的电枢由原动机带动,按逆时针方向等速旋转时,绕组线圈的导线 ab 及 cd 便切割磁力线而产生感应电动势 e,感应电动势的方向由右手定则决定。在图 11-7(a)的位置瞬间,导线 ab 的感应电动势方向由 b 到 a,导线 cd 中的感应电动势方向由 d 到 c,此时,电刷 A 为正极,B 为负极。转子转了半圈后,导线 ab 移到 S 极下,导线 cd 移到 N 极下,这时,它们的感应电动势方向和前面恰好相反,但这时电刷 A 同导线 cd 相接,它仍为正极,电刷 B 同导线 ab 相接,仍为负极。所以,随着转子的不断旋转,尽管线圈 abcd 中电动势的方向不断地交替变化,但通过换向器,就把线圈 abcd 中的交变电动势变成了直流电动势,输出直流电能。

2. 直流电动机

如图 11-7(b)所示是两极直流电动机原理图,其结构和发电机完全相同。将电刷 A 和 B 分别与直流电源的正、负极相接,则导线 ab 和 cd 中的电流,分别从 a 到 b、从 c 到 d,按左手定则,载流导线 ab、cd 分别受到向左和向右方向的电磁力,使电枢按逆时针方向转动。当电枢转过半周时,导线 ab 移到 S 极下,电流从 b 到 a,导线 cd 移到 N 极下,电流从 d 到 c,根据左手定则电枢仍逆时针旋转,这样一直旋转下去,就是直流电动机的基本原理。

第二节 直流电机常见故障原因及处理方法

直流电机常见故障可分为电气和机械两个方面。机械故障主要是轴承损坏或平衡块松动造成振动。电枢端部绕组扎线松动、槽楔松动造成定子磁极铁芯与电枢互相摩擦。而电气故障主要是由于各种原因造成换向器与电刷之间产生火花。一般电刷火花可分为以下几级：

第 1 级——无火花；

第 $1\frac{1}{4}$ 级——在一小部分电刷（约占全部电刷的 1/4）的下面发生微弱的点状火花；

第 $1\frac{1}{2}$ 级——约有半数电刷下面发生微弱火花；

第 2 级——大部分或全部电刷均发生火花；

第 3 级——全部电刷发生强烈的火花，致使不能长时间进行工作。

正常运行时，允许 1、$1\frac{1}{4}$、$1\frac{1}{2}$ 等级火花存在。第 2 级火花只允许在短时过负荷、冲击负荷及变换方向时发生。第 3 级火花只有在直接启动或反转过程中，而且此时换向片、电刷仍然可以继续使用的情况下短时发生，不允许长时间工作。

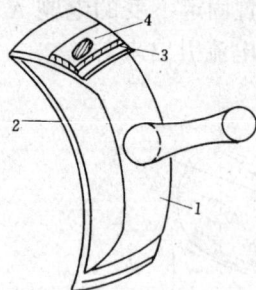

图 11-8 打磨换向器
用专用工具
1—木块；2—玻璃砂纸；
3—压板；4—木螺丝

一、电刷冒火花的原因及处理方法

（1）换向片表面不清洁，氧化层被破坏无光泽，会引起火花。可用干净的帆布或玻璃纤维刷子擦拭换向器表面。如此法不够理想，则可使用 00 号（单位 120 粒）玻璃砂纸进行研磨，如在旋转的换向器上研磨，可用木质打磨工具，如图 11-8 所示。将砂纸固定在特制的木块上，木块下面的弧形应恰好与换向器弧形相吻合，将带有砂纸的木块压在旋转的换向片上即可。

（2）电刷尺寸不符合要求、太松或在刷握内卡涩将会引起冒火花。对卡涩的电刷应取下，用细玻璃砂纸研磨，保证在刷握中有 0.1 ~ 0.2mm 的间隙即可。对太松的电刷应更换同型号新的电刷。更换的新电刷应研磨电刷与换向器相接触的一端，保证接触面达到 70% 以上。研磨方法如图 11-9 所示。

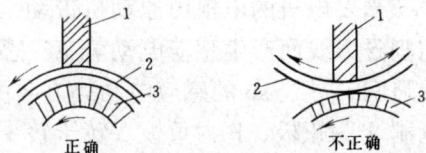

图 11-9 电刷的磨法
1—电刷；2—玻璃砂纸；3—换向器

（3）各电刷压力不均匀或压力不够，也会引起冒火花，此时应调整电刷压力。电刷所受的压力与电刷的种类和换向器的速度有关。硬质电刷通常是 $0.2 \times 10^5 \sim 0.3 \times 10^5 Pa$，软质电刷是 $0.15 \times 10^5 \sim 0.2 \times 10^5 Pa$，但同一刷架各电刷压力之差不得超过 10%。测量方法如图 11-10 所示。调整压力时，要注意电刷的长度，最短不能低于刷握的1/3高度，如电刷过短应更换同型号新电刷。

（4）换向片间绝缘云母凸起，使电刷与换向片接触不良，在运行中会冒火花。这种情况应采用特制刮锯把换向片间的云母锯深到 1 ~ 1.5mm。刮锯通常用断锯条制成，锯条的厚度可用砂轮打磨到等于云母的厚度，如图 11-11 所示。云母片铲除后，必须将槽修成 U 形，换向片的尖缘需用刮刀削成 45°倒角，如图 11-11 所示。操作时要避免刮锯跳出而划伤换向片表面，或用力不当而撞击、损伤换向器根部。修刮后用细油石打磨，清除毛刺，然后清理干净。

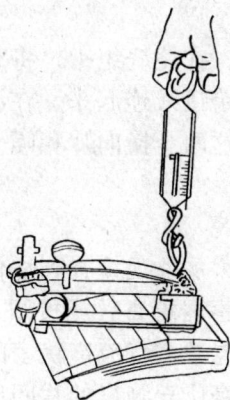

图 11-10　用测力计
检查电刷的压力

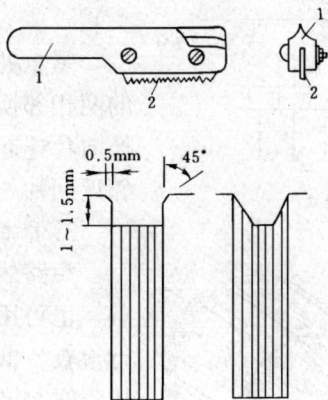

图 11-11　换向器的刮缝

(5) 换向器表面不平整或偏心，电刷也会冒火花。换向器表面的偏心度不应超过 0.1mm，如换向器表面偏心或不平整应进行车削，然后按第 4 条刮锯换向片间绝缘，并用刮刀将换向片尖缘倒角，用细三角油石打磨毛刺。

(6) 直流电机绕组故障能使换向器发热和电刷严重冒火，处理方法见绕组故障的检修。

二、绕组故障的检修

1. 直流电机绕组接地

直流电机绕组对地的绝缘电阻应采用兆欧表，分别对磁极和电枢进行检查。磁极绕组使用 1000V 兆欧表，对机壳的绝缘电阻不得低于 1MΩ。电枢绕组对轴和绑线的绝缘电阻使用 1000V 兆欧表，绝缘电阻值应和以前测定值比较，不应有显著降低。

如果磁极绕组绝缘电阻低于规定值，则打开各磁极线圈的连线，分别找出接地位置，然后做应急处理。

如果电枢对轴的绝缘电阻明显下降，甚至为零时，首先进行外观检查，再吹灰清扫，若仍接地，则用毫伏计测量电枢绕组的电压，当毫伏计读数最低时，表明该线圈接地。检查方法如图 11-12 所示。临时补救的办法是在接地处插一块新的绝缘材料，将接地线圈与铁芯隔开并固定。如果电枢绕组对绑线绝缘电阻为零时，则需打开扣片拆除绑线，重新处理绑线与电枢绕组之间的绝缘。

图 11-12　绕组接地检测方法示意图
(a) 磁极线圈接地；(b) 电枢绕组接地

2. 电枢绕组断路

绕组断路多数由于换向片与绕组接头焊接不良引起，或个别线圈内部导线断线（小型直流机），这时，在运行中电刷下发生不正常的火花。检查方法如图 11-13 (a) 所示。将毫伏表跨接在相邻两换向片上（即 2 极电机相隔 180°的两个换向片上；4 极电机则相隔 90°），在正常情况下，测得的片间电压降一般应相等或最大与最小值之差与平均值的比值应不大于 ±5%，当绕组有断路故障时，毫伏表的读数将显著增大，且指针剧烈跳动（要防止损坏表

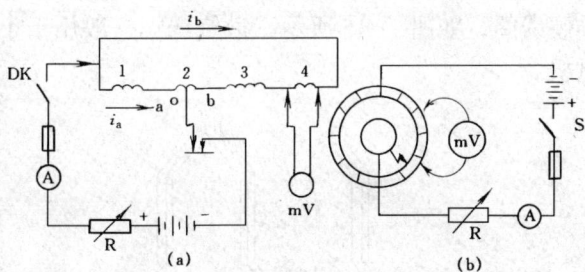

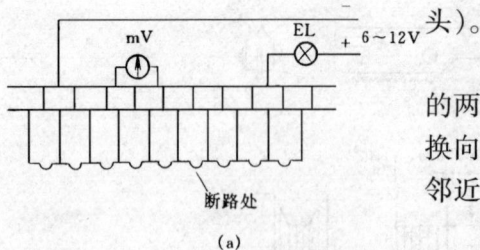

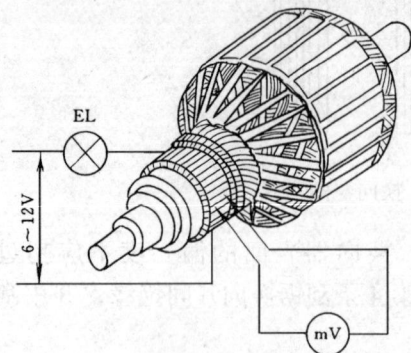

图 11-13 电枢绕组断路与短路检查
(a) 断路；(b) 短路

紧急处理方法，在叠绕组中，将有断路的绕组所接的两相邻换向片用跨接线连起来。在波绕组中，也可将换向片连起来，但这两个换向片相隔一个极距，而不是邻近两片。

3. 电枢绕组短路

短路故障有时可从外观检查到烧伤痕迹而发现故障点，也可用短路侦察器检查，或按图 11-13 (b) 所示进行检查，低压直流电源和直流毫伏表的接法与检查断路故障时相同。如果毫伏表测得的片间压降比其他各线圈压降低或接近于零，则表明接在这两片上的线圈发生短路。若读数等于零，多为换向器片间短路。片间短路一般采用刮锯片间绝缘的办法即可消除。如果电枢绕组产生匝间短路一般要重新处理电枢绕组。

三、电枢绕组重绕工艺

1. 绕组的绕线

电枢绕组分叠式和波式两种，元件线圈有单匝与多匝之分。导线截面不大的单匝线圈由绝缘扁导线绕成，截面较大的通常用扁裸铜带绕制。裸铜带在绕线、成形、整形过程中会不断受到机械应力而变硬，因此成形后需进行退火处理，然后将绝缘材料垫在匝间或包绕在线匝上。单匝元件线圈一般分为半匝和全匝两种，如图 11-14 所示。多匝元件线圈一般都采用绝缘圆形或扁导线绕制，它的匝间绝缘就是导线本身的绝缘层。

多匝元件线圈通常分单层、双层和散绕、成形型式，散绕线圈也称软线圈，成形线圈也称硬线圈，如图 11-15 所示。散绕线圈一般用于小型直流电机，成形硬线圈用于大中型直流电机。

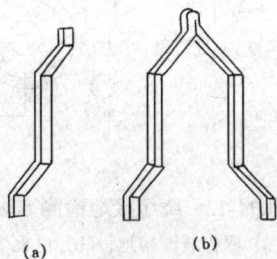

图 11-14 电枢绕组的单匝元件线圈
(a) 半匝；(b) 全匝

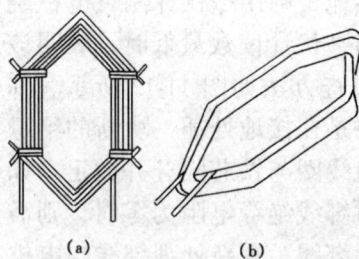

图 11-15 多匝元件线圈
(a) 散绕线圈；(b) 成形线圈

(1) 散绕线圈采用绝缘圆导线在绕线模上绕制，不需要整形就可以进行嵌线。线圈的首尾端均要套以不同颜色的套管。

(2) 成形线圈通常采用绝缘扁铜线在特制的梭形绕线模上绕制。这种线圈绕成后，首尾端要清理绝缘层、线端搪锡、线圈包扎、整形、包裹绝缘等工序。

成形线圈绕线时，先留出适当长度的首端引线，并将首端部分铜线敲平。在绕线过程中为防止匝间不平整或有间隙，应随时平整各匝铜线。线匝间如要求有层间绝缘垫条，在绕线时应齐整地随时垫入，然后用棉线扎紧避免松散。

绕好的线圈要用白纱带暂时包扎紧固，再在拉形机、整形模上成形，使所有线圈的各部分尺寸和形状完全符合要求。然后拆去白纱带，按要求包裹绝缘。

（3）单匝元件线圈一般采用裸扁铜线绕制，其工序为弯曲鼻端、矫直、下料、退火、成形、端部搪锡、包扎绝缘。

弯曲鼻端要在专用工具上手工弯制，是电枢单匝扁形线圈一端部的特殊形式。退火工序是由于扁铜线经过多次整形变硬，为了方便以后工序，进行退火处理，使导线恢复韧性。截面较小的导线可不退火。退火方法是将导线排列在铁槽里，推入退火炉中加温至 600 ~ 650℃，保温 30min 左右，取出尽快地投入清洁的水槽中冷却后干燥待用。

单匝元件线圈的成形可在特制虎钳式装置上进行，线圈的弯折成形顺序如图 11-16（a）所示。线圈两端焊接部分的弧形可在压弧模上进行。半匝元件线圈端部成形，可在如图 11-16（b）所示的专用装置上弯制。

线圈绝缘的包扎方式有连续式与套管式两种。连续式绝缘是用绝缘带连续包绕在单匝元件整个线圈上；套管式绝缘则是在单匝元件线圈的直线部分用裁好的绝缘套管套裹，端部用绝缘带包绕。

绝缘带包绕又分疏包、平包、半叠包三种方法，如图 11-16（c）所示。疏包法是作为扎紧导线用，不算绝缘层；平包法是绝缘最外层用；半叠包法是导线或线圈包扎的基本绝缘。

套管式绝缘的单匝元件直线部分用几层云母纸组成的套管，端部由粉云母带和玻璃漆布带包扎。云母套管与粉云母带的连接处是套管式绝缘的薄弱环节，也是电场的畸变区段，所以包扎时必须特别注意。

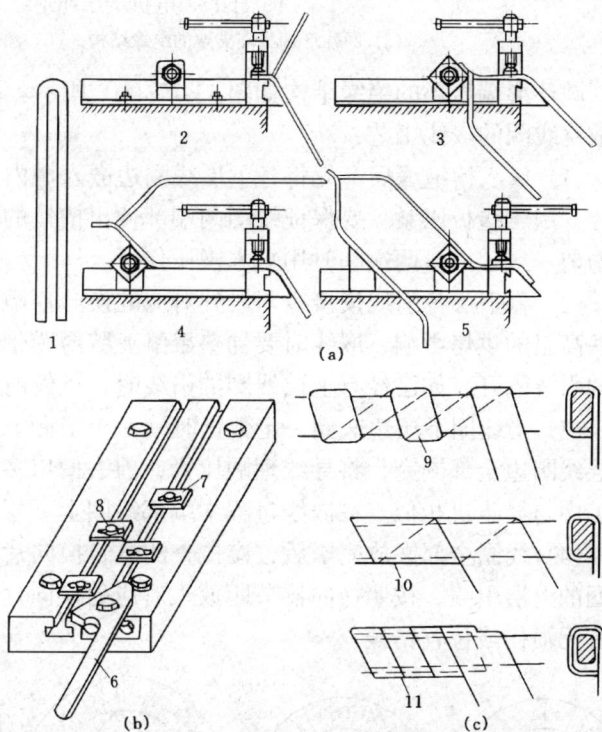

图 11-16　单匝线圈的成形与绝缘包扎方法
（a）线圈的弯折成形顺序；（b）半匝线圈的端
部成形专用装置；（c）绝缘包扎方法
1—线圈；2、3、4、5—弯折顺序；6—转动杆；7—挡块；
8—螺栓；9—散包；10—平包；11—半叠包

2. 电枢绕组的嵌线

电枢绕组的直线部分是嵌放在转子铁芯的槽内，而转子铁芯的硅钢片是靠电枢端压环压紧，端压环又是电枢绕组端部的支架，小型电机端压环是圆柱形，大型电机的端压环是圆环形。圆柱形端压环的绝缘方式如图 11-17（a）所示。现以 440VB 级绝缘的端压环为例简述如下：用玻璃丝布围包在端压环边沿，布条悬于环外 60mm 左右。用 0.2mm 厚云母箔两层和 0.2mm 厚聚酯薄膜玻璃漆布两层剪成条形，搭接拼合围包在端压环上，其宽度应伸出端压环外 10~15mm，边垫边用玻璃丝布带缠绕扎紧，然后将悬于环外的布条折叠回来，继续用玻璃丝带缠紧，修除端面处的毛边，最后用玻璃丝带以半叠绕包法均匀缠绕一层。

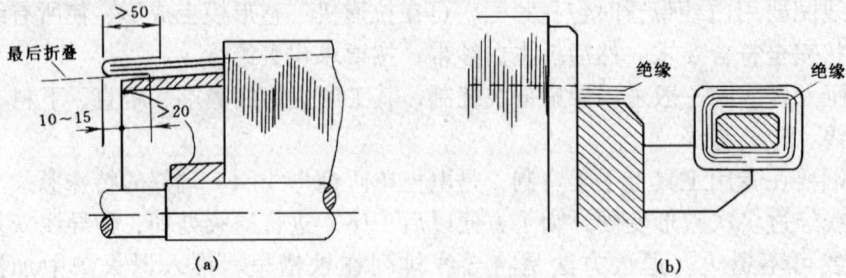

图 11-17　电机端压环绝缘结构示意图

(a) 圆柱形端压环支架的绝缘结构；(b) 圆环形端压环支架绝缘结构

圆环形端压环的绝缘结构如图 11-17（b）所示。端压环的绝缘处理完毕即可嵌线。以下为散绕线圈的嵌线工艺：

（1）放入槽绝缘后，先将各下层线圈边嵌入槽内，用划线板理顺槽内导线，放置层间绝缘片，用压线板压紧。要保证线圈两端部伸出槽口的长度一样，而且端接部分的形状与分布要均匀一致。槽口两端临时用短木楔压住。

（2）将下层各引线按接线图放到对应的换向片槽里。由于引线的绝缘层在焊接时会受到烙铁高温的烘烤影响，嵌线时要加垫聚酰亚胺薄膜带或云母带，以上下交错或往复包覆把相邻的引线隔开。如已经有上层线圈的引线时，可暂时将它竖起来，不要碰靠换向器。

（3）当线圈下层边嵌到一定数量时（一个节距），可开始嵌放各线圈的上层边。各槽上下层线圈边全部嵌完，将导线理顺压紧，剪去槽口多余绝缘纸，折叠覆盖槽绝缘，打入槽楔等工序与异步机相似。在嵌线过程中端部线圈上下层之间要安放绝缘垫。

（4）线圈全部嵌放完毕后，应检查测试各换向片间和对地的绝缘情况，同时整理各元件线圈的上层引线，按照换向器节距放入对应的换向片槽里。同时测试绕组对地绝缘，查看线圈有无损伤或位置错误。

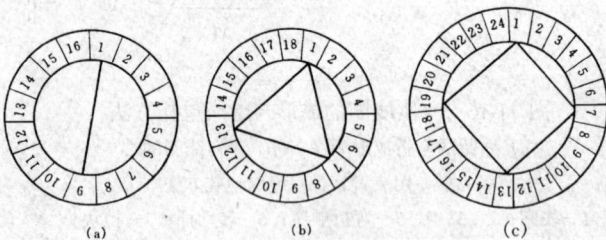

图 11-18　电枢绕组均压线的连接方法

(a) 4 极对半接；(b) 6 极三角形；(c) 8 极四角形

（5）电枢绕组如有均压线时，应按接线图或原始记录连接。均压线的连接方式一般有：4 极电机为对半接，6 极电机为三角形，8 极电机为四角形，如图 11-18 所示。均压线可制成与电枢绕组的端部同样形状，其两端应搪好锡，包绕绝缘等级与电枢绕组相同。均压线可以单独绑扎，也可与电枢绕组绑在一起。

（6）嵌线全部完成的电枢要用临时绑线捆紧，防止各引线移位松动，绕组也要整理捆平，使其紧凑、整齐、少空隙，并截除多余引线头，清除整个电枢表面的灰尘、毛刺、杂物留待焊接。

成形线圈与单匝线圈的嵌线工艺比散绕线圈方便，单匝线圈的嵌线往往与绕组接线结合在一起。

3.电枢绕组的接线

电枢绕组不同的排列、组合构成不同型式的绕组,不同并联支路数和等电位的分布状况又有各自的特点。因此,电枢绕组的接线应按原样或重绕计算后的绕组排列表与接线图进行。

电枢绕组的引线与换向器的连接,对小容量电机是在电枢绕组嵌完后进行,而大、中容量的电机则在嵌线过程中同时进行连接。连接方式有对称和不对称之分,如图 11-19 所示。不同连接对电机工作特性有很大影响。

引线对称连接的绕组其电刷位置正好在主磁极的轴线处;而不对称连

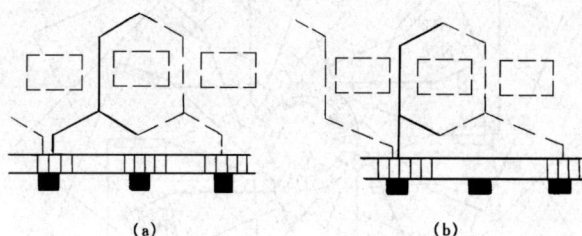

图 11-19　电枢绕组引线端与换向器的不同连接
(a) 对称连接;(b) 不对称连接

接的绕组其电刷位置应根据元件线圈换向时的实际情况确定。一般对称绕组应用在正反运转的电机上;不对称绕组应用在不可逆转或特殊要求的电机上。

(1) 单叠绕组的接线。电枢单叠绕组的接线是将第一元件线圈的下层边引线端与第二元件线圈的上层边引线端一起焊接在同一个换向片上。以下依次同样顺序连接下去,到最后一个元件线圈的下层边引线端与第一个元件线圈的上层边引线端一起焊接在最后一个换向片上,完成单叠绕组的闭合电路。

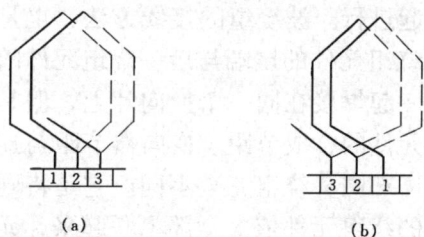

图 11-20　直流电动机电枢绕组的绕向
(a) 右行绕组;(b) 左行绕组

单叠绕组分右行与左行两绕线方向,如图 11-20 所示。左行绕组因同一元件线圈的首尾端要交叉,使工艺较复杂,用导线也较多,接线不整齐,实际中大多采用右行绕组。

为了保证绕组接线正确和方便,所嵌线圈和嵌放槽位及换向片等最好在嵌放前编号。这样可以对照绕组排列表和展开图、接线圆图进行嵌线、接线,如图 11-21 所示。其中图 11-21 (a) 为 4 极电枢单叠绕组圆图,它是图 (b) 绕组排列表和图 (c) 绕组接线展开图相对应的模拟图。

从绕组接线圆图可以看出,绕组接线共有 4 条支路,分别由 A1、A2 两个正极性电刷连接成为对外电路的正极;B1、B2 两个负极性电刷连接成对外电路的负极。如将接线图简化,则如图 11-22 所示的电路图。

所谓支路,实际上就是由相邻两异性电刷之间的若干元件线圈组成的部分绕组,单叠绕组的并联支路数等于极对数。

(2) 复叠绕组的接线。复叠绕组元件线圈的接线如图 11-23 所示。复叠绕组与单叠绕组的差别在于换向器节距 $y_K = 2$ 或以上,即成为复叠绕组。实际上复叠绕组是 m 个单叠绕组的组合。在应用时常采用 $y_K = m = 2$ 的复叠绕组,也称双叠绕组。由图可知,元件线圈 1 的下层边引线端不是与元件线圈2连接,而是接到元件线圈 3 的上层边引线端一起,被跳隔的 2、4、6……元件线圈则连接组成另一个单叠绕组,奇偶数两个绕组互相交叠在一起,各自

(a)

上层槽号

下层槽号

(b)

(c)

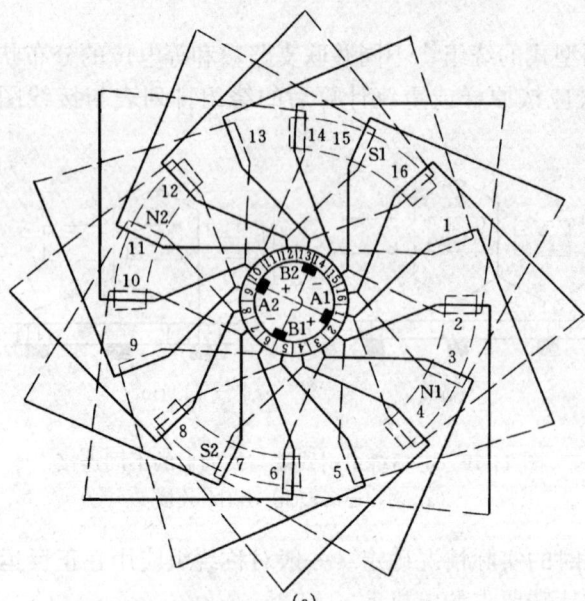

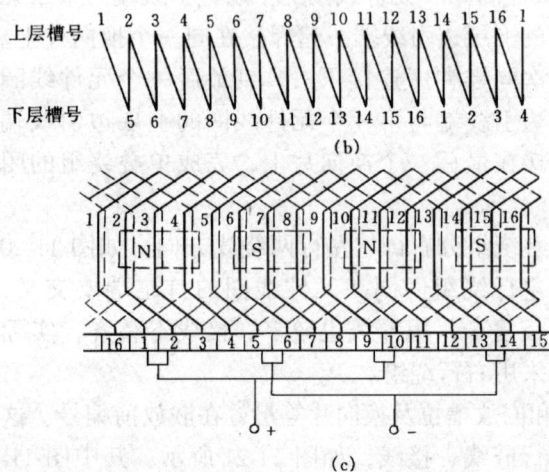

图 11-21　单叠绕组接线(4极电枢绕组)

(a)4极电枢单叠绕组接线圆图示例
$(Z_0 = K = 16, y_1 = 4, y_2 = 3, y = y_K = 1)$；

(b)电枢绕组排列表$(Z_0 = K = 16, y_1 = 4, y_2 = 3, y = y_K = 1)$；

(c)4极直流电动机电枢单叠绕组展开图$(s = K = Z_0 = 16)$

成一个闭合回路，通过电刷并联起来，称双闭路复叠绕组。图11-24为4极电枢双闭路复叠绕组排列表，图11-25为该示例的绕组接线圆图。如果元件线圈数和换向片数均为奇数时，则绕组要经过所有元件和换向片后才一次闭合，这种复叠绕组称为单闭路复叠绕组。其接线方法基本相同。

无论双闭路或单闭路复叠绕组，其对外的并联支路对数都是2倍于极对数。两者在性能上差不多，单闭路复叠绕组只用在极对数为奇数的电机上，主要是考虑均压线的安置。

(3) 单波绕组的接线。波绕组的线圈多属单匝，又有半匝和全匝之分，所以它的嵌线和接线不同于单叠绕组，而是一起进行。波绕组的接线方法，也是前一绕组元件的尾端与后一绕组元件的首端一起焊接在同一个换向片上，但是绕组元件的合成节距、换向器节距与连接顺序却同叠绕组完全不同。它是将同极性的绕组元件依次全部串联起来，元件的首尾端接在相距约2倍于极距的换向片上。当顺着串联的绕组元件绕行电枢一周后，就回到起始换向片相邻的一片换向片上，接着开始第二周的同样接线，直至全部接完。

单波绕组无论磁极对数多少，它只有两条支路，即支路对数 $a = 1$。从理论上讲，只需装一对电刷就可以了，但实际上却仍按电刷数等于磁极数安装电刷。这样可以使每组电刷的负荷电流减小，因而可使用截面较小的电刷或减少

每组电刷数量，相应地可缩小换向器的尺寸。

(4) 复波绕组的接线。复波绕组是元件绕接换向器一周后，不回到原起始换向片的相邻片上，而回到相隔一片以上的另一换向片上。这样等于两个或 m 个独立的单波绕组互相交叠在一起，经电刷并联连接起来。一般来说，如果元件绕行电枢一周后回到起始元件相距 m 个元件或换向片，就成为 m 复波绕组，在电刷上就有 m 个单波绕组并接在一起。复波绕组的换向器节距为 $y_K = (K \pm m)/p$。

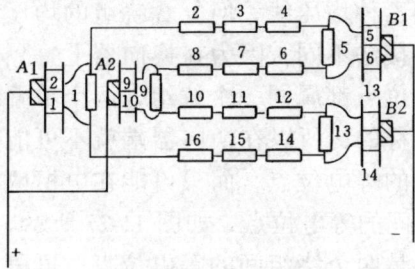

图 11-22 4极单叠绕组
并联支路电路图

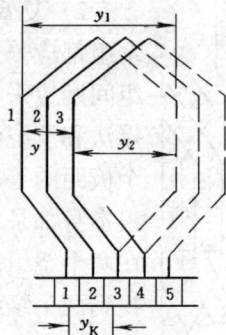

图 11-23 复叠绕组
元件线圈的
接线示意图

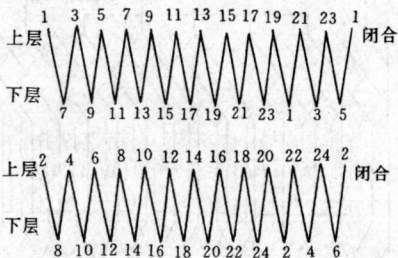

图 11-24 4极电枢双闭路
复叠绕组排列表
($Z_0 = K = 24$，$y_1 = 6$，
$y_2 = 4$，$y = y_K = 2$)

复波绕组可以分为单闭路和双闭路，两者运转性能上相仿。凡是 K 与 y_K 互为质数时，属单闭路，K 与 y_K 有公约数 2 时属双闭路。

(5) 电枢绕组的均压线。为了消除因电枢与各磁极间的气隙不均匀，导致各磁极下的磁通和绕组各并联支路的电动势不相等，产生经同极性电刷周流于绕组内的均压电流，使电枢绕组的电刷过热而增加损耗。故容量较大的电枢绕组可在几点相等的电位上用均压线连接，使电流不经过电刷只经过均压线通过。均压线的电流是交流电，它产生的磁通作用于主磁通，它能消除磁场中因气隙不均匀而造成的不对称现象，又能恢复磁场的对称平衡状况，提高工作性能。

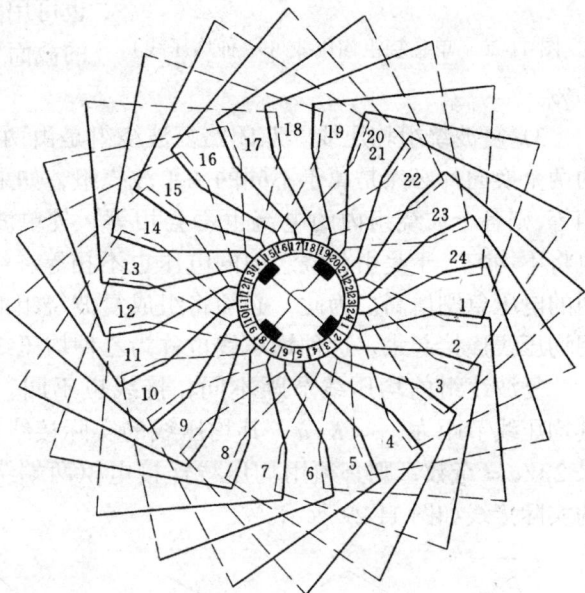

图 11-25 4极24槽电枢双闭路复叠绕组接线圆图
(图中实线为上层边，虚线为下层边)

以下是几种均压线的应用与接线：

1) 单叠绕组均压线。如图 11-26 所示 4 极 16 槽 $y_1 = 4$，$y_2 = 3$，$y_K = 1$。由图 11-26 可看出，各均压线将电位相等的两点连接起来。一般单叠绕组由于每一对磁极下的线圈组成一对支路，对于一对支路中的某一电位点，可以在另一对磁极下的支路中找到一个相等的电位点。因此，如果极对数是 p，就可能有 p 个等电位点需连接在一起；又因为 $p = a$，也可以说有 a 对支路，就可能有 a 个等电位点需要连接在一起。这 a 个等电位点应均匀分布在电枢绕组和换向器上，每两点间的距离 y_p 等于两个整极距，即 $y_p = K/p = K/a$。但是，不是所有单叠绕组中都能找到等电位点，要能连接均压线，必须满足 $y_p = K/a$ 等于整数的条件，否则就找不到等电位点，也就不能连接均压线。

单叠绕组的均压线习惯上也称甲种均压线。

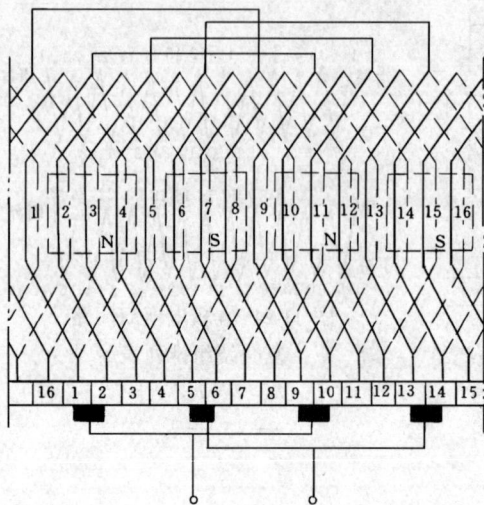

图 11-26　单叠绕组均压线（甲种均压线）

2）复叠绕组均压线。复叠绕组中的每个单叠绕组都应采用甲种均压线，双闭路的两个单叠绕组间则应采用乙种均压线。但复叠绕组的均压线接法和波绕组接法不同，因为在换向器上每隔两个极距的等电位点都属同一个绕组，两个单叠绕组本身都是对称的，所以在换向器端就不可能存在两个绕组间的等电位点，而只可能在电枢两端找到两个绕组间的等电位点，如图 11-27 所示。A点和换向片 2 是两个绕组间的等电位点，可以用导线穿过电枢铁芯内部把这两点连接。

各种均压线可以安置在换向器端，也可安置在另一端，形状可如绕组端接部分用导线跨接，也可用圆环将几十个等电位点连接起来。均压线的截面约为绕组元件线圈的导线截面的 20% ～ 50%。

3）复波绕组均压线。双闭路复波绕组是由两个互相独立的单波绕组并联而成，其相邻的两个换向片必然是属于不同的两单波绕组，如果电刷与不同绕组的换向片间的接触电阻不相等，则各个波绕组内的电流也不会相等，各单波绕组间的电流分布也将不均匀，于是引起绕组内的电压也不相等，结果使相邻各换向片间的电压急剧增高。为此，必须将组成复波绕组的全部单波绕组彼此用均压线连接起来。这种均压线也称为乙种均压线。

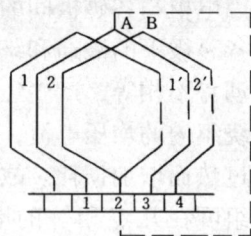

图 11-27　复叠绕组的乙种均压线

复波绕组的均压线节距不同，接线也不同。如果 $2p/a$ = 偶数，其均压线节距为 $y_p = K/a$，其均压线的实际接线如图 11-28 所示。如果 $2p/a$ = 奇数，则必须用均压线连接电枢两端绕组各点，其均压线的实际接线如图 11-29 所示。

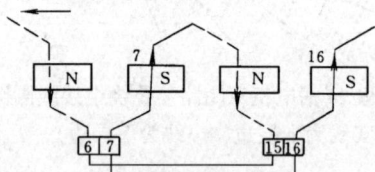

图 11-28　复波绕组均压线（乙种均压线）

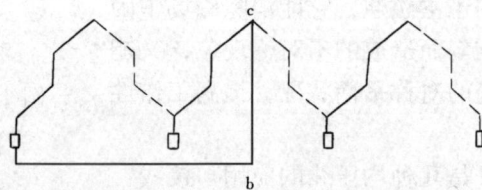

图 11-29　6 极电枢复波绕组均压线

复波绕组内的均压线数通常约为每极两路，均匀分布于绕组上。单闭路复波绕组为消除负载时由于支路电流不等而引起的等电位点间的电动势，也要采用乙种均压线。

（6）混合（蛙形）绕组的接线。混合绕组是将叠绕组和波绕组同嵌在一个电枢上，两套绕组在每个换向片上并联焊接起来，每个换向片上焊有 4 个线端，即两个线端属于叠绕组，两个线端属于波绕组。

混合绕组要使两套绕组能并联起来，必须符合感应电动势均相等，这就要求两套绕组元件数和并联支路数相等；且每套绕组都应对称，即 Z/p 和 K/p 均应为整数。

混合绕组总支路对数是两套绕组支路对数之和。根据叠绕组和波绕组支路对数的公式可知，如果用单叠绕组，它的支路对数等于 p，则波绕组就必须是 p 个复波绕组。因为波绕组的支路对数 $a = m$，现要求 $a = p$，也就是要求 $m = p$。

混合绕组的各个节距必须符合一定规律。图 11-30 所示为该绕组元件的各节距示意图，它们的计算公式为

$$y_{1A} + y_{1B} = \frac{K}{p}$$

$$y_{KA} + y_{KB} = \frac{K}{p}$$

$$y_{ZA} = y_{ZB}$$

如果先根据叠绕组节距公式求出叠绕组节距，则相应的波绕组节距可由上式算出。

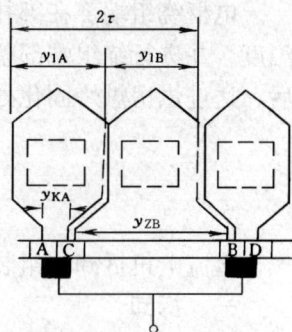

图 11-30　混合（蛙形）绕组的各节距示意图

混合绕组的明显优点是每一个换向片都有相应的换向片作为其均压点，每两个均压点都有一个叠绕组元件和一个波绕组元件组成作为均压线。对叠绕组来说，这种均压线起甲种均压线作用，而对波绕组则起乙种均压线作用，这些作用又是利用绕组本身的元件组成，所以不再需要另接均压线。

4．电枢绕组的焊接与绑扎

（1）电枢绕组的焊接工艺。

1）清理干净焊接面后进行搪锡。

2）焊接面与接线端要互相靠紧，间隙尽量小。

3）整理升高片的距离，使其分布均匀，并且垂直于换向器。

4）根据焊接面的形状可特制专用烙铁头，其几何形状如图 11-31 所示。

5）按电机的绝缘等级选用焊料，B 级绝缘用焊锡，F、H 级用纯锡。采用 40% 松香、60% 酒精的混合溶液作焊剂，严禁用酸性焊剂。

6）焊接前要将换向器用纸或布包覆起来，在烘房中预热，然后再将电枢倾斜放于支架上，使换向器向下，以避免焊接时焊锡流到绕组端部产生短路故障。

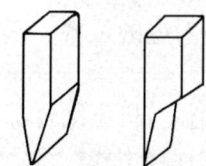

图 11-31　烙铁头形状

7）焊接时将需焊接的换向片接线处细心涂上松香酒精溶液，防止焊接处表面产生氧化膜。

8）将烙铁头部先粘上适量焊锡，使烙铁的热量很好地传到焊接面上去。

9）当接触面加热到能熔化焊料时，在换向片接线槽内加些松香粉，以除去焊接面的氧化物。

10）把焊锡条从换向片接线槽面和端面插进去，使焊锡充满接线槽的全部缝隙。

11）趁热用清洁抹布把余锡擦干净，使焊接面光滑整洁。

12）引线端与换向片接线槽之间的空隙都要用焊锡填满，当接线槽后面的下层接线根部能看到焊锡，焊接质量才算完好。

对于焊接竖板式接线槽的换向器，烙铁可以放在接线槽缝的顶部加热焊接。对于升高片接线槽的换向器，必须在升高片之间插上梯形木楔，使升高片焊接时不致偏斜。

（2）电枢绕组端部绑扎。绑扎电枢绕组的老工艺是采用无磁钢丝绑扎，这种工艺操作较

复杂，现在很少采用。目前广泛采用无纬玻璃丝带绑扎新工艺，它具有工艺简单、省工时、紧固可靠、绝缘强度高等优点。常用的无纬玻璃丝带有高温环氧 H 型、聚酯 B 型和环氧 B 型，工作温度为 130℃。

电枢绕组端部在绑扎无纬玻璃丝带时，应先加热到 80~100℃，并将电枢也预热到同样温度，并进行绕组端部整形，同时进行绑扎。绑扎完毕同电枢绕组一起浸漆，待绝缘漆滴干后，送进烘房烘烤固化处理。

第三节　直流电机的拆卸与组装

直流电机拆卸与组装基本与异步电机相似，同样应做修前试验与准备工作。

一、拆卸

（1）拆下引出线电缆头，做记号。拆靠背轮、地脚螺栓，放到指定检修位置保管好。

（2）拆端盖前，对刷架、刷架上的连接引线以及端盖作好记号。

（3）抬起电刷后，先拆刷架连接引线，再拆卸非换向器端的油盖螺栓、端盖螺栓，用铜棒轻敲或用黄铜撬杠撬下一侧端盖，再拆卸换向器侧端盖，但要注意刷握不能碰伤换向器。

（4）从非换向器侧抽出转子，注意不要碰伤电枢、换向器、风扇、磁极铁芯和绕组。转子抽出后应平稳地放在专用支架上，并将换向器用纸板或白布包扎进行保护。

二、组装

检修完毕经吹灰清扫，检查电机定、转子内确无遗留物，无漏修和漏试项目后，方可进行组装。组装顺序同拆卸时相反。

（1）使用专用工具将转子（电枢）放入定子膛孔内。注意电枢与定子所对应的位置，不能碰伤磁极、电枢和换向器。

（2）装端盖应注意前后盖并对齐止口、锉平毛刺，将螺栓拧紧后保证端盖与机座结合部要严密。注意磁极与刷架的连线，防止安装端盖时，压伤磁极线圈与刷架的连接引线。

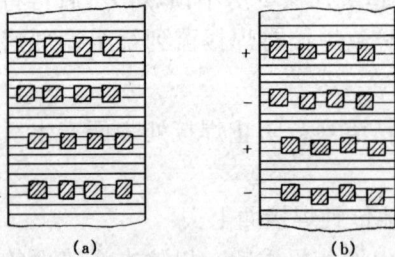

（3）刷架、刷握装配位置应正确，无论刷架还是刷握距离电枢升高片轴向串轴时，间隙应保持 5mm 以上。

（4）刷握安装角度应符合设计要求，刷握的下边缘距换向器表面应保持 2~3mm，各排电刷应与换向器平行，且轴向排列应正、负极成对地在换向器上错开，如图 11-32 所示。

（5）轴承中加入适量合格的润滑油。

（6）各引出线接线平整、光洁、牢固并接触良好，绝缘可靠。标志齐全、正确。

（7）检查接地线应无断股、无压伤，截面符合规定且不受力。

图 11-32　电刷在换向器上错开排列
(a) 换向器的电刷参差布置；
(b) 换向器的电刷参差分级布置

（8）用 1000V 兆欧表测量电机绝缘电阻，不得低于 1MΩ。

三、调整

直流电机在组装过程中和组装后要进行必要的调整试验。

（1）电刷压力的测量与调整。电刷所受压力与电刷的种类和换向器的线速度有关，硬质

电刷通常为 $0.2 \times 10^5 \sim 0.3 \times 10^5 Pa$，软质电刷通常为 $0.15 \times 10^5 \sim 0.2 \times 10^5 Pa$。但在同一刷架上每个电刷的压力其相互之间的差值不得超过 10%。

（2）调整电刷的中性位置。按图 11-33 所示接线，毫伏计必须接在相邻的两组电刷上。进行调整时，将励磁绕组（磁极绕组）通入直流电，其值为电机额定电流的 5% ~ 10%，调整刷架的位置，当断开闸刀开关瞬间，毫伏计摆动为最小的电刷位置即是电刷中性线的位置。

（3）极性检查。磁极绕组如拆动，应检查它的极性是否正确。检查的方法是：在磁极绕组回路中接上 6 ~ 12V 直流电源，用指南针在磁极下逐个测量，如果指南针在磁极下的指向交替变动，便表明极性正确。如果在相邻两磁极下指针指向不变，便表明极性接错，则应调整磁极绕组两端的接头。

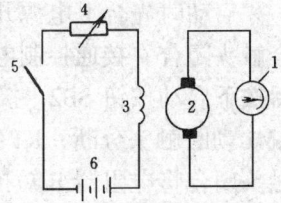

图 11-33　电刷中性位置检测接线

1—毫伏表；2—电枢；3—励磁绕组；4—可变电阻；5—刀闸；6—蓄电池（6 ~ 12V）

（4）检测换向片间的电阻，用电桥或电流电压表法测量各相邻两换向片间直流电阻，其相互间的差值不得大于平均值的 10%。

（5）测量电刷与刷握的间隙，为了保证电刷在刷握中自由活动，电刷与刷握间应保证有 $0.1 \sim 0.2mm$ 的间隙。

（6）无火花区域试验，换向磁极的作用对直流电机的换向情况有很大影响。无火花区域试验是向换向磁极绕组中通入附加电流，使电刷产生火花，记录电刷刚产生火花时的附加电流数值，绘制附加电流与负荷电流的关系曲线（即无火花换向区域），根据曲线判断换向磁动势的强弱，以调整换向磁极的间隙或绕组匝数。对于一般大修后的直流电机，只要按原样安装，并不需要做无火花区域试验。只是在大修时作了改进变动，或运行时发现换向磁极的气隙和绕组匝数有问题时，才通过无火花区域试验并进行调整。

第四节　直流电动机控制

直流电动机具有启动性能好、调整性能好、适宜于频繁启动等优点。在要求大范围调速或要求大启动转矩的场合常采用直流电动机，尤其是他励和并励直流电动机。本节就以这两种励磁方式的直流电动机，介绍其启动、正反转、制动和调速的基本控制电路。

一、直流电动机启动

1. 并励直流电动机的启动

直流电动机的电枢电阻比较小，若直接启动将产生很大的启动电流，其值可以达到额定电流的 10 ~ 20 倍，这样大的电流将损坏电刷和换向器。由于启动电流产生较大的启动转矩，使它所带的机械受到很大冲击，因此，直流电动机启动时，常在电枢回路中串入附加电阻，以限制启动电流。

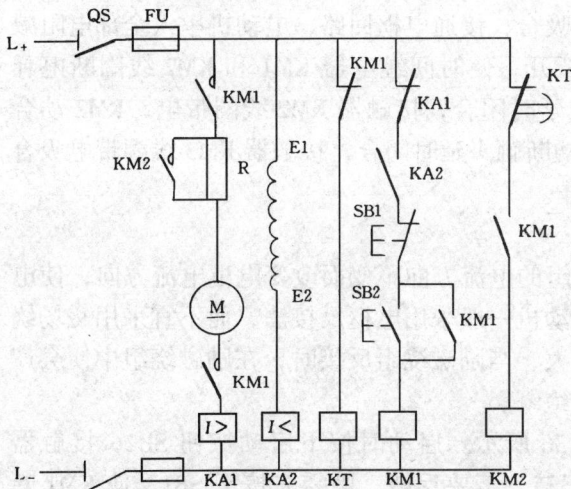

图 11-34　并励直流电动机启动控制电路

并励直流电动机的启动控制电路如图 11-34 所示。图中 KA1 为过流继电器，作直流电动机的短路和过载保护。KA2 为欠电流继电器，作励磁绕组的失磁保护。

启动时先合上电源开关 QS，励磁绕组带电励磁，欠电流继电器 KA2 线圈带电，KA2 动合触头闭合，接通控制电路电源；同时时间继电器 KT 线圈带电，KT 动断触头瞬时断开。然后按下启动按钮 SB2，接触器 KM1 线圈带电，KM1 主触头闭合，电动机串电阻器 R 启动；KM1 动断触头分断，KT 线圈断电，KT 动断触头延时闭合，接触器 KM2 线圈带电，KM2 主触头闭合将电阻器 R 短接，电动机在全压下运行。

2. 他励直流电动机的启动

他励直流电动机启动控制电路如图 11-35 所示。当 QS1 和 QS2 合上后，励磁绕组带电励磁。时间继电器 KT1 和 KT2 线圈同时带电，它们的动合触头瞬时断开，使接触器 KM2 和 KM3 线圈不能带电，从而保证了电动机在启动电阻器全部串入电枢回路中才能启动。

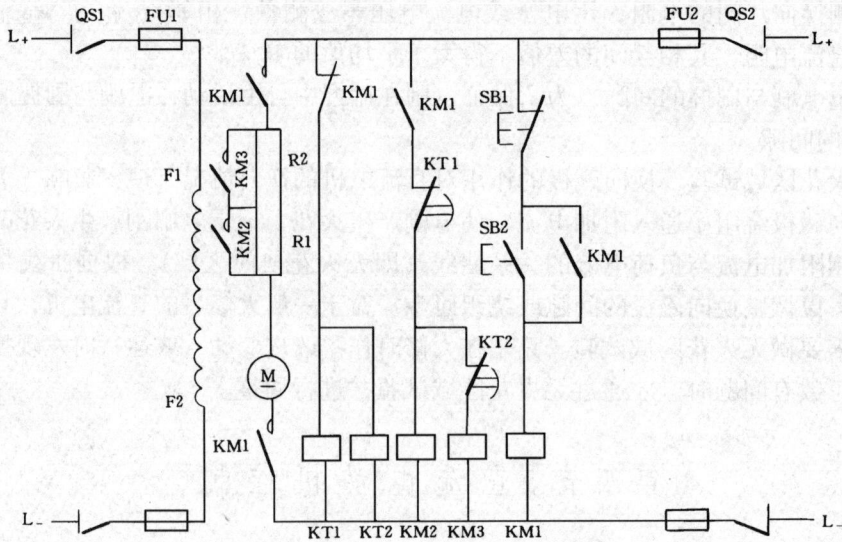

图 11-35 他励直流电动机启动控制电路

按下启动按钮 SB2，接触器 KM1 线圈带电吸合，接通电枢回路，电动机串入全部电阻减压启动。同时，由于接触器 KM1 的动断触头断开，使时间继电器 KM1 和 KM2 线圈断电释放，其中 KT1 动断触头经过一定的整定时间先延时闭合，接触器 KM2 线圈带电，KM2 动合触头闭合，将启动电阻器 R1 短接，然后 KT2 动断触头延时闭合，接触器 KM3 线圈带电吸合将电阻器 R2 短接，电动机启动完毕，正常工作。

二、直流电动机的正反转

(1) 电枢反接法。这种方法是保持磁场绕组的电流方向不变而改变电枢电流方向，使电动机反转。在实际应用中，并励和他励直流电动机一般采用电枢反接法，而不宜采用磁场绕组反接法。因为励磁绕组匝数较多，电感量较大，当励磁绕组反接时，在励磁绕组中便会产生很大的感应电动势，这将会损伤设备和绕组绝缘。

并励直流电动机正反转控制电路如图 11-36 所示。启动时按下启动按钮 SB2，接触器 KM1 线圈带电，KM1 常开触头闭合，电动机正转。若要反转，则需先按下 SB1，使 KM1 断电，KM1 连锁触头闭合。这时再按下反转按钮 SB3，接触器 KM2 线圈带电，KM2 常开触头闭合，使电枢电流反向，电动机反转。

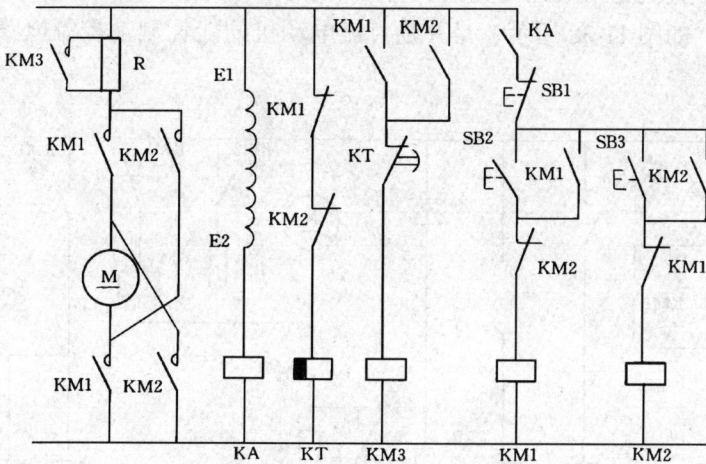

图 11-36 并励直流电动机正反转控制电路

（2）磁场反接法。这种方法是保持电枢电流方向不变而改变磁场绕组电流方向使电动机反转。此法常用于串励电动机，因为串励电动机电枢绕组两端的电压很高，而励磁绕组两端的电压很低，反转较容易，内燃机车、电力机车的反转均用此法，其控制电路如图 11-37 所示。其正反转的动作原理可根据原理图自行分析。

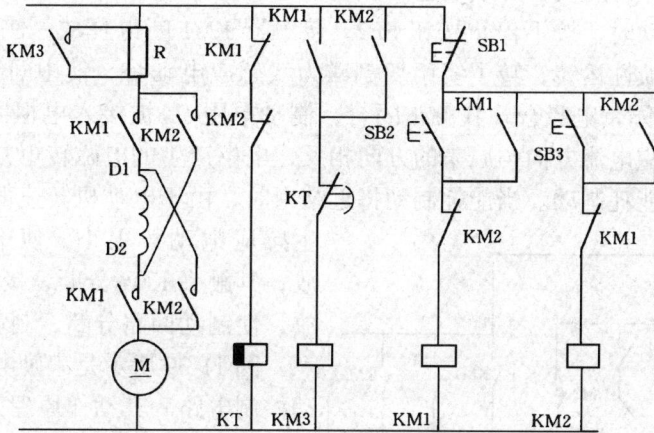

图 11-37 串励直流电动机正反转控制电路

三、直流电动机的制动

直流电动机的电气制动有能耗制动、反接制动和再生发电制动。一般常用能耗制动和反接制动。

1. 能耗制动控制电路

能耗制动是指在维持直流电动机的励磁电源不变的情况下，把正在运行的电动机电枢从电源上断开，再串接上一个外加制动电阻组成的制动电阻回路，将机械动能变为热能消耗在电阻上，或者在电动机切断电源后将励磁绕组反接并与电枢绕组和附加电阻 R（制动电阻）

串联，构成闭合电路。前一种适用于并励直流电动机，后一种适用串励直流电动机。由于电动机的惯性运转，直流电动机此时变为发电机状态，所产生的电磁转矩与转速的方向相反，从而实现了制动。如图 11-38 所示，是并励直流电动机的能耗制动控制电路，其动作原理如下：

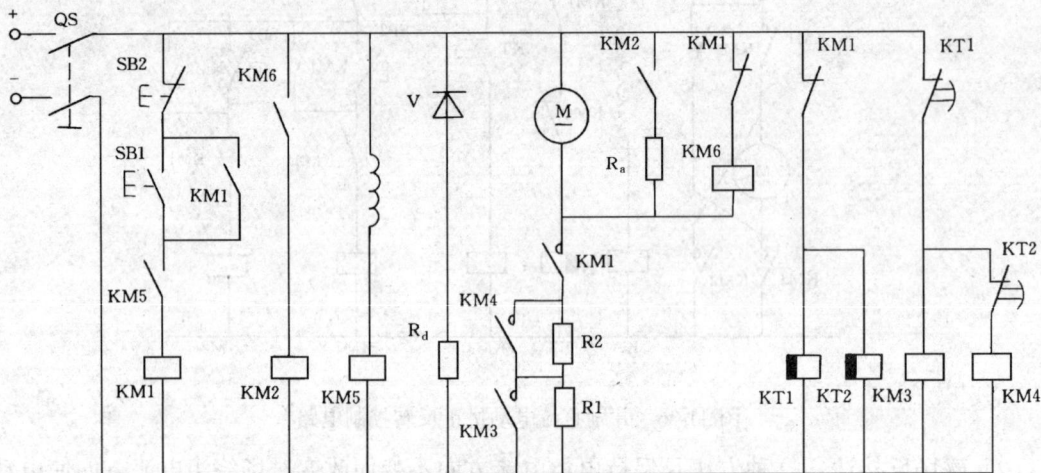

图 11-38 并励直流电动机能耗制动控制电路图

合上电源开关 QS，按下启动按钮 SB1，电动机接通电源作二级启动运行（这里二级是指直流电动机不能直接启动，必须经过减压或串电阻的启动过程）。

在进行能耗制动时，按下停止按钮 SB2，接触器 KM1 断电释放，使电动机电枢回路断电。由于电动机作惯性运转，转子绕组切割磁力线感应电动势，使中间继电器 KM6 带电闭合，接触器 KM2 线圈带电吸合，其触头闭合，制动电阻 R_a 被接入电枢回路组成闭合回路。这时，电枢中的感应电流方向与原来的方向相反，电枢产生的电磁转矩方向与转子转速方向相反，从而实现了能耗制动。当能耗制动将近结束时，由于电动机转速很慢，电枢绕组中产生感应电动势很小，使中间继电器 KM6 释放，其触头 KM6 分断，接触器 KM2 也断电释放，使制动回路分断，制动完毕。

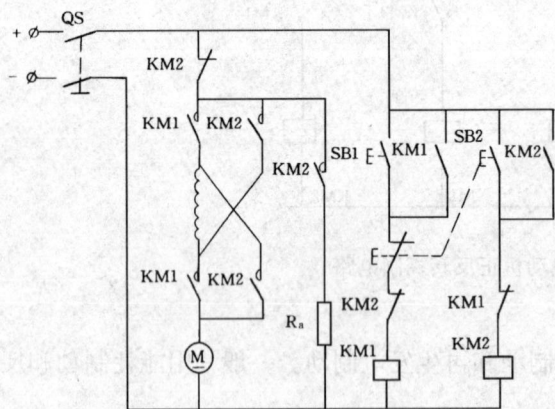

图 11-39 所示是串励电动机自励式能耗制动控制电路。其动作原理如下：

合上电源开关 QS，按下按钮 SB1，接触器 KM1 线圈带电吸合，其主触头 KM1 闭合，电动机接通电源启动运行。

当需要停机制动时，按下按钮 SB2，接触器 KM1 断电释放，其主触头分断，然后 KM2 线圈带电吸合，其主触头 KM2 闭合。这时电枢绕组与反接后的励磁绕组以及制动电阻构

图 11-39 串励电动机自励式能耗制动控制电路

成闭合回路。由于电动机的惯性旋转，而变为发电制动状态，实现了能耗制动。

自励式能耗制动在低速时制动较慢，只适用于要求准确停车的场合。

2．反接制动控制

对并励直流电动机，通常是将惯性旋转的电动机电枢绕组反接。注意电枢反接时必须串联外加电阻。图 11-40 所示是并励直流电动机的正反转启动和反接制动电路。其动作原理如下：

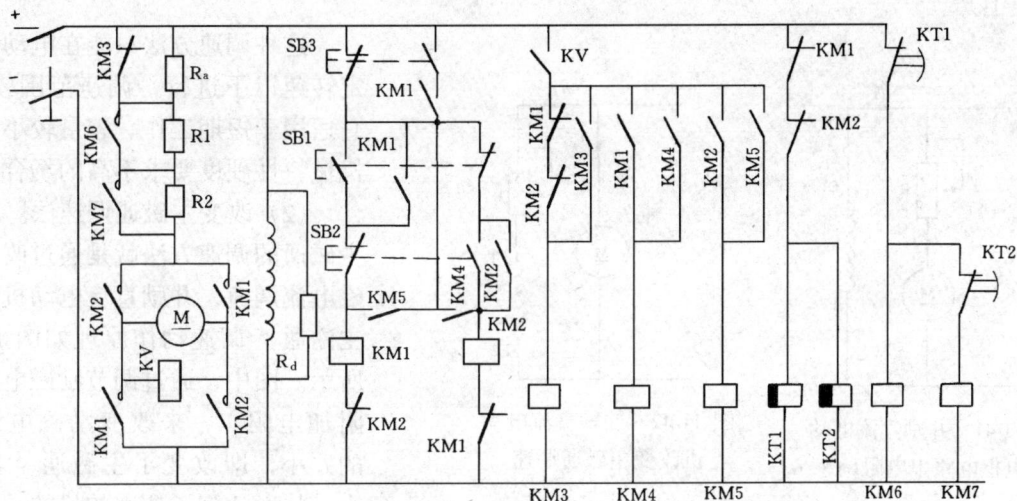

图 11-40　并励直流电动机正反转启动和制动控制电路

直流电动机启动：如图所示，合电源开关 QS，励磁绕组开始励磁，同时，时间继电器 KT1、KT2 带电，延时闭合的动断触点 KT1、KT2 瞬间断开，接触器 KM6、KM7 处于分断状态。按下启动按钮 SB1（假设为正向启动），接触器 KM1 带电吸合，其主触头闭合，电动机在串入电阻 R1、R2 下进行二级启动，同时，由于时间继电器 KT1、KT2 断电，其触点延时闭合，使接触器 KM6、KM7 逐级带电吸合，其主触头闭合，先后切除启动电阻 R1 和 R2，使直流电动机正常运行。

电动机刚启动时，电枢反电动势为零，电压继电器不动作，随着电动机转速升高而建立反电动势，使电压继电器 KV 带电动作，使接触器 KM4 带电，为电动机的反接制动作准备。

反接制动时，按下停止按钮 SB3，接触器 KM1 断电释放，接触器 KM3 带电吸合，接触器 KM2 带电吸合，使电动机电枢电流反向，从而实现了反接制动使电动机停转。刚开始制动时，电动机转速很高，电枢中的反电动势仍很大，所以，电压继电器 KV 不会断电释放，保证了接触器 KM3、KM4 不断电，以实现反接制动。但是，当转速接近于零时，电压继电器 KV 断电释放，使接触器 KM3、KM4 和 KM2 断电释放，为下次启动作准备。

图中 R_a 为反接制动电阻，R_d 为励磁绕组的放电电阻。

四、直流电动机的调速

在电动机机械负载不变的条件下，改变电动机的转速叫调速。调速可以用机械的方法、电气的方法，或者电气与机械配合的方法。以下只分析直流电动机的电气调速方法。

1．直流电动机的基本调速方法

根据直流电动机的转速公式

$$n = \frac{U - I_S R_S}{C_e \phi}$$

可知，直流电动机有三种调速方法，即电枢回路串电阻调速法、改变主磁通调速法和改变电枢电压调速法。

(1) 电枢回路串电阻调速法。在电枢电路中串联调速变阻器 R，如图 11-41 所示。当电源电压 U 和主磁通 ϕ 不变时，电枢电路中所串电阻 R 的阻值增大，电动机转速下降，反之转速上升。

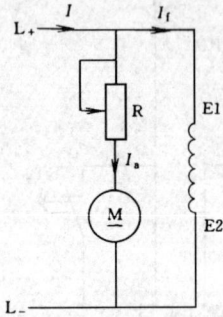

图 11-41 并励直流电动
机电枢电路串电阻调速

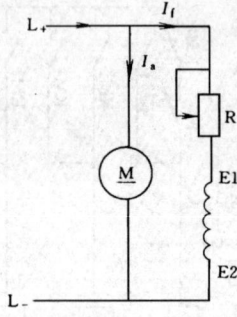

图 11-42 并励直流电动
机改变主磁通调速

这种调速方法只能在电动机额定转速以下进行，调速范围较小，它适用于短期工作、容量较小而且机械特性硬度要求不高的场合。

(2) 改变主磁通调速法。改变主磁通的调速方法就是通过改变励磁电流调速，并励直流电动机改变主磁通 ϕ 调速动作原理如图 11-42 所示。图中，通过调节励磁电路的附加电阻 R，来改变励磁电流 I_f 的大小，即改变了主磁通 ϕ 的大小，从而达到了调速的目的。

直流电动机在额定运行时，磁路已稍有饱和，主磁通不能再增加，而只能减弱才能实现调速，故主磁通 ϕ 只能调小，所以转速只能在电动机额定转速以上范围内进行调速。注意不能调节过高。

(3) 改变电枢电压调速法。由于电网电压是一定的，若通过电网电压来实现调速是比较困难的，因此，这种调速法的电源，往往需要专用的电源装置提供。通常采用他励直流发电机作为调速电源，为他励直流电动机供电，这种组合称发电机—电动机组拖动系统，简称 G—M 调速系统。G—M 调速系统控制电路如图 11-43 所示。

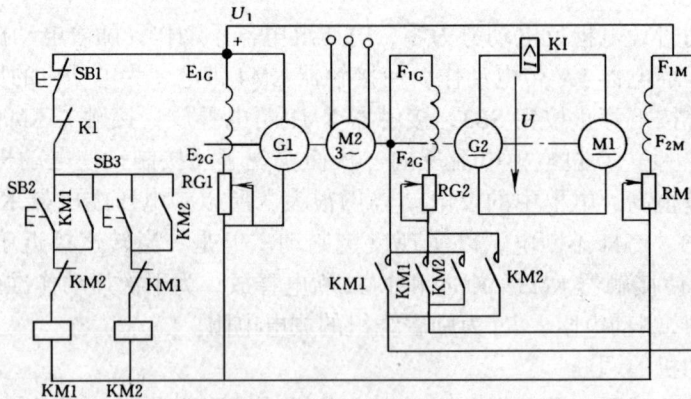

图 11-43 G—M 调速系统控制电路

图中 M1 是他励直流电动机，拖动生产机械旋转。G2 是他励直流发电机，发出电压 U 供直流电动机 M1 作为电枢电源电压。G1 为并励励磁发电机；发出直流电压 U_1，供直流发电机和直流电动机的励磁电源电压，同时供给控制电路直流电源。M2 为三相笼型电动机，拖动同轴连接的直流发电机 G2 和励磁直流发电机 G1 旋转。

图中 E_{1G}、E_{2G}、F_{1G}、F_{2G} 和 F_{1M}、F_{2M} 分别为励磁发电机、直流发电机和直流电动机的励磁绕组。

1）励磁。先启动三相笼型电动机 M2，拖动励磁发电机 G1 和直流发电机 G2 旋转，励磁发电机 G1 切割剩磁磁力线，输出直流电压 U_1，除供给自励磁电源外，还分别供给 G—M 机组励磁电源和控制电路电源。

2）正反转启动控制。按下启动按钮 SB2（或 SB3），接触器 KM1（或 KM2）线圈带电吸合，其常开触头闭合，发电机 G2 的励磁绕组励磁，因发电机 G2 的励磁绕组有较大的电感，故励磁电流上升得较慢，产生的感应电动势和输出电压 U 也是从零逐渐升高，可使直流电动机启动时避免较大启动电流的冲击，所以不需要在电枢电路中串入启动电阻，直流电动机就可以很平滑地启动。

3）调速。RM 和 RG2 分别是直流电动机 M1 和直流发电机 G2 的励磁绕组的调节电阻器。启动前应将 RM 的阻值调到较小值，而将 RG2 的阻值调到较大值。

当直流电动机启动后需调速时，可先将 RG2 的阻值调小，使直流发电机 G2 的励磁电流增大，于是直流发电机的输出电压，即电动机电枢电源电压 U 增加，电动机转速升高。可见调节 RG2 的阻值能升降直流发电机的输出电压 U，就可达到调节直流电动机转速的目的。不过，加在直流电动机电枢上的电压 U 不能超过它的额定值，所以在一般情况下，调节 RG2 的阻值只能使电动机在低于额定转速情况下进行平滑调速。

若要电动机在额定转速以上进行调速，则应先调节 RG2 的阻值，使电动机电枢电源电压 U 调到额定值，然后将 RM 的阻值调大，直流电动机励磁电流减小，磁通 ϕ 也减小，所以转速从额定转速升高。

4）停车制动。若要电动机停车，可按停止按钮 SB1，接触器 KM1（或 KM2）线圈断电释放，直流发电机 G2 的励磁绕组断电，直流发电机的输出电压，即电动机的电枢电压 U 迅速下降至零，惯性运转的电枢，切割磁力线而产生感应电流，产生制动转矩，从而得到最经济的发电再生制动，使电动机 M1 迅速停车。

G—M 系统调速范围大，增加发电机励磁调节电阻器和电动机励磁调节电阻器的抽头数目，即可减小各级转速差，便得到近似的无级调速，且所需的控制能量小，控制方便，启动和制动时都不需要串接电阻器，故能量损耗小。正是因为 G—M 系统有较好的性能，因此被广泛地应用在龙门刨床、重型镗床、高炉卷扬装置、轧钢机、矿井提升设备以及其他生产机械上。

2. 直流电动机自动调速电路

为了与开环调速系统相比，我们画出了电动机转速闭环调速系统方块图，如图 11-44 所示，也为下一个典型电路图对比做准备。

将图 11-45 与图 11-44 相对比，不难发现本图所示系统主要由四部分组成：

第一部分：给定电压 U_g。

由单相桥式整流器 U1 得到直流电压，经过电容器 C5 滤波，并经稳压管 V3 稳压后，用分压电阻 R6 调节给定电压 U_g 值。

第二部分：转速负反馈环节。

测速发电机 TG 和直流电动机 M 同轴相连（图中未画），其输出电压经电容器 C6 滤波，

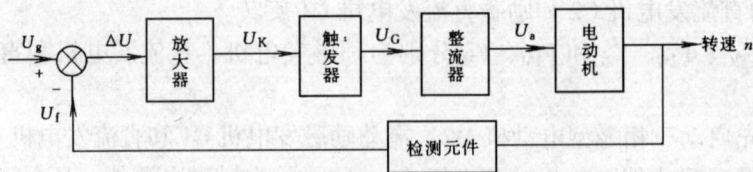

图 11-44 电动机转速闭环控制系统方块图

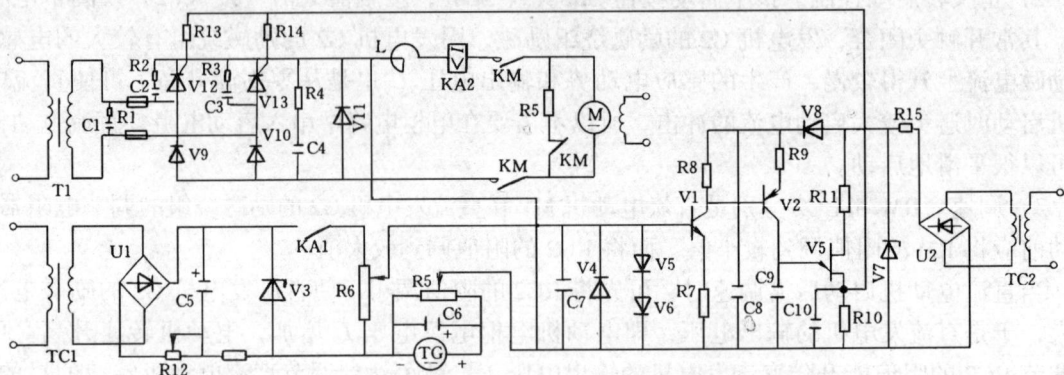

图 11-45 速度负反馈调速系统电路

用电阻 R5 分压后得 U_f（U_f 正比于电动机转速 n），U_g 和 U_f 反极性串联。

第三部分：放大器和脉冲发生器。

放大器由三极管 V1，电阻 R7 和 R8 组成，脉冲发生器由三极管 V2，电阻 R9，电容器 C9，电阻 R10、R11，电容 C10 和单结晶体管 V5 组成。整流器 U2 为脉冲发生器和放大器提供直流电源。

第四部分：主电路。

由单相半控桥（V12、V13、V9、V10），平波电抗器 L 及直流电动机 M 等组成。它受触发器（脉冲发生器）的控制，使电动机转速相应调整。

下面详细讨论之。

（1）主电路。图 11-46 是主电路，晶闸管的门极通过电阻 R13 和 R14 接到触发器上，以接收脉冲信号。C1、C2、C3、C4 和 R1、R2、R3、R4 分别组成阻容串联元件，跨接在电源入口处及两个晶闸管和续流二极管上，目的是进行过压保护。其中，R1 和 C1 用来吸收电源方面进入系统的高频过电压，R4 和 C4 用来保护续流二极管，而 R2、C2 和 R3、C3 分别用来保护晶闸管 V12 和 V13。

电阻 RS 和接触器动断触头 KM 用于电动机的能耗制动。二极管 V11 是续流二极管，电

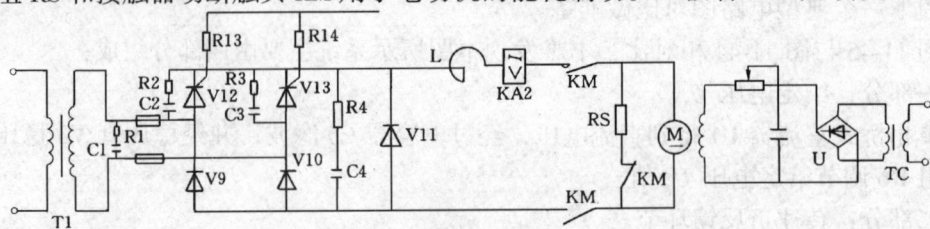

图 11-46 主电路

感 L 是平波电抗器，用以改善电动机的电流波形，KA2 是过电流继电器，作为电枢回路的过电流保护，当电枢回路电流过大时它动作，切断控制回路，使电动机断电停车。

整流装置 U 是直流电动机励磁回路用的整流器。

（2）触发电路。如图 11-47 所示触发电路。用晶体三极管 V1 组成单极放大器，单结晶体管 V5 和三极管 V2、电容器 C9 组成脉冲发生器。直流电源由整流装置 U2 供给。

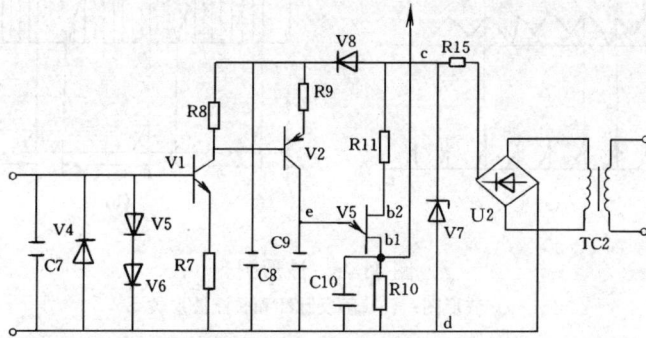

图 11-47　触发电路

首先介绍电路中各元件的用途。二极管 V4、V5 和 V6 是放大器输入端限幅用的，使所加正向电压不超过两个二极管的管压降，反向所加电压不超过一个二极管的管压降。电容器 C7 是延迟元件，同时可吸收输入端的交流信号。当电动机尚未启动时，电压负反馈信号 U_f = 0，$\Delta U = U_g$，一般 U_g 有几十伏，这样高的电压加在放大器输入端是绝对不允许的。本电路中一方面由二极管 V5、V6 限幅，另一方面使给定电压 U_g 向电容器 C7 充电，从而放大器的输入电压缓慢上升，起到延时的作用。

电容器 C8 实现滤波的目的。由于整流器 U2 的输出电压只用稳压管限幅，所以波形是平顶的正弦全波（梯形波），它供给单结晶体管产生脉冲信号用，但作为放大器的直流电源是不合格的，因而用二极管 V8 将梯形波电压送到放大器，再用电容器 C8 滤波，从而得到稳定的直流电压，由此也可看出，二极管 V8 是将放大器的直流电压和脉冲发生器的梯形波电压隔离开来。

下面分析触发脉冲的形成原理：

1）同步电源。同步电压由同步变压器 TC2 提供，经 U2 整流和 V7 稳压削波后成为梯形波，如图 11-48 所示。

梯形波既是同步信号又是触发器的电源。每当 U_{cd} 过零时，单结管的电压亦为零，e 与 b1 间导通，电容 C9 上的电荷经 e—b1、R10 迅速释放掉，使 C9 在每个梯形波的起始处均能从零开始充电，从而获得与主电路的同步。

2）移相控制。触发电路在每个交流周期工作两个循环，每次发出的第一个脉冲同时送到两个晶闸管的门极，但只能使其中承受正向电压的晶闸管导通。第一个脉冲发出后，张弛振荡器仍在工作，电容 C9 继续充电和放电，其中充电电阻是由 R9 和 V9 组成的等效电阻。这样在一个循环（半个交流周期）中可能出现两个或多个脉冲，由于晶闸管已因第一个脉冲触发而导通，所以后面的脉冲就不起作用了。当主电路电压过零反向时，晶闸管将自行关断。

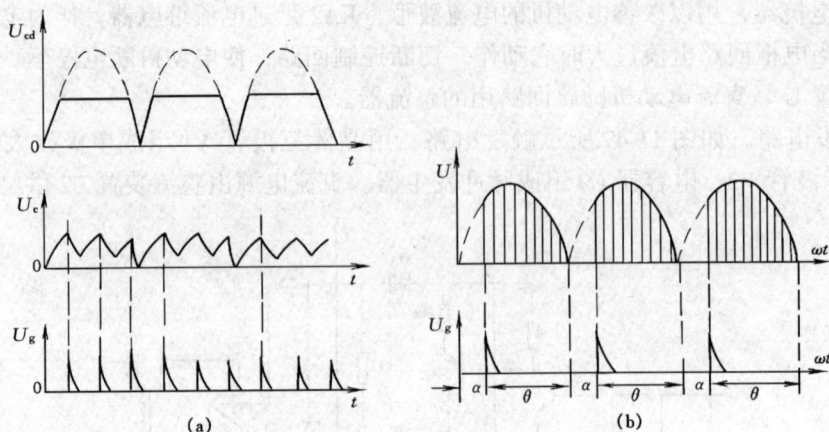

图 11-48 波形图

(a) 波形图；(b) 触发脉冲和整流波形关系

要改变控制角 α，必须改变对电容器 C9 的充电速度。充电越快，控制角 α 越小，整流电压平均值越大。反之则控制角 α 越大，整流电压平均值越小。

图 11-47 中，V2 是 PNP 型三极管，若 V1 的集电极电位一定，则 V2 的集电极电流就一定，对 C9 的充电电流也一定。从电工基础知道，电容器电压 $U_c = \dfrac{Q}{C}$，$Q = It$，所以 $U_c = \dfrac{I}{C}t$。只要充电电流 I 一定，则电容器电压 U_c 与时间 t 成线性关系。相对于按指数规律上升的充电曲线而言，按直线上升的充电曲线更好，其控制精度高。

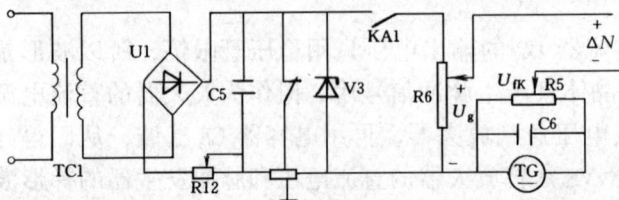

图 11-49 输入及转速负反馈电路

因此，改变了 V1 的输入信号，V1 的集电极电位和 V2 的集电极电流就随之变化，从而相应地改变了控制角 α，也就改变了晶闸管整流输出电压 U_a。

（3）速度负反馈电路，如图 11-49 所示，是输入及转速负反馈电路。由单相桥式整流器 U1 得到的脉动电压经电容器 C5 滤波后作为给定电源。启动过程中，继电器 KA 的动断触头断开，给定电源经 V3 稳压后加到电阻 R6 上，得到给定电压 U_g。调节 R6 的阻值，可以获得不同的给定电压。

测速发电机 TG 的电枢电压经电容器 C6 滤波后，由电阻 R6 分压得到反馈电压 U_f。把 U_g 和 U_f 反极性串联即得偏差电压 ΔU，显然 $\Delta U = U_g - U_f$。

若要启动电动机，只需按下控制电路（图中未画）中的启动按钮，则继电器 KA 的常闭触头断开，C5 充电，给定电压 U_g 加到放大器的输入端。由于电机尚未转动，所以，$U_f = 0$，$\Delta U = U_g$。此时放大器入口端的限幅二极管 V5、V6 导通，使放大器输入电压最高。稳压管 V3 用来限制给定电压的最大值，同时也提高了给定电压的稳定程度。

（4）系统自动调速过程。以上把各个主要环节的作用及元件的功能做了分析，将各个环节联合起来就是图 11-45 的转速负反馈电路。下面分析自动调节过程：

假设给定电压 U_g 一定，电动机在和 U_g 相对应的转速下运行，转速负反馈电压为 U_f，

偏差电压 $\Delta U = U_g - U_f$ 是放大器的输入。ΔU 的值决定放大器输出电压，使三极管 V2 的集电极电流恒定在某值上，这样就确定了对电容器 C9 的充电速度，由该速度决定单结晶体管 V3 的导通时刻，也就决定了晶闸管的控制角 α，从而决定了晶闸管输出电压平均值 U_a，电动机在该平均电压下运行。当负载转矩发生变化时，比如负载转矩增加，电动机的转速 n 将下降，反馈电压 U_f 减小，ΔU 增加，V1 的集电极电位下降，V2 的集电极的电流增加，电容器 C9 的充电速度加快，产生触发脉冲的时刻提前，控制角 α 减小，晶闸管输出整流电压增大，电动机转速回升。这样，系统就可以自动进行转速的调节。

反之，若负载转矩减小，电动机转速升高，通过系统内部调整，可以使电动机转速回降。

第十二章

安 全 用 电

　　电力是应用最广泛的动力资源。无论工农业生产、交通运输、国防建设、科学研究还是社会生活，各个方面都离不开电力的应用。但是，电能在给人类带来幸福的同时，还潜在着危险和灾祸。如果使用者缺乏用电知识和技能，便会随时发生人身伤亡或设备损坏事故，给国家和人民造成巨大的损失。因此，了解电的概念，掌握安全用电知识和技能，是参加电力建设的基础，是安全生产和幸福生活的基本保证。

第一节　基本安全知识

一、触电事故的基本问题

　　为了充分发挥电能在"四化"建设中的作用，又要防止意外事故的发生，首先让我们了解电的特性和对人体的伤害。

　　（一）电流对人体的伤害

　　电流对人体的伤害，对低压电来说，常表现在人体直接与带电体接触上；对高压电来说，只要人们与带电体之间距离小于规定范围，也会造成伤害事故。电流以人体为通路，使身体的部分或全部受到刺激或伤害，这就是我们通常所指的"触电"事故。电流伤害事故一般分为电击和电伤两类，它是电气事故中最常见、后果较为严重的一种事故。

　　1. 电击

　　电击是由于电流通过人体内而造成的内部器官在生理上的反应和病变。电击不仅破坏人的心脏、肺部以及神经系统的正常工作，而且严重危及人的生命。一般来说，触电死亡事故中的绝大部分是由电击造成的。

　　2. 电伤

　　电伤是指电流的热效应、化学效应或机械效应对人体造成的外伤。电伤往往在肌体外部受到电的损伤，如烧伤或电烙印等。常见的电伤有以下几种：

　　（1）电弧烧伤。电弧伤害也称灼伤，这是最严重的一种烧伤。我们知道，电弧的温度高达6000℃，它会使金属熔化，而炽热的、飞溅的金属微粒可能造成灼伤，它还可能直接作用于人体，造成局部烧伤，严重时，可能因伤势过重有生命危险。如带负荷拉刀闸时产生的强烈电弧对皮肤的烧伤。灼伤的后果是皮肤发红、起泡以及烧焦、皮肤组织破坏等。

　　（2）电烙印。是电流进入人体和流出人体处，由于电流的化学效应和机械效应的作用，使皮肤变硬，形成肿块，常造成组织坏死，如同烙印一般。电烙印一般不会发炎或化脓，但往往造成局部麻木和失去知觉。

（3）皮肤金属化。是由于电弧的高温使金属熔化、蒸发并飞溅，金属微粒因某种化学原因渗入皮肤，使皮肤变得粗糙而坚硬，导致所谓"皮肤金属化"。金属化的皮肤经过一段时间会自行脱落，一般不会留下不良后果。

（二）电流对人体伤害程度的有关因素

电流对人体伤害程度与通过人体的电流强度、通电持续时间、电流的频率、电流通过人体的途径、人体状况和作用于人体的电压等因素有关。

1. 电流强度

通过人体的电流越大，人体的生理反应越强烈，对人体的伤害就越大。在一般情况下，可取 30mA 以内为安全电流，即 30mA 为人体所能忍受而无致命危险的最大电流。50mA 为致命电流。

在有高度触电危险的场所，应取 10mA 为安全电流。在空中或水面触电时，考虑到人受电击后有可能会因痉挛而摔死或淹死，故取 5mA 为安全电流。

2. 电流通过人体的持续时间

触电致死的生理现象是心室颤动。电流通过人体，使人体发热、出汗，因而人体电阻降低，通过的时间越长，人体电阻降的越多，通过人体的电流就越大，心室的颤动就越大，危险性就越大。通常可用触电电流的大小与触电持续时间的乘积来反映触电的危害程度。每秒 30mA 为临界值。

例如触电电流 i 为 1000mA，时间为 0.01s 时，此时电流强度为 $1000 \times 0.01 = 10$（mA·s）；当触电电流为 10mA，时间为 10s 时，此时电流强度为 $10 \times 10 = 100$（mA·s）。

可见，后者电流强度超过限度，伤害严重。

3. 电流频率

人体对不同频率电流的生理敏感性是不同的，因而不同频率的电流对人体的伤害程度也不同。工频电流对人体的伤害最严重，但高压高频电流也有致命危险。

4. 电流通过人体的途径

电流取任何途径通过人体都有致命危险，但电流通过心脏、中枢神经（脑部和脊髓）、呼吸系统是最危险的。

当电流通过心脏时，将引起心室颤动，较大的电流还会使心脏停止跳动，使血液循环中止导致死亡。经验告诉我们，从左手经胸部到脚是最危险的电流途径，相对比较之下右手到脚稍好些。

5. 人体状况

触电危险性与人体状况有关系。触电者的性别、年龄、健康状况、精神状态和人体电阻都会对触电后果发生影响。病人、精神状态不良者、心情忧郁或醉酒的人触电危险性较大。妇女、儿童、老年人及体重较轻的人触电的后果要比青壮年男子更为严重。

6. 作用于人体的电压

触电是指电流对人体的伤害，电流越大伤害越大。当电阻一定时，电压越高则电流越大，而人体的电阻是随电压的增高逐渐降低的，致使通过人体的电流显著增大，使得伤害更加严重。当人体接近高压时，在人体内还有感应电流的影响，因而也是很危险的。

二、触电方式

人体触电的主要方式有两种，一种是直接接触触电，另一种是间接触电。此外还有高压电场、高频电磁场、静电感应、雷击等对人体的伤害。

（一）直接接触触电

直接接触触电，即人体直接触及带电体，或过分靠近正常工作的带电体而导致的触电。它包括单相触电、两相触电、电弧伤害等触电形式。

1. 单相触电

当人体直接碰触带电设备或线路的一相导体时，电流通过人体而发生的触电现象称为单相触电。这种触电事故的规律和后果与电网的中性点接地方式、电压高低以及绝缘情况有关系。我国采用的中性点接地方式有三种：中性点不接地、经消弧线圈接地和直接接地。前两种称小电流接地系统，后一种称大电流接地系统。

中性点接地系统里的单相触电要比中性点不接地系统里的单相触电危险性大。

（1）在中性点直接接地的电网中发生单相触电的情况如图 12-1（a）所示。电流 I_b 通过人体、大地、接地体流回中性点。人体电阻 R_b 与接地体电阻 R_0 相比，前者远远大于后者，此时，加于人体的电压几乎等于电网的相电压，流过人体电流 I_b 为

$$I_b = \frac{U_\phi}{R_b + R_0} \tag{12-1}$$

式中　U_ϕ——电网相电压，V；

　　　R_b——人体电阻，Ω；

　　　R_0——电网中性点工作接地电阻，Ω。

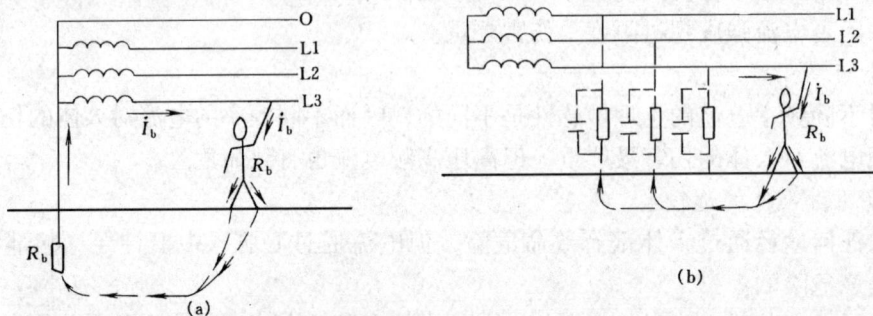

图 12-1　单相触电示意图

(a)在中性点直接接地的电网中发生单相触电的情况；(b)中性点不接地系统发生单相触电的情况

对于 380V/220V 三相四线制电网，$U_\phi = 220V$，$R_0 = 4\Omega$，若取人体电阻 $R_b = 1700\Omega$，则由上式可求出流入人体的电流 $I_b = 129mA$，远大于安全电流 30mA，足以使触电者危及生命。

（2）中性点不接地系统，发生单相触电的情况，如图 12-1（b）所示。电流由相线经过人体，再经其他两相的对地阻抗（由绝缘电阻和对地电容构成）构成回路。通过人体的电流与线路的绝缘电阻和对地电容有关。在低压系统中的对地电容 C 很小，主要取决于线路的绝缘电阻 R。正常情况下，系统的线路和设备绝缘电阻良好而且也比较大，通过人体的电流很小，一般不致于造成对人体的伤害。但当线路绝缘下降时，单相触电对人体的危害仍然存在。

在高压中性点不接地系统中线路对地电容较大，通过人体的电容电流将危及触电者的生

命安全。

2. 两相触电

人体同时触及带电线路或设备的两相导体的触电方式称为两相触电，如图 12-2 所示。当人体同时触及两相带电导体时，作用于人体的电压为线电压，电流从一相导体经人体流向另一相导体，通过人体心脏的电流增大，因此，两相触电要比单相触电更为严重。

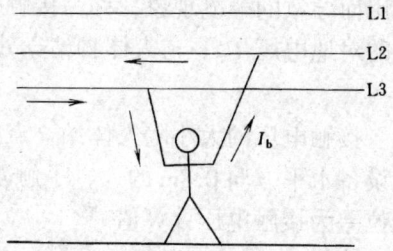

图 12-2　两相触电示意图

3. 电弧伤害

电弧伤害也属直接接触触电的一种形式。因为电弧是气体间隙被强电场击穿时电流通过气体的一种现象。而弧隙是被游离的带电气态导体，人体过分的接近高压带电体将引起弧光放电，导致生命危险。被电弧"烧"着的人，将同时遭受电击和电伤。

（二）间接触电

正常不带电的金属外壳或金属结构，在电气设备绝缘损坏而发生接地短路故障（俗称"碰壳"或"漏电"）时，其金属外壳或结构便带有电压，人体接触便会发生触电，这种触电方式称为间接触电。接触电压触电和跨步电压触电就是间接触电方式。

1. 接触电压触电

当电气设备的绝缘损坏使原本不带电的金属外壳或金属结构带电而接地时，电流便经接地体或导线落地点呈半球形向地中流散，如图 12-3（a）所示。靠近接地点的流散截面小、电阻大、电压降大；远离接地点的流散截面大、电阻小、电压降小。于是，电流流散周围的地面，具有不同的电位，电位分布曲线，如图 12-3（b）所示。

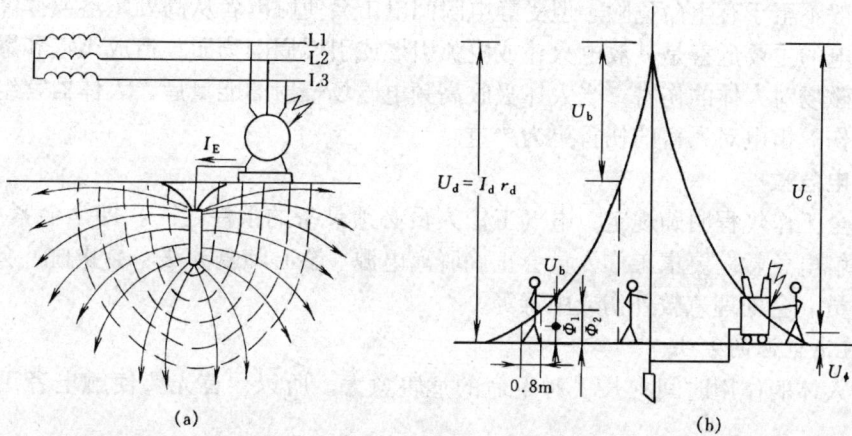

图 12-3　接地电流的流散和电位的分布示意图
（a）电流在地中的流散途径；（b）电位分布、接触电压和跨步电压示意图

接地点的电位最高，随着距接地点的距离增大，电位呈先急后缓的趋势下降，在距接地点 10m 处的地面，电位已降至接地点电位的 8%，距接地点 20m 处的地面，电流流散截面相当大，接地电阻和电压降很小，可忽略不计，此处地面电位为零。

当电气设备因绝缘损坏而发生接地故障时，如果人体的手和脚同时触及漏电设备的外壳和地面时，人体的这两部分便处于不同的电位中，其间的电位差称为接触电压。受接触电压作用而导致的触电现象，称为接触电压触电。接触电压 U_c 为触电者手接触处的电位（即设备的对地电压 U_d）与人体脚站立处的电位 U_φ 之差即

$$U_c = U_d - U_\varphi \tag{12-2}$$

接触电压的大小随人体站立点的位置不同而不同。在电气安全技术中，是以站立在离漏电设备水平方向 0.8m 的人，手触及漏电设备外壳距离地面 1.8m 处时，其手与脚两点间的电位差为接触电压计算值。

2. 跨步电压触电

当电气设备发生接地故障时，在接地电流入地点电位分布区（以电流入地点为圆心，20m 为半径的范围内）行走的人，其两脚处在不同电位，两脚之间（一般人的跨步约为 0.8m）的电位差称为跨步电压。用 U_b 表示，即

$$U_b = \varphi_2 - \varphi_1 \tag{12-3}$$

根据电压分布曲线可知，人体距接地故障电流入地点越近，其所承受的跨步电压越高，步子越大跨步电压也越大。

人体受到跨步电压的作用，电流将从一只脚经过胯部到另一只脚与大地形成回路，使人体感到脚发麻、抽筋、甚至跌倒在地。如果跌倒将可能改变电流流经的途径，可能流入人体重要器官，使人致命。

除以上几种触电方式外，在高压输电线路和配电装置的周围存在较强大的电场，处在电场内的物体会因静电感应作用而带有电压。当人体触及这些带电压的物体时，就会有感应电流经人体入地而受到伤害。

金属物体受到静电感应或绝缘体之间的摩擦都会产生静电。静电的能量不大，但电压可能很高，一般不至于有生命危险。但受静电瞬间电击会使触电者从高处坠落或摔倒，造成两次事故。静电的主要危害是其放电火花或电弧引燃或引爆周围物质，造成火灾和爆炸事故。

高频电磁场对人体的伤害。当人体吸收高频电磁场辐射的能量后，人体器官组织及其功能将受到损伤。雷电对人畜的伤害更为严重。

三、触电急救

电业安全工作规程明确规定，电气工作人员必须具备的条件之一，即学会紧急救护法，特别要学会触电急救。要求工作人员会正确脱离电源、会心肺复苏法、会止血、会包扎、会转移搬运伤员、会处理急救外伤或中毒等。

（一）脱离电源的方法

电流对人体的作用时间愈长，对生命的危害愈大。所以，首先要使触电者迅速脱离电源。

1. 脱离低压电源的方法

脱离低压电源可以用 5 个字来概括，即"拉、切、挑、拽、垫"。

（1）拉——就近拉开电源开关、拔出插头或熔断器。注意照明开关不能作为断开电源的依据，防止其控制的是中性线（工作人员错误接线时）。

（2）切——用带有绝缘柄的电工钳切断电源线。这种情况是在电源开关、插座或熔断器等距离触电现场较远时利用带绝缘的锐器将电源切断。

（3）挑——如果导线搭落在触电者身上或压在身下，这时可用绝缘杆或干燥的木棒和竹

杆等物挑开导线。

（4）拽——救护人员可戴上干净而且干燥的手套或在手上包缠干燥的衣服、围巾、帽子等物品拖拽触电者，使之脱离电源。如果触电者的衣服是干燥的，又没有紧缠在身上，救护人员可直接用一只手抓住触电者不贴身的衣裤，将触电者拉脱电源。但要注意，切勿触及触电者的体肤。

（5）垫——如果触电者由于痉挛而手指紧握导线或导线缠在身上，救护人员可用干燥的木板塞进触电者身下使其与地绝缘隔断电流途径，然后再采取其他办法将电源切断。此种方法最好先在救护人脚下垫上干燥木板或有条件的垫上绝缘垫后再进行操作。

2．脱离高压电源的方法

高压电源触电，一般绝缘物品不能保证救护人员的安全，而且高压电源开关一般距离现场较远，不便拉闸。因此，使触电者脱离高压电源的方法与脱离低压电源的方法有所不同。通常采用以下几种方法：

（1）立即电话通知有关供电部门拉闸停电。

（2）如果电源开关距触电现场不远时，则可戴绝缘手套、穿绝缘靴，使断路器手动跳闸或用绝缘棒断开跌落熔断器等方法切断电源。

（3）当触电现场距开关较远，而且通信不畅的情况下，可采取空中抛挂金属软线，人为造成线路短路，迫使继电保护装置动作，使电源开关跳闸。抛挂前，将短路线的一端先固定在铁塔或接地线上，另一端系重物。抛掷短路线时，注意防止电弧烧伤人员或断线危及人员安全，也要防止重物砸伤救护人员。

3．脱离电源应注意的事项

（1）救护人员不得采用金属无绝缘的或其他潮湿的工具和物品进行救护工作。

（2）未采取绝缘措施前，救护人员不得直接触及触电者的皮肤和潮湿的衣服。

（3）在拉拽触电者脱离电源的过程中，救护人员宜用单手操作。

（4）当触电者位于高处时，应采取预防高空坠落措施，防止脱离电源后坠地伤亡。

（5）夜间救护时，应考虑临时照明，以利救护。

（6）如果触电者触及断落在地上的带电高压线，且尚未确定线路无电之前，救护人员在室内不得进入 4m 以内，室外不得进入 8m 以内，以防跨步电压触电。如进入该范围内救护人员必须穿绝缘靴。

（二）现场救护

触电者脱离电源后，应分秒必争，立即进行抢救。同时通知医务人员到现场并作好转移搬运的准备工作。

根据触电者受伤害的程度，采取以下救护措施：

（1）脱离电源后，对触电伤员神志清醒者，应使其就地平躺，严密观察，暂时不要站立和走动。保持周围空气畅通。

（2）对神志不清者，应就地仰面躺平，且确保空气畅通，用 5s 时间呼叫触电伤员或轻拍其肩部，以判定伤员是否丧失意识。禁止摇动伤员头部呼叫伤员。

触电伤员如已丧失意识，应在 10s 内，用看、听、试

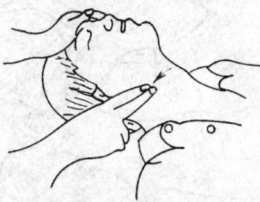

图 12-4　看、听、试示意图

的方法判断伤员呼吸和心脏跳动情况，如图 12-4 所示。

1）看。看伤员的胸部、腹部有无起伏动作。

2）听。用耳贴近伤员的口鼻处，听有无呼吸的声音。

3）试。试测口鼻有无呼吸的气流，用两手指轻试一侧（左或右）喉结旁凹陷处的颈动脉有无搏动。

若看、听、试结果无呼吸或无颈动脉搏动，可判定呼吸或心脏停止工作。此刻应立即按心肺复苏法支持生命的三项基本措施：畅通气道；口对口人工呼吸；胸外心脏按压人工循环，正确进行就地抢救。

（三）心肺复苏法

1. 口对口（鼻）人工呼吸

当判定触电伤员停止了呼吸，应立即采取口对口人工呼吸。首先清除伤员口内异物，用仰头抬颏法，如图 12-5 所示。畅通气道，在保持伤员气道畅通的同时，救护人员用放在伤员额上的手指捏住伤员鼻翼，救护人员深吸气后，与伤员口对口紧合，如图 12-6 所示。在不漏气的情况下，先连续大口吹气两次，每次 1～1.5s，如两次吹气后试测颈动脉仍无搏动，可判断心跳已停止，要立即同时进行胸外心脏按压。除开始时大口吹气两次外，正常呼吸的吹气量不能过大，以免引起胃膨胀。吹气和放松时要注意伤员胸部应有起伏的呼吸动作。每 5s 吹一次，吹气时如有较大阻力，可能是头部后仰不够，应及时调整。

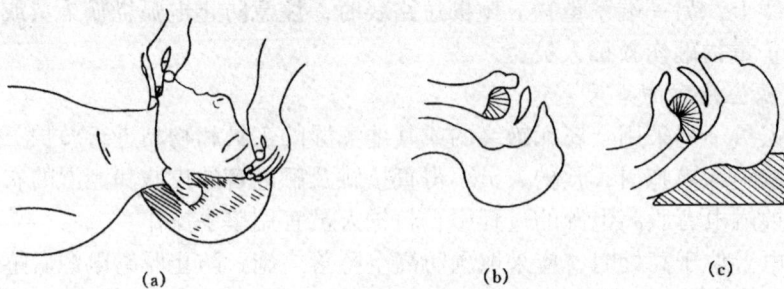

(a)　　　　　　(b)　　　　　　(c)

图 12-5　仰头抬颏畅通气道

（a）仰头抬颏法；（b）气道畅通；（c）气道阻塞

当触电伤员牙关紧闭时，可采取口对鼻人工呼吸。口对鼻人工呼吸时，要将伤员嘴唇紧闭，防止漏气。

2. 胸外心脏按压

（1）按压位置。正确的按压位置是保证胸外按压效果的重要前提。正确按压位置的步骤如下：

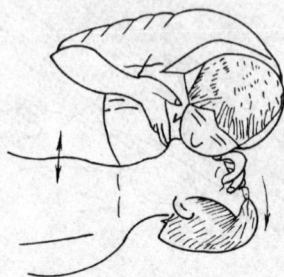

图 12-6　口对口呼吸法

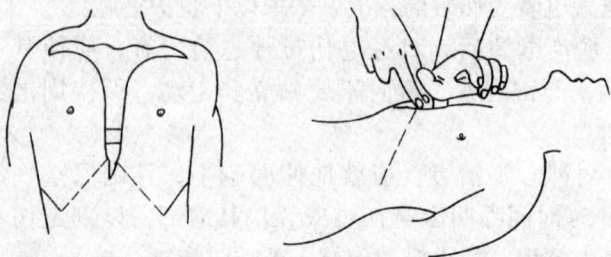

图 12-7　正确按压位置

1）右手的食指和中指沿触电伤员的右侧肋弓下缘向上，找到肋骨和胸骨接合处的中点。

2）两手指并齐，中指放在切迹中点（剑突底部），食指平放在胸骨下部。

3）另一只手的掌根紧挨食指上缘，置于胸骨上，即为正确按压位置，如图 12-7 所示。

（2）按压姿势。正确按压姿势是达到胸外心脏按压效果的基本保证。正确的按压姿势如下：

1）使触电伤员仰面躺在平硬的地方，救护人员立或跪在伤员一侧肩旁，救护人员的两肩位于胸骨正上方，两臂伸直，肘关节固定不屈，两手掌根相叠，手指翘起，不接触伤员的胸壁。

2）以髋关节为支点，利用上身的重力，垂直将正常成人胸骨压陷 3～5cm（儿童或瘦弱者酌减）。

3）压到要求程度后，立即全部放松，但放松时，救护人员的掌根不得离开胸壁，如图 12-8 所示。

4）按压要以均匀速度进行，每分钟 80 次左右，每次按压和放松的时间相等。

5）胸外按压与口对口人工呼吸同时进行时，其节奏为：单人抢救时，每按压 15 次后吹气 2 次（15:2），反复进行；双人抢救时，每按压 5 次后由另一人吹气 1 次（5:1），反复进行。

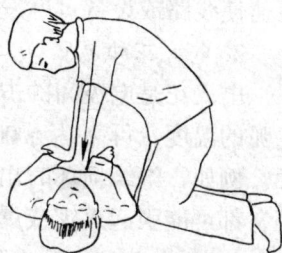

3. 抢救过程中的再判定

图 12-8 按压姿式

（1）按压、吹气 1min 后（相当于单人抢救时做了 4 个 15:2 压吹循环），应该用看、听、试的方法在 5～7s 时间内完成对伤员呼吸和心跳是否恢复的判定。

（2）若判定颈动脉已有搏动但无呼吸，则暂停胸外按压，而再进行 2 次口对口人工呼吸，接着每 5s 吹气一次（即每分钟 12 次）。如脉搏和呼吸均未恢复，则继续坚持心肺复苏法抢救。

（3）在抢救过程中，再每隔数分钟再判定一次，每次判定时间均不超过 5～7s。在医务人员未接替抢救之前，现场抢救人员不得放弃现场抢救。

抢救过程中伤员的转移搬动方法如图 12-9 所示。

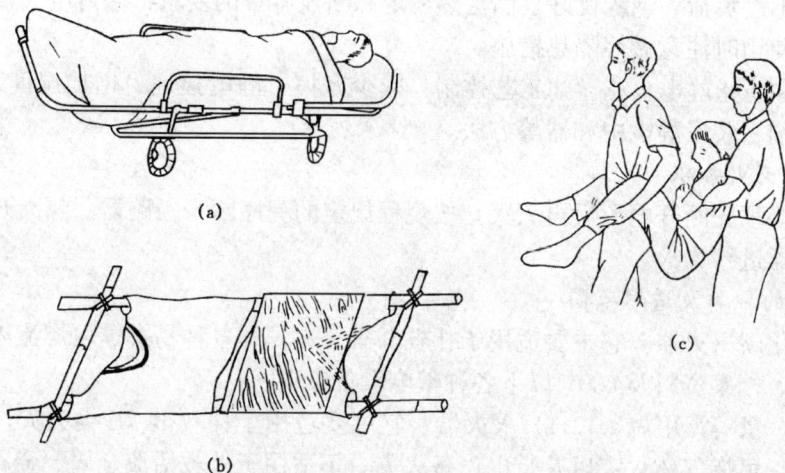

图 12-9 转移搬动伤员方法
（a）正常担架；（b）临时担架；（c）错误搬运

四、电气消防知识

"火灾"给国家和人民带来的巨大损失是众所周知的，由于电气设备的故障或过负荷以及电力线路接触不良都会使电气设备和线路发热，最终引起火灾。为了预防和尽快消灭电气火灾，减少损失，我们每个电气工作人员必须懂得电气消防知识，学会灭火器的使用和灭火方法。

（一）发生电气火灾的原因

发生电气火灾的原因主要是危险温度、电火花和电弧。

1. 危险温度

在易燃易爆场所中，高温即是源。我们把这种高温称为危险温度。例如，发生短路或过负荷使线路或设备过度发热，照明和电热器的工作高温等都可能引起火灾或爆炸。

2. 电火花和电弧

电火花是电极间的击穿放电，电弧是大量电火花汇集而成。电火花的温度很高，特别是电弧的温度，可高达 6000℃，不仅能引起可燃物质燃烧，还能使金属熔化、飞溅，构成火源。例如，绝缘损坏时出现的闪络、熔丝熔断时的火花、误操作引起的电弧以及静电感应等，都可能引起火灾或爆炸。

（二）电气防火防爆的措施

（1）排除易燃易爆物质，即危险源。保持良好的通风，将易燃易爆气体和粉尘纤维浓度降至起燃起爆浓度之下，加强易燃易爆物质的生产设备、容器、管道、阀门的管理和密封。

（2）排除电火花、电弧、高温物体等电气火源。安装防爆设备，在危险场所尽量不用或少用携带型电气设备，在危险场所敷设的电气线路，应满足防火、防爆的要求。

（3）采用耐火材料建筑隔墙和门。充油设备间应保持防火距离：油罐与主变 15m，电容器室与主控室 10m。不足上述距离应设防火墙，设贮油和排油设施，防止火势蔓延。电工建筑与设施距易爆危险场所应大于 30m，架空电力线路严禁通过易燃易爆场所，两者水平距离应不小于杆塔高度的 1.5 倍。

（4）保证不过负荷、绝缘良好、满足热稳定和断流容量的要求；保持电气设备周围通风良好；安装和使用时注意做好隔热措施。

（5）消除和防止静电火花。如工艺控制，减少摩擦、静电接地、增加湿度、屏蔽处理、加抗静电添加剂、装设静电中和器等方法。

（三）电气灭火知识

电气火灾必须先断开电源后再灭火。按规程规定的程序断开断路器、隔离开关等，然后正确使用灭火器进行灭火。

1. 灭火器的种类及适用范围

（1）二氧化碳灭火器。它主要适用于扑救 B 类火灾，即各种易燃、可燃流体火灾，还可扑救精密仪器、档案资料及 600V 以下各种带电设备火灾。

（2）二氟一氯一溴甲烷（1211）灭火器。它主要适用于扑救 B、C 类火灾，即易燃、可燃流体和易燃、可燃气体火灾以及带电设备火灾。不适用于扑救活泼金属、金属氧化物和能在惰性介质中自身供氧燃烧的物质的火灾。

（3）干粉灭火器。主要适用于扑救 B、C 类火灾，即各种易燃、可燃流体和易燃、可燃气体火灾，还可扑救电气设备火灾。

（4）四氯化碳灭火器。它主要适用于扑救电气设备火灾。它有一定的绝缘性能，在一定的电压等级下可以带电灭火，但有毒。目前剩余的四氯化碳灭火器可继续使用，厂家不再制造此类灭火器。

（5）喷雾水枪灭火器。其水柱泄漏电流较小，带电灭火比较安全，用普通水枪时，可将水枪喷嘴接地或穿绝缘靴、戴绝缘手套进行线路灭火。

（6）化学泡沫灭火器。它主要适用扑救 A、B 类火灾，即木材、纤维、橡胶等固体可燃物或非水溶性易燃、可燃液体火灾。不能扑救醇、酯、醚、醛、酮、有机酸等水溶性易燃、可燃液体火灾，也不能扑救电气设备、轻金属、碱性金属及遇水燃烧爆炸物质的火灾。

（7）干燥的黄砂。它主要适用扑救液体火灾。

2. 灭火器的使用方法及注意事项

（1）二氧化碳灭火器的使用方法。拔掉铅封和保险销，提起灭火器将喷嘴喇叭对准火焰，按下压把或拧开手轮，使灭火剂喷射到着火区灭火。

使用时注意，手不可直接接触喇叭筒和上方铁管，防止冻伤。在室外避免逆风使用，室内使用后注意通风。对超过 600V 的电气设备使用时，必须切断电源，以免引起触电事故，放置场所温度应为 −10 ~ +45℃，禁止火烤、曝晒和碰撞，防止潮湿。每年至少检查一次重量，如 CO_2 质量减少 10% 时应修复。

（2）二氟—氯—溴甲烷（1211）灭火器的使用方法。拔掉保险销，提起灭火器，托住筒底，将喷嘴对准火焰根部，拧动手轮或按下压把，将灭火剂喷射到着火区灭火。

使用时注意，站在上风向接近火点，在室内使用注意通风，灭火器一经开启或质量减轻10% 时，就应按规定充装。放置场所温度是 −10 ~ +45℃。

（3）干粉灭火器使用方法。拔掉保险销，提起灭火器，握住喷嘴对准火焰根部，按下压把，将灭火剂喷到着火区灭火。

干粉易飘散，应接近火焰喷射，且不易逆风，放置场所温度 −10 ~ +45℃，应放置通风干燥处，防止桶体受潮腐蚀。应按灭火器制造厂和维修厂规定的检查周期定期检查维修。

（4）四氯化碳灭火器的使用方法。提起灭火器，拔掉铅封，将喷嘴对准火焰根部，拧开手轮将灭火剂喷射到着火区灭火。如果是灭火弹可直接抛向着火点灭火。

因四氯化碳有毒，使用后注意通风，当电气设备超过 2000V 时，应先切断电源再灭火。

（5）化学泡沫灭火器的使用方法。将灭火器提倒立，（如有阀门先拧开）喷嘴对准火焰，摇动灭火器，使筒内灭火剂起化学反应产生压力，喷射着火点灭火。

泡沫灭火器的灭火剂（水溶液）有一定导电性，对电气设备绝缘有腐蚀性，所以不宜灭电气火灾。

（6）黄砂的使用注意事项。黄砂一般都装在砂箱或砂桶内，设置在有油的危险场所，当油燃烧时，用来扑灭火灾。为了使用方便，砂箱或砂桶均应制成无底状，故不要随意移动砂箱或砂桶。

总之，在电气灭火时，应保持一定的安全距离。对架空线路等高空设备进行灭火时，人体位置与带电体之间的倾角不应超过 45°，以防导线断落危及人身安全。如遇导线断落地面，要划出警戒区，防止跨步电压触电。

第二节 触 电 防 护

一、直接触电的防护

（一）安全距离、安全电压和屏护标志等的防护措施

1. 安全距离防护

所谓安全距离就是使带电体与地面和其他设备、设施、导体等之间的安全间距。电压愈高则要求的间距愈大，以防人体过分靠近或触及带电体而发生人身伤亡事故或设备火灾、短路等各种电气设备故障。

为了人身安全，为了防止火灾、防止过电压和防止各种短路事故以及工作人员操作和检修的方便，所以，要求带电体与地面之间、工作人员与带电体之间、带电体与其他设备之间、带电体与带电体之间，必须保持一定的安全距离。电气安全工作规程（发电厂和变电所部分）对不同情况的安全距离做出了明确的规定。如表 12-1 和表 12-2 所示，保证足够的安全距离，是防护直接触电的基本措施之一。

表 12-1 室内、室外变配电装置的安全距离（m）

项　目	额定电压（kV）	1～3	6	10	15	20	35	60
带电部分至接地部分	室内	0.075	0.10	0.125	0.15	0.18	0.30	0.55
	室外	0.20	0.20	0.20	0.30	0.30	0.40	0.65
不同相的带电部分之间	室内	0.075	0.10	0.125	0.15	0.18	0.30	0.55
	室外	0.20	0.20	0.20	0.30	0.30	0.40	0.65
带电部分至无孔遮栏	室内	0.105	0.13	0.155	0.18	0.21	0.33	0.58
带电部分至网状遮栏	室内	0.175	0.20	0.225	0.25	0.28	0.40	0.65
	室外	0.30	0.30	0.30	0.40	0.40	0.50	0.70
带电部分至栅栏	室内	0.825	0.85	0.875	0.90	0.93	1.05	1.30
	室外	0.95	0.95	0.95	1.05	1.05	1.15	1.35
无遮栏导体至地（楼）面	室内	2.375	2.40	2.425	2.45	2.48	2.69	2.85
	室外	2.70	2.70	2.70	2.80	2.80	2.90	3.10
不同时停电检修的无遮栏导体间的水平距离	室内	1.875	1.90	1.925	1.95	1.98	2.10	2.35
	室外	2.20	2.20	2.20	2.30	2.30	2.40	2.60

表 12-2 人体与带电设备或导体间的安全距离（m）

额定电压（kV）	值班人员巡视设备不停电时的安全距离	工作人员工作中正常活动范围与带电设备的安全距离
10 及以下（13.8）	0.7	0.35
20～35	1.00	0.60
44	1.20	0.90
60	1.50	1.50
110	1.50	1.50
220	3.00	3.00
330	4.00	4.00
500	5.00	5.00

2. 安全电压防护

所谓安全电压是人体持续接触而不会直接致命或致残的电压。是为了防止触电事故而采用的特定电源供电的电压系列。

安全电压值的规定是以通过人体电流（不超过 30mA）与人体电阻的乘积为依据的，即

$$U_s = I_s R_b \tag{12-4}$$

式中　U_s——安全电压，V；

　　　I_s——安全电流，A；

　　　R_b——人体电阻，Ω。

而人体电阻是非线性电阻，其阻值与工作环境条件、触电电压等因素有关。因此，在理论上安全电压不是确定值。但可以在一定条件下对安全电压做出一般性的标准规定。国际电工委员会（IEC）制定的标准以及我国颁布的《低压电路接地保护导则》都对安全电压系列的上限作出了规定，即人体在状态正常、手脚皮肤干燥的情况下，在接触电压后有较大危险性的场所，可取安全电流 $I_s = 30mA$，人体电阻 $R_b = 1700Ω$，相应的工频安全电压上限值 $U_s = I_s R_b = 0.03 \times 1700 \approx 50V$。该导则还给出了人体浸于水中和显著淋湿状态下的安全电压分别为 2.5V 和 25V。

各国对安全电压的规定不尽相同。我国制订颁发的安全电压国家标准（GB3805—1983）如表 12-3 所示。表中所列安全电压空载上限值，是考虑到负荷变小或空载时安全变压器的电压将升高，若变压器空载电压超过所规定的上限值，即使其额定电压符合规定，仍不能认为符合国家标准。

表 12-3　　　　　　　　　安全电压等级及选用举例（V）

安全电压（交流有效值）		选用举例
额定值	空载上限值	
42	50	在有触电危险的场所使用的手提式电动工具等
36	43	在矿井、多导电粉尘等场所的行灯等
24	29	可供某些具有人体可能偶然触及的带电体设备选用
12	15	
6	8	

目前现场很少选用 42V 和 6V 这两个等级的电压，多采用 36V 和 12V 这两个电压等级。凡高度不足 2.5m 的照明装置、机床局部照明灯具、移动行灯、手持电动工具以及潮湿场所的电气设备，其安全电压一般可采用 36V。凡工作地点狭窄、工作人员活动困难、周围有大面积接地导体或金属结构（如金属容器内）的场所，以及存在高度触电危险的环境和特别潮湿的场所，则应采用 12V 为安全电压。

为了确保人身安全，提供安全电压的电源应符合以下条件：

1）采用独立的特定电源供电，必须由双绕组变压器降压获得，禁止由自耦变压器或电阻分压获得安全电压，如图 12-10 所示。双绕组变压器的一次侧和二次侧是用绝缘隔离开的，且变压器的铁芯和外壳均应接地，防止一、二次之间绝缘击穿时，高压电窜入低压回路造成触电事故。

2）工作在安全电压下的电路，必须与其他电气系统和任何无关的可导电部分实行电气上的隔离。安全变压器的一、二次绕组接线端子或插头插座应有明显标志，避免混淆错接。

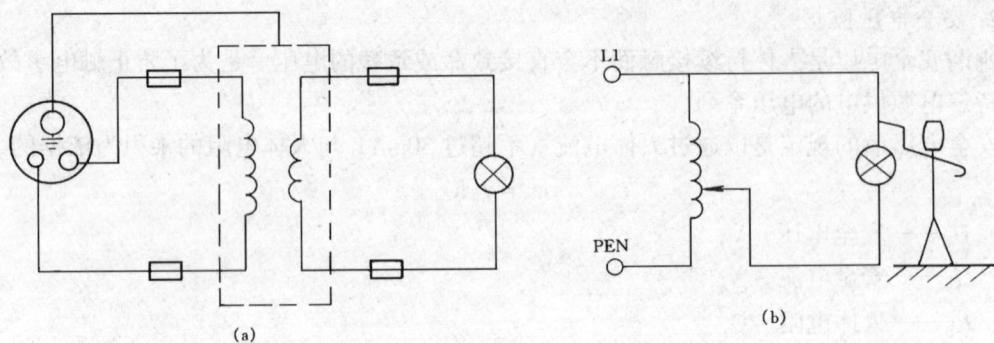

图 12-10　行灯用安全电压获得方式
(a) 正确（双绕组变压器）；(b) 错误（自耦变压器）

3) 变压器的高、低压侧回路装设熔断器作短路保护。

3. 屏护和安全标志防护

由于人们难以直观地认识设备是否带电及电压的高低，再加上有时注意力分散，工作人员仍有偶然触及或过分靠近带电体而遭受电击或电伤的危险。采用屏护措施将带电体隔离开，再悬挂明显的安全标志，可以有效地防止上述危险情况发生。

(1) 屏护措施。

1) 设遮栏、栅栏、保护网、围墙等，防止工作人员意外碰触或过分靠近带电体。

2) 采用绝缘板将检修位置与带电体之间隔离开，这是保证两者间距小于安全距离时的安全隔离措施。

3) 用箱、盒、盖、罩、挡板等，防止机械碰撞造成设备损坏或触电事故。

(2) 安全标志防护。在有触电危险的处所或容易产生误判断、误操作的地方，以及存在不安全因素的现场，应设置醒目的文字或图形标志，提示人们识别、警惕危险因素，对防止人们偶然触及或过分靠近带电体而触电具有重要作用。

1) 对安全标志的规定。文字简明扼要、图形清晰、色彩醒目、标准统一，以便于管理。

例如，用白底红边黑字制作的"止步，高压危险"的标牌，白色背景衬托下的红边和黑字，可以收到清晰醒目的效果，并使标示牌的警告作用更强烈。我国采用的颜色标志的含义基本与国际安全色标准相同，如表 12-4 所示。

表 12-4　　　　　　　　　　　　　安全色标的含义与举例

色　标	含　　义	举　　例
红色	禁止、停止、消防	停止按钮、灭火器、仪表运行极限
黄色	注意、警告	"当心触电"、"注意安全"
绿色	安全、通过、允许、工作	"在此工作"、"已接地"
黑色	警告	多用于文字、图形、符号
蓝色	强制执行	必须戴安全帽

2) 常用标志。裸母线及电缆芯线的相序或极性如表 12-5 所示。常用标示牌规格及悬挂处所如表 12-6 所示。

另外，电气设备上涂有红色的部分表示带电体，涂有灰色的部分表示正常情况下不带电。

表 12-5   **导　体　色　标**

类别 导体名称 色标	交　流　电　路				直　流　电　路		接地线
	L1	L2	L3	N	正极	负极	
旧	黄	绿	红	黑	红	蓝	黑
新	黄	绿	红	淡蓝	棕	蓝	绿/黄双色线

表 12-6   **常　用　标　示　牌**

	名　　称	尺寸（mm）	式　样	悬　挂　处　所
警告类	禁止合闸，有人工作！	200×100 或 80×50	白底红字	一经合闸即送电到施工设备的开关和刀闸的把手上
	禁止合闸，线路有人工作！		红底白字	线路开关和刀闸把手上
	禁止攀登，高压危险！	250×250	白底红边黑字	工作人员上下或临时上下的铁架、运行变压器的梯子上
	止步，高压危险！		白底红边黑字有闪电红色箭头	工作地点临近带电设备的横梁、遮栏或围栏上；禁止通行的过道上，高压试验地点，室外构架上
提示类	在此工作	250×200	绿底中有直径210mm的白圆圈内写黑字	工作地点或施工设备上
	在此上下			工作人员上下的铁架梯子上

（二）绝缘防护措施

绝缘防护是最基本的安全保护措施，是利用绝缘材料将带电部分全部包扎、封护或隔离起来，防止在正常工作条件下与带电部分的任何接触。完善的绝缘可以保证人身和设备的安全。

1. 常用绝缘材料

电阻率大于 $10^7\Omega\cdot m$ 的物质，在工程上称为绝缘材料。绝缘材料种类繁多，一般可分为：

（1）气体绝缘材料。常用的有空气、氮气、二氧化碳和六氟化硫（SF_6）等。

（2）液体绝缘材料。常用的有变压器油、断路器油、电容器油、电缆油等。

（3）固体绝缘材料。常用的有纸、纸板等绝缘材料制品，以及漆布、漆管等绝缘浸渍纤维制品、云母制品、电工塑料、陶瓷、橡胶等。

带电体上覆盖的绝缘材料要有足够的强度，能长期承受电气、化学、潮气、机械和热应力的影响，而耐热性能是绝缘材料重要性能之一。当绝缘材料过热时，温度升高使介质电导增大，绝缘强度降低。温度超过允许值，会大大降低绝缘材料使用寿命，如 A 级绝缘材料每超过最高允许工作温度 8℃，使用寿命就降低一半。对 B 级绝缘材料，每超过最高允许工作温度 12℃，其绝缘使用寿命就降低一半。

绝缘材料按耐热程度可分为 7 个级别：

Y 级：最高允许温度为 90℃，如天然纤维材料及制品、木、竹、棉花等。

A 级：最高允许温度为 105℃，如用油或树脂浸渍过的 Y 级材料，如漆布等。

E 级：最高允许温度为 120℃，如玻璃布、油性树脂漆、环氧树脂、胶纸板、聚酯薄膜等和 A 级材料的复合物等。

B级：最高允许温度为130℃，如聚酯薄膜、云母制品、玻璃纤维、石棉等。

F级：最高允许温度为155℃，如用耐热有机树脂和漆粘合、浸渍的云母、石棉、玻璃丝制品。

H级：最高允许温度为180℃，如加厚的F级材料、云母制品、有机硅等。

C级：最高允许温度为180℃以上，如采用有机黏合剂及浸渍剂的无机物，如石英、云母、电瓷材料等。

2．预防绝缘事故的措施

（1）不使用质量不合格的电气产品。

（2）按规程和施工验收规范安装电气设备或线路。

（3）按工作环境和使用条件正确选用电气设备。

（4）按照技术参数使用电气设备，避免过电压和过负荷运行，过电压有击穿绝缘的危险，过负荷将使绝缘温度升高而加速绝缘老化。

（5）正确选用绝缘材料。

（6）定期检查绝缘情况和做预防性试验，及时发现绝缘缺陷，及时处理。

（7）技术革新，改善绝缘结构。

（8）在搬运、安装、运行和检修中，避免人为的损伤和受潮。

（三）漏电保护措施

为了防止人身触电事故的发生，除采取上述一系列防护措施外，目前在低压系统广泛使用漏电保护装置作为触电防护措施。

漏电保护装置（又称触电保安器、漏电开关等）是一种能检测设备或线路漏电时异常信号（零序电流和对地电压），并促使漏电设备或线路断开电源的一种电气安装装置。它适用于1000V以下的低压系统，也可用于高压系统。其主要作用是防止直接接触触电和间接接触触电，保障人身安全。当人体触及带电体时，能在0.1s内切断电源，从而减轻电流对人体的伤害程度。此外，漏电保护装置还能防止漏电引起的火灾，监视或切断一相接地故障，切除三相电动机缺相运行等等。

1．漏电保护装置的分类

按反映信号的种类分，主要有电压型和电流型两大类。电流型的又可分为电磁式、电子式和中性点接地式三类。

电压型漏电保护装置因存在三个难以克服的缺点，如它只能用于有不接地中性点的变压器系统，而我国低压供电系统主要采用中性点接地系统，故应用范围受到限制；安全性和可靠性差，维修工作量大和费用大；要求电网对地绝缘电阻很高，对地电容很小。受气候影响调整困难，易误动作。所以，电压型漏电保护装置，目前已被淘汰。

2．电流型漏电保护装置的工作原理

在正常运行时，线路（对称三相制的三相线路、三相四线制的四条线路和单相的两条线路）中的电流向量之和等于零，而发生漏电故障时，上述线路中的电流向量和不等于零，出现一个不平衡的泄漏电流，称为零序电流，利用零序电流互感器作为检测元件，将零序电流检测分离出来送到比较元件，当零序电流达到整定值时，执行元件驱动脱扣器动作，切断故障线路达到保护目的。如图12-11所示。当被保护线路发生人身触电或接地漏电故障时，故障电流I_b就通过大地返回变压器1的中性点。这时，零序电流互感器4的一次侧就有励磁电流,此电流在环形铁芯中产生一个磁通,使二次侧绕组感应二次电压 U_2。此电压加在脱扣机构 5 的绕组上,产生电流 I_2。当触电或接地漏电故障电流 I_b 达到某一整定值时,推动脱扣机构动作,使主开关 2 分闸,切断电源,达到保护目的,如图 12-11 所示是电磁式电流型漏电保护装置。

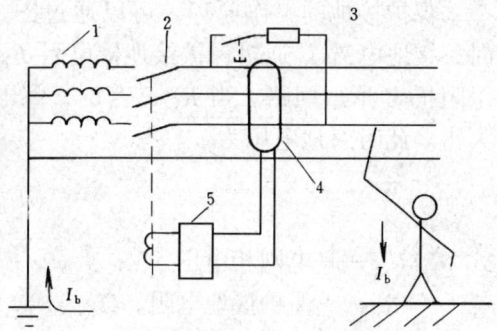

图 12-11　电流型漏电保护器工作原理
1—变压器;2—主开关;3—试验线路;
4—零序电流互感器;5—脱扣机构

3．漏电保护装置的选择与应用

漏电保护装置的选用应根据触电方式、保护目的、用电设备的接地电阻值以及使用场所等因素来确定。

（1）直接触电导致人身伤亡事故的概率较高,危险性大,故宜采用漏电动作电流为 30mA 的快速动作型漏电保护装置。例如,住宅宜在电度表后安装一台漏电动作电流为 30mA,0.1s 快速动作型漏电开关。

（2）在发生触电后可能引起二次性伤害,如高空作业、濒水作业处,宜安装灵敏度更高的漏电保护装置,例如,漏电动作电流为 10mA,0.1s 的快速动作型漏电开关。

（3）医院里的电气医疗设备由于经常要与患者接触,其触电时比健康者更危险,所以,此处应选择更灵敏动作电流为 6mA 的快速动作型漏电保护器。

（4）间接触电是在用电设备绝缘损坏时发生的。通常对于额定电压为 220V 和 380V 的固定式电气设备,当其外壳的接地电阻在 500Ω 以下时,单机保护可选用漏电动作电流为 50mA 的快速漏电保护装置。额定电流较大的电气设备或多台设备的供电回路,可选用动作电流 100mA 的保护装置。接地电阻在 100Ω 以下,宜选用动作电流为 300～500mA 的漏电保护装置。

（5）在潮湿的场所,由于人体电阻明显下降,触电危险性较大,应装漏电动作电流 15～30mA 的漏电保护装置。

（6）如果在水中操作,即使工作电压低于 36V,考虑触电者不仅心室颤动,而且有溺死的可能,也应安装漏电动作电流为 6～10mA 的漏电保护装置。

注意不能无限制地提高漏电保护装置的灵敏度,防止误动作,保证可靠的供电。

二、间接触电防护

间接触电的主要防护措施是采用适当的自动化元件控制和连接方法,在发生事故后能在规定的时间内迅速切断电源,防止接触电压的危险,如采取接地保护、接零保护、重复接地以及绝缘监视等措施。此外,还可以采用加强绝缘的办法,人为创造不导电的环境和等电位连接等方法进行间接触电防护。

（一）保护接地

所谓接地,就是将设备的应接地部分通过接地装置同大地紧密连接起来。接地分为正常的工作接地和保护接地等。

保护接地就是将故障情况下可能呈现危险的对地电压的金属部分同大地紧密地连接起来,以限制漏电设备对地电压在规定范围之内的一种安全技术措施。

1．保护接地的工作原理

保护接地的工作原理，可以通过图 12-12 所示来说明。当设备绝缘损坏造成一相碰壳时，接地电流 I_d 通过保护接地体电阻 R_E 和与接地体并联的人体电阻 R_b，以及电网对地绝缘阻抗 Z 形成回路。当 $R_E \ll R_b$ 时，漏电设备的对地电压主要取决于保护接地体电阻 R_E 的大小。此时对地电压为

$$U_d = \frac{3U_{ph}R_E}{|3R_E + Z|} \tag{12-5}$$

式中　U_{ph}——电网相电压，V；

　　　R_E——保护接地电阻，Ω；

　　　Z——电网每相对地阻抗，Ω。

由该式可以看出，只要适当控制 R_E 的大小，满足 $R_E \ll |Z|$ 的条件，即可以限制 U_d 在安全范围之内。R_E 愈小，U_d 愈低，通过人体电流愈小，从而避免了触电危险。

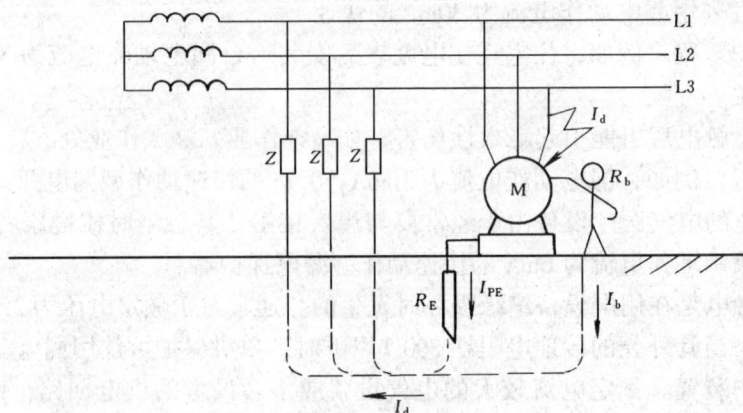

图 12-12　保护接地工作原理

2. 保护接地适用范围

保护接地适用于不接地电网。在这种电网中，由于绝缘损坏或其他原因而可能呈现危险对地电压的金属部分，如电气设备的金属外壳、钢筋混凝土电杆和金属杆塔由于绝缘损坏可能带电，为了防止这种电压危及人身安全均应接地。但是，在木质、沥青等不良导电地面环境内，工频电压 380V 及以下的电气设备外壳，在干燥场所，电压 127V 及以下的电气设备外壳，处于高处的电气设备外壳等，除另有规定外，可不接地。此外，具有双重绝缘和加强绝缘的电气设备，即使外壳有金属部分，均不得接地。

3. 接地电阻值的确定

不接地的 380V/220V 系统接地电阻值，$R_E \leqslant 4\Omega$。当变压器或发电机容量 $\leqslant 100kVA$ 时，R_E 可放宽到不大于 10Ω。

中性点不接地或经消弧线圈接地的高压系统，当高压设备与低压设备共用接地装置，则要求设备对地电压不超过 120V，此时接地电阻值由下式确定

$$R_E \leqslant \frac{U_d}{I_d} = \frac{120}{I_d} \ (\Omega) \tag{12-6}$$

式中　U_d——接地电压，V；

　　　I_d——接地电流，A。

如果高压设备单设接地装置时，对地电压可放宽至 250V，此时接地电阻值由下式确定

$$R_E \leqslant \frac{250}{I_d} \quad (\Omega) \tag{12-7}$$

除上面两式应满足外，R_E 一般不应超过 10Ω。

（二）保护接零

保护接零就是将电气设备在正常情况下不带电的金属部分与电网的中性线紧密连接起来，使漏电设备能自动断开电源的一种安全技术措施。

1. 保护接零的工作原理

保护接零适用于中性点直接接地系统。我们通过图 12-13 所示来分析设备不接零和接零

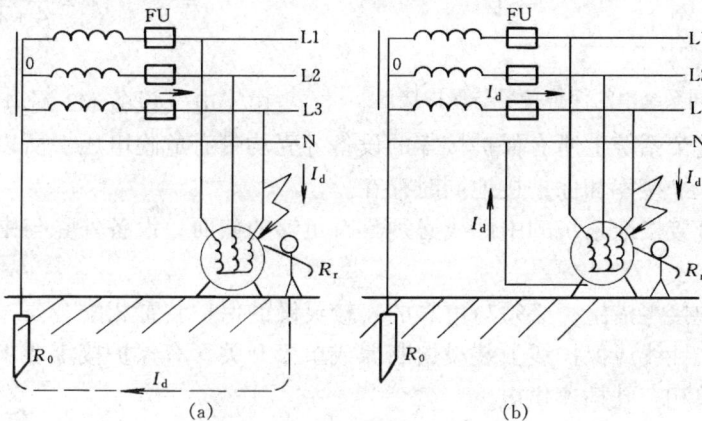

图 12-13　设备不接零与保护接零

（a）设备不接零（危险）；（b）设备接零保护（安全）

保护时的工作原理。图 12-13（a）所示为电气设备不接零的情况。流经人体的电流 I_r 为

$$I_r = \frac{U_{ph}}{R_r + R_0} \tag{12-8}$$

式中　U_{ph}——电网相电压，V；

　　　　R_r——人体电阻，Ω；

　　　　R_0——工作接地装置电阻，Ω。

R_0 通常比 R_r 小得多，R_0 一般在 4Ω 以内，R_r 一般在 1700Ω 左右，若电网电压 $U = 220V$，则通过人体的电流 I_r 大约为 129mA，足以使人致命。

如图 12-13（b）所示，中性点接地系统，采取保护接零措施，当设备内部 L3 相绝缘损坏造成带电体碰壳时，此时的接地电流 I_d 就是单相短路电流，I_d 通过熔断器 FU→外壳 ➤中性线 N→0，在这个电流的作用下，足使熔断器 FU 熔断或使其他保护装置动作，迅速切断电源，从而消除了触电危险。

2. 采用保护接零的注意事项

（1）中性点接地系统中，不允许个别电气设备接地而不接零。如图 12-14 的设备 M2 采取保护接地，而 M1 采取保护接零。当 M2 绝缘损坏有一相碰壳漏电时，其电流 I_d 通过 R_d 和 R_0 构成回路。由于该电流可能不太大，不能引起保护装置动作，从而使故障长时间存在。此时，漏电设备 M2 外壳对地电压为

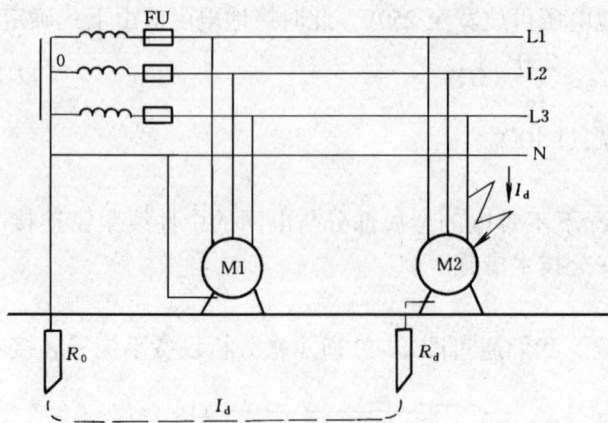

图 12-14　同系统中的保护接零与保护接地

$$U_d = \frac{R_d U_{ph}}{R_0 + R_d} \qquad (12\text{-}9)$$

R_0 为工作接地电阻，一般不大于 4Ω，R_d 为保护接地电阻，最大不超过 10Ω，若相电压 U_{ph} 为 220V，根据上式可得 M2 对地电压 U_d 约等于 157V。这个电压足使人体有触电致命的危险。

此时中性线 N 的对地电压为

$$U_0 = \frac{R_0 U_{ph}}{R_0 + R_d} = \frac{4 \times 220}{4 + 10} \approx 62.9 \ (\text{V})$$

$$(12\text{-}10)$$

由于电气设备 M2 漏电造成中性线 N 带有危险电压，使这个系统上所有保护接零的设备外壳均带有危险电压。所以，在一个供电系统中，不允许有保护接零和保护接地同时存在。

（2）中性点直接接地系统的中性线必须具有足够的截面，设备外壳与中性线接触要牢固可靠。

（3）采用保护接零措施，必须与可靠的、较灵敏的保护装置相配合。

（4）禁止在中性线或保护线上装设熔断器或单极开关，有保护接零要求的单相移动式电气设备，应使用单相三孔插座供电。

图 12-15 所示为保护接零正确和错误接法。

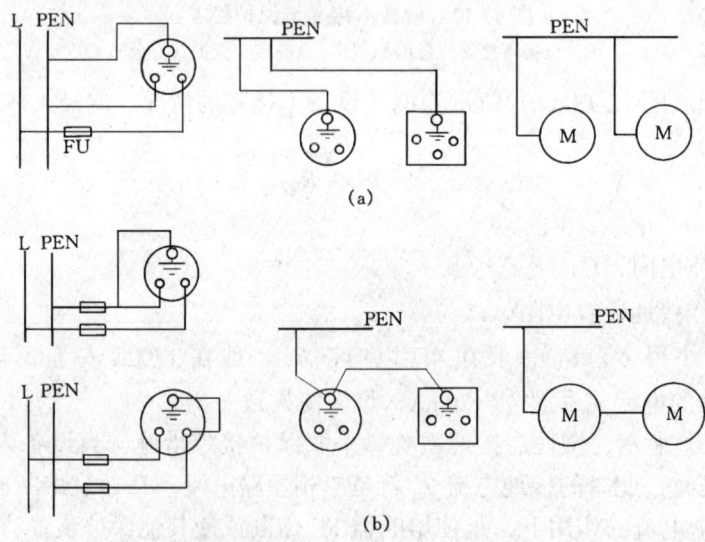

图 12-15　保护接零的接线方法
(a) 正确接法；(b) 错误接法

（三）重复接地

中性点直接接地系统中，将中性线 N 上一处或多处通过接地装置与大地再次连接，称为重复接地。中性线（零线）重复接地的作用：

（1）当系统发生设备绝缘损坏造成碰壳短路时，重复接地可以降低漏电设备的对地电压，如图 12-16 所示。在没有重复接地时，短路电流 I_d 在中性线部分产生的电压降 U_1，等于漏电设备对地电压 U_d，即

$$U_d = U_1 = I_d Z_0 \tag{12-11}$$

式中　Z_0——中性线 l 段的阻抗，Ω。

通常，中性线的导电能力不低于相线导电能力的 50%，若忽略其他电阻，则设备外壳对地电压为（低压线路电抗成分很小）

$$U_d = I_d Z_0 = \frac{U}{Z_0 + Z_x} Z_0 = \frac{U}{Z_0 + 0.5 Z_0} Z_0$$

$$= \frac{2}{3} U = \frac{2}{3} \times 220 = 146.7 \text{（V）} > 安全电压 \tag{12-12}$$

式中　Z_x——相线的阻抗，Ω。

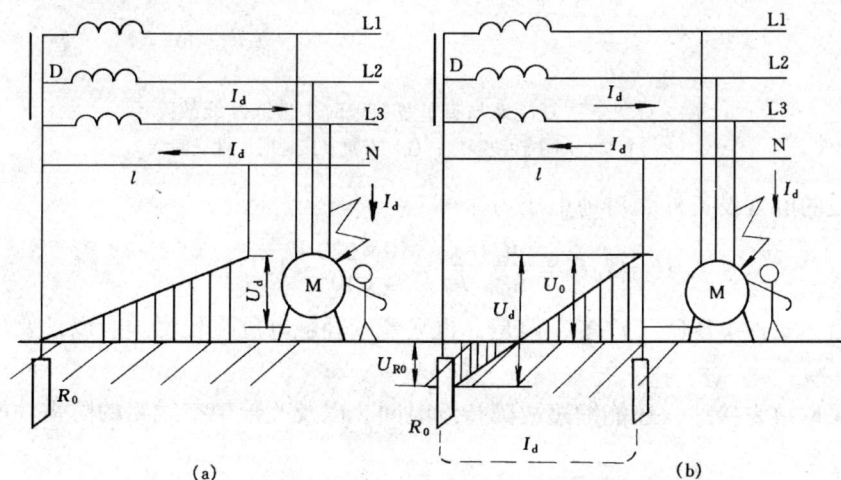

图 12-16　重复接地

(a) 中性线未重复接地；(b) 中性线有重复接地

146.7V 已大于安全电压，所以在单纯接零的情况下，还有瞬间触电的危险。而有重复接地时，短路电流 I_d 将沿着中性线与重复接地电阻 R_n、工作接地电阻 R_0 并联流回中性点。通常 $R_0 \leqslant 4\Omega$，$R_n \leqslant 10\Omega$，若 $U_0 = 146.7V$，则漏电设备对地电压为

$$U_d = \frac{R_n U_0}{R_0 + R_n} = \frac{10 \times 146.7}{4 + 10} = 104.8 \text{（V）} \tag{12-13}$$

此时的电压就比没有重复接地时的危险性大为减少。一般重复接地不止一处，重复接地点愈多，效果愈好。

（2）当中性线断线时，能减轻断线后面故障点的触电危险，如图 12-17 所示。在没有重复接地时，断线处两端接零保护上的电气设备，其对地电压分别接近于零和相电压 U_{ph}（M1 ≈ 0，M2 $\approx U_{ph}$，M3 $\approx U_{ph}$）。

在有重复接地时，断线前段的电气设备外壳对地电压为

$$U_0 = I_d R_0 = \frac{R_0 U_{ph}}{R_0 + R_n} = \frac{4 \times 220}{4 + 10} \approx 63 \text{（V）} \tag{12-14}$$

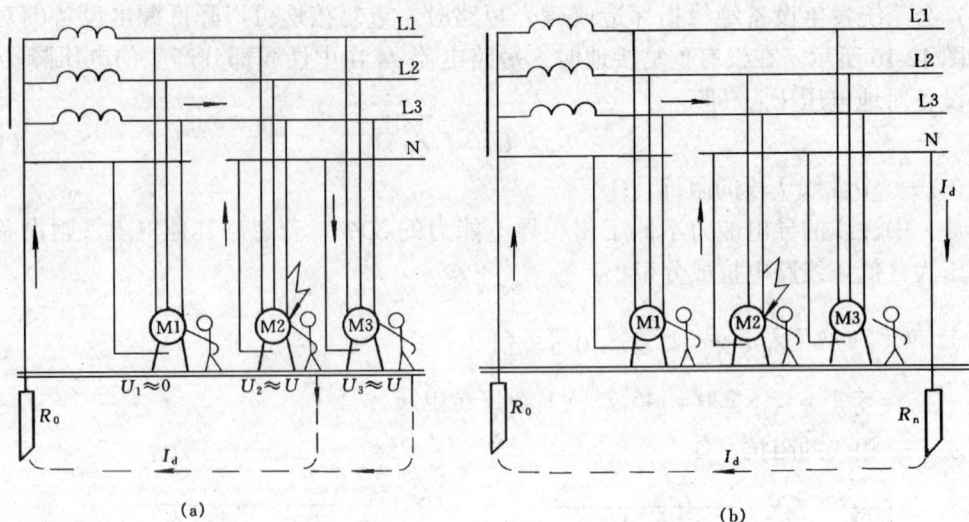

图 12-17　未重复接地与有重复接地时中性线断线故障

(a) 未重复接地时中性线断线；(b) 有重复接地时中性线断线

断线后段的电气设备外壳对地电压为

$$U_d = I_d R_n = \frac{R_n U_{ph}}{R_0 + R_n} = \frac{10 \times 220}{4 + 10} \approx 157 \text{（V）} \tag{12-15}$$

根据前两式虽然对地电压降了许多，但是，也只能减轻触电危险程度。所以，要尽量避免断线发生。

另外，采取重复接地，还能缩短故障持续时间，以及改善架空线路的防雷性能。

第三节　接　地　装　置

一、概述

1. 接地体、接地线和接地装置

埋入地下并直接与大地接触的金属导体，称为接地体。电气设备外壳、杆塔的接地螺栓与接地体间连接的导线称为接地线。接地体与接地线的组合称为接地装置。

2. 接地、工作接地、保护接地和过电压保护接地

电气设备、杆塔以及过电压保护装置用接地线与接地体连接，称为接地。电力系统中，正常运行工作需要的（如变压器中性点接地）接地，称为工作接地。电气设备的外壳、杆塔的金属部分由于绝缘损坏有可能带电，为了防止这种电压危及人身安全而设的接地，称为保护接地。过电压保护装置为了消除过电压危险的影响而设的接地，称为过电压保护接地。

3. 接地电阻

接地电阻包括接地线电阻，接地体本身电阻和流散电阻。由于接地线和接地体的电阻很小，可忽略不计。因此，一般认为接地电阻就是流散电阻。

4. "地"和对地电压

当电气设备绝缘损坏发生接地短路时，接地电流通过接地体，以半球面状向地中流散，

距离接地体愈近的地方，由于半球面较小，故电阻大，接地电流通过此处的电压降也愈大，所以电位高。相反，在远离接地体的地方，由于半球面大，故电阻小，所以电位就低。试验证明，在离开单根接地体或接地点 20m 以外的地方，已没有电阻存在，故该处的电位接近于零，该电位等于零的地方，称为电气上的"地"。

所谓对地电压，即电气设备接地部分与零电位之间的电位差。

二、接地装置的施工

1. 人工接地体的敷设

接地体的敷设，采用垂直敷设效果较好，如图 12-18 所示。在多岩石地区可采用水平敷设。垂直接地体多使用厚壁钢管或角钢制作。每根接地体长约 2.5～3m，一般选用 40mm×40mm×4mm～50mm×50mm×5mm 的角钢，或内径为 40～50mm、管壁厚 2.5～3.5mm 的钢管，一端加工成尖状以利砸入地下，如图 12-19 所示。另一端防止打劈，可用一块 100mm 长短角钢焊在角钢接地体上端或加工一种护管帽套在钢管上端，如图 12-20 所示。因接地体的

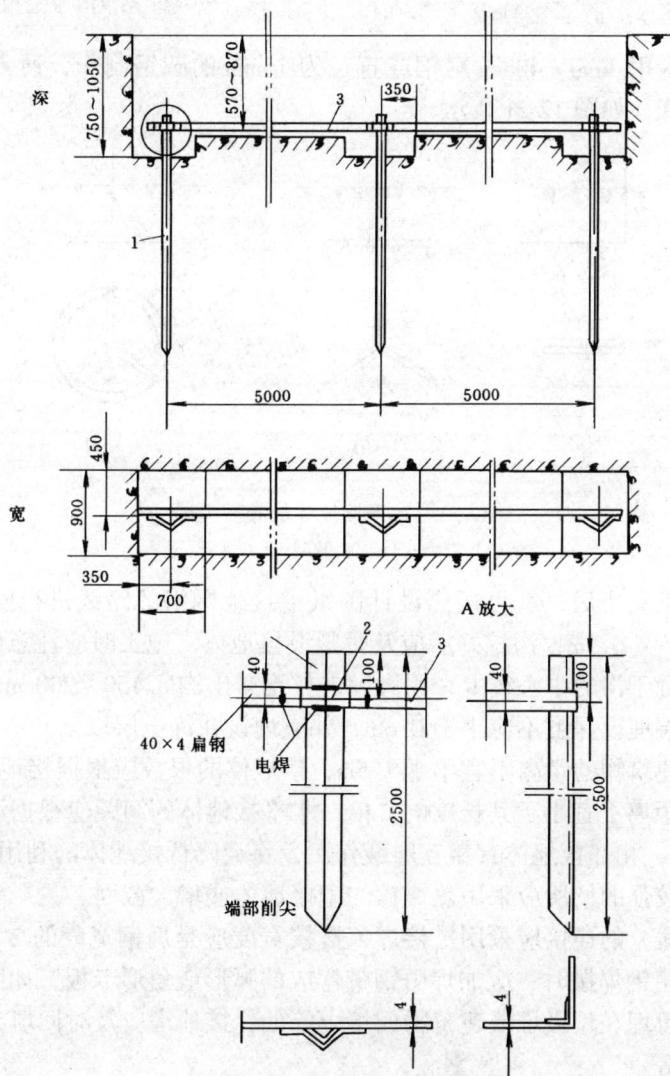

图 12-18 接地装置的敷设

流散电阻与其表面积有关，所以，一般不采用圆钢作垂直接地体。

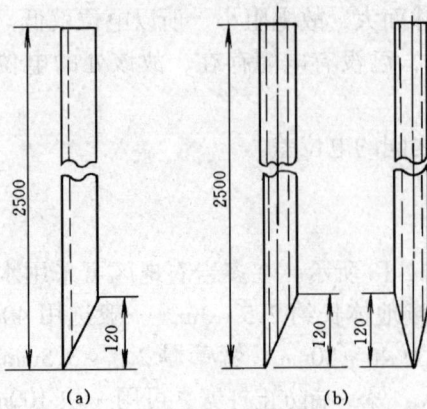

图 12-19 垂直接地体制作（mm）
(a) 角钢接地体；(b) 钢管接地体

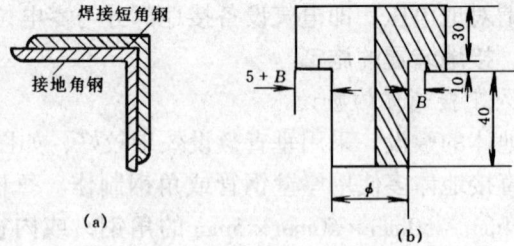

图 12-20 垂直接地体加固
(a) 焊接角钢；(b) 护管帽

水平接地体多采用 4mm×40mm 扁钢或直径为 16mm 的圆钢制作，通常有带型、环型和放射型三种布置型式，如图 12-21 所示。

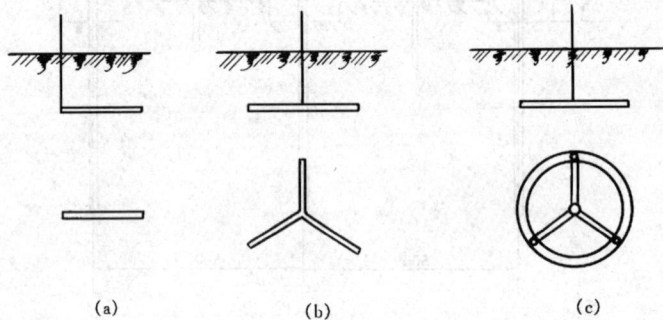

图 12-21 水平接地体的布置型式
(a) 带型；(b) 放射型；(c) 环型

垂直接地体加工完毕后，就可按照设计图纸沿接地网络的路线进行测量划线，然后挖沟。沟深 0.8～1m，宽 0.5m，沟挖好后应及时敷设接地体。施工时应注意的事项：

(1) 将接地体置于沟的中心线上，用大锤击打至露出沟底 150～200mm。

(2) 接地体顶端埋设深度不应小于 0.6m，并应埋设在冻土层以下。

(3) 接地体与建筑物的距离不宜小于 1.5m，接地体的根数应根据接地电阻的要求选取。垂直接地体之间的距离不宜小于其长度的 2 倍，水平接地体的间距应根据设计规定，不宜小于 5m。间距太靠近，相邻接地体有相互屏蔽作用，将会降低接地体的利用效果。

(4) 在腐蚀性较强的场所应采用热镀锌的钢接地体或增大截面。

(5) 接地体（线）的连接应采用搭接焊，搭接宽度应是扁钢宽度的 2 倍，圆钢直径的 6 倍。扁钢与钢管或角钢焊接时，应加焊由钢带弯成的弧形或角形卡板，如图 12-22 所示。

(6) 接地体不得埋在垃圾堆或建筑物回填土等处，接地沟应及时回填夯实，回填土内不应夹有石块或垃圾等。

2. 接地线的敷设

接地线一般采用扁钢或圆钢制作。低压电气设备地面外露的接地线，可用有色金属导线，携带式电气设备可使用橡胶护套软电缆的专用线芯作接地线，或采用截面不小于 1.5mm² 的绝缘铜绞线作接地线。

接地线应敷设在容易检查的地方，并有防止机械损伤和化学腐蚀的措施。

中性点不接地的低压网路上的电气设备接地线截面，应按相线的长时间允许载流量来确定，接地干线的允许载流量按发热要求不应小于供电网路中最大容量线路的相线载流量的 50%。单独受电的电气设备接地线载流量不应小于供电分支回路相线载流量的 1/3。

中性点直接接地的低压网路上电气设备接中性线的阻抗，应保证回路中任何一点相线接地时，故障段能自动切断，即短路电流应超过最近熔断器可熔元件额定电流的 3 倍或相应自动开关脱扣器最大动作电流整定值的 1.3 倍。

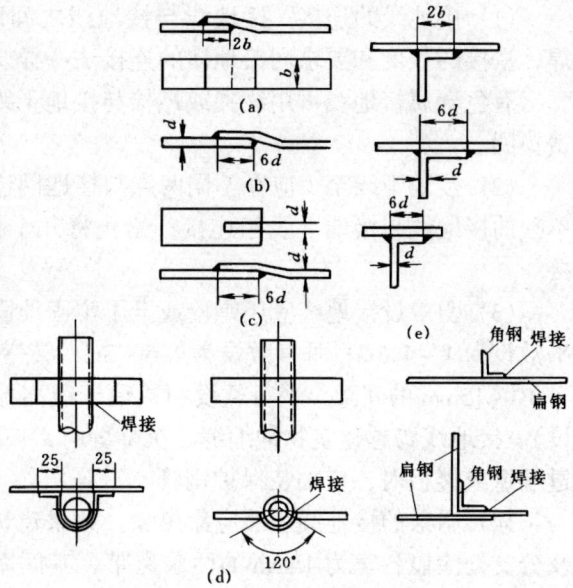

图 12-22　接地体的连接

(a) 扁钢的连接；(b) 圆钢的连接；(c) 圆钢与扁钢的连接；
(d) 扁钢与钢管的连接；(e) 扁钢与角钢的连接

低压电气设备接地线的最小截面应符合表 12-7 所规定。

表 12-7　　　　　　　　低压电气设备接地线的最小截面（mm²）

装置的相线截面 S	接地线最小截面
S ≤ 16	S
16 < S ≤ 35	16
S > 35	S/2

钢质接地体和接地线，按热稳定和机械强度的要求，最小允许截面如表 12-8 的规定。

表 12-8　　　　　　　　钢接地体和接地线的最小规格

类　别		地　上		地　下
		室　内	室　外	
圆钢直径（mm）		5	6	8（10）
扁钢	截面（mm²）	24	48	48
	厚度（mm²）	3	4	4（6）
角钢厚度（mm）		2	2.5	4（6）
钢管管壁厚度（mm）	作接地体	2.5	2.5	3.5（4.5）
	作接地线	1.6	2.5	1.6

注　1）表中括号内的数字为电网中经常流过电流的接地体最小规格。

　　2）电力线路杆塔的接地体引出线，其截面不应小于 50mm² 并镀锌。

　　3）避雷线和防雷接地线应采用截面不小于 25mm² 的镀锌钢绞线或铜线。

接地线敷设的技术要求：

（1）接地线的连接。接地线与接地线之间以及接地线及接地体之间的连接应采用搭接焊，搭接的长度和要求同接地体的连接法一样。

有色金属接地线可用线夹或螺栓与接地干线或电气设备外壳连接，有振动的地方应加弹簧垫圈。

（2）接地干线至少应在不同两点与接地网连接，每一需要接地的电气设备或装置必须用单独的接地线与接地干线相连接，禁止将几个设备的接地部分互相串联后再与接地干线连接。

（3）明敷设接地线应用螺栓或卡子牢固地固定在建筑物的支持件上。支持件的距离：水平敷设为 1～1.5m；垂直敷设为 1.5～2m；转弯部分为 0.5m。接地线与建筑物墙面之间应留有 10～15mm 的间隙。平行敷设的接地干线离地面宜保持 250～300mm 的距离（指沿墙壁敷设）。接地线跨越建筑物伸缩缝、沉降缝时，应将接地线弯成弧状以补偿伸缩。当接地线穿过墙壁或楼板时，应加装保护钢管。

（4）明敷的接地线表面应涂黑漆。如果建筑设计要求涂其他颜色，则应在接地线连接处及分支处涂以各宽为 15mm 的两条黑带，其间距为 150mm。在接地线引向建筑物的入口处，应标以黑色油漆"⏚"记号，在检修用临时接地点处亦应刷白底漆后标以黑色同样记号。

三、自然接地体

接地体有人工接地体和自然接地体。自然接地体：凡利用与大地有可靠接触的金属导体作为接地体者都称为自然接地体。

可利用的自然接地体：

（1）埋设在地下的金属管道（但有可燃或爆炸介质的管道除外）。

（2）金属井管。

（3）与大地有可靠连接的建筑物及构筑物的金属结构。

（4）水工构筑物及类似构筑物的金属桩。

利用自然接地体的注意事项：

（1）利用管道或配管做接地体时，应在管接头处采用跨接线焊接，跨接线采用直径 6mm 的圆钢。管径在 50mm 及以上时，跨接线应采用 25mm×4mm 的扁钢。

（2）自然接地体最少要有两根引出线与接地干线相连。

（3）不得用铝线、铅皮、蛇皮管以及保温管的金属网作接地体或接地线（但电缆的金属护层应接地）。

（4）直流电力网的接地装置不得借用自然接地体或自然接地线，因为直流电对金属物体有电解腐蚀作用。

第四节 电工安全用具

一、安全用具的作用与分类

（一）安全用具的作用

电工安全用具是指为了保障电气工作人员的生命安全，防止在操作或检修过程中发生触电、灼伤、高空坠落等伤害事故，根据用电电压的等级和操作、维修工作的具体情况，所配置的、必要的各种电工用具。

在生产活动中，电气工作者要经常使用各种安全用具，这些用具不仅对完成工作任务起一定作用，而且对工作人员的人身安全也起着重要保护作用。

（二）安全用具的分类

常用电工安全用具分为绝缘安全用具和一般防护安全用具两种。绝缘安全用具又分基本安全用具和辅助安全用具。一般防护安全用具又分为检修安全用具和登高安全用具。

（1）基本安全用具包括绝缘棒（绝缘杆、操作杆、拉闸杆、令克棒）、绝缘夹钳（绝缘夹）等。

（2）辅助安全用具包括绝缘手套、绝缘鞋、绝缘靴、绝缘毯、绝缘垫、绝缘站台等。

（3）检修安全用具包括验电器（高压验电器、低压试电笔、钳形电流表）、护目镜、携带型接地线、临时遮栏、标示牌等。

（4）登高安全用具包括普通登高用具（梯子、高凳）、登杆用具（脚扣、登高板也称踏板）、高空作业防摔安全用具（安全带）等。

二、安全用具的使用

（一）基本安全用具的使用

1. 绝缘棒

它的主要作用是接通或断开高压隔离开关、跌落式熔断器，安装和拆除携带型接地线以及带电测量和试验工作。

绝缘棒的结构主要由工作部分、绝缘部分和握手部分构成，如图 12-23 所示。

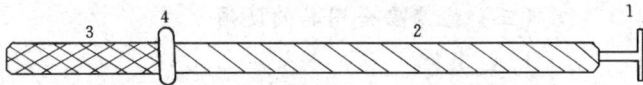

图 12-23　绝缘棒示意图
1—工作部分；2—绝缘部分；3—握手部分；4—护环

工作部分一般由金属制成钩状，绝缘部分和握手部分是用浸过绝缘漆的木材或环氧树脂等制成。握手部分与绝缘部分之间由护环隔开。各部分的长度按电压等级、使用场合以及工作需要而定，工作部分一般在 50～80mm。为了携带方便，绝缘部分分段制成，使用时，将各段通过自身的螺丝或螺母拧紧相连即可。

使用绝缘棒时，应戴绝缘手套和穿绝缘靴，以加强绝缘保护作用。

2. 绝缘夹钳

绝缘夹钳是用来安装或拆卸高压熔断器或执行类似的其他工作的工具。主要适用于 35kV 及以下电力系统。

绝缘夹钳由三部分组成，即工作钳口、绝缘部分和握手部分，如图 12-24 所示。各部分所用材料与绝缘棒相同。它的工作部分是一个坚固的夹钳，并有一个或两个管形钳口，用来夹持高压熔断器的熔丝管等。

绝缘夹钳在带电工作时，应同绝缘棒一样做好绝缘保护措施，戴绝缘手套，穿绝缘靴。

绝缘夹钳在使用时不允许装接地线。

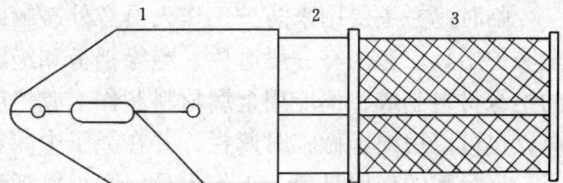

图 12-24　绝缘夹钳
1—钳口部分；2—绝缘部分；3—握手部分

（二）辅助安全用具的使用

1．绝缘手套、绝缘靴和绝缘毯

绝缘手套由特种橡胶制成，应有足够的长度，戴上后，应超过手腕 100mm。普通的或医疗、化学用的手套不能代替绝缘手套。

绝缘手套可作为低压带电作业的基本安全用具。

绝缘靴也是由特种橡胶制成，在 1000V 以上设备上工作时，是作为对地绝缘的辅助安全用具，但可以作为防止跨步电压触电的基本安全用具。绝缘靴不得当雨鞋用。

绝缘毯在任何情况下都只能作为对地绝缘的辅助安全用具。

2．绝缘垫、绝缘站台

绝缘垫又称绝缘胶板，是一种辅助安全用具，一般铺在配电装置室等地面上，以便带电操作时，增强操作人员的对地绝缘，同时可防止接触电压和跨步电压对人体的伤害。也可以代替绝缘手套和绝缘靴的作用。

绝缘垫是由特种橡胶制成，其规格有 4、6、8、10、12mm 厚 5 种，宽 1m，长 5m。

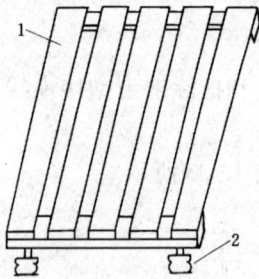

图 12-25　绝缘站台
1—台面；2—台脚

绝缘站台也是一种带电作业的辅助安全用具，绝缘站台可代替绝缘垫或绝缘靴。绝缘站台是用干燥的木板或木条做成的台面，四脚用绝缘瓷瓶作台脚，如图 12-25 所示。绝缘站台多用于变电所或配电室内，台面不宜过大，一般不大于 1.5m×1.0m，台面板条间距不大于 25mm，绝缘子高度不小于 100mm。

（三）检修安全用具的使用

1．验电器

验电器又称测电器、试电器或电压指示器。验电器分为高压和低压两类，其结构和使用方法请见第一章的第一节。

2．携带型接地线

携带型接地线也称临时接地线，其作用是防止突然来电造成电击伤亡事故，它还可以消除邻近高压线路上的感应电荷，以及泄放线路或设备上可能残存的静电。

携带型接地线应采用截面不小于 25mm² 的多股软裸铜绞线。在验电之前，先将接地线的接地端接到接地网或临时接地极上（临时接地极的接地钎子插入地面下深度不应小于 0.6m）。当验明确无电压后，应立即将检修设备或线路接地，并将三相短路。

接地线必须用专用线夹固定，禁止用缠绕方法接地或短路。装拆接地线时应使用绝缘棒或带绝缘手套，且必须由两人操作。拆卸接地线的顺序与安装时相反，先拆除设备或线路端，最后拆除接地端。

3．临时遮栏和标示牌

临时遮栏主要用来防护工作人员意外碰触或过分靠近带电部分而造成人身事故的一种安全防护用具。遮栏有一般遮栏、绝缘挡板和绝缘罩三种。一般遮栏用干燥的木材或其他坚韧的绝缘材料制成，不能用金属材料制作。遮栏应与标示牌配合使用，在部分停电的场所工作时，也可以用绳子做临时遮栏，并在绳子中间悬挂标示牌。

标示牌的作用是警告工作人员，不得接近设备的带电部分，提醒工作人员在工作地点采取安全措施，以及表明禁止向某设备合闸送电，指出为工作人员准备的工作地点等。常用标示牌请见第十二章第二节表 12-6 所示。

（四）登高安全用具的使用

见第一章第三节中的叙述。

三、使用安全用具的注意事项

（1）安全用具应按《电业安全工作规程》中有关规定，定期试验合格，并在有效期内使用。

（2）安全用具在使用前应进行认真、仔细的检查，其表面应清洁干燥，无破损、断裂、伤痕等外伤，绝缘手套还应做充气试验。

（3）验电器在使用前，应在已知的带电体上进行检验，证实其性能良好方能使用。

（4）使用基本绝缘安全用具时，必须与辅助绝缘安全用具相配合使用。

（5）安全用具一定要加强管理，用后应置于干燥通风场所，以免受潮。绝缘手套和绝缘靴应放在橱柜内，并与其他工具、仪表分别存放，安全用具不得作一般工具使用。

参 考 文 献

1　孙成宝主编．变配电设备检修．北京：中国电力出版社，1999
2　赵仁良主编．电力拖动控制线路．北京：中国劳动出版社，1994
3　丁明道主编．高低压电器选用和维修600问．北京：兵器工业出版社，1990
4　许翠主编．工厂电气控制设备．北京：机械工业出版社，1999
5　徐绪椿，姜善国主编．工矿农村电工实用技术．昆明：云南科技出版社，1999
6　潘品英主编．电机绕组修理．上海：上海科学技术出版社，1984
7　上海杨树浦发电厂三结合编写组编写．发电机的运行与检修．北京：水利电力出版社，1977
8　冶金工业部自动化研究所编写．大型电机的安装与维修．北京：冶金工业出版社，1978
9　黄国纬主编．三相异步电动机的故障和修理．北京：水利电力出版社，1978
10　朱英浩主编．新编变压器实用技术问答．沈阳：辽宁科学技术出版社，1999
11　上海五金采购供应站编写．实用五金手册（第三版）．上海：上海科学技术出版社，1987
12　中国机械工程学会、第一机械工业部主编．机修手册 第六篇 电气设备的修理．北京：机械工业出版社，1982
13　陈鸿黔主编．安全用电．北京：中国劳动出版社，1994
14　董宏刚主编．电气安全问题解答．湖北：湖北科学技术出版社，1991
15　曾昭桂主编．电工工艺实习指导．北京：中国电力出版社，1999
16　王永江编．怎样用万用表测试晶体管．北京：人民邮电出版社，1977